国家科学技术学术著作出版基金资助出版

密度泛函理论

胡　英　刘洪来　著

科　学　出　版　社

北　京

内 容 简 介

本书全面地介绍密度泛函理论的基本内容，共分 8 章。第 1 章泛函的微积分，提供一些数学基础知识。第 2 章量子化学基础。第 3 章量子力学的密度泛函理论，从霍恩伯格-科恩定理出发，讨论科恩-沈方法，介绍交换相关能泛函模型，主要采用局部密度近似，包括普遍化梯度近似，并给出应用举例。第 4 章统计力学基础。第 5 章统计力学的密度泛函理论，首先从巨势泛函和内在自由能泛函引出巨势极小原理，形成基本框架。自洽场理论也是研究非均匀流体的重要手段，因此也做简要讨论。第 6 章内在自由能泛函模型，讨论局部密度近似，包括普遍化梯度近似。还进一步介绍密度展开方法、加权密度近似和基本度量理论等，并用许多实例加以说明。第 7 章对高分子系统的应用，介绍密度泛函理论方程的建立和求解，还介绍动态密度泛函理论。对于自洽场理论的应用，也做简要介绍和比较。第 8 章进一步针对界面结构，介绍几个应用实例，以及一些进展。后记是一个简要总结和展望。

本书的服务对象主要是化学化工专业研究生、青年教师以及对这些内容感兴趣的科技工作者。

图书在版编目(CIP)数据

密度泛函理论/胡英，刘洪来著. —北京：科学出版社，2016.10

ISBN 978-7-03-050031-1

Ⅰ. ①密…　Ⅱ. ①胡…　②刘…　Ⅲ. ①密度泛函法　Ⅳ. ①O414.2

中国版本图书馆 CIP 数据核字(2016)第 231882 号

责任编辑：许　健 / 责任校对：张凤琴
责任印制：谭宏宇 / 封面设计：殷　靓

科学出版社 出版
北京东黄城根北街 16 号
邮政编码：100717
http：//www.sciencep.com

广东虎彩云印刷有限公司印刷
科学出版社发行　各地新华书店经销
*
2016 年 10 月第　一　版　开本：720×1000　1/16
2025 年 3 月第二十一次印刷　印张：23 3/4　彩插：4
字数：500 000

定价：230.00 元

(如有印装质量问题，我社负责调换)

前　言

近年来，我们研究室的许多研究生在进行研究工作时，将密度泛函理论作为他们的一种基本工具。既有用量子力学的密度泛函理论，也有用统计力学的密度泛函理论，他们的论文质量有较大的提高。这一个趋势不仅在我们研究室，在我校和其他大学的化学、化学工程、材料、生物等学科的研究生中同样存在。其中也有隐忧，一些研究生过分依赖商业软件，对密度泛函理论的基础知识知之甚少，殊不知软件中所推荐的泛函模型有很大的经验性，并不是普遍适用的。这种情况在进行量子化学研究的研究生中更为突出，在进行统计力学研究的研究生中也逐步蔓延。原来统计力学的密度泛函理论的商业软件很少，在我们研究室先前的一些研究生中，如在进行动态密度泛函理论研究时，都是自己编程，现在有了MesoDyn，情况有了变化。

在我国发表的研究论文中，其中涉及量子力学的密度泛函理论方面，以应用居多，而对于基本理论基本方法的研究，涉猎较少，这是不太正常的。这里要强调的是，对于理论的发展，华裔科学家作出了突出的贡献，如加利福尼亚大学圣地亚哥分校的沈吕九(L. J. Sham)教授，就是知名的科恩(W. Kohn)-沈方程的主要建立者。近年来，出现一些国人开发的杂化泛函，如X3LYP、XYG3等，在相对论的密度泛函理论以及概念密度泛函理论等新领域，也有了国人的贡献，这是可喜的现象。在统计力学的密度泛函理论方面，情况要好一些，但也需更多的努力。

由于这些原因，我萌发了写一本密度泛函理论的意愿，在物理化学的基础上介绍它的基本内容。服务对象主要是研究生、青年教师以及对这些内容感兴趣的科技工作者。我的合作者刘洪来教授，长期从事密度泛函研究。一方面，本书引用的许多我们研究室的工作，他是其中大多数文章的通信联系人；另一方面，我还请他执笔撰写了第8章，主要是结合与我们研究室有关的工作，针对界面结构，进一步介绍几个应用实例。他对全书的内容取舍，也作了许多贡献。我们研究室的蔡钧教授，对文稿的部分章节进行了审阅，提出了许多关键性的修改意见；陈启斌教授对基础材料提供了许多帮助；另外还有许多其他同事的参与。没有他们的支持是很难想象本书的出版的。

胡　英

2015年于华东理工大学

物理量、单位和符号

1. 物理量 $X=\{X\}[X]$，X 是物理量的符号，$[X]$是物理量 X 的单位的符号，$\{X\}$是相应于单位$[X]$的物理量 X 的数值(纯数)。

2. 物理量的符号为斜体拉丁字母或希腊字母，如压力 p、体积 V、温度 T、自由能 F、扩散系数 D、巨势Ω、基函数η。矢量的符号为粗斜体字母，如动量$\boldsymbol{p}$、位矢 $\boldsymbol{r}$。物理量相应的算符的符号，是物理量的符号上加帽，如哈密顿量 H 相应的哈密顿算符为 $\hat{H}$，角动量在 z 轴上的分量 M_z 相应的算符为 $\hat{M}_z$。

3. 符号经常用上下标修饰来表明它的属性。用外文名词作为上下标时采用正体书写，如 Q_{R}，R 表示可逆；x^{eq}，eq 表示平衡；V_{ext}，ext 表示外场；F_{intr}，intr 表示内在。用物理量作为上下标时采用斜体书写，如 C_p，p 表示物理量压力，而不是名词压力；C_V，V 表示物理量体积，而不是名词体积。

4. 数学常数的符号必须采用正体书写，如 $\mathrm{i}(\sqrt{-1})$、π(圆周率)，e(自然对数的底)。数学运算符号必须采用正体书写，如 sin、cos、exp、ln，又如微分 d、泛函微分(变分)δ、狄拉克 δ 函数、Heaviside 阶梯函数Θ。

5. 国际单位制(SI)采用的基本量有 7 个：长度、质量、时间、电流、热力学温度、发光强度和物质的量。它们的量纲分别用下列正体字母表示：L、M、T、I、Θ、J 和 N。相应的基本单位的名称为：米、千克、秒、安培、开尔文、坎德拉和摩尔，符号则分别用正体字母表示：m、kg、s、A、K、cd 和 mol。

具有专门名称的导出单位共 19 个，如力的单位为牛(N)，$1\mathrm{N}=1\mathrm{kg\cdot m\cdot s^{-2}}$；压力的单位为帕(Pa)，$1\mathrm{Pa}=1\mathrm{N\cdot m^{-2}}$；能量、功和热的单位为焦(J)，$1\mathrm{J}=1\mathrm{N\cdot m}=1\mathrm{kg\cdot m^2\cdot s^{-2}}$；电量单位为库(C)，$1\mathrm{C}=1\mathrm{A\cdot s}$。

组合形式的导出单位，如体积 $\mathrm{m^3}$，速度 $\mathrm{m\cdot s^{-1}}$，熵 $\mathrm{J\cdot K^{-1}}$，黏度 $\mathrm{Pa\cdot s}$。

6. 倍数单位由词头与基本单位和导出单位构成。词头符号为正体，如 n(10^{-9})，μ(10^{-6})，m(10^{-3})，c(10^{-2})，d(10^{-1})，k(10^{3})，M(10^{6})，G(10^{9})等。

7. 关于量纲的写法，举几个例子：能量的量纲为 $\mathrm{L^2MT^{-2}}$，熵的量纲为 $\mathrm{L^2MT^{-2}\Theta^{-1}}$。有些物理量是纯数，如分子数 N，我们就说它是一个量纲为 1 的物理量。

物理量符号表

A	亥姆霍兹函数，电子亲和势
B	第二维里系数，桥函数
C	第三维里系数
c	光速，直接相关函数
D	泛函微分
D	第四维里系数，扩散系数
D_{e}	平衡离解能
E	能量
E_{k}	动能
E_{p}	位能
E_{xc}	交换相关能
F	自由能
F_{intr}	内在自由能
F^{ex}	过量内在自由能
$\boldsymbol{F}^{\mathrm{KS}}$	科恩-沈矩阵
$\hat{\boldsymbol{F}}$	力学量 $\boldsymbol{F}$ 的厄米算符
f	概率密度，自由能密度，福井函数
f_{xc}	交换相关核
G	密度-密度相关函数，格林函数，格林传递子，吉布斯自由能
g	简并度，径向分布函数
H	哈密顿函数
$\hat{H}$	哈密顿算符
h	普朗克常量
h	总相关函数
h_{c}	相关空穴
h_{x}	费米空穴，交换空穴
h_{xc}	交换相关空穴
$\hbar$	$h/2\pi$
$\hat{h}_{\mathrm{KS}}$	科恩-沈算符
$\hat{h}_{\mathrm{DKS}}$	狄拉克-科恩-沈算符

I 电离势
$\hat{I}$ 恒等算符
L 随机力，Langevin 力
J 通量
J_{ij} 库仑积分
K_{ij} 交换积分
M 链节迁移参数，相当于扩散系数 D
$\hat{\boldsymbol{M}}_S$ 自旋算符
m 粒子质量
m_0 粒子静质量
N 粒子数
$P^{(N)}$ N 重标明分布函数
$\hat{P}_X$ 投影算符
P 概率，两体相关子
p 压力，动量
Q 配分函数，正则配分函数
Q_{int} 内部配分函数
q 子配分函数，格林传递子
$\boldsymbol{q}$ 链节和分子的位形或构型
S 熵，软度，吸附选择性
$\hat{\boldsymbol{S}}$ 自旋算符
s 自旋坐标，局域软度
$\boldsymbol{R}$ 一条链的位形，混合物的微观状态
$\boldsymbol{r}$ 位置，位矢
Tr 经典迹
$\hat{T}$ 动能算符
u 势能
V 电势，体积
V_{ext} 外场
V_{intra} 链内相互作用
$\hat{V}$ 位能算符
v 链节的体积，比容
υ 速度，粒子速率
w 权重函数，外场

x　摩尔分数
y　空穴相关函数
Z　位形积分
α　自旋波函数
β　$1/kT$，自旋波函数
γ　约化密度矩阵，组分活度因子，界面张力(表面能)
δ　泛函微分，变分，狄拉克 δ 函数
$\delta_{i,j}$　克罗内克 δ 函数
ε　能级(的能量)
ε_{p}　分子对相互作用位能
η　基函数，硬度，高斯噪声，对比密度
η^{STO}　斯莱特型轨道
η^{GTO}　高斯型轨道
Θ　Heaviside 阶梯函数
κ　等温压缩系数
Λ　Onsager 动力学系数
λ　拉格朗日乘子
μ　化学势
μ_{intr}　内在化学势
Ξ　巨正则配分函数
ξ　自旋极化参数
Π　无因次的渗透压
π　渗透压
ρ　密度，电荷密度，概率密度
$\hat{\rho}$　微观密度算符
$\rho^{(2)}$　二重分布函数
$\rho^{(m)}$　m 重分布函数
σ　界面张力，尺寸参数
σ^2　方差
$\boldsymbol{\tau}$　包含自旋的位置
Φ　波函数，p 表象，无因次自由能密度
φ　作用在一个链节上的有效势
ϕ　序参数
χ　自旋波函数
χ_{M}　电负性

Ψ	波函数，q 表象，作用在一个链分子上的有效势，高斯联接性算子
ψ	波函数，q 表象
ψ^{ex}	单个分子的过量自由能
Ω	热力学概率，巨势
ω	热力学概率
∇^2	拉普拉斯算符

目 录

绪　论

密度泛函理论(density functional theory，DFT)是一种研究物质结构统计性的理论，既可以用于研究微观结构，也可以用于研究宏观结构，前者是量子力学的密度泛函理论，后者是统计力学的密度泛函理论。理论的基本框架有两点：首先，密度泛函理论都以密度分布$\rho(\boldsymbol{r})$作为基本变量，构筑泛函，它不是某个特定位置的函数，而是函数在整个变量空间中的变化。量子力学的密度泛函理论以电子的密度分布$\rho(\boldsymbol{r})$代替波函数$\Psi(\boldsymbol{\tau})$作为基本变量，构筑能量的密度泛函，然后应用薛定谔方程。统计力学的密度泛函理论以分子的密度分布$\rho(\boldsymbol{r})$代替分子的坐标和动量作为基本变量，在系综理论和配分函数的基础上，构筑巨势和内在自由能的密度泛函。其次，密度泛函理论由于是统计性理论，需要一定的基本原理，即变分原理。量子力学的密度泛函理论应用霍恩伯格(P. Hohenberg)-科恩(W. Kohn)第二定理：如果是真实的正确的基态电子密度$\rho(\boldsymbol{r})$，所得到的能量一定是最小值，即基态能量 E_0。进一步通过求解科恩-沈(L. J. Sham，沈吕九)方程，得到原子和分子的电子结构，以及相应的各种微观性质。统计力学的密度泛函理论则是应用平衡时巨势泛函应为极小的原理。由此可解得在外场作用下非均匀流体的宏观或介观结构，以及相应的各种热力学性质。

密度泛函的使用，可以追溯到 20 世纪 20～40 年代，但 20 世纪 60 年代才建立密度泛函理论的系统框架。这里特别要提到霍恩伯格、科恩和沈吕九的工作，其中霍恩伯格和科恩证明的第一定理，指出多粒子系统的基态是密度分布$\rho(\boldsymbol{r})$的独一无二的泛函，起了非常重要的作用。传统的量子力学指出，微观粒子的运动状态用波函数Ψ来描述，$\Psi\Psi^*$或$|\Psi|^2$代表微粒出现的概率密度ρ，这就意味着密度在量子力学中是一个派生的性质。它是否可以成为理论框架中与波函数相当的基本变量，并非理所当然。霍恩伯格和科恩的第一定理解决了这个问题，在此基础上，通过科恩-沈方程，完整的量子力学的密度泛函理论就逐步建立起来。霍恩伯格-科恩的第一定理并没有温度的概念，或温度为零，因而只能用于微观结构的研究。稍后，梅尔曼(N. D. Mermin)将它推广到非零的温度，他证明了对于化学势 μ 和温度 T 一定时的巨正则系综，一定的密度分布 $\rho(\boldsymbol{r})$只对应着一个外场$V_{\text{ext}}(\boldsymbol{r})$，它们之间自洽。这就意味着对于一定的宏观系统，当处于一定的外场下，就有一定的平衡密度分布 $\rho(\boldsymbol{r})$。通过内在自由能泛函，完整的统计力学的密度泛函理论也快速地建立起来。

现在，量子力学的密度泛函理论已经从计算化学的边缘走向了中心位置。在各种计算化学的商用软件中，密度泛函理论方法与传统的哈特里(D. R. Hartree)-

福克(V. Fock)-罗特汉(C. C. J. Roothaan)方法并驾齐驱,互相补充,成为提供原子、分子以及晶体和表面的结构，并得到相应结构特性的基本工具。科恩由于对密度泛函理论所作出的杰出贡献，获得了1998年的诺贝尔化学奖。统计力学的密度泛函理论在研究非均匀流体，包括界面层的宏观和介观结构以及相变，特别是复杂流体或软物质，如共聚物、高聚电解质、凝胶、囊泡等领域，已经成为最常用的理论方法。

本书全面地介绍密度泛函理论的基本内容，共分8章。由于宏观层次涉及领域更为广泛，因此本书在统计力学的密度泛函理论方面，占有更多的篇幅。密度泛函理论中的交换相关能泛函和内在自由能泛函，是应用的关键，但它们的构筑经验性较强，需要着重讨论。

本书第1章泛函的微积分，提供以后各章所需要的泛函的数学基础知识。第2章量子化学基础，补充在一般物理化学以上的量子化学的基础知识，是进一步讨论量子力学的密度泛函理论的前提。第3章量子力学的密度泛函理论，从霍恩伯格和科恩的两个定理出发，着重讨论科恩-沈方法，并用较大篇幅介绍交换相关能泛函模型，其中主要采用局部密度近似，包括普遍化梯度近似，在此基础上进入基于密度泛函理论的计算。还介绍一些新的发展，如DFT+U、含时密度泛函理论和相对论密度泛函理论等。最后是应用举例，着重于我们研究室以及本校同事的工作。第4章统计力学基础，补充在一般物理化学以上的统计力学的基础知识，是进一步讨论统计力学的密度泛函理论的前提。第5章统计力学的密度泛函理论，首先建立两个生成函数(巨势泛函和内在自由能泛函)，并引出巨势极小原理，形成密度泛函理论的基本框架。接着定义相关函数，并与热力学函数相联系。然后通过一个唯一可解的实例——硬棒流体，阐述密度泛函理论求解的过程和实效。而对于绝大多数实际系统，必须采用半经验方法构筑模型，这在第6章进行系统介绍。自洽场理论和密度泛函理论都是研究非均匀流体的重要手段，它们在理论框架上有紧密联系，因此也做简要讨论。第6章内在自由能泛函模型，详细讨论局部密度近似，包括普遍化梯度近似，这一点和量子力学的密度泛函理论类似。针对宏观系统的特点，还进一步介绍更符合实际的密度展开、加权密度近似以及基本度量理论等，并用许多实例加以说明。第7章对高分子系统的应用，针对链状分子的特点，介绍密度泛函理论方程的建立和求解，不但介绍自由空间中链状分子的理论，讨论格子模型上链状分子的理论，还特别介绍高斯链模型。如何在密度泛函理论中引入时间是理论面临的一大挑战，因而在本章中还介绍动态密度泛函理论。由于自洽场理论在高分子系统有广泛应用，所以也做简要介绍和比较。在应用举例中，也着重于我们研究室的工作。第8章进一步结合与我们研究室有关的工作，主要针对界面结构，介绍几个应用实例，以及文献中一些最新的进展。后记则是一个简要总结和展望。

第 1 章　泛函的微积分

1.1　引　　言

如果一个函数的变量也是一个函数，则称为泛函，它是函数的函数。函数$\varphi(x)$的泛函 F，表示为$F[\varphi(x)]$。输入一个函数$\varphi(x)$，通过泛函 F，可得到一个标量，泛函就是在函数空间中找到一个实数场的路线图。例如，正则配分函数 Q 就是哈密顿函数 H 的泛函，在一定的 T、V、N 时，如果 H 的函数形式确定，Q 的值就确定。泛函通常是一个积分，这是因为积分表达了函数整体的特点。如果只是涉及函数在某一位置的信息，如 $F=\exp(\cos\theta)$，它可以说是 $\cos\theta$的函数，但只是在θ处计算，因而是一般的函数，不必归之于泛函。本章介绍有关泛函的一些基础知识，详细讨论可参见文献[1, 2]。

1.2　泛 函 导 数

一般的导数是沿着某变量或矢量的方向求导，泛函导数则在函数空间沿着某函数变化的方向求导，表示为$\delta F[\varphi(\boldsymbol{x})]/\delta\varphi(\boldsymbol{x})$。

1. 泛函导数的定义

泛函导数的定义有多种形式。

第一种形式　泛函导数对任意测试函数 v 有以下关系式：

$$\int\frac{\delta F[\varphi(\boldsymbol{x})]}{\delta\varphi(\boldsymbol{x})}v(\boldsymbol{x})\mathrm{d}\boldsymbol{x}=\frac{\mathrm{d}}{\mathrm{d}\varepsilon}F[\varphi+\varepsilon v]\bigg|_{\varepsilon=0}=\lim_{\varepsilon=0}\frac{F[\varphi+\varepsilon v]-F[\varphi]}{\varepsilon}\tag{1.2.1}$$

这是泛函导数最基本的定义式，大多在数学领域使用。如果是一般的导数$\mathrm{d}F(\varphi)/\mathrm{d}\varphi$，相应可写出

$$\frac{\mathrm{d}F}{\mathrm{d}\varphi}v=\frac{\mathrm{d}}{\mathrm{d}\varepsilon}F(\varphi+\varepsilon v)\bigg|_{\varepsilon=0}=\lim_{\varepsilon=0}\frac{F(\varphi+\varepsilon v)-F(\varphi)}{\varepsilon}$$

与式(1.2.1)相比，可见泛函导数乘以任意函数 $v(\boldsymbol{x})$后，还要在变量空间中积分。泛函是一个标量，而由定义式(1.2.1)可以看出，泛函导数是 $\boldsymbol{x}$ 的函数，它是一个分布，随着空间位置 $\boldsymbol{x}$ 变化。

例 1-1　某位置 $\boldsymbol{r}$ 处的电势 $V(\boldsymbol{r})$是电荷密度分布$\rho(\boldsymbol{r}')$的函数，它是$\rho(\boldsymbol{r}')$的泛函，记为 $V[\rho(\boldsymbol{r}'),\boldsymbol{r}]$，有以下关系式：

$$V[\rho(\boldsymbol{r}'),\boldsymbol{r}]=\frac{1}{4\pi\varepsilon_0}\int\frac{\rho(\boldsymbol{r}')}{|\boldsymbol{r}-\boldsymbol{r}'|}\mathrm{d}\boldsymbol{r}' \tag{1.2.2}$$

为求泛函导数，按式(1.2.1)的定义式，可写出：

$$\frac{\mathrm{d}}{\mathrm{d}\varepsilon}\frac{1}{4\pi\varepsilon_0}\int\frac{\rho(\boldsymbol{r}')+\varepsilon v(\boldsymbol{r}')}{|\boldsymbol{r}-\boldsymbol{r}'|}\mathrm{d}\boldsymbol{r}'\bigg|_{\varepsilon=0}=\frac{1}{4\pi\varepsilon_0}\int\frac{v(\boldsymbol{r}')}{|\boldsymbol{r}-\boldsymbol{r}'|}\mathrm{d}\boldsymbol{r}' \tag{1.2.3}$$

与式(1.2.1)比较，得泛函导数

$$\frac{\delta V[\rho(\boldsymbol{r}'),\boldsymbol{r}]}{\delta\rho(\boldsymbol{r}')}=\frac{1}{4\pi\varepsilon_0}\frac{1}{|\boldsymbol{r}-\boldsymbol{r}'|} \tag{1.2.4}$$

泛函 $V[\rho(\boldsymbol{r}'),\boldsymbol{r}]$是位置为 $\boldsymbol{r}$ 时的一个标量，它的泛函导数$\delta V/\delta\rho$则随着空间位置 $\boldsymbol{r}'$变化，是点 $\boldsymbol{r}'$的函数。当 $\boldsymbol{r}'=\boldsymbol{r}$，$\delta V/\delta\rho=\infty$，当 $\boldsymbol{r}'$离 $\boldsymbol{r}$ 越远，$\delta V/\delta\rho$越小，密度变化的影响程度越小。

注 1: $V[\rho(\boldsymbol{r}'),\boldsymbol{r}]$如写作 $V[\rho(\boldsymbol{r}),\boldsymbol{r}]$或 $V(\rho(\boldsymbol{r}'),\boldsymbol{r})$，虽不推荐，但如不引起误解也可以。

例 1-2　对于势能的经典部分，托马斯(L. H. Thomas)和费米(E. Fermi)应用了库仑势能泛函 $J[\rho(\boldsymbol{r})]$，它依赖于电荷密度$\rho(\boldsymbol{r})$，与各阶导数无关，表示为

$$J[\rho]=\frac{1}{2}\iint\frac{\rho(\boldsymbol{r})\rho(\boldsymbol{r}')}{|\boldsymbol{r}-\boldsymbol{r}'|}\mathrm{d}\boldsymbol{r}\mathrm{d}\boldsymbol{r}' \tag{1.2.5}$$

为求泛函导数，按式(1.2.1)可写出：

$$J[\rho+\varepsilon v]=\frac{1}{2}\iint\frac{[\rho(\boldsymbol{r})+\varepsilon v(\boldsymbol{r})][\rho(\boldsymbol{r}')+\varepsilon v(\boldsymbol{r}')]}{|\boldsymbol{r}-\boldsymbol{r}'|}\mathrm{d}\boldsymbol{r}\mathrm{d}\boldsymbol{r}'$$

$$\frac{\mathrm{d}J[\rho+\varepsilon v]}{\mathrm{d}\varepsilon}=\frac{1}{2}\iint\frac{v(\boldsymbol{r})\rho(\boldsymbol{r}')+v(\boldsymbol{r}')\rho(\boldsymbol{r})+2\varepsilon v(\boldsymbol{r})v(\boldsymbol{r}')}{|\boldsymbol{r}-\boldsymbol{r}'|}\mathrm{d}\boldsymbol{r}\mathrm{d}\boldsymbol{r}'$$

令$\varepsilon=0$，得

$$\frac{\mathrm{d}J[\rho+\varepsilon v]}{\mathrm{d}\varepsilon}\bigg|_{\varepsilon=0}=\frac{1}{2}\iint\frac{v(\boldsymbol{r})\rho(\boldsymbol{r}')+v(\boldsymbol{r}')\rho(\boldsymbol{r})}{|\boldsymbol{r}-\boldsymbol{r}'|}\mathrm{d}\boldsymbol{r}\mathrm{d}\boldsymbol{r}' \tag{1.2.6}$$

注意在式(1.2.6)的多重积分中，积分变元 $\boldsymbol{r}$ 和 $\boldsymbol{r}'$是完全对称的，将它们在积分 $\iint v(\boldsymbol{r}')\rho(\boldsymbol{r})/|\boldsymbol{r}-\boldsymbol{r}'|\mathrm{d}\boldsymbol{r}\mathrm{d}\boldsymbol{r}'$ 中对换($\boldsymbol{r}\leftrightarrow\boldsymbol{r}'$)，变为 $\iint v(\boldsymbol{r})\rho(\boldsymbol{r}')/|\boldsymbol{r}-\boldsymbol{r}'|\mathrm{d}\boldsymbol{r}\mathrm{d}\boldsymbol{r}'$，积分值不变。因而有

$$\frac{\mathrm{d}J[\rho+\varepsilon v]}{\mathrm{d}\varepsilon}\bigg|_{\varepsilon=0}=\iint\frac{v(\boldsymbol{r})\rho(\boldsymbol{r}')}{|\boldsymbol{r}-\boldsymbol{r}'|}\mathrm{d}\boldsymbol{r}\mathrm{d}\boldsymbol{r}' \tag{1.2.7}$$

与式(1.2.1)比较，得泛函导数

$$\frac{\delta J}{\delta\rho(\boldsymbol{r})}=\int\frac{\rho(\boldsymbol{r}')}{|\boldsymbol{r}-\boldsymbol{r}'|}\mathrm{d}\boldsymbol{r}' \tag{1.2.8}$$

第二种形式　利用泛函的微分。可以将$\varepsilon v(\boldsymbol{x})|_{\varepsilon=0}$ 看作是函数$\varphi(\boldsymbol{x})$的泛函微变

$\delta\varphi(\boldsymbol{x})$，这时，式(1.2.1)左边就成为

$$\frac{1}{\varepsilon}\int \mathrm{d}x \frac{\delta F[\varphi(\boldsymbol{x})]}{\delta\varphi(\boldsymbol{x})}\delta\varphi(\boldsymbol{x})$$

将ε乘以式(1.2.1)的右项，得

$$\varepsilon\frac{\mathrm{d}}{\mathrm{d}\varepsilon}F[\varphi+\varepsilon v]\bigg|_{\varepsilon=0}=\lim_{\varepsilon=0}\frac{F[\varphi+\varepsilon v]-F[\varphi]}{\varepsilon v}\varepsilon v=F[\varphi+\delta\varphi]-F[\varphi]=\delta F[\varphi(\boldsymbol{x})]$$

$\delta F[\varphi(\boldsymbol{x})]$就是泛函 $F[\varphi(\boldsymbol{x})]$的泛函微分。由此可写出：

$$\delta F[\varphi(\boldsymbol{x})]=\int \mathrm{d}\boldsymbol{x}\frac{\delta F[\varphi(\boldsymbol{x})]}{\delta\varphi(\boldsymbol{x})}\delta\varphi(\boldsymbol{x}) \tag{1.2.9}$$

泛函导数乘以$\delta\varphi(\boldsymbol{x})$是在点 $\boldsymbol{x}$ 处函数$\varphi(\boldsymbol{x})$的变化对泛函微分的贡献，在整个空间积分，则是整个$\varphi(\boldsymbol{x})$的变化对泛函微分的贡献。

式(1.2.9)与式(1.2.1)一样，也可作为泛函导数的基本定义式。

例 1-3 对于例 1-1，将函数$\rho(\boldsymbol{r}')$加上微变$\delta\rho(\boldsymbol{r}')$，由式(1.2.2)有

$$V[\rho(\boldsymbol{r}')+\delta\rho(\boldsymbol{r}')]=\frac{1}{4\pi\varepsilon_0}\int\frac{\rho(\boldsymbol{r}')+\delta\rho(\boldsymbol{r}')}{|\boldsymbol{r}-\boldsymbol{r}'|}\mathrm{d}\boldsymbol{r}'=V[\rho(\boldsymbol{r}')]+\frac{1}{4\pi\varepsilon_0}\int\frac{\delta\rho(\boldsymbol{r}')}{|\boldsymbol{r}-\boldsymbol{r}'|}\mathrm{d}\boldsymbol{r}'$$

$$\delta V(\boldsymbol{r}')=V[\rho(\boldsymbol{r}')+\delta\rho(\boldsymbol{r}')]-V[\rho(\boldsymbol{r}')]=\frac{1}{4\pi\varepsilon_0}\int\frac{\delta\rho(\boldsymbol{r}')}{|\boldsymbol{r}-\boldsymbol{r}'|}\mathrm{d}\boldsymbol{r}' \tag{1.2.10}$$

与泛函微分的式(1.2.9)比较，也得到式(1.2.4)的泛函导数。

例 1-4 1935 年，魏茨泽克(C. F. von Weizsäcker)对托马斯和费米的动能泛函(参见例 1-2)加了一个计及梯度的泛函修正项 $T_{\mathrm{W}}[\rho]$，表达式为

$$T_{\mathrm{W}}[\rho(\boldsymbol{r})]=\int \mathrm{d}\boldsymbol{r}\frac{\nabla\rho(\boldsymbol{r})\cdot\nabla\rho(\boldsymbol{r})}{\rho(\boldsymbol{r})} \tag{1.2.11}$$

它是取决于密度分布$\rho(\boldsymbol{r})$的一个标量。

为求泛函导数，对函数$\rho(\boldsymbol{r})$加上微变$\delta\rho(\boldsymbol{r})$，将 $T_{\mathrm{W}}[\rho(\boldsymbol{r})+\delta\rho(\boldsymbol{r})]$展开，取一阶可得(参见注 2)：

$$\begin{aligned}T_{\mathrm{W}}[\rho(\boldsymbol{r})+\delta\rho(\boldsymbol{r})]&=\int\frac{\nabla(\rho(\boldsymbol{r})+\delta\rho(\boldsymbol{r}))\cdot\nabla(\rho(\boldsymbol{r})+\delta\rho(\boldsymbol{r}))}{\rho(\boldsymbol{r})+\delta\rho(\boldsymbol{r})}\mathrm{d}\boldsymbol{r}\\&=T_{\mathrm{W}}[\rho(\boldsymbol{r})]-2\int\frac{\nabla^2\rho(\boldsymbol{r})}{\rho(\boldsymbol{r})}\delta\rho(\boldsymbol{r})\mathrm{d}\boldsymbol{r}+\int\frac{\nabla\rho(\boldsymbol{r})\cdot\nabla\rho(\boldsymbol{r})}{\rho^2(\boldsymbol{r})}\delta\rho(\boldsymbol{r})\mathrm{d}\boldsymbol{r}\end{aligned} \tag{1.2.12}$$

与式(1.2.9)的定义式比较，可得 $T_{\mathrm{W}}[\rho]$的泛函导数：

$$\frac{\delta T_{\mathrm{W}}[\rho(\boldsymbol{r})]}{\delta\rho(\boldsymbol{r})}=-2\frac{\nabla^2\rho(\boldsymbol{r})}{\rho(\boldsymbol{r})}+\frac{\nabla\rho(\boldsymbol{r})\cdot\nabla\rho(\boldsymbol{r})}{\rho^2(\boldsymbol{r})} \tag{1.2.13}$$

泛函导数$\delta T_{\mathrm{W}}/\delta\rho$随着空间位置 $\boldsymbol{r}$ 变化，是点 $\boldsymbol{r}$ 的函数，它可以看作是 $\boldsymbol{r}$ 处的密度变化对动能 T_{W} 影响的程度。

注 2：式(1.2.12)的推导是先将分母展开

$$\frac{1}{\rho+\delta\rho}=\frac{1}{\rho}\left(1-\frac{\delta\rho}{\rho}+O(\delta^2\rho)\right)$$

然后将分子乘开，得

$$T_{\rm W}[\rho+\delta\rho]=\int\frac{\nabla\rho\cdot\nabla\rho+2\nabla\rho\cdot\nabla\delta\rho+O(\delta^2\rho)}{\rho}\left(1-\frac{\delta\rho}{\rho}\right)\mathrm{d}\boldsymbol{r}$$

$$=T_{\rm W}[\rho]+\int\frac{2\nabla\rho\cdot\nabla\delta\rho}{\rho}\mathrm{d}\boldsymbol{r}-\int\frac{\nabla\rho\cdot\nabla\rho}{\rho^2}\delta\rho\mathrm{d}\boldsymbol{r}+O(\delta^2\rho)$$

应用分部积分：

$$\int_a^b u(x)\mathrm{d}v(x)=u(x)v(x)\Big|_a^b-\int_a^b v(x)\mathrm{d}u(x)=-\int_a^b v(x)\mathrm{d}u(x)$$

并设 $v(x=a)=v(x=b)=0$，式右面的第二项可进一步演变为

$$\int\frac{2\nabla\rho\cdot\nabla\delta\rho}{\rho}\mathrm{d}\boldsymbol{r}=\int 2\nabla\ln\rho\cdot\nabla\delta\rho\mathrm{d}\boldsymbol{r}=-\int 2\delta\rho\nabla^2\ln\rho\mathrm{d}\boldsymbol{r}$$

$$=-\int 2\delta\rho\left(\nabla\left(\frac{1}{\rho}\nabla\rho\right)\right)\mathrm{d}\boldsymbol{r}=-\int 2\delta\rho\left(\frac{1}{\rho}\nabla^2\rho-\frac{1}{\rho^2}\nabla\rho\cdot\nabla\rho\right)\mathrm{d}\boldsymbol{r}$$

这就得到式(1.2.12)。

第三种形式 在前面的两种形式中，$\varphi(\boldsymbol{x})$的变化并没有确定的形式限制，测试函数 $v(\boldsymbol{x})$可以是任意的函数。在第三种定义中，采用了一种特殊的函数，即狄拉克(P. A. M. Dirac) δ 函数(参见注 3 和注 4)，$\varphi(\boldsymbol{x})$仅在点 $\boldsymbol{y}$ 紧邻周围变化，在此范围以外，$\varphi(\boldsymbol{x})$没有变化。这种形式多为物理学家使用。

仍用相减的差值取极限来定义泛函导数。为此，利用 δ 函数对独立变量构造一个泛函微变，使处于点 $\boldsymbol{y}$ 处$\varphi(\boldsymbol{x})$变化发生强度为ε的改变，

$$\delta\varphi(\boldsymbol{x})=\varepsilon\,\delta(\boldsymbol{x}-\boldsymbol{y}) \tag{1.2.14}$$

代入泛函微分的式(1.2.9)，得

$$\delta F[\varphi(\boldsymbol{x})]=F[\varphi(\boldsymbol{x})+\varepsilon\delta(\boldsymbol{x}-\boldsymbol{y})]-F[\varphi(\boldsymbol{x})]$$

$$=\int\mathrm{d}x\frac{\delta F[\varphi(\boldsymbol{x})]}{\delta\varphi(\boldsymbol{x})}\varepsilon\delta(\boldsymbol{x}-\boldsymbol{y})=\varepsilon\frac{\delta F[\varphi(\boldsymbol{x})]}{\delta\varphi(\boldsymbol{y})}$$

当ε为极小趋于消失，得泛函导数的第三种定义式

$$\begin{aligned}\frac{\delta F[\varphi(\boldsymbol{x})]}{\delta\varphi(\boldsymbol{y})}&=\lim_{\varepsilon\to 0}\frac{F[\varphi(\boldsymbol{x})+\varepsilon\delta(\boldsymbol{x}-\boldsymbol{y})]-F[\varphi(\boldsymbol{x})]}{\varepsilon}\\&=\frac{\mathrm{d}}{\mathrm{d}\varepsilon}F[\varphi(\boldsymbol{x})+\varepsilon\delta(\boldsymbol{x}-\boldsymbol{y})]\Big|_{\varepsilon=0}\end{aligned} \tag{1.2.15}$$

这一泛函导数是在点 $\boldsymbol{y}$ 处定义的，它是在点 $\boldsymbol{y}$ 处函数$\varphi(\boldsymbol{y})$的变化对泛函的贡献。这个定义式与一般的导数定义很相似

$$\frac{\mathrm{d}F(x)}{\mathrm{d}x}=\lim_{\Delta x\to 0}\frac{F(x+\Delta x)-F(x)}{\Delta x}$$

不同在于分母上是φ变化的强度，是一个小量ε，$\varepsilon\delta$ 的量纲与φ的量纲相同。因为只计点 $\boldsymbol{y}$ 处的贡献，与式(1.2.1)不同，不需积分。

注 3：式中 $\boldsymbol{x}$ 是一个形式变量或虚拟变量(silent argument，dummy variable)，在数学中常用“·”表示，如写为 $\delta F[\varphi(\cdot)]/\delta\varphi(\boldsymbol{y})$。

注 4：狄拉克 δ 函数有下列性质：

$$\delta(x)=+\infty,\ x=0;\ \ \delta(x)=0,\ x\neq 0$$

$$\delta(-x)=\delta(x);\ \ x\delta'(x)=-\delta(x)$$

$$\int_{-\infty}^{\infty}f(x)\delta(x)\mathrm{d}x=f(0),\quad \int_{-\infty}^{\infty}\delta(x)\mathrm{d}x=1$$

$$\int_a^b f(x)\delta(x-y)\mathrm{d}x=f(y),\quad a<y<b$$

任何一个函数都可以利用狄拉克δ函数变为一个泛函。例如

$$\rho(\boldsymbol{r})=\int\rho(\boldsymbol{r}')\delta(\boldsymbol{r}-\boldsymbol{r}')\mathrm{d}\boldsymbol{r}' \tag{1.2.16}$$

这个式子将$\rho(\boldsymbol{r})$变为$\rho(\boldsymbol{r}')$的泛函。由此还可以得到下面的重要关系式：

$$\frac{\delta\rho(\boldsymbol{r})}{\delta\rho(\boldsymbol{r}')}=\frac{\delta\int\rho(\boldsymbol{r}')\delta(\boldsymbol{r}-\boldsymbol{r}')\mathrm{d}\boldsymbol{r}'}{\delta\rho(\boldsymbol{r}')}=\frac{\partial(\rho(\boldsymbol{r}')\delta(\boldsymbol{r}-\boldsymbol{r}'))}{\partial\rho(\boldsymbol{r}')}=\delta(\boldsymbol{r}-\boldsymbol{r}') \tag{1.2.17}$$

$$\int\rho(\boldsymbol{r}')\nabla_{r'}\delta(\boldsymbol{r}-\boldsymbol{r}')\mathrm{d}\boldsymbol{r}'=-\nabla_{r}\rho(\boldsymbol{r}) \tag{1.2.18}$$

例 1-5　对于例 1-1，$V[\rho(\boldsymbol{r}'),\boldsymbol{r}]=\dfrac{1}{4\pi\varepsilon_0}\displaystyle\int\frac{\rho(\boldsymbol{r}')}{|\boldsymbol{r}-\boldsymbol{r}'|}\mathrm{d}\boldsymbol{r}'$，应用式(1.2.15)，注意 $\boldsymbol{r}$ 不变，$\boldsymbol{x}$ 为 $\boldsymbol{r}'$，$\boldsymbol{y}$ 为 $\boldsymbol{r}''$，

$$\begin{aligned}\frac{\delta V[\rho(\boldsymbol{r}'),\boldsymbol{r}]}{\delta\rho(\boldsymbol{r}'')}&=\lim_{\varepsilon\to 0}\frac{V[\rho(\boldsymbol{r}')+\varepsilon\delta(\boldsymbol{r}'-\boldsymbol{r}'')]-V[\rho(\boldsymbol{r}')]}{\varepsilon}\\&=\lim_{\varepsilon\to 0}\frac{1}{4\pi\varepsilon_0}\int\frac{\rho(\boldsymbol{r}')+\varepsilon\delta(\boldsymbol{r}'-\boldsymbol{r}'')-\rho(\boldsymbol{r}')}{\varepsilon|\boldsymbol{r}-\boldsymbol{r}'|}\mathrm{d}\boldsymbol{r}'\\&=\frac{1}{4\pi\varepsilon_0}\int\frac{\delta(\boldsymbol{r}'-\boldsymbol{r}'')}{|\boldsymbol{r}-\boldsymbol{r}'|}\mathrm{d}\boldsymbol{r}'=\frac{1}{4\pi\varepsilon_0}\frac{1}{|\boldsymbol{r}-\boldsymbol{r}''|}\end{aligned} \tag{1.2.19}$$

这里，$\boldsymbol{r}'$是形式变量。这个式子的含义是：在电荷密度分布为$\rho(\boldsymbol{r}')$时，$\boldsymbol{r}''$处的密度变化如何影响 $\boldsymbol{r}$ 处的电势。

例 1-6　设有泛函为

$$F[y]=\int\cdots\int\prod_{i=1}^{N}\mathrm{e}^{-\beta y(\boldsymbol{x}_i)}\mathrm{d}\boldsymbol{x}_1\cdots\mathrm{d}\boldsymbol{x}_N \tag{1.2.20}$$

为求泛函导数，应用式(1.2.15)，得

$$\frac{\delta F[y(\boldsymbol{x})]}{\delta y(\boldsymbol{x}')}=\frac{\mathrm{d}}{\mathrm{d}\varepsilon}F[y(\boldsymbol{x})+\varepsilon\delta(\boldsymbol{x}-\boldsymbol{x}')]\bigg|_{\varepsilon=0}$$

式中 $\boldsymbol{x}=\boldsymbol{x}_1,\boldsymbol{x}_2,\cdots,\boldsymbol{x}_N,\boldsymbol{x}'=\boldsymbol{x}_1',\boldsymbol{x}_2',\cdots,\boldsymbol{x}_N'$ 。

由于

$$\frac{\mathrm{d}\mathrm{e}^{-\beta(y(\boldsymbol{x}_i)+\varepsilon\delta(\boldsymbol{x}_i-\boldsymbol{x}'))}}{\mathrm{d}\varepsilon}\bigg|_{\varepsilon=0}=-\beta\mathrm{e}^{-\beta y(\boldsymbol{x}_i)}\delta(\boldsymbol{x}_i-\boldsymbol{x}')$$

因而有

$$\frac{\delta F[y(\boldsymbol{x})]}{\delta y(\boldsymbol{x}')}=-\sum_{j=1}^{N}\beta\int\cdots\int\prod_{i=1}^{N}\mathrm{e}^{-\beta y(\boldsymbol{x}_i)}\delta(\boldsymbol{x}_j-\boldsymbol{x}')\mathrm{d}\boldsymbol{x}_1\cdots\mathrm{d}\boldsymbol{x}_N$$

又由于所有 j 的积分值相同，共有 N 个。对于其中的任一个，设 j=1，$\int\mathrm{e}^{-\beta y(\boldsymbol{x}_1)}\delta(\boldsymbol{x}_1-\boldsymbol{x}')\mathrm{d}\boldsymbol{x}_1=\mathrm{e}^{-\beta y(\boldsymbol{x}')}$，最后得到泛函导数

$$\frac{\delta F[y]}{\delta y(\boldsymbol{x}')}=-N\beta\mathrm{e}^{-\beta y(\boldsymbol{x}')}\int\cdots\int\prod_{i=2}^{N}\mathrm{e}^{-\beta y(\boldsymbol{x}_i)}\mathrm{d}\boldsymbol{x}_2\cdots\mathrm{d}\boldsymbol{x}_N \tag{1.2.21}$$

2. 泛函导数的几个重要关系式

(1) 设泛函为

$$F[\varphi(\boldsymbol{x})]=\int f\left(\boldsymbol{x},\varphi(\boldsymbol{x})\right)\mathrm{d}\boldsymbol{x} \tag{1.2.22}$$

被积函数 f 是一个对 φ 可微的函数，有导数 $\partial f/\partial\varphi$。注意它是一般的定义在点上的导数，不是泛函导数，只是这个“点”不是通常三维空间上的点 $\boldsymbol{x}$，而是在函数空间中的一个点。

利用泛函的定义式(1.2.1)，有

$$\begin{aligned}\int\frac{\delta F[\varphi(\boldsymbol{x})]}{\delta\varphi(\boldsymbol{x})}v(\boldsymbol{x})\mathrm{d}\boldsymbol{x}&=\frac{\mathrm{d}}{\mathrm{d}\varepsilon}\int f\left(\boldsymbol{x},\varphi(\boldsymbol{x})+\varepsilon v(\boldsymbol{x})\right)\mathrm{d}\boldsymbol{x}\bigg|_{\varepsilon=0}\\&=\int\frac{\partial f\left(\varphi(\boldsymbol{x})+\varepsilon v(\boldsymbol{x})\right)}{\partial\left(\varphi(\boldsymbol{x})+\varepsilon v(\boldsymbol{x})\right)}\frac{\partial\left(\varphi(\boldsymbol{x})+\varepsilon v(\boldsymbol{x})\right)}{\partial\varepsilon}\mathrm{d}\boldsymbol{x}\bigg|_{\varepsilon=0}\\&=\int\frac{\partial f\left(\varphi(\boldsymbol{x})\right)}{\partial\varphi(\boldsymbol{x})}v(\boldsymbol{x})\mathrm{d}\boldsymbol{x}\end{aligned} \tag{1.2.23}$$

由此可得

$$\frac{\delta F[\varphi(\boldsymbol{x})]}{\delta\varphi(\boldsymbol{x})}=\frac{\partial f\left(\varphi(\boldsymbol{x})\right)}{\partial\varphi(\boldsymbol{x})} \tag{1.2.24}$$

泛函导数就是被积函数的导数，这是泛函导数的一个比较实用的关系式，条件是 f 对 φ 可微。

例 1-7　对于例 1-1，$f=\frac{1}{4\pi\varepsilon_0}\frac{\rho(\boldsymbol{r}')}{|\boldsymbol{r}-\boldsymbol{r}'|}$，代入式(1.2.24)，直接得到式(1.2.4)的泛函导数。

例 1-8　1927 年，托马斯和费米对没有相互作用的均匀电子气建立了一个动能泛函 $T_{\mathrm{TF}}[\rho]$，称为 Thomas-Fermi 动能泛函，它是对电子结构应用泛函理论的首个尝试。动能泛函仅依赖于电荷密度$\rho(\boldsymbol{r})$，与梯度、拉普拉斯算子和其他高阶导数无关，表示为

$$T_{\mathrm{TF}}[\rho]=C_{\mathrm{F}}\int\rho(\boldsymbol{r})^{5/3}\mathrm{d}\boldsymbol{r} \tag{1.2.25}$$

C_{F} 是常数。应用式(1.2.24)，直接得到泛函导数

$$\frac{\delta T_{\mathrm{TF}}[\rho]}{\delta\rho}=C_{\mathrm{F}}\frac{\partial\rho^{5/3}(\boldsymbol{r})}{\partial\rho}=\frac{5}{3}C_{\mathrm{F}}\rho^{2/3}(\boldsymbol{r}) \tag{1.2.26}$$

(2) 设泛函为重积分：

$$F[\varphi(\boldsymbol{x})]=\iint f\left(\varphi(\boldsymbol{x}'),\varphi(\boldsymbol{x}')\right)\mathrm{d}\boldsymbol{x}\mathrm{d}\boldsymbol{x}' \tag{1.2.27}$$

式(1.2.24)不再适用，要重新推导。利用泛函的定义式(1.2.1)，有

$$\begin{aligned}\int\frac{\delta F[\varphi(\boldsymbol{x})]}{\delta\varphi(\boldsymbol{x})}v(\boldsymbol{x})\mathrm{d}\boldsymbol{x}&=\frac{\mathrm{d}}{\mathrm{d}\varepsilon}\iint f\left(\varphi(\boldsymbol{x})+\varepsilon v(\boldsymbol{x}),\varphi(\boldsymbol{x}')+\varepsilon v(\boldsymbol{x}')\right)\mathrm{d}\boldsymbol{x}\mathrm{d}\boldsymbol{x}'\Big|_{\varepsilon=0}\\&=\iint\left(\frac{\partial f}{\partial\left(\varphi(\boldsymbol{x})+\varepsilon v(\boldsymbol{x})\right)}\frac{\partial\left(\varphi(\boldsymbol{x})+\varepsilon v(\boldsymbol{x})\right)}{\partial\varepsilon}\right.\\&\quad\left.+\frac{\partial f}{\partial\left(\varphi(\boldsymbol{x}')+\varepsilon v(\boldsymbol{x}')\right)}\frac{\partial\left(\varphi(\boldsymbol{x}')+\varepsilon v(\boldsymbol{x}')\right)}{\partial\varepsilon}\right)\mathrm{d}\boldsymbol{x}\mathrm{d}\boldsymbol{x}'\Big|_{\varepsilon=0}\end{aligned}$$

运作ε=0 后，得

$$\begin{aligned}\int\frac{\delta F[\varphi(\boldsymbol{x})]}{\delta\varphi(\boldsymbol{x})}v(\boldsymbol{x})\mathrm{d}\boldsymbol{x}&=\iint\frac{\partial f}{\partial\varphi(\boldsymbol{x})}v(\boldsymbol{x})\mathrm{d}\boldsymbol{x}\mathrm{d}\boldsymbol{x}'+\iint\frac{\partial f}{\partial\varphi(\boldsymbol{x}')}v(\boldsymbol{x}')\mathrm{d}\boldsymbol{x}'\mathrm{d}\boldsymbol{x}\\&=\iint\frac{\partial f}{\partial\varphi(\boldsymbol{x})}v(\boldsymbol{x})\mathrm{d}\boldsymbol{x}\mathrm{d}\boldsymbol{x}'+\iint\left(\frac{\partial f}{\partial\varphi(\boldsymbol{x}')}\right)_{\boldsymbol{x}'\leftrightarrow\boldsymbol{x}}v(\boldsymbol{x})\mathrm{d}\boldsymbol{x}'\mathrm{d}\boldsymbol{x}\end{aligned} \tag{1.2.28}$$

式(1.2.28)最后一步是由于积分变元 $\boldsymbol{x}$ 和 $\boldsymbol{x}'$完全对称，$\boldsymbol{x}\leftrightarrow\boldsymbol{x}'$对换不会改变积分值。最后得

$$\frac{\delta F[\varphi(\boldsymbol{x})]}{\delta\varphi(\boldsymbol{x})}=\int\left(\frac{\partial f}{\partial\varphi(\boldsymbol{x})}+\left(\frac{\partial f}{\partial\varphi(\boldsymbol{x}')}\right)_{\boldsymbol{x}'\leftrightarrow\boldsymbol{x}}\right)\mathrm{d}\boldsymbol{x}' \tag{1.2.29}$$

例 1-9　对于例 1-2，势能泛函 $J[\rho(\boldsymbol{r})]$为

$$J[\rho]=\frac{1}{2}\iint\frac{\rho(\boldsymbol{r})\rho(\boldsymbol{r}')}{|\boldsymbol{r}-\boldsymbol{r}'|}\mathrm{d}\boldsymbol{r}\mathrm{d}\boldsymbol{r}'=\frac{1}{2}\iint f\left(\rho(\boldsymbol{r}),\rho(\boldsymbol{r}')\right)\mathrm{d}\boldsymbol{r}\mathrm{d}\boldsymbol{r}'$$

$$f\left(\rho(\boldsymbol{r}),\rho(\boldsymbol{r}')\right)=\frac{1}{2}\frac{\rho(\boldsymbol{r})\rho(\boldsymbol{r}')}{|\boldsymbol{r}-\boldsymbol{r}'|} \tag{1.2.30}$$

对于这个例子，两个偏导数相等，

$$\frac{\partial f}{\partial\rho(\boldsymbol{r})}=\left(\frac{\partial f}{\partial\rho(\boldsymbol{r}')}\right)_{r'\leftrightarrow r}=\frac{1}{2}\frac{\rho(\boldsymbol{r}')}{|\boldsymbol{r}-\boldsymbol{r}'|}$$

应用式(1.2.29)，直接得到泛函导数

$$\frac{\delta J[\rho]}{\delta\rho(\boldsymbol{r})}=2\times\int\frac{\partial f}{\partial\rho(\boldsymbol{r})}\mathrm{d}\boldsymbol{r}'=\int\frac{\rho(\boldsymbol{r}')}{|\boldsymbol{r}-\boldsymbol{r}'|}\mathrm{d}\boldsymbol{r}' \tag{1.2.31}$$

即例 1-2 的式(1.2.8)。

二阶泛函导数可应用式(1.2.24)，得

$$\frac{\delta^2 J[\rho]}{\delta\rho(\boldsymbol{r})\delta\rho(\boldsymbol{r}')}=\frac{\delta}{\delta\rho(\boldsymbol{r}')}\int\frac{\rho(\boldsymbol{r}')}{|\boldsymbol{r}-\boldsymbol{r}'|}\mathrm{d}\boldsymbol{r}'=\frac{\partial}{\partial\rho(\boldsymbol{r}')}\frac{\rho(\boldsymbol{r}')}{|\boldsymbol{r}-\boldsymbol{r}'|}=\frac{1}{|\boldsymbol{r}-\boldsymbol{r}'|} \tag{1.2.32}$$

例 1-10 设有泛函

$$J[\rho]=\iint\exp(-\rho(\boldsymbol{r}))\sin(\rho(\boldsymbol{r}'))\mathrm{d}\boldsymbol{r}\mathrm{d}\boldsymbol{r}'=\iint f\left(\rho(\boldsymbol{r}),\rho(\boldsymbol{r}')\right)\mathrm{d}\boldsymbol{r}\mathrm{d}\boldsymbol{r}' \tag{1.2.33}$$

先计算两个偏导数，

$$\partial f/\partial\rho(\boldsymbol{r})=-\exp\left(-\rho(\boldsymbol{r})\right)\sin\left(\rho(\boldsymbol{r}')\right)$$
$$\left(\partial f/\partial\rho(\boldsymbol{r}')\right)_{r'\leftrightarrow r}=\exp\left(-\rho(\boldsymbol{r}')\right)\cos\left(\rho(\boldsymbol{r})\right)$$

应用式(1.2.29)，直接得到泛函导数

$$\begin{aligned}\frac{\delta J[\rho]}{\delta\rho(\boldsymbol{r})}&=\int\left(\frac{\partial f}{\partial\rho(\boldsymbol{r})}+\left(\frac{\partial f}{\partial\rho(\boldsymbol{r}')}\right)_{r'\leftrightarrow r}\right)\mathrm{d}\boldsymbol{r}'\\&=\int\left(-\exp(-\rho(\boldsymbol{r}))\sin(\rho(\boldsymbol{r}'))+\exp(-\rho(\boldsymbol{r}'))\cos(\rho(\boldsymbol{r}))\right)\mathrm{d}\boldsymbol{r}'\end{aligned} \tag{1.2.34}$$

(3) 如果泛函的被积函数f中有梯度，表示为

$$F[\varphi(\boldsymbol{x})]=\int f\left(\boldsymbol{x},\varphi(\boldsymbol{x}),\nabla\varphi(\boldsymbol{x})\right)\mathrm{d}\boldsymbol{x} \tag{1.2.35}$$

式(1.2.24)不再适用，要重新推导。利用泛函的定义式(1.2.1)，有

$$\begin{aligned}\int\frac{\delta F[\varphi(\boldsymbol{x})]}{\delta\varphi(\boldsymbol{x})}v(\boldsymbol{x})\mathrm{d}\boldsymbol{x}&=\frac{\mathrm{d}}{\mathrm{d}\varepsilon}\int f\left(\boldsymbol{x},\varphi+\varepsilon v,\nabla\varphi+\varepsilon\nabla v\right)\mathrm{d}\boldsymbol{x}\Big|_{\varepsilon=0}\\&=\int\left(\frac{\partial f}{\partial\varphi}v+\frac{\partial f}{\partial\nabla\varphi}\cdot\nabla v\right)\mathrm{d}\boldsymbol{x}\\&=\int\left(\frac{\partial f}{\partial\varphi}v+\nabla\cdot\left(\frac{\partial f}{\partial\nabla\varphi}v\right)-\left(\nabla\cdot\frac{\partial f}{\partial\nabla\varphi}\right)v\right)\mathrm{d}\boldsymbol{x}\\&=\int\left(\frac{\partial f}{\partial\varphi}v-\left(\nabla\cdot\frac{\partial f}{\partial\nabla\varphi}\right)v\right)\mathrm{d}\boldsymbol{x}\end{aligned} \tag{1.2.36}$$

式中第 2 行到第 3 行利用了例 1-4 注 2 的分部积分，并设在边界处 v=0。相应可得

$$\frac{\delta F[\varphi(\boldsymbol{x})]}{\delta\varphi(\boldsymbol{x})}=\frac{\partial f\left(\boldsymbol{x},\varphi(\boldsymbol{x}),\nabla\varphi(\boldsymbol{x})\right)}{\partial\varphi(\boldsymbol{x})}-\nabla\cdot\frac{\partial f\left(\boldsymbol{x},\varphi(\boldsymbol{x}),\nabla\varphi(\boldsymbol{x})\right)}{\partial\nabla\varphi(\boldsymbol{x})} \tag{1.2.37}$$

例 1-11　对于例 1-4，$f=\nabla\rho(\boldsymbol{r})\cdot\nabla\rho(\boldsymbol{r})/\rho(\boldsymbol{r})$，代入式(1.2.37)，直接得到泛函导数

$$\begin{aligned}\frac{\delta T_{\mathrm{W}}[\rho(\boldsymbol{r})]}{\delta\rho(\boldsymbol{r})}&=-\frac{\nabla\rho(\boldsymbol{r})\cdot\nabla\rho(\boldsymbol{r})}{\rho^2(\boldsymbol{r})}-2\nabla\cdot\frac{\nabla\rho(\boldsymbol{r})}{\rho(\boldsymbol{r})}\\&=-\frac{\nabla\rho(\boldsymbol{r})\cdot\nabla\rho(\boldsymbol{r})}{\rho^2(\boldsymbol{r})}-2\frac{\nabla^2\rho(\boldsymbol{r})}{\rho(\boldsymbol{r})}\end{aligned}$$

这就是例 1-4 的式(1.2.13)。上式右面两步的推导，可参考注 2 最后式子的演变。

例 1-12　设有泛函为

$$F[y]=\frac{1}{2}\int\left(\nabla y(\boldsymbol{x})\right)^2\mathrm{d}\boldsymbol{x} \tag{1.2.38}$$

应用式(1.2.37)，直接得到泛函导数

$$\frac{\delta F[y]}{\delta y(\boldsymbol{x})}=-\nabla\cdot\frac{\partial f}{\partial\nabla y(\boldsymbol{x})}=-\nabla\cdot\nabla y(\boldsymbol{x})=-\nabla^2y(\boldsymbol{x}) \tag{1.2.39}$$

上面已经讨论了泛函导数定义的各种形式。其中第一种式(1.2.1)最为基本，是其他各种形式的出发点。第二种也是基本的。第三种多被物理学家应用，但有人曾质疑它在数学上的严格性。几个重要的关系式带来许多方便，在处理实际问题时常使用，但要注意应用的条件。其中式(1.2.24)最为简便，但条件有严格限制。对于比较复杂的场合，还是要从式(1.2.1)出发进行推导。

3. 泛函偏导数

如 $\boldsymbol{y}=y_\alpha, y_\beta, y_\gamma, \cdots$，泛函偏导数可按式(1.2.1)推广定义为

$$\int\frac{\delta F[\boldsymbol{y}]}{\delta y_\alpha(\boldsymbol{x})}v_\alpha(\boldsymbol{x})\mathrm{d}\boldsymbol{x}=\left(\frac{\partial F[\boldsymbol{y}+\boldsymbol{\varepsilon}\cdot\boldsymbol{v}]}{\partial\varepsilon_\alpha}\right)_{\varepsilon=0} \tag{1.2.40}$$

4. 链规则

有时对泛函求导不是相对于变量函数，而是其他函数。例如$\delta F[y]/\delta\eta(x)$，它已经不是常规意义下的泛函导数，因为变量函数 y 与求导的函数η不相同。这时要应用链规则(chain rule)。

链规则可表示为

$$\frac{\delta F[y]}{\delta\eta(x)}=\int\frac{\delta F[y]}{\delta y(x_1)}\frac{\delta y(x_1)}{\delta\eta(x)}\mathrm{d}x_1 \tag{1.2.41}$$

如果 $F=\eta(x')$，由于 $\delta\eta(x')/\delta\eta(x)=\delta(x'-x)$，

$$\delta(x'-x)=\int\frac{\delta\eta(x')}{\delta y(x_1)}\frac{\delta y(x_1)}{\delta\eta(x)}\mathrm{d}x_1 \tag{1.2.42}$$

此式表明，$\delta\eta(x')/\delta y(x)$ 与 $\delta y(x_1)/\delta\eta(x)$ 有互为泛函倒反的关系(functional reciprocals)。

5. 泛函极值

当 $F[\boldsymbol{y}]$为极值，$\boldsymbol{y}=y_1, y_2, y_3, \cdots$，有

$$\frac{\delta F[\boldsymbol{y}]}{\delta y_\alpha(\boldsymbol{x})}=0, \quad \alpha=1,2,3,\cdots \tag{1.2.43}$$

进一步要看下面方程的所有的本征值，

$$K\psi=\lambda\psi \tag{1.2.44}$$

$$K\psi=\int\frac{\delta^2 F}{\delta y(\boldsymbol{x})\delta y(\boldsymbol{x}')}\psi(\boldsymbol{x}')\mathrm{d}\boldsymbol{x}' \tag{1.2.45}$$

如本征值为正，即为极小，负则为极大。

泛函常用于通过极值化来找到一个函数。

6. 量纲问题

由第三种定义式(1.2.15)可知

$$\frac{\delta F[\varphi(\boldsymbol{x})]}{\delta\varphi(\boldsymbol{y})}=\lim_{\varepsilon\to 0}\frac{F[\varphi(\boldsymbol{x})+\varepsilon\delta(\boldsymbol{x}-\boldsymbol{y})]-F[\varphi(\boldsymbol{x})]}{\varepsilon}$$

泛函导数是单位小量ε变化的泛函变化。由式可见，$\varepsilon\delta(\boldsymbol{x}-\boldsymbol{y})$的量纲应与$\varphi(\boldsymbol{x})$的量纲相同。本章应用的主要对象是密度泛函，$\delta(\boldsymbol{r}-\boldsymbol{r}')$的量纲与密度$\rho(\boldsymbol{r})$的量纲相同，都是 L^{-3}，ε的量纲为 1。因此，密度泛函导数的量纲与密度泛函的量纲相同。一般函数的导数，则是单位变量的函数变化，导数的量纲是函数的量纲除以变量的量纲。

例 1-13　分析例 1-8 式(1.2.25)给出的动能密度泛函，

$$T_{\mathrm{TF}}[\rho]=C_{\mathrm{F}}\int\rho(\boldsymbol{r})^{5/3}\mathrm{d}\boldsymbol{r}$$

动能 T 的量纲为 E，$\mathrm{E=LM^2T^{-2}}$；ρ是数密度，量纲为 L^{-3}；C_{F} 的量纲为 $\mathrm{EL^5L^{-3}=EL^2}$；$\mathrm{d}\boldsymbol{r}=\mathrm{d}x\mathrm{d}y\mathrm{d}z$，量纲为 L^3。式(1.2.26)则给出对密度的泛函导数，表达式为

$$\frac{\delta T_{\mathrm{TF}}[\rho]}{\delta\rho}=C_{\mathrm{F}}\frac{\partial\rho^{5/3}(\boldsymbol{r})}{\partial\rho}=\frac{5}{3}C_{\mathrm{F}}\rho^{2/3}(\boldsymbol{r})$$

该泛函导数的量纲为 $\mathrm{EL^2L^{-2}=E}$，可见与动能密度泛函 T_{TF} 的量纲相同。

例 1-14　再看一个非常规的例子。第 5 章式(5.3.2)给出

$$\frac{\delta\Omega[\rho(\boldsymbol{r})]}{\delta u(\boldsymbol{r})}=-\rho(\boldsymbol{r})$$

式中，Ω、u 和ρ的量纲分别为 E、E 和 L^{-3}。这个例子中，式左仍为泛函导数，但与通常的泛函导数求导不同，泛函Ω的变量函数ρ与求导的函数 u 不相同。这时要

应用链规则，按式(1.2.41)，式左有

$$\frac{\delta\Omega[\rho(\boldsymbol{r})]}{\delta u(\boldsymbol{r})}=\int\frac{\delta\Omega[\rho(\boldsymbol{r})]}{\delta\rho(\boldsymbol{r}')}\frac{\delta\rho(\boldsymbol{r}')}{\delta u(\boldsymbol{r})}\mathrm{d}\boldsymbol{r}'=\int\frac{\delta\Omega[\rho(\boldsymbol{r})]}{\delta\rho(\boldsymbol{r}')}\frac{\partial\rho(\boldsymbol{r}')}{\partial u(\boldsymbol{r})}\delta(\boldsymbol{r}-\boldsymbol{r}')\mathrm{d}\boldsymbol{r}'$$

由于 $\int\delta(\boldsymbol{r})\mathrm{d}\boldsymbol{r}=1$，$\int\mathrm{d}\boldsymbol{r}$ 的量纲为 L^3，因此这里δ函数的量纲为 L^{-3}。$\delta\Omega[\rho(\boldsymbol{r})]/\delta\rho(\boldsymbol{r})$ 的量纲即Ω的量纲为 E。汇总后，式左总的量纲为 $\mathrm{EL^{-3}E^{-1}L^{-3}L^{3}=L^{-3}}$，与式右 $\rho(\boldsymbol{r})$ 的量纲一致。

1.3　泛 函 微 分

泛函微分在 1.2 节中已有涉及，现做进一步介绍。一阶和二阶泛函微分(变分)可分别表示为

$$\delta F=\sum_{\alpha}\int\frac{\delta F}{\delta y_{\alpha}(\boldsymbol{x})}\delta y_{\alpha}(\boldsymbol{x})\mathrm{d}\boldsymbol{x} \tag{1.3.1}$$

$$\delta^2 F=\sum_{\alpha\beta}\int\frac{\delta^2 F}{\delta y_{\alpha}(\boldsymbol{x})\delta y_{\beta}(\boldsymbol{x}')}\delta y_{\alpha}(\boldsymbol{x})\delta y_{\beta}(\boldsymbol{x}')\mathrm{d}\boldsymbol{x}\mathrm{d}\boldsymbol{x}' \tag{1.3.2}$$

如果 $F=F[u, v]$，

$$\begin{aligned}\delta F&\equiv F[u+\delta u,v+\delta v]-F[u,v]\\&=\int\frac{\delta F}{\delta u(\boldsymbol{x})}\delta u(\boldsymbol{x})\mathrm{d}\boldsymbol{x}+\int\frac{\delta F}{\delta v(\boldsymbol{x})}\delta v(\boldsymbol{x})\mathrm{d}\boldsymbol{x}+\text{高价项}\end{aligned} \tag{1.3.3}$$

$$\int\frac{\delta F}{\delta u(\boldsymbol{x}')}\frac{\delta u(\boldsymbol{x}')}{\delta v(\boldsymbol{x})}\mathrm{d}\boldsymbol{x}+\frac{\delta F}{\delta v(\boldsymbol{x})}=0 \tag{1.3.4}$$

$\delta u(\boldsymbol{x}')/\delta v(\boldsymbol{x})$ 在 F 为常数时取值。此式可类比于隐函数定理(implicit function theorem)。

1.4　泛函泰勒级数

泛函的泰勒(Taylor)级数可直接写出为

$$F[\boldsymbol{y}+\boldsymbol{v}]=\sum_{k=0}^{\infty}\frac{1}{k!}\sum_{\alpha_1}\cdots\sum_{\alpha_k}\int\cdots\int\frac{\delta^k F[\boldsymbol{y}]}{\delta y_{\alpha_1}(\boldsymbol{x}_1)\cdots\delta y_{\alpha_k}(\boldsymbol{x}_k)}v_{\alpha_1}(\boldsymbol{x}_1)\cdots v_{\alpha_k}(\boldsymbol{x}_k)\mathrm{d}\boldsymbol{x}_1\cdots\mathrm{d}\boldsymbol{x}_k \tag{1.4.1}$$

1.5　泛 函 积 分

一般积分的范围是在变量空间的一定区域，泛函积分则在函数空间进行。维纳(N. Wiener)在研究布朗运动时，对粒子的随机路径给予一定的概率，应用了泛函积分。费恩曼(R. P. Feynman)则应用路径积分来进行量子力学计算。

对于泛函 $F[y(x)]$的积分，有以下几种不同类型[3]。

1. 沿着特定的路径进行

沿着特定的路径进行，又可分为以下三种：

（1）

$$\int_{s_a}^{s_b} F[y(x)]\mathrm{d}s \tag{1.5.1}$$

路径是在 $y(x)$-x 平面中的一段曲线，s 指该路径的长度，从 s_a 到 s_b。对应于该路径，泛函 $F[y(x)]$在空间中也是一条曲线，积分结果是该路径与 $F[y(x)]$曲线间的面积（图 1-1）。

（2）

$$\int_{x_a}^{x_b} F[y(x)]\mathrm{d}x \tag{1.5.2}$$

路径是在 x 轴上的一段距离，从 x_a 到 x_b，积分结果是 $F[y(x)]$曲线在 $F[y(x)]$-x 平面上的投影与 x 轴上的一段距离间的面积，它是（1）的面积在 $F[y(x)]$-x 平面上的投影（图 1-1）。

（3）

$$\int_{y_a=y(x_a)}^{y_b=y(x_b)} F[y(x)]\delta y(x) \tag{1.5.3}$$

路径是在 $y(x)$轴上的一段距离，从 $y(x_a)$到 $y(x_b)$，积分结果是 $F[y(x)]$曲线在 $F[y(x)]$-$y(x)$平面上的投影与 $y(x)$轴上的一段距离间的面积，它是（1）的面积在 $F[y(x)]$-$y(x)$平面上的投影（图 1-1）。式中$\delta y(x)$也可写为 $\mathrm{d}y(x)$。这第（3）种是最通用的定义。

2. 沿着无穷多可能的路径进行的总和

它是上面第（3）种的积分的扩展，表达为

$$\int_{y_a=y(x_a)}^{y_b=y(x_b)} F[y(x)]\mathrm{D}y(x) \quad 或 \quad \int_{y_a=y(x_a)}^{y_b=y(x_b)} F[y(x)]\mathrm{D}[y(x)] \tag{1.5.4}$$

参见图 1-2。符号 $\mathrm{D}y(x)$ 或 $\mathrm{D}[y(x)]$ 表示无穷多可能的$\delta y(x)$的总和。积分上下限可依实际要求确定，有时如配分函数就不需要上下限。重要的是，因为有无穷多可能的路径，表明 $y(x)$经历了所有各种可能的变化，覆盖了函数空间所有可能的状态。

这种沿着无穷多可能的路径进行的泛函积分，在许多文献上，常简称为**路径积分**（path integral），见参考书[3, 4]。

对于路径积分，最早的工作是由费恩曼进行的。在量子力学中，为了对拉格朗日量（Lagrangian）L 和哈密顿量（Hamiltonian）H 进行变换，狄拉克曾采取经典力学方法，但不能适用于所有可能的路径。1948 年，费恩曼采用了离散化趋于无穷变为连续的方法，得到了沿着无穷多可能的路径进行的路径积分。

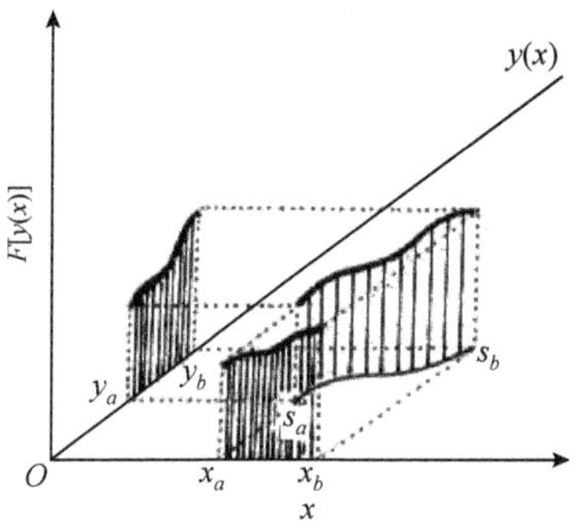

图 1-1　路径积分

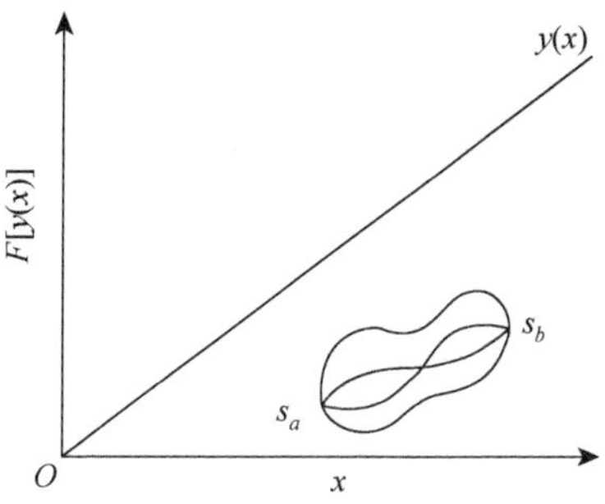

图 1-2　无穷路径积分

当粒子从时间为 t_a 位置 x_a 运动到时间为 t_b 位置 x_b，按费恩曼的做法，进行等间隔的时间分割(time slicing)

$$t_a<t_1<t_2<\cdots<t_n<t_b,\ \Delta t=t_j-t_{j-1}=\varepsilon=(t_b-t_a)/(n+1),\ n\to\infty$$

在 t_a、x_a、t_b、x_b 固定的前提下，中间的 $x_j(j=1,\cdots,n)$ 可以发生任意变化，表示为 $\mathrm{d}x_1\mathrm{d}x_2\ldots\mathrm{d}x_n$ 在全部空间中的多重积分。路径积分正比于下面的近似计算：

$$\begin{aligned}
&\iint\cdots\int\exp\left((2\pi\mathrm{i}/h)\int_{t_a}^{t_b}L\big(x(t),\dot{x}(t),t\big)\mathrm{d}t\right)\mathrm{d}x_1\mathrm{d}x_2\cdots\mathrm{d}x_n\Big|_{n\to\infty}\\
&=\iint\cdots\int\exp\left((2\pi\mathrm{i}/h)\varepsilon\sum_{j=0}^{n}L\Big((x_j+x_{j+1})/2,(x_{j+1}-x_j)/\varepsilon,(t_j+t_{j+1})/2\Big)\right)\\
&\qquad\mathrm{d}x_1\mathrm{d}x_2\cdots\mathrm{d}x_n\Big|_{n\to\infty}\\
&=\int_{x_a}^{x_b}\exp\left((2\pi\mathrm{i}/h)\int_{t_a}^{t_b}L\big(x(t),\dot{x}(t),t\big)\mathrm{d}t\right)\mathrm{D}x(t)
\end{aligned}\tag{1.5.5}$$

式中，L 为拉格朗日量；h 为普朗克常量，$x_0=x_a$，$t_0=t_a$，$x_{n+1}=x_b$，$t_{n+1}=t_b$。式(1.5.5)与经典力学方法不同，不是专注于某一固定路径，而是覆盖了在初终态 t_a、x_a、t_b、x_b 间所有可能的路径，最后得到沿着无穷多可能的路径进行的路径积分。

3. 对泛函导数积分

相当于一般全微分的积分，得到的结果是泛函值的变化。由于积分在函数空间进行，需要使函数发生变化，为此要为函数引入一个 0～1 的乘数ε。积分式为

$$F[y]=F[0]+\int_0^1\frac{\mathrm{d}F[\varepsilon y]}{\mathrm{d}\varepsilon}\mathrm{d}\varepsilon\tag{1.5.6}$$

首先注意

$$\frac{\mathrm{d}}{\mathrm{d}\varsigma}F[\varepsilon y+\varsigma y]\Big|_{\varsigma=0}=\int\frac{\delta F[\varepsilon y(\boldsymbol{x})]}{\delta\big(\varepsilon y(\boldsymbol{x})\big)}y(\boldsymbol{x})\mathrm{d}\boldsymbol{x}\tag{1.5.7}$$

按链规则式(1.2.41)，

$$\frac{\mathrm{d}F[\varepsilon y]}{\mathrm{d}\varepsilon}=\int\frac{\delta F[\varepsilon y]}{\delta\big(\varepsilon y(\boldsymbol{x})\big)}\frac{\delta\big(\varepsilon y(\boldsymbol{x})\big)}{\delta\varepsilon}\mathrm{d}\boldsymbol{x}=\int\frac{\delta F[\varepsilon y]}{\delta\big(\varepsilon y(\boldsymbol{x})\big)}y(\boldsymbol{x})\mathrm{d}\boldsymbol{x} \tag{1.5.8}$$

代入式(1.5.5)，得最后积分式：

$$F[y]=F[0]+\int_0^1\int\frac{\delta F[\varepsilon y]}{\delta\big(\varepsilon y(\boldsymbol{x})\big)}y(\boldsymbol{x})\mathrm{d}\boldsymbol{x}\mathrm{d}\varepsilon \tag{1.5.9}$$

对多元的情况，则有

$$F[\boldsymbol{y}]=F[\boldsymbol{0}]+\sum_{\alpha}\int_0^1\int\frac{\delta F[\varepsilon \boldsymbol{y}]}{\delta\big(\varepsilon y_\alpha(\boldsymbol{x})\big)}y_\alpha(\boldsymbol{x})\mathrm{d}\boldsymbol{x}\mathrm{d}\varepsilon \tag{1.5.10}$$

参 考 文 献

[1] Parr R G，Yang W. Density-Functional Theory of Atoms and Molecules. Oxford：Oxford University Press，1989

[2] Davis H T. Statistical Mechanics of Phases，Interfaces and Thin Films. New York：VCH Publishers Inc，1996

[3] Path integral formulation. From wikipedia，the free encyclopedia. http: //en.wikipedia.org/wiki/path_integral_formulation

[4] 张永德. 量子力学. 2 版. 北京：科学出版社，2008

第 2 章　量子化学基础

2.1　引　　言

量子力学研究微观粒子包括分子、原子、原子核和电子等的运动规律。微观粒子具有粒子和波动的两重性，即波粒二象性；运动规律具有统计性；位置和动量不能同时准确地确定，即不确定关系。这些新概念导致量子力学的诞生。在下一章讨论量子力学中的密度泛函理论以前，需要先熟悉一些量子化学的基础知识。

2.2　物理化学课程中的内容

一般的物理化学教材[1]中，都有量子化学的简要介绍。

1. 量子力学的四个基本假定

第一个假定：微观粒子系统的运动状态或量子态可用波函数 Ψ 来全面描述。

波函数是坐标和时间的函数，表示为 $\Psi(q,t)$ 或 $\Psi(\tau,t)$，称为 q 表象，q（或用 $\boldsymbol{\tau}$）即 x、y、z 或 r、θ、ϕ 等；或是动量和时间的函数 $\Phi(p,t)$，称为 p 表象。$\Psi\Psi^*$ 或 $|\Psi|^2$ 代表微粒出现的概率密度 ρ。

第二个假定：微观粒子系统的每个可观察的力学量 $\boldsymbol{F}$，都对应着一个厄米（Hermite）算符 $\hat{\boldsymbol{F}}$。

第三个假定：当在一定运动状态或量子态下测量某力学量 $\boldsymbol{F}$ 时，可能得到不同数值，其平均值 $\langle F\rangle$ 按下式计算：

$$\langle F\rangle=\frac{\int\Psi^*\hat{F}\Psi\,\mathrm{d}\tau}{\int\Psi^*\Psi\,\mathrm{d}\tau} \tag{2.2.1}$$

第四个假定：微观粒子系统的运动方程由薛定谔（E. Schrödinger）方程描述：

$$-\frac{\hbar}{\mathrm{i}}\frac{\partial\Psi}{\partial t}=\hat{H}\Psi \tag{2.2.2}$$

它没有涉及相对论效应，是非相对论量子力学的基本方程。

通常使用的是与时间无关的薛定谔方程，表示为

$$\hat{H}\psi(q)=E\psi(q) \tag{2.2.3}$$

式中，$\psi(q)$ 也称波函数，是不含时间的波函数；$\hat{H}$ 为与时间无关的哈密顿算符，

对应于系统的能量。如不计相对论效应，当系统中含 N 个微观粒子，可写出

$$\hat{H}=\hat{T}+\hat{V}=-\frac{\hbar^2}{2m}\nabla^2+V(x,y,z)=-\frac{1}{2}\nabla^2+V(x,y,z) \tag{2.2.4}$$

其中，$\hat{T}$ 和 $\hat{V}$ 分别为动能算符和位能算符；∇^2 为拉普拉斯算符，$\nabla^2=\partial^2/\partial x^2+\partial^2/\partial y^2+\partial^2/\partial z^2$；$\hbar=h/2\pi$，$h$ 是普朗克常量。式中最后的等式是采用原子单位制 a.u.。

式(2.2.4)是哈密顿算符 $\hat{H}$ 的本征方程。对一定的微观粒子系统，可解得一系列本征函数 ψ_1、ψ_2、… 和相应的本征值 E_1、E_2、…，它们代表该系统不同的量子态和相应的能量。哈密顿算符是厄米算符，参见式(2.4.8)，本征值 E_i 是实数。另外，这些 ψ_i 具有正交性，即

$$\int\psi_i^*\psi_j\mathrm{d}\boldsymbol{\tau}=0，\ i\neq j \tag{2.2.5}$$

同时，可使 ψ_i 归一化，即满足

$$\int\psi_i^*\psi_i\mathrm{d}\boldsymbol{\tau}=1 \tag{2.2.6}$$

能量 E 的平均值 $\langle E\rangle$ 按式(2.2.1)可计算如下

$$E=\langle E\rangle=\int\psi^*\hat{H}\psi\mathrm{d}\boldsymbol{\tau}=\langle\psi|\hat{H}|\psi\rangle \tag{2.2.7}$$

式中的 ψ 已归一化。式右是采用狄拉克符号的表示，参见 2.4 节。由此式可见，能量是波函数的泛函，$E=E[\psi]$。

2. 原子和分子的电子结构

玻恩-奥本海默近似　简称 BO 近似。玻恩(M. Born)和奥本海默(J. R. Oppenheimer)在 1927 年提出：由于核比电子重得多，可将分子的波函数用只包含核的坐标的 ψ_{n} 与只包含电子坐标的 ψ_{e} 的乘积来表示。其中与化学键有关的电子波函数 ψ_{e}(以下用 ψ)，可在以各个核的相对固定的坐标为参数的条件下，求解电子的薛定谔方程而得。

多粒子系统　对于有 N 个电子和 M 个核的系统，哈密顿算符为

$$\hat{H}=\hat{T}+\hat{V}_{\mathrm{ne}}+\hat{V}_{\mathrm{ee}}=-\sum_{i=1}^{N}\frac{1}{2}\nabla_i^2-\sum_{i=1}^{N}\sum_{\mathrm{A}=1}^{M}\frac{Z_{\mathrm{A}}}{r_{i\mathrm{A}}}+\sum_{i=1}^{N}\sum_{j>i}^{N}\frac{1}{r_{ij}} \tag{2.2.8}$$

式中，$\nabla_i^2=\partial^2/\partial x_i^2+\partial^2/\partial y_i^2+\partial^2/\partial z_i^2$，是拉普拉斯算符(Laplacian)；下标 ne 和 ee 分别代表核-电子和电子-电子相互作用；r 为微粒间的距离。在相应的薛定谔方程 $H\psi=E\psi$ 中，解得的 ψ 是表征 N 个电子绕核运动状态的波函数，它是坐标 $q=\{\boldsymbol{\tau}_1,\boldsymbol{\tau}_2,\cdots,\boldsymbol{\tau}_N\}$ 的函数(这种解可以有许多个，形成一个完备集。完备的意义见 2.3 节)。对于某一个 ψ，在 $\boldsymbol{\tau}_1$ 处的体积元 $\mathrm{d}\boldsymbol{\tau}_1$ 中找到第 1 个电子，$\boldsymbol{\tau}_2$ 处的 $\mathrm{d}\boldsymbol{\tau}_2$ 中找到第 2 个电子，…，$\boldsymbol{\tau}_N$ 处的 $\mathrm{d}\boldsymbol{\tau}_N$ 中找到第 N 个电子的概率，即为 $\psi\psi^*\mathrm{d}\boldsymbol{\tau}_1\mathrm{d}\boldsymbol{\tau}_2\cdots\mathrm{d}\boldsymbol{\tau}_N$，按归一化要求

$$\int\cdots\int\psi\psi^*\mathrm{d}\boldsymbol{\tau}_1\mathrm{d}\boldsymbol{\tau}_2\cdots\mathrm{d}\boldsymbol{\tau}_N=\int\cdots\int|\psi|^2\,\mathrm{d}\boldsymbol{\tau}_1\mathrm{d}\boldsymbol{\tau}_2\cdots\mathrm{d}\boldsymbol{\tau}_N=1 \tag{2.2.9}$$

自旋波函数　对于一个完全的量子态，ψ中必须计入 N 个电子的自旋波函数 χ，它有两种，α和β，分别代表自旋磁量子数 m_s=+1/2 和−1/2。微元 $\mathrm{d}\boldsymbol{\tau}_i=\mathrm{d}x_i\mathrm{d}y_i\mathrm{d}z_i\mathrm{d}s_i$ 或 $\mathrm{d}\boldsymbol{\tau}_i=\mathrm{d}\boldsymbol{r}_i\mathrm{d}s_i$，$\boldsymbol{r}_i$ 是电子 i 的空间坐标，s_i 是电子 i 的自旋坐标，表征自旋运动。

3. 变分法

对于原子和分子，除了极少数简单的系统，如 H 原子和 H_2^+ 离子，严格求解薛定谔方程几乎不可能，要应用近似方法。变分法是最常用的一种，另一种是微扰法(将在 2.6 节中介绍)。

变分原理　变分法的基础是变分原理或变分定理，叙述为：按式(2.2.7) $E=\int\psi^*\hat{H}\psi\mathrm{d}\boldsymbol{\tau}$ 计算所得的能量 E，必定大于等于算符 $\hat{H}$ 的最小本征值。也就是说，对于 N 个电子的各种可能的波函数，具有最小能量的波函数，是基态波函数，相应的能量是基态能量 E_0

$$E_0=\min_{\psi\to N}E[\psi]=\min_{\psi\to N}\int\psi^*\hat{H}\psi\mathrm{d}\boldsymbol{\tau}=\min_{\psi\to N}\left\langle\psi\middle|\hat{H}\middle|\psi\right\rangle \tag{2.2.10}$$

式中，$\psi\to N$ 表示ψ是 N 电子系统的可能的波函数。这就是变分法，它通过求能量泛函的极值，得到波函数和能量。

式(2.2.10)的变分原理也可用泛函微分表达：

$$\delta E[\psi]=0 \tag{2.2.11}$$

通常应用拉格朗日(T. L. Lagrange)未定乘数法，在为$\left\langle\psi\middle|\hat{H}\middle|\psi\right\rangle$求极值时，考虑到$\psi$必须归一，$\langle\psi|\psi\rangle=1$，以 E 作为未定乘数，可写出

$$\delta\left[\left\langle\psi\middle|\hat{H}\middle|\psi\right\rangle-E\langle\psi|\psi\rangle\right]=0 \tag{2.2.12}$$

这个式子与薛定谔方程式(2.2.3)等价。

变分原理可以扩展应用于激发态，这时的极小值是一个局部极小，并且要注意ψ_1等必须与基态的ψ_0正交。

4. 斯莱特行列式波函数

N 个电子的完全波函数可用斯莱特(J. C. Slater)行列式波函数ψ_{SD}表达，行列式符号用 det，表达式为

$$\psi_{\mathrm{SD}}=\psi(\boldsymbol{\tau}_1,\boldsymbol{\tau}_2,\cdots,\boldsymbol{\tau}_N)=\frac{1}{\sqrt{N!}}\begin{vmatrix}\psi_1(\boldsymbol{\tau}_1) & \psi_2(\boldsymbol{\tau}_1) & \cdots & \psi_N(\boldsymbol{\tau}_1)\\ \psi_1(\boldsymbol{\tau}_2) & \psi_2(\boldsymbol{\tau}_2) & \cdots & \psi_N(\boldsymbol{\tau}_2)\\ \vdots & \vdots & & \vdots\\ \psi_1(\boldsymbol{\tau}_N) & \psi_2(\boldsymbol{\tau}_N) & \cdots & \psi_N(\boldsymbol{\tau}_N)\end{vmatrix} \tag{2.2.13}$$

$$=\frac{1}{\sqrt{N!}}\det\{\psi_1(\boldsymbol{\tau}_1),\psi_2(\boldsymbol{\tau}_2),\cdots,\psi_N(\boldsymbol{\tau}_N)\}$$

式中行列式的元素$\psi_i(\boldsymbol{\tau}_j)=\phi_i(\boldsymbol{r}_j)\chi_i(s_j)$是指第 j 个电子(空间坐标为 $\boldsymbol{r}_j$，自旋坐标为 s_j)

处于由第 i 种原子或分子轨道波函数 ϕ_i 和自旋波函数 χ_i 的组合时所表示的状态。它们是单电子波函数，满足正交和归一要求，通常称为**自旋轨道**(spin orbital)。符号 det 中只写出对角元素。电子是费米子，必须遵守泡利(W. E. Pauli)不相容原理所要求的反对称，这个行列式满足这一要求。

5. 哈特里-福克方法

由哈特里(D. R. Hartree)和福克(V. Fock)提出，常简写为 HF。它是几乎所有常规的基于波函数的量子化学方法的基石。哈特里起初对单电子波函数的薛定谔方程求解，采用**自洽场方法**(SCF)。它将其他电子对某电子 i 的库仑作用用平均场方法处理，即将任意电子 j 对某电子 i 的位能按力学量平均值计算，涉及的 ϕ_j 则采用迭代自洽的方法解决。以后福克采用了斯莱特行列式波函数，发展了更准确的方法，称为哈特里-福克方法，2.3 节将详细讨论。

对于分子，HF 计算采用了分子轨道近似，分子轨道由原子轨道线性组合(LCAO)而成。以 H_2 分子为例，每一个分子轨道的变分函数为

$$\psi = c_1\phi_a + c_2\phi_b \tag{2.2.14}$$

ϕ_a 和 ϕ_b 为两个 H 原子 a 和 b 的原子轨道，c_1 和 c_2 由变分法求得。由于有两个电子 1 和 2，H_2 分子的波函数 ψ 为

$$\psi=\left(c_1\phi_a(1)+c_2\phi_b(1)\right)\left(c_1\phi_a(2)+c_2\phi_b(2)\right) \tag{2.2.15}$$

HF 的计算相对来说比较简单，对处于平衡时分子的电子组态有比较符合实际的描述。但由于采用 LCAO，在接近离解时，过分强调了原子之间的相互影响，不能正确反映两个原子已相互独立的现实。

6. 海特勒-伦敦方法

由海特勒(W. Heitler)和伦敦(F. London)提出，常简写为 HL，又称**电子配对法**。它不像分子轨道法先求单电子波函数，而是直接用变分法求两个配对电子的波函数。以 H_2 分子为例，变分函数可写为

$$\psi = c_1\psi_{\mathrm{I}} + c_2\psi_{\mathrm{II}} = c_1\phi_a(1)\phi_b(2) + c_2\phi_a(2)\phi_b(1) \tag{2.2.16}$$

HL 的优点是离解也能比较正确地反映，但应用于多原子分子时，计算将十分复杂。鉴于 HF 和 HL 各自的长处和短处，克莱门蒂(E. Clementi)和科龙朱(G. Corongiu)提出 HF-HL 方法[2, 3]，之后又提出**化学轨道**的概念[4]，考虑了适应离解的原子轨道，采用 7 个组态，其实质是采用更合适的基组(详见 2.3 节)，得到平衡离解能 D_e=4.73eV 或 456kJ·mol^{-1}，已很接近实验值的 D_e=4.75eV 或 458kJ·mol^{-1}。

7. 从头计算和半经验计算

量子化学计算有两大类：从头计算(*ab initio*)和半经验计算。前者采用正确的

哈密顿量或算符，后者则用简化的哈密顿量，并用实验数据来拟合参数。HF 和 HL 都是从头计算。

以上内容除狄拉克符号外，在物理化学课程[1]中一般都能找到。下面进一步讨论有关 HF 的数学框架，以及电子相关和微扰理论等一些重要问题。

2.3　哈特里-福克方法

1. 哈特里-福克方程(HF 方程)

将斯莱特行列式波函数式(2.2.13)代入式(2.2.7)和式(2.2.8)，可得 N 电子系统的能量 E_{HF}

$$E_{\mathrm{HF}}=\langle\psi|\hat{H}|\psi\rangle=\sum_{i=1}^{N}H_i+\frac{1}{2}\sum_{i,j=1}^{N}(J_{ij}-K_{ij}) \tag{2.3.1}$$

其中

$$H_i=\int\psi_i^*(\boldsymbol{\tau}_i)\left(-\frac{1}{2}\nabla_i^2-\sum_{A=1}^{M}Z_A/r_{iA}\right)\psi_i(\boldsymbol{\tau}_i)\mathrm{d}\boldsymbol{\tau}_i \tag{2.3.2}$$

$$J_{ij}=\iint\psi_i(\boldsymbol{\tau}_1)\psi_i^*(\boldsymbol{\tau}_1)(1/r_{12})\psi_j^*(\boldsymbol{\tau}_2)\psi_j(\boldsymbol{\tau}_2)\mathrm{d}\boldsymbol{\tau}_1\mathrm{d}\boldsymbol{\tau}_2 \tag{2.3.3}$$

$$K_{ij}=\iint\psi_i(\boldsymbol{\tau}_1)\psi_j^*(\boldsymbol{\tau}_1)(1/r_{12})\psi_i^*(\boldsymbol{\tau}_2)\psi_j(\boldsymbol{\tau}_2)\mathrm{d}\boldsymbol{\tau}_1\mathrm{d}\boldsymbol{\tau}_2 \tag{2.3.4}$$

式中，H_i 为电子的动能以及电子与核的相互作用，很容易分解为单个电子的贡献；J_{ij} 称为**库仑积分**，K_{ij} 称为**交换积分**，都属于电子-电子相互作用，它们是将各种可能的 i-j 电子对的贡献加和后的结果。由于正交的特点，有实质意义的是，行列式波函数中的每个 i-j 对的 $\psi_i(\boldsymbol{\tau}_1)\psi_j(\boldsymbol{\tau}_2)-\psi_i(\boldsymbol{\tau}_2)\psi_j(\boldsymbol{\tau}_1)$ 的自乘以及 r_{ij}^{-2}，将得到两个相同的正项和两个相同的负项，所以 J_{ij} 和 K_{ij} 都乘以 1/2。式(2.3.1)的求和，不是像式(2.2.8)那样从 $j>i$ 开始，而是 j=1～N，这是由于 $J_{ii}=K_{ii}$，正负抵消。

哈特里-福克方程　在应用变分原理式(2.2.10)或式(2.2.11)对式(2.3.1)的 E_{HF} 求极值时，实际上求的是条件极值。由于正交和归一限制，

$$\int\psi_i(\boldsymbol{\tau})\psi_j^*(\boldsymbol{\tau})\mathrm{d}\boldsymbol{\tau}=\langle\psi_i|\psi_j\rangle=\delta_{i,j} \tag{2.3.5}$$

$\delta_{i,j}$ 为克罗内克(Kronecker)δ 函数，$i=j$，$\delta_{i,j}=1$，$i\neq j$，$\delta_{i,j}=0$。按式(2.2.12)应用拉格朗日未定乘数法，得系列单电子波函数 ψ_i 的哈特里-福克方程，$i=1, 2, \cdots, N$，

$$\hat{F}_i\psi_i(\boldsymbol{\tau}_i)=\varepsilon_i\psi_i(\boldsymbol{\tau}_i) \tag{2.3.6}$$

ε_i 为未定乘数，它的物理意义是自旋轨道的能量。HF 方程的导出过程，可参见徐光宪、黎乐民和王德名的专著[5]中 12.1.2 节式(12.1-33)的推导。

福克算符　当从原子或分子中的轨道 i 中电离一个电子，ε_i 近似地就是电离能的负值。式(2.3.6)中

$$\hat{F}_i = -\frac{1}{2}\nabla_i^2 - \sum_{A=1}^{M} Z_A / r_{iA} + V_{\mathrm{HF}}(\boldsymbol{\tau}_i) \tag{2.3.7}$$

$\hat{F}_i$ 称为福克算符，$V_{\mathrm{HF}}(\boldsymbol{\tau}_i)$称为**哈特里-福克势**，它是所有其他 $N-1$ 个电子对某电子 i 的平均库仑排斥势，表达式为

$$V_{\mathrm{HF}}(\boldsymbol{\tau}_i) = \sum_{j=1}^{N}\left(\hat{J}_j(\boldsymbol{\tau}_i) - \hat{K}_j(\boldsymbol{\tau}_i)\right) \tag{2.3.8}$$

$$\hat{J}_j(\boldsymbol{\tau}_1)\psi_i(\boldsymbol{\tau}_1) = \int \psi_j^*(\boldsymbol{\tau}_2)\psi_j(\boldsymbol{\tau}_2)(1/r_{12})\mathrm{d}\boldsymbol{\tau}_2\psi_i(\boldsymbol{\tau}_1) \tag{2.3.9}$$

$$\hat{K}_j(\boldsymbol{\tau}_1)\psi_i(\boldsymbol{\tau}_1) = \int \psi_j^*(\boldsymbol{\tau}_2)\psi_i(\boldsymbol{\tau}_2)(1/r_{12})\mathrm{d}\boldsymbol{\tau}_2\psi_j(\boldsymbol{\tau}_1) \tag{2.3.10}$$

这里要注意，$\hat{K}_j(\boldsymbol{\tau}_1)\psi_i(\boldsymbol{\tau}_1)$ 形式上似乎只取决于局部的$\boldsymbol{\tau}_1$，由式(2.3.10)可知，它依赖于ψ_i在整个空间的积分。由式(2.3.6)和式(2.3.1)可得

$$\varepsilon_i = \langle \psi_i | \hat{F} | \psi_i \rangle = H_i + \sum_{j=1}^{N}(J_{ij} - K_{ij}) \tag{2.3.11}$$

$$E_{\mathrm{HF}} = \sum_{i=1}^{N}\varepsilon_i - \frac{1}{2}\sum_{i,j=1}^{N}(J_{ij} - K_{ij}) \tag{2.3.12}$$

哈特里-福克方程是一个单电子的薛定谔方程。具体求解采用自洽场方法。输入一组单电子波函数，计算哈特里-福克势 $V_{\mathrm{HF}}(\boldsymbol{\tau}_i)$，解哈特里-福克方程式(2.3.6)，得一组新的单电子波函数，反复迭代，直至收敛，最后得到斯莱特行列式波函数 ψ_{SD} 和 N 电子系统的总能量 E_{HF}。

在这个近似中，变分函数的质量是关键，能量极小有可能是局部极小乃至鞍点。有许多进一步的近似，如将哈特里-福克势作球形平均，使之只随 r 变化。针对是闭壳层还是开壳层(后者α自旋电子数和β自旋电子数不相等)，还有一些细致的考虑，可区分为**限制的**(restricted)哈特里-福克方法(RHF)和**非限制的**(unrestricted)哈特里-福克方法(UHF)。前者用于通常的分子如 H_2O、CH_4 和各种无机或有机分子的基态。后者用于如亚甲基 CH_2 和 O_2 的三重态。处理的方法可以是尽量利用 RHF，只对多余的奇电子进行单独描述，称为 ROHF，O 即指开壳(open shell)。更普遍的则是 UHF，所有的α电子和β电子具有不同的哈特里-福克势，要区别 V_{HF}^{α} 和 V_{HF}^{β}，所得公式比 ROHF 简单得多，得到单一的斯莱特行列式波函数，缺点是它不再是总自旋算符 $\hat{S}^2$ 的本征函数。

由哈特里-福克近似可知，它处理的是在一个有效的外场 V_{HF} 下 N 个没有相互作用的电子的运动，对于这样的一个系统，斯莱特行列式波函数是一个准确的波函数。如果 V_{HF} 能够较好地代表 N 个电子的相互作用，斯莱特行列式波函数也就可以近似地表达这 N 个有相互作用的电子的准确的波函数。

HF 在分子结构的研究中得到了广泛的应用，它的计算相对来说比较简单，对处于平衡时的分子的电子组态有比较符合实际的描述。但由于采用原子轨道线性

组合，在接近离解时，过分强调原子之间的相互影响，而不能正确反映两个原子已相互独立的现实。

对于哈特里-福克方法更详细的讨论，可参阅徐光宪等[5]、I. N. Levine[6]、J. P. Lowe[7]以及 R. G. Parr、W. Yang（杨伟涛）等[8]的著作。

2. 基组

对于原子，由于球形对称，哈特里-福克方程常可简化为径向方程，用数值方法求解。对于分子，除一般双原子分子，数值方法难以使用。1950 年，S. F. Boys[9, 10]首次将斯莱特行列式波函数用高斯型轨道的线性组合来近似表示。1951 年，罗特汉（C. C. J. Roothaan）[11]将轨道波函数ϕ_i表示为一系列基函数η_ν的线性组合

$$\phi_i = \sum_{\nu} c_{\nu i}\eta_\nu \tag{2.3.13}$$

$c_{\nu i}$是系数。这一系列的基函数称为基组（basis set）。如果任何品优函数包括波函数都能原则上表达为某一系列的正交归一的基函数的叠加，这个基组就称为**完备的基组或完备的基集**（complete basis set）。实际应用时，则选择适当的基函数，可以用有限项的展开来趋近原子轨道和分子轨道。这时，对单电子波函数的变分，转化为对展开系数的变分，哈特里-福克方程就从一组非线性的积分微分方程，转化为一组非线性的代数方程。这一种方法称为**哈特里-福克-罗特汉**方法（参见 3.5 节）。

通常这些基函数是原子轨道，以原子为中心；也可按键或孤对电子为中心，或以 p 轨道的两瓣为中心设置一对基函数。基组还可以包含几组平面波，在有周期性边界时使用。

1）基函数

实用的基函数有两大类：斯莱特型轨道和高斯型轨道。

斯莱特型轨道（Slater type orbital，**STO**）它模仿氢原子轨道，物理意义强。其通型为

$$\eta^{\rm STO} = Nr^{n-1}\exp(-\zeta r)Y_{l,m}(\theta,\phi) \tag{2.3.14}$$

其中 N 是归一化因子，n 相当于主量子数，ζ是轨道指数，$Y_{l,m}(\theta,\phi)$是球谐函数，l和 m 分别是角量子数和磁量子数。STO 的最大优点是在r=0 处有正确的歧点（cusp）性质［参见式（2.5.4）］，缺点是计算多中心积分时很困难。

高斯型轨道（Gaussian type orbital，**GTO**）通型为

$$\eta^{\rm GTO} = Nx^i y^j z^k \exp(-\alpha r^2) \tag{2.3.15}$$

式中，α是轨道指数，α小时，轨道弥散，α大时，轨道紧密。$L=i+j+k$，用来区分轨道的特性，L=0, 1, 2 分别为 s, p, d 轨道。GTO 计算容易，但不满足正确的歧点性质。GTO 运行较方便，适合于大量四中心两电子积分的计算，因而是主要的选择。STO 一般可以用 GTO 的线性组合来趋近。

定约的高斯函数(contracted Gaussian function，**CGF**) 理论上 GTO 的个数越多越好。在实际应用时，常将 3～6 个 GTO 原函数，按固定的线性关系组合成 CGF。起初的目的是想兼备 STO 在 r=0 处有正确歧点的优点，实际上也为了减少计算量。

极化函数(polarized function) 它在对轨道的描述中，除了基态所需的之外，加入较高角动量的轨道成分，使之极化。例如，对氢原子的 1s 轨道加入 p 轨道成分使之对 H 核非对称，对碳原子的 p 轨道加入 d 轨道成分，对 d 轨道加入 f 轨道成分等。符号为*或 p 或(d, p)。

扩散函数(diffuse function) 它是很平浅的 GTO，能够代表轨道的尾部。这对于阴离子以及大而柔软的分子很重要。符号为+或 aug(augmented 扩大的)。

在介绍了基函数后，下面将涉及一系列实用的基组。为了在书中彰显表示，在基组符号的下面加一横杠，但它不是表达基组必需的。

2) 最小基组(minimal basis set)

在表征所有的不论是内层的电子或是价电子时，每一个电子采用一个基函数，称为最小基组。符号用 <u>STO-*n*G</u>，每一个 STO 基函数由 *n* 个 GTO 原函数构成。<u>STO-*n*G*</u>，则含有极化成分。例如，<u>STO-3G</u>，<u>STO-4G</u>，<u>STO-6G</u>，<u>STO-3G*</u>。

3) 分置的基组(split-valence type basis set)

又称 **Pople 基组**。考虑到内层电子与价电子的区别，对惰性的内层轨道用最小基组，对参与反应的价轨道，每一个轨道则用 *m* 种基函数来表示，称为 *m*zeta 基组，zeta 即ζ，指轨道。

双 zeta 基组(double zeta basis set，**DZ**) 每个价电子用两种基函数。例如 <u>4-31G</u>，表示内层原子轨道用 4 个 GTO 原函数线性组合而成的 CGF 基函数，价层原子轨道则用两种基函数，一种由 3 个 GTO 组合而成的 CGF，另一个则含有 1 个 GTO。<u>4-31G*</u>或 <u>4-31(d, p)</u>含有极化成分，<u>4-31+G</u> 含有扩散成分，<u>4-31+G*</u>则兼有扩散和极化成分。由于每种基函数有各自的空间分布，这种分置使电子密度能够在分子的特定环境中进行空间调节。其他还有 <u>4-21G</u>，<u>4-31G</u>，<u>6-21G</u>，<u>6-31G</u>，<u>6-31G*</u>，<u>6-31+G*</u>，<u>6-31G(3df, 3pd)</u>，<u>6-311G</u>，<u>6-311G*</u>，<u>6-311+G*</u>等。

另外，还有**三 zeta 基组(TZ)**，T 指 triple，如 <u>TZVPP</u>(valence triple-zeta plus polarization)；**四 zeta 基组(QZ)**，Q 指 quadruple，如 <u>QZVPP</u>(valence quadruple-zeta plus polarization)；**五 zeta 基组(5Z)**，5 指 quintuple，如 <u>5ZVPP</u>。

4) 相关一致性基组(correlation-consistent basis set)

此类基组是由 T. H. Dunning Jr 等[12, 13]开发的，它的特点是利用外推可系统地收敛于完备的基函数组(complete basis set，CBS)。符号为 cc-pVNZ，cc 即 correlation-consistent，p 指 polarized，V 是 valence-only，仅用于价电子，N=D, T, Q, 5, 6, ⋯, Z 即轨道。例如，<u>cc-pVDZ</u>、<u>cc-pVTZ</u>、<u>cc-pVQZ</u>、<u>cc-pV5Z</u> 分别是双轨道、三轨道、四轨道和五轨道。

还有 aug-cc-pVDZ，aug(augmented)是扩大的，指添加了扩散函数，用于电子激发态。还可添加长程的范德华力，来描述分子或离子间相互作用。

对于比较大的原子，常只采用价电子基函数组，内层电子的贡献则用包含相对论效应的赝势(pseudo potential，PP)或相对论有效原子实势(relativistic effective core potential，RECP)来描述。相应有 cc-pVNZ-PP，用于重原子以及核性质计算。

5)其他类型

平面波基函数组(plane-wave basis set)　用于有周期性边界的情况。

STO 作为基函数　如 ADF(Amsterdam density functional)。

数值型基函数(numerical basis function)　可作为 GTO 的替代[14]。

PAW(project augmented wave)　核心以外的价电子波函数的光滑部分用平面波表示，内层电子则用类原子的波函数。

更多的基组可参见各种量化的商业软件，如 Gaussian09 的 User's Reference，见网站 http: //www.gaussian.com/g_tech/g_ur/m_basis_sets.htm。

3. 应用基函数后的计算

应用基函数后，相应的ψ与基函数η的关系仍为线性

$$\psi_i = \sum_{\nu} c_{\nu i}\eta_\nu \tag{2.3.16}$$

$c_{\nu i}$为待定参数，由变分法求取。应用基函数线性组合后出现大量的两电子四中心积分，

$$\int \eta_\mu(\boldsymbol{\tau}_1)\eta_\nu(\boldsymbol{\tau}_2)(1/r_{12})\eta_\lambda(\boldsymbol{\tau}_1)\eta_\sigma(\boldsymbol{\tau}_2)\mathrm{d}\boldsymbol{\tau}_1\mathrm{d}\boldsymbol{\tau}_2 \tag{2.3.17}$$

其中下标μ、ν、λ、σ代表以不同核为中心的不同基函数，计算工作量庞大。目前已经发展了许多计算方法，如 ZDO、EHMO、CNDO、INDO、NDDO、PPP 等，采用了不同种类的基函数和不同的近似。计算准确度有不同程度的提高。

以上哈特里-福克方法或哈特里-福克-罗特汉方法，由于采用正确的哈密顿算符，不需要由实验数据拟合的经验参数，通常称为**从头计算**(*ab initio*)。它意味着在基本原理的基础上计算。但它仍是有假定的，如采用 BO 近似，不计相对论效应；采用分子轨道近似，并用有限的基函数来逼近分子轨道等。

2.4　狄拉克符号

在量子力学中，狄拉克符号(Dirac notation)是在通常的微积分符号以外，另一种常用的符号，它更为简洁。在专著[5, 6, 7, 8]中有详细讨论。下面介绍一些初步知识。

刃矢(ket vector)　符号为$|\psi\rangle$。它是希尔伯特(Hilbert)空间(线性矢量空间)中的一个矢量，代表由波函数ψ描述的一个量子态。ψ可以是任意表象，如 q 表象或 p 表象。由于矢量空间的线性，$c_1|\psi_1\rangle + c_2|\psi_2\rangle = |\psi\rangle$ 也是在 Hilbert 空间中的一个刃矢。

刃矢(bra vector) 符号为$\langle\psi|$。与所有刃矢一一对应，有一个由刀矢组成的对偶空间(dual space)，它代表ψ的复共轭波函数ψ^*。

内积(inner product) 刀矢$\langle\phi|$与刃矢$|\psi\rangle$按$\langle\phi|\,|\psi\rangle=\langle\phi|\psi\rangle$并置称为内积，定义为

$$\langle\phi|\psi\rangle=\sum_i\phi_i^*\psi_i \quad 或 \quad \langle\phi|\psi\rangle=\int\phi_i^*(\boldsymbol{r})\psi_i(\boldsymbol{r})\mathrm{d}\boldsymbol{r} \tag{2.4.1}$$

前者的$\langle\phi|$与$|\psi\rangle$由离散的组分ϕ_i和ψ_i表达，后者则在连续空间表达。内积可理解为粒子在状态ψ和状态ϕ间的重叠，或理解为振幅。内积是复数，满足下式

$$\langle\phi|\psi\rangle=\langle\phi|\psi\rangle^* \tag{2.4.2}$$

如果

$$\langle\psi|\psi\rangle=\int\psi^*(\boldsymbol{r})\psi(\boldsymbol{r})\mathrm{d}\boldsymbol{r}=1 \tag{2.4.3}$$

则ψ是归一的。

用完备基集表达 考虑一个完备的基集$\{|f_i\rangle\}$，它满足正交归一条件

$$\langle f_i|f_j\rangle=\delta_{i,j} \tag{2.4.4}$$

$\delta_{i,j}$是克罗内克δ函数。任何刃矢$|\psi\rangle$按这一完备基集可表达为

$$|\psi\rangle=\sum_i\psi_i|f_i\rangle \tag{2.4.5}$$

取$|\psi\rangle$与刀矢$\langle f_j|$的内积，得到$|\psi\rangle$在$|f_j\rangle$表达中的第j个组分

$$\langle f_j|\psi\rangle=\sum_i\psi_i\langle f_j|f_i\rangle=\psi_j \tag{2.4.6}$$

厄米算符 如果置一个算符$\hat{A}$在中间，则意味着在整个空间的积分

$$\langle\phi|\hat{A}|\psi\rangle=\int\phi_i^*(\boldsymbol{r})\hat{A}\psi_i(\boldsymbol{r})\mathrm{d}\boldsymbol{r} \tag{2.4.7}$$

如果有

$$\langle\phi|\hat{A}|\psi\rangle=\langle\phi|\hat{A}|\psi\rangle^* \tag{2.4.8}$$

则$\hat{A}$是厄米算符(Hermitian)，它的本征值是实数。

形成算符 刃矢$|\psi\rangle$与刀矢$\langle\phi|$如按$|\psi\rangle\langle\phi|$并置，则成为算符。

投影于一个归一的刃矢$|X\rangle$上的**投影算符**(projection operator)为

$$\hat{P}_X=|X\rangle\langle X| \tag{2.4.9}$$

当$\hat{P}_i=|f_i\rangle\langle f_i|$作用在式(2.4.5)的刃矢$|\psi\rangle$上时，有

$$\hat{P}_i|\psi\rangle=|f_i\rangle\langle f_i|\psi\rangle=\psi_i|f_i\rangle \tag{2.4.10}$$

注意仅$|\psi\rangle$的一个与$|f_i\rangle$关联的组分ψ_i投影后留下。投影算符有下面特性

$$\hat{P}_X\cdot\hat{P}_X=\hat{P}_X \tag{2.4.11}$$

所以它被称为等幂的(idempotent)。

将式(2.4.6)代入式(2.4.5)，

$$
\begin{aligned}
|\psi\rangle &= \sum_i \psi_i |f_i\rangle = \sum_i \langle f_i|\psi\rangle |f_i\rangle = \sum_i |f_i\rangle\langle f_i|\psi\rangle \\
&= \left(\sum_i |f_i\rangle\langle f_i|\right)|\psi\rangle
\end{aligned}
\tag{2.4.12}
$$

由此得

$$
\sum_i |f_i\rangle\langle f_i| = \sum_i \hat{P}_i = \hat{I} \tag{2.4.13}
$$

$\hat{I}$ 称为**恒等算符**。式(2.4.13)称为**封闭关系式**(closure relation)。

2.5 电子相关

1. 相关能

上面已经提到，在 HF 方法中，只有当处理一个有效的外场 V_{HF} 下 N 个没有相互作用的电子的运动时，斯莱特行列式波函数才是一个准确的波函数。对于实际系统，它只能是一个近似，在 BO 近似和不计相对论效应的前提下，E_{HF} 总是比真正的基态能量 E_0 要高。它们的差值，就被定义为**相关能**(correlation energy)，符号为 E_c

$$
E_c = E_0 - E_{HF} \tag{2.5.1}
$$

E_c 总是一个负值。

相关能的概念由勒夫丁(P. O. Löwdin)[15]首次提出，它是当前的一个活跃的研究领域。产生的原因有二：一是**动态相关**。在 HF 近似中，电子-电子的排斥作用被平均化，这是一种平均场近似。由于电子-电子的瞬间排斥作用降低了该状态存在的概率，排斥作用越强，概率降低得越多，因此，在平均化时，近距离计入比实际情况更多，远距离计入则过少，这就使排斥能过高。二是**静态相关**。由于采用的是行列式波函数，它不是最好的行列式波函数。例如 H_2 分子，行列式波函数包括 H↑…H↓，H↓…H↑，H^-↑↓…H^+，H^+…H^-↑↓等位形，这对于平衡核间距时，比较合适，而对于核间距很大接近离解时，应该接近于两个中性的 H 原子，后两种位形就不适合了。除了以上两点外，电子的动能和核-电子相互作用也对相关有贡献。例如，当电子-电子的平均距离被估计得较低时，电子的动能就会被高估，核-电子相互作用则会显得太强(更负)。

为了更深入理解电子相关，并加以定量处理，下面先要介绍几个与电子相关有紧密关系的密度函数，然后引出两个重要的函数或泛函(交换相关空穴和交换相关能)。

2. 密度分布函数

密度分布函数简称**密度**。它是密度对空间坐标 $\boldsymbol{r}$ 的分布，符号为 $\rho(\boldsymbol{r})$，定义为

$$\rho(\boldsymbol{r}) = N\int\cdots\int\psi(\boldsymbol{\tau}_1,\boldsymbol{\tau}_2,\cdots,\boldsymbol{\tau}_N)\psi^*(\boldsymbol{\tau}_1,\boldsymbol{\tau}_2,\cdots,\boldsymbol{\tau}_N)\mathrm{d}s_1\mathrm{d}\boldsymbol{\tau}_2\cdots\mathrm{d}\boldsymbol{\tau}_N \tag{2.5.2}$$

式中第一个电子只对自旋坐标 s_1 积分，其他 $N-1$ 个电子则对空间和自旋坐标$\boldsymbol{\tau}$积分，乘以 N 是因为 N 个电子不可区别。$\rho(\boldsymbol{r})$具有下面性质：

$$\rho(\boldsymbol{r}\to\infty) = 0 \quad , \quad \int\rho(\boldsymbol{r})\mathrm{d}\boldsymbol{r} = N \tag{2.5.3}$$

当电子 i 与核 A 的距离 $r_{i\mathrm{A}}\to 0$ 时，由于哈密顿算符中的$-Z_\mathrm{A}/r_{i\mathrm{A}}$的奇点特性，$\rho(\boldsymbol{r})$在此处是一个歧点(cusp)，是一个有如山峰的极值，斜率为

$$\partial\rho(\boldsymbol{r})/\partial\boldsymbol{r} = -2Z_\mathrm{A}\rho(\boldsymbol{r}) \tag{2.5.4}$$

而当 $\boldsymbol{r}$ 很大时，$\rho(\boldsymbol{r})$与第一电离能 I 有以下关系

$$\rho(\boldsymbol{r}) = \exp\left(-2\sqrt{2I}\,|\boldsymbol{r}|\right) \tag{2.5.5}$$

3. 密度矩阵

考虑到电子的各种可能交换，需要更普遍地描述量子态。通常用

$$\rho(\boldsymbol{\tau}_1,\boldsymbol{\tau}_2,\cdots,\boldsymbol{\tau}_N) = \psi(\boldsymbol{\tau}_1,\boldsymbol{\tau}_2,\cdots,\boldsymbol{\tau}_N)\psi^*(\boldsymbol{\tau}_1,\boldsymbol{\tau}_2,\cdots,\boldsymbol{\tau}_N) \tag{2.5.6}$$

来表示与薛定谔方程的一个本征解有关的概率分布。更普遍地，还采用

$$\gamma(\boldsymbol{\tau}_1',\boldsymbol{\tau}_2',\cdots,\boldsymbol{\tau}_N',\boldsymbol{\tau}_1,\boldsymbol{\tau}_2,\cdots,\boldsymbol{\tau}_N) = \psi(\boldsymbol{\tau}_1',\boldsymbol{\tau}_2',\cdots,\boldsymbol{\tau}_N')\psi^*(\boldsymbol{\tau}_1,\boldsymbol{\tau}_2,\cdots,\boldsymbol{\tau}_N) \tag{2.5.7}$$

它涉及两组独立的空间自旋坐标，可理解为$\boldsymbol{\tau}_i$与$\boldsymbol{\tau}_i'$处密度的相关。当$\boldsymbol{\tau}_i'$部分或整个等于或不等于$\boldsymbol{\tau}_i$，就形成一个矩阵$\boldsymbol{\Gamma}=\{\gamma\}$，称为**密度矩阵**，式(2.5.7)是它的矩阵元素，式(2.5.6)则是它的对角元素。

注：**纯态**(pure state)是能用一个波函数描写的态，可应用薛定谔方程。**混合态**(mixed state)是由不同纯态ψ_i不相干叠加后形成的量子态，系统出现某一个纯态ψ_i的概率为 p_i，ψ_i间不一定彼此正交。混合态的密度矩阵$\boldsymbol{\Gamma}=\Sigma_i p_i\boldsymbol{\Gamma}_i$，$\boldsymbol{\Gamma}_i$是纯态 i 的密度矩阵。宏观的多粒子系统的状态一般都是混合态，它的 p_i 一般不能由求解薛定谔方程得到，要应用统计力学。

约化密度矩阵(reduced density matrix)　符号为γ。**二重约化密度矩阵**$\{\gamma^{(2)}\}$和**一重约化密度矩阵**$\{\gamma^{(1)}\}$的元素分别定义为

$$\gamma^{(2)}(\boldsymbol{\tau}_1',\boldsymbol{\tau}_2',\boldsymbol{\tau}_1,\boldsymbol{\tau}_2) = \frac{1}{2}N(N-1)\int\cdots\int\psi(\boldsymbol{\tau}_1',\boldsymbol{\tau}_2',\boldsymbol{\tau}_3,\cdots,\boldsymbol{\tau}_N)\psi^*(\boldsymbol{\tau}_1,\boldsymbol{\tau}_2,\boldsymbol{\tau}_3,\cdots,\boldsymbol{\tau}_N)\mathrm{d}\boldsymbol{\tau}_3\cdots\mathrm{d}\boldsymbol{\tau}_N \tag{2.5.8}$$

$$\gamma^{(1)}(\boldsymbol{\tau}_1',\boldsymbol{\tau}_1) = N\int\cdots\int\psi(\boldsymbol{\tau}_1',\boldsymbol{\tau}_2,\cdots,\boldsymbol{\tau}_N)\psi^*(\boldsymbol{\tau}_1,\boldsymbol{\tau}_2,\cdots,\boldsymbol{\tau}_N)\mathrm{d}\boldsymbol{\tau}_2\cdots\mathrm{d}\boldsymbol{\tau}_N \tag{2.5.9}$$

在有些文献中，式(2.5.8)不乘以$\dfrac{1}{2}$，这是归一化于形式的 1-2 对的数目的缘故。

不计自旋的约化密度矩阵　符号为ρ。许多算符不涉及自旋坐标，如不计相对论效应的哈密顿算符。不计自旋的一重约化密度矩阵$\{\rho^{(1)}\}$和二重约化密度矩阵$\{\rho^{(2)}\}$的元素定义为

$$\begin{aligned}\rho^{(1)}(\boldsymbol{r}_1',\boldsymbol{r}_1)&=\int\gamma^{(1)}(\boldsymbol{\tau}_1',\boldsymbol{\tau}_1)\mathrm{d}s_1\\&=N\int\cdots\int\psi(\boldsymbol{r}_1',s_1,\boldsymbol{\tau}_2,\cdots,\boldsymbol{\tau}_N)\psi^*(\boldsymbol{r}_1,s_1,\boldsymbol{\tau}_2,\cdots,\boldsymbol{\tau}_N)\mathrm{d}s_1\mathrm{d}\boldsymbol{\tau}_2\cdots\mathrm{d}\boldsymbol{\tau}_N\end{aligned}\tag{2.5.10}$$

$$\begin{aligned}\rho^{(2)}(\boldsymbol{r}_1',\boldsymbol{r}_2',\boldsymbol{r}_1,\boldsymbol{r}_2)&=\iint\gamma^{(2)}(\boldsymbol{\tau}_1',\boldsymbol{\tau}_2',\boldsymbol{\tau}_1,\boldsymbol{\tau}_2)\mathrm{d}s_1\mathrm{d}s_2\\&=\frac{1}{2}N(N-1)\int\cdots\int\psi(\boldsymbol{r}_1',s_1,\boldsymbol{r}_2',s_2,\boldsymbol{\tau}_3,\cdots,\boldsymbol{\tau}_N)\\&\quad\times\psi^*(\boldsymbol{r}_1,s_1,\boldsymbol{r}_2,s_2,\boldsymbol{\tau}_3,\cdots,\boldsymbol{\tau}_N)\mathrm{d}s_1\mathrm{d}s_2\mathrm{d}\boldsymbol{\tau}_3\cdots\mathrm{d}\boldsymbol{\tau}_N\end{aligned}\tag{2.5.11}$$

相应的对角线元素分别为 $\rho^{(1)}(\boldsymbol{r})$和 $\rho^{(2)}(\boldsymbol{r}_1,\boldsymbol{r}_2)$，前者即式(2.5.2)的密度，后者是不计自旋的二重分布函数。

4. 二重分布函数

二重分布函数[two-particle(two-body) distribution function]简称**对密度**(pair density)，符号为 $\rho^{(2)}(\boldsymbol{\tau}_1,\boldsymbol{\tau}_2)$，它是二重约化密度矩阵的对角线元素，定义为

$$\rho^{(2)}(\boldsymbol{\tau}_1,\boldsymbol{\tau}_2)=\frac{1}{2}N(N-1)\int\cdots\int\left|\psi(\boldsymbol{\tau}_1,\boldsymbol{\tau}_2,\cdots,\boldsymbol{\tau}_N)\right|^2\mathrm{d}\boldsymbol{\tau}_3\cdots\mathrm{d}\boldsymbol{\tau}_N\tag{2.5.12}$$

$\rho^{(2)}(\boldsymbol{\tau}_1,\boldsymbol{\tau}_2)$是两个电子分别处于空间自旋坐标为$\boldsymbol{\tau}_1$和$\boldsymbol{\tau}_2$处的成对概率，它将归一于电子对的总数，即 $N(N-1)/2$，除 2 是因为电子不可区别(也有些文献不除 2，没有本质上的不同，但推导时要注意)。

$\rho^{(2)}(\boldsymbol{\tau}_1,\boldsymbol{\tau}_2)$包含了电子相关的所有信息。统计力学中也有相应的 $\rho^{(2)}(\boldsymbol{r}_1,\boldsymbol{r}_2)$，参见第 4 章 4.6 节。如果电子间没有相互作用，可以写出

$$\rho^{(2)}(\boldsymbol{\tau}_1,\boldsymbol{\tau}_2)=\frac{N-1}{2N}\rho(\boldsymbol{\tau}_1)\rho(\boldsymbol{\tau}_2)\tag{2.5.13}$$

乘以$(N-1)/N$，是考虑到两个电子不能重叠。当 N 个电子中的任一个在$\boldsymbol{\tau}_1$处时的概率为 $\rho(\boldsymbol{\tau}_1)$，剩下的 $N-1$ 个电子中的任一个在$\boldsymbol{\tau}_2$处时的概率为 $\rho(\boldsymbol{\tau}_2)(N-1)/N$。除 2 则因为电子不可区别。

5. 费米相关和库仑相关

电子相关分为两种：费米相关和库仑相关。

费米相关　又称**交换相关**。当两个电子交换后，由于费米子的反对称特性，有

$$\rho^{(2)}(\boldsymbol{\tau}_1,\boldsymbol{\tau}_2)=-\rho^{(2)}(\boldsymbol{\tau}_2,\boldsymbol{\tau}_1)\tag{2.5.14}$$

当两个电子重叠时，$\boldsymbol{\tau}_1=\boldsymbol{\tau}_2$，$\rho^{(2)}(\boldsymbol{\tau}_1,\boldsymbol{\tau}_1)=-\rho^{(2)}(\boldsymbol{\tau}_1,\boldsymbol{\tau}_1)=0$。这时，不仅 $\boldsymbol{r}_1=\boldsymbol{r}_2$，同时，$\chi_1=\chi_2$，两个电子自旋相同，这正是泡利(W. E. Pauli)不相容原理。

库仑相关　它植根于电子排斥能 $1/r_{12}$，两个电子总是趋向于相互远离，当两个电子重叠时，$\boldsymbol{r}_1=\boldsymbol{r}_2$，不论两个电子自旋$\chi_1$和$\chi_2$是否相同，都将得到 $\rho^{(2)}(\boldsymbol{r}_1,\boldsymbol{r}_2)=0$。

哈特里-福克近似的行列式波函数究竟计入了哪种电子相关，是一个值得注意的问题。以简单的 H_2 分子为例，$N=2$，按式(2.5.12)有

$$\begin{aligned}\rho^{(2)\mathrm{HF}}(\boldsymbol{\tau}_1,\boldsymbol{\tau}_2) &= \left|\psi(\boldsymbol{\tau}_1,\boldsymbol{\tau}_2,\cdots,\boldsymbol{\tau}_N)\right|^2 = \left(\det\{\psi_1(\boldsymbol{\tau}_1),\psi_2(\boldsymbol{\tau}_2)\}/\sqrt{2}\right)^2 \\ &= \frac{1}{2}\left(\det\{\phi_1(\boldsymbol{r}_1)\chi_1(s_1),\phi_2(\boldsymbol{r}_2)\chi_2(s_2)\}\right)^2\end{aligned} \tag{2.5.15}$$

首先，波函数是反对称的，符合费米相关要求。将行列式展开

$$\begin{aligned}\rho^{(2)\mathrm{HF}}(\boldsymbol{\tau}_1,\boldsymbol{\tau}_2) = \frac{1}{2}\Big(&\phi_1(\boldsymbol{r}_1)^2\phi_2(\boldsymbol{r}_2)^2\chi_1(s_1)^2\chi_2(s_2)^2 + \phi_1(\boldsymbol{r}_2)^2\phi_2(\boldsymbol{r}_1)^2\chi_1(s_2)^2\chi_2(s_1)^2 \\ &-2\phi_1(\boldsymbol{r}_1)\phi_2(\boldsymbol{r}_1)\phi_1(\boldsymbol{r}_2)\phi_2(\boldsymbol{r}_2)\chi_1(s_1)\chi_2(s_1)\chi_1(s_2)\chi_2(s_2)\Big)\end{aligned} \tag{2.5.16}$$

如果$\chi_1=\chi_2$，两个自旋状态平行。式(2.5.16)中第三项的存在，说明两个电子相关。当 $\boldsymbol{r}_1=\boldsymbol{r}_2$，$\boldsymbol{\tau}_1=\boldsymbol{r}_2$，第三项正好与前两项相抵消，$\rho^{(2)}(\boldsymbol{\tau}_1, \boldsymbol{\tau}_1)=0$。这进一步说明 HF 与费米相关一致。如果只考虑空间坐标，研究在 $\boldsymbol{r}_1$ 和 $\boldsymbol{r}_2$ 处各有一个电子的概率，应将自旋函数在自旋坐标中积分。由于自旋函数具有正交归一特性，

$$\left\langle\chi_1(s_i)\middle|\chi_2(s_i)\right\rangle = 0\,,\quad \left\langle\chi_1(s_i)\middle|\chi_1(s_i)\right\rangle = 1$$

如果$\chi_1\neq\chi_2$，两个自旋状态相反。这时，式(2.5.16)第三项消失，只剩下前两项，并且由于电子不可区分

$$\rho^{(2)\mathrm{HF},\chi_1\neq\chi_2}(\boldsymbol{r}_1,\boldsymbol{r}_2) = \phi_1(\boldsymbol{r}_1)^2\phi_2(\boldsymbol{r}_2)^2$$

而按式(2.5.2)，单个电子的密度为$\rho(\boldsymbol{r})=2\phi(\boldsymbol{r})^2$，因此有

$$\rho^{(2)\mathrm{HF},\chi_1\neq\chi_2}(\boldsymbol{r}_1,\boldsymbol{r}_2) = \frac{1}{4}\rho_1(\boldsymbol{r}_1)\rho_2(\boldsymbol{r}_2)$$

与式(2.5.13)相同，两个电子完全不相关。即使 $\boldsymbol{r}_1=\boldsymbol{r}_2$，$\rho^{(2)}$也并不消失。这就说明 HF 不能完全解决库仑相关。

6. 交换相关空穴和交换相关能

为了显示交换和相关的贡献，将 $\rho^{(2)}(\boldsymbol{\tau}_1, \boldsymbol{\tau}_2)$表示为

$$\rho^{(2)}(\boldsymbol{\tau}_1,\boldsymbol{\tau}_2) = \frac{1}{2}\rho(\boldsymbol{\tau}_1)\rho(\boldsymbol{\tau}_2)\left(1+h(\boldsymbol{\tau}_1,\boldsymbol{\tau}_2)\right) \tag{2.5.17}$$

$h(\boldsymbol{\tau}_1, \boldsymbol{\tau}_2)$称为**相关因子**(correlation factor)，即统计力学中的**总相关函数**，参见第 4 章式(4.7.8)和第 5 章式(5.3.22)。但要注意，当两个电子不相关，$h(\boldsymbol{\tau}_1, \boldsymbol{\tau}_2)=0$。但式(2.5.17)的 $\rho^{(2)}(\boldsymbol{\tau}_1, \boldsymbol{\tau}_2)$在整个空间和自旋坐标积分后，将归一到 $N^2/2$，而不是 $N(N-1)/2$。在统计力学中，N 是一个大数，两者的差别可忽略不计，在量子力学中，N 是一个小数，前者就不正确地包含自相互作用。因此不能简单认为此时 $h(\boldsymbol{\tau}_1, \boldsymbol{\tau}_2)=0$。

将式(2.5.17)两边分别对 $\mathrm{d}\boldsymbol{\tau}_2$ 积分

$$\frac{1}{2}(N-1)\rho(\boldsymbol{\tau}_1) = \frac{1}{2}\rho(\boldsymbol{\tau}_1)\left(N+\int\rho(\boldsymbol{\tau}_2)h(\boldsymbol{\tau}_1,\boldsymbol{\tau}_2)\mathrm{d}\boldsymbol{\tau}_2\right) \tag{2.5.18}$$

因此有

$$\int \rho(\boldsymbol{\tau}_2) h(\boldsymbol{\tau}_1,\boldsymbol{\tau}_2) \mathrm{d}\boldsymbol{\tau}_2 = -1 \tag{2.5.19}$$

交换相关空穴(exchange correlation hole)　符号为 $h_{\mathrm{xc}}(\boldsymbol{\tau}_1, \boldsymbol{\tau}_2)$，定义为

$$h_{\mathrm{xc}}(\boldsymbol{\tau}_1,\boldsymbol{\tau}_2) = \rho(\boldsymbol{\tau}_2) h(\boldsymbol{\tau}_1,\boldsymbol{\tau}_2) \tag{2.5.20}$$

$$\int h_{\mathrm{xc}}(\boldsymbol{\tau}_1,\boldsymbol{\tau}_2) \mathrm{d}\boldsymbol{\tau}_2 = -1 \tag{2.5.21}$$

式(2.5.20)和式(2.5.21)对任何 $\boldsymbol{\tau}_1$ 都成立。式(2.5.21)通常称为**求和规则**(sum rule)。由式(2.5.18)和式(2.5.21)可见，$h_{\mathrm{xc}}(\boldsymbol{\tau}_1, \boldsymbol{\tau}_2)$的积分加上 N，是当一个电子在 $\boldsymbol{\tau}_1$ 时，在整个空间找到其他电子的数目，即 $N-1$，$h_{\mathrm{xc}}(\boldsymbol{\tau}_1, \boldsymbol{\tau}_2)$的积分应为$-1$。这就说明，$-h_{\mathrm{xc}}(\boldsymbol{\tau}_1, \boldsymbol{\tau}_2)$是当一个电子在 $\boldsymbol{\tau}_1$ 时，在 $\boldsymbol{\tau}_2$ 处排除一个电子的概率，即造成一个空穴的概率，或一个单位正电荷的概率，h_{xc} 越负，形成空穴的概率越高。这就是 $h_{\mathrm{xc}}(\boldsymbol{\tau}_1, \boldsymbol{\tau}_2)$称为交换相关空穴的原因。式(2.5.17)的 $\rho^{(2)}(\boldsymbol{\tau}_1, \boldsymbol{\tau}_2)$可按 $h_{\mathrm{xc}}(\boldsymbol{\tau}_1, \boldsymbol{\tau}_2)$写为

$$\rho^{(2)}(\boldsymbol{\tau}_1,\boldsymbol{\tau}_2) = \frac{1}{2}\rho(\boldsymbol{\tau}_1)\big(\rho(\boldsymbol{\tau}_2) + h_{\mathrm{xc}}(\boldsymbol{\tau}_1,\boldsymbol{\tau}_2)\big) \tag{2.5.22}$$

交换相关能　由式(2.2.8)和式(2.5.12)，电子相互作用能 E_{ee} 可表达为

$$\begin{aligned}
E_{\mathrm{ee}} &= \langle\psi|\hat{V}_{\mathrm{ee}}|\psi\rangle = \langle\psi|\sum_{i=1}^{N}\sum_{j>i}^{N}\frac{1}{r_{ij}}|\psi\rangle \\
&= \int\cdots\int|\psi(\boldsymbol{r}_1,\boldsymbol{r}_2,\cdots,\boldsymbol{r}_N)|^2\sum_{i=1}^{N}\sum_{j>i}^{N}\frac{1}{r_{ij}}\mathrm{d}\boldsymbol{r}_1\mathrm{d}\boldsymbol{r}_2\mathrm{d}\boldsymbol{r}_3\cdots\mathrm{d}\boldsymbol{r}_N \\
&= \iint\frac{1}{2}N(N-1)\frac{1}{r_{12}}\int\cdots\int|\psi(\boldsymbol{r}_1,\boldsymbol{r}_2,\cdots,\boldsymbol{r}_N)|^2\,\mathrm{d}\boldsymbol{r}_3\cdots\mathrm{d}\boldsymbol{r}_N\mathrm{d}\boldsymbol{r}_1\mathrm{d}\boldsymbol{r}_2 \\
&= \iint\frac{\rho^{(2)}(\boldsymbol{r}_1,\boldsymbol{r}_2)}{r_{12}}\mathrm{d}\boldsymbol{r}_1\mathrm{d}\boldsymbol{r}_2
\end{aligned} \tag{2.5.23}$$

由于与自旋无关，所以式(2.5.23)用 $\rho^{(2)}(\boldsymbol{r}_1, \boldsymbol{r}_2)$。以式(2.5.22)代入，

$$\begin{aligned}
E_{\mathrm{ee}} &= \frac{1}{2}\iint\frac{\rho(\boldsymbol{r}_1)\rho(\boldsymbol{r}_2)}{r_{12}}\mathrm{d}\boldsymbol{r}_1\mathrm{d}\boldsymbol{r}_2 + \frac{1}{2}\iint\frac{\rho(\boldsymbol{r}_1)h_{\mathrm{xc}}(\boldsymbol{r}_1,\boldsymbol{r}_2)}{r_{12}}\mathrm{d}\boldsymbol{r}_1\mathrm{d}\boldsymbol{r}_2 \\
&= J[\rho(\boldsymbol{r})] + E_{\mathrm{xc}}[\rho(\boldsymbol{r})]
\end{aligned} \tag{2.5.24}$$

式右第一项写为 $J[\rho(\boldsymbol{r})]$，相当于式(2.3.1)的库仑积分 $\frac{1}{2}\sum_{i,j=1}^{N}J_{ij}$，但其中包含了不正确的自相互作用。式右第二项是电子与空穴的相互作用，

$$E_{\mathrm{xc}}[\rho(\boldsymbol{r})] = \frac{1}{2}\iint\frac{\rho(\boldsymbol{r}_1)h_{\mathrm{xc}}(\boldsymbol{r}_1,\boldsymbol{r}_2)}{r_{12}}\mathrm{d}\boldsymbol{r}_1\mathrm{d}\boldsymbol{r}_2 \tag{2.5.25}$$

$E_{\mathrm{xc}}[\rho(\boldsymbol{r})]$称为交换相关能，此式是它的定义式。

$h_{\mathrm{xc}}(\boldsymbol{\tau}_1, \boldsymbol{\tau}_2)$和 $E_{\mathrm{xc}}[\rho(\boldsymbol{r})]$描述的是同一特性，它们包含所有的电子交换和相关的信息，还包含对上述自相互作用的校正。它包括了式(2.3.1)的交换积分 $\frac{1}{2}\sum_{i,j=1}^{N}K_{ij}$，还包含了所有的 HF 近似未能涉及的电子相关的信息。由此可见 h_{xc} 和 E_{xc} 的重要

性，它们是得到 2.5 节第 1 部分给出的相关能 E_c 的必经之路。

费米空穴和相关空穴 交换相关空穴 h_{xc} 可形式上分解为费米空穴 h_x 和相关空穴 h_c，

$$h_{xc}(\boldsymbol{r}_1,\boldsymbol{r}_2)=h_x^{\chi_1=\chi_2}(\boldsymbol{r}_1,\boldsymbol{r}_2)+h_c^{\chi_1,\chi_2}(\boldsymbol{r}_1,\boldsymbol{r}_2) \tag{2.5.26}$$

费米空穴 h_x 又称**交换空穴**，是由于泡利不相容原理所要求的波函数必须反对称，对自旋平行的电子所施加的限制，所以用上标 $\chi_1=\chi_2$，与前述费米相关对应。相关空穴 h_c 则由于电子间的互相排斥所施加的限制，对所有自旋都一样，所以用上标 χ_1,χ_2，与前述库仑相关对应。

费米空穴或交换空穴 h_x 起较大支配作用。它有下面特点：它总是负值，并且在整个空间积分为−1

$$\int h_x^{\chi_1=\chi_2}(\boldsymbol{r}_1,\boldsymbol{r}_2)\mathrm{d}\boldsymbol{r}_2=-1 \tag{2.5.27}$$

原因与求和规则式(2.5.21)一样，只是针对某一种自旋的电子，N 变为 N_s，是某一种自旋的总数。此外，由于反对称的要求，当 $\boldsymbol{r}_2\to\boldsymbol{r}_1$

$$h_x^{\chi_1=\chi_2}(\boldsymbol{r}_1,\boldsymbol{r}_2\to\boldsymbol{r}_1)=-\rho(\boldsymbol{r}_1) \tag{2.5.28}$$

以一个同核双原子分子为例，参见图 2-1 上部：设想电子 1 处在某一个核的位置附近，由于泡利不相容原理，该处再有一个自旋相同的电子的可能性极小，h_x 在该处应该最负，即达到极小，找到一个空穴的概率 $-h_x$ 则为极大。在另一个核处，应该有一个自旋相反的电子，而有一个自旋相同电子的可能性极小，该处的 h_x 也应该是极小。在两个核的中间，h_x 的负值变小，在正中间有一极值。在两个核的两边，h_x 逐步随着距核越远而趋于 0。随核间距增大，分子趋于离解，参见图 2-2 上部，中间极值逐步变为 0，在两核处再有一个自旋相同的电子的可能性更小，最后呈现两个最强的独立的极小峰。而当核间距为零，将只有一个极小峰 $-\rho(\boldsymbol{r}_1)$，见式(2.5.28)。h_x 的这一特点显示了非局域的特性。

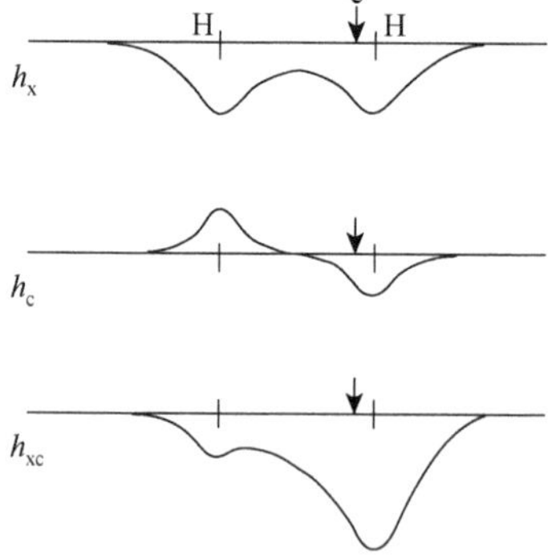

图 2-1 H_2 分子的交换相关空穴

引自 Koch W，Holthausen M C. A Chemist's Guide to Density Functional Theory. 2nd ed. Wiley-VCH，2008：28

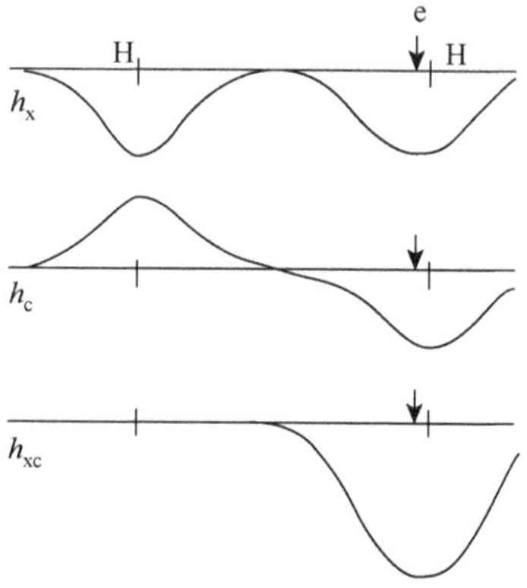

图 2-2 同图 2-1，但核间距较大

相关空穴 h_c 的特点是：按式(2.5.21)和(2.5.27)，归一化要求

$$\int h_c^{\chi_1,\chi_2}(\boldsymbol{r}_1,\boldsymbol{r}_2)\mathrm{d}\boldsymbol{r}_2 = 0 \tag{2.5.29}$$

在整个空间积分为 0。仍以一个同核双原子分子为例，参见图 2-1 中部：设想电子 1 处在右核的位置附近，由于强烈排斥作用，该处 h_c 应为负值，并为极小，离开该核，h_c 逐步变为 0。而在另一个核的位置附近，存在电子的可能性很大，h_c 应为正值，并为极大，与式(2.5.29)一致。离开两核，随着距核越远，h_c 也逐步变为 0。随核间距增大，趋于离解，参见图 2-2 中部，极小变得更小，极大变得更大，绝对值与 h_x 相当。而当核间距为零，对于自旋相同电子，可能性极小，但如果自旋相反，还是有一定的可能性找到一个电子，因此，虽为负值，但不像 h_x 那样，趋于 $-\rho(\boldsymbol{r}_1)$。考虑到应该反映出 r=0 时的歧点特性，见式(2.5.4)，还要考虑到式(2.5.29)，h_c 必须有正的部分。可以想象，应该是极小极大两个峰不断趋近的图像。h_c 的这一特点也显示了非局域的特性。

交换相关空穴 $h_{xc}=h_x+h_c$，则始终为负，见图 2-1 的下部。h_{xc} 主要在电子 1 附近，在另一核处也有一定值，这体现了 h_{xc} 的局域特性。随核间距增大，见图 2-2 的下部，由于在另一核(右)处，h_x 和 h_c 相消，h_{xc} 完全集中在电子 1 处，显示了完全局域的特征。而当核间距为零，h_{xc} 也将集中在电子 1 处。h_x 和 h_c 都是非局域的，但它们的组合则呈现很强的局域性，说明 h_x 和 h_c 是互为补充的。

更详细的论述可参阅参考书[5-8]。

7. 斯莱特近似

由上面简短的分析，特别是式(2.5.24)，可以知道交换相关空穴 h_{xc} 和交换相关能 E_{xc} 的重要性，它们包含着电子相关的全部信息。但问题并没有解决，因为我们并不知道 h_{xc} 或 E_{xc} 的具体形式。理论上说，它仍然取决于 N 个电子的波函数 $\psi(\tau_1, \tau_2, \cdots, \tau_N)$。它的意义在于有明确的物理意义，因而提供了构筑模型或引入近似的机会。

斯莱特(J. C. Slater)[16]在 1951 年引入了一个近似模型，他提出：围绕处于 $\boldsymbol{r}_1$ 的电荷 1 的费米空穴 h_x 可近似看作是球形对称的，其中的空穴密度是均匀的，并且等于负的 $\rho(\boldsymbol{r}_1)$，在球外则空穴密度为零。按式(2.5.21)，h_{xc} 在整个空间积分为−1，说明球内空穴相当于一个单位电荷，因此，可求得球的半径 r_s：

$$r_s = (3/4\pi)^{1/3}\rho(\boldsymbol{r}_1)^{-1/3} \tag{2.5.30}$$

电子密度越高，r_s 越小。由静电学可知，一个半径为 r_s 的均匀带电球体所产生的电势与 r_s 呈反比，即与 $\rho(\boldsymbol{r}_1)$ 呈正比。类似于式(2.5.26)，式(2.5.25)定义的交换相关能 $E_{xc}[\rho(\boldsymbol{r})]$ 也可分为两部分，$E_{xc}[\rho]=E_x[\rho]+E_c[\rho]$，$E_c$ 即式(2.5.1)定义的相关能，E_x 为**交换能**。按斯莱特近似，可写出

$$E_x \propto \int \rho(\boldsymbol{r}_1)^{4/3}\mathrm{d}\boldsymbol{r}_1 \tag{2.5.31}$$

这相当于局部密度近似 LDA，参见下一章的 3.4 节。为了提高准确度，斯莱特引入了一个经验的可调参数α，式(2.5.31)变为

$$E_{\mathrm{x}} = -\frac{9}{8}(3/\pi)^{1/3}\alpha\int \rho(\boldsymbol{r}_1)^{4/3}\mathrm{d}\boldsymbol{r}_1 \tag{2.5.32}$$

α 的量纲为能量·长度，$\mathrm{L^3MT^{-2}}$，数值为 2/3～1。

这个近似是对哈特里-福克近似的补充，称为**哈特里-福克-斯莱特方法**，通常称为 **$\mathbf{X}_\alpha$方法**。

2.6 微扰理论

微扰理论概述　电子相关虽然重要，但数值并不大，使用微扰理论非常合适。这一理论将哈密顿算符 $\hat{H}$ 表达为未受扰动的 $\hat{H}_0$ 和一个很小的微扰项 $\hat{V}$ 之和，后者代表 $\hat{H}_0$ 未能计及的那些电子相关贡献

$$\hat{H} = \hat{H}_0 + \lambda\hat{V} \tag{2.6.1}$$

λ是一个任意的实参数。未受扰动的薛定谔方程 $\hat{H}_0\psi^{(0)} = E^{(0)}\psi^{(0)}$ 的解为

$$\psi^{(0)} = \{\psi_0^{(0)}, \psi_1^{(0)}, \psi_2^{(0)}, \cdots\} \tag{2.6.2}$$

$$E^{(0)} = \{E_0^{(0)}, E_1^{(0)}, E_2^{(0)}, \cdots\} \tag{2.6.3}$$

式(2.6.2)的那些本征函数是一个完备集，$\psi_0^{(0)}$ 为基态，$\psi_1^{(0)}$ 为第一激发态，$\psi_2^{(0)}$ 为第二激发态，… 。微扰后的波函数和能量可以围绕$\psi^{(0)}$ 和 $E^{(0)}$ 展开，分别为

$$\psi = \sum_{i=0}^{n\to\infty}\lambda^i\psi^{(i)} \tag{2.6.4}$$

$$E = \sum_{i=0}^{n\to\infty}\lambda^i E^{(i)} \tag{2.6.5}$$

其中$\psi^{(i)}$, i=0, 1, … ，可表达为 $\hat{H}_0$ 的本征函数系列的线性组合

$$\psi^{(i)} = \sum_l a_l^{(i)}\psi_l^{(0)} \tag{2.6.6}$$

将式(2.6.1)、式(2.6.4)和式(2.6.5)代入薛定谔方程，得

$$(\hat{H}_0 + \lambda\hat{V})\sum_i^n \lambda^i\psi^{(i)} = \sum_i^n \lambda^i E^{(i)}\sum_i^n \lambda^i\psi^{(i)} \tag{2.6.7}$$

展开后，为了使方程对任意的λ值都成立，方程两边的λ^k 次项的系数必须相等，相应得到 k 阶的微扰方程。这就是量子力学中的微扰理论[5-7]，又称**瑞利-薛定谔**(Rayleigh-Schrödinger)**微扰理论**(**RS**)。

以一阶微扰为例，由式(2.6.7)的λ^0 次项可得

$$\hat{H}_0\psi^{(0)} = E^{(0)}\psi^{(0)} \tag{2.6.8}$$

即未受扰动的薛定谔方程。对于λ^1 次项，由式(2.6.7)可得

$$(\hat{H}_0+\lambda\hat{V})(\psi^{(0)}+\lambda\psi^{(1)})=(E^{(0)}+\lambda E^{(1)})(\psi^{(0)}+\lambda\psi^{(1)})$$

略去λ^2次项，得

$$\lambda(\hat{H}_0\psi^{(1)}+\hat{V}\psi^{(0)})=\lambda(E^{(0)}\psi^{(1)}+E^{(1)}\psi^{(0)}) \tag{2.6.9}$$

由于$\psi^{(1)}$可按式(2.6.6)用$\psi^{(0)}$展开，仍可应用未受扰动的薛定谔方程，因而有$\hat{H}_0\psi^{(1)}=E^{(0)}\psi^{(1)}$，代入式(2.6.9)，最后得

$$\hat{V}\psi^{(0)}=E^{(1)}\psi^{(0)} \tag{2.6.10}$$

$$E^{(1)}=\int\psi^{(0)*}\hat{V}\psi^{(0)}\mathrm{d}\boldsymbol{\tau} \tag{2.6.11}$$

可见，一阶微扰能$E^{(1)}$正是微扰算符$\hat{V}$对未受扰动的$\psi^{(0)}$的平均值。进一步可解得$\psi^{(1)}$。在一阶微扰中，可将λ并入$\hat{V}$、$\psi^{(1)}$和$E^{(1)}$中，即令λ=1。

统计力学也有微扰理论，参见第 4 章 4.8 节。

Møller-Plesset 微扰理论(MP)　1934 年，C. Møller 和 M. S. Plesset[17]应用了上述的 RS 微扰理论，用哈特里-福克近似中的福克算符$\hat{F}$来表达$\hat{H}_0$。但这样表达的结果，零级能$E^{(0)}$并非哈特里-福克能量的最佳值，而是单电子轨道能量之和。为此，Møller 和 Plesset 将$\hat{V}$定义为

$$\hat{V}=\hat{H}-\left(\hat{F}+\langle\psi_0|\hat{H}-\hat{F}|\psi_0\rangle\right) \tag{2.6.12}$$

式中已归一的斯莱特行列式波函数ψ_0是福克算符$\hat{F}$的能量最低的本征函数

$$\hat{F}\psi_0=\sum_i^N\hat{F}_i\psi_0 \tag{2.6.13}$$

用此移位的福克算符$\hat{F}$来表达的$\hat{H}_0$则为

$$\hat{H}_0=\hat{F}+\langle\psi_0|\hat{H}-\hat{F}|\psi_0\rangle \tag{2.6.14}$$

$$\hat{H}_0\psi_0=\langle\psi_0|\hat{H}|\psi_0\rangle\psi_0 \tag{2.6.15}$$

由此可得 MP 的零阶和一阶微扰能E_{MP0}和E_{MP1}为

$$E_{\mathrm{MP0}}=E_{\mathrm{HF}}=\langle\psi_0|\hat{H}|\psi_0\rangle \tag{2.6.16}$$

$$E_{\mathrm{MP1}}=\langle\psi_0|\hat{V}|\psi_0\rangle=0 \tag{2.6.17}$$

一阶微扰能E_{MP1}为零的结果，可以由式(2.6.9)直接得出。这个一阶微扰能为零的结果称为 **Møller-Plesset 定理**。

为正确计入电子相关，至少需要计算 MP 的二阶微扰能E_{MP2}，这时需要第二激发态的斯莱特行列式波函数$\psi^{(2)}$，其中两个电子从已占分子轨道φ_i和φ_j分别激发至未占(虚)分子轨道φ_a和φ_b，它们的轨道能量分别为ε_i、ε_j、ε_a和ε_b。推导可得E_{MP2}:

$$E_{\mathrm{MP2}}=\sum\nolimits_{i,j,a,b}\langle\varphi_i(\boldsymbol{r}_1)\varphi_j(\boldsymbol{r}_2)|r_{12}^{-1}|\varphi_a(\boldsymbol{r}_1)\varphi_b(\boldsymbol{r}_2)\rangle \\ \times\frac{2\langle\varphi_a(\boldsymbol{r}_1)\varphi_b(\boldsymbol{r}_2)|r_{12}^{-1}|\varphi_i(\boldsymbol{r}_1)\varphi_j(\boldsymbol{r}_2)\rangle-\langle\varphi_a(\boldsymbol{r}_1)\varphi_b(\boldsymbol{r}_2)|r_{12}^{-1}|\varphi_j(\boldsymbol{r}_1)\varphi_i(\boldsymbol{r}_2)\rangle}{\varepsilon_i+\varepsilon_j-\varepsilon_a-\varepsilon_b} \tag{2.6.18}$$

$$E \approx E_{\mathrm{HF}} + E_{\mathrm{MP2}} \tag{2.6.19}$$

E_{MP2}是对E_{HF}中没有计入的电子相关的很好的校正。

在基于波函数的量子化学从头计算中，已经发展了许多考虑电子相关的计算方案。最常用的是基于 Møller 和 Plesset 的微扰理论的方法，如 J. A. Pople 等截至二阶的 MP2[18, 19]，以及更高阶的 MP3[20]、MP4[21]，MP5[22]。阶数越高，交换相关空穴 h_{xc}越准确。随着分子尺度 m 的增大，MP2 的计算量按 m^5 增长，而一般 HF 则仅按 m^3 增长。此外，还有基于位形相互作用(configuration interaction，CI)和二次(quadratic)的 QCI，以及偶合簇(coupled cluster，CC)方法等。还发展了一些简化，如 CISD、QCISD、CCSD，它们计及单重和双重激发(single and double excitations)，QCISD(T)、CCSD(T)，还包括三重激发(triple excitation)。不同的微扰选择不同的激发态或组态，意味着选择不同的基组。

对于量子化学计算的更深入的讨论，见参考文献[5-7, 23-27]。

2.7 狄拉克方程

上面几节介绍的量子力学原理，不考虑相对论效应，是非相对论的量子力学，电子自旋是外加在薛定谔方程的框架中进行处理。在相对论量子力学中，电子自旋则是自然的结果。自旋在有些场合起重要作用。例如，在计算光谱精细结构时，要考虑自旋-轨道相互作用，这相当于在薛定谔方程的哈密顿算符上，再加入若干校正项，结果将导致简并能级的分裂，从理论上需要引入动能的相对论校正。又如，含重元素的分子，由于电子在离原子核很近的区域运动速度接近光速，必须考虑相对论效应，它使原子的 s、p 壳层收缩，能级降低，并且内层电子屏蔽效应增大，更外层的 d 和 f 壳层则向外膨胀，能级升高。另外，自旋-轨道的偶合，又使 $l>0$ 的 p、d、f 壳层分裂。这时，必须使用由狄拉克建立的相对论量子力学，即狄拉克方程。采用狄拉克方程，电子自旋将自然地得到。如果涉及粒子的产生和湮灭，还必须应用更全面的相对论性的量子场论，但在化学中很少遇到。对于相对论量子力学的讨论，可参阅参考书[28-32]。

1. 相对论的能量动量关系式

爱因斯坦(A. Einstein)相对论已被人们所熟知，它的基本关系式有

$$E = mc^2 \tag{2.7.1}$$

$$m = m_0 \Big/ \sqrt{1 - v^2/c^2} \tag{2.7.2}$$

式中，E 是能量；c 和 v 分别是光速和粒子速率；m 和 m_0 分别是粒子质量和静质量。将式(2.7.2)代入式(2.7.1)，得

$$E^2 - E^2 v^2/c^2 = m_0^2 c^4 \tag{2.7.3}$$

又 $c^2p^2=c^2(mv)^2=c^2(Ev/c^2)^2=E^2v^2/c^2$，$\boldsymbol{p}$ 是动量，代入式(2.7.3)，得

$$E^2 = m_0^2c^4 + c^2\boldsymbol{p}^2 \tag{2.7.4}$$

这就是相对论的能量动量关系式。

2. 克莱因-戈尔登方程

1926 年，克莱因(O. Klein)[33]和戈尔登(W. Gorden)[34]分别提出了描述相对论性电子运动的方程，称为克莱因-戈尔登方程。

对于一个单粒子，按式(2.2.2)，薛定谔方程为 $-(\hbar/\mathrm{i})\partial\Psi/\partial t = \hat{H}\Psi$，以式(2.2.4)的哈密顿算符代入，可写出

$$\mathrm{i}\hbar\frac{\partial}{\partial t}\Psi = \left(\frac{1}{2m}\left(-\mathrm{i}\hbar\nabla\right)^2 + q\Phi(x,y,z)\right)\Psi \tag{2.7.5}$$

式中，q 是粒子电荷；Φ是电位(电势)，是标量；$q\Phi=V$ 即位能。如果有电磁场，矢量势为 $\boldsymbol{A}$，动能项(式右首项)应改为$\left(-\mathrm{i}\hbar\nabla - q\boldsymbol{A}(x,y,z)\right)^2/2m$。将式(2.7.5)与经典粒子的动能和动量的关系式($E-q\Phi=\boldsymbol{p}^2/2m$)比较，可见，$\mathrm{i}\hbar\partial/\partial t$ 与 E 相对应，$-\mathrm{i}\hbar\partial/\partial x_i$ 则与 $\boldsymbol{p}$ 的分量 p_i 相对应。

对于相对论性的粒子，动能与动量的关系式按式(2.7.4)应为

$$\left(E - q\Phi\right)^2 = m_0^2c^4 + c^2\boldsymbol{p}^2 \tag{2.7.6}$$

仿照上面的类比，克莱因和戈尔登写出相对论性粒子的运动方程：

$$\left(\mathrm{i}\hbar\frac{\partial}{\partial t} - q\Phi\right)^2\Psi(x,y,z,t) = \left(-\hbar^2c^2\nabla^2 + m^2c^4\right)\Psi(x,y,z,t) \tag{2.7.7}$$

m_0 的下标已省略。这就是克莱因-戈尔登方程。

克莱因-戈尔登方程能很好地描述没有自旋的介子(pion)，但对有自旋的电子，表现并不满意，在应用于氢原子时，所得能级的精细结构与实验值并不符合。原因并不是方程不正确，很可能是波函数有问题。

3. 狄拉克方程的建立和求解

1928 年，狄拉克(P. A. M. Dirac)提出了相对论运动方程的另一种形式[35, 36]。他建立一个对时间是一阶的方程，因而可以与非相对论的量子力学框架匹配。既然对时间是一阶的，对空间 x, y, z 也就应该是一阶的，以符合相对论的要求。另外，方程的解仍应满足克莱因-戈尔登方程。由这双重的考虑，对于自由电子，他给出：

$$\left(\mathrm{i}\hbar\frac{\partial}{\partial t} - c\boldsymbol{\alpha}\cdot\left(-\mathrm{i}\hbar\nabla\right) - \beta mc^2\right)\Psi = 0 \tag{2.7.8}$$

式中$\boldsymbol{\alpha}$是矢量。

$$\boldsymbol{\alpha}\cdot\left(-\mathrm{i}\hbar\nabla\right)=\alpha_x\left(-\mathrm{i}\hbar\frac{\partial}{\partial x}\right)+\alpha_y\left(-\mathrm{i}\hbar\frac{\partial}{\partial y}\right)+\alpha_z\left(-\mathrm{i}\hbar\frac{\partial}{\partial z}\right) \tag{2.7.9}$$

α_x、α_y、α_z和β则是与时间 t 和位置 x, y, z 无关的待定因子。以式(2.7.8)左面括号中的算符再作用一次，并与克莱因-戈尔登方程式(2.7.7)比较，可得出，这四个待定因子应满足：

$$\begin{aligned}&\alpha_x^2=\alpha_y^2=\alpha_z^2=\beta^2=1\\&\alpha_i\alpha_j+\alpha_j\alpha_i=0\quad,\quad i\neq j\\&\alpha_i\beta+\beta\alpha_i=0\end{aligned} \tag{2.7.10}$$

式(2.7.8)即为狄拉克方程。由式可见，它可以纳入非相对论量子力学的第四个假定的框架，即式(2.2.2)的薛定谔方程：

$$-\frac{\hbar}{\mathrm{i}}\frac{\partial\Psi}{\partial t}=\hat{H}\Psi$$

对于自由电子

$$\hat{H}=c\boldsymbol{\alpha}\cdot\hat{\boldsymbol{p}}+\beta mc^2=\boldsymbol{\alpha}\cdot\left(-\mathrm{i}\hbar\nabla\right)+\beta mc^2 \tag{2.7.11}$$

$\hat{\boldsymbol{p}}=\left(-\mathrm{i}\hbar\nabla\right)$，是动量算符。

对于电磁场中的粒子

$$\hat{H}=c\boldsymbol{\alpha}\cdot\left(\hat{\boldsymbol{p}}-q\boldsymbol{A}\right)+q\Phi+\beta mc^2 \tag{2.7.12}$$

如果 $\boldsymbol{A}$ 和Φ与时间无关，和薛定谔方程一样，狄拉克方程也有定态解

$$\Psi=\psi\mathrm{e}^{-(\mathrm{i}/\hbar)Et} \tag{2.7.13}$$

并且ψ中不再含有时间 t。ψ也满足定态的薛定谔方程

$$\hat{H}\psi=E\psi \tag{2.7.14}$$

待定因子　从上面的初步推演，似乎因子$\boldsymbol{\alpha}$仅是空间 x, y, z 中的一个矢量，因子β是一个标量，只是它们还要受到式(2.7.10)的约束。进一步要指出，狄拉克提出$\boldsymbol{\alpha}$和β，还包含几个非常关键的特点。首先，它们不是普通的数，而是算符。更为关键的是，它们与时间 t 和位置 x, y, z 无关，说明这些新算符的作用空间，不是单个粒子的函数空间 x, y, z, t，而是另外的一个新的空间。波函数$\boldsymbol{\Psi}$和$\boldsymbol{\psi}$不再简单地是 x, y, z, t 或 x, y, z 中的一个标量函数，而是这种标量函数空间 x, y, z, t 与另一个新空间的直积空间中的矢量，$\boldsymbol{\Psi}$矢量或$\boldsymbol{\psi}$矢量的分量才是 x, y, z, t 或 x, y, z 的标量函数。

狄拉克方程提出不久，泡利就用它解出了氢原子的能级，与实验符合得非常好。这就提示我们，狄拉克方程至少适用于电子，$\boldsymbol{\alpha}$和β在其中作用的新空间应该与自旋有关。狄拉克方程是描述自旋为 1/2 的粒子运动的相对论性方程。

4. 自旋算符

在上面狄拉克方程的建立中，得到了两个算符$\boldsymbol{\alpha}$和β，下面要论述，由它们能自然得到自旋算符。

电子的自旋算符有两个基本的要求。首先，它的分量应该遵守一定的对易关系。设自旋算符为$\hat{\boldsymbol{M}}_S$（或用符号$\hat{\boldsymbol{S}}$），$\hat{\boldsymbol{M}}_S = \hbar\boldsymbol{\Sigma}/2$，按对易关系，$\boldsymbol{\Sigma}$的三个分量（下标用 1, 2, 3 或 x, y, z）应该满足：

$$
\begin{aligned}
&\Sigma_i^2 = 1 \quad , \quad i = 1,2,3 \\
&\Sigma_i\Sigma_j + \Sigma_j\Sigma_i = 0 \quad , \quad i \neq j \\
&[\Sigma_i, \Sigma_j] = \Sigma_i\Sigma_j - \Sigma_j\Sigma_i = 2\mathrm{i}\varepsilon_{ijk}\Sigma_k
\end{aligned}
\tag{2.7.15}
$$

$[\Sigma_i, \Sigma_j]$为对易子，参见下面注解。当 $i\neq j\neq k$，式中$\varepsilon_{ijk}=1$，如果 i, j, k 分别是 1, 2, 3 或 2, 3, 1 或 3, 1, 2，有

$$[\Sigma_1, \Sigma_2]=2\mathrm{i}\Sigma_3,\ [\Sigma_2, \Sigma_3]=2\mathrm{i}\Sigma_1,\ [\Sigma_3, \Sigma_1]=2\mathrm{i}\Sigma_2$$

说明$\boldsymbol{\Sigma}$的三个分量互不对易。其次，自旋算符$\hat{\boldsymbol{M}}_S$（或$\hat{\boldsymbol{S}}$）与式(2.7.11)和式(2.7.12)的哈密顿算符$\hat{H}$以及角动量算符$\hat{\boldsymbol{M}}$（或$\hat{\boldsymbol{L}}$）均不对易，说明自旋动量$\boldsymbol{M}_S$和角动量$\boldsymbol{M}$（或$\boldsymbol{L}$）都不是守恒量。但总角动量$\boldsymbol{M}_J=\boldsymbol{M}+\boldsymbol{M}_S$（或$\boldsymbol{J}=\boldsymbol{L}+\boldsymbol{S}$）却是守恒量，它的算符$\hat{\boldsymbol{M}}_J$（或$\hat{\boldsymbol{J}}$）与$\hat{H}$对易。

注：**算符的对易**　如果$[\hat{A},\hat{B}] = \hat{A}\hat{B} - \hat{B}\hat{A} = 0$，算符$\hat{A}$和$\hat{B}$对易，它们有共同的本征函数完备集；$[\hat{A},\hat{B}] \neq 0$则不对易，没有共同的本征函数。式子中的$[\hat{A},\hat{B}]$称为**对易子**。

如果设

$$\Sigma_1 = b\alpha_2\alpha_3,\quad \Sigma_2 = b\alpha_3\alpha_1,\quad \Sigma_3 = b\alpha_1\alpha_2,\quad b = -\mathrm{i} \tag{2.7.16}$$

式(2.7.15)的三个等式将全部成立。式(2.7.16)可紧凑地表示为

$$\boldsymbol{\Sigma} = -\tfrac{1}{2}\mathrm{i}\boldsymbol{\alpha}\times\boldsymbol{\alpha} \tag{2.7.17}$$

或

$$
\begin{aligned}
\Sigma_1 &= -\mathrm{i}\alpha_2\alpha_3 = -\mathrm{i}\Sigma_2\Sigma_3 \\
\Sigma_2 &= -\mathrm{i}\alpha_3\alpha_1 = -\mathrm{i}\Sigma_3\Sigma_1 \\
\Sigma_3 &= -\mathrm{i}\alpha_1\alpha_2 = -\mathrm{i}\Sigma_1\Sigma_2
\end{aligned}
\tag{2.7.18}
$$

这就找到了满足对易关系的自旋算符，

$$\hat{\boldsymbol{M}}_S = \frac{1}{2}\hbar\boldsymbol{\Sigma} = -\frac{1}{4}\mathrm{i}\hbar\boldsymbol{\alpha}\times\boldsymbol{\alpha} \tag{2.7.19}$$

进一步还可验证，$\hat{\boldsymbol{M}}_S$（或$\hat{\boldsymbol{S}}$）与$\hat{H}$以及$\hat{\boldsymbol{M}}$（或$\hat{\boldsymbol{L}}$）与$\hat{H}$有以下关系，

$$[\hat{H},\hat{\boldsymbol{M}}_S] = \mathrm{i}\hbar c\boldsymbol{\alpha}\times\hat{\boldsymbol{p}},\quad [\hat{H},\hat{\boldsymbol{M}}] = -\mathrm{i}\hbar c\boldsymbol{\alpha}\times\hat{\boldsymbol{p}} \tag{2.7.20}$$

说明均不对易。但$\hat{\boldsymbol{M}}_J$（或$\hat{\boldsymbol{J}}$）与$\hat{H}$则有

$$[\hat{H}, \hat{\boldsymbol{M}}_J] = [\hat{H}, \hat{\boldsymbol{M}}] + [\hat{H}, \hat{\boldsymbol{M}}_S] = 0 \tag{2.7.21}$$

说明互相对易。这再一次说明所找到的自旋算符 $\hat{\boldsymbol{M}}_S = \hbar\boldsymbol{\Sigma}/2$ 正确无误。

自旋空间　前面已提及，两个算符$\boldsymbol{\alpha}$和β与时间和位置无关，它们的作用空间是另外的一个新的空间，称为自旋空间。进一步可论证，自旋空间是一个四维空间。论证要用到有限群的方法，利用特征标表和不可约表示，可得到算符$\boldsymbol{\alpha}$和β的矩阵表示，即得到空间的维数。$\boldsymbol{\alpha}$和β称为**狄拉克矩阵**。具体的论证过程从略，详细可参阅参考书[28]。

$\boldsymbol{\alpha}$和β以及$\boldsymbol{\Sigma}$可用四阶的矩阵表达如下：

$$\boldsymbol{\alpha} = \begin{pmatrix} 0 & \boldsymbol{\sigma} \\ \boldsymbol{\sigma} & 0 \end{pmatrix}, \quad \beta = \begin{pmatrix} \boldsymbol{I} & 0 \\ 0 & -\boldsymbol{I} \end{pmatrix}, \quad \boldsymbol{\Sigma} = \begin{pmatrix} \boldsymbol{\sigma} & 0 \\ 0 & \boldsymbol{\sigma} \end{pmatrix} \tag{2.7.22}$$

式中，$\boldsymbol{I}$ 是二阶单位矩阵；$\boldsymbol{\sigma}$是自旋矢量矩阵，称为**泡利矩阵**，它的三个分量σ_1、σ_2、σ_3是下面的二阶矩阵：

$$\sigma_1 = \begin{pmatrix} 0 & 1 \\ 1 & 0 \end{pmatrix}, \quad \sigma_2 = \begin{pmatrix} 0 & -\mathrm{i} \\ \mathrm{i} & 0 \end{pmatrix}, \quad \sigma_3 = \begin{pmatrix} 1 & 0 \\ 0 & -1 \end{pmatrix} \tag{2.7.23}$$

它们满足$\sigma_i^2 = 1$，$\sigma_i\sigma_j + \sigma_j\sigma_i = 0, i \neq j$。

$\boldsymbol{\alpha}$和β的特点清楚后，可以求解狄拉克方程了。

5. 两个严格解

狄拉克方程有两个严格解，一个是自由电子，一个是氢原子，后者将在下面讨论。对于自由电子，解得的态函数是自旋空间中四个四维列矩阵，两个描述正能态，两个描述负能态。按经典理解，能量都是正的，如何理解负能态？狄拉克对此的假设是，负能态已充满了电子，形成电子海，正能态的电子由于泡利不相容原理不能再进入。而如果负能态的电子海失去一个电子，则形成带正电荷的空穴。狄拉克的解释预言了正电子的存在。在狄拉克方程的基础上进一步发展的量子场论的量子电动力学，形成了电子和正电子的全面的理论。

6. 氢原子

在非相对论量子力学中，氢原子的薛定谔方程方程可以严格求解，见一般物理化学教材。定态薛定谔方程 $\hat{H}\psi = E\psi$ 中

$$\hat{H} = -\frac{\hbar^2}{2m}\nabla^2 - \frac{e^2}{4\pi\varepsilon_0 r} \tag{2.7.24}$$

ε_0是真空电容率。设波函数$\psi(\boldsymbol{r}) = R(r)\Theta(\theta)\Phi(\phi)$，并将式(2.7.24)分离为三个独立的单变量方程，分别求解，得到三个量子数 n、l 和 m，相应有

$$\psi_{n,l,m}(r,\theta,\phi) = R_{n,l}(r)Y_{l,m}(\theta,\phi), \quad Y_{l,m}(\theta,\phi) = \Theta_{l,m}(\theta)\Phi_m(\phi) \tag{2.7.25}$$

$Y_{l,m}$ 是球谐函数。还可得到电子能级 E_n、轨道角动量 $M(l)$和在外磁场方向 z 上的分量 $M_z(m)$。当考虑自旋时，则是外加的，引入自旋磁量子数 m_s，对电子来说，只能取两个数值，+1/2 与－1/2。完全波函数应为绕核运动的原子轨道函数 $\psi_{n,l,m}$ 与自旋波函数 χ_{m_s} 之积

$$\psi_{n,l,m,m_s} = \psi_{n,l,m}\chi_{m_s} \tag{2.7.26}$$

在相对论量子力学中，对于氢原子，狄拉克方程也可以严格求解。按式(2.7.12)，有 $\hat{H}\psi = E\psi$ ，其中

$$\hat{H} = c\boldsymbol{\alpha}\cdot\hat{\boldsymbol{p}} + \beta mc^2 - \frac{e^2}{4\pi\varepsilon_0 r} \tag{2.7.27}$$

此式常被称为**狄拉克算符**。

厄米算符完备组　由于 $\hat{H}$ 的本征值是简并的，为求本征函数，正如在非相对论量子力学中的 $\hat{H}$ 、$\hat{M}^2$ 和 $\hat{M}_z$ 那样，必须建立一个厄米算符完备组。上面已经提到总角动量 $\boldsymbol{M}_J=\boldsymbol{M}+\boldsymbol{M}_S$，相应的算符为

$$\hat{M}_J^2 = \hat{\boldsymbol{M}}_J^2 = (\hat{\boldsymbol{M}} + \hat{\boldsymbol{M}}_S)^2 = \left(\hat{\boldsymbol{M}} + \frac{1}{2}\hbar\boldsymbol{\Sigma}\right)^2 \tag{2.7.28}$$

与 $\hat{M}_z$ 类似，在外磁场方向 z 上的分量 M_{Jz} 也有相应的算符：

$$\hat{M}_{Jz} = (\hat{M}_z + \hat{M}_{Sz}) = \left(\hat{M}_z + \frac{1}{2}\hbar\Sigma_z\right) \tag{2.7.29}$$

可以证明 $\hat{M}_J^2$ 和 $\hat{M}_{Jz}$ 都与 $\hat{H}$ 对易。但是它们只是反映 $\hat{\boldsymbol{M}}$ 和$\boldsymbol{\Sigma}$的一种组合形式。为了全面表达 $\hat{\boldsymbol{M}}$ 和$\boldsymbol{\Sigma}$的关系，还需要第四个与 $\hat{H}$ 对易的算符，即标量算符 $\hbar\hat{K}$

$$\hbar\hat{K} = \beta(\hat{\boldsymbol{M}}\cdot\boldsymbol{\Sigma} + \hbar) \tag{2.7.30}$$

$$(\hbar\hat{K})^2 = \hat{\boldsymbol{M}}_J^2 + \tfrac{1}{4}\hbar^2 \tag{2.7.31}$$

可以证明 $\hbar\hat{K}$ 与 $\hat{H}$ 、$\hat{M}_J^2$ 和 $\hat{M}_{Jz}$ 也是对易的，证明略。

本征矢量　现在要找到这四个对易算符的本征函数。在非相对论量子力学中，$\hat{H}$ 、$\hat{M}^2$ 和 $\hat{M}_z$ 的本征函数即波函数ψ，它是一个标量。现在的本征函数也是波函数ψ，却是一个矢量，一个在四维自旋空间中的矢量，我们要找的是本征矢量，它的分量则是函数空间 x, y, z, t 或 x, y, z 的标量函数。

下面分析四个算符的特点。先看 $\hbar\hat{K}$ ，按式(2.7.30)，它含有β，按式(2.7.22)，是一个四阶的矩阵，$\hbar\hat{K}$ 因而是四阶的矩阵。$\hat{M}_J^2$ 和 $\hat{M}_{Jz}$ 都含有$\boldsymbol{\Sigma}$，按式(2.7.22)，它是一个四阶的矩阵，因而 $\hat{M}_J^2$ 和 $\hat{M}_{Jz}$ 也是四阶的矩阵。$\hat{H}$ 中含有$\boldsymbol{\alpha}$和β，当然也是四阶的矩阵。这些四阶矩阵的算符所解出的本征函数必定是一个四维的本征矢量。

求解过程略。最后结果为：本征矢量 ψ_{njmk} 由以下四个量子数表征

$$n=1, 2, 3, \cdots$$
$$j=\frac{1}{2},\frac{3}{2},\frac{5}{2},\cdots,n-\frac{1}{2}$$
$$m_j=j, j-1, j-2, j-3, \cdots, -j$$
$$k=\pm\left(j+\frac{1}{2}\right)=\pm 1,\pm 2,\pm 3,\cdots,+n \tag{2.7.32}$$

其中，j、m_j、k 分别与 $\hat{M}_J^2$、$\hat{M}_{Jz}$ 和 $\hbar\hat{K}$ 的本征值有关；n 则在求解 $\hat{H}$ 的本征值中自动产生，还包含 k 的成分，注意 k 中不包含$-n$。与非相对论量子力学的量子数 l 不同，j 中包含自旋的贡献，因此，m_j、k 和 n 中都有自旋的影响。

本征矢量 ψ_{njmk} 可用下面的列矩阵表示：

$$\psi_{njmk}=\begin{pmatrix} f(r)\chi_{jm}^{\pm} \\ g(r)\chi_{jm}^{\mp} \end{pmatrix} \tag{2.7.33}$$

其中，χ上标的上号 ± 对应于 $k>0$，下号 ∓ 对应于 $k<0$，$\chi_{jm}^{\pm}$ 和 $\chi_{jm}^{\mp}$ 是两个二维列矩阵，它们的元素是 j、m 的不同组合和相应球谐函数 $Y_{j\pm 1/2,m_j\pm 1/2}(\theta,\phi)$ 的乘积。因而 ψ_{njmk} 是一个四维的列矩阵。$f(r)$和 $g(r)$是 n 和 k 以及一些特征参数ε、α、η的函数。

$$\varepsilon=\frac{E}{mc^2},\quad \alpha=\frac{e^2}{4\pi\varepsilon_0\hbar c},\quad \eta=\frac{2mc}{\hbar}\sqrt{1-\varepsilon^2}r \tag{2.7.34}$$

式中，α称为**精细结构参数**(不要与因子$\boldsymbol{\alpha}$混淆)；ε_0 是真空电容率(不要与参数ε混淆)。

电子密度　电子密度ρ用下式计算：

$$\begin{aligned}\rho&=\int\psi_{njmk}^{*}\psi_{njmk}\mathrm{d}\boldsymbol{\tau}=\int\begin{pmatrix} f(r)\chi_{jm}^{\pm} \\ g(r)\chi_{jm}^{\mp} \end{pmatrix}^{*}\begin{pmatrix} f(r)\chi_{jm}^{\pm} \\ g(r)\chi_{jm}^{\mp} \end{pmatrix}\mathrm{d}\boldsymbol{\tau}\\&=\int\left(\left(f(r)\chi_{jm}^{\pm}\right)^{*},\left(g(r)\chi_{jm}^{\mp}\right)^{*}\right)\begin{pmatrix} f(r)\chi_{jm}^{\pm} \\ g(r)\chi_{jm}^{\mp} \end{pmatrix}\mathrm{d}\boldsymbol{\tau}\\&=\int\left(f(r)\chi_{jm}^{\pm}\right)^{*}f(r)\chi_{jm}^{\pm}\mathrm{d}\boldsymbol{\tau}+\int\left(g(r)\chi_{jm}^{\mp}\right)^{*}g(r)\chi_{jm}^{\mp}\mathrm{d}\boldsymbol{\tau}\\&=\int\left|f(r)\chi_{jm}^{\pm}\right|^{2}\mathrm{d}\boldsymbol{\tau}+\int\left|g(r)\chi_{jm}^{\mp}\right|^{2}\mathrm{d}\boldsymbol{\tau}\end{aligned} \tag{2.7.35}$$

所得的ρ是量子数为 n, j, m_j, k 的量子态的电子密度在 x, y, z 空间中的变化。由式(2.7.35)可见，电子密度ρ是 ψ_{njmk} 的四个分量分别贡献的代数和。

能量　能量 E 是哈密顿算符 $\hat{H}$ 的本征值，由下式表达

$$E=mc^2\varepsilon=mc^2\left(1+\frac{\alpha^2}{\left(n-|k|+\sqrt{k^2-\alpha^2}\right)^2}\right)^{-1/2} \tag{2.7.36}$$

非相对论量子力学中，能量只取决于量子数 n。由式(2.7.36)可见，能量 E 还与量子数 k 和精细结构参数α有关，因此相对论量子力学的狄拉克方程可以描述精细的能级，与实验符合得更好。

式(2.7.36)可展开得到近似式

$$E = mc^2\left(1-\frac{\alpha^2}{2n^2}-\frac{\alpha^4}{2n^3}\left(\frac{1}{|k|}-\frac{3}{4n}\right)+O(\alpha^6)\right) \tag{2.7.37}$$

式中右面第 2 项

$$E_0 = -mc^2\frac{\alpha^2}{2n^2} = -\frac{me^4}{2(4\pi\varepsilon_0)^2\hbar^2}\frac{1}{n^2} \tag{2.7.38}$$

就是非相对论量子力学中氢原子的能量。

然而更精密地将狄拉克方程的能量与实验比较，还是有较小的差异。相对论量子力学的狄拉克方程不能解释这一事实，量子场论范畴内的量子电动力学的理论计算可与实验完全一致。

7. 多电子系统

用非相对论量子力学处理多电子系统，最常用的是 2.3 节介绍的哈特里-福克方法，它是一种在从头计算基础上的单电子近似方法。单电子波函数ψ_i的哈特里-福克方程为 $\hat{F}_i\psi_i(\boldsymbol{\tau}_i)=\varepsilon_i\psi_i(\boldsymbol{\tau}_i)$ [式(2.3.6)]，$\hat{F}_i$ 称为福克算符。对于相对论量子力学的狄拉克方程，相应有狄拉克-福克方法，也是单电子近似方法。

对于多电子系统，通常采用**狄拉克-库仑-布雷特**哈密顿算符(Dirac-Coulomb-Breit Hamiltonian，DCB)[37, 38]

$$\hat{H} = \sum_i \hat{H}_{\mathrm{D}}(i) + \frac{1}{2}\sum_{i\neq j} g_{ij} \tag{2.7.39}$$

$\hat{H}_{\mathrm{D}}(i)$ 是单粒子的狄拉克算符，即式(2.7.27)，

$$g_{ij} = g_{ij}^{\mathrm{Coulomb}} + g_{ij}^{\mathrm{Breit}} \tag{2.7.40}$$

$$g_{ij}^{\mathrm{Breit}} = g_{ij}^{\mathrm{Gaunt}} + g_{ij}^{\mathrm{gauge}} \tag{2.7.41}$$

$$g_{ij}^{\mathrm{Gaunt}} = -\frac{\boldsymbol{\alpha}_i\cdot\boldsymbol{\alpha}_j}{r_{ij}} \tag{2.7.42}$$

$g_{ij}^{\mathrm{Coulomb}}$ 描述电荷相互作用；g_{ij}^{Breit} 代表电流-电流相互作用[39]，其中 g_{ij}^{Gaunt} 描述自旋-异轨道以及轨道-轨道和自旋-自旋相互作用[40]，g_{ij}^{gauge} 是尺度项，是为无自旋的标量相互作用而引入的，通常可不计。$\boldsymbol{\alpha}$是狄拉克矩阵，见式(2.7.22)。

实际使用有考虑电子相关的组态相互作用方法[41, 42]、多体微扰理论方法[43]以及偶合簇方法[44-46]等。还有许多进一步的改进，特别是刘文剑[37, 47]和其他学者[48, 49]运用 Foldy-Wouthuysen 变换(参见文献[28]第 239 页)，将四分量的波函数

变换为两分量，形成被称为 X2C (exact two-component) 的方法，效率有很大提高。但总体来说，目前多处理较小的系统。相对论密度泛函理论方法是处理这一问题的另一条有效的途径，它的计算量比较小，但精度可达到从头计算 MP2 方法的水平，可处理比较大的系统。下一章还要介绍。

近年来有一个研究方向是进一步引入量子电动力学效应。这种效应主要有三个：一是**真空涨落**(vacuum fluctuation)，电磁场即使在 T=0K 时仍有振荡，导致有**自能**(self energy)的贡献，它使近核的电子由于部分库仑能的失去而显示排斥作用。二是**真空极化**(vacuum polarization)，即使完全真空，极化后可形成**虚电子-正电子对**(virtual electron-positron pair)，它使近核的电子吸引力增加。三是**延迟效应**(retardation effect)，指在两原子的系统中，能量以电磁辐射的方式传递并且产生时间延迟，它使 R^{-6} 的色散力改变为 R^{-7}。目前在 DCB 的基础上[37]，已能处理前两种效应。

最近，刘文剑[50]指出，以上各种常规的处理方法，都是在薛定谔方程的基础上，使用狄拉克算符或 DCB 算符，它们是在电子数守恒基础上的一次量子化(first quantized)。实际情况是，由于虚电子-正电子对的产生和湮灭，电子数是不守恒的，只有电荷是守恒的。因此，必须建立二次量子化(second quantized)的多电子算符(一次量子化是以单粒子态作为基函数来描述多粒子系统。二次量子化所用的基函数是以一个完整系列的单粒子态来描述粒子的数目，使场量子化，来描述多粒子系统。它是量子场论的重要方法)。刘文剑的观点，将使相对论量子力学的研究与量子电动力学更为一致。

参 考 文 献

[1] 胡英，黑恩成，彭昌军. 物理化学. 6 版. 北京：高等教育出版社，2014

[2] Clementi E. Computational chemistry：attempting to simulate large molecular systems. In Dykstra C E，Frenking G，Kim K S，Scuseria G E. Theory on Applications of Computational Chemistry：The First 40 Years. Amsterdam：Elsevier，2005：1089

[3] Corongiu G. HF-HL Method：Combination of Hatree-Fock and Heitler-London approximations. Int J Quantum Chem，2005，105：831

[4] Clementi E，Corongiu G. From atomic and molecular orbitals to chemical orbitals. Int J Quantum Chem，2008，108：1758

[5] 徐光宪，黎乐民，王德名. 量子化学，基本原理和从头计算法(中册). 北京：科学出版社，1999

[6] Levine I N. Quantum Chemistry. New Jersey：Prentice Hall，1991

[7] Lowe J P. Quantum Chemistry. New York：Academic Press，1993

[8] Parr R G，Yang W. Density-Functional Theory of Atoms and Molecules. Oxford：Oxford university Press，1989

[9] Boys S F. Electronic wave functions. I. A general method of calculation for the stationary states of any molecular system. Proc Roy Soc London，1950，200：542

[10] Boys S F. Electronic wave functions. II. A calculation for the ground state of the beryllium atom. Proc Roy Soc

London，1950，201：125

[11] Roothaan C C J. New developments in molecular orbitals theory. Rev Mod Phys，1951，23：69

[12] Dunning Jr T H. Gaussian basis sets for use in molecular calculations. I. The atoms boron through neon and hydrogen. J Chem Phy，1989，90：1007

[13] Wilson A K，van Mourik T，Dunning Jr T H. Gaussian basis sets for use in molecular calculations. VI. Sextuple zeta correlation consistent basis sets for boron through neon. J Mol Struct (Thermochem)，1996，388：339

[14] Talman J D. Optimized numerical basis functions. Mol Phys，2010，108：3289

[15] Löwdin P O. Correlation problem in many-electron quantum mechanics. I. Review of different approaches and discussion of some current ideas. In Prigogine I. Advances in Chemical Physics. Vol II. New York：Interscience，1959：207

[16] Slater J C. A Simplification of the Hatree-Fock method. Phys Rev，1951，81：385

[17] Møller C，Plesset M S. Note on an approximation treatment for many-electron systems. Phys Rev，1934，46：618

[18] Head-Gordon M，Pople J A，Frisch M J. MP2 energy evaluation by direct methods. Chem Phys Lett，1988，153：503

[19] Pople J A，Binkley J S，Seeger R. Theoretical models incorporating electron correlation. Int J Quan Chem，1976，10(S10)：1

[20] Pople J A，Seeger R，Krishnan R. Variational configuration interaction methods and comparison with perturbation theory. Int J Quan Chem，1977，12(S11)：149

[21] Raghavachari K，Pople J A. Approximate fourth-order perturbation theory of the electron correlation energy. Int J Quan Chem，1978，14：91

[22] Raghavachari K，Pople J A，Replogle E S，et al. Fifth order Møller-Plesset perturbation theory：Comparison of existing correlation methods and implementation of new methods correct to fifth order. J Phys Chem，1990，94：5579

[23] Bartlett R J，Stanton J F. Applications of post Hartree-Fork methods，a tutorial. Rev Comput Chem，1995，5：65

[24] Cramer C J. Essentials of Computational Chemistry. Chichester：John Wiley & Sons，2002

[25] Jensen F. Introduction to Computational Chemistry. Chichester：John Wiley and Sons，1999

[26] Leach A R. Molecular Modelling：Principles and Applications. Singapore：Longman，1996

[27] Hehre W J. A Guide to Molecular Mechanics and Quantum Chemical Calculations. Irvine：Wavefunction Inc，2003

[28] 喀兴林. 高等量子力学. 2 版. 北京：高等教育出版社，2000

[29] 曾谨言. 量子力学 II. 4 版. 北京：科学出版社，2007

[30] 倪光炯，陈苏卿. 高等量子力学. 2 版. 上海：复旦大学出版社，2004

[31] 苏汝铿. 量子力学. 2 版. 北京：高等教育出版社，2003

[32] 殷鹏程. 量子场论纲要. 上海：上海科学技术出版社，1986

[33] Klein O. Quantum theory and five-dimensional theory of relativity. Z Phys，1926，37：895

[34] Gordon W. Compton effect according to Schrödinger's theory. Z Phys，1926，40：117

[35] Dirac P A M. The quantum theory of the electron. Proc Royal Soc A，1928，117(778)：610

[36] Dirac P A M. A theory of electrons and protons. Proc Royal Soc A，1930，126(801)：360

[37] Liu W. Ideas of relativistic quantum chemistry. Mol Phys，2010，108：1679

[38] Pyykk P. The physics behind chemistry and the periodic table. Chem Rev，2012，112：371

[39] Breit G. The effect of retardation on the interaction of two electrons. Phys Rev，1929，34：553

[40] Gaunt J A. The triplets of helium. Proc Roy Soc London，1929，A122：513

[41] Visser O，Visscher L，Aens P J C，et al. Molecular open shell configuration interaction calculations using the Dirac-Coulomb Hamiltonian：The f^6-manifold of an embedded EuO_6^{9-} cluster. J Chem Phys，1992，96：2910

[42] Visscher L，Saue T，Nieuwpooa W C，et al. The electronic structure of the PtH molecule：Fully relativistic configuration interaction calculations of the ground and excited states. J Chem Phys，1993，99：6704

[43] Dyall K G. Second-order Møller-Plesset perturbation theory for molecular Dirac-Hartree-Fock wavefunctions. Theory for up to two open-shell electrons. Chem Phys Lett，1994，224：186

[44] Visscher L，Dyall K G，Lee T. Krarners-restricted closed-shell CCSD theory. J Int Quant Chem，1995，S29：411

[45] Visscher L，Lee T J，Dyall K G. Formulation and implementation of a relativistic unrestricted coupledcluster method including noniterative connected triples. J Chem Phys，1996，105：8769

[46] Visscher L. Approximate molecular relativistic Dirac-Coulomb calculations using a simple coulombic correction. Theor Chem Acc，1997，98：68

[47] 刘文剑. 相对论量子化学新进展. 化学进展，2007，19：833

[48] Saue T. Relativistic Hamiltonians for chemistry：a primer. Chem Phys Chem，2011，12：3077

[49] Peng D，Reiher M. Exact decoupling of the relativistic Fock operator. Theor Chem Acc，2012，131：1081

[50] Liu W. Advances in relativistic molecular quantum mechanics. Phys Rep，2014，537：59

第 3 章　量子力学的密度泛函理论

3.1　引　　言

量子力学的密度泛函理论 DFT，是以粒子的密度分布$\rho(\boldsymbol{r})$代替波函数作为变量，构筑能量泛函，通过薛定谔方程，与原子和分子的电子结构以及相关的各种性质相联系。其中构造交换相关能的泛函模型是关键，并采用局部密度近似、梯度近似等。第 5 章还要介绍统计力学的密度泛函理论，它以$\rho(\boldsymbol{r})$代替粒子的坐标和动量作为变量，构筑内在自由能泛函，通过相关函数，与各种热力学性质相联系。关键也是构造泛函模型，并采用各种近似。两者的理论框架非常类似。本章主要介绍非相对论量子力学的密度泛函理论，在最后简要介绍相对论量子力学的密度泛函理论。

在第 2 章量子化学基础中提到，微观粒子系统的运动状态或量子态可用波函数来全面描述，通过求解薛定谔方程，原则上可以得到波函数，也就得到了物质微观结构的全部信息。但是对于含有 N 个电子的原子或分子，由于 $\mathrm{d}\boldsymbol{\tau}_i=\mathrm{d}\boldsymbol{r}_i\mathrm{d}s_i=\mathrm{d}x_i\mathrm{d}y_i\mathrm{d}z_i\mathrm{d}s_i$，波函数$\psi(\boldsymbol{\tau}_1, \boldsymbol{\tau}_2, \cdots, \boldsymbol{\tau}_N)$是 $4N$ 个变量的函数，严格求解在多数情况下难以实现。哈特里-福克近似、哈特里-福克-罗特汉方法、Møller 和 Plesset 的微扰理论，都是有效的近似方法。上一章也介绍了交换相关空穴 $h_{\mathrm{xc}}(\boldsymbol{\tau}_1, \boldsymbol{\tau}_2)$，它取决于二重分布函数或对密度 $\rho^{(2)}(\boldsymbol{\tau}_1, \boldsymbol{\tau}_2)$，后者是二重约化密度矩阵$\{\gamma^{(2)}\}$的对角线元素。$h_{\mathrm{xc}}(\boldsymbol{\tau}_1, \boldsymbol{\tau}_2)$包含着电子相关的全部信息。这给我们以启示，能否不以波函数为基本变量，而是直接从电子密度 $\rho(\boldsymbol{r})$出发进行研究。

这种尝试很早就已经开始。早在 1927 年，托马斯(L.H. Thomas)[1]和费米(E. Fermi)[2]分别独立地建立了一个动能的密度泛函，并结合势能，参见 1.2 节的例 1-8 和例 1-2，相应写出：

$$\begin{aligned}E_{\mathrm{TF}}[\rho(\boldsymbol{r})] &= T_{\mathrm{TF}}[\rho(\boldsymbol{r})]+V_{\mathrm{ne}}[\rho(\boldsymbol{r})]+V_{\mathrm{ee}}[\rho(\boldsymbol{r})]\\ &=\frac{3}{10}(3\pi^2)^{2/3}C_{\mathrm{F}}\int\rho(\boldsymbol{r})^{5/3}\mathrm{d}\boldsymbol{r}\\ &\quad -Z\int\big(\rho(\boldsymbol{r})/r\big)\mathrm{d}\boldsymbol{r}-\frac{1}{2}\iint\big(\rho(\boldsymbol{r})\rho(\boldsymbol{r}')/|\boldsymbol{r}-\boldsymbol{r}'|\big)\mathrm{d}\boldsymbol{r}\mathrm{d}\boldsymbol{r}'\end{aligned}\tag{3.1.1}$$

对于没有相互作用的均匀电子气，式中下标 ne 和 ee 分别代表核-电子和电子-电子相互作用，Z 是核电荷数，C_{F} 是参数。应用变分法，在$\int\rho(\boldsymbol{r})\mathrm{d}\boldsymbol{r}=N$ 的条件下，可以求得 $\rho(\boldsymbol{r})$。

1951 年的斯莱特近似，见第 2 章 2.5 节，式(2.5.32)的 E_{X} 就是一个密度泛函

$E_x[\rho(\boldsymbol{r})]$，也是早期尝试的一个例子。

关于量子力学的密度泛函理论的系统论述，可参阅参考书[3-7]。

3.2 霍恩伯格-科恩定理

1964 年，霍恩伯格(P. Hohenberg)和科恩(W. Kohn)[8]在一篇关于非均匀电子气的文章中，用简洁的方式，证明了两个重要的定理。它们是密度泛函理论的基础。

1. 霍恩伯格-科恩第一定理

霍恩伯格-科恩第一定理可叙述为：对于一个多粒子系统，外场 $V_{\text{ext}}(\boldsymbol{r})$是粒子密度分布函数$\rho(\boldsymbol{r})$(简称密度)唯一的泛函。由于 $V_{\text{ext}}(\boldsymbol{r})$确定后哈密顿算符 $\hat{H}$ 就确定了，因此，多粒子系统的完整的基态也是$\rho(\boldsymbol{r})$唯一的泛函。

对于原子和分子中的电子，核与电子的相互作用 V_{ne} 是一种外场，外电场、外磁场等都是外场。

设有两个不同的外场V_{ext}与V'_{ext}，相应有不同的哈密顿算符$\hat{H}=\hat{T}+\hat{V}_{\text{ee}}+\hat{V}_{\text{ext}}$和$\hat{H}'=\hat{T}+\hat{V}_{\text{ee}}+\hat{V}'_{\text{ext}}$，不同的基态波函数$\psi_0$和$\psi_0'$，不同的基态能量$E_0$和$E_0'$，但具有同一个基态电子密度$\rho(\boldsymbol{r})$。按式(2.5.2)，

$$\rho(\boldsymbol{r})=N\int\cdots\int\psi(\boldsymbol{\tau}_1,\boldsymbol{\tau}_2,\cdots,\boldsymbol{\tau}_N)\psi^*(\boldsymbol{\tau}_1,\boldsymbol{\tau}_2,\cdots,\boldsymbol{\tau}_N)\mathrm{d}s_1\mathrm{d}\boldsymbol{\tau}_2\cdots\mathrm{d}\boldsymbol{\tau}_N$$

这种可能性并不能排除。现在应用变分原理(参见第 2 章 2.2 节)，设采用ψ_0'作为$\hat{H}$的变分函数，应该有

$$\begin{aligned}E_0&<\langle\psi_0'|\hat{H}|\psi_0'\rangle=\langle\psi_0'|\hat{H}'|\psi_0'\rangle+\langle\psi_0'|\hat{H}-\hat{H}'|\psi_0'\rangle\\&=E_0'+\langle\psi_0'|\hat{V}_{\text{ext}}-\hat{V}'_{\text{ext}}|\psi_0'\rangle\end{aligned}\tag{3.2.1}$$

将式右边第二项用$\rho(\boldsymbol{r})$的积分代替，式(3.2.1)变为

$$E_0<E_0'+\int\rho(\boldsymbol{r})\left(V_{\text{ext}}-V'_{\text{ext}}\right)\mathrm{d}\boldsymbol{r}\tag{3.2.2}$$

如采用ψ_0作为$\hat{H}'$的变分函数，类似地则有

$$E_0'<E_0-\int\rho(\boldsymbol{r})\left(V_{\text{ext}}-V'_{\text{ext}}\right)\mathrm{d}\boldsymbol{r}\tag{3.2.3}$$

两式相加，$E_0+E_0'<E_0'+E_0$，这是一个自相矛盾的结果。由于从$\hat{H}$到ψ_0再到E_0，有一一对应关系，这就说明当基态电子密度$\rho(\boldsymbol{r})$一定，只可能有一组$\hat{H}$、ψ_0和E_0。所有其他性质包括激发态等也都应确定。

第一定理的意义在于肯定了唯一的密度分布函数$\rho(\boldsymbol{r})$的存在。但是以后将知道，密度泛函理论的复杂性并不在于这一存在，而在于我们并不知道确切的密度泛函的严格形式。

2. 霍恩伯格-科恩第二定理

霍恩伯格-科恩第二定理可叙述为：如果是真实的正确的基态电子密度$\rho(\boldsymbol{r})$，所得到的能量一定是最小值，即基态能量 E_0。这实际上就是变分原理。但要注意，变分原理只是对于严格形式的密度泛函才是正确的。而在实际使用时，有时甚至得出比严格能量更低的数值，这往往是由于使用了近似的哈密顿算符 $\hat{H}$ 。

N可描述和 V_{ext} 可描述　N 可描述（N representability）指在应用变分法的过程中，密度或密度矩阵（参见第 2 章 2.5 节）可以用合适的反对称的 N 个粒子的波函数来完全地描述。V_{ext} 可描述（V_{ext} representability）则除上述要求外，还可用包含外场的哈密顿算符来完全地描述。前者在一般量子力学理论构建中，需要加以论证。后者则在量子力学的密度泛函理论构建中，也需要加以确认。在文献阅读时，需要知道一些这方面的常识，详细论证略。

莱维受限搜索　回顾第 2 章的式（2.2.10），$E_0=\min\limits_{\psi\to N}\langle\psi|\hat{H}|\psi\rangle$，它是搜索了各种可能的 N 个电子的波函数，找出具有最小能量的波函数ψ，并得到基态能量 E_0。密度泛函理论应该如何应用变分法，来找到具有最小能量的密度ρ，并得到基态能量 E_0？莱维（M. Levy）[9]在 1979 年提出一种受限搜索方案。当 $\hat{H}=\hat{T}+\hat{V}_{ext}+\hat{V}_{ee}=\hat{T}+\hat{V}_{ne}+\hat{V}_{ee}$，方案可用下式表示：

$$E_0=\min_{\rho\to N}\left(\min_{\psi\to\rho}\langle\psi|\hat{H}|\psi\rangle\right)=\min_{\rho\to N}\left(\min_{\psi\to\rho}\langle\psi|\hat{T}+\hat{V}_{ne}+\hat{V}_{ee}|\psi\rangle\right) \tag{3.2.4}$$

操作分为两步：内区第一步，是在一定的密度ρ时，在各种波函数ψ中，寻求能量最小时的ψ。$\psi\to\rho$表示当密度为ρ时，ψ是可能的反对称波函数，它符合式（2.5.2）。外区第二步，是在各种密度ρ中，寻求能量最小时 N 电子系统的密度ρ。$\rho\to N$ 表示对于一个 N 电子系统，ρ是可能的密度。这两步实现与式（2.2.10）同样的目标，但同时得到了密度ρ和基态能量 E_0。

将外场算符或核-电子相互作用算符用$\rho(\boldsymbol{r})$的积分代替，它与波函数ψ无关，式（3.2.4）变为

$$\begin{aligned}E_0&=\min_{\rho\to N}\left(\min_{\psi\to\rho}\langle\psi|\hat{T}+\hat{V}_{ee}|\psi\rangle+\int\rho(\boldsymbol{r})V_{ne}\mathrm{d}\boldsymbol{r}\right)\\&=\min_{\rho\to N}\left(F_{intr}[\rho(\boldsymbol{r})]+\int\rho(\boldsymbol{r})V_{ne}\mathrm{d}\boldsymbol{r}\right)=\min_{\rho\to N}E[\rho(\boldsymbol{r})]\end{aligned} \tag{3.2.5}$$

式中，$E[\rho(\boldsymbol{r})]=F_{intr}[\rho(\boldsymbol{r})]+\int\rho(\boldsymbol{r})V_{ne}\mathrm{d}\boldsymbol{r}$，是**能量泛函**，$F_{intr}[\rho(\boldsymbol{r})]$称为**内在自由能泛函**，又称**霍恩伯格-科恩泛函**，符号可用 $F_{HK}[\rho(\boldsymbol{r})]$

$$F_{intr}[\rho(\boldsymbol{r})]=F_{HK}[\rho(\boldsymbol{r})]=\min_{\psi\to\rho}\langle\psi|\hat{T}+\hat{V}_{ee}|\psi\rangle \tag{3.2.6}$$

内在指不显含外场 V_{ext} 或 V_{ne} 的直接贡献。在第 5 章统计力学的密度泛函理论中，

也定义了内在自由能泛函，见式(5.2.14)，其中除动能和势能外，还包含熵的贡献。式(3.2.6)从表面看似乎应该是内在能量 E_{intr}，但因为基态电子系统温度为零，TS 为零。式(3.2.6)可看作是式(5.2.14)应用于基态电子系统的特例。进一步的讨论见第 5 章 5.7 节。

从理论上说，得到能量最小时的基态密度$\rho_0(\boldsymbol{r})$，同时也应得到基态波函数ψ_0。实际操作时，上述第一步并不是非常刻板地进行，也不可能对所有可能的各种波函数ψ进行搜索。在密度泛函理论中，波函数并不受到特别关注。

量子力学建立在一些基本假定的基础之上。例如，微观粒子系统的运动状态或量子态可用波函数Ψ来全面描述；与时间无关的哈密顿算符的本征函数是波函数；微观粒子系统的运动方程由薛定谔方程描述；等等。它们是经验的总结，并不能被其他理论来证明。霍恩伯格-科恩定理是量子力学的密度泛函理论的基础，有了它，用密度作为基本变量来全面描述微观粒子系统的运动状态或量子态才有了依据。但它不是量子力学的基本假定，相反，它可由基本假定加以证明。

3.3　科恩-沈方法

在霍恩伯格和科恩的工作发表一年以后，1965 年，科恩和沈吕九(L.J. Sham)[10]提出了非相对论密度泛函理论的具体实现方法，常简写为 KS。受到哈特里-福克近似(HF)的启发，他们首先引入了一个无相互作用的参考系统，而将电子-电子间的排斥用近似的泛函来处理。

1. 无相互作用的参考系统

科恩-沈方法，是首先构造一个无相互作用的参考系统，它建筑在一系列单电子波函数或轨道的基础之上，哈密顿算符为

$$\hat{H}_{\text{ref}}=-\sum_{i}^{N}\frac{1}{2}\nabla_i^2+\sum_{i}^{N}V_{\text{eff}}(\boldsymbol{r}_i) \tag{3.3.1}$$

式中，V_{eff}是有效外场。这个式子是非相对论的哈密顿算符。类似于 HF 近似，科恩-沈方法也采用斯莱特行列式波函数$\psi_{\text{ref}}(\boldsymbol{\tau}_1,\boldsymbol{\tau}_2,\cdots,\boldsymbol{\tau}_N)$，$\boldsymbol{\tau}_i=(\boldsymbol{r}_i,s_i)$，

$$\psi_{\text{ref}}=\frac{1}{\sqrt{N!}}\begin{vmatrix}\psi_1(1) & \psi_2(1) & \cdots & \psi_N(1)\\ \psi_1(2) & \psi_2(2) & \cdots & \psi_N(2)\\ \vdots & \vdots & & \vdots\\ \psi_1(N) & \psi_2(N) & \cdots & \psi_N(N)\end{vmatrix} \tag{3.3.2}$$

式中行列式的元素$\psi_i(j)=\psi_i(\boldsymbol{r}_j,s_j)=\phi_i(\boldsymbol{r}_j)\chi_i(s_j)$，是单电子的自旋轨道，称为**科恩-沈自旋轨道**，由下面的**科恩-沈方程**确定

$$\hat{h}_{\text{KS}}\psi_i=\varepsilon_i\psi_i \tag{3.3.3}$$

$$\hat{h}_{\mathrm{KS}} = -\frac{1}{2}\nabla^2 + V_{\mathrm{eff}}(\boldsymbol{r}) \tag{3.3.4}$$

称为**科恩-沈算符**。它与福克算符 $\hat{F}$ 不同，后者包含电子的相互作用，科恩-沈算符则是无相互作用的参考系统的单电子哈密顿算符。

参考系统与实际系统的关联，是通过使参考系统的密度与实际基态密度$\rho_0(\boldsymbol{r})$一致而实现的，即确立下面等式，

$$\rho_{\mathrm{ref}}(\boldsymbol{r}) = \sum_i^N \sum_s \psi_i(\boldsymbol{r},s)\psi_i^*(\boldsymbol{r},s) = \rho_0(\boldsymbol{r}) \tag{3.3.5}$$

表面上看，科恩-沈方程是电子间无相互作用的方程，似乎很简单。但由于要求密度与$\rho_0(\boldsymbol{r})$一致，$V_{\mathrm{eff}}(\boldsymbol{r})$必须包含实际系统所有的信息，也就是说，复杂性全在其中。在迭代过程中，$\hat{h}_{\mathrm{KS}}$和 $V_{\mathrm{eff}}(\boldsymbol{r})$将不断变化。下面将进一步讨论科恩-沈方程的建立和 $V_{\mathrm{eff}}(\boldsymbol{r})$的确定。

2. 科恩-沈方程

内在自由能泛函　按式(3.2.5)，基态能 E_0 是泛函 $E[\rho(\boldsymbol{r})]$的极值，并且 $E[\rho(\boldsymbol{r})] = F_{\mathrm{intr}}[\rho(\boldsymbol{r})] + \int \rho(\boldsymbol{r})V_{\mathrm{ne}}\mathrm{d}\boldsymbol{r}$。其中内在自由能泛函 $F_{\mathrm{intr}}[\rho(\boldsymbol{r})]$可按式(3.2.6)进一步表示为

$$F_{\mathrm{intr}}[\rho(\boldsymbol{r})] = T[\rho(\boldsymbol{r})] + E_{\mathrm{ee}}[\rho(\boldsymbol{r})] \tag{3.3.6}$$

式中，E_{ee}是电子间相互作用的能量。按式(2.5.24)，它由两部分构成：一是库仑积分 $J[\rho(\boldsymbol{r})]$，相当于 HF 式(2.3.1)的$\frac{1}{2}\sum_{i,j=1}^{N} J_{ij}$，它按式(2.5.24) $\frac{1}{2}\iint\left(\rho(\boldsymbol{r}_1)\rho(\boldsymbol{r}_2)/r_{12}\right)\mathrm{d}\boldsymbol{r}_1\mathrm{d}\boldsymbol{r}_2$表达，但其中包含不正确的自相互作用。二是 $E_{\mathrm{xc}}[\rho(\boldsymbol{r})]$，它由交换相关空穴 $h_{\mathrm{xc}}(\boldsymbol{r}_1, \boldsymbol{r}_2)$表征，是电子与空穴的相互作用，包含所有的电子相关贡献，还包含对上述自相互作用的校正。

科恩和沈采用的方法，首先是将内在自由能泛函 $F_{\mathrm{intr}}[\rho(\boldsymbol{r})]$定义为

$$F_{\mathrm{intr}}[\rho(\boldsymbol{r})] = T_{\mathrm{ref}}[\rho(\boldsymbol{r})] + J[\rho(\boldsymbol{r})] + E_{\mathrm{xc}}[\rho(\boldsymbol{r})] \tag{3.3.7}$$

由此直接引入交换相关能 $E_{\mathrm{xc}}[\rho(\boldsymbol{r})]$。至于其中动能 T_{ref}，则是按参考系统的科恩-沈自旋轨道ψ_i计算

$$T_{\mathrm{ref}} = -\frac{1}{2}\sum_i^N \left\langle \psi_i \middle| \nabla_i^2 \middle| \psi_i \right\rangle \tag{3.3.8}$$

它和实际的动能 T 并不相同。科恩-沈方法的关键步骤，就是通过内在自由能泛函 $F_{\mathrm{intr}}[\rho(\boldsymbol{r})]$定义了交换相关能 $E_{\mathrm{xc}}[\rho(\boldsymbol{r})]$。

交换相关能　在第 2 章 2.5 节的讨论中，对于一般的电子相关问题，是从二重分布函数 $\rho^{(2)}(\boldsymbol{r}_1, \boldsymbol{r}_2)$引入交换相关空穴 $h_{\mathrm{xc}}(\boldsymbol{r}_1, \boldsymbol{r}_2)$［参见式(2.5.22)］，进一步导出电子相互作用能 E_{ee} 与 $\rho^{(2)}(\boldsymbol{r}_1, \boldsymbol{r}_2)$和 $h_{\mathrm{xc}}(\boldsymbol{r}_1, \boldsymbol{r}_2)$的关系［参见式(2.5.23)和式(2.5.24)］，

然后通过 $h_{xc}(\boldsymbol{r}_1,\boldsymbol{r}_2)$定义了交换相关能 $E_{xc}[\rho(\boldsymbol{r})]$［参见式(2.5.25)］。现在科恩-沈方法直接在内在自由能泛函 $F_{intr}[\rho(\boldsymbol{r})]$中引入交换相关能 $E_{xc}[\rho(\boldsymbol{r})]$。这样做的基础是什么，它和交换相关空穴 h_{xc} 有什么关系，需要做以下深入的分析。

(1) 联合式(3.3.6)和式(3.3.7)，式中的 $E_{xc}[\rho(\boldsymbol{r})]$相应表示为

$$\begin{aligned}E_{xc}[\rho(\boldsymbol{r})]&=\left(T[\rho(\boldsymbol{r})]-T_{ref}[\rho(\boldsymbol{r})]\right)+\left(E_{ee}[\rho(\boldsymbol{r})]-J[\rho(\boldsymbol{r})]\right)\\&=\left(T[\rho(\boldsymbol{r})]-T_{ref}[\rho(\boldsymbol{r})]\right)+E_{ncl}[\rho(\boldsymbol{r})]\end{aligned} \tag{3.3.9}$$

可见，科恩-沈方法中的 $E_{xc}[\rho(\boldsymbol{r})]$不仅包含非经典的贡献 E_{ncl}，即前面提到的所有的电子相关贡献，以及自相互作用的校正，还包括实际动能与参考系统的动能的差异。

(2) **绝热连接**　为了进行分析，要采用绝热连接(adiabatic connection)的方法，它由哈里斯(J. Harris)等[11, 12]提出，是一种借助于参考系统的特性，估计实际系统性质的方法，也就是微扰理论的方法。现在用这个方法来分析科恩-沈方法中的交换相关能 E_{xc} 和二重分布函数的关系，然后再看与交换相关空穴 h_{xc} 的联系。

(3) 科恩-沈方法选择了一个无相互作用的参考系统。为了从参考系统过渡到实际系统，按微扰理论的通常做法，要引入偶合参数λ，用来表征电子-电子相互作用的强度。当λ=0，相互作用为零，相当于参考系统；当λ=1，相当于实际系统的相互作用。当λ变化时，要选择适当的外场 $V_{ext}^{(\lambda)}$，使密度始终与实际系统的密度一致，因而这里借用热力学的术语，称为绝热连接。当参数λ=0，哈密顿算符即式(3.3.1)，当参数为λ时，哈密顿算符为

$$\hat{H}_{\lambda}=\hat{T}+\lambda\hat{V}_{ee}+\hat{V}_{ext}^{(\lambda)}=\hat{T}+\lambda\sum_{i}^{N}\sum_{j>1}^{N}1/r_{ij}+V_{ext}^{(\lambda)} \tag{3.3.10}$$

(4) 按 3.2 节的莱维受限搜索的内区，得λ时能量和内在自由能

$$\begin{aligned}E_{\lambda}&=\min_{\psi\to\rho}\left\langle\psi\left|\hat{T}+\lambda\hat{V}_{ee}+V_{ext}^{(\lambda)}(\boldsymbol{r})\right|\psi\right\rangle\\&=\left\langle\psi^{(\lambda)}\left|\hat{T}+\lambda\hat{V}_{ee}+V_{ext}^{(\lambda)}(\boldsymbol{r})\right|\psi^{(\lambda)}\right\rangle\end{aligned} \tag{3.3.11}$$

$$\begin{aligned}F_{intr\,\lambda}[\rho(\boldsymbol{r})]&=\min_{\psi\to\rho}\left\langle\psi\left|\hat{T}+\lambda\hat{V}_{ee}\right|\psi\right\rangle\\&=\left\langle\psi^{(\lambda)}\left|\hat{T}+\lambda\hat{V}_{ee}\right|\psi^{(\lambda)}\right\rangle\end{aligned} \tag{3.3.12}$$

式中，$\psi^{(\lambda)}$是搜索后得到的密度为ρ的波函数。当λ=0 和λ=1，分别有

$$F_{intr0}[\rho(\boldsymbol{r})]=\left\langle\psi^{(\lambda=0)}\left|\hat{T}\right|\psi^{(\lambda=0)}\right\rangle=T_{ref}[\rho(\boldsymbol{r})] \tag{3.3.13}$$

$$F_{intr1}[\rho(\boldsymbol{r})]=\left\langle\psi^{(\lambda=1)}\left|\hat{T}+\hat{V}_{ee}\right|\psi^{(\lambda=1)}\right\rangle=T[\rho(\boldsymbol{r})]+E_{ee}[\rho(\boldsymbol{r})] \tag{3.3.14}$$

(5) 代入式 (3.3.9)，实际系统的交换相关能泛函为

$$\begin{aligned}E_{xc}[\rho(\boldsymbol{r})]&=\big(T[\rho(\boldsymbol{r})]-T_{ref}[\rho(\boldsymbol{r})]\big)+\big(E_{ee}[\rho(\boldsymbol{r})]-J[\rho(\boldsymbol{r})]\big)\\&=F_{intr1}[\rho(\boldsymbol{r})]-F_{intr0}[\rho(\boldsymbol{r})]-J[\rho(\boldsymbol{r})]=\int_0^1 d\lambda\frac{\partial F_{intr\lambda}[\rho(\boldsymbol{r})]}{\partial\lambda}-J[\rho(\boldsymbol{r})]\end{aligned}\tag{3.3.15}$$

由式 (3.3.12)，式 (3.3.15) 中偏导数为

$$\partial F_{intr\lambda}[\rho(\boldsymbol{r})]/\partial\lambda=\left\langle\psi^{(\lambda)}\middle|\hat{V}_{ee}\middle|\psi^{(\lambda)}\right\rangle\tag{3.3.16}$$

代入式 (3.3.15)，得

$$E_{xc}[\rho(\boldsymbol{r})]=\int_0^1 d\lambda\left\langle\psi^{(\lambda)}\middle|\hat{V}_{ee}\middle|\psi^{(\lambda)}\right\rangle-J[\rho(\boldsymbol{r})]\tag{3.3.17}$$

(6) **交换相关空穴**　利用上一章的式 (2.5.23)，引入二重分布函数 $\rho^{(2)}(\boldsymbol{r}_1,\boldsymbol{r}_2)$，并进一步按式 (2.5.24) 引入交换相关空穴 $h_{xc}(\boldsymbol{r}_1,\boldsymbol{r}_2)$

$$\begin{aligned}E_{xc}[\rho(\boldsymbol{r})]&=\iint\frac{\overline{\rho}^{(2)}(\boldsymbol{r}_1,\boldsymbol{r}_2)}{r_{12}}d\boldsymbol{r}_1 d\boldsymbol{r}_2-J[\rho(\boldsymbol{r})]\\&=\frac{1}{2}\iint\frac{\rho(\boldsymbol{r}_1)\overline{h}_{xc}(\boldsymbol{r}_1,\boldsymbol{r}_2)}{r_{12}}d\boldsymbol{r}_1 d\boldsymbol{r}_2\end{aligned}\tag{3.3.18}$$

在两个函数上加杠，是因为式 (3.3.17) 中要对λ积分，它们是一个λ平均值。例如交换相关空穴，有

$$\overline{h}_{xc}(\boldsymbol{r}_1,\boldsymbol{r}_2)=\int_0^1 h_{xc}^{(\lambda)}(\boldsymbol{r}_1,\boldsymbol{r}_2)d\lambda\tag{3.3.19}$$

进一步还可以分解为费米空穴 h_x 和库仑空穴 h_c，相应有交换能 E_x 和相关能 E_c，参见式 (2.5.26) $h_{xc}(\boldsymbol{r}_1,\boldsymbol{r}_2)=h_x^{\chi_1=\chi_2}(\boldsymbol{r}_1,\boldsymbol{r}_2)+h_c^{\chi_1,\chi_2}(\boldsymbol{r}_1,\boldsymbol{r}_2)$。

(7) 式 (3.3.18) 是在科恩-沈方法的框架中，建立了交换相关能 $E_{xc}[\rho(\boldsymbol{r})]$和交换相关空穴 $h_{xc}(\boldsymbol{r}_1,\boldsymbol{r}_2)$之间的联系。由式可见，它和一般情况下的式 (2.5.25) 有微妙的差别，主要在于现在后者是一个λ平均值，这是由于涉及由参考系统到实际系统的过渡。

由以上七点分析可见，科恩-沈方法与一般的交换相关理论框架是一致的，但要做一些调整，主要是交换相关空穴要取平均值。

科恩-沈方程　式 (3.2.5) 中的变分函数即能量泛函 $E[\rho(\boldsymbol{r})]$。联合式 (3.3.7) 和式 (3.3.8)，并利用式 (2.5.24)，$E[\rho(\boldsymbol{r})]$可表示为

$$\begin{aligned}E[\rho(\boldsymbol{r})]&=T_{ref}[\rho(\boldsymbol{r})]+J[\rho(\boldsymbol{r})]+E_{xc}[\rho(\boldsymbol{r})]+E_{ne}[\rho(\boldsymbol{r})]\\&=T_{ref}[\rho(\boldsymbol{r})]+\frac{1}{2}\iint\big(\rho(\boldsymbol{r}_1)\rho(\boldsymbol{r}_2)/r_{12}\big)d\boldsymbol{r}_1 d\boldsymbol{r}_2+E_{xc}[\rho(\boldsymbol{r})]+\int\rho(\boldsymbol{r})V_{ne}d\boldsymbol{r}\\&=-\frac{1}{2}\sum_i^N\langle\psi_i|\nabla_i^2|\psi_i\rangle+\frac{1}{2}\sum_i^N\sum_j^N\iint|\psi_i(\boldsymbol{r}_i)|^2\big(1/r_{ij}\big)|\psi_j(\boldsymbol{r}_j)|^2 d\boldsymbol{r}_i d\boldsymbol{r}_j\\&\quad+E_{xc}[\rho(\boldsymbol{r})]-\sum_i^N\int\sum_A^M\big(z_A/r_{iA}\big)|\psi_i(\boldsymbol{r}_i)|^2 d\boldsymbol{r}_i\end{aligned}\tag{3.3.20}$$

现在应用变分原理。考虑到正交和归一限制，$\int \psi_i(\boldsymbol{\tau})\psi_j^*(\boldsymbol{\tau})\mathrm{d}\boldsymbol{\tau}=\delta_{ij}$，类似于得到哈特里-福克方程，参见式(2.2.8)和式(2.3.6)，应用拉格朗日未定乘数法，可得一系列的单电子波函数ψ_i的方程，i=1, 2, ⋯, N

$$\hat{h}_{\mathrm{KS}}\psi_i(\boldsymbol{r})=\varepsilon_i\psi_i(\boldsymbol{r}) \tag{3.3.21}$$

这就是式(3.3.3)的科恩-沈方程，相应的科恩-沈算符为

$$\begin{aligned}\hat{h}_{\mathrm{KS}}&=-\frac{1}{2}\nabla^2+\frac{\delta J[\rho(\boldsymbol{r})]}{\delta\rho(\boldsymbol{r})}+\frac{\delta E_{\mathrm{xc}}[\rho(\boldsymbol{r})]}{\delta\rho(\boldsymbol{r})}+\frac{\delta E_{\mathrm{ne}}[\rho(\boldsymbol{r})]}{\delta\rho(\boldsymbol{r})}\\&=-\frac{1}{2}\nabla^2+\int\left(\rho(\boldsymbol{r}')/|\boldsymbol{r}-\boldsymbol{r}'|\right)\mathrm{d}\boldsymbol{r}'+V_{\mathrm{xc}}(\boldsymbol{r})+V_{\mathrm{ne}}(\boldsymbol{r})\\&=-\frac{1}{2}\nabla^2+V_{\mathrm{eff}}(\boldsymbol{r})\end{aligned} \tag{3.3.22}$$

有效外场　目前式(3.3.4)的有效外场 V_{eff} 已经求得

$$V_{\mathrm{eff}}(\boldsymbol{r})=\int\left(\rho(\boldsymbol{r}')/|\boldsymbol{r}-\boldsymbol{r}'|\right)\mathrm{d}\boldsymbol{r}'+V_{\mathrm{xc}}(\boldsymbol{r})+V_{\mathrm{ne}}(\boldsymbol{r}) \tag{3.3.23}$$

式中，$\int\left(\rho(\boldsymbol{r}')/|\boldsymbol{r}-\boldsymbol{r}'|\right)\mathrm{d}\boldsymbol{r}'=\delta J[\rho(\boldsymbol{r})]/\delta\rho(\boldsymbol{r})$；$V_{\mathrm{xc}}(\boldsymbol{r})$是**交换相关势**，它与交换相关能 $E_{\mathrm{xc}}[\rho(\boldsymbol{r})]$的关系为

$$V_{\mathrm{xc}}(\boldsymbol{r})=\frac{\delta E_{\mathrm{xc}}[\rho(\boldsymbol{r})]}{\delta\rho(\boldsymbol{r})} \tag{3.3.24}$$

$V_{\mathrm{xc}}(\boldsymbol{r})$是 $E_{\mathrm{xc}}[\rho(\boldsymbol{r})]$的泛函偏导数，它是一个空间分布，与空间坐标 $\boldsymbol{r}$ 有关。

将式(3.3.23)积分，得

$$\begin{aligned}\int V_{\mathrm{eff}}(\boldsymbol{r})\rho(\boldsymbol{r})\mathrm{d}\boldsymbol{r}&=\iint\left(\rho(\boldsymbol{r})\rho(\boldsymbol{r}')/|\boldsymbol{r}-\boldsymbol{r}'|\right)\mathrm{d}\boldsymbol{r}\mathrm{d}\boldsymbol{r}'+\int V_{\mathrm{xc}}(\boldsymbol{r})\rho(\boldsymbol{r})\mathrm{d}\boldsymbol{r}+\int\rho(\boldsymbol{r})V_{\mathrm{ne}}\mathrm{d}\boldsymbol{r}\\&=2J[\rho(\boldsymbol{r})]+\int V_{\mathrm{xc}}(\boldsymbol{r})\rho(\boldsymbol{r})\mathrm{d}\boldsymbol{r}+E_{\mathrm{ne}}[\rho(\boldsymbol{r})]\end{aligned} \tag{3.3.25}$$

代入式(3.3.20)，得能量泛函的又一个表达式：

$$\begin{aligned}E[\rho(\boldsymbol{r})]=&T_{\mathrm{ref}}[\rho(\boldsymbol{r})]+\int V_{\mathrm{eff}}(\boldsymbol{r})\rho(\boldsymbol{r})\mathrm{d}\boldsymbol{r}-J[\rho(\boldsymbol{r})]\\&+E_{\mathrm{xc}}[\rho(\boldsymbol{r})]-\int V_{\mathrm{xc}}(\boldsymbol{r})\rho(\boldsymbol{r})\mathrm{d}\boldsymbol{r}\end{aligned} \tag{3.3.26}$$

它与式(3.3.20)等价。

科恩-沈方程式(3.3.3)或式(3.3.21) $\hat{h}_{\mathrm{KS}}\psi_i(\boldsymbol{r})=\varepsilon_i\psi_i(\boldsymbol{r})$，是应用了莱维受限搜索(即应用了变分原理)的结果。方程可用来求解参考系统的单电子的自旋轨道，即科恩-沈自旋轨道ψ_i，以及相应的轨道能量ε_i。有了它们，类似于哈特里-福克近似的式(2.3.6)　$\hat{F}_i\psi_i(\boldsymbol{\tau}_i)=\varepsilon_i\psi_i(\boldsymbol{\tau}_i)$和式(2.3.12) $E_{\mathrm{HF}}=\sum_{i=1}^{N}\varepsilon_i-\frac{1}{2}\sum_{i,j=1}^{N}(J_{ij}-K_{ij})$，可得到基态能量 E_0，并由式(3.3.5)得到密度$\rho_0(\boldsymbol{r})$。求解步骤将在 3.4 节介绍，我们将看到，求解是一个迭代自洽的过程。应该指出，KS 轨道ψ_i在这里多作为计算的过渡，它的物理含义并不受到特别关注，例如，不能指望，轨道能量和电离能之间有严格

对应关系。但也应该指出，对 HF 轨道，同样不能如此设想。此外，$V_{xc}(\boldsymbol{r})$是一个局域量，只取决于坐标 $\boldsymbol{r}$，但 $E_{xc}[\rho(\boldsymbol{r})]$是一个全局量，依赖于密度在空间的分布，依赖于不同电子间的相关。

3. 几点讨论

非相对论的科恩-沈方法和哈特里-福克方法很类似，但也有原则性的不同。后者从一开始就引入单电子近似，然后计算库仑积分和交换积分，由于近似产生的电子相关考虑不够所引起的误差，则由微扰理论近似来改善。前者到式(3.3.22)为止，除了采用 BO 近似，不计相对论效应以外，理论上已考虑了所有的电子相关，因而仍然是严格的。由于 $V_{xc}(\boldsymbol{r})$是一个局域量，$V_{eff}(\boldsymbol{r})$也是一个局域量，因此，式(3.3.3)中的科恩-沈算符 $\hat{h}_{KS}$ 也是一个局域量。而后者的福克算符式(2.3.7) $\hat{F}_i = -\frac{1}{2}\nabla_i^2 - \sum_{A=1}^{M} Z_A / r_{iA} + V_{HF}(\boldsymbol{\tau}_i)$ 表面上似乎是局域量，但由式(2.3.10) $\hat{K}_j(\boldsymbol{\tau}_1)\psi_i(\boldsymbol{\tau}_1) = \int \psi_j^*(\boldsymbol{\tau}_2)\psi_i(\boldsymbol{\tau}_2)(1/r_{12})\,\mathrm{d}\boldsymbol{\tau}_2\psi_j(\boldsymbol{\tau}_1)$ 可知，$\hat{K}_j(\boldsymbol{\tau}_1)$ 依赖于 ψ_i 在整个空间的积分，是一个全局量或非局域量。从这一简短的分析可知，至少从形式上，科恩-沈方法比哈特里-福克方法更为严格，也更为简单。但对这种严格性和简单性也不能估计过高，因为 $E_{xc}[\rho(\boldsymbol{r})]$仍是全局量或非局域量，它的泛函形式我们并不知道，所有的非经典的包括电子相关所引起的复杂性，都隐藏在 $E_{xc}[\rho(\boldsymbol{r})]$之中。

在 $V_{eff}(\boldsymbol{r})$ 中，并没有显示自旋的贡献。如果是偶数电子，在科恩-沈自旋轨道中应该有简并的两类轨道，一是α自旋，二是β自旋。即使是奇数电子，α自旋电子的密度不同于β自旋电子的密度，但决定性的仍然是总的电子密度$\rho(\boldsymbol{r})$。对于开壳层的情况，类似于 UHF，密度泛函可以分别与α和β自旋电子的密度有关。在有些特殊的情况，例如对于同核双原子分子，当核间距很大时，两个电子的自旋相反的特点，会引起对称破缺，又如有一个孤对的 d 电子，它有 $\mathrm{d}_{x^2-y^2}, \mathrm{d}_{xz}, \mathrm{d}_{z^2}, \mathrm{d}_{yz}, \mathrm{d}_{xy}$ 等 5 个轨道可以选择，这些都是一些需要细致考虑的问题。此外，当在外场中有与自旋相关的部分，如外磁场，各类自旋电子的密度必须考虑。

前面讨论时我们常只涉及基态。但这并不意味着基态密度不包含激发态和多重态的信息，按霍恩伯格-科恩第一定理，它确实包含了包括激发态和多重态在内的全部信息。问题是如何得到那些信息。已经发展了许多方法[3, 13, 14]，如在建立行列式波函数时，采用合适的 KS 轨道，或采用不同行列式波函数的线性组合，以计及不同的对称等。含时密度泛函理论[15, 16](time-dependent DFT，TDDFT)，则是另一类方法，在 3.5 节中将简要介绍。

对于上述更为深入的问题，可以参考 W. Koch 和 M. C. Holthausen 著作[4]的第 5 章，其中有入门介绍、更广泛的讨论，并有相关文献。

3.4　交换相关能泛函

交换相关能 $E_{xc}[\rho(\boldsymbol{r})]$包含非经典的贡献 E_{ncl}，即所有的电子相关贡献，以及自相互作用的校正，还包括实际动能与参考系统的动能的差异。交换相关能泛函的质量，决定了科恩-沈方法是否成功。在基于波函数的方法中，对于多粒子系统，我们通常用单电子波函数构筑的行列式波函数，来近似表达真实的波函数，单电子波函数又采用各种基函数的线性组合来表达，然后用微扰理论来弥补近似与真实间的差异，以更全面地计及电子相关的贡献。尽管这种线性组合和微扰展开理论上可达无穷，但可以看到改进的方向。对于密度泛函理论，也发展了许多有效的途径，但总体上看，还是经验居多。在提出一种新的泛函方法时，当然首先必须满足边界条件，如求和规则式(2.5.21) $\int h_{xc}(\boldsymbol{\tau}_1,\boldsymbol{\tau}_2)\mathrm{d}\boldsymbol{\tau}_2=-1$，以及在 r=0 处有正确的歧点性质等。最重要的则是将计算结果与可靠的标准数据的比较，如原子化能、离子化能、反应能和结构数据等。最常用的是 L. A. Curtiss 等[17]1991 年的 G2 热化学数据库，其中收集了超过 50 种的主族元素小分子的原子化能的可靠的实验数据。比较时，通常要求平均绝对误差能达到 0.1eV 或 17kJ·mol^{-1} (2kcal·mol^{-1}) 以下。

下面介绍常见的建立交换相关能泛函的方法。在各种泛函的简写下面将加横杠，这是为了在书中醒目，并非书写的必需。

1. 局部密度近似(local density approximation，LDA)

这一近似源自均匀电子气的研究。交换相关能 $E_{xc}[\rho(\boldsymbol{r})]$表示为

$$E_{xc}^{LDA}[\rho(\boldsymbol{r})]=\int\rho(\boldsymbol{r})\varepsilon_{xc}(\rho(\boldsymbol{r}))\mathrm{d}\boldsymbol{r} \tag{3.4.1}$$

式中，$\varepsilon_{xc}(\rho(\boldsymbol{r}))$是密度为$\rho(\boldsymbol{r})$的均匀电子气的单个电子的交换相关能，注意它不是泛函，是 $\boldsymbol{r}$ 的函数。它还可分解为交换贡献ε_x和相关贡献ε_c，

$$\varepsilon_{xc}(\rho(\boldsymbol{r}))=\varepsilon_x(\rho(\boldsymbol{r}))+\varepsilon_c(\rho(\boldsymbol{r})) \tag{3.4.2}$$

按斯莱特近似的式(2.5.32) $E_x=-\frac{9}{8}(3/\pi)^{1/3}\alpha\int\rho(\boldsymbol{r}_1)^{4/3}\mathrm{d}\boldsymbol{r}_1$，取$\alpha$=2/3(量纲为能量·长度，L^{3}MT^{-2})，有

$$\varepsilon_x=-\frac{3}{4}(3\rho(\boldsymbol{r})/\pi)^{1/3} \tag{3.4.3}$$

这时的交换相关能泛函常称为**斯莱特交换**，简写为 <u>S</u>。

由于有了很准确的均匀电子气的量子 Monte Carlo 数据，有些作者给出了ε_c的解析式。例如，S. J. Vosko、L.Wilk 和 M. Nusair[18]在 1980 年得出的 <u>VWN</u>，他们采用了随机相近似(random phase approximation，RPA)，电子仅对总电势 $V(\boldsymbol{r})$

做出响应。以后有 VWN5，则采用了参数化方案。与斯莱特交换能ε_x同用，可简写为 SVWN。

局部自旋密度近似(local spin density approximation，LSDA) 针对非限制(开壳层，α自旋电子数和β自旋电子数不等)的情况，近似的泛函也可以用两个自旋密度来表达，$\rho_\alpha(\boldsymbol{r})$和$\rho_\beta(\boldsymbol{r})$，$\rho_\alpha(\boldsymbol{r})+\rho_\beta(\boldsymbol{r})=\rho(\boldsymbol{r})$。虽然从理论上说，决定性的仍然是总的电子密度$\rho(\boldsymbol{r})$，除非在外场中有与自旋相关的部分，如外磁场。但引入两个自旋密度常会带来灵活性，往往更为准确，即使是同核双原子分子，在核间距较大时，由于允许对称破缺，非限制的泛函表现得更好。式(3.4.1)相应地变为

$$E_{\mathrm{xc}}^{\mathrm{LSD}}[\rho_\alpha(\boldsymbol{r}),\rho_\beta(\boldsymbol{r})]=\int\rho(\boldsymbol{r})\varepsilon_{\mathrm{xc}}(\rho_\alpha(\boldsymbol{r}),\rho_\beta(\boldsymbol{r}))\mathrm{d}\boldsymbol{r} \tag{3.4.4}$$

引入**自旋极化参数**(spin-polarization parameter)ξ，定义为

$$\xi=\frac{\rho_\alpha(\boldsymbol{r})-\rho_\beta(\boldsymbol{r})}{\rho(\boldsymbol{r})} \tag{3.4.5}$$

当$\xi=0$，为**自旋抵消**(spin compensated)；当$\xi=1$，为**完全自旋极化**(fully spin polarized)，所有电子具有相同自旋。进一步讨论见 R. G. Parr 和 W. Yang 的专著[3]的附录 E。

由式(3.4.1)和式(3.4.4)可知，单个电子的交换相关能$\varepsilon_{\mathrm{xc}}$，只取决于$\boldsymbol{r}$处$\rho_\alpha(\boldsymbol{r})$和$\rho_\beta(\boldsymbol{r})$的局部值，这是一个很极端的近似。但实际效果却不错，甚至比哈特里-福克近似还要好，特别是在平衡结构、谐频、电极矩等的确定上很成功。对于键能则较差，原子化能与 G2 数据相比，误差可达 $150\mathrm{kJ\cdot mol^{-1}}$($36\mathrm{kcal\cdot mol^{-1}}$)，而 HF 高达 $326\mathrm{kJ\cdot mol^{-1}}$，HF 通常是低估了原子化能，LDA 则通常是高估。

LDA 包括 LSDA 取得显著成功的原因在于，均匀电子气的交换相关空穴满足了真实空穴的多数要求，如式(2.5.27)的求和规则$\int h_{\mathrm{x}}^{\chi_1=\chi_2}(\boldsymbol{r}_1,\boldsymbol{r}_2)\mathrm{d}\boldsymbol{r}_2=-1$，当$\boldsymbol{r}_2\to\boldsymbol{r}_1$时的式(2.5.28) $h_{\mathrm{x}}^{\chi_1=\chi_2}(\boldsymbol{r}_1,\boldsymbol{r}_2\to\boldsymbol{r}_1)=-\rho(\boldsymbol{r}_1)$，$r=0$时的歧点性质，以及$h_{\mathrm{x}}$在任何时候都是负值等。LDA 空穴是球对称的，紧贴参照电子，实际空穴则有显著的角度分布。但在两个原子的成键区间，LDA 空穴与真实的交换空穴很相似，它比两个原子分离时更为各向同性和对称。在一个原子中，真实空穴的移置趋向于核的位置，LDA 空穴则和在分子中类似，集中在参照电子处。这种移置的弱化，导致形成分子时交换能的偏离。总之，LDA 空穴对于分子的比较均匀的电子密度是很好的近似，对于原子的非均匀的电子密度则较差，导致过负的交换能和过强的键能。LDA 或 LSDA 多用于固体物理。

2. 普遍化梯度近似(generalized gradient approximation，GGA)

20 世纪 80 年代，开始一类重大的改进，即不仅$\boldsymbol{r}$处的密度$\rho(\boldsymbol{r})$，还引入该处的梯度$\nabla\rho(\boldsymbol{r})$来考虑电子密度的非均一性。

梯度展开近似(gradient expansion approximation，GEA) LDA 实质上是在进行泰勒级数展开时，仅取首项作为改进，进一步采用第二项，交换相关能 E_{xc} 相应表达为

$$E_{\text{xc}}^{\text{GEA}}[\rho_\alpha(\boldsymbol{r}),\rho_\beta(\boldsymbol{r})]=\int\rho(\boldsymbol{r})\varepsilon_{\text{xc}}(\rho_\alpha(\boldsymbol{r}),\rho_\beta(\boldsymbol{r}))\text{d}\boldsymbol{r}+\sum_{\alpha,\beta}\int C_{\text{xc}}^{\alpha,\beta}(\rho_\alpha,\rho_\beta)\rho_\alpha^{-2/3}(\boldsymbol{r})\nabla\rho_\alpha(\boldsymbol{r})\rho_\beta^{-2/3}(\boldsymbol{r})\nabla\rho_\beta(\boldsymbol{r})\text{d}\boldsymbol{r}+\cdots \tag{3.4.6}$$

这一改进是针对非均一的密度但变化比较缓慢的情况。然而，远离预期的是，GEA 的表现通常却并不如 LDA 或 LSD。原因在于式(3.4.6)失去了许多空穴的特性，例如：不符合式(2.5.21)的求和规则 $\int h_{\text{xc}}(\boldsymbol{\tau}_1,\boldsymbol{\tau}_2)\text{d}\boldsymbol{\tau}_2=-1$。交换空穴 h_{x} 不再总是负值。图 2-1 和图 2-2 所展示空穴 h_{xc} 的深度与宽度间的依赖关系也不再存在。交换相关能的误差也更大。而 LDA 或 LSD 在这些方面要好得多。

普遍化梯度近似(GGA) GEA 的上述问题可以被有效地但有些粗糙地解决，方法是强制加上真实空穴必须遵守的限制。例如，为了满足使 $h_{\text{x}}(\boldsymbol{r}_1,\boldsymbol{r}_2)$处处为负，如出现正值即强制为零。为了满足求和规则，可以截断交换空穴和相关空穴，使 $h_{\text{x}}(\boldsymbol{r}_1,\boldsymbol{r}_2)$含有一个电子电荷，而 $h_{\text{c}}(\boldsymbol{r}_1,\boldsymbol{r}_2)$不含电子电荷。采用这种措施后，称为普遍化梯度近似 GGA，交换相关能泛函 E_{xc} 写为

$$E_{\text{xc}}^{\text{GGA}}[\rho_\alpha(\boldsymbol{r}),\rho_\beta(\boldsymbol{r})]=\int f(\rho_\alpha(\boldsymbol{r}),\rho_\beta(\boldsymbol{r}),\nabla\rho_\alpha(\boldsymbol{r}),\nabla\rho_\beta(\boldsymbol{r}))\text{d}\boldsymbol{r} \tag{3.4.7}$$

被积函数 f 的解析形式可以由经验确定，并包含可调参数，它们不一定要使用第一原理，而是可以用参考系统的数据校正。E_{xc} 还可分解为

$$E_{\text{xc}}^{\text{GGA}}[\rho_\alpha,\rho_\beta]=E_{\text{x}}^{\text{GGA}}[\rho_\alpha,\rho_\beta]+E_{\text{c}}^{\text{GGA}}[\rho_\alpha,\rho_\beta] \tag{3.4.8}$$

E_{x} 和 E_{c} 分别是交换能和相关能，它们可分别做出各自的近似。这里，理论基础是次要的，经验式不必与模型有关，效果是第一的判断标准。

交换能泛函 可以将交换能泛函表达为

$$E_{\text{x}}^{\text{GGA}}=E_{\text{x}}^{\text{LDA}}-\sum_{\sigma}\int F(s_\sigma(\boldsymbol{r}))\rho_\sigma^{4/3}(\boldsymbol{r})\text{d}\boldsymbol{r} \tag{3.4.9}$$

函数 F 的变量 $s_\sigma(\boldsymbol{r})$是自旋σ(α或β) 的**对比密度梯度**(reduced density gradient)

$$s_\sigma(\boldsymbol{r})=\frac{|\nabla\rho_\sigma(\boldsymbol{r})|}{\rho_\sigma^{4/3}(\boldsymbol{r})} \tag{3.4.10}$$

$s_\sigma(\boldsymbol{r})$可以理解为一个局部非均一参数，分母是ρ的 4/3 次方，是为了使 $s_\sigma(\boldsymbol{r})$的量纲为 1。当梯度大时，或在小密度区域如远离核的指数函数的尾部，$s_\sigma(\boldsymbol{r})$的值大。当梯度小时如在成键区，或在大密度区域，$s_\sigma(\boldsymbol{r})$的值小。如果在梯度大而密度也大的近核处，$s_\sigma(\boldsymbol{r})$则在成键区的和尾部的数值之间。

函数 F 主要有两大类。第一类是基于 A. D. Becke[19]在 1988 年的工作，简写

为 B 或 B88，函数表示为

$$F^{\mathrm{B}} = \frac{\beta s_\sigma^2}{1+6\beta s_\sigma \sinh^{-1} s_\sigma} \tag{3.4.11}$$

β是一个经验参数，由已知的惰性气体 He～Rn 原子的交换能拟合而得，数值为 0.0042。与此类有关的泛函有 1977 年 M. Filatov 和 W. Thiel[20]的 FT97，1991 年 J. P. Perdew 和 Y. Wang[21]的 PW91，N. C. Handy 等[22]的 CAM 等。

第二类代表性的有 1986 年 A. D. Becke[19]的 B86，1986 年 J. P. Perdew[23]的 P86，1993 年 D. J. Lacks 和 R. G. Gordon[24]的 LG，1996 年 J. P. Perdew、K. Burke 和 M. Ernzerhof[25]的 PBE。它们一般没有半经验参数。例如，P86 的 F 为

$$F^{\mathrm{P86}} = \left(1+1.296\left(\frac{s_\sigma}{(24\pi^2)^{1/3}}\right)^2 + 14\left(\frac{s_\sigma}{(24\pi^2)^{1/3}}\right)^4 + 0.2\left(\frac{s_\sigma}{(24\pi^2)^{1/3}}\right)^6\right)^{1/15} \tag{3.4.12}$$

相关能泛函　相关能泛函的解析形式更为复杂。常用的有 P86、PW91，更常用的是 1988 年 C. Lee、W. Yang（杨伟涛）和 R. G. Parr[26]的 LYP。与其他泛函不同，LYP 不是基于均匀电子气，而是基于 1975 年 R. Colle 和 O. Salvatti 的准确的相关波函数，利用 He 原子的相关能表达式而导出的。所有这些泛函都只包含动态的短程相关。

交换相关能泛函　原则上，上述交换能泛函和相关能泛函可以任意搭配。常用的是 B 和 P86、PW91 或 LYP 组合的 BP86、BPW91 或 BLYP。应该指出，引入梯度近似，还不能说已经是非局域了，因为梯度仍是坐标 $\boldsymbol{r}$ 的性质，与其他位置的电子无关。

3. meta-GGA

meta 是超越之意。这类泛函超越 GGA 之处，是进一步考虑自旋密度的二阶导数，并引入动能密度，相应地还可以进行杂化，参见下一小节。1999 年，J. P. Perdew 等[27]将这类泛函称为 meta-GGA。早期的例子是 1994 年 E. I. Proynov 等[28]的 LAP 相关泛函，为反映非均一性，对每一种自旋引入了拉普拉斯算子(Laplacian) $\nabla^2\rho(\boldsymbol{r})$，还采用了动能密度。以后发展了许多 meta-GGA 泛函，以及相应杂化形式。例如，1998 年 T. von Voorhis 等[29]的 VSXC；2003 年，J.M. Tao、J. P. Perdew 等[30]的 TPSS 以及 TPSSh，h 即指杂化；Y. Zhao、D. G. Truhlar 等 2005 年[31]的 M05，2006 年[32]的 M06-L，2008 年[33]的 M06 等。还有 1996 年 A. D. Becke[35]的 B95 和 1998 年 C. Adamo 和 V. Barone[34]的 MPW1 也可归于此类。

4. 杂化泛函(hybrid functional)

在 GGA 中，将交换能泛函和相关能泛函组合，构成交换相关能泛函，这就

是一种杂化。在第 2 章的 2.5 节中曾指出，交换空穴 h_x 和相关空穴 h_c 都是非局域的，但组合形成的交换相关空穴 h_{xc} 则呈现很强的局域性，说明 h_x 和 h_c 是互为补充的。在 GGA 中，并没有细致考虑这一问题，无论是 E_x 还是 E_c，实际上都不能说是非局域的，按理与 2.5 节中的讨论很不一致。但由于 E_{xc} 主要是局域的，从实际效果来说，令人满意。

曾经有一种尝试，考虑到哈特里-福克近似对斯莱特行列式波函数可以严格地计算交换能，科恩-沈方法也采用斯莱特行列式波函数，可类似于 HF 计算精确的 E_x，即交换积分 $\frac{1}{2}\sum_{i,j=1}^{N}K_{ij}$ ，见式(2.3.4)。E_c 则利用 PW91 或 LYP。这对于原子还可以，对于分子反而更差。这是由于分子中的电子非局域性很强，半经验的 E_c 由于并没有细致考虑非局域，与精确的 E_x 并不匹配。

另一种思路是利用 3.3 节中讨论过的绝热连接。可以写出：

$$E_{xc}[\rho(\boldsymbol{r})]=\int_0^1 E_{xc}^{\lambda}[\rho(\boldsymbol{r})]\mathrm{d}\lambda \tag{3.4.13}$$

按式(3.3.15)，$E_{xc}[\rho(\boldsymbol{r})]=\int_0^1\mathrm{d}\lambda\left(\partial F_\lambda[\rho(\boldsymbol{r})]/\partial\lambda\right)-J[\rho(\boldsymbol{r})]$，有

$$\begin{aligned}E_{xc}^{(\lambda)}[\rho(\boldsymbol{r})]&=\frac{\partial F_\lambda[\rho(\boldsymbol{r})]}{\partial\lambda}-J[\rho(\boldsymbol{r})]\\&=E_{ee}^{(\lambda)}[\rho(\boldsymbol{r})]-J[\rho(\boldsymbol{r})]=E_{ncl}^{(\lambda)}[\rho(\boldsymbol{r})]\end{aligned} \tag{3.4.14}$$

或按式(3.3.18)和(3.3.19)，可以写出：

$$E_{xc}^{(\lambda)}[\rho(\boldsymbol{r})]=\frac{1}{2}\iint\frac{\rho(\boldsymbol{r}_1)h_{xc}^{(\lambda)}(\boldsymbol{r}_1,\boldsymbol{r}_2)}{r_{12}}\mathrm{d}\boldsymbol{r}_1\mathrm{d}\boldsymbol{r}_2 \tag{3.4.15}$$

当λ=0，是一个电子间没有相互作用的系统。在经典的库仑积分中，唯一没有包括的是电子(费米子)波函数的反对称性的贡献。式(3.4.14)的 $E_{ncl}^{(\lambda=0)}[\rho(\boldsymbol{r})]$ 应该只包含交换的贡献，式(3.4.15)的积分中应该采用交换空穴 h_x。由于没有相关，交换能 E_x 就是哈特里-福克近似的式(2.3.4)的交换积分 $\frac{1}{2}\sum_{i,j=1}^{N}K_{ij}$ ，在科恩-沈方法的框架中，如果参考系统的科恩-沈自旋轨道已知，E_x，即 $E_{xc}^{(\lambda=0)}$ 可以严格地计算。

当λ=1，包含了完全的相互作用，$E_{xc}^{(\lambda=1)}$ 的泛函形式并不知道，但可以按上面的经验泛函如 LDA 等来给出很好的近似。

将 $E_{xc}^{(\lambda=0)}$ 和各种经验泛函组合起来，就形成若干类杂化泛函，例如：A. D. Becke[19]在 1993 年提出的 B3：

$$E_{xc}^{B3}=E_{xc}^{LSD}+a(E_{xc}^{(\lambda=0)}-E_x^{LSD})+bE_x^{B}+cE_c^{PW91} \tag{3.4.16}$$

用 G2 数据库的原子化能数据来优化，得 a=0.20，b=0.72，c=0.81。

P. J. Stephens 等[36]在 1994 年提出的 B3LYP，式(3.4.16)的 PW91 用 LYP 取代，

a、b、c 仍采用 Becke 的数值，具体表达式为

$$E_{xc}^{B3LYP} = (1-a)E_{x}^{LSD} + aE_{xc}^{B88} + cE_{c}^{LYP} + (1-c)E_{c}^{LSD} \tag{3.4.17}$$

相对于 G2 数据库，曾得到仅 16.6kJ·mol^{-1}(2kcal·mol^{-1})的误差。2004 年，徐昕(X. Xu)和 W. A. Goddard III[37]推导了一个交换能泛函的表达式，并与 LYP 相关泛函杂化为 X3LYP，改善了氢键和范德华力的计算。2009 年，张颖(Y. Zhang)、X. Xu 和 W. A. Goddard III[38]又开发了一个双杂化泛函 XYG3[96]。

5. 其他

自相互作用问题　按式(3.3.7)，

$$F_{intr}[\rho(\boldsymbol{r})] = T_{ref}[\rho(\boldsymbol{r})] + J[\rho(\boldsymbol{r})] + E_{xc}[\rho(\boldsymbol{r})]$$

$$E[\rho(\boldsymbol{r})] = T_{ref}[\rho(\boldsymbol{r})] + J[\rho(\boldsymbol{r})] + E_{xc}[\rho(\boldsymbol{r})] + E_{ext}[\rho(\boldsymbol{r})] \tag{3.4.18}$$

但 $J[\rho(\boldsymbol{r})] = \frac{1}{2}\iint \left(\rho(\boldsymbol{r}_1)\rho(\boldsymbol{r}_2)/r_{12}\right)\mathrm{d}\boldsymbol{r}_1\mathrm{d}\boldsymbol{r}_2$ 中包含了不正确的自相互作用。以一个极端的情况氢原子为例，只有一个电子，没有电子-电子相互作用，$J[\rho(\boldsymbol{r})]$应该等于零，$E_{xc}[\rho(\boldsymbol{r})]$也应该等于零。而在应用那些经验的泛函时，$J[\rho(\boldsymbol{r})]$不等于零。为了与实际情况一致，必须有 $J[\rho(\boldsymbol{r})] = -E_{xc}[\rho(\boldsymbol{r})]$。表 3-1 是在应用于氢原子时，各种泛函的不同能量组分。由表 3-1 可见所有泛函的 $J[\rho(\boldsymbol{r})]+E_{xc}[\rho(\boldsymbol{r})]$都不等于零，而不是密度泛函方法的哈特里-福克近似，没有这一困难。

表 3-1　应用于氢原子时，各种泛函的不同能量组分[4]

泛函	E_{tot}	$J[\rho]$	$E_x[\rho]$	$E_c[\rho]$	$J[\rho]+E_{xc}[\rho]$
SVWN	−0.49639	0.29975	−0.25753	−0.03945	0.00277
BLYP	−0.49789	0.30747	−0.30607	0.0	0.00140
B3LYP	−0.50243	0.30845	−0.30370^a	−0.00756	−0.00281
BP86	−0.50030	0.30653	−0.30479	−0.00248	−0.00074
BPW91	−0.50422	0.30890	−0.30719	−0.00631	−0.00460
HF	−0.49999	0.31250	−0.31250	0.0	0.0

注：以能量的原子单位 E_h(哈特里)表示，1E_h=4.3597×10^{-18}J。

a. 包含准确的交换能 0.06109 E_h。

曾有一种尝试，即强令氢原子的 $J[\rho(\boldsymbol{r})]+E_{xc}[\rho(\boldsymbol{r})]=0$。但应用于其他原子特别是分子时，有时反而更差。这是可以理解的。因为 $E_{xc}[\rho(\boldsymbol{r})]$是一个经验的密度泛函，它的参数是根据许多实验数据拟合而得，勉强要求符合某一特定的性质，反而影响整体质量。

除了自相互作用外，还有一些细致的问题，如交换相关势 $V_{xc}(\boldsymbol{r})$在 $r\to\infty$时的

$1/r$ 渐近性质和不连续性质等，都有许多深入的研究。

引入色散贡献 由于 DFT 方法不能很好地描述色散作用，限制了它在非键相互作用研究中的应用。在泛函中加入色散能量项 C_6/R^6，能改善对非共价弱相互作用的计算。例如，2006 年 S. Grimme[39]的 B97D。

EDF（empirical density functionals） 1998 年，R. D. Adamson、P. M. Gill 和 J. A. Pople[40]从实用的角度，提出经验泛函 EDF。他们认为，利用大而灵活的甚至无穷系列的基组来运算泛函不一定合适，重点则应放在参数化上。他们的经验泛函由 X_α、B 和 LYP 混合而成，参数化后能够吸收采用较小基组带来的缺陷。

通过上面的扼要介绍，我们看到，由于交换相关泛函的经验性，虽然那些泛函有许多成功之处，但或多或少总是有缺陷的。最简单的局部密度近似（LDA）通常给出相当好的结构性质，但对于键能则常高估。普遍化梯度近似 GGA 如 BP86、BLYP、BPW91、PBE 等，能够得到相当准确的结果，与 G2 数据库比较，原子化能平均误差大概是 $21\text{kJ}\cdot\text{mol}^{-1}$（$5\text{kcal}\cdot\text{mol}^{-1}$）。杂化泛函如 B3LYP 则有最好的表现。从现实来看，虽然许多新的泛函有这样那样的改进，在对化学问题的应用上，BP86、BLYP 或 B3LYP 还是占据着主要的舞台，尚未遇到重大的挑战。进一步改进还有广阔的空间，研究普适性的泛函，还远没有到达终点。特别是如何引入未占据轨道的信息，改进对弱相互作用如色散的描述，改善反应能垒的计算，以及如何提高计算的效率等，都是研究的热点。

更多关于交换相关泛函的介绍，见 W. Koch 和 M. C. Holthausen 的著作[4]的第 6 章。最近，张颖和徐昕[96]的文章，除了介绍 XYG3 的重要改进外，也对常用的泛函进行综合评述。此外，在各种商业软件的 User’s Reference 中有各种常用泛函和文献。

3.5 基于密度泛函理论的计算

非相对论的科恩-沈方程与福克方程类似，都是要解得单电子波函数 ψ_i，哈特里-福克近似中使用的罗特汉方法，将轨道波函数表示为一系列基函数的线性组合，可以借用，但有不同的特点。

1. 罗特汉方法的应用

1951 年，罗特汉[41]建立的方法，成功地应用于哈特里-福克近似，称为哈特里-福克-罗特汉方法。这一方法可同样应用于求解科恩-沈方程。

(1) **科恩-沈方程** 按式(3.3.3)或式(3.3.21)，写出科恩-沈方程，

$$\hat{h}_{\text{KS}}\psi_i(\boldsymbol{r}_i) = \varepsilon_i\psi_i(\boldsymbol{r}_i)$$

由式(3.3.22)和式(3.3.23)，科恩-沈算符 $\hat{h}_{\text{KS}}$ 可表示为

$$\begin{aligned}\hat{h}_{\mathrm{KS}} &= -\frac{1}{2}\nabla^2 + \int\left(\rho(\boldsymbol{r}')/\left|\boldsymbol{r}-\boldsymbol{r}'\right|\right)\mathrm{d}\boldsymbol{r}' + V_{\mathrm{xc}}(\boldsymbol{r}) + V_{\mathrm{ne}}(\boldsymbol{r}) \\ &= -\frac{1}{2}\nabla^2 + \sum_{j}^{N}\int\frac{\left|\psi_j(\mathrm{r}_2)\right|}{r_{12}}\mathrm{d}\boldsymbol{r}_2 + V_{\mathrm{xc}}(\boldsymbol{r}_1) - \sum_{A}^{M}\frac{Z_A}{r_{1A}}\end{aligned} \tag{3.5.1}$$

$V_{\mathrm{xc}}(\boldsymbol{r})$是交换相关势，$V_{\mathrm{xc}}(\boldsymbol{r})=\delta E_{\mathrm{xc}}[\rho(\boldsymbol{r})]/\delta\rho(\boldsymbol{r})$。科恩-沈算符 $\hat{h}_{\mathrm{KS}}$ 与福克算符式(2.3.7) $\hat{F}_i = -\frac{1}{2}\nabla_i^2 - \sum_{A=1}^{M} Z_A/r_{iA} + V_{\mathrm{HF}}(\boldsymbol{\tau}_i)$ 不同之处在于：前者包含所有的交换相关贡献，后者只有交换，没有相关。在哈特里-福克近似中，相关要用微扰理论解决。

(2) **使用基函数**　科恩-沈方程是一个积分微分方程，严格求解极为困难。现在应用罗特汉方法，将单电子波函数ψ_i表达为一列 L 个基函数$\{\eta_\nu\}$的线性组合，η_ν可以是实函数，也可以是复函数

$$\psi_i = \sum_{\nu=1}^{L} c_{\nu i}\eta_\nu \tag{3.5.2}$$

如果$\{\eta_\nu\}$是完备集，$L=\infty$，实际使用时，L 总是有限的。将此式代入式(3.3.3)，得

$$\hat{h}_{\mathrm{KS}}(\boldsymbol{r})\sum_{\nu=1}^{L} c_{\nu i}\eta_\nu(\boldsymbol{r}) = \varepsilon_i\sum_{\nu=1}^{L} c_{\nu i}\eta_\nu(\boldsymbol{r}) \tag{3.5.3}$$

(3) **科恩-沈-罗特汉方程**　对式(3.5.3)两边各乘以$\eta_\mu(\boldsymbol{r})$并积分，得到 L 个方程：

$$\sum_{\nu=1}^{L} c_{i\nu}\int\eta_\mu(\boldsymbol{r})\hat{h}_{\mathrm{KS}}(\boldsymbol{r})\eta_\nu(\boldsymbol{r})\mathrm{d}\boldsymbol{r} = \varepsilon_i\sum_{\nu=1}^{L} c_{\nu i}\int\eta_\mu(\boldsymbol{r})\eta_\nu(\boldsymbol{r})\mathrm{d}\boldsymbol{r} \tag{3.5.4}$$

$$i = 1\sim L,\quad \mu = 1\sim L$$

注意原来 i 是 1～N，为了形成方阵，现变为 1～L，$L>N$。

科恩-沈矩阵 $\boldsymbol{F}^{\mathrm{KS}}$ 和**重叠矩阵 $\boldsymbol{S}$**，它们的元素分别为

$$F_{\mu\nu}^{\mathrm{KS}} = \int\eta_\mu(\boldsymbol{r})\hat{h}_{\mathrm{KS}}(\boldsymbol{r})\eta_\nu(\boldsymbol{r})\mathrm{d}\boldsymbol{r} \tag{3.5.5}$$

$$S_{\mu\nu} = \int\eta_\mu(\boldsymbol{r})\eta_\nu(\boldsymbol{r})\mathrm{d}\boldsymbol{r} \tag{3.5.6}$$

两个矩阵都是 $L\times L$ 方阵。如果基函数η是实函数，则为对称方阵，$M_{\mu\nu}=M_{\nu\mu}$，一般情况下，由于算符是厄米的(Hermitian)或自轭的，$M_{\mu\nu}=M_{\nu\mu}^{*}$。由式(3.5.5)和式(3.5.6)可见，$\boldsymbol{F}^{\mathrm{KS}}$ 和 $\boldsymbol{S}$ 的元素就是式(3.5.4)的 L 个方程两边的积分。

再引入**系数方阵 $\boldsymbol{C}$** 和**轨道能量对角线方阵**ε

$$\boldsymbol{C} = \begin{pmatrix} c_{11} & c_{12} & \cdots & c_{1L} \\ c_{21} & c_{22} & \cdots & c_{2L} \\ \vdots & \vdots & & \vdots \\ c_{L1} & c_{L2} & \cdots & c_{LL} \end{pmatrix} \tag{3.5.7}$$

$$\boldsymbol{\varepsilon}=\begin{pmatrix}\varepsilon_1 & 0 & \cdots & 0\\ 0 & \varepsilon_2 & \cdots & 0\\ \vdots & \vdots & & \vdots\\ 0 & 0 & \cdots & \varepsilon_L\end{pmatrix} \tag{3.5.8}$$

注意式(3.5.8)中的ε_1～ε_L中只有ε_1～ε_N有意义。

现在式(3.5.4)的 L 个方程可用矩阵方程简练表示：

$$\boldsymbol{F}^{\mathrm{KS}}\boldsymbol{C}=\boldsymbol{SC\varepsilon} \tag{3.5.9}$$

这样，作为积分微分方程的科恩-沈方程，就变为基函数系数的一个 L 阶线性方程组，称为科恩-沈-罗特汉方程，它可按标准的线性代数方法求解。科恩-沈-罗特汉方程对应于哈特里-福克-罗特汉方程。

(4)**科恩-沈矩阵**　将式(3.5.1)的科恩-沈算符代入科恩-沈矩阵 $\boldsymbol{F}^{\mathrm{KS}}$ 的元素式(3.5.5)

$$F_{\mu\nu}^{\mathrm{KS}}=\int\eta_\mu(\boldsymbol{r}_1)\left(-\frac{1}{2}\nabla^2-\sum_A^M\frac{Z_A}{r_{1A}}+\int\frac{\rho(\boldsymbol{r}_2)}{r_{12}}\mathrm{d}\boldsymbol{r}_2+V_{\mathrm{xc}}(\boldsymbol{r}_1)\right)\eta_\nu(\boldsymbol{r}_1)\mathrm{d}\boldsymbol{r}_1 \tag{3.5.10}$$

式右的前两项，电子动能和电子-核相互作用能，只取决于一个电子的坐标，通常将它们表达为一个积分 $f_{\mu\nu}$

$$f_{\mu\nu}=\int\eta_\mu(\boldsymbol{r}_1)\left(-\frac{1}{2}\nabla^2-\sum_A^M\frac{Z_A}{r_{1A}}\right)\eta_\nu(\boldsymbol{r}_1)\mathrm{d}\boldsymbol{r}_1 \tag{3.5.11}$$

这一积分实际上与基函数$\{\eta\}$的选择无关，可以用已知程序计算。

第三项是电子间的库仑排斥能，需要密度$\rho(\boldsymbol{r})$，可用基函数表达为

$$\rho(\boldsymbol{r})=\sum_i^N\left|\psi_i(\boldsymbol{r})^2\right|=\sum_i^N\sum_\mu^L\sum_\nu^L c_{\mu i}c_{\nu i}\eta_{\mu i}(\boldsymbol{r})\eta_\nu(\boldsymbol{r}) \tag{3.5.12}$$

将这些基函数线性展开系数的乘积表达为**密度矩阵 $\boldsymbol{P}$**，参见 2.5 节(其中矩阵符号用$\{\gamma\}$)。$\boldsymbol{P}$ 的元素为

$$P_{\mu\nu}=\sum_i^N c_{\mu i}c_{\nu i} \tag{3.5.13}$$

如第三项用符号 $J_{\mu\nu}$表示，以式(3.5.12)代入，得

$$J_{\mu\nu}=\sum_\lambda^L\sum_\sigma^L P_{\lambda\sigma}\iint\eta_\mu(\boldsymbol{r}_1)\eta_\nu(\boldsymbol{r}_1)\frac{1}{r_{12}}\eta_\lambda(\boldsymbol{r}_2)\eta_\sigma(\boldsymbol{r}_2)\mathrm{d}\boldsymbol{r}_1\mathrm{d}\boldsymbol{r}_2 \tag{3.5.14}$$

这是一个四中心两电子积分，涉及四个基函数η_λ、η_σ、η_μ、η_ν以及两个电子 1 和 2。$J_{\mu\nu}$是库仑积分 $J[\rho(\boldsymbol{r})]$的组成单元。

最后一项是交换相关能，用符号 $V_{\mathrm{xc},\mu\nu}$表示，表达为

$$V_{\mathrm{xc},\mu\nu}=\int\eta_\mu(\boldsymbol{r}_1)V_{\mathrm{xc}}(\boldsymbol{r}_1)\eta_\nu(\boldsymbol{r}_1)\mathrm{d}\boldsymbol{r}_1 \tag{3.5.15}$$

科恩-沈矩阵 $\boldsymbol{F}^{\mathrm{KS}}$ 的元素，式(3.5.10)则为三项之和

$$F_{\mu\nu}^{\rm KS} = f_{\mu\nu} + J_{\mu\nu} + V_{{\rm xc},\mu\nu} \tag{3.5.16}$$

(5) **与哈特里-福克-罗特汉方法比较**　相应于式(3.5.16)，HF 有

$$F_{\mu\nu}^{\rm HF} = f_{\mu\nu} + J_{\mu\nu} + K_{\mu\nu} \tag{3.5.17}$$

式右最后一项 $K_{\mu\nu}$是交换能，可表达为

$$K_{\mu\nu} = \sum_{\lambda}^{L}\sum_{\sigma}^{L} P_{\lambda\sigma}\iint \eta_\mu(\boldsymbol{r}_1)\eta_\lambda(\boldsymbol{r}_1)\frac{1}{r_{12}}\eta_\nu(\boldsymbol{r}_2)\eta_\sigma(\boldsymbol{r}_2){\rm d}\boldsymbol{r}_1{\rm d}\boldsymbol{r}_2 \tag{3.5.18}$$

与 $J_{\mu\nu}$相较，有一对电子发生了交换。从形式上看，科恩-沈方法的式(3.5.15)的 $V_{{\rm xc},\mu\nu}$是严格的，它全面包含了交换相关的贡献，哈特里-福克方法的式(3.5.18)的 $K_{\mu\nu}$则是近似的，它忽略了相关的贡献。但 $V_{\rm xc}$ 需要应用经验的泛函，近似性隐含于 $V_{\rm xc}$之中。

2. 基函数

在哈特里-福克近似中，要在波函数中考虑高度的电子相关，需要复杂的有结点结构的基函数，计算量相当可观。在科恩-沈方法，目的是密度，要求要宽松得多。

在第 2 章 2.3 节中，已介绍了两大类基函数：斯莱特型轨道(STO)和高斯型轨道(GTO)，以及紧缩的高斯函数 CGF、最小基函数组、分裂的基函数组，还有极化函数、扩散函数、相关一致性基函数组等概念。它们多为哈特里-福克-罗特汉方法设计。幸运的是，它们在科恩-沈方法中也用得很好。

3. 库仑积分的计算

将式(3.5.12)和式(3.5.13)代入式(3.5.14)，得

$$J_{\mu\nu} = \iint \eta_\mu(\boldsymbol{r}_1)\eta_\nu(\boldsymbol{r}_1)\frac{\rho(\boldsymbol{r}_2)}{r_{12}}{\rm d}\boldsymbol{r}_1{\rm d}\boldsymbol{r}_2 \tag{3.5.19}$$

实际表达$\rho(\boldsymbol{r})$时，还常采用比式(3.5.12)更简化的方法，即采用一个辅助的基函数组$\{\omega_\kappa\}$

$$\rho(\boldsymbol{r}) = \tilde{\rho}(\boldsymbol{r}) = \sum_{\kappa}^{K} c_\kappa \omega_\kappa(\boldsymbol{r}) \tag{3.5.20}$$

式中顶标“～”指近似值。J 的计算量可从 L^4 减少为 L^2K，L 是分子尺度。系数$\{c_\kappa\}$可由对函数 $F = \int\left(\rho(\boldsymbol{r}) - \tilde{\rho}(\boldsymbol{r})\right)^2 {\rm d}\boldsymbol{r}$ 极小化而得。$J_{\mu\nu}$的计算可以采用在格点上的数值积分方法。

4. 交换相关能的计算

式(3.5.15)的交换相关能 $V_{{\rm xc},\mu\nu}$的计算也常采用在格点上的数值积分方法

$$V_{{\rm xc},\mu\nu} = \tilde{V}_{{\rm xc},\mu\nu} = \sum_{p}^{P} \eta_\mu(\boldsymbol{r}_p)V_{\rm xc}(\boldsymbol{r}_p)\eta_\nu(\boldsymbol{r}_p)W_p \tag{3.5.21}$$

W_p是格点 p 的权重。

5. 自洽计算

式(3.5.9) $\boldsymbol{F}^{\mathrm{KS}}\boldsymbol{C}=\boldsymbol{S}\boldsymbol{C}\boldsymbol{\varepsilon}$的求解是一个自洽迭代过程。有下列步骤：

(1)输入给定系统的参数，包括各原子核的坐标、电子数 N 等，选定基函数组。

(2)计算重叠矩阵 $\boldsymbol{S}$，计算电子动能和电子-核相互作用能 $f_{\mu\nu}$。

(3)输入初始密度矩阵 $\boldsymbol{P}$。

(4)构造科恩-沈矩阵 $\boldsymbol{F}^{\mathrm{KS}}$。

(5)求解式(3.5.9) $\boldsymbol{F}^{\mathrm{KS}}\boldsymbol{C}=\boldsymbol{S}\boldsymbol{C}\boldsymbol{\varepsilon}$，得到系数方阵 $\boldsymbol{C}$ 和轨道能量对角线方阵$\boldsymbol{\varepsilon}$。

(6)将新的密度矩阵 $\boldsymbol{P}$ 和上一次的结果比较。如未达自洽标准，回到(4)。如已达自洽标准，做下一步。

(7)计算密度分布$\rho(\boldsymbol{r})$、能量 E 和其他物理量。

当计算大分子时，特别是在生物化学、催化、溶液化学领域，计算量往往并不是随尺寸线性增大，而是呈平方或立方增长。其中库仑能的负荷最大。已经出现了一些措施，如**快速多极方法**(fast multipole method)，将空间划分为若干近区和远区，前者考虑近程作用的特点，随距离快速降低，并且在 r=0 处有一奇点，后者适应远程作用，随距离缓慢下降。科恩-沈矩阵在计算时的对角线化也非常耗时，交换相关泛函的数值储存也是一个瓶颈。实践中有许多改进办法。

在量化计算的商业软件方面，目前使用最广泛的是 J. A. Pople 等开发的 Gaussian 系列，随年代发展有 70，98，03 到 09 等各种版本，还有 Turbomole 等。对于具有周期结构的固体，则常用 VASP(Vienna *Ab Initio* Simulation Package)。我国也开发了一些软件。使用时需要输入计算对象如分子的说明、基函数以及交换相关泛函的选定、所希望得到的结果等。有关信息可以在网上查到。

3.6　DFT+U

尽管 LDA 或 LSDA 在应用于固体的能带理论时有许多成功之处，对于强相关的物质，却遇到很大困难，主要是它不能合适地描述如 3d 过渡金属氧化物和 4f 稀土氧化物这类莫特(Mott)绝缘体。Mott 绝缘体是一类物质，按常规的能带理论，它们应该是导体，但由于电子-电子相互作用，它们却是绝缘体。LDA 或 LSDA 预测 CoO 和 FeO 应该是金属，但它们是绝缘体。对 NiO 和 MnO，预测的能带间隙比实验值小一个数量级。对于一些共价性更强的物质，如具有高 T_c 的铜酸盐，LDA 或 LSDA 预测没有磁性，但实际上却是相当强的反铁磁体。一般认为强相关系统可以利用模型，如哈伯德(Hubbard)模型或安德森(Anderson)格子模型，但这些模型的参数却又能利用 LDA 计算，采用 LDA 参数的 Hubbard 模型的准确性令人惊讶。这一切促使了 DFT+U 的诞生。

1. Hubbard 模型

J. Hubbard 在 1963 年提出的模型[42]，是为格子中有相互作用的粒子而构造的，常用于固体物理中描述导体和绝缘体间的转变。通常的能带模型考虑到固体中不同原子的轨道的重叠，形成能带，使电子能在原子间跃迁(hopping)，但并没有计及电子在同一轨道上的在位(on site)的相互作用。Hubbard 模型对此做了改进，它的哈密顿量 H 有动能项和势能项两项。前者使电子在不同格位上的跃迁成为可能，后者则包含在位的相互作用，

$$H = -t\sum_{i,j} a_{i\sigma}^{*} a_{j\sigma} + U\sum_{i} n_i^{\uparrow} n_i^{\downarrow} \tag{3.6.1}$$

式中，动能项中 i 和 j 代表不同的近邻格位(轨道)，t 度量 i 和 j 间电子跃迁的动能，$a_{i\sigma}$是轨道 i 和自旋σ的波函数。势能项中 $n_i^{\downarrow}$ 和 $n_i^{\uparrow}$ 是格位(轨道)i 上自旋为↓和↑的占有率或电子数，U 是在同一格位(轨道)上两个自旋相反电子的相互作用势能，自旋相同的电子违反洪德(Hund)规则，因而不计。

当 t/U 很高时，参见图 3-1 右，对哈密顿量的变分，将尽量使波函数离域化以使动能项减小，形成交融的能带，称为布洛赫(Bloch)态，它是电子处于一个周期场中的状态。当 t/U 很低时，参见图 3-1 左，变分使波函数趋于局域化，导致能带分裂，它尽量使同一格位(轨道)没有两个电子，以使势能项减小，当这些格位都是半充满时，每个格位一个电子，就形成 Mott 绝缘体。

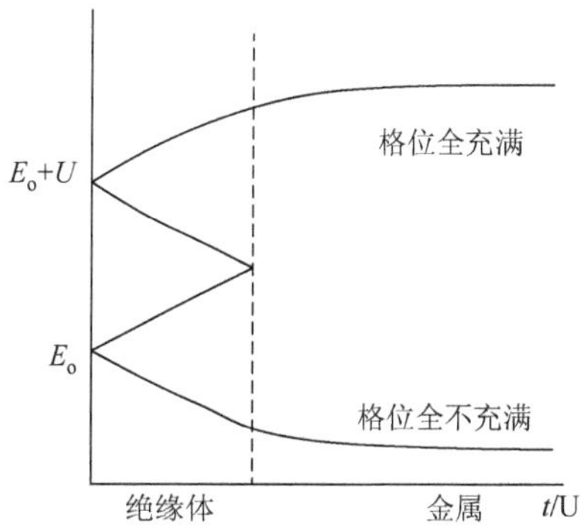

图 3-1 能级随 t/U 的变化

Hubbard 模型对于低温下周期场中的粒子是一个很好的近似，特别是固体中的电子，它能够预测 Mott 绝缘体的存在。Mott 绝缘体的能带间隙存在于同类能带之间，如 3d 能带，以 NiO 为例

$$(Ni^{2+}O^{2-})_2 \longrightarrow Ni^{3+}O^{2-} + Ni^{+}O^{2-}$$

注意与电荷转移绝缘体区别，后者的能带间隙存在于不同类的正负离子的能带之间，如 NiO 的 O2p 能带和 Ni3d 能带

$$Ni^{2+}O^{2-} \longrightarrow Ni^{+}O^{-}$$

2. DFT+U的思路

LDA 或 GGA(参见 3.4 节)，对于强相关的物质，都过分地使波函数离域化，

电子在同一轨道上的在位相互作用没有很好地计入。V. I. Anisimov 等[43-46]在 20 世纪 90 年代提出了 DFT+U 的思路，他们认为在强相关的固体中，原子内层的 s、p 轨道已经离域化，可以用 LDA 或 GGA 准确描述，而外层的 d 电子或 f 电子则是局域化的，其相互作用能应按 Hubbard 模型计算。

在 DFT+U 中，电子能量泛函 E(以单个原子计)可表达为

$$E = E_{\mathrm{LDA}} - \frac{1}{2}UN(N-1) + \frac{1}{2}U\sum_{i \neq j} n_i n_j \tag{3.6.2}$$

式中，E_{LDA}是整个固体按 LDA(GGA)的 DFT 计算值。式右末项相当于 Hubbard 模型，n_i是 d 轨道或 f 轨道 i 上电子的占有率或电子数，乘以 1/2 是校正重复计算。式右第 2 项是因为 LDA(GGA)已经计算了 d 或 f 电子间的库仑作用，需要扣除，$N=\sum_i n_i$，是 d 或 f 电子的总数。

由式(3.6.2)可得轨道 i 的能量

$$\begin{aligned} \varepsilon_i = \partial E/\partial n_i &= \varepsilon_{i,\mathrm{LDA}} - \frac{1}{2}U\big(2N-1-2(N-n_i)\big) \\ &= \varepsilon_{i,\mathrm{LDA}} + U\left(\frac{1}{2} - n_i\right) \end{aligned} \tag{3.6.3}$$

由式(3.6.3)可见，当 n_i=0，轨道 i 是空轨道，轨道能量由$\varepsilon_{i,\mathrm{LDA}}$转移了$-U/2$，当 n_i=1，轨道 i 是占据轨道，轨道能量由$\varepsilon_{i,\mathrm{LDA}}$转移了 $U/2$，空轨道与占据轨道间的能量差异为 U。

也可按 3.3 节科恩-沈方程的方法，求泛函导数，得到与轨道有关的有效势 $V_i(\boldsymbol{r})$

$$V_i(\boldsymbol{r}) = \delta E/\delta n_i(\boldsymbol{r}) = V_{i,\mathrm{LDA}}(\boldsymbol{r}) + U\left(\frac{1}{2} - n_i(\boldsymbol{r})\right) \tag{3.6.4}$$

式(3.6.4)给出了能量相距为 U 的高 Hubbard 能带和低 Hubbard 能带，这从定性上满足了 Mott-Hubbard 绝缘体的物理本质。为了定量上进行更准确的计算，还需要在更普遍的方式上定义轨道基函数组，并对在一个部分充满的 d 或 f 原子轨道中的直接的和交换的库仑相互作用，进行合适的处理。

3. Anisimov 等的 DFT+U

首先需要在空间中确定那些电子态的原子特征得以保留，形成原子域(atomic sphere)，它们通常是 d 或 f 电子。在这个原子域内，电子波函数可以展开为局域的正交的基函数组$|inlm\sigma\rangle$，i 指格位，nlm 分别是主量子数、角量子数和磁量子数，σ是自旋。

能量泛函 LDA+U 的能量泛函 $E[\rho(\boldsymbol{r})]$可用密度矩阵$\{n^\sigma\}$表示[46]：

$$E^{\mathrm{LDA}+U}[\rho^\sigma(\boldsymbol{r}),\{n^\sigma\}] = E^{\mathrm{LSDA}}[\rho^\sigma(\boldsymbol{r})] + E^U[\{n^\sigma\}] - E_{\mathrm{dc}}[\{n^\sigma\}] \tag{3.6.5}$$

式中，$\rho^\sigma(\boldsymbol{r})=\rho^\uparrow(\boldsymbol{r}), \rho^\downarrow(\boldsymbol{r})$，是区别了自旋状态的离域的电子密度；密度矩阵

$\{n^{\sigma}\}=\{n^{\sigma},n^{-\sigma}\}=\{n^{\uparrow},n^{\downarrow}\}$，参见 2.5 节(其中矩阵符号用$\{\gamma\}$)，以及式(3.5.12)和式(3.5.13)，则是上述原子域中局域的电子密度，也区别了自旋状态；E_{dc}是重复计算的校正。式(3.6.5)表明，LSDA 对于没有轨道极化的情况是足够准确的，而轨道极化则由E^{U}项负责，它表示为

$$E^{U}[\{n^{\sigma}\}]=\frac{1}{2}\sum_{\{m\},\sigma}\Big(\langle m,m''|V_{\mathrm{ee}}|m',m'''\rangle n^{\sigma}_{mm'}n^{-\sigma}_{m''m'''}\\ -\big(\langle m,m''|V_{\mathrm{ee}}|m',m'''\rangle-\langle m,m''|V_{\mathrm{ee}}|m''',m'\rangle\big)n^{\sigma}_{mm'}n^{\sigma}_{m''m'''}\Big) \tag{3.6.6}$$

此式与式(3.3.20)的交换项$\frac{1}{2}\sum_i^N\sum_j^N\iint|\psi_i(\boldsymbol{r}_i)|^2\left(1/r_{ij}\right)|\psi_j(\boldsymbol{r}_j)|^2\,\mathrm{d}\boldsymbol{r}_i\mathrm{d}\boldsymbol{r}_j$类似，但采用了狄拉克符号刃矢和刀矢，参见第 2 章 2.4 节。V_{ee}是所有 nl 电子间已屏蔽的库仑相互作用，式右第一项是自旋相反的两个电子的直接库仑相互作用，计及了各种可能的磁量子数，第二项是自旋相同的两个电子的库仑相互作用，计及了直接和交换的贡献。应该指出，在式(3.6.5)中原来定义的泛函，对于用来确定密度$n^{\sigma}_{mm'}$的原子轨道基函数组来说，并不具有旋转不变性。而采用斯莱特积分的 HF 原子轨道计算，式(3.6.6)却是与旋转无关的。

至于式(3.6.5)的校正重复计算的E_{dc}，相应表示为

$$E_{\mathrm{dc}}[\{n^{\sigma}\}]=\frac{1}{2}UN(N-1)-\frac{1}{2}J\big(N^{\uparrow}(N^{\uparrow}-1)+N^{\downarrow}(N^{\downarrow}-1)\big) \tag{3.6.7}$$

式中，$N=N^{\uparrow}+N^{\downarrow}$；$U$ 和 J 分别为已屏蔽的库仑参数和交换参数(又称 Stoner 参数)。

有效势　由式(3.6.5)可得有效势$V^{\sigma}_{mm'}$它是$E^{U}-Edc$对$n^{\sigma}_{mm'}$的泛函导数

$$V^{\sigma}_{mm'}=\sum_{\{m\}}\Big(\langle m,m''|V_{\mathrm{ee}}|m',m'''\rangle n^{-\sigma}_{m''m'''}\\ -\big(\langle m,m''|V_{\mathrm{ee}}|m',m'''\rangle-\langle m,m''|V_{\mathrm{ee}}|m''',m'\rangle\big)n^{\sigma}_{m''m'''}\Big)-U\left(N-\frac{1}{2}\right)+J\left(N^{\sigma}-\frac{1}{2}\right) \tag{3.6.8}$$

式中，$N^{\sigma}=\mathrm{Tr}(n^{\sigma}_{mm'})$。

哈密顿算符　应用有效势，单粒子的哈密顿算符为

$$\hat{H}=\hat{H}_{\mathrm{LSDA}}+\sum_{mm'}|inlm\sigma\rangle V^{\sigma}_{mm'}\langle inlm'\sigma| \tag{3.6.9}$$

其中包含投影算符$|X\rangle\langle X|$，见第 2 章式(2.4.9)。

V_{ee}值的确定　现在还剩下一个问题，如何确定那些V_{ee}值。可以认为，在原子域中，这些相互作用在很大程度上保持它们的原子本性，而 LSDA 可以确定它们的数值。例如，可采用超级单元(supercell) LSDA[47]，密度矩阵$\{n^{\sigma}\}$中的元素受到局域限制，LSDA 能量对密度矩阵的二阶泛函导数可以给出所要的相互作

用。在具体计算中，矩阵单元可以用复球谐函数和有效的斯莱特积分 F^k 来表达，$0\leqslant k\leqslant 2l$。最后得

$$U=F^0$$

$$J=(F^2+F^4)/14\text{（对于 d 电子）}$$

$$J=(286F^2+195F^4+250F^6)/6435\text{（对于 f 电子）}$$

在式(3.6.9)的哈密顿算符中，包含以式(3.6.8)表示的有效势 $V^{\sigma}_{mm'}$，其中有局域的原子轨道，这说明 LDA+U 与局域原子轨道的选择有关。已知 LDA+U 将整个变分空间分解为两个亚空间，一个是局域的 d 或 f 轨道空间，它们间的库仑相互作用采用 Hubbard 类型的项来表示；另一个则是所有其他的态，可以用 LDA 来描述它们的库仑相互作用。LDA+U 与局域原子轨道的选择有关，正是这些特点的后果。但是这种不确定性并没有想象得那么重要。实践表明，计算结果与局域轨道的特定形式不很敏感。由于在哈密顿算符中有投影算符，最直接的方案是采用原子轨道类型的基函数组，如 LMTO(linear muffin-tin orbitals)，但对于 d 或 f 轨道，即使用平面波基函数组(参见 2.3 节)，也能得到很好的效果。

4. 实例：金属钆

钆 Gd 原子的电子组态为 $1s^2$，$2s^2p^6$，$3s^2p^6d^{10}$，$4s^2p^6d^{10}f^7$，$5s^2p^6d^1$，$6s^2$，价电子为 $6s^25d^1$，4f 层则是半充满。在金属 Gd 中，局域的 4f 轨道与导带的杂化很小，可以与其他电子态分离。因此，LDA+U 作为一个单电子理论应该得到很好的应用，金属 Gd 的基态可以用一个单一的斯莱特行列式波函数来描述。对于有关的实验现象，如 X 射线光电发射光谱(x-ray photoemission spectroscopy，XPS)，它涉及失去一个电子的 $N-1$ 态，又如轫致辐射等色光谱(bremsstrahlung isochromate spectroscopy，BIS 或 inverse photoemission spectroscopy，IPES)，它涉及得到一个电子的 $N+1$ 态。它们同样可用单一的斯莱特行列式波函数来描述。如果不计自旋-轨道偶合，XPS 与 BIS 谱线相差，就是已占和未占的 4f 带的能量差。按照 LDA+U 的理论，这一能量差应为 $U+6J$，它首先是由于在同一轨道上两个自旋相反电子的相互作用势能 U，然后是交换的贡献，按式(3.6.7)，BIS 的 $N^{\uparrow}=7$，$N^{\downarrow}=1$，XPS 的 $N^{\uparrow}=6$，$N^{\downarrow}=0$，两者的交换能差为 $(7(7-1)+1(1-1)-6(6-1)-0)J/2=6J$。LDA+$U$ 计算得出[48]，$U=6.7\text{eV}$，$J=0.7\text{eV}$，$U+6J=10.9\text{eV}$，它是已占和未占的 4f 能带的能量差。

图 3-2 画出 LDA+U 计算的铁磁 Gd 金属的态密度(DOS)，其中能量较低的是已占的 4f 能带，能量较高的是未占的 4f 能带。中间的 E_F 是费米能级，是 4f 电子的化学势，如果 4f 电子遵循费米-狄拉克分布，处于费米能级的电子态有 50%的占有概率。图中画出了 XPS 和 BIS 谱线的实验结果，它们的峰差约 12eV，与上

述计算值 10.9eV 相当一致。而如果是单纯的 LSDA，只有 5eV。不仅如此，单纯的 LSDA，未占 4f 能带与费米能级很接近，导致反铁磁态的总能量将低于铁磁态的总能量，与实验结果相悖。

除了 Gd 外，对于稀土金属铈(Ce)，V. I. Anisimov 等[46]得出峰差 6eV，与实验也相当一致。但对于铁(Fe)，也得出峰差 6eV，它应该在 1～2eV，预测值显然过高。

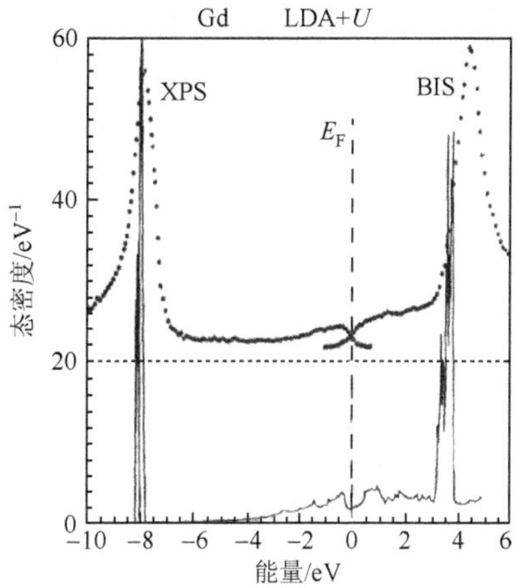

图 3-2　LDA+U 计算的铁磁 Gd 金属的态密度以及 BIS 和 XPS 的实验结果

5. Cococcioni 和 Gironcoli 的改进[49]

在 V. I. Anisimov 等的 DFT+U 中，为了得到 U 和 J，在超级单元中进行 LMTO 计算，其中局域轨道上的电子占据是受限的。在超级单元中所有原子的局域轨道与基函数组的其余的部分互相解偶，这使得局域轨道的处理成为一个原子问题，它的占据数比较容易固定，并使相应的本征值与 LDA 总能量对于轨道占据数的二阶导数间的移动可以被识别。然而，它使用一个或多或少人为的系统来进行屏蔽，特别是当它不是完全的原子内的场合。例如，对于金属 Fe，仅包含了一半的屏蔽电荷，原子域近似也有相当大的误差，与光谱数据比较显示，这些可能带来在位库仑相互作用的计算的过分高估。M. Cococcioni 和 S. Gironcoli 对此做了改进，并进行了简化，提出了一个与基函数组无关的 DFT+U。

首先对于密度矩阵$\{n^{\sigma}\}$，在一个多原子的系统中，局域原子轨道的占有率或密度，并不存在独一无二的严格定义。有许多种定义的方法，可以采用各种类型的基函数组。M. Cococcioni 等认为，对于一个近似的 DFT+U 来说，不必评判它们的优劣。只要在计算中所有的要素能够前后一致地确定，DFT+U 的有用性和可靠性，要看能否提供系统的正确的物理图像来判断。因而他们采用了一个普遍化的密度矩阵定义。为了简化，他们聚焦于在位库仑相互作用的主要效应，即 F_0，而将高阶的多极作用如 F_2、F_4 等略去，这就是说，设 J=0，只剩一个参数 U。在他们设计的方案中，采用了一个线性响应方法，它对于相应的局域轨道的占有率或密度矩阵的定义，具有内在的一致性。因而在他们的方案中，并不强烈依赖于特定的模型设置。

对于金属 Fe 的检验，U=(2.2±0.2)eV，得到很大改善。对于简单的过渡金属氧化物以及硅酸铁，也得到很好的结果。

Cococcioni 和 Gironcoli 的改进，得到了许多应用。例如，F. Esch 等[50]和 S. Fabris

等[51]研究了含铈(Ce)基底物质的缺陷生成。CeO_2作为氧的缓冲，以及贵金属催化剂的活性载体，依赖于在反应的活性位上晶格氧的有效供应，而这取决于氧空穴的生成。F. Esch 等利用上述 DFT+U 结合 STM 实验，研究了(111)面上的氧空穴，发现释放了氧后，电子在 Ce^{3+}离子上局域化。两个以上的氧空穴将还原的铈离子暴露于表面。这加深了对于在可还原的稀土氧化物上氧化过程的理解。K. Leung 等[52]研究了过渡金属卟吩(porphines)在金 Au(111)面上吸附的形态。

3.7　含时密度泛函理论

前面介绍的密度泛函理论，在预测分子结构，键能，晶格参数，电子密度分布，扫描隧道显微图谱(STM)，红外、中子散射和拉曼谱线的频率和强度等方面，显示了良好的功能。它们都与基态性质有关。但是对于金属、半导体和绝缘体的能带结构，能带间隙，还有光学性质如吸收、折射和反射，电子能量损失光谱 EELS，非弹性 X 散射光谱 IXSS，以及介电性质等，预测效果较差，原因在于它们都涉及激发态，与随时间的演变有关。DFT 相应发展了含时(依赖于时间的)密度泛函理论[15, 16](time-dependent density functional theory，TDDFT)。

1. 龙格-格罗斯定理

类似于 3.1.1 节的霍恩伯格-科恩第一定理，在 1984 年，龙格(E. Runge)和格罗斯(E. K. U. Gross)[53]针对依赖于时间的系统，发表了相应的定理。当有一个依赖于时间的标量外场 $V_{\text{ext}}(t)$时，哈密顿算符为

$$\hat{H}(t)=\hat{T}+\hat{V}_{\text{ext}}(t)+\hat{V}_{\text{ee}} \tag{3.7.1}$$

V_{ee}为电子相互作用能。采用原子单位制 a.u.的含时薛定谔方程为

$$\hat{H}(t)\Psi(t)=\mathrm{i}\frac{\partial\Psi(t)}{\partial t} \quad 或 \quad \hat{H}(t)\left|\Psi(t)\right\rangle=\mathrm{i}\frac{\partial}{\partial t}\left|\Psi(t)\right\rangle \tag{3.7.2}$$

式中，$\Psi(t)$为多电子系统的含时波函数。由此出发，可以证明：假设外场可按给定时间展开为泰勒级数，两个差别超过一个可加常数的外场将产生不同的电流密度，而按连续性方程，对于有限系统，不同的电流密度意味着不同的电子密度。因而，龙格-格罗斯定理指出：对于与时间有关的系统，在任何时候，电子密度单一地决定了外场，当然，外场也单一地决定了电子密度。

2. 龙格-格罗斯方法

与科恩-沈方法一样，首先构造一个无相互作用的参考系统，它的含时哈密顿算符为

$$\hat{H}_{\text{ref}}(t)=\hat{T}+V_{\text{eff}}(t) \tag{3.7.3}$$

式中，$V_{\text{eff}}(t)$是有效外场。同样类似于哈特里-福克近似，采用斯莱特行列式波函数，行列式的元素$\Psi_i(t)$是单电子的含时自旋轨道，由下式确定，

$$\left(-\frac{1}{2}\nabla^2+V_{\text{eff}}(\boldsymbol{r},t)\right)\Psi_i(\boldsymbol{r},t)=\mathrm{i}\frac{\partial}{\partial t}\Psi_i(\boldsymbol{r},t),\quad \Psi_i(\boldsymbol{r},0)=\Psi_i(\boldsymbol{r}) \tag{3.7.4}$$

由此得到参考系统 N 个电子的含时的密度$\rho_{\text{eff}}(\boldsymbol{r},t)$

$$\rho_{\text{eff}}(\boldsymbol{r},t)=\sum_{i=1}^{N}\left|\Psi_i(\boldsymbol{r},t)\right|^2 \tag{3.7.5}$$

龙格-格罗斯方法要求每时每刻$\rho_{\text{eff}}(\boldsymbol{r},t)=\rho(\boldsymbol{r},t)$。

在科恩-沈方法中，先得出能量泛函 $E[\rho(\boldsymbol{r})]$，然后应用变分原理，得一系列的单电子波函数ψ_i的科恩-沈方程$\hat{h}_{\text{KS}}\psi_i(\boldsymbol{r})=\varepsilon_i\psi_i(\boldsymbol{r})$，并得出科恩-沈算符和有效外场 V_{eff}。在 TDDFT 中，变分原理不适用。龙格和格罗斯采用了基于行动(action-based)的论证方法。由**狄拉克行动函数** A 出发，它是$\Psi(t)$的泛函

$$A[\Psi(t)]=\int\left\langle\Psi(t)\right|\hat{H}(t)-\mathrm{i}\frac{\partial}{\partial t}\left|\Psi(t)\right\rangle\mathrm{d}t \tag{3.7.6}$$

由于龙格-格罗斯定理，行动函数 A 是密度唯一的泛函

$$A[\rho]=A\big[\Psi[\rho]\big] \tag{3.7.7}$$

类似于变分原理$\delta E[\rho]/\delta\rho(\boldsymbol{r})=0$，行动泛函 A 对密度的泛函导数为零

$$\frac{\delta A[\rho]}{\delta\rho(\boldsymbol{r},t)}=0 \tag{3.7.8}$$

由此得到行动的不变点(stationary point)，相应得到系统的密度$\rho(\boldsymbol{r},t)$。

具体做法是：类似于式(3.3.23)，$V_{\text{eff}}(\boldsymbol{r})=\int\left(\rho(\boldsymbol{r}')/|\boldsymbol{r}-\boldsymbol{r}'|\right)\mathrm{d}\boldsymbol{r}'+V_{\text{xc}}(\boldsymbol{r})+V_{\text{ne}}(\boldsymbol{r})$，由式(3.7.8)得

$$V_{\text{eff}}(\boldsymbol{r},t)=\int\frac{\rho(\boldsymbol{r}',t)}{|\boldsymbol{r}-\boldsymbol{r}'|}\mathrm{d}\boldsymbol{r}'+\frac{\delta A_{\text{xc}}[\rho(\boldsymbol{r},t)]}{\delta\rho(\boldsymbol{r},t)}+V_{\text{ext}}(\boldsymbol{r},t) \tag{3.7.9}$$

式中，$A_{\text{xc}}[\rho]$是交换相关行动泛函，它的确切形式并不知道，和一般 DFT 的 $E_{\text{xc}}[\rho]$要采用 LDA、GGA 等一样，需要采用经验的方法。

对于狄拉克行动函数 A，这里理论上有一个涉及因果关系的微妙的问题。当一定时间外场有一些变化，这时对早先的密度不应该有影响。但狄拉克行动 A 的响应函数，如它的泛函导数，对时间是对称的。这就违反了因果关系。这个问题是采用**凯尔迪什形式**[54](Keldysh formalism)利用一个复杂时间路线积分(complex-time path integration)来解决的。

3. 线性响应的含时密度泛函理论[55]

除了非常强的含时扰动，如激光，一般外场可表示为

$$V_{\text{ext}}(\boldsymbol{r},t)=V_{\text{ext}}(\boldsymbol{r})+\delta V_{\text{ext}}(\boldsymbol{r},t)\quad,\quad \delta V_{\text{ext}}(\boldsymbol{r},t)\ll V_{\text{ext}}(\boldsymbol{r}) \tag{3.7.10}$$

这表示外场扰动很小，不足以完全破坏系统的基态结构。在这种情况下，含时部分$\delta V_{\text{ext}}(\boldsymbol{r}, t)$常可处理为一种线性响应，称为**线性响应的含时密度泛函理论**（TDDFT in linear response，LR-TDDFT）。这时，科恩-沈算符$\hat{h}_{\text{KS}}$式(3.3.22)可按"TDDFT=DFT+线性响应"的模式表达为

$$\hat{h}_{\text{KS}}[\rho(\boldsymbol{r})](t)=\hat{h}_{\text{KS}}[\rho(\boldsymbol{r})]+\delta V_J[\rho(\boldsymbol{r})](t)+\delta V_{\text{xc}}[\rho(\boldsymbol{r})](t)+\delta V_{\text{ext}}(t) \tag{3.7.11}$$

其中

$$V_J[\rho(\boldsymbol{r})]=\delta J[\rho(\boldsymbol{r})]/\delta\rho(\boldsymbol{r})=\int\left(\rho(\boldsymbol{r}')/|\boldsymbol{r}-\boldsymbol{r}'|\right)\mathrm{d}\boldsymbol{r}' \tag{3.7.12}$$

$$\delta V_J[\rho(\boldsymbol{r})]=\frac{\delta V_J[\rho(\boldsymbol{r})]}{\delta\rho(\boldsymbol{r})}\delta\rho(\boldsymbol{r}')=\frac{1}{|\boldsymbol{r}-\boldsymbol{r}'|}\delta\rho(\boldsymbol{r}') \tag{3.7.13}$$

$$\delta V_{\text{xc}}[\rho(\boldsymbol{r})]=\frac{\delta V_{\text{xc}}[\rho(\boldsymbol{r})]}{\delta\rho(\boldsymbol{r})}\delta\rho(\boldsymbol{r}')=f_{\text{xc}}(\boldsymbol{r}t,\boldsymbol{r}'t')\delta\rho(\boldsymbol{r}') \tag{3.7.14}$$

式中，f_{xc}称为**交换相关核**(exchange correlation kernel)。式(3.7.11)右面的后三项就是无相互作用的参考系统有效外场的含时部分$\delta V_{\text{eff}}[\rho(\boldsymbol{r})](t)$

$$\delta V_{\text{eff}}[\rho(\boldsymbol{r})](t)=\delta V_J[\rho(\boldsymbol{r})](t)+\delta V_{\text{xc}}[\rho(\boldsymbol{r})](t)+\delta V_{\text{ext}}(t) \tag{3.7.15}$$

密度ρ对于外场V_{ext}和有效外场V_{eff}的线性响应可定义为

$$\delta\rho(\boldsymbol{r}t)=\chi(\boldsymbol{r}t,\boldsymbol{r}'t')\delta V_{\text{ext}}(\boldsymbol{r}'t') \tag{3.7.16}$$

$$\delta\rho_{\text{eff}}(\boldsymbol{r}t)=\chi_{\text{KS}}(\boldsymbol{r}t,\boldsymbol{r}'t')\delta V_{\text{eff}}[\rho](\boldsymbol{r}'t') \tag{3.7.17}$$

式中，χ和χ_{KS}分别是实际系统和参考系统的线性响应系数。联合上述各式，可得两者的关系：

$$\chi(\boldsymbol{r}_1t_1,\boldsymbol{r}_2t_2)=\chi_{\text{KS}}(\boldsymbol{r}_1t_1,\boldsymbol{r}_2t_2)+\chi_{\text{KS}}(\boldsymbol{r}_1t_1,\boldsymbol{r}_2't_2')\left(\frac{1}{|\boldsymbol{r}_2'-\boldsymbol{r}_1'|}+f_{\text{xc}}(\boldsymbol{r}_2't_2',\boldsymbol{r}_1't_1')\right)\chi(\boldsymbol{r}_1't_1',\boldsymbol{r}_2t_2) \tag{3.7.18}$$

此式以戴森(F. Dyson)命名，称为**戴森方程**。

由式(3.7.18)可以导出系统的各种激发能，它们是这些响应系数的极(pole)。χ与电磁场作用下的极化率、介电常数、能级跃迁等直接相关。

上面已经提到，还要采用一些经验的泛函。常用的有**无规相近似**(random phase approximation，RPA)，它在响应中略去交换相关贡献，交换相关核$f_{\text{xc}}=0$。还有**绝热局部密度近似**(adiabatic local density approximation，ALDA)，$f_{\text{xc}}(\boldsymbol{r}, \boldsymbol{r}')=A(\boldsymbol{r})\delta(\boldsymbol{r}, \boldsymbol{r}')$，只有局部作用，无记忆效应。

3.8　相对论密度泛函理论

通过以上3.3节～3.7节，对于非相对论量子力学的密度泛函理论已经有了较

全面的了解。本节则简要介绍相对论量子力学的密度泛函理论。

第 2 章 2.7 节的狄拉克方程，是相对论量子力学的基本方程。按式(2.7.12)，对于电场中的粒子，哈密顿算符为

$$\hat{H} = c\boldsymbol{\alpha} \cdot \hat{\boldsymbol{p}} + q\Phi + \beta mc^2 \tag{3.8.1}$$

式中，$q\Phi=V$ 即位能；c 是光速；$\hat{\boldsymbol{p}}$ 是动量矢量算符。两个因子$\boldsymbol{\alpha}$和β不是普通的数，而是算符，并且与时间和位置无关。它们的作用空间是一个四维空间，称为自旋空间，可按式(2.7.22)用四阶的矩阵表达如下

$$\boldsymbol{\alpha} = \begin{pmatrix} 0 & \boldsymbol{\sigma} \\ \boldsymbol{\sigma} & 0 \end{pmatrix} \quad , \quad \beta = \begin{pmatrix} \boldsymbol{I} & 0 \\ 0 & -\boldsymbol{I} \end{pmatrix} \tag{3.8.2}$$

式中，$\boldsymbol{\sigma}$是泡利矩阵(算符)，它的三个分量σ_1、σ_2、σ_3 分别是

$$\sigma_1 = \begin{pmatrix} 0 & 1 \\ 1 & 0 \end{pmatrix}, \quad \sigma_2 = \begin{pmatrix} 0 & -\mathrm{i} \\ \mathrm{i} & 0 \end{pmatrix}, \quad \sigma_3 = \begin{pmatrix} 1 & 0 \\ 0 & -1 \end{pmatrix} \tag{3.8.3}$$

按式(2.7.14)，定态的薛定谔方程 $\hat{H}\psi = E\psi$ 依然成立，ψ是四分量的波矢量，可表达为一个四维的列矩阵，其分量是函数空间 x, y, z 的标量函数。对于氢原子，狄拉克方程可严格求解(参见 2.7 节)。

对于更复杂的系统，已经发展了一些相对论的密度泛函理论方法[56-59]，可参阅 E. Engel 和 R. M. Drezler 的专著[60]。

狄拉克-科恩-沈方程　此方程由 A. K. Rajagopal[61]，以及 A. H. MacDonald 和 S. H. Vosko[62]先后提出。在 3.3 节中，已经介绍了非相对论密度泛函理论的科恩-沈方程 $\hat{h}_{\mathrm{KS}}\psi_i(\boldsymbol{r}) = \varepsilon_i\psi_i(\boldsymbol{r})$，即式(3.3.21)。相应地在相对论密度泛函理论中，则有狄拉克-科恩-沈方程，对单电子波矢量ψ_i，有

$$\hat{h}_{\mathrm{DKS}}\psi_i(\boldsymbol{r}) = \varepsilon_i\psi_i(\boldsymbol{r}) \tag{3.8.4}$$

$i=1, 2, \cdots, N, N$ 为电子总数。与非相对论的式(3.3.22)类似，相应的**狄拉克-科恩-沈算符**为

$$\hat{h}_{\mathrm{DKS}} = c\boldsymbol{\alpha} \cdot \hat{\boldsymbol{p}} + (\beta - 1)c^2 + \int \left(\rho(\boldsymbol{r}') / |\boldsymbol{r} - \boldsymbol{r}'| \right) \mathrm{d}\boldsymbol{r}' + V_{\mathrm{xc}}(\boldsymbol{r}) + V_{\mathrm{ne}}(\boldsymbol{r}) \tag{3.8.5}$$

式右第三项是电子间的库仑相互作用，第四项是交换相关势，按式(3.3.24)，$V_{\mathrm{xc}}(\boldsymbol{r}) = \delta E_{\mathrm{xc}}[\rho(\boldsymbol{r})] / \delta\rho(\boldsymbol{r})$，$E_{\mathrm{xc}}$ 是交换相关能泛函，第五项是核与电子间的库仑相互作用。

电子密度　电子密度ρ按下式计算，

$$\rho(\boldsymbol{r}) = \sum_i^N \psi_i^*(\boldsymbol{r})\psi_i(\boldsymbol{r}) \tag{3.8.6}$$

波矢量ψ_i是四分量矢量，按式(2.7.33)可用列矩阵表示为

$$\psi_i = \begin{pmatrix} \psi_i^{\mathrm{L}} \\ \psi_i^{\mathrm{S}} \end{pmatrix} \tag{3.8.7}$$

其中 ψ_i^{L} 和 ψ_i^{S} 分别是 ψ_i 的大分量和小分量，它们都是两分量函数。

能量　与非相对论的式(3.3.20)类似，系统的能量 E 按下式计算：

$$\begin{aligned} E &= \sum_i \langle \psi_i | \left(c\boldsymbol{\alpha} \cdot \hat{\boldsymbol{p}} + (\beta - 1)c^2 \right) | \psi_i \rangle \\ &+ \frac{1}{2} \int \left(\rho(\boldsymbol{r})\rho(\boldsymbol{r}') / |\boldsymbol{r} - \boldsymbol{r}'| \right) \mathrm{d}\boldsymbol{r}\mathrm{d}\boldsymbol{r}' + E_{\mathrm{xc}}[\rho(\boldsymbol{r})] + \int \rho(\boldsymbol{r}) V_{\mathrm{ne}}(\boldsymbol{r}) \mathrm{d}\boldsymbol{r} \end{aligned} \tag{3.8.8}$$

相对论性的交换相关能泛函 E_{xc} 已经有一些报道[63-66]。但王繁和黎乐民的研究[67]表明，非相对论性的交换相关能泛函也可以使用，对于即使含有金属的系统，两者的效果区别也不大。

使用基函数　在运算中将 ψ_i 用四分量基函数 χ_μ 展开

$$\psi_i = \sum_\mu C_{\mu i} \chi_\mu \quad , \quad \chi_\mu = \begin{pmatrix} \varphi_\mu^{\mathrm{L}} \\ \varphi_\mu^{\mathrm{S}} \end{pmatrix} \tag{3.8.9}$$

φ_μ^{L} 和 φ_μ^{S} 分别是 χ_μ 的大分量和小分量，它们也都是两分量函数。$\boldsymbol{C}=\{C_{\mu i}\}$ 为组合系数矩阵。

狄拉克-科恩-沈-罗特汉方程　首先定义**狄拉克-科恩-沈矩阵** $\boldsymbol{F}^{\mathrm{DKS}}$ 和**重叠矩阵** $\boldsymbol{S}$，它们的元素分别为

$$F_{\mu\nu}^{\mathrm{DKS}} = \langle \chi_\mu | \hat{h}_{\mathrm{DKS}} | \chi_\nu \rangle \tag{3.8.10}$$

$$S_{\mu\nu} = \langle \chi_\mu | \chi_\nu \rangle \tag{3.8.11}$$

连同能量对角线方阵 $\boldsymbol{\varepsilon}$，类似于非相对论的式(3.5.9)，可得

$$\boldsymbol{F}^{\mathrm{DKS}}\boldsymbol{C} = \boldsymbol{SC\varepsilon} \tag{3.8.12}$$

这样，作为积分微分方程的狄拉克-科恩-沈方程，就变为基函数系数的一个线性方程组，称为狄拉克-科恩-沈-罗特汉方程，它可按标准的线性代数方法求解。

计算程序　刘文剑、洪功兰和黎乐民等[68-72]开发的 BDF 程序包，涵盖了非相对论，单分量、二分量以及四分量相对论方法，有很好的性能。

3.9　应 用 举 例

密度泛函理论广泛应用于化学研究，它能提供许多信息，如分子结构、键长、键角、振动频率、原子化能、键能、电离能、电子亲和能、电子激发能、单重态-三重态分裂、布居分析、电偶极矩、极化率、红外和拉曼谱线强度、核磁共振化学位移、自旋-自旋偶合常数、顺磁共振 g 张量、氢键、卤键、水分子簇、色散能、反应的位能面等。

下面举几个实际应用的例子。

1. 含溴离子液体与 CO_2 间的卤键

朱祥等[73]研究了含溴离子液体 1-(2, 3-二溴丙基)-3-甲基咪唑鎓溴化物[1-(2, 3-dibromo-propyl)-3-methylimidazolium bromide]与 CO_2 间的相互作用。特别是当用 F 原子取代其中的一些 H 原子后，Br…CO_2 间的卤键(halogen bond)的增强情况。1-(2, 3-二溴丙基)-3-甲基咪唑鎓离子的结构式见图 3-3。用密度泛函理论 DFT 进行计算。在应用普遍化梯度近似(GGA)时，交换能泛函采用 PBE，或采用兼顾交换和相关的杂化泛函 B3LYP(参见 3.4 节)。基函数组采用 aug-cc-pVDZ(参见 2.3 节)。计算使用 Gaussian 03 程序包。

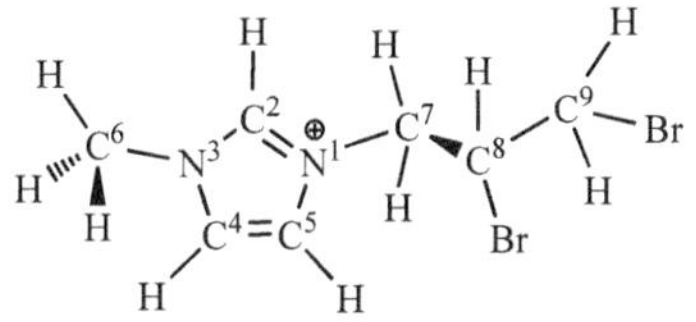

图 3-3　1-(2, 3-二溴丙基)-3-甲基咪唑鎓离子的结构式

在计算氢键 A—H…B 时，会出现**基组重叠误差**(basis set superposition error，BSSE)，引起的原因是：计算时所采用的基函数组是有限的。当两组分 A—H 和 B 在单独计算时的基函数可能重复，合并计算时，每个组分波函数的展开，可能用到另一个组分的轨道，这将造成键能更负。S. F. Boys 和 F. Bernardi[74]采用了平衡兼顾的方法，即计算组分的能量时，采用整个 A—H…B 的基函数，但其中只考虑一个组分的原子。这样，BSSE 得到有效的校正。现在计算卤键 A—X…B 的键能，也采用这种校正。

图 3-4 是当 1-(2, 3-二溴丙基)-3-甲基咪唑鎓离子的丙基中三个 H 原子被 F

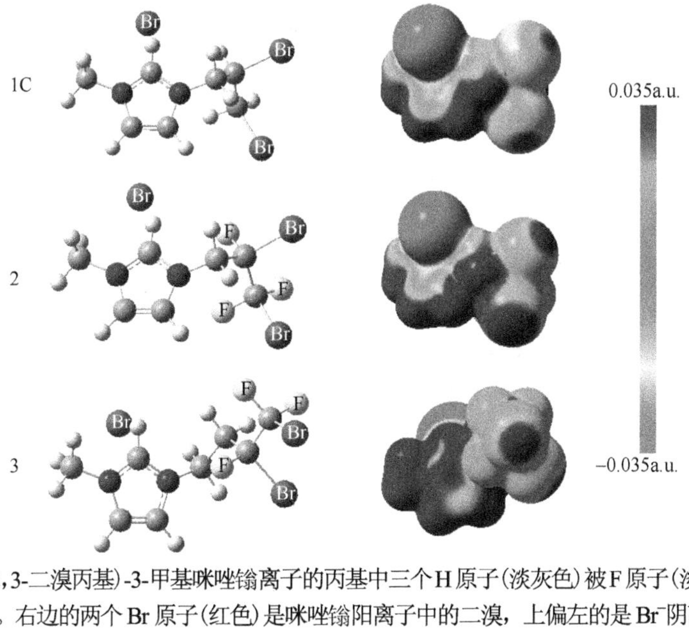

图3-4　当1-(2,3-二溴丙基)-3-甲基咪唑鎓离子的丙基中三个H原子(淡灰色)被F原子(淡蓝色)取代后，静电势的变化。右边的两个 Br 原子(红色)是咪唑鎓阳离子中的二溴，上偏左的是 Br^-阴离子。1C 是取代前，2 和 3 是取代后(后附彩图)

原子取代后，静电势(electrostatic potential) ESP 的变化。可见在取代后，两个 Br 原子的静电势更负(更蓝)。

图 3-5 是被 F 原子取代后，咪唑鎓阳离子中的两个溴原子与 CO_2 相互作用所形成的络合物的几何结构。未被 F 原子取代时，溴原子与 CO_2 所形成的络合物具有类似几何结构，但键距较长。

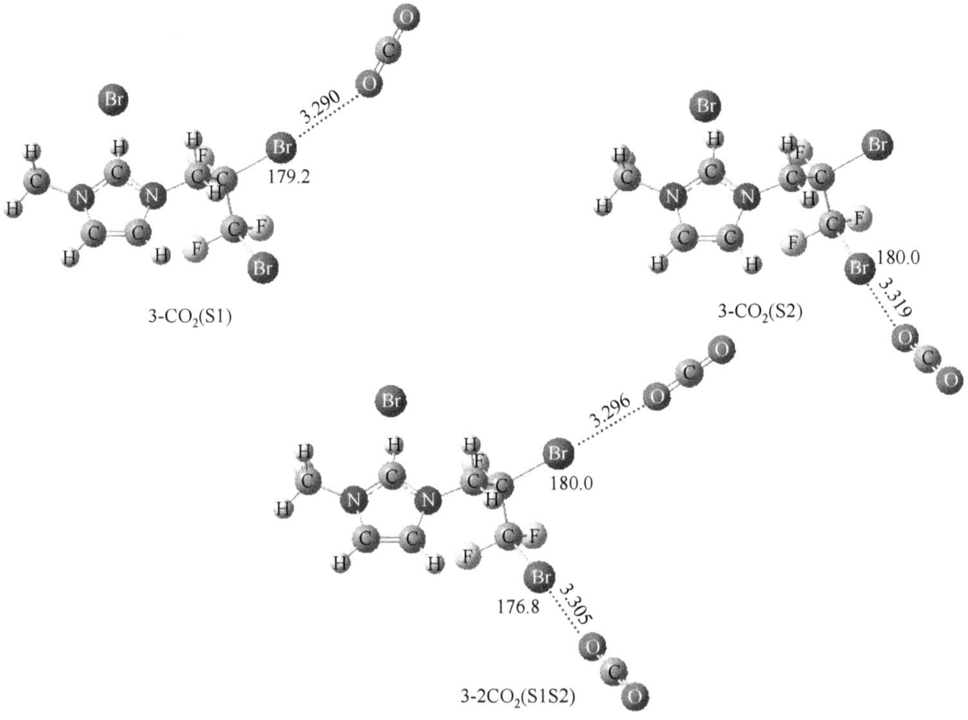

图 3-5　被 F 原子取代后，咪唑鎓阳离子中的两个溴原子与 CO_2 相互作用所形成的络合物的几何结构(后附彩图)

表 3-2 是被 F 原子取代前后，X⋯O 卤键间距 *d*、C—X⋯O 夹角和卤键键能 Δ*E* 的计算结果。采用的泛函是 PBE，如使用 B3LYP，结果没有实质性的差异。由表可见，咪唑鎓离子的丙基中三个 H 原子被 F 原子取代后，卤键间距明显缩短，由～3.4Å 减少为～3.3Å，而卤键键能显著增强，以结合两个 CO_2 的 S1S2 为例，由-3.41kJ·mol^{-1}增加至-5.74kJ·mol^{-1}。

表 3-2　被 F 原子取代前后，X⋯O 卤键间距 *d*、C—X⋯O 夹角和卤键键能Δ*E*

络合物	*d*(X⋯O)/Å	∠(C—X⋯O)/(°)	Δ*E*/(kJ·mol^{-1})
1C-CO_2(S1)	3.381	179.1	−1.53
1C-CO_2(S2)	3.431	171.7	−2.02

续表

络合物	$d(X\cdots O)$/Å	$\angle(C—X\cdots O)/(°)$	$\Delta E/(kJ\cdot mol^{-1})$
1C-2CO_2(S1S2)	3.398，3.435	175.2，175.5	−3.41
3-CO_2(S1)	3.290	179.2	−2.85
3-CO_2(S2)	3.319	180.0	−3.00
3-2CO_2(S1S2)	3.296，3.305	180.0，176.8	−5.74

注：S1、S2、S1S2 参见图 3-5。

ΔE 经过校正 BSSE。被 F 原子取代前用“1C”表示，取代后用“3”表示。

这个结果对于选择、设计和改进离子液体，以增强物理吸收 CO_2 的能力，有一定的意义。对于卤键这种弱化学键的认识，也有一定的参考价值。

2. 卟啉和金属卟啉的紫外-可见吸收光谱

卟啉和金属卟啉有不寻常的光化学、电化学和生物化学特性，广泛应用于催化、光学装置、气敏传感器等领域。例如，在探测有毒气体时，卟啉衍生物在电子传输时起着供电子的作用，吸收光谱的 *B* 谱带和 *Q* 谱带将发生显著变化。曹振峰等[75]用实验和密度泛函理论方法，研究了(1)*m*-4(*o*-硝基)卟啉 *m*-4(*o*-aminophynyl) porphyrin(NO_2PP)，(2)*m*-4(*o*-氨基)卟啉 *m*-4(*o*-nitrophynyl) porphyrin(NH_2PP)及其相应的锌衍生物，(3)(NO_2ZnPP)，(4)(NH_2ZnPP)的紫外-可见吸收光谱。前两个在近紫外区有一个很强的 *B* 谱带，在可见区有四个 *Q* 谱带，后两个有一个 *B* 谱带和两个 *Q* 谱带。它们涉及若干占据轨道和未占轨道间的电子跃迁。

分子结构用密度泛函理论(DFT)进行计算，采用两种方法，一是在应用普遍化梯度近似(GGA)时，交换能泛函采用 PBE(参见 3.4 节)，二是采用兼顾交换和相关的杂化泛函 B3LYP(参见 3.4 节)。计算激发跃迁能和振子强度时用含时密度泛函理论 TDDFT(参见 3.7 节)，仍用上述两种泛函，在估计线性响应时，采用绝热局部密度近似 ALDA(参见 3.7 节)。基函数组采用双 zeta 基函数组 6-31G(d)(参见 2.3 节)。计算使用 Gaussian 03 程序包。

卟啉衍生物的结构式见图 3-6。用 PBE 得到的 NO_2ZnPP(3)的优化结构见图 3-7，和(1)、(2)、(4)一样都属于 C_{2v} 点群，而在没有 NO_2 和 NH_2 基之前，为 D_{2h} 和 D_{4h} 点群。

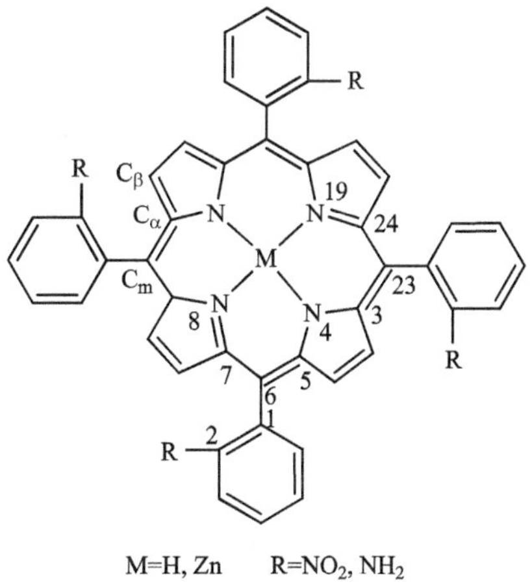

图 3-6　卟啉衍生物的结构式

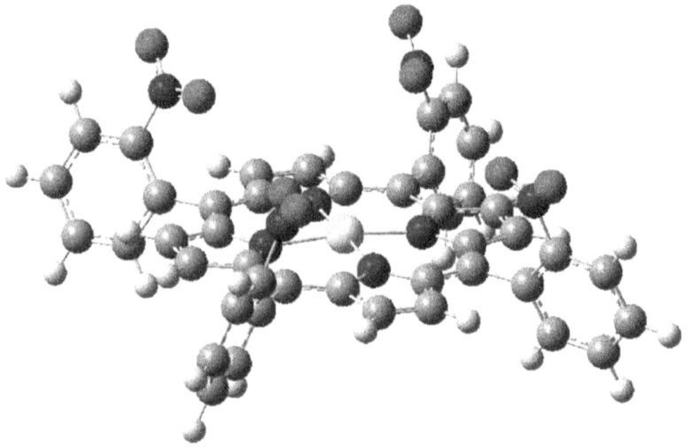

图 3-7　用 PBE 计算的 NO_2ZnPP(3)的优化结构(后附彩图)

图 3-8 是用 TDDFT 以及 B3LYP 和 PBE 计算的 NO_2ZnPP(3)和 NH_2ZnPP(4)的前沿轨道，以 HOMO 为基准。由图可见，B3LYP 计算所得的 HOMO 与 LUMO 之间的能级间隔，较之用 PBE 计算的能级间隔要大得多，前者为 2.837eV 和 2.899eV，后者为 1.673eV 和 1.736eV。

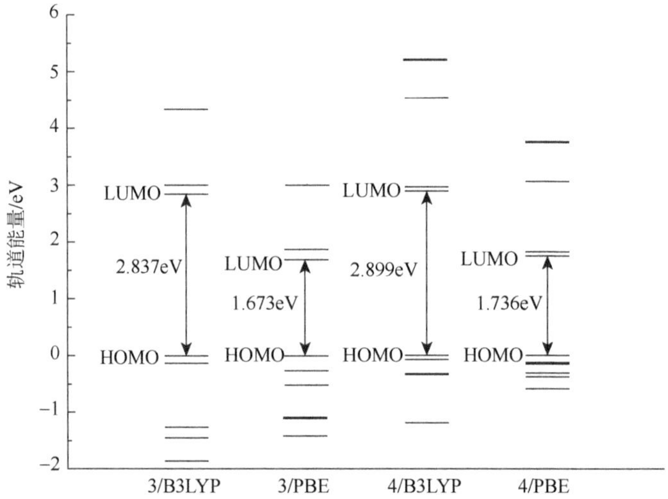

图 3-8　用 TDDFT 以及 B3LYP 和 PBE 计算的 NO_2ZnPP(3)和 NH_2ZnPP(4)的前沿轨道，以 HOMO 为基准

图 3-9 是针对 NO_2PP、NH_2PP 用 PBE 计算的和实验的吸收光谱比较。第一个强吸收峰是 B 带，第二个和第三个弱吸收峰是 Q 带。由图可见，预测效果良好。对于 NO_2PP，Q 带的计算值为 629.8nm 和 586.8nm，相应的实验值为 650.8nm 和 551.2nm。对于 NH_2PP，计算值为 665.8nm 和 560.1nm，相应的实验值为 649.4nm 和 550.1nm。NO_2PP 的 B 带比 NH_2PP 的更为向红(bathochromic)，这一点也与实验一致，这是由于 NO_2 是吸电子基，它使卟啉环的电子更为离域化，使 HOMO 与 LUMO 的能级间隙比 NH_2PP 的稍小。NH_2 则是给电子基。

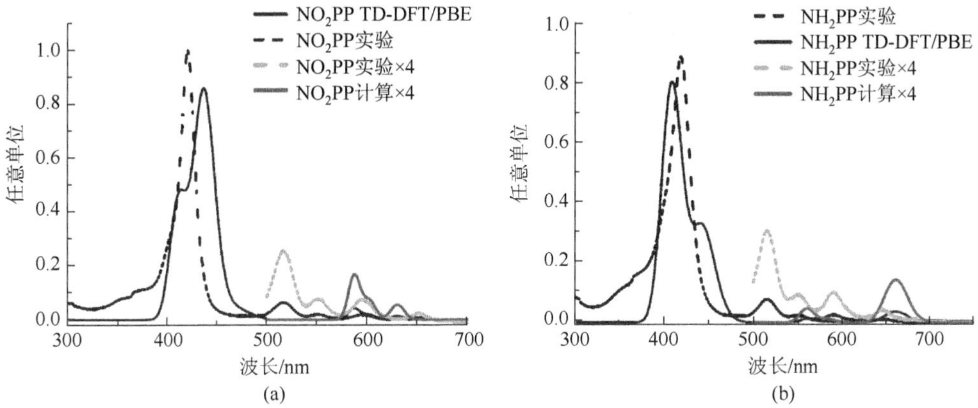

图 3-9　用 PBE 计算的和实验的吸收光谱比较。(a) NO_2PP，(b) NH_2PP，实线为计算值，虚线为实验值

图 3-10 和图 3-11 是通过计算的和实验的吸收光谱比较，来看 NO_2ZnPP 和 NH_2ZnPP 所用泛函的优劣。图 3-10 采用 PBE，图 3-11 采用 B3LYP。图中第一个强吸收峰是 B 带，第二个弱吸收峰是 Q 带。意外的是，虽然一般认为杂化泛函 B3LYP 由于改进了交换相关势的渐近衰减，应该比 GGA 的 PBE 表现好一些，但由图可见，PBE 对吸收光谱的预测，显著优于 B3LYP。可以做出一定的原因分析，但是颇为勉强。

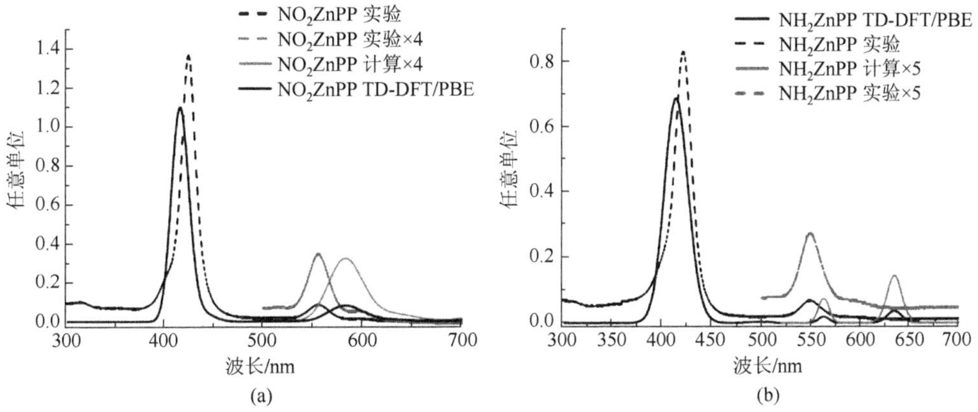

图 3-10　用 PBE 计算的和实验的吸收光谱比较。(a) NO_2ZnPP，(b) NH_2ZnPP，实线为计算值，虚线为实验值

3. 类导体屏蔽模型(conductor-like screening model，COSMO)

1995 年，克拉姆特(A. Klamt)[76]开发了一个实际溶剂的类导体屏蔽模型(COSMO for real solvents，COSMO-RS)，经过精细的改进和参数化[77]，可应用于液体热物

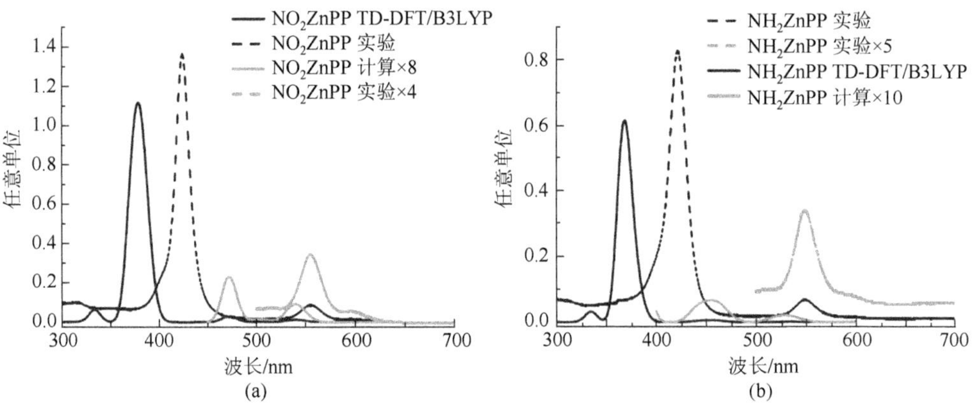

图 3-11　用 B3LYP 计算的和实验的吸收光谱比较。(a) B3LYP-NO_2ZnPP，(b) NH_2ZnPP，实线为计算值，虚线为实验值

理性质的计算[78]，并形成了能够替代 UNIFAC 的活度系数计算软件包[79]。但模型未能正确地收敛于一些边界条件，活度系数不满足热力学一致性。2002 年，桑德勒(S. I. Sandler)等[80-82]做了改进，重新推导了化学势和活度系数表达式，提出了片段活度因子的类导体屏蔽模型(COSMO segment activity coefficient model，COSMO-SAC)，也形成了计算软件包。杨犁等[83]将这一模型推广应用于预测高分子溶液的热力学性质。

1)类导体屏蔽

应用量子化学研究溶液的困难之处在于：对于即使一个溶质分子，它通常与几个溶剂分子作用，而后者又与更多的其他分子作用。为了表征这种作用，需要几百个分子的系统，可能涉及几千个原子。此外，通过变分按能量最小化来计算这一系统的基态并无价值，因为这一无序系统的性质是由大量状态的统计平均来决定的。

Klamt[76]的思路首先是：对于任一个中心分子，其他分子的影响可用一个有效的连续介质来代表。这一介质可首先设想为理想导体，具有非常高的介电常数或电容率，因而有极强的极化能力，介质极化后产生的表面电荷，可以使中心分子的电场被完全屏蔽。当每个分子都被屏蔽后，这些分子间就不再有相互作用，各自独立地运动，见图 3-12(a)。图 3-12(b)中具有相反电荷的分子表面实现理想配对，这时两个分子间的导体，可以任意地加上或移走，不会引起能量变化。图 3-12(c)中导体已移走，分子被其他分子完全屏蔽。整个系统的性质，就由各类分子的表面屏蔽电荷的密度分布σ轮廓(profile)来决定。对于 i 类分子，电荷密度分布用 $p_i(\sigma)$表示，σ是表面的电荷密度，p_i 就是具有这一σ的概率，即具有这一σ的表面分数。注意这里的表面电荷，是指介质表面的电荷，而不是分子表面的电荷。有了各类分子的 $p_i(\sigma)$，就有了该系统的屏蔽能，它是该系统的能量与各分子处于真空中的能量之差。进一步可计算化学势以及各种热力学性质。

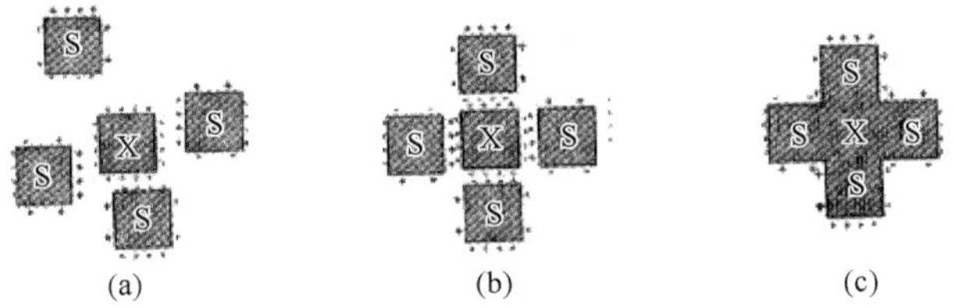

图 3-12　在理想导体中，屏蔽电荷的配对，X 和 S 是两类不同的分子。(a)理想屏蔽的分子；(b)表面电荷理想配对；(c)X 被 S 完全屏蔽

这个表面屏蔽电荷密度分布 $p_i(\sigma)$，可以用量子化学方法(包括哈特里-福克方法和密度泛函方法)进行有效的计算。如果对任一个分子的影响，确实可以用一个理想的连续介质即理想导体来代表，溶液的问题就可以解决。

但是，分子的现实环境并不是理想导体。克拉姆特的思路是：将理想导体的环境，恢复为现实的环境。在理想导体的情况下，不同分子的屏蔽电荷间可以做到正负配对，如图 3-12。在现实环境中，不同分子的屏蔽电荷间，就不会那样匹配了，$\sigma_n+\sigma_m$ 不再一定是零，并且还可能互相引起极化。这时，将产生**不匹配能**(misfit energy)，符号采用 $E_{\text{misfit}}(\sigma_n, \sigma_m)$。此外，还要计入色散相互作用。如果这些校正能够满意地实现，实际的化学势和各种热力学性质就可得到。

2) COSMO-SAC[80]

组分活度因子　采用惯例 I，以系统温度压力下的纯组分液体或固体作为参考状态，$\mu_i^{\text{L,S}} = \mu_i^* + RT\ln a_i$，$a_i=x_i\gamma_i$，$\gamma_i$ 为组分活度因子。对于溶液中的 i 和纯组分 i，上述第一步，由真空到被理想导体完全屏蔽，是完全相同的。差别在于第二步，将理想导体的环境，恢复为现实的环境。因此，活度因子可表达为

$$RT\ln\gamma_i = \Delta G_{i/S}^{*\text{res}} - \Delta G_{i/i}^{*\text{res}} + RT\ln\gamma_i^{\text{SG}} \tag{3.9.1}$$

式中，$\Delta G^{*\text{res}}$ 的下标 i/S 和 i/i 分别指溶液 S 和纯液体 i 中的 i，上标 res 指恢复(restore)，$\Delta G^{*\text{res}}$ 是由理想导体恢复为现实时对化学势的贡献，上标*在这里是指扣除了组合熵(combinatorial entropy)的贡献，即将每个分子都看成是固定的。式右最后一项就是组合熵的贡献，采用 Staverman-Guggenheim 式[84]，所以用上标 SG

$$\ln\gamma_i^{\text{SG}} = \ln\frac{\phi_i}{x_i} + \frac{z}{2}q_i\ln\frac{\theta_i}{\phi_i} + l_i - \frac{\phi_i}{x_i}\sum_j x_j l_j \tag{3.9.2}$$

式中，$\theta_i = x_i q_i \big/ \sum_j x_j q_j$；$\phi_i = x_i r_i \big/ \sum_j x_j r_j$；$l_i = (z/2)[(r_i - q_i) - (r_i - 1)]$；$x_i$ 是分子分数；r_i 和 q_i 分别是归一化的体积和面积参数；z 是配位数，通常取 10。

屏蔽电荷密度分布　处于完全屏蔽状态的分子可应用泊松(Poisson)方程，分子的静电势 Φ_i 与屏蔽电荷所产生的电势 $\Phi[p_i(\sigma)]$ 总和为零。量子化学计算可得分子

的静电势，由泊松方程可得相应的屏蔽电势，在有屏蔽电势的条件下，再进行量子化学计算，直至收敛。最后得屏蔽电荷密度分布 $p_i(\sigma)$。对于整个系统

$$p_S(\sigma)=\sum_i x_i n_i p_i(\sigma)\Big/\sum_i x_i n_i \tag{3.9.3}$$

式中，$n_i=A_i/A_{\text{eff}}$，A_i 是分子 i 的面积(或称空穴面积，将分子移去后，由介质包围的空穴的面积)，A_{eff} 是有效片段面积，n_i 是分子 i 的片段数。

片段活度因子 桑德勒等的 COSMO-SAC 的特点是采用了片段活度因子。令 $\Gamma_S(\sigma_m)$和$\Gamma_i(\sigma_m)$分别是溶液中和纯液体 i 中第 m 种片段的片段活度因子，σ_m 则是这种片段的屏蔽电荷密度。它们与第 m 种片段的片段化学势的关系为

$$kT\ln\left(p_S(\sigma_m)\Gamma_S(\sigma_m)\right)=\mu_S(\sigma_m)-\mu^0(0) \tag{3.9.4}$$

$$kT\ln\left(p_i(\sigma_m)\Gamma_i(\sigma_m)\right)=\mu_i(\sigma_m)-\mu^0(0) \tag{3.9.5}$$

式中，μ是以分子计的化学势；$p(\sigma_m)$是具有屏蔽电荷密度σ_m 的第 m 种片段的概率，它就是表面分数，相当于分子分数；$\mu^0(0)$是片段在中性(屏蔽电荷密度为零)时的化学势。

片段化学势 统计力学推导可给出片段化学势严格的表达式(推导见后面附注)

$$\mu_S(\sigma_m)=-kT\ln\sum_{\sigma_n}\exp\left(\left(-E_{\text{pair}}(\sigma_m,\sigma_n)+\mu_S(\sigma_n)\right)\Big/kT\right)+kT\ln p_S(\sigma_m) \tag{3.9.6}$$

$\mu_i(\sigma_m)$的式子类似，只要将式中 S 改为 i。式中 $E_{\text{pair}}(\sigma_m, \sigma_n)$是 mn 片段对的能量。将式(3.9.6)代入式(3.9.4)，得

$$\ln\Gamma_S(\sigma_m)=-\ln\sum_{\sigma_n}p_S(\sigma_n)\Gamma_S(\sigma_n)\exp[-\Delta W(\sigma_m,\sigma_n)/kT] \tag{3.9.7}$$

$\Gamma_i(\sigma_m)$的式子也类似，只要将式中 S 改为 i。式中$\Delta W(\sigma_m, \sigma_n)$定义为

$$\Delta W(\sigma_m,\sigma_n)=E_{\text{pair}}(\sigma_m,\sigma_n)-E_{\text{pair}}(0,0) \tag{3.9.8}$$

称为**交换能**，它是由一个中性对形成 mn 片段对所需的能量。

片段对的能量 $E_{\text{pair}}(\sigma_m, \sigma_n)$ 它由三部分构成：一是上面提到的不匹配能 $E_{\text{misfit}}(\sigma_n, \sigma_m)$，Klamt[76, 77]建议采用下面的经验式

$$E_{\text{misfit}}(\sigma_m,\sigma_n)=\frac{1}{2}\alpha'(\sigma_m+\sigma_n)^2 \tag{3.9.9}$$

$\alpha'=(0.64\times0.3\times A_{\text{eff}})/\varepsilon_0$，$\varepsilon_0$ 为真空电容率，由式(3.9.9)可见，当$\sigma_n=-\sigma_m$，$E_{\text{misfit}}=0$。二是氢键贡献 $E_{\text{hb}}(\sigma_n, \sigma_m)$，Klamt[77]建议采用下面的经验式

$$E_{\text{hb}}(\sigma_m,\sigma_n)=c_{\text{hb}}\max(0,\sigma_{\text{acc}}-\sigma_{\text{hb}})\min(0,\sigma_{\text{don}}+\sigma_{\text{hb}}) \tag{3.9.10}$$

σ_{acc} 和σ_{don} 是σ_n 和σ_m 中的较大值和较小值，σ_{hb} 是氢键阈值。由式(3.9.10)可见，除非σ_n 和σ_m 有相反符号，并且受体(acceptor)和授体(donor)的电荷密度分别超过阈值σ_{hb} 和$-\sigma_{\text{hb}}$，$E_{\text{hb}}(\sigma_n, \sigma_m)=0$。三是非静电的主要是色散的贡献 $E_{\text{ne}}(\sigma_n, \sigma_m)$，它在

$E_{\text{pair}}(\sigma_m, \sigma_n)-E_{\text{pair}}(0, 0)$时消去。

组分活度因子与片段活度因子的关系　片段活度因子$\Gamma(\sigma)$与式(3.9.1)中$\Delta G^{*\text{res}}$的关系为(后者是由完全屏蔽恢复为现实时对化学势的贡献)

$$\Delta G_{i/S}^{*\text{res}} = n_i \sum_{\sigma_m} p_i(\sigma_m) \ln \Gamma_S(\sigma_m) \tag{3.9.11}$$

$$\Delta G_{i/i}^{*\text{res}} = n_i \sum_{\sigma_m} p_i(\sigma_m) \ln \Gamma_i(\sigma_m) \tag{3.9.12}$$

代入式(3.9.1)，得到组分 i 的活度因子γ_i与片段活度因子$\Gamma(\sigma)$的关系为

$$\ln \gamma_i = n_i \sum_{\sigma_m} p_i(\sigma_m)\left(\ln \Gamma_S(\sigma_m) - \ln \Gamma_i(\sigma_m)\right) + \ln \gamma_i^{\text{SG}} \tag{3.9.13}$$

至此，基本计算公式已经齐全。

3) 计算程序

(1) **计算屏蔽电荷密度分布 $p_i(\sigma)$**　首先用密度泛函方法求取在理想气体状态下的分子几何构型，然后结合泊松方程迭代计算理想的屏蔽电荷密度分布。计算采用量子化学软件包 DMol3，其中交换相关能泛函采用 VWN-BP(参见 3.4 节)，基函数用 DNP(双数值型极化函数，double numeric polarized function)，极化函数参见 2.3 节。计算时采用网格化技术。在一个片段上，电荷密度假设是均匀的。输出的网格化的屏蔽电荷密度，还要经过平均，以得到表观的在标准片段上的电荷密度，标准片段面积 A_{eff}=0.0750nm^2。平均化计算式见文献[77]。

(2) **计算片段活度因子**　主要是按式(3.9.8)～式(3.9.10)计算交换能。式中 A_{eff} 取 0.0750nm^2，氢键阈值σ_{hb} 取 0.84e/nm^2，e 是元电荷，参数 c_{hb} 取 35.8kJ·mol^{-1}·nm^4·e^{-2}。

(3) **计算 r 参数和 q 参数**　标准体积和标准面积分别取 0.06669nm^3 和 0.7953nm^2。

(4) **计算组分活度因子**　按式(3.9.13)计算。

4) 计算结果举例

图 3-13 是水、丙酮、已烷和 1-辛醇的 COSMO 计算的表面积加权的屏蔽电荷密度分布。图中两条垂直虚线是氢键阈值。由图可见，已烷没有氢键，其他三个都有氢键。水的 $p_i(\sigma)$在小于$-\sigma_{\text{hb}}$时有值，为 H 原子所贡献，是受体，但在大于σ_{hb}时也有值，为 O 原子所贡献，为授体。丙酮的 $p_i(\sigma)$在大于σ_{hb}时很明显，为 O 原子所贡献，所以是授体。图 3-14 是水、丙酮、已烷和 1-辛醇的片段活度因子。已烷在氢键阈值以外呈增长的正值，表示与高电荷很不匹配。水和 1-辛醇总体很小，并多为负值，电荷间比较匹配。丙酮在σ为负时为负值，σ为正时为正值。

图 3-15 是用 COSMO-SAC 对苯-n-甲基甲酰胺二元系的气液平衡 VLE 的预测，由图可见，在 318.15K 和 328.15K 两个温度下，预测的 p-x,y 关系与实验值符合良好。图 3-16 是用 COSMO-SAC 对水-1, 4 二氧杂环乙烷二元系的气液平衡的预

测，在 308.15K 下，预测的 p-x,y 关系与实验值符合良好，在 323.15K 下，预测的压力偏低。图中还画出 UNIFAC 的预测值，可见比一般 UNIFAC 显著要好，与改进后的 UNIFAC 相当。众所周知，UNIFAC 的参数是用实验数据回归得到的，而 COSMO-SAC 是量子化学的理论预测，应该说取得很大的成功。

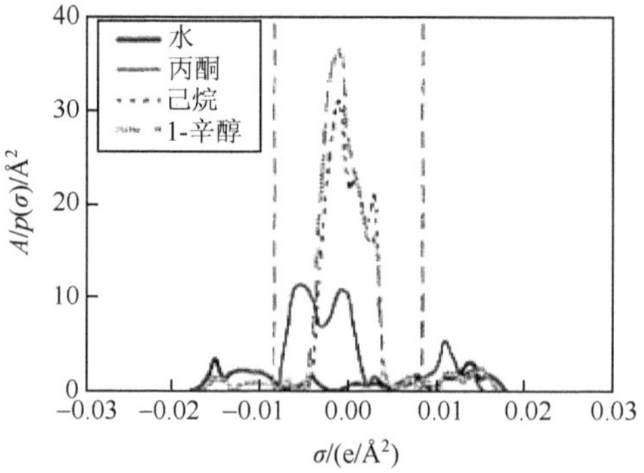

图 3-13　水、丙酮、己烷和 1-辛醇的表面积加权的屏蔽电荷密度分布

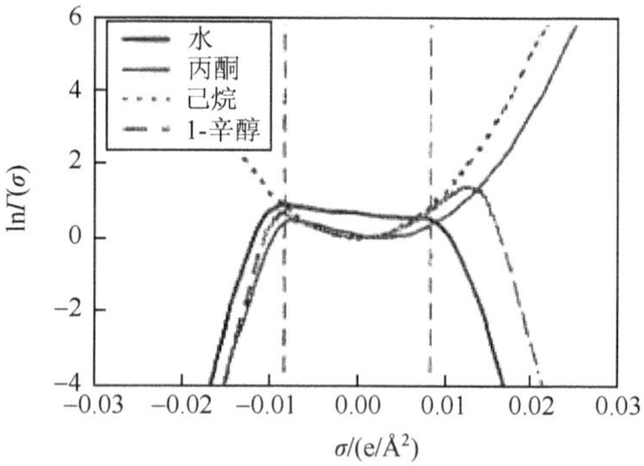

图 3-14　由式(3.9.7)计算的 298.15K 时水、丙酮、己烷和 1-辛醇的片段活度因子

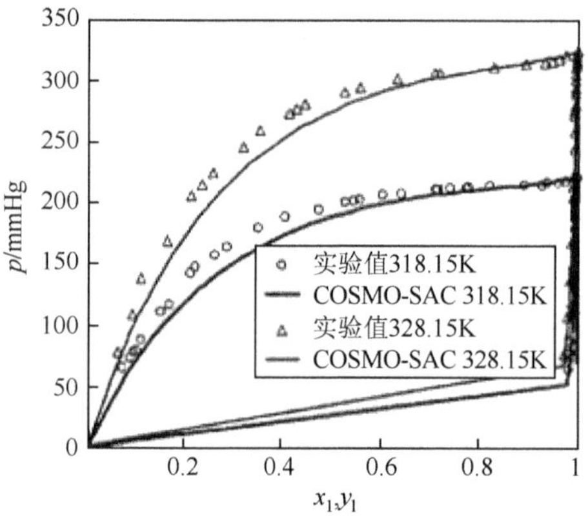

图 3-15　苯-n-甲基甲酰胺 COSMO- SAC 的 VLE 预测

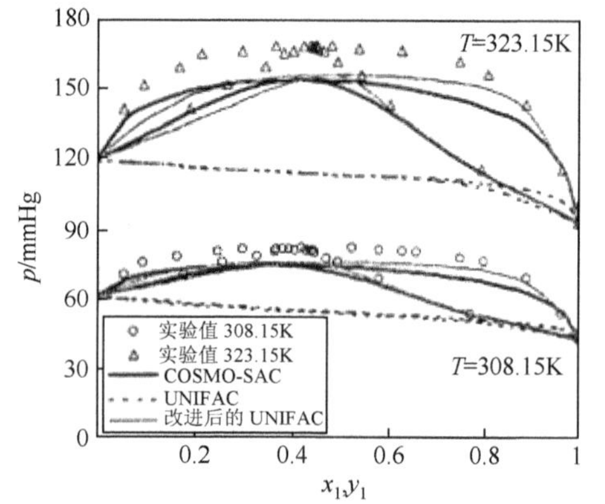

图 3-16　水-1，4 二氧杂环乙烷 COSMO-SAC 预测，与 UNIFAC 比较

5) **对高分子的应用**

高分子是由重复单元构成的，虽然整条高分子链所涉及的原子数很多，但其重复单元所涉及的原子数却并不多，有可能和常规小分子一样进行量化计算。杨犁等[83]的具体计算过程如下：

首先划出一个高分子的重复单元，并为它加上简单的头基，一般用氢原子补足不饱和键。对于含侧链基团的高分子，为反映其构象，可用甲基作为头基。用相同的方法继续构造两个重复单元、三个重复单元，直到具有十个重复单元的多聚链，这样做是为了消除端基对重复单元的影响。计算同样采用 DMol3 软件包中的 VWN-BP 泛函(参见 3.4 节)和 DNP 基组(参见 2.3 节)。计算过程同前。

图 3-17 是聚乙烯(PE)、聚丙烯(PP)重复单元的屏蔽电荷密度分布。图 3-18 是聚异丁烯(PIB)、聚苯乙烯(PS)重复单元的屏蔽电荷密度分布。

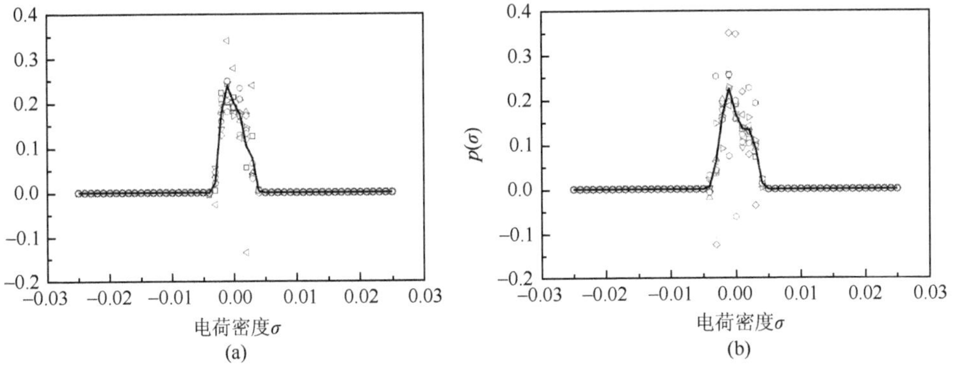

图 3-17　PE(a)、PP(b)重复单元的屏蔽电荷密度分布

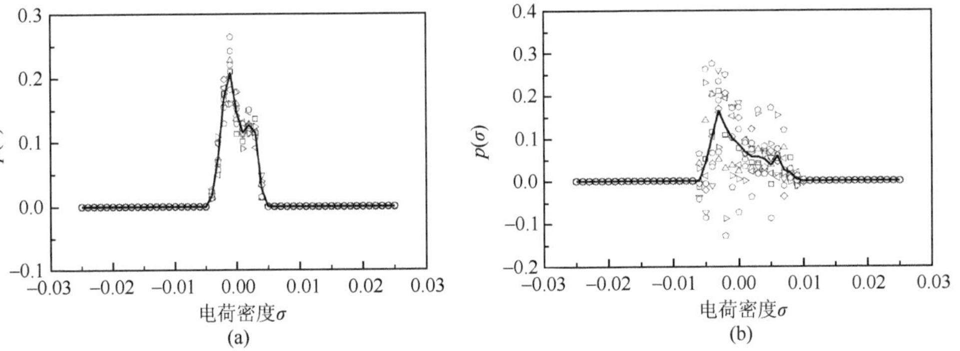

图 3-18　PIB(a)、PS(b)重复单元的屏蔽电荷密度分布

图 3-19 是 3-戊酮+PE VLE 的预测。图 3-20 是环戊酮+PE VLE 的预测。图 3-21 是正戊烷+PIB VLE 的预测。图 3-22 是环己烷+PS VLE 的预测。总体还比较满意，但采用不同的软件包可能有不同表现。

附注：表面片段化学势表达式的推导

设在总共为 f 种片段中，屏蔽电荷密度为 σ_1 的片段数为 n_1，σ_2 的为 n_2，…，σ_f 的为 n_f。由于片段在溶液中总是成对存在，计数得总共有 $f(f+1)/2$ 种不同的片段对。各种片段的总数必须守恒，因而有

$$
\begin{aligned}
2n_{11} + n_{12} + \cdots + n_{1f} &= n_1 \\
n_{21} + 2n_{22} + \cdots + n_{2f} &= n_2 \\
&\vdots \\
n_{f1} + n_{f2} + \cdots + 2n_{ff} &= n_f
\end{aligned} \tag{3.9.14}
$$

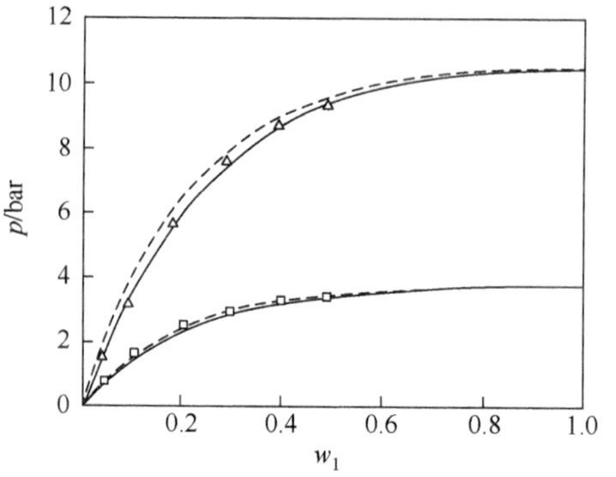

图 3-19　3-戊酮+PE VLE 的预测。
T=425.15K（方形），477.15K（三角）。实线：COSMO-SAC-DMol3+非理想气体；虚线：COSMO-SAC-DMol3+理想气体

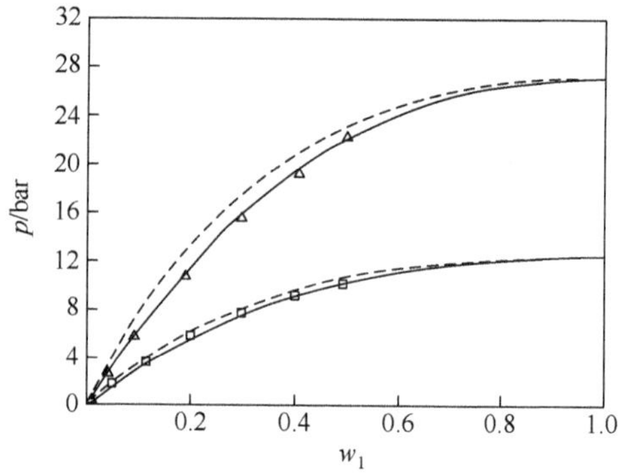

图 3-20　环戊酮+PE VLE 的预测。
T=425.65K（方形），474.15K（三角）。实线：同图 3-19；虚线：同图 3-19

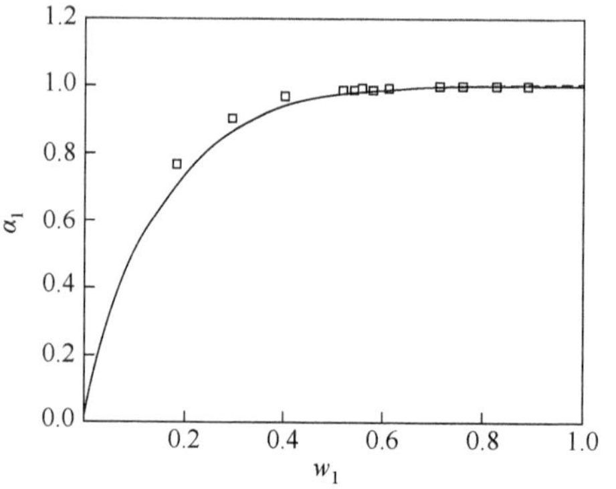

图 3-21　正戊烷+PIB VLE 的预测。
T=298.15K（方形）。实线：COSMO-SAC-DMol3；虚线：COSMO-SAC-MOPAC

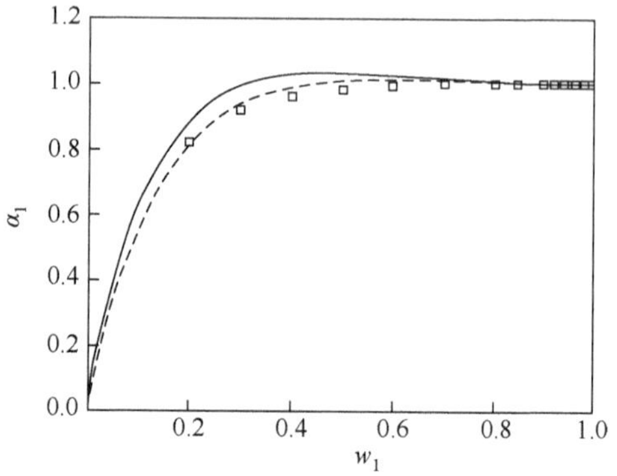

图 3-22　环己烷+PS VLE 的预测。
T=318.15K（方形）。实线：COSMO-SAC-DMol3；虚线：COSMO-SAC-MOPAC

片段对的总数则为 $N_p=(n_1+n_2+\cdots+n_f)/2$。形成$\sigma_n\sigma_m$对的概率则为

$$p(\sigma_m,\sigma_n)=n_{nm}/N_p \tag{3.9.15}$$

如果知道 N 个片段的位形积分或位形配分函数 $Z(N)$，亥姆霍兹函数 $A=-kT\ln Z(N)$。当 N 很大，从溶液中移去一个$\sigma_n\sigma_m$对，等价于从 A 中减去两个片段的化学势，$A(N-2)=-kT\ln Z(N-2)=A(N)-\mu(\sigma_m)-\mu(\sigma_n)$，因此有

$$\frac{Q(N-2)}{Q(N)}=\exp\left(\frac{\mu(\sigma_m)+\mu(\sigma_n)}{kT}\right) \tag{3.9.16}$$

形成$\sigma_n\sigma_m$对的概率，可按所有可能含有$\sigma_n\sigma_m$对的状态的概率求和而得。

$$
\begin{aligned}
p(\sigma_m,\sigma_n) &= 2^t\left(\exp\left(-E_{\text{pair}}(\sigma_m,\sigma_n)/kT\right)\right)Z(N-2)\Big/Q(N) \\
&= 2^t\exp\left(\left(-E_{\text{pair}}(\sigma_m,\sigma_n)+\mu(\sigma_m)+\mu(\sigma_n)\right)\Big/kT\right)
\end{aligned}
\tag{3.9.17}
$$

当 $m=n$，$t=0$，$m\neq n$，$t=1$，后者是由于增加了简并度，mn 交换后又得到一个新的状态。(σ_n, σ_m)的玻耳兹曼因子乘以 $Q(N-2)$，包含了所有可能的至少含有一个$\sigma_n\sigma_m$对的状态。

现在未知数有 f 个片段化学势$\mu(\sigma_m)$和 $f(f+1)/2$ 个片段对数 n_{mn}，总共有 $f(f+3)/2$ 个。守恒方程(3.9.14)有 f 个，概率方程(3.9.15)和(3.9.17)有 $f(f+1)/2$ 个，可以解出片段化学势。先写出找到一个具有屏蔽电荷密度为σ_m的片段的概率 $p(\sigma_m)$

$$
\begin{aligned}
p(\sigma_m) &= \sum_{n=1}^{f} p(\sigma_m,\sigma_n)/2^t \\
&= \left(\frac{1}{2}n_{m1}+\frac{1}{2}n_{m2}+\cdots+n_{mm}+\cdots+\frac{1}{2}n_{mf}\right)\Big/N_{\text{p}} \\
&= \frac{n_{m1}+n_{m2}+\cdots+2n_{mm}+\cdots+n_{mf}}{n_1+n_2+\cdots n_f} = \frac{n_m}{n_1+n_2+\cdots n_f}
\end{aligned}
\tag{3.9.18}
$$

由式(3.9.17)可写出

$$
\sum_{n=1}^{f} p(\sigma_m,\sigma_n)/2^t = \sum_{n=1}^{f}\exp\left(\left(-E_{\text{pair}}(\sigma_m,\sigma_n)+\mu(\sigma_m)+\mu(\sigma_n)\right)\Big/kT\right) \tag{3.9.19}
$$

联合式(3.9.18)和式(3.9.19)，应用于溶液，加下标 S，重新排列后得式(3.9.6)。

$$
\mu_S(\sigma_m) = -kT\ln\sum_{n=1}^{f}\exp\left[[-E_{\text{pair}}(\sigma_m,\sigma_n)+\mu_S(\sigma_n)]/kT\right]+kT\ln p_S(\sigma_m)
$$

4. 表面催化反应

对固体表面催化基元反应进行精确的计算，进而通过反应动力学将微观物理量和实验可测的宏观量联系起来，是多相催化理论的重要内容。胡培君和他的合作者运用密度泛函理论实现了这种计算，并描绘了表面反应的原子尺度的图像。对于 CO 在 Pt(111)上反应，A. Alavi 和胡培君等[85, 86]应用了一个非定域的赝势来描述相互作用，并采用了适用于周期性边界的平面波基函数组。交换相关能泛函计算时，同时采用了局部密度近似(LDA)和普遍化梯度近似(GGA)。周期性系统的单元是三层 Pt 原子，每层 4 个，其中底部两层固定在平衡位置，顶层可以活动，其他还有 O 原子和 C 原子。

图 3-23 是在 Pt 表面，由 CO 和 O 生成 CO_2 的反应途径快照，清晰地展示经历过渡态生成产物的微观图像。图 3-24 画出相应的电子密度变化和能量变化，分

别与图 3-23 的由(a)到(h)的八个位形对应。图 3-24(a)和(b)分别是 O—Pt 和 C—O 的**最低电子密度**ρ_{min}随反应途径(以 C—O 间距表示)的变化，ρ_{min}通常用来表示键的强度，O 是自由的 O 原子。由图可见，当 O 原子与 CO 接近时，图中由右到左，相当于图 3-23 的由(a)到(h)，O—Pt 的电子密度降低，O—Pt 键减弱，与 CO 分子的 C—O 电子密度则增强，新形成的 C—O 键逐步增强。图 3-24(c)是相应的能量变化，以与最低能量的相对值表示，该图形象地展示了越过最高能量的过渡态的反应途径。他们还比较了 Pt(111)和 Ru(0001)，发现两者反应途径很相似，但前者的能垒只有 1.0eV 左右，后者却较高，为 1.4eV。

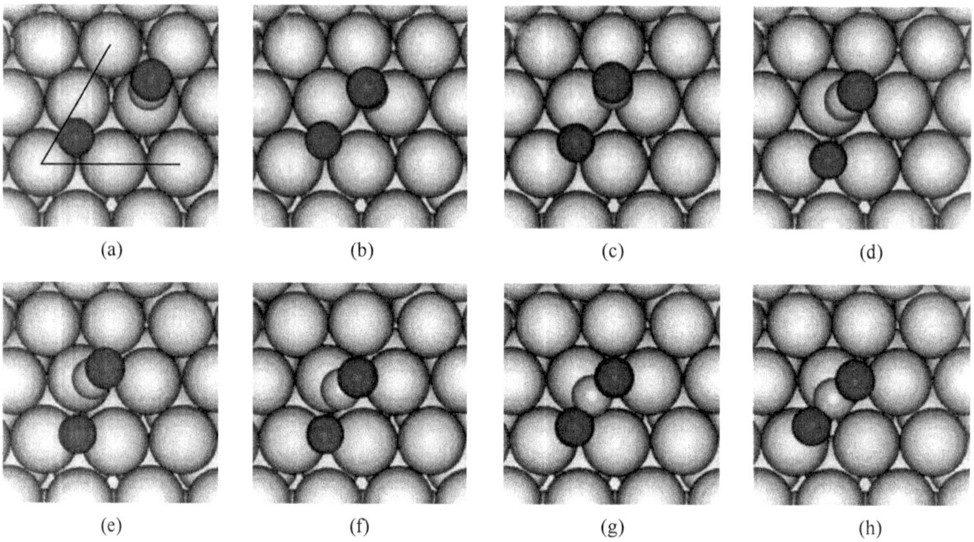

图 3-23　(a)～(h)是反应途径的快照，为了清晰，图形略微倾斜。最大的圆球是 Pt 原子，最暗的小球是 O 原子，灰色小球是 C 原子。(e)是过渡态。在(h)中，产物 CO_2 的 C 和两个 O 原子的间距分别是 1.29Å 和 1.21Å，键角为 131°，相应的气相分子为线形，键长为 1.16Å

在碳氢化合物的加氢反应中，实验中曾普遍认为次表面氢原子的活性要高于表面氢原子的活性，传统的解释认为是由于分子轨道对称性。A. Michaelides、A. Alavi 和胡培君[87]使用密度泛函理论，首次发现次表面氢原子的不稳定性能够大大降低加氢反应的能垒，找出了次表面氢原子活性的本质原因。

反应活性位如何确定，是一个焦点问题。Z. P. Liu 和胡培君[88]采用密度泛函理论，计算了在不同表面结构的 Rh 和 Pd 上进行的两个模型反应 $CH_4 \rightleftharpoons CH_3+H$ 和 $CO \rightleftharpoons C+O$，发现了反应活性位的基本规律，并提出了预测反应活性位的一些规则：①分解反应通常优先在表面缺陷上发生；②较高价的反应物比较低价的更可能在表面缺陷上发生结合反应；③在后过渡金属如 Pd 和 Pt 上发生结合反应，比在前过渡金属上，对结构更为敏感。这种规律有助于催化剂的设计。

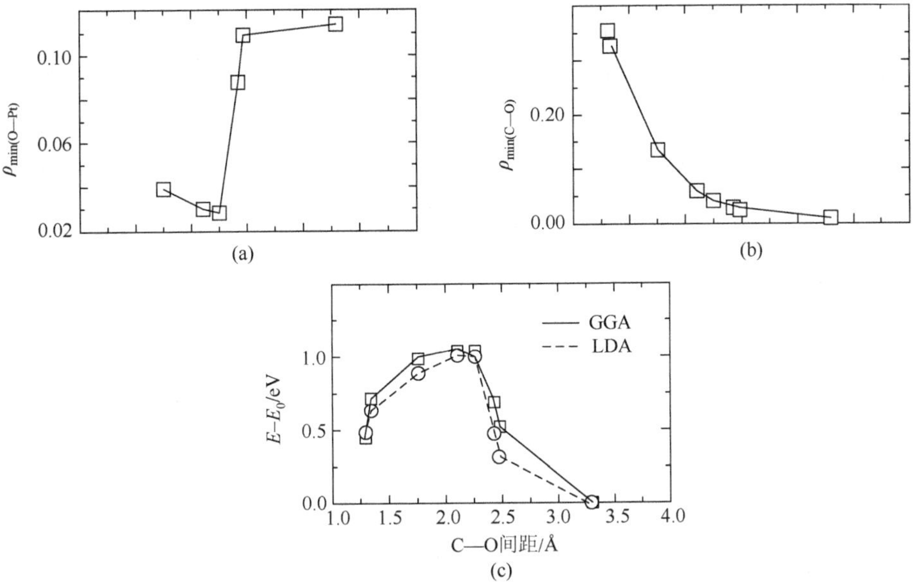

图 3-24　O—Pt(a)和 C—O(b)的最低电子密度ρ_{min}随反应途径(以 C-O 间距表示)的变化，以及相应的能量变化(c)

5. 稀土氧化物催化剂

朱文军、卢冠忠等[89]采用 Cococcioni 和 Gironcoli 改进的 DFT+U(参见 3.6 节)，研究了 Au 负载在 CeO_2 上的表面性质，以及低温 CO 催化氧化的反应机理。对于 Ce 的 4f 电子，取文献值 U=5.0eV。DFT 计算采用 GGA 近似(参见 3.4 节)，以及 VASP(Kress G. Comput Mater Sci. 1996，6：15；Phys Rev B. 1994，49：14251)。基函数组用 PAW(参见 2.3 节)，Ce(4f，5s，5p，5d，6s)、Au(5d，6s，6p)和 O(2s，2p)作为价电子，其余内层电子冻结作为内核，平面波基函数组展开截断于 350eV。

图 3-25 是模拟的 CeO_2 的(111)、(110)和(111)三种晶面。通常在体相中 Ce 是八配位(8c)，O 是四配位(4c)。由图可见，(111)面上有不饱和的七配位 Ce(7c)和三配位 O(3c)，(110)面上有不饱和的六配位 Ce(6c)和三配位 O(3c)，(100)面上有不饱和的六配位 Ce(6c)和二配位 O(2c)。(111)面展示不间断的 Ce–O 键网络，最为稳定。Ce(8c)是 Ce^{4+}，Ce(6c)是 Ce^{3+}。

图 3-26 是在 CeO_2 的(111)晶面上负载 Au_3 团簇的顶视图。由图可见，Au_3 团簇中有两个 Au 原子分别与两个相邻 O 原子成键，剩下的一个 Au 原子则与这两个 Au 原子成键，而不与 CeO_2 表面接触。有趣的是，Au_3 团簇的负载伴随着产生一个局域的 4f 电子，它处于 Ce(6c)，但随机地处于表面不同的位置，图中画出局域 4f 电子的等电荷密度面。

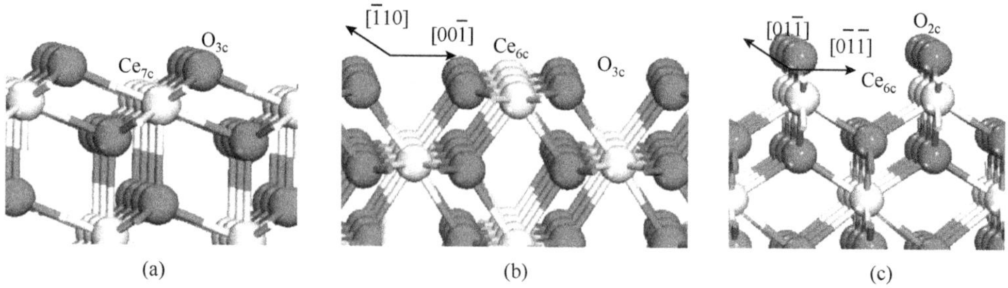

图 3-25　CeO_2的三种晶面：(a)(111)；(b)(110)；(c)(100)。白色是 Ce，红色是 O(后附彩图)

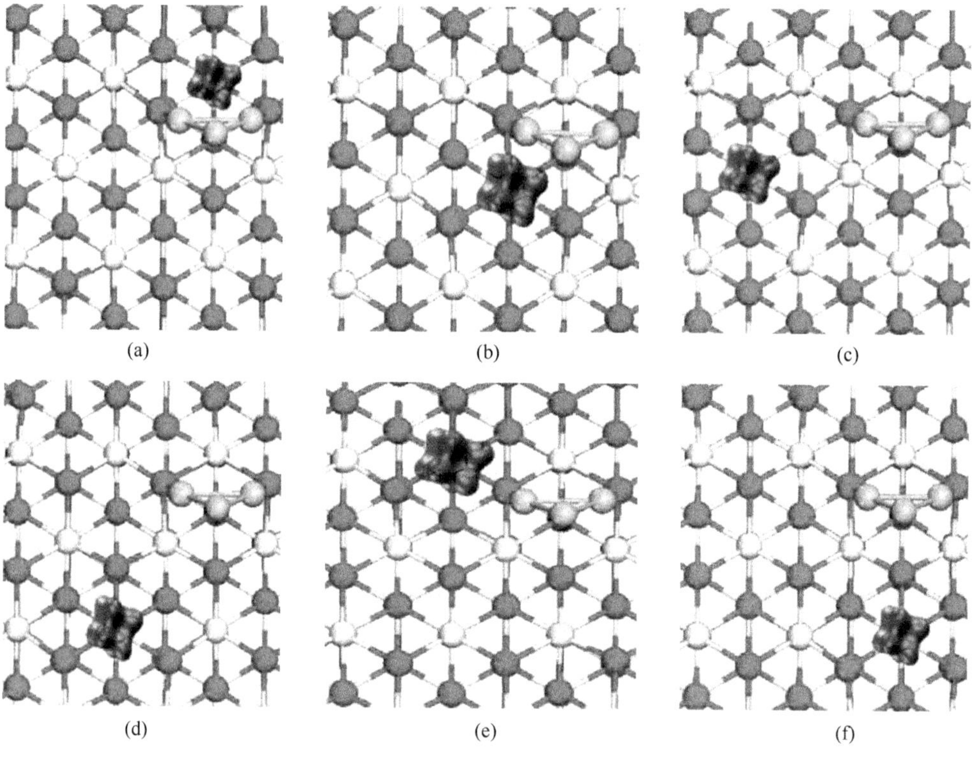

图 3-26　Au_3负载在CeO_2的(111)晶面上的顶视图。Au 是黄色；
灰色是局域的 4f 电子的等电荷密度面(后附彩图)

对于O_2的吸附，已经证实，单纯的CeO_2表面不吸附O_2，在有 Au 负载后，(111)和(100)也没有O_2吸附，只有(110)面有O_2吸附。CeO_2(110)面有富集局域 4f 电子的作用，这对于催化作用有关键的意义。实验证明，在各种形态的CeO_2材料中，以纳米棒催化作用最优，而纳米棒中(110)面最集中。图 3-27(a)～(d)是O_2在CeO_2的(110)面上负载有Au_3团簇时吸附的侧视图，(e)是(d)的顶视图，并画有局域的 4f 电子的等电荷密度面，(f)是有两个O_2分子吸附。在(110)面的

Au_3团簇周围，有 4 个 Ce(6c)，它们能与O_2分子产生二齿螯合(chelating didentate)。表 3-3 是相应的能量、结构和电子参数，其中 E_{ad} 是 O_2 的吸附能，$\delta(Au_3)$是 Au_3 相对于气相的电荷，d 是原子间距。由表可见，不同的吸附对结构参数影响较小，但(a)和(b)吸附明显要强。每一个 O_2 的吸附都有一个 4f 电子被局域到所吸附的 O_2 分子上。Ce(6c)上还可以同时吸附两个 O_2 分子，Au_3 上所带正电荷明显增大。

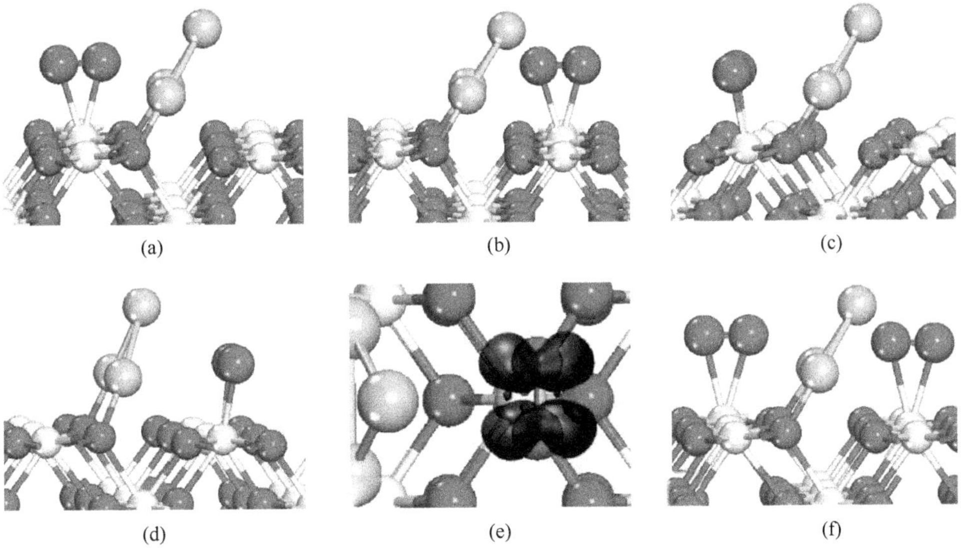

图 3-27　O_2 吸附在负载有 Au_3 CeO_2 的(110)晶面上不同位置的侧视图(a～d)。(e)是(d)的顶视图，并画有局域的 4f 电子的等电荷密度面；(f)中有两个 O_2 分子吸附(后附彩图)

表 3-3　Au_3 负载在 CeO_2 的(110)晶面上时，O_2 吸附后的能量 E_{ad}、结构 d 和电子参数 δ

图 3-27	(a)	(b)	(c)	(d)	(f)
E_{ad}/eV	0.69	0.69	0.44	0.48	0.85 (0.43/O_2)
$\delta(Au_3)$	0.31e	0.32e	0.38e	0.32e	0.42e
d|O—O|/Å	1.339	1.339	1.345	1.340	1.307
d|O—Ce|/Å	2.432	2.428	2.421	2.442	2.589

当增大 Au 团簇的尺寸，在一定范围，如 3～8 个 Au 原子，被局域的 4f 电子也随之增多，O 的吸附位也将呈现多样性。

图 3-28 是张洁、龚学庆和卢冠忠[90]用 DFT+U 计算研究 N_2O 与 Au_6/CeO_2(110)催化剂表面的相互作用和相关的离解反应

$$N_2O+Au_6/CeO_2 \longrightarrow N\text{–}N\text{–}O\cdots Au_6/CeO_2 \longrightarrow N_2+O\cdots Au_6/CeO_2$$

由图中的能量以及相关结构可见，N_2O 通过断裂分子中的末端 N—O 键使 O 原子留在 Au 纳米团簇上。在离解初态，与表面作用非常弱的 N_2O 分子的 O 端指向了

Au_6 米团簇的吸附位，然后 N_2O 中末端的 O 原子吸附在 Au_6 团簇的桥位上，离解后 N_2 从表面脱离进入气相，O 原子仍吸附在 Au_6 团簇上。从整个反应的能量变化可见，虽然总体反应放热了 0.64eV，离解仍需要一个较高的能垒。N_2O 是汽车尾气排放的有毒污染物之一，研究 N_2O 分子在过渡金属催化剂上的离解有重要价值。

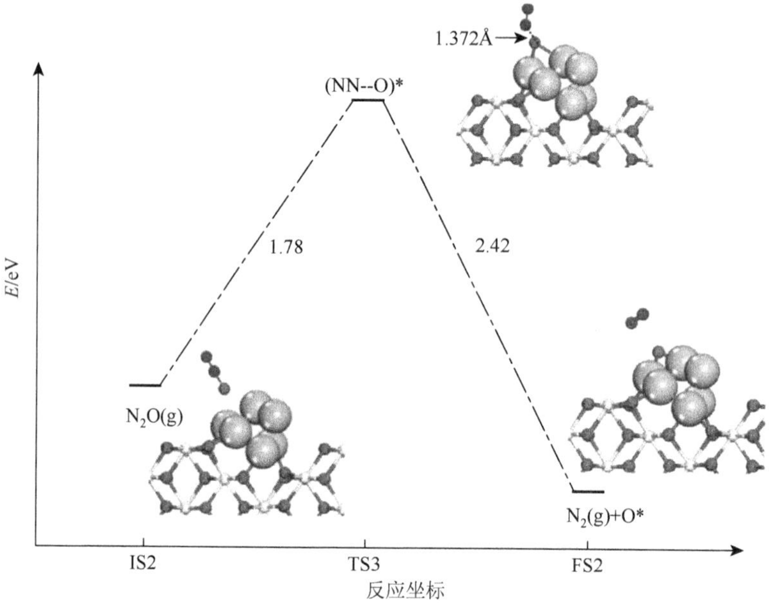

图 3-28　N_2O 在负载有 Au_6 团簇的 CeO_2(110)表面上离解反应的机理

陈富达、卢冠忠等[91]还利用 DFT+U 计算研究了 CeO_2 不同表面晶格氧直接氧化 CO 的反应机理，并提出了稀土元素作为“化学杠杆”体现催化活性的新颖理论模型，即二氧化铈表面的铈原子能够以类似“化学杠杆”的作用方式将表面微小的结构形变通过整个电子的得失放大为化学反应的发生。

此外，李慧英、卢冠忠等[92]还用 DFT+U 研究了 CeO_2(111)面上 O 空穴扩散的机理，王海芬、卢冠忠等[93, 94]研究了加 Zr 的 CeO_2 中 O 空穴生成以及储氧的机理。

6. 重元素的氧化物和硫化物

重原子最好使用相对论量子力学的密度泛函理论。刘文剑、洪功兰、黎乐民等[69]利用他们开发的 BDF 软件包，研究了镧系元素主要是铕(Eu)和镱(Yb)的氧化物和硫化物。研究表明，在相对论的密度泛函理论的框架中，非相对论的交换相关泛函仍然能够很好地用于镧系元素的内层 4f 电子。对于键长和振动频率，相对论效应的影响并不显著，但对于离解能则有很大改进。

例如，用相对论的 BDF 再加 Perdew 的非局域相关校正，计算 EuO、YbO、EuS 和 YbS 等四种化合物的离解能，并与相应非相对论的计算值以及实验值比较，见表 3-4。由表中数据可见，相对论效应不能忽视，相对论计算结果较非相对论计算结果有明显改进。离解能的相对论性的降低与分子形成过程中电子由 6s 轨道向 5d 轨道跃迁有关。

表 3-4　EuO、YbO、EuS 和 YbS 等四种化合物的离解能

化合物	非相对论/eV	相对论/eV	实验值/eV
EuO	6.15	5.68	4.96
YbO	4.86	4.63	4.33
EuS	4.56	3.88	3.71
YbS	3.67	3.02	2.73

通过以上 9 节的内容，量子力学的密度泛函理论已经介绍完毕。首先可以看到，理论框架结构是严密的。非相对论的科恩-沈方法和龙格-格罗斯方法都有扎实的基础。它们与哈特里-福克-罗特汉方法和微扰理论之间，形成了互补和互相借鉴的关系。相对论的密度泛函理论也已经取得重大进展。从应用来说，取得了划时代的成就。量子化学计算已达到非常普及的程度，各种商业化软件，使原本认为是高端的学问，成为现在几乎所有的化学专业的研究生，从事与化学有关的生物、材料、能源、环境的研究人员很通用的手段。所涉及的内容是在 3.9 节一开始就提到的结构、能级、谱学的信息，我们介绍的六个例子覆盖了卤键、卟啉的紫外-可见吸收光谱、常规系统和高分子系统的相平衡、稀土氧化物催化剂、重原子化合物等热门领域。

尽管有这样大的成就，但交换相关泛函的构筑带有很大的经验性，这是密度泛函理论的现状。每一种近似的方法，如 LDA、GGA、DFT+U，以及 PW、PBE、B3LYP 等泛函，以至各种基组的选取，都不是放之四海而皆准的真理。在使用商业软件带来的方便的同时，我们不得不承认其潜伏着隐忧。尽管用彩色图表示的结果表面上都非常亮丽，究竟有多少真理常常令人担忧。这也正是我们写这些内容的用意。

虽然密度泛函理论非常成功，特别是科恩获得 1998 年诺贝尔化学奖，但在学术界也还有不同的评价，如 E. Clementi、G. Corongiu 在 2011 年《化学进展》上的文章[95]。其实学术界有不同的学术观点，是非常正常。

密度泛函理论方法和哈特里-福克-罗特汉方法都属于第一性原理的方法，理论基础严格，应用领域在不断扩大，对于弱相互作用、激发态、动力学、相对论效应，以及光、电、磁的相互作用，则是研究的热点。

由于计算的障碍，目前 DFT 只能应用于中等大小的系统。相对论 DFT 也正在发展。分子力学虽然是半经验的，但通常是一个很好的选择。QM/MM 方法，即通过结合量子力学和分子力学的方法，在生物大分子系统，尤其是酶催化反应机理方面，显示出很大的优势。此外，DFT 方法不能很好地描述色散作用，可在 DFT 能量上加入一个色散能量项 C_6/R^6，称为 DFT-D(如 BLYP-D)，可用于非共价弱相互作用的计算。

概念密度泛函理论解决的问题也属于量子化学。但它采用了统计力学系综的方法，建立了整个理论框架。因此学了统计力学后将在第 5 章介绍。

参 考 文 献

[1] Thomas L H. The calculation of atomic fields. Proc Cambridge Phil Soc，1927，23：542

[2] Fermi E. Un metodo statistice per la determinazionadi alcune propeieta dell' atomo. Rend Accad Lincei，1927，6：602

[3] Parr R G，Yang W. Density-Functional Theory of Atoms and Molecules. Oxford：Oxford university Press，1989

[4] Koch W，Holthausen M C. A Chemist's Guide to Density Functional Theory. 2nd ed. New York：Wiley-VCH，2008

[5] Dreizler R M，Gross E K U. Density Functional Theory. Berlin：Springer-Verlag，1990

[6] Seminario J M. Recent Developments and Applications of Modern Density Functional Theory. New York：Elsevier，1996

[7] Ernzerhof M，Perdew J P，Burke K. Density functionals：Where do they come from，why do they work? In Nalewajski R. Density Functional Theory. Berlin：Spinger-Verlag，1996

[8] Hohenberg P，Kohn W. Inhomogeneous electron gas. Phys Rev，1964，136：B864

[9] Levy M. Universal variational functionals of electron densities，first order density matrices，and natural spin orbitals and solution of the *v*-representability problem. Proc Natl Acad Sci USA，1979，76：6062

[10] Kohn W，Sham L J. Self consistent equations including exchange and correlation effects. Phys Rev，1965，140：A1133

[11] Harris J，Jones R O. The surface energy of a bounded electron gas. J Phys F，1974，4：1170

[12] Harris R A. Induction and dispersion forces in the electron gas theory of interacting closed shell systems. J Chem Phys，1984，81：2403

[13] Görling A. Densitry functional theory for excited states. Phys Rev A，1996，54：3912；Görling A. Densitry functional theory beyond Hohenberg-Kuhn theorem. Phys Rev A，1999，59：3359

[14] Nagy Á. Excited stes in densitry functional theory. Int J Quant Chem，1998，70：681；Nagy Á. Kohn-Sham equations for multiplets. Phys Rev A，1998，57：1672

[15] Casida M E. Time dependent density functional response theory for molecules. In Chong D P. Recent Advances in Density Functional Methods. Singapore：World Scientific，1995

[16] Burke K，Gross E K U. A guide tour of time dependent density functional theory. In Joubert D. Density Functionals：Theory and Applications，Lecture Notes in Physics. Vol 500. Heideberg：Springer，1998

[17] Curtiss L A，Raghavachari K，Trucks G W，et al. Gaussian-2 theory for molecular energies of first-and second-row compounds. J Chem Phys，1991，94：7221

[18] Vosko S J，Wilk L，Nusair M. Accurate spin dependent electron liquid correlation energies for local spin density

calculations：A critical analysis. Can J Phys，1980，58：1200

[19] Becke A D. Density functional calculations of molecular bond energies. J Chem Phys，1986，84：4524；Becke A D. Density functional exchange energy approximation with correct asymptotic behavior. Phys Rev A，1988，38：3098；Becke A D. Density functional thermochemistry. III. The role of exact exchange. J Chem Phys，1993，98：5648

[20] Filatov M，Thiel W. A new gradient corrected exchange correlation density functional. Mol Phys，1977，91：847

[21] Burke K，Perdew J P，Wang Y. Derivation of a generalized gradient approximation：The PW91 density functional. In Dobson J F，Vignale D，Das M P. Electronic Density Functional Theory，Recent Progress and New Directions. New York：Plenum Press，1998

[22] Laming G J，Termath V，Handy N C. A general purpose exchange correlation functional. J Chem Phys，1993，99：8765

[23] Perdew J P. Density functional approximation for the correlation energy of the inhomogeneous electron gas. Phys Rev B，1986，33：8822

[24] Lacks D J，Gordon R G. Pair interaction of rare gas atoms as a test of exchang energy density functionals in region of large density gradients. Phys Rev A，1993，47：4681

[25] Perdew J P，Burke K，Ernzerhof M. Generalized gradient approximation made simple. Phys Rev Lett，1996，77：3865

[26] Lee C，Yang W，Parr R G. Development of the Colle-Salvetti correlation energy formula into a functional of the electron density. Phys Rev B，1988，37：785

[27] Perdew J P，Kurth S，Zupan A，et al. Accurate density functional with correct formal properties：A step beyond the generalized gradient approximation. Phys Rev Lett，1999，82：2544

[28] Proynov E I，Vela A，Salahub D R. Nonlocal correlation functional involving the Laplacian of density. Chem Phys Lett，1994，230：419

[29] von Voorhis T，Scuseria，G E. A Novel form for the exchange-correlation energy functional. J Chem Phys，1998，109：400

[30] Tao J M，Perdew J P，Staroverov V N，et al. Climbing the density functional ladder：Non-empirical meta GGA designed for molecules and solids. Phys Rev Lett，2003，91：146401

[31] Zhao Y，Schultz N E，Truhlar D G. Exchange-correlation functional with broad accuracy for metalic and non-metalic compounds，kinetics and non-covalent interactions. J Chem Phys，2005，123：161103

[32] Zhao Y，Truhlar D G. A new local density functional for main group thermochemistry，transition metal bonding，thermochemical kinetics，and non-covalent interactions. J Chem Phys，2006，125：194101

[33] Zhao Y，Truhlar D G. The M06 suite of density functionals for main group thermochemistry，thermochemical kinetics，non-covalent interactions，excited states and transition elements，two new functionals an 12 other functionals. Theor Chem Acc，2008，120：215

[34] Adamo C，Barone V. Exchange functionals with improved long-range behavior and adiabetic connection methods without adjustable parameters. The mPW and mPW1PW Models. J Chem Phys，1998，108：664

[35] Becke A D. Density functional thermochemistry. IV. A new dynamical correlation functional and implications for exact exchange mixing. J Chem Phys，1996，104：1040

[36] Stephens P J，Devlin J F，Chabalowski C F，et al. *Ab initio* calculations of vibrational absorption and circular dichroism spectra using SCF，MP2，and density functional theory force fields. J Phy Chem，1994，98：11623

[37] Xu X，Goddard III W A. The X3LYP extended density functional for accurate descriptions of nonbond interactions，spin states，and thermochemical properties. PNAS，2004，101：2673

[38] Zhang Y，Xu X，Goddard III W A. Doubly hybrid density functional for accurate descriptions of nonbond interactions，thermochemistry，and thermochemical kinetics. PNAS，2009，106：4963

[39] Grimme S. Semi-empirical GGA-type density functional constructed with a long-range dispersion correction. J Comp Chem，2006，27：1787

[40] Adamson R D，Gill P M W，Pople J A. Empirical density functionals. Chem Phys Lett，1998，284：6

[41] Roothaan C C J. New developments in molecular orbitals theory. Rev Mod Phys，1951，23：69

[42] Hubbard J. Electron correlations in narrow energy bands. Proc Roy Soc London，1963，A276：238；Hubbard J. Electron correlations in narrow energy bands. III. An improved solution. Proc Roy Soc London，1964，A281：401

[43] Anisimov V I，Gunnarsson O. Density-functional calculation of effective coulomb interactions in metals. Phys Rev B. 1991，43：7570

[44] Anisimov V I，Zaanen J，Andersen O K. Band theory and Mott insulators：Hubbard *U* instead of stoner *I*. Phys Rev B，1991，44：943

[45] Liechtenstein A I，Anisimov V I，Zaanen J. Density-functional theory and strong interactions：Orbital ordering in Mott-Hubbard insulators. Phys Rev B，1995，52：R5467

[46] Anisimov V I，Aryasetiawan F，Liechtenstein A I. First-principles calculations of the electronic structure and spectra of strongly correlated systems：The LDA+*U* Method. J Phys：Condens Matter，1997，9：767

[47] Gunnarsson O，Andersen O K，Jepsen O，et al. Density-functional calculation of the parameters in the anderson model：Application to Mn in CdTe. Phys Rev B，1989，39：1708

[48] Harmon B N，Antropov V P，Liechtenstein A I，et al. Calculation of magneto-optical properties fo 4f systems：LSDA+Hubbard *U* results. J Phys Chem Solids，1955，56：1521

[49] Cococcioni M，Gironcoli S. Linear response approach to the calculation of the effective interaction parameters in the LDA+*U* method. Phys Rev B，2005，71：035105

[50] Esch F，Fabris S，Zhou L，et al. Electron localization determines defect formation on ceria substratse. Science，2005，309：752

[51] Fabris S，Vicario G，Balducci G，et al. Electronic and atomistic structures of clean and reduced ceria surfaces. J Phys Chem B，2005，109：22860

[52] Leung K，Rempe S B，Schultz P A，et al. Density functional theory and DFT+*U* study of transition metal porphines adsorbed on Au（111）surfaces and effects of applied electric fields. JACS，2006，128：3659

[53] Runge E，Gross E K U. Density-functional theory for time-dependent systems. Phys Rev Lett，1984，52：997

[54] van Leeuwen R. Causality and symmetry in time-dependent density functional theory. Phys Rev Lett，1998，80：1280

[55] Gross E K U，Kohn W. Local density-functional theory of frequency-dependent linear response. Phys Rev Lett，1985，55：2850

[56] Varga S，Fricke B，Nakamatsu H，et al. Four-component relativistic density functional calculations of heavy diatomic molecules. J Chem Phys，2000，112：3499

[57] YaIlai T，Iikura H，Nakajima T，et al. A new implementation of four-component relativistic density functional method for heavy-atom polyatomic systems. J Chem Phys，2001，115：8267

[58] Saue T，Helgaker T. Four-component relativistic Kohn-Sham theory. J Comput Chem，2001，23：814

[59] Quiney H M，Belanzoni P. Relativistic density functional theory using Gaussian basis sets. J Chem Phys，2002，117：5550

[60] Engel E，Dreizler R M. Density Functional Theory，Theoretical and Mathematical Physics. Chap 8. Relativistic Density Functional Theory. Berlin，Heidelberg：Springer-Verlag，2011

[61] Rajagopal A K. Inhomogeneous relativistic electron gas. J Phys C，1978，11：L943

[62] MacDonald A H，Vosko S H. A Relativistic density functional formalism. J Phys C，1979，12：2977

[63] Ramana R V，Rajagopal A K. Inhomogeneous relativistic electron gas：Correlation potential. Phys Rev A，1981，24：1689

[64] Engel E，Keller S，Bonetti A F，et al. Local and nonlocal relativistic exchange-correlation energy functionals：Comparison to relativistic optimized-potential-model results. Phys Rev A，1995，52：2750

[65] Engel E，Keller S，Dreizler R M. Generalized gradient approximation for the relativistic exchange-only energy functional. Phys Rev A，1996，53：1367

[66] Engel E，Bonetti A F，Keller S，et al. Relativistic optimized-potential method：Exact transverse exchange and Møller-Plesset-Based correlation potential. Phys Rev A，1998，58：964

[67] 王繁，黎乐民. 高精度相对论密度泛函计算方法. 物理化学学报，2004，20：966

[68] 刘文剑，洪功兰，黎乐民.高精度的非相对论与完全相对论密度泛函理论计算方法和程序. 化学研究与应用，1996，8(3)：369

[69] Liu W，Hong G，Dai D，et al. The Beijing four-component density functional program package(BDF) and its application to EuO，EuS，YbO and YbS. Theor Chem Acc，1997，96：75

[70] Liu W，Peng D. Infinite-order quasirelativistic density functional method based on the exact matrix quasirelativistic theory. J Chem Phys，2006，125：044102

[71] Liu W，Wang F，Li L. The Beijing density functioal (BDF) program package：Methodologies and applications. J Theor Comput Chem，2003，2：257

[72] Liu W，Wang F，Li L. Relativistic Density Functional Theory：The BDF Program Pakage. Chap 9. In Hirao K，Ishikawa Y. Recent Advances in Relatvistic Molecular Theory，Recent Advances in Computational Chemistry. Vol. 5. Sjngapore：World Scientific，2004：257

[73] Zhu X，Lu Y，Peng C，et al. Halogen bonding interactions between brominated ion pairs and CO_2 molecules：Implications for design of new and efficient ionic liquids for CO_2 absorption. J Phys Chem B，2011，115：3949

[74] Boys S F，Bernardi F. The calculation of small molecular interactions by the differences of separate total energies with reduced errors. Mol Phys，1970，19：553

[75] Cao Z，Chen Q，Lu Y，et al. Electronic absorption spectra of meso-substituted porphyrins and their zinc derivatives：A UV-vis spectroscopy and DFT study. Acta Physico-Chimica Sinica，2012，28：1085

[76] Klamt A. Conductor-like screening model for real solvents：A new approach to the quantitative calculation of solvation phenomena. J Phys Chem，1995，99：2224

[77] Klamt A，Jonas V，Burger T，et al. Refinement and parametrization of COSMO-RS. J Phys Chem A，1998，102：5074

[78] Klamt A，Eckert F. COSMO-RS：A novel and efficient method for the *A* priori prediction of thermophysical data of liquids. Fluid Phase Equilib，2000，172：43

[79] Klamt A，Krooshof G J P，Taylor R. COSMOSPACE：Alternative to conventional activity-coefficient models. AIChEJ，2002，48：2332

[80] Lin S T，Sandler S I. A priori phase equilibrium prediction from a segment contribution solvation model. IEC Res，2002，41：899

[81] Wang S，Lin S T，Chang J，et al. Application of the COSMO-SAC-BP solvation model to predictions of normal boiling temperatures for environmentally significant substances. IEC Res，2006，45：5426

[82] Wang S，Sandler S I，Chen C C. Refinement of COSMO-SAC and the applications. IEC Res，2007，46：7275-7288

[83] Yang L，Xu X，Peng C，et al. Prediction of vapor-liquid equilibrium for polymer solutions based on the COSMO-SAC model. AIChE J，2010，56：2687

[84] Guggenheim E A. Mixtures. Oxford：Clarendon Press，1952

[85] Alavi A，Hu P，Deutsch T，et al. CO oxidation on Pt(111)：An *ab initio* density functional theory study. Phys Rev Lett，1998，80：3650

[86] Zhang C，Hu P，Alavi A. A general mechanism for CO oxidation on close-packed transition metal surfaces. J Am Chem Soc，1999，121：7931

[87] Michaelides A，Hu P，Alavi A. Physical origin of the high reactivity of subsurface hydrogen in catalytic hydrogenation. J Chem Phys，1999，111：1343

[88] Liu Z P，Hu P. General rules for predicting where a catalytic reaction should occur on metal surfaces：A density functional theory study of C-H and C-O bond breaking/making on flat，stepped，and kinked metal surfaces. J Am Chem Soc，2003，125：1958

[89] Zhu W J，Zhang J，Gong X Q，et al. A density functional theory study of small Au nanoparticles at CeO_2 surfaces. Catal Today，2011，165：19

[90] 张洁，龚学庆，卢冠忠. CeO_2(110)负载 Au 纳米颗粒催化 CO+NO_x 反应的 DFT+U 研究. 催化学报，2014，35：1305

[91] Chen F，Liu D，Zhang J，et al. A DFT+U study of the lattice oxygen reactivity toward direct CO oxidation on the CeO_2 (111) and (110) surfaces. Phys Chem Chem Phys，2012，14：16573

[92] Li H Y，Wang H F，Guo Y L，et al. Exchange between sub-surface and surface oxygen vacancies on CeO_2(111)：A new surface diffusion mechanism. Chem Commun，2011，47：6105

[93] Wang H F，Gong X Q，Guo Y L，et al. A model to understand the oxygen vacancy formation in Zr-doped CeO_2：Electrostatic interaction and structural relaxation. J Phys Chem C，2009，113：10229

[94] Wang H F，Guo Y L，Lu G Z，et al. Maximizing the localized relaxation：The origin of the outstanding oxygen storage capacity of κ-$Ce_2Zr_2O_8$. Angew Chem，2009，121：8439

[95] Clementi E，Corongiu G，帅志刚，等. 从原子到大分子体系的计算机模拟——计算化学 50 年. 化学进展，2011，23：1795

[96] 张颖，徐昕. 新一代密度泛函方法 XYG3. 化学进展，2012，24：1023

第4章 统计力学基础

4.1 引 言

统计力学以大量微观粒子构成的宏观系统作为研究对象。它从物质的微观运动形态出发，利用统计平均的方法，由相应粒子运动的微观性质，来获得各种宏观性质。它不仅能揭示宏观热现象的本质，还提供了由微观性质预测各种宏观特性的广泛可能性。

统计力学处理的系统有：**独立子系统**，是各粒子间除可以产生弹性碰撞外，没有任何相互作用的系统；**相倚子系统**，是各粒子间存在相互作用的系统；**离域子系统**，是各粒子可在整个空间运动的系统；**定域子系统**，是各粒子只能在固定位置附近的小范围内运动的系统。

本章介绍统计力学的基础知识，主要针对均匀系统，可参考我们的有关教材和著作[1-4]，以及梅逸等[5]、唐有祺[6]、T. L. Hill[7]、D. A. McQuarrie[8]等的专著。在进入具体内容的介绍之前，有两个符号问题需要特别提醒：一是乘数β，本章按多数统计力学文献及我们最新出版的教材[1]，采用$\beta=1/kT$，而在过去国内的出版物中[2-4, 6]，多为$\beta=-1/kT$。二是正则配分函数，本章按多数文献，采用符号Q，相应的位形积分符号为Z，而我们过去[2-4]的用法正好相反，正则配分函数用Z，位形积分用Q，梅逸等[5]分别用Q和Q_τ，唐有祺[6]用φ和φ_K。

4.2 物理化学课程中的内容

一般的物理化学教材中都介绍统计力学基础，并聚焦于独立子系统。

1. 基本概念

宏观状态与微观状态 系统处于一定的宏观状态时，各种宏观性质如T、p、U、S等均具有确定的量值，通常指宏观平衡状态，简称**平衡态**。微观状态指的是宏观系统中所有分子或粒子在某瞬间所处的运动状态。微观粒子的运动是量子化的，系统的微观状态是一种量子态，由系统的波函数来描述。

统计力学的基本假定 ①一定的宏观状态对应着一定的通常是巨大的数目的微观状态，它们各按一定的概率出现；②宏观力学量是各微观状态相应微观量的统计平均值；③孤立系统中每一个微观状态出现的概率都相等，称为**等概率假定**。

最概然分布 微观状态按能级的分布或按量子态的分布，是由微观状态出发研究宏观状态的捷径。宏观状态一定时，可有不同种类的分布，每一种分布各包含着一定数量的微观状态。一定的宏观状态或一定的分布所拥有的微观状态数，定义为该宏观状态或分布的**热力学概率**，前者符号用 Ω，后者用 ω。拥有微观状态数最多或热力学概率最大的分布，称为最概然分布，其热力学概率为 $\omega_{\max}$。**在含有大量粒子的系统中，最概然分布代表了一切可能的分布。**

撷取最大项法　是用 $\ln\omega_{\max}$ 代替 $\ln\Omega$ 进行推导的方法。

2. 独立子系统的三种最概然分布

(1) **麦克斯韦**(J. C. Maxwell) **-玻耳兹曼**(L. E. Boltzmann) **分布(MB 分布)**　适用于由经典粒子组成的独立子系统。不同粒子间相互可以区别，粒子能量可以连续变化。推导麦克斯韦-玻耳兹曼分布的主要内容，是在粒子数恒定和总能量恒定的条件下，求最概然分布。它是一个条件极值问题，采用拉格朗日未定乘数法，得到处于某能级 i 的粒子数 N_i 与该能级的能量 ε_i 和简并度 g_i 间的关系：

$$N_i = \frac{Ng_i e^{-\varepsilon_i/kT}}{\sum_i g_i e^{-\varepsilon_i/kT}} = \frac{Ng_i e^{-\varepsilon_i/kT}}{q} \tag{4.2.1}$$

其中

$$q = \sum_i g_i e^{-\varepsilon_i/kT} \tag{4.2.2}$$

称为**子配分函数**。

子配分函数 q 反映了系统中所有粒子在平动、转动、振动、电子等能级上分配，或在各量子态上分配的整体特性。它代表了微观状态的总和，取决于系统的宏观状态，因而是宏观性质，并包含了所有的热力学信息。知道了子配分函数及其随温度体积的变化，一切其他的宏观热力学性质都可求得。

(2) **玻色**(S. N. Bose) **-爱因斯坦**(A. Einstein) **分布(BE 分布)**　适用于波函数为对称的粒子组成的独立子系统，每个量子态上粒子数目没有限制。粒子不可区别，遵守量子力学的全同性原理，任一对粒子相互交换所处状态，不改变整个系统的微观状态。粒子的能量是量子化的，不能连续变化。

(3) **费米**(E. Fermi) **-狄拉克**(P. A. M. Dirac) **分布(MD 分布)**　适用于波函数为反对称的粒子组成的独立子系统，遵守泡利不相容原理，每个量子态上只能有一个粒子。除此以外，其特点与玻色-爱因斯坦分布相同。

3. 独立子系统的热力学函数与子配分函数的关系式

属于力学量的压力 p 和能量 E 采用求系综平均值即统计平均值的方法，属于非力学量的熵 S 采用和热力学关系式比较的方法，其他热力学函数则按定义确定，最后导得

$$p = NkT(\partial \ln q/\partial V)_{T,N} \tag{4.2.3}$$

$$E = NkT^2(\partial \ln q/\partial T)_{V,N} \tag{4.2.4}$$

$$S = k\ln\Omega$$

$$S = Nk\ln q + NkT(\partial \ln q/\partial T)_{V,N} \quad \text{（定域子）} \tag{4.2.5}$$

$$S = Nk\ln(q/N) + NkT(\partial \ln q/\partial T)_{V,N} + Nk \quad \text{（离域子）}$$

$$C_V = (Nk/T^2)[\partial^2 \ln q/\partial(1/T)^2]_V \tag{4.2.6}$$

$$\mu = -LkT\ln q = -LkT\ln q_0 + L\varepsilon_0 \quad \text{（定域子）} \tag{4.2.7}$$

$$\mu = -LkT\ln(q/N) = -LkT\ln(q_0/N) + L\varepsilon_0 \quad \text{（离域子）}$$

式(4.2.5)的 $S = k\ln\Omega$ 称为**玻耳兹曼关系式**。由式可见，处于一定宏观状态的系统拥有的微观状态越多，或热力学概率越大，系统越混乱，熵值越大。由此可以看出熵函数的物理意义，**熵是系统混乱程度的度量**。在孤立系统中，一个实际过程的热力学概率总是越来越大，$\Delta\Omega>0$，$\Delta S>0$。这就是热力学第二定律的统计力学形式。当 Ω 等于 1 时，只有一个微观状态，系统最规则，混乱程度为零，熵值也为零。这正是 T=0 的情况，即热力学第三定律。

4. 统计系综理论

系综的概念　1902 年，吉布斯(J. W. Gibbs)发展了具有普遍意义的平衡态统计力学，它建筑在三个基本假定之上，其核心则是提出系综的概念。建立统计系综理论，就像用一架特殊的高倍显微镜对系统进行观察，记录在该时刻所处的某特定的量子态即微观状态，用统计力学术语，即取一个**标本系统**(**或样本**)。它是系统的一个复制品，但仅复制了一个微观状态，从这个意义上说，它是一个力学系统，其中所有分子的运动都被暂时“冻结”。大量观察所得的标本系统集，即称为系综。**系综是一定宏观状态时所有标本系统的集合**。

(1) **微正则系综**(micro-canonical ensemble)　为研究孤立系统的平衡态而设计。每个标本系统都具有同样的分子数 N、能量 E 和体积 V，参见图 4-1(a)。它相当于一个 E、V、N 恒定的系统，符号用$(\,)_{E,V,N}$。

(2) **正则系综**(canonical ensemble)　为研究恒温封闭系统的平衡态而设计。每个标本系统都具有同样的分子数 N 和体积 V；由于与一个具有恒定温度的大热源接触，并达到平衡，每个标本系统的温度 T 相同，能量则可以不同，为 E_1、E_2、E_3、…，参见图 4-1(b)。它相当于一个 T、V、N 恒定，但能量 E 有涨落的系统，符号用$(\,)_{T,V,N}$。

(3) **巨正则系综**(grand-canonical ensemble)　为研究恒温和恒化学势μ的敞开系统的平衡态而设计。每个标本系统都具有相同的体积；由于与一个具有恒定温度的大热源接触，并达到平衡，与正则系综类似，每个标本系统可以具有不同的能量，为 E_1、E_2、E_3、…；另外，由于与内储恒定化学势的物质的大容器接触，并达到平衡，因而分子数也可以变化，为 N_1、N_2、N_3、…；参见图 4-1(c)。它相当于一个 T、V、μ恒定，但能量 E 与分子数 N 均有涨落的系统，符号用$(\ )_{T,V,\mu}$。

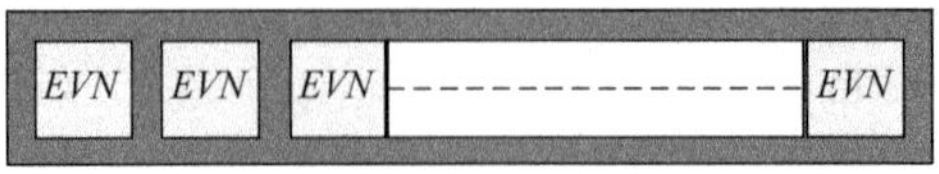

(a) 微正则系综$(\ )_{E,V,N}$

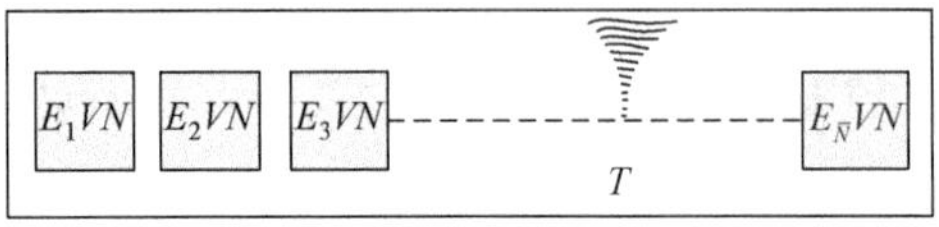

(b) 正则系综$(\ )_{T,V,N}$

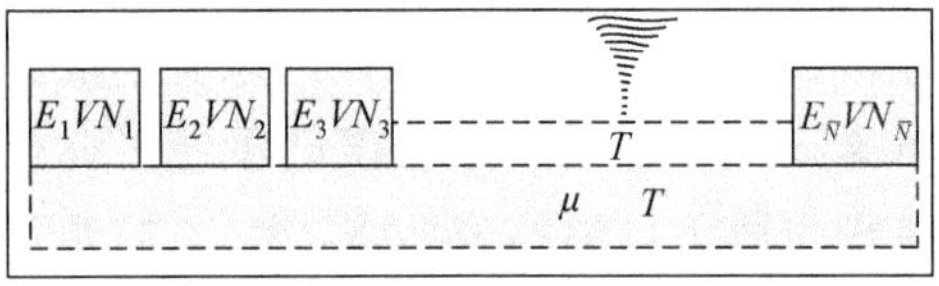

(c) 巨正则系综$(\ )_{T,V,\mu}$

图 4-1　三种系综示意图(小方框代表标本系统)

(4) **其他**　常见的如**恒压系综**$(\ )_{T,p,N}$，是 T、p、N 保持恒定的系综，在计算机分子模拟中常使用。

5. 正则系综

(1) **正则系综可看作是一个超级的独立子系统**　如将正则系综中已经与温度为 T 的大热源接触并达到平衡的 $\bar{N}$ 个标本系统叠在一起(图 4-2)，系综整体与环境隔离，就形成一个**超级孤立系统**。它的总能量 E_t、总体积 V_t 和总粒子数 N_t 是所有标本系统的有关量之和

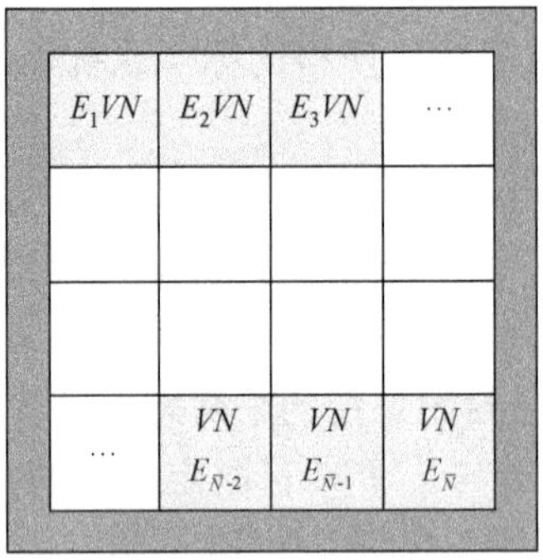

图 4-2　正则系综形成一个超级孤立系统

$$E_t = \sum_{l=1}^{\bar{N}} E_l, \quad V_t = \bar{N}V, \quad N_t = \bar{N}N \tag{4.2.8}$$

系综的标本系统间可交换能量，但没有相互作用力，相当于独立子系统的独立子。经过这样的改造，由于 E_t、V_t 和 N_t 不变，正则系综成为一个独立子系统，但冠以超级二字以示区别。

E_t、V_t、N_t 一定时，系综的状态可类比于独立子系统 E、V、N 一定时的宏观状态，称为**超级宏观状态**。每个标本系统各处于一定的微观状态时，整个系综即处于一定的**超级微观状态**。

(2) **正则分布**　类似于独立子按量子态的分布，作为超级宏观状态与超级微观

状态的中间层次，研究标本系统按微观状态的分布。设某分布为

$$\begin{array}{ll} \text{微观状态编号} & 1, 2, 3, \cdots, j, \cdots \\ \text{标本系统的能量} & E_1, E_2, E_3, \cdots, E_j, \cdots \\ \text{标本系统数} & \bar{N}_1, \bar{N}_2, \bar{N}_3, \cdots, \bar{N}_j, \cdots \end{array} \tag{4.2.9}$$

各标本系统已编号，可以互相区别，并注意微观状态没有简并度问题。该分布所对应的超级微观状态数为

$$\omega = \frac{\bar{N}!}{\prod_j \bar{N}_j!} \tag{4.2.10}$$

套用独立子系统的方法，直接写出正则系综中标本系统按微观状态的最概然分布

$$P_j = \frac{\bar{N}_j}{\bar{N}} = \frac{\mathrm{e}^{-\beta E_j}}{\sum_j \mathrm{e}^{-\beta E_j}} = \frac{\mathrm{e}^{-\beta E_j}}{Q} = \frac{\mathrm{e}^{-E_j/kT}}{Q} \tag{4.2.11}$$

式中，P_j 即标本系统处于微观状态 j 时的概率；$\beta = 1/kT$；

$$Q = \sum_j \mathrm{e}^{-\beta E_j} = \sum_j \mathrm{e}^{-E_j/kT} \tag{4.2.12}$$

Q 称为**正则配分函数**。式(4.2.12)即为**正则分布**，又称**吉布斯分布**。

(3) **热力学函数与正则配分函数的关系式**　与独立子系统的推导类似，属于力学量的压力 p 和能量 E 采用求系综平均值即统计平均值的方法，属于非力学量的熵 S 采用和热力学关系式比较的方法，其他热力学函数则按定义确定，最后导得

$$p = kT\left(\partial \ln Q/\partial V\right)_{T,N} \tag{4.2.13}$$

$$U = E = kT^2\left(\partial \ln Q/\partial T\right)_{V,N} \tag{4.2.14}$$

$$S = kT\left(\partial \ln Q/\partial T\right)_{V,N} + k\ln Q \tag{4.2.15}$$

$$A = -kT\ln Q \tag{4.2.16}$$

$$\mu = -LkT\left(\partial \ln Q/\partial N\right)_{T,V} \tag{4.2.17}$$

由式可见，$\ln Q$ 是广延性质，只要知道正则配分函数 Q，系统的一切热力学函数都可得到。正则配分函数代表了正则系综中所有标本系统的总的分布特征，正是通过它架起了联系微观性质和宏观性质的桥梁。

最后还有一个重要的有用的式子，它将熵 S 与概率 P_j 联系起来

$$S = -k\sum_j P_j \ln P_j \tag{4.2.18}$$

该式的推导见参考书[7, 8]。应该指出，如以此式为熵的定义式，上面的所有公式都可以利用此式根据熵最大原理导出，热力学的熵最大原理与统计力学的最概然分布是一致的。参见第 5 章参考书[28]的 2.7 节。

(4) **位形积分** 对于由 N 个粒子组成的相倚子系统，E 可表达为

$$E=\sum_{i=1}^{N}\frac{1}{2m}\left(p_{xi}^2+p_{yi}^2+p_{zi}^2\right)+E_{\mathrm{p}}\left(x_1,\cdots,z_N\right)+E_{\mathrm{int}} \tag{4.2.19}$$

式右第一项是平动能 E_{k}，m 是分子质量，p_{xi}、p_{yi}、p_{zi} 分别是分子 i 在 x、y、z 轴方向的动量分量；第二项是分子间相互作用的位能 E_{p}，取决于系统的位形，即 N 个分子的空间位置 x_1、…、z_N，或 $\boldsymbol{r}_1$、…、$\boldsymbol{r}_N$；第三项是内部运动的能量 E_{int}，包括分子的转动能、振动能、电子能等。

由式(4.2.19)，可导得完整的正则配分函数

$$Q=\frac{ZQ_{\mathrm{int}}}{N!\Lambda^{3N}}=Q_{\mathrm{quan}}Q_{\mathrm{class}} \tag{4.2.20}$$

式中，Q_{int} 是**内部配分函数**，内部(internal)指转动、振动和电子等内部运动，因为要用量子力学计算，Q_{int} 又称**量子配分函数** Q_{quan}，$Q_{\mathrm{int}}=Q_{\mathrm{quan}}$；$Z/N!\Lambda^{3N}=Q_{\mathrm{class}}$，称为**经典配分函数**，除以 $N!$ 是因为 N 个粒子不可辨别，相互换位不算新的微观状态。

内部配分函数 Q_{int} 可用下式表示：

$$Q_{\mathrm{int}}=(q_{\mathrm{r}}q_{\mathrm{v}}q_{\mathrm{e}})^N \tag{4.2.21}$$

q_{r}、q_{v}、q_{e} 分别为转动、振动和电子运动的子配分函数，它们的表达式可由量子力学导得，见物理化学教材[1]第 12 章。Λ 称为**德布罗意热波长**，量纲为 L(长度)，代表平动能对正则配分函数的贡献

$$\Lambda=h\big/\left(2\pi mkT\right)^{1/2} \tag{4.2.22}$$

该式可由量子力学导得，参见教材[1]第 12 章，或由经典力学结合不确定关系得到［式(5.2.3)和式(5.2.4)］。Z 为**位形积分或位形配分函数**

$$Z=\int\underset{V}{\cdots}\int\exp\left(-E_{\mathrm{p}}(x_1,\cdots,z_N)\big/kT\right)\mathrm{d}x_1\cdots\mathrm{d}z_N \tag{4.2.23}$$

代表分子间相互作用位能对正则配分函数的贡献，量纲为 L^{3N}。

由于 Λ 和 Q_{int} 均与 V 无关，由式(4.2.14)和式(4.2.20)可得

$$p=\frac{kT}{Z}\left(\frac{\partial Z}{\partial V}\right)_{T,N}=kT\left(\frac{\partial\ln\{Z\}}{\partial V}\right)_{T,N} \tag{4.2.24}$$

由于只能对纯数进行 ln 运算，因此用 $\{Z\}$，它是 Z 的数值，$Z=\{Z\}[Z]$，$[Z]$ 是 Z 的单位。由式可见，研究 pVT 关系最重要的是位形积分 Z。困难在于按式(4.2.23)，它是一个 $3N$ 重积分，而 N 是一个很大的数目。相倚子统计热力学所发展的许多理论方法，归根结底都为了得到 Z 的解析表达式。

6. 分子间相互作用的位能函数

(1) **对加和性假设** 在计算位形积分 Z 时，按式(4.2.23)，要输入系统中分子

间相互作用的位能 E_p。作为合理近似，假设 E_p 是各分子对相互作用位能ε_p之和，称为对加和性假设。例如，三个分子 1、2、3，有

$$\varepsilon_p(\boldsymbol{r}_1,\boldsymbol{r}_2,\boldsymbol{r}_3)=\varepsilon_p(\boldsymbol{r}_1,\boldsymbol{r}_2)+\varepsilon_p(\boldsymbol{r}_2,\boldsymbol{r}_3)+\varepsilon_p(\boldsymbol{r}_1,\boldsymbol{r}_3) \tag{4.2.25}$$

(2) **位能函数**　一对分子间相互作用的位能 ε_p 随分子间距 r 的变化称为位能函数，其形状见图 4-3 (a)。当 r 较大时，分子间由于色散力、偶极力和诱导偶极力等分子间力的作用，互相吸引，位能为负值，并随 r 减小而更负。当 r 很小时，则因电子云重叠而相斥，位能近于陡直上升，直至无穷。吸引力和排斥力正好相消时，位能曲线出现最小值，这时分子间距为 r_e，位能值为$-\varepsilon$。当位能重新上升，到达零点时的距离为σ，称为**碰撞直径**。常用的位能函数有以下几种。

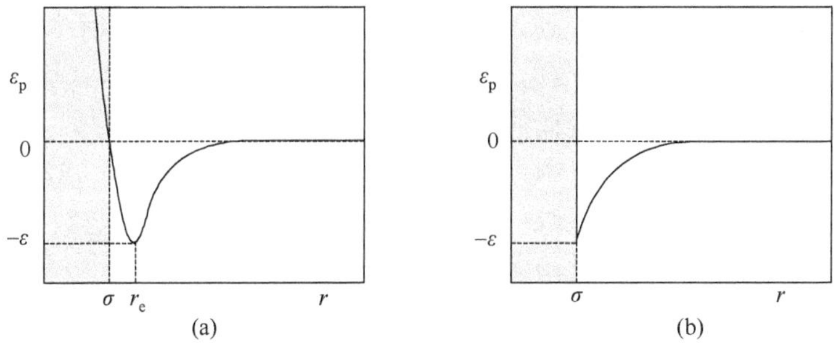

图 4-3　位能函数ε_p。(a) 实际分子；(b) 有吸引力的硬球

伦纳德-琼斯 (Lennard-Jones) 位能函数　简称 LJ 函数，或 LJ (6-12) 函数

$$\varepsilon_p=\varepsilon\left(\left(\frac{r_e}{r}\right)^{12}-2\left(\frac{r_e}{r}\right)^{6}\right)\quad 或\quad \varepsilon_p=4\varepsilon\left(\left(\frac{\sigma}{r}\right)^{12}-\left(\frac{\sigma}{r}\right)^{6}\right) \tag{4.2.26}$$

分别以ε和 r_e 或ε和σ为参数，ε称为能量参数，r_e 和σ称为尺寸参数。

有吸引力的硬球位能函数　是一种简化近似。当 r 小于σ时，位能垂直上升至无穷，故称为硬球，参见图 4-3 (b)。

其他位能函数　常见的有：①**硬球位能函数**，除了 r 小于σ时，位能垂直上升至无穷外，当 $r>\sigma$，位能为零；②**方阱位能函数**，除了 r 小于σ时，位能垂直上升至无穷外，当$\sigma<r\leqslant R\sigma$，位能为一恒定的负值，$\varepsilon_p=-\varepsilon$；③**基哈拉位能函数**[9]，将分子看作一个由软的电子云包围着一个硬核。分子 (电子云) 直径为σ，硬核直径为 $2a$。将式 (4.2.26) 的 r、r_e 和σ分别扣除 $2a$，就得到基哈拉位能函数。由于多了一个参数 a，更为灵活。

7. 计算机分子模拟

计算机分子模拟的主要内容，是用计算机为模型系统的统计系综直接提供大量的标本系统。按照第二个基本假定，宏观力学量是相应微观量的系综平均值。

只要标本系统取得足够多，就能得到各种热力学性质、传递性质和一些结构特性的数据。模拟所得的数据有下列两大用途：

(1) **检验和改进理论**　例如图 4-6，除了对伦纳德-琼斯流体的径向分布函数画出计算机模拟结果，还比较了 PY 和 HNC 的理论预测，对于这个例子，后者略优。

(2) **提供实验数据**　如果所采用的模型系统可以很好地代表实际系统，则计算机模拟结果可与实验结果媲美。

计算机分子模拟的两种方法如下：

(1) **蒙特卡罗法**(Monte Carlo，MC)　这是一种利用随机数产生标本系统的方法。主要有 Metropolis 构作马尔可夫链的方法。为克服粒子数有限的困难，还采用周期性边界条件。

(2) **分子动态学法**(MD)　通过对中心盒子中的 N 个粒子求解牛顿方程，来考察微观状态的变化。和 MC 一样，也需要采用周期性边界条件。

详细讨论可参阅汪文川等译的 D. Frenkl 和 B. Smit 的专著[10]。

以上内容在物理化学教材中，例如《物理化学》[1]的第 12、13 章，一般都能找到。下面进一步介绍各种系综的知识，以及维里展开、分布函数、积分方程理论、微扰理论等统计力学的常用方法，可参阅参考书[2-8]。

4.3　各 种 系 综

上面已经讨论了正则系综。本节介绍其他各种系综。

1. 巨正则分布和巨正则配分函数

巨正则系综是为恒温、恒体积和恒化学势的敞开系统设计的。类似于正则系综，它也可处理为一个孤立的超级系统，它的分布可以由第三个基本假定的等概率假定，按最概然分布的方法求得。

(1) **巨正则系综**　此系综由 $\bar{N}$ 个具有同样温度 T、体积 V 和化学势 μ 的标本系统组成，总能量为 $\bar{N}\langle E\rangle$，$\langle E\rangle$ 为系统的平均能量；总粒子数为 $\bar{N}\langle N\rangle$，$\langle N\rangle$ 为系统的平均粒子数。集合 $\{\bar{N}_{i,N}\}$ 表示各标本系统在不同量子态的一个分布，$\bar{N}_{i,N}$ 是含有 N 个粒子并处于量子态 i 的系统的个数，$E_{i,N}$ 是相应的含有 N 个粒子的系统的第 i 个量子态的能量，它满足系统总数 $\bar{N}$、总能量 $\bar{N}\langle E\rangle$ 和总粒子数为 $\bar{N}\langle N\rangle$ 守恒的条件：

$$\sum_{i,N}\bar{N}_{i,N}=\bar{N},\quad \delta\bar{N}=\sum_{i,N}\delta\bar{N}_{i,N}=0 \tag{4.3.1}$$

$$\sum_{i,N}\bar{N}_{i,N}E_{i,N}=\bar{N}\langle E\rangle,\quad \delta\bar{N}\langle E\rangle=\sum_{i,N}E_{i,N}\delta\bar{N}_{i,N}=0 \tag{4.3.2}$$

$$\sum_{i,N}\bar{N}_{i,N}N=\bar{N}\langle N\rangle,\quad \delta\bar{N}\langle N\rangle=\sum_{i,N}N\delta\bar{N}_{i,N}=0 \tag{4.3.3}$$

式中，$\Sigma_{i,N}$表示对标本系统中各种可能的粒子数 N 以及在一定 N 时的各种可能的量子态 i 求和；δX 是 X 的泛函微分。

(2) **最概然分布**　对于任意的集合$\{\bar{N}_{i,N}\}$，其分布方式数为

$$\omega\{\bar{N}_{i,N}\}=\bar{N}!/\prod_{i,N}\bar{N}_{i,N}! \tag{4.3.4}$$

取对数，并利用斯特林(R. Stirling)近似式，$\ln N!=N\ln N-N$，有

$$\ln\omega\{\bar{N}_{i,N}\}=\bar{N}\ln\bar{N}-\sum_{i,N}\bar{N}_{i,N}\ln\bar{N}_{i,N} \tag{4.3.5}$$

为求最概然分布，首先 $\ln\omega$的泛函微分应该为零，注意 $\bar{N}$ 恒定，有

$$\delta\ln\omega\{\bar{N}_{i,N}\}=-\sum_{i,N}\ln\bar{N}_{i,N}\delta\bar{N}_{i,N}=0 \tag{4.3.6}$$

但受到式(4.3.1)～式(4.3.3)的限制，应该是一个条件极值。

(3) **求条件极值**　与物理化学中麦克斯韦-玻耳兹曼分布的推导类似，采用拉格朗日未定乘数法求条件极值。对式(4.3.1)～式(4.3.3)分别乘以α、β、γ三个未定乘数，与式(4.3.6)相减，得

$$\sum_{i,N}\left(\ln\bar{N}_{i,N}+\alpha+\beta E_{i,N}+\gamma N\right)\delta\bar{N}_{i,N}=0 \tag{4.3.7}$$

由系数为零，可得含有 N 个粒子并处于量子态 i 的标本系统的个数

$$\bar{N}_{i,N}=\exp(-\alpha-\beta E_{i,N}-\gamma N) \tag{4.3.8}$$

(4) **求三个未定乘数**　首先可由条件式(4.3.1)得α、β、γ的关系式，

$$\bar{N}\exp\alpha=\sum_i\exp(-\beta E_{i,N}-\gamma N)=\Xi \tag{4.3.9}$$

Ξ 就是巨正则配分函数。对于乘数β，与麦克斯韦-玻耳兹曼分布类似，利用已知的理想气体的能量，可得$\beta=1/kT$。剩下的第三个乘数γ，需要热力学的帮助。

利用玻耳兹曼关系式，这一巨正则系综的熵为 $\bar{N}S=k\ln\Omega$，Ω为系综的热力学概率，S 为系统的熵，按撷取最大项法，Ω可以用最概然分布的$\omega_{\max}$代替。将式(4.3.8)和式(4.3.9)代入式(4.3.4)，得到熵的表达式：

$$S=k\ln\Omega/\bar{N}\approx k\ln\omega_{\max}/\bar{N}=k\ln\Xi+\langle E\rangle/T+k\gamma\langle N\rangle \tag{4.3.10}$$

在体积不变时，微分式(4.3.10)得

$$(\mathrm{d}S)_V=(\mathrm{d}k\ln\Xi)_V+T^{-1}\mathrm{d}\langle E\rangle+\langle E\rangle\mathrm{d}T^{-1}+k\gamma\mathrm{d}\langle N\rangle+k\langle N\rangle\mathrm{d}\gamma \tag{4.3.11}$$

又由式(4.3.2)、式(4.3.3)、式(4.3.8)和式(4.3.9)，可得

$$\langle E\rangle=\frac{1}{\bar{N}}\sum_{i,N}E_{i,N}\bar{N}_{i,N}=\frac{1}{\Xi}\sum_{i,N}E_{i,N}\exp(-\beta E_{i,N}-\gamma N)=-\left(\frac{\partial\ln\Xi}{\partial\beta}\right)_{V,\gamma} \tag{4.3.12}$$

$$\langle N\rangle=\frac{1}{\bar{N}}\sum_{i,N}N\bar{N}_{i,N}=\frac{1}{\Xi}\sum_{i,N}N\exp(-\beta E_{i,N}-\gamma N)=-\left(\frac{\partial\ln\Xi}{\partial\gamma}\right)_{V,\beta} \tag{4.3.13}$$

已知巨正则系综的性质包括巨配分函数 Ξ 是 T、V、μ的函数，或β、V、μ的函数。

下面将看到γ和μ有对应关系。因此，$\varXi$是V、β和γ的函数，在体积不变时，可写出

$$\left(\mathrm{d}\ln\varXi\right)_V=\left(\frac{\partial\ln\varXi}{\partial\beta}\right)_{V,\gamma}\mathrm{d}\beta+\left(\frac{\partial\ln\varXi}{\partial\gamma}\right)_{V,\beta}\mathrm{d}\gamma=-\langle E\rangle\mathrm{d}\beta-\langle N\rangle\mathrm{d}\gamma \tag{4.3.14}$$

将式(4.3.14)代入式(4.3.11)，得

$$\left(\mathrm{d}S\right)_V=T^{-1}\mathrm{d}\langle E\rangle-k\gamma\mathrm{d}\langle N\rangle \tag{4.3.15}$$

另外，由单组分敞开系统的热力学基本方程

$$\mathrm{d}U=T\mathrm{d}S-p\mathrm{d}V+\mu\mathrm{d}N \tag{4.3.16}$$

注意U即$\langle E\rangle$，$\langle N\rangle=nL$，比较式(4.3.15)和式(4.3.16)，得乘数γ为

$$\mu=\mu'/L=-kT\gamma \tag{4.3.17}$$

这里μ'为热力学中的化学势，μ则为统计力学中按分子计的化学势。

(5) **巨正则配分函数** 将三个已落实的乘数代入式(4.3.9)，得

$$\varXi=\sum_{i,N}\exp\left((N\mu-E_{i,N})/kT\right) \tag{4.3.18}$$

按式(4.2.13)，含有N个粒子的标本系统的正则配分函数为$Q_N=\sum_i\exp(-E_{i,N}/kT)$。巨正则配分函数$\varXi$与$Q_N$则有如下关系式：

$$\varXi=\sum\nolimits_N Q_N\exp(N\mu/kT) \tag{4.3.19}$$

(6) **巨正则分布** 联合式(4.3.8)和式(4.3.9)，得巨正则分布：

$$\bar{N}_{i,N}=\frac{\bar{N}}{\varXi}\exp\left((N\mu-E_{i,N})/kT\right) \tag{4.3.20}$$

$\bar{N}_{i,N}/\bar{N}$为含N个粒子并处于量子态i时的概率$P_{i,N}$。

2. 热力学函数与巨正则配分函数的关系式

对于任意性质B的巨正则系综平均值$\langle B\rangle$，可按式(4.3.20)求取：

$$\langle B\rangle=\frac{1}{\bar{N}}\sum_{i,N}B_{i,N}\bar{N}_{i,N}=\frac{1}{\varXi}\sum_{N=1}^{+\infty}\sum_i B_{i,N}\exp\left((N\mu-E_{i,N})/kT\right) \tag{4.3.21}$$

各热力学函数与巨正则配分函数的关系可进一步导得如下：

$$\langle E\rangle=kT^2\left(\partial\ln\varXi/\partial T\right)_{V,\mu'/kT} \tag{4.3.22}$$

$$S=k\ln\varXi+\langle E\rangle/T-\langle N\rangle\mu/T \tag{4.3.23}$$

$$\langle N\rangle=kT\left(\partial\ln\varXi/\partial\mu\right)_{T,V} \tag{4.3.24}$$

$$A=-kT\ln\varXi+\langle N\rangle\mu,\quad G=\langle N\rangle\mu=n\mu' \tag{4.3.25}$$

$$pV=kT\ln\Xi \tag{4.3.26}$$

类似于式(4.2.18)，还有一个将熵S与概率$P_{i,N}$联系起来的关系式，

$$S = -k\sum_{i,N} P_{i,N} \ln P_{i,N} \tag{4.3.27}$$

3. 各种系综的综述

我们已经比较详细地推导了正则系综和巨正则系综的有关方程。实践中还会遇到其他系综，如恒压系综、恒张力系综等，我们可以按上述两个系综的方法，进行类似的推导。在本节中，我们要将各种系综做一个综述，探讨它们的共同规律，概要地说：分布中有特定的热力学性质的贡献，$-kT\ln$(配分函数)则等于分布中涉及的热力学性质减去 TS。

(1) **正则系综**　符号为$(\ )_{T,V,N}$。每个标本系统具有恒定的温度 T、体积 V 和粒子数 N，代表恒温恒容封闭系统中的一个可能的微观状态。不同标本系统可以有不同的能量，按式(4.2.11)，正则分布为

$$P_j = \frac{\bar{N}_j}{\bar{N}} = \frac{e^{-\beta E_j}}{\sum_j e^{-\beta E_j}} = \frac{e^{-\beta E_j}}{Q} = \frac{e^{-E_j/kT}}{Q}$$

分布 $e^{-E_j/kT}$ 涉及能量。$-kT\ln Q=E-TS=A$，为亥姆霍兹函数，即式(4.2.16)。

(2) **微正则系综**　符号为$(\ )_{E,V,N}$。每个标本系统具有恒定的能量 E、体积 V 和粒子数 N，代表孤立系统中的一个可能的微观状态。可应用第三个基本假定，每一个标本系统出现的概率都相等。推导中不必使用最概然分布的方法，可直接使用所研究系统的热力学概率Ω，它就是标本系统的总数 $\bar{N}$，并可以看作微正则配分函数。分布中不涉及特定的热力学性质。按玻耳兹曼关系式，系统的熵为 $S=k\ln\Omega$，$-kT\ln\Omega=-TS$。

(3) **巨正则系综**　符号用$(\ )_{T,V,N}$。每个标本系统具有恒定的温度 T、体积 V 和化学势 N，代表恒温恒容敞开系统中的一个可能的微观状态。不同标本系统可以有不同的能量和不同的粒子数，按式(4.3.20)，巨正则分布为

$$P_{i,N} = \frac{\bar{N}_{i,N}}{\bar{N}} = \frac{1}{\Xi}\exp\left((N\mu - E_{i,N})/kT\right)$$

分布 $\exp\left((N\mu - E_{i,N})/kT\right)$ 涉及能量和粒子数与化学势的乘积$-N\mu$。$-kT\ln\Xi=E-N\mu-TS=-pV$，即式(4.3.25)。在统计力学中，还定义了**巨势**(grand potential)，符号也用Ω(不要与热力学概率相混淆)，定义式为

$$\Omega = -kT\ln\Xi \tag{4.3.28}$$

$\Omega=E-N\mu-TS=A-G=-pV$。

(4) **恒压系综**　符号为$(\ )_{T,p,N}$。每个标本系统具有恒定的温度 T、压力 p 和粒子数 N，代表恒温恒压封闭系统中的一个可能的微观状态。不同标本系统可以有不同的能量和不同的体积，恒压分布可直接写出

$$P_{i,j}=\frac{\bar{N}_{i,j}}{\bar{N}}=\frac{1}{\varDelta}\exp\left((-pV_j-E_i)/kT\right) \tag{4.3.29}$$

$$\varDelta=\sum_{i,j}\exp\left((-pV_j-E_i)/kT\right) \tag{4.3.30}$$

$\varDelta$**为恒压配分函数**。按上面总结的规律，可直接写出：

$$-kT\ln\varDelta=E+pV-TS=G \tag{4.3.31}$$

即吉布斯函数。

4.4 涨　落

系统处于平衡时，对于某一力学量 B，其微观量 B_j 一般并不等于系综平均值 $\langle B\rangle$，而是在其附近波动，即涨落。它来源于系统中粒子热运动的随机性。涨落强度可用方差 σ_B^2 表示，定义为

$$\begin{aligned}\sigma_B^2&=\sum\nolimits_j(B_j-\langle B\rangle)^2P_j=\sum\nolimits_j B_j^2P_j-2\langle B\rangle\sum\nolimits_j B_jP_j+\langle B\rangle^2\\&=\langle B^2\rangle-\langle B\rangle^2\end{aligned} \tag{4.4.1}$$

式中，$\langle B^2\rangle$是 B^2 的系综平均值。图 4-4 画出两种不同离散程度的分布，其中右面的涨落比左面的大，尽管它们具有相同的系综平均值，右面的方差应比左面的大。

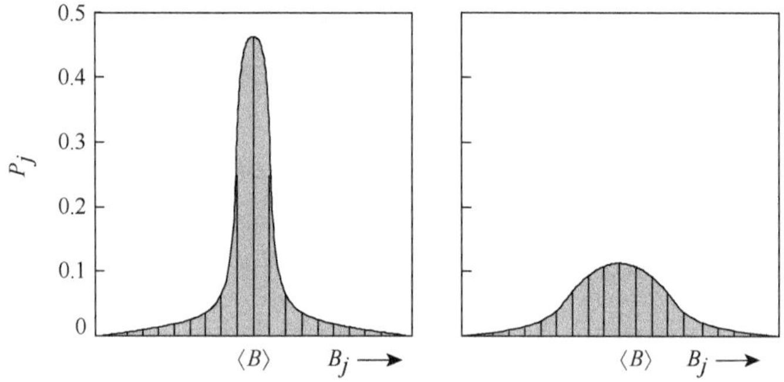

图 4-4　两种不同离散程度的分布

在正则系综中，T、V、N 恒定，能量、压力等有涨落。在巨正则系综中，T、V、μ恒定，粒子数也有涨落。

1. 正则系综

以能量为例，按式(4.2.12)，可得 E 和 E^2 的系综平均值

$$\langle E\rangle=\sum_j E_jP_j=\frac{1}{Q}\sum_j E_j\mathrm{e}^{-\beta E_j}=-\frac{1}{Q}\left(\frac{\partial Q}{\partial\beta}\right)_{V,N} \tag{4.4.2}$$

$$\langle E^2\rangle=\sum_j E_j^2 P_j=\frac{1}{Q}\sum_j E_j^2 \mathrm{e}^{-\beta E_j}=\frac{1}{Q}\left(\frac{\partial^2 Q}{\partial \beta^2}\right)_{V,N} \tag{4.4.3}$$

式中，$\beta=1/kT$。将以上两式代入式(4.4.1)，得能量涨落的方差

$$\begin{aligned}\sigma_E^2&=\langle E^2\rangle-\langle E\rangle^2=\frac{1}{Q}\left(\frac{\partial^2 Q}{\partial \beta^2}\right)_{V,N}+\frac{1}{Q^2}\left(\frac{\partial Q}{\partial \beta}\right)_{V,N}^2\\&=\left(\frac{\partial\langle E\rangle}{\partial \beta}\right)_{V,N}=\left(\frac{\partial\langle E\rangle}{\partial T}\right)_{V,N}\frac{\mathrm{d}T}{\mathrm{d}\beta}=kT^2C_V\end{aligned} \tag{4.4.4}$$

可见能量涨落的方差与温度的平方和比定容热容的乘积成正比。

能量的**相对涨落$\varDelta_E$**可按下式估计

$$\Delta_E=\sqrt{\sigma_E^2}\Big/\langle E\rangle \tag{4.4.5}$$

对于由 N 个单原子分子构成的理想气体，$\langle E\rangle=3NkT/2$，$C_V=3Nk/2$，能量的相对涨落$\varDelta_E$按式(4.4.5)为

$$\varDelta_E=\frac{\sqrt{kT^2\cdot 3Nk/2}}{3NkT/2}=\sqrt{\frac{2}{3N}} \tag{4.4.6}$$

对于 1mol 气体，$N=L=6.022\times10^{23}\,\mathrm{mol^{-1}}$，$\Delta_E\approx10^{-12}$，可见微不足道。然而在临界点附近，热容是发散的，趋于无穷大。按式(4.4.4)，涨落将很大，并于临界点处趋于无穷大。

2. 巨正则系综

(1)**粒子数的涨落**　按式(4.3.19)～式(4.3.21)，注意 $Q_N=\sum_i\exp(-\beta E_{i,N})$，可得

$$\langle N\rangle=\frac{1}{\varXi}\sum_{N=1}^{+\infty}N\exp(\beta\mu N)Q_N=kT\left(\frac{\partial\ln\varXi}{\partial\mu}\right)_{T,V} \tag{4.4.7}$$

$$\langle N^2\rangle=\frac{1}{\varXi}\sum_{N=1}^{+\infty}N^2\exp(\beta\mu N)Q_N=\frac{1}{\varXi}\beta^{-2}\left(\frac{\partial^2\varXi}{\partial\mu^2}\right)_{T,V} \tag{4.4.8}$$

粒子数的相对涨落$\varDelta_N$为

$$\begin{aligned}\varDelta_N&=\frac{\sqrt{\langle N^2\rangle-\langle N\rangle^2}}{\langle N\rangle}=\frac{1}{\beta\langle N\rangle}\sqrt{\frac{1}{\varXi}\frac{\partial^2\varXi}{\partial\mu^2}-\left(\frac{1}{\varXi}\frac{\partial\varXi}{\partial\mu}\right)^2}\\&=\frac{1}{\beta\langle N\rangle}\sqrt{\frac{\partial^2\ln\varXi}{\partial\mu^2}}=\frac{1}{\langle N\rangle}\sqrt{kT\left(\frac{\partial\langle N\rangle}{\partial\mu}\right)_{T,V}}\end{aligned} \tag{4.4.9}$$

由求偏导数的雅可比(Jacobi)公式和热力学的麦克斯韦关系式

$$\left(\frac{\partial\langle N\rangle}{\partial\mu}\right)_{T,V}=\frac{\partial(\langle N\rangle,V,T)}{\partial(\langle N\rangle,p,T)}\frac{\partial(\langle N\rangle,p,T)}{\partial(V,p,T)}\frac{\partial(V,p,T)}{\partial(\mu,V,T)}=-\left(\frac{\partial V}{\partial p}\right)_{T,N}\left(\frac{\partial\langle N\rangle}{\partial V}\right)_{T,p}\left(\frac{\partial p}{\partial\mu}\right)_{T,V} \tag{4.4.10}$$

$$\left(\frac{\partial p}{\partial\mu}\right)_{T,V}=\left(\frac{\partial\langle N\rangle}{\partial V}\right)_{T,\mu}=\left(\frac{\partial\langle N\rangle}{\partial V}\right)_{T,p}=\frac{\langle N\rangle}{V} \tag{4.4.11}$$

可得

$$\left(\frac{\partial\langle N\rangle}{\partial\mu}\right)_{T,V}=-\left(\frac{\partial V}{\partial p}\right)_{T,N}\frac{\langle N\rangle^2}{V^2}=\kappa\frac{\langle N\rangle^2}{V} \tag{4.4.12}$$

代入式(4.4.9)，得粒子数的相对涨落

$$\varDelta_N=\sqrt{\sigma_N^2}\Big/\langle N\rangle=\langle N\rangle^{-1}\sqrt{\langle N^2\rangle-\langle N\rangle^2}=\sqrt{kT\kappa/V} \tag{4.4.13}$$

其中 $\kappa=-(\partial V/\partial p)_T/V$，为**等温压缩系数**。

通常情况下，κ与系统的大小无关，而体积与系统大小成正比，可见粒子数涨落与正则系综中能量的涨落具有相同的数量级。当粒子数很大时，涨落可以忽略，从宏观上看，粒子数几乎不变。然而在临界点附近，κ与系统大小成正比，此时涨落显著，将观察到临界乳光等现象。

(2) **能量的涨落** 类似推导可得能量涨落的方差

$$\sigma_E^2=\langle E^2\rangle-\langle E\rangle^2=kT^2C_V+\left(\langle N^2\rangle-\langle N\rangle^2\right)\left(\frac{\partial\langle E\rangle}{\partial\langle N\rangle}\right)_{T,V}^2 \tag{4.4.14}$$

由此式可以看出，在巨正则系综中，能量的涨落由两部分构成，第一项与正则系综能量涨落的式(4.4.4)相同，另一项则来自由粒子数涨落引起的能量涨落。

应该注意，熵、温度和亥姆霍兹函数不是力学量，它们没有对应的微观量，因而没有涨落的问题。

4.5 维 里 展 开

我们已经介绍了各种系综，其中正则系综最为常用。统计热力学的许多理论方法，归根结底都为了得到各种系综的配分函数的解析表达式。本节介绍的维里展开或集团展开的理论方法，是乌泽尔(H. D. Ursell)和梅逸(J. E. Meyer 和 M. G. Meyer)在 19 世纪 20～30 年代发展的，参见梅逸等的专著[5]。它可以通过配分函数得到 pVT 关系的解析式，适用于低压和中压的气体。

1. 梅逸函数 $f(r_{ij})$

$$f(r_{ij})\overset{\text{def}}{=}\exp\left(-\frac{\varepsilon_{\text{p}}(r_{ij})}{kT}\right)-1 \tag{4.5.1}$$

参见图 4-5。这个函数除了当 $r_{ij}\to0, f(r_{ij})\to-1$；$r_{ij}\to\infty, f(r_{ij})\to0$ 之外，最重要的特点是随 r 增加时，比 ε_p 更快地趋于零，这就使 $f(r_{ij})$ 仅在很小的距离范围内，才有非零值。在这个范围，可以认为分子 i 与分子 j 形成集团。

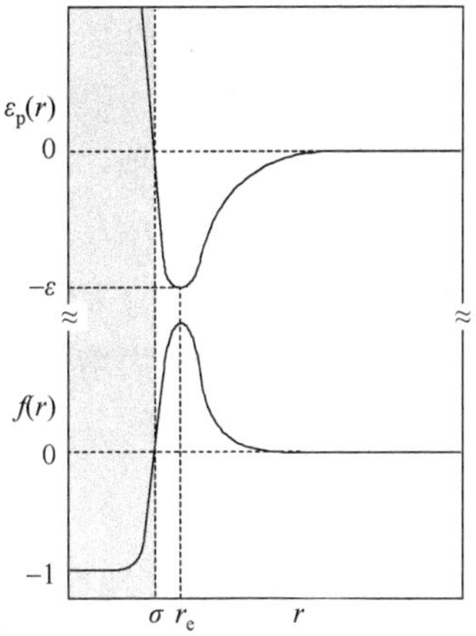

图 4-5　梅逸函数

2. 集团展开

前已述及，可假设系统位能是各分子对相互作用位能之和，将式(4.2.25)推广至含 N 个分子的系统，得 $E_p(\boldsymbol{r}_1,\cdots,\boldsymbol{r}_N)=\sum_{i<j}\varepsilon_p(r_{ij})$，以梅逸函数代入该式，并写成指数函数形式：

$$\begin{aligned}\exp-\frac{E_p(\boldsymbol{r}_1,\cdots,\boldsymbol{r}_N)}{kT}&=\prod_{i<j}\exp-\frac{\varepsilon_p(r_{ij})}{kT}\\&=\prod_{i<j}(1+f_{ij})\end{aligned}\tag{4.5.2}$$

代入正则系综的位形积分式(4.2.23)，得

$$\begin{aligned}Z&=\int\cdots_V\int\prod_{i<j}(1+f_{ij})\mathrm{d}\boldsymbol{r}_1\mathrm{d}\boldsymbol{r}_2\cdots\mathrm{d}\boldsymbol{r}_N\\&=\int\cdots_V\int\left(1+\sum_{i<j}f_{ij}+\sum_{i<j,k<l}f_{ij}f_{kl}+\cdots\right)\mathrm{d}\boldsymbol{r}_1\cdots\mathrm{d}\boldsymbol{r}_N\end{aligned}\tag{4.5.3}$$

式中 $\mathrm{d}\boldsymbol{r}_i=\mathrm{d}x_i\mathrm{d}y_i\mathrm{d}z_i$，表示 i 分子的一个微元。式(4.5.3)称为集团展开，我们来看看它的物理意义。

设系统中只有三个分子 1、2、3，式(4.5.3)可展开为

$$\begin{aligned}Z&=\iiint_V(1+f_{12})(1+f_{13})(1+f_{23})\mathrm{d}\boldsymbol{r}_1\mathrm{d}\boldsymbol{r}_2\mathrm{d}\boldsymbol{r}_3\\&=\iiint_V[1+f_{12}+f_{13}+f_{23}+f_{12}f_{13}+f_{12}f_{23}+f_{13}f_{23}+f_{12}f_{13}f_{23}]\mathrm{d}\boldsymbol{r}_1\mathrm{d}\boldsymbol{r}_2\mathrm{d}\boldsymbol{r}_3\end{aligned}$$

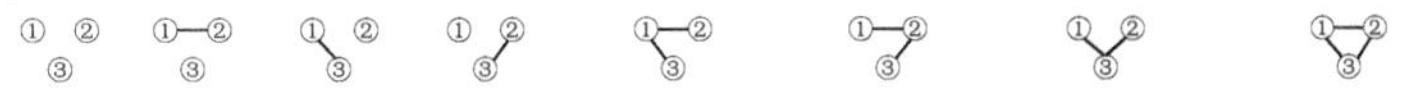

(4.5.4)

式子下面是**图表示**，它形象地用圆圈表示分子，用直线表示集团。其中第一项 $\iiint_V\mathrm{d}\boldsymbol{r}_1\mathrm{d}\boldsymbol{r}_2\mathrm{d}\boldsymbol{r}_3=V^3$，未计入分子间相互作用，分子间没有形成集团。第二项 $\iiint_V f_{12}\mathrm{d}\boldsymbol{r}_1\mathrm{d}\boldsymbol{r}_2\mathrm{d}\boldsymbol{r}_3=V\iint_V f_{12}\mathrm{d}\boldsymbol{r}_1\mathrm{d}\boldsymbol{r}_2$，虽然分子 1 和 2 要在整个空间 V 中运动，但按 f_{12} 的性质，仅当 1 和 2 接近到形成集团的程度，它才有非零值，因此这一项积分即为 1、2 两分子集团的贡献。相应地第三项、第四项分别是 1、3 和 2、3 两分子集团的贡献。第五项 $\iiint_V f_{12}f_{13}\mathrm{d}\boldsymbol{r}_1\mathrm{d}\boldsymbol{r}_2\mathrm{d}\boldsymbol{r}_3$，分子 1、2 和 3 要在整个空间 V 中运动，同

样由于梅逸函数的性质，仅当 1 和 2 以及 1 和 3 同时接近到形成集团的程度，才有非零值，因此这一项积分即为 1、2、3 三分子集团的贡献，但不计 2、3 间相互作用。相应地第六项、第七项、第八项均为三分子集团的贡献，但为不同类型，其中第八项 $\iiint_V f_{12}f_{13}f_{23}\mathrm{d}\boldsymbol{r}_1\mathrm{d}\boldsymbol{r}_2\mathrm{d}\boldsymbol{r}_3$ 同时计及所有三个分子对的相互作用。不难推想，若系统是由 N 个分子构成，则不仅会出现四分子集团、五分子集团、…，而且分子集团的数目也大大增多。总之，一个相倚子系统的位形配分函数，可以看作是大量的不同分子数的分子集团的共同贡献。分子间的相互作用仅体现在集团之内。

3. 维里方程

(1) **集团积分** 现在回到式(4.5.3)，将其代入式(4.2.24) $p=kT\left(\partial\ln\{Z\}/\partial V\right)_{T,N}$ 以获得 pVT 关系。先对式(4.5.3)逐项进行分析。其中第一项

$$\int\cdots_V\int\mathrm{d}\boldsymbol{r}_1\cdots\mathrm{d}\boldsymbol{r}_N=V^N \tag{4.5.5}$$

第二项可做如下化简，

$$\begin{aligned}\int\cdots_V\int\sum_{i<j}f_{ij}\mathrm{d}\boldsymbol{r}_1\cdots\mathrm{d}\boldsymbol{r}_N&=\frac{N(N-1)}{2}\int\cdots_V\int f_{12}\,\mathrm{d}\boldsymbol{r}_1\cdots\mathrm{d}\boldsymbol{r}_N\\&=\frac{N(N-1)}{2}V^{N-2}\iint_V f_{12}\mathrm{d}\boldsymbol{r}_1\mathrm{d}\boldsymbol{r}_2\approx\frac{N^2}{2}V^{N-2}\iint_V f_{12}\mathrm{d}\boldsymbol{r}_1\mathrm{d}\boldsymbol{r}_2\end{aligned} \tag{4.5.6}$$

这是因为一个由 N 个分子构成的系统，应有 $N(N-1)/2$ 个可能的分子对，它们是等效的，因而 $\sum_{i<j}f_{ij}$ 可用 $N(N-1)f_{12}/2\approx N^2f_{12}/2$ 来取代。式(4.5.6)的二重积分还可进一步化简。由于被积函数为 $f(r_{12})=\exp[-\varepsilon_\mathrm{p}(r_{12})/kT]-1$，其中 r_{12} 为分子 1 和分子 2 间的距离，因此，原来用 $\boldsymbol{r}_1$ 和 $\boldsymbol{r}_2$ 来描述这一对分子的运动，可改变为用 $\boldsymbol{r}_1$ 和 r 来描述，r 即 r_{12}，相应地将 $\mathrm{d}\boldsymbol{r}_1$、$\mathrm{d}\boldsymbol{r}_2$ 中的 $\mathrm{d}\boldsymbol{r}_2$ 改为球极坐标的 $4\pi r^2\mathrm{d}r$ 。这样一来，双重积分变为两个单积分之积，$\mathrm{d}\boldsymbol{r}_1$ 的积分即为 V，式(4.5.6)可进一步化简为

$$\begin{aligned}\int\cdots_V\int\sum_{i<j}f_{ij}\mathrm{d}\boldsymbol{r}_1\cdots\mathrm{d}\boldsymbol{r}_N&=\frac{N^2}{2}V^{N-2}\iint_V\left(\left(\exp-\frac{\varepsilon_\mathrm{p}(r)}{kT}\right)-1\right)\mathrm{d}\boldsymbol{r}_1\mathrm{d}\boldsymbol{r}_2\\&=\frac{N^2}{2}V^{N-2}\int_V\mathrm{d}\boldsymbol{r}_1\int_0^\infty\left(\left(\exp-\frac{\varepsilon_\mathrm{p}(r)}{kT}\right)-1\right)4\pi\,r^2\mathrm{d}r\\&=\frac{N^2}{2}V^{N-1}\int_0^\infty\left(\left(\exp-\frac{\varepsilon_\mathrm{p}(r)}{kT}\right)-1\right)4\pi\,r^2\mathrm{d}r=\frac{N^2}{2}V^{N-1}\beta\end{aligned} \tag{4.5.7}$$

其中

$$\beta=4\pi\int_0^\infty\left(\left(\exp-\frac{\varepsilon_\mathrm{p}(r)}{kT}\right)-1\right)r^2\mathrm{d}r \tag{4.5.8}$$

称为**集团积分**（不是 $1/kT$），其数量级约为一个分子的体积，这是因为被积函数仅在分子尺度的短程内才有非零值。但 β 不能忽视，因为在式（4.5.7）中还要乘以 N^2。至于式（4.5.3）的第三项及更高项，将更为复杂。

（2）**位形积分展开**　以式（4.5.5）和式（4.5.7）代入式（4.5.3），得

$$Z = V^N + \frac{N^2}{2}V^{N-1}\beta + \cdots = V^N\left(1 + \frac{N^2}{2V}\beta + \cdots\right) \tag{4.5.9}$$

$$\ln\frac{Z}{V^N} = \ln\left(1 + \frac{N^2}{2V}\beta + \cdots\right) \tag{4.5.10}$$

如假设 $N^2\beta/2V + \cdots \ll 1$，将此对数项展开并仅取首项

$$\ln\frac{Z}{V^N} \approx \frac{N^2}{2V}\beta + \cdots \tag{4.5.11}$$

将式（4.5.11）代入式（4.2.24），得

$$\begin{aligned} p &= kT\frac{\partial}{\partial V}\left(N\ln\{V\} + \frac{N^2}{2V}\beta + \cdots\right) \\ &= \frac{NkT}{V}\left(1 - \frac{N\beta}{2V} + \cdots\right) = \frac{RT}{V_{\mathrm{m}}}\left(1 + \frac{B}{V_{\mathrm{m}}} + \cdots\right) \end{aligned} \tag{4.5.12}$$

式中，V_{m} 是摩尔体积，$V_{\mathrm{m}} = VL/N$；$R = kL$；

$$B = -\frac{L\beta}{2} = -2\pi L\int_0^{\infty}\left(\left(\exp - \frac{\varepsilon_{\mathrm{p}}(r)}{kT}\right) - 1\right)r^2\mathrm{d}r \tag{4.5.13}$$

B 称为**第二维里系数**，它取决于位能函数 $\varepsilon_{\mathrm{p}}(r)$。例如，将式（4.2.26）代入，可得到伦纳德-琼斯分子或有吸引力的硬球分子的第二维里系数，其中将包括能量参数 ε 以及尺寸参数 σ。

（3）**维里方程**　严格推导应采用巨正则系综，可参阅参考书[2]的第 40 章，其中较详细地讨论了图表示。所得 pVT 关系的状态方程为

$$p = \frac{RT}{V_{\mathrm{m}}}\left(1 + \frac{B}{V_{\mathrm{m}}} + \frac{C}{V_{\mathrm{m}}^2} + \frac{D}{V_{\mathrm{m}}^3} + \cdots\right) \tag{4.5.14}$$

式中，B、C、D、… 分别称为第二、第三、第四、… 维里系数，它们分别大致对应于两分子集团、三分子集团、四分子集团、… 的相互作用，并且都有一定的用位能函数 ε_{p} 表示的关系式。这个方程称为维里方程，它是统计热力学的一个很大的成功，因为它将分子间相互作用的微观特性即位能函数 ε_{p} 与宏观的 pVT 关系联系起来，并且得到了解析式。

如果式(4.5.12)和式(4.5.14)右边括号内仅保留前两项，即略去第二维里系数以后各项的维里方程，适用于低压气体。然而应该指出，式(4.5.12)的推导是不严格的，所引入的假设，即 $N^2\beta/(2V)+\cdots\ll 1$，非常牵强，它是未经证实并且难以证实的。但是式(4.5.13)的第二维里系数却与严格推导的结果一致。这是假定所引入的误差侥幸相消之故。

维里方程可应用于中等压力下的气体，维里系数的级数当然应用得越高越好，但通常采用至第三维里系数，很少用第四以后的维里系数。对于高压气体和液体，维里方程并不适用，因为在密度较高的情况下，式(4.5.14)有随着级数升高而发散的趋势。

维里展开或集团展开作为一种方法，在其他模型如格子模型中也得到应用。如采用有吸引力的硬球模型，做一些合理的简化，可以导得范德华方程和其他的立方型方程。

4.6　分布函数理论

对于稠密流体或液体，密度更接近于晶体。因此，作为研究晶体的有效手段——X 射线散射，也同样能够用来研究液体。分布函数理论就是以 X 射线对液体的散射实验结果作为依据，从中引出分布函数的概念，借助于系综理论，能够与流体的热力学函数及状态方程相关联。

1. 径向分布函数

实验现象　如果均匀液体中分子的分布是随机的，那么，与某一指定分子相距为 r 处的局部数密度 $\rho(r)$，应与液体的平均数密度 $\rho=N/V$ 相同。实验测得液态氩的 X 射线散射的结果，却在 r 较小时有着明显的起落。这说明在分子间力的作用下，$\rho(r)$ 是 r 的函数。

径向分布函数　定义为某指定分子相距 r 处的 $\rho(r)$ 与 ρ 之比

$$g(r)\overset{\text{def}}{=\!=}\frac{\rho(r)}{\rho}\tag{4.6.1}$$

$g(r)$ 正比于与某指定分子相距 r 处，其他分子出现的概率。图 4-6 是 LJ(6-12)流体(遵守伦纳德-琼斯 6-12 位能函数的流体)的径向分布函数随 r 的变化。图中 MD 是分子动态学模拟结果，HNC 和 PY 是理论计算值，参见 4.7 节。$g(r)$ 具有如下特征：当 r 小于分子的碰撞直径 σ 时，$g(r)$ 迅速变为零，这是由于分子间的强大排斥力。在 r 较小的区域则出现了若干局部数密度较高和较低的极值，相应称为第一、第二、… 配位圈，反映了液体中分子分布的近程有序。极值随 r 增大迅速衰减，有序排列随距离增大很快消失，$g(r)$ 逐步变为 1，局部数密度 $\rho(r)$ 趋于平均数密度 ρ，表现为远程无序。

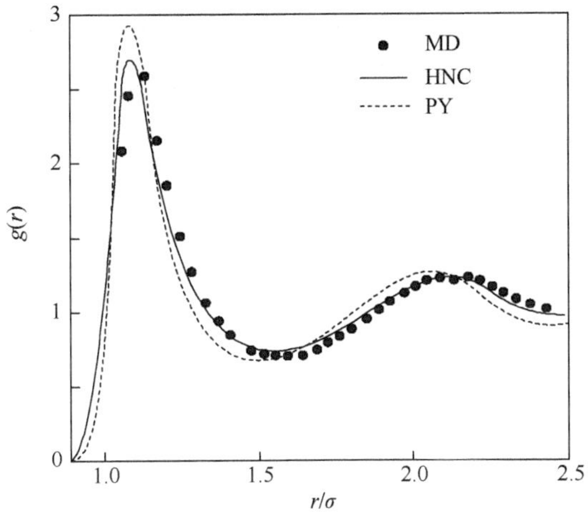

图 4-6　LJ(6-12)流体的径向分布函数曲线(kT/ε=0.827，$\rho\sigma^3$=0.75)

2. 二重分布函数

在正则分布中，已给出标本系统处于某微观状态 j 时的概率，即式(4.2.11)，$P_j=Q^{-1}\exp(-E_j/kT)$，我们可由此出发来研究 $g(r)$。由于 $g(r)$ 关系到两个分子在空间的相对位置，而并不考虑分子的动能和内部运动能量，因此在式(4.2.11)中，我们可以用位能 E_p 取代系统的能量 E，相应地用位形积分 Z 取代正则配分函数 Q。另外，在相空间中分子的位置应是一个微元，而不是一个点。

N 重标明分布函数　对于一个有 N 个分子的系统，当分子 1 处于 $\boldsymbol{r}_1$ 处的 $\mathrm{d}\boldsymbol{r}_1$ 微元中，分子 2 处于 $\boldsymbol{r}_2$ 处的 $\mathrm{d}\boldsymbol{r}_2$ 微元中，…，分子 N 处于 $\boldsymbol{r}_N$ 处的 $\mathrm{d}\boldsymbol{r}_N$ 微元中，其概率应为

$$P^{(N)}(\boldsymbol{r}_1,\boldsymbol{r}_2,\cdots,\boldsymbol{r}_N)\mathrm{d}\boldsymbol{r}_1\mathrm{d}\boldsymbol{r}_2\cdots\mathrm{d}\boldsymbol{r}_N=\frac{1}{Z}\exp\left(-\frac{E_\mathrm{p}(\boldsymbol{r}_1,\boldsymbol{r}_2,\cdots,\boldsymbol{r}_N)}{kT}\right)\mathrm{d}\boldsymbol{r}_1\mathrm{d}\boldsymbol{r}_2\cdots\mathrm{d}\boldsymbol{r}_N \quad (4.6.2)$$

式中，$P^{(N)}(\boldsymbol{r}_1, \boldsymbol{r}_2, \cdots, \boldsymbol{r}_N)$称为 N 重标明分布函数，它是 N 个可区别分子处在各自特定位置上的概率密度，乘以微元 $\mathrm{d}\boldsymbol{r}_1, \mathrm{d}\boldsymbol{r}_2, \cdots, \mathrm{d}\boldsymbol{r}_N$ 即为概率。“标明”即可区别之意。

二重分布函数　现研究一对分子 1 和 2，当分子 1 处于 $\boldsymbol{r}_1$ 处的 $\mathrm{d}\boldsymbol{r}_1$ 中，分子 2 处于 $\boldsymbol{r}_2$ 处的 $\mathrm{d}\boldsymbol{r}_2$ 中时，其概率是多少。这只要将式(4.6.2)中所有其余的分子 3、4、…、N 在整个体积 V 中积分即得

$$\begin{aligned}P^{(2)}(\boldsymbol{r}_1,\boldsymbol{r}_2)\mathrm{d}\boldsymbol{r}_1\mathrm{d}\boldsymbol{r}_2&=\left(\int\underset{V}{\cdots}\int P(\boldsymbol{r}_1,\cdots,\boldsymbol{r}_N)\mathrm{d}\boldsymbol{r}_3\cdots\mathrm{d}\boldsymbol{r}_N\right)\mathrm{d}\boldsymbol{r}_1\mathrm{d}\boldsymbol{r}_2\\&=\left(\int\underset{V}{\cdots}\int\exp(-E_\mathrm{p}(\boldsymbol{r}_1,\cdots,\boldsymbol{r}_N)/kT)\mathrm{d}\boldsymbol{r}_3\cdots\mathrm{d}\boldsymbol{r}_N\Big/Z\right)\mathrm{d}\boldsymbol{r}_1\mathrm{d}\boldsymbol{r}_2\end{aligned} \quad (4.6.3)$$

式中，$P^{(2)}(\boldsymbol{r}_1, \boldsymbol{r}_2)$称为**二重标明分布函数**(如无误解，上标$^{(2)}$也可以不用)，它是两

个可区别的分子处在各自特定位置上的概率密度。如果并不计较处于 $\boldsymbol{r}_1$ 和 $\boldsymbol{r}_2$ 处的是哪两个分子，即不计分子的标号，这时概率将增大 $N(N-1)\approx N^2$ 倍

$$\rho^{(2)}(\boldsymbol{r}_1,\boldsymbol{r}_2)\mathrm{d}\boldsymbol{r}_1\mathrm{d}\boldsymbol{r}_2 = N(N-1)P^{(2)}(\boldsymbol{r}_1,\boldsymbol{r}_2)\mathrm{d}\boldsymbol{r}_1\mathrm{d}\boldsymbol{r}_2 \approx N^2P^{(2)}(\boldsymbol{r}_1,\boldsymbol{r}_2)\mathrm{d}\boldsymbol{r}_1\mathrm{d}\boldsymbol{r}_2 \tag{4.6.4}$$

式中，$\rho^{(2)}(\boldsymbol{r}_1, \boldsymbol{r}_2)$[或$\rho(\boldsymbol{r}_1, \boldsymbol{r}_2)$]称为**二重分布函数**。它是不计标号的任意两个分子处在某特定位置上的概率密度。量子力学中也有二重分布函数，参见式(2.5.12)，它与式(4.6.3)和式(4.6.4)是一致的，只是用$|\psi|^2$表示概率密度，在统计力学的正则系综中，则用 $\exp(-E_\mathrm{p}/kT)/Z$ 表示概率密度。

在巨正则系综中，二重分布函数可类似于式(4.6.3)和式(4.6.4)写出：

$$\rho^{(2)}(\boldsymbol{r}_1,\boldsymbol{r}_2) = \frac{1}{\Xi}\sum_{N=0}^{+\infty}\frac{\exp(\beta\mu N)N(N-1)}{N!\Lambda^{3N}}\int\exp\left(-\beta E_\mathrm{p}(\boldsymbol{r}^N)\right)\mathrm{d}\boldsymbol{r}^{N-2} \tag{4.6.5}$$

式中，Ξ 是巨正则配分函数[式(4.3.18)和式(4.3.19)]；Λ是德布罗意热波长［式(4.2.22)］；$\beta=1/kT$；$\mathrm{d}\boldsymbol{r}^{N-2}=\mathrm{d}\boldsymbol{r}_3,\mathrm{d}\boldsymbol{r}_4,\cdots,\mathrm{d}\boldsymbol{r}_N$ 。

二重分布函数与径向分布函数的关系 当我们首先在 $\boldsymbol{r}_1$ 处的微元 $\mathrm{d}\boldsymbol{r}_1$ 中找到一个分子时，其概率应为$\rho\mathrm{d}\boldsymbol{r}_1$，$\rho$是平均数密度。而在相距为 $\boldsymbol{r}$ 的 $\boldsymbol{r}_2$ 处的微元 $\mathrm{d}\boldsymbol{r}_2$ 中找到另一个分子时，其概率则为$\rho(\boldsymbol{r})\mathrm{d}\boldsymbol{r}_2$，$\rho(\boldsymbol{r})$为以第一个分子为中心相距为 $\boldsymbol{r}$ 处的局部密度。总的概率为$\rho\rho(\boldsymbol{r})\mathrm{d}\boldsymbol{r}_1\mathrm{d}\boldsymbol{r}_2$。与式(4.6.4)相较，并按式(4.6.1)引入径向分布函数 $g(r)$，得

$$g(r) = \frac{\rho(r)}{\rho} = \frac{\rho^{(2)}(\boldsymbol{r}_1,\boldsymbol{r}_2)}{\rho^2} = P^{(2)}(\boldsymbol{r}_1,\boldsymbol{r}_2)V^2 \tag{4.6.6}$$

此式将 $g(r)$即 $g^{(2)}(\boldsymbol{r}_1, \boldsymbol{r}_2)$与$\rho^{(2)}(\boldsymbol{r}_1, \boldsymbol{r}_2)$和 $P^{(2)}(\boldsymbol{r}_1, \boldsymbol{r}_2)$联系起来。将式(4.6.3)代入，得

$$g(r) = V^2Z^{-1}\int\cdots_V\int\exp\left(-E_\mathrm{p}(\boldsymbol{r}_1,\cdots,\boldsymbol{r}_N)/kT\right)\mathrm{d}\boldsymbol{r}_3\cdots\mathrm{d}\boldsymbol{r}_N \tag{4.6.7}$$

式中，$r=|\boldsymbol{r}_1-\boldsymbol{r}_2|$。式(4.6.7)使我们可以由作为微观特性的位能函数，利用正则分布，从理论上求得径向分布函数。

3. 径向分布函数与热力学性质的关系

(1)**能量方程** 如果只考虑外部运动能量，即平动能 E_t 和位能 E_p，

$$E = \langle E\rangle = \langle E_\mathrm{t}\rangle + \langle E_\mathrm{p}\rangle = 3NkT/2 + \langle E_\mathrm{p}\rangle \tag{4.6.8}$$

按对加和性的式(4.2.25)，位能可表达为

$$\left\langle E_\mathrm{p}\right\rangle = \left\langle\sum_{i<j}\varepsilon_\mathrm{p}(r_{ij})\right\rangle = \frac{N(N-1)}{2}\left\langle\varepsilon_\mathrm{p}(r_{12})\right\rangle \tag{4.6.9}$$

这里的$\langle\varepsilon_\mathrm{p}(r_{12})\rangle$是已指明的一对分子的平均位能，可用二重标明分布函数计算

$$\langle \varepsilon_{\mathrm{p}}(r_{12}) \rangle = \iint_V \varepsilon_{\mathrm{p}}(r_{12}) P(\boldsymbol{r}_1, \boldsymbol{r}_2) \mathrm{d}\boldsymbol{r}_1 \mathrm{d}\boldsymbol{r}_2 \tag{4.6.10}$$

将径向分布函数的式(4.6.6)代入，得

$$\begin{aligned}\langle \varepsilon_{\mathrm{p}}(r_{12}) \rangle &= V^{-2} \iint_V \varepsilon_{\mathrm{p}}(r_{12}) g(r_{12}) \mathrm{d}\boldsymbol{r}_1 \mathrm{d}\boldsymbol{r}_2 = V^{-2} \int_V \mathrm{d}\boldsymbol{r}_1 \int \varepsilon_{\mathrm{p}}(r) g(r) 4\pi r^2 \mathrm{d}r \\ &= V^{-1} \int_0^{\infty} \varepsilon_{\mathrm{p}}(r) g(r) 4\pi r^2 \mathrm{d}r\end{aligned} \tag{4.6.11}$$

推导中将 $\mathrm{d}\boldsymbol{r}_2$ 变为球极坐标的 $4\pi r^2 \mathrm{d}r$ 。将式(4.6.11)代入式(4.6.9)和式(4.6.8)，并考虑到 $N(N-1) \approx N^2$，得

$$E = \frac{3}{2} NkT + \frac{N^2}{2V} \int_0^{\infty} \varepsilon_{\mathrm{p}}(r) g(r) 4\pi r^2 \mathrm{d}r \tag{4.6.12}$$

这就是外部运动能量与 $g(r)$的关系式，称为能量方程。

(2) **压缩性方程**　由径向分布函数可以导出状态方程。将巨正则系综的二重分布函数式(4.6.5)对于坐标积分，可得

$$\iint \rho(\boldsymbol{r}_1, \boldsymbol{r}_2) \mathrm{d}\boldsymbol{r}_1 \mathrm{d}\boldsymbol{r}_2 = \langle N^2 \rangle - \langle N \rangle \tag{4.6.13}$$

在均匀系统中有

$$4\pi V \rho^2 \int_0^{\infty} r^2 g(r) \mathrm{d}r = \langle N^2 \rangle - \langle N \rangle \tag{4.6.14}$$

将式(4.4.13) $\langle N \rangle^{-1} \sqrt{\langle N^2 \rangle - \langle N \rangle^2} = \sqrt{kT\kappa/V}$ ，$\kappa = -(\partial V/\partial p)_T / V$ 代入，得压缩性方程

$$-\rho kT V^{-1} \left(\partial V/\partial p\right)_{T,N} = 1 + 4\pi\rho \int_0^{\infty} r^2 \left(g(r) - 1\right) \mathrm{d}r \tag{4.6.15}$$

(3) **压力方程**　假设了对加和性，还可以导出状态方程的另一个表达式，称为压力方程，见参考书[8]的 13-3 或参考书[9]的第 39 章。方程如下：

$$\frac{p}{\rho kT} = 1 - \frac{2\pi\rho}{3kT} \int_0^{+\infty} g(r) r^3 \frac{\partial \varepsilon_{\mathrm{p}}(r)}{\partial r} \mathrm{d}r \tag{4.6.16}$$

与维里方程的关系　在 4.5 节中已导得维里方程(4.5.14)，现在来讨论它与式(4.6.16)的关系。先将式(4.5.14)改写为

$$p/kT = \rho + \rho^2 B_2(T) + \rho^3 B_3(T) + \rho^4 B_4(T) + \cdots \tag{4.6.17}$$

式中 $B_2(T)$、$B_3(T)$、$B_4(T)$分别为第二、第三、第四维里系数，相当于式(4.5.14)中的 B、C、D。已知径向分布函数是 r、ρ、T 的函数，在一定温度下可按密度ρ展开为

$$g(r,\rho,T) = g_0(r,T) + \rho g_1(r,T) + \rho^2 g_2(r,T) + \cdots \tag{4.6.18}$$

代入式(4.6.16)，得

$$\frac{p}{kT} = \rho - \frac{\rho^2}{6kT} \sum_{j=0}^{\infty} \rho^j \int_0^{+\infty} r g_j(r,T) \frac{\partial \varepsilon_{\mathrm{p}}(r)}{\partial r} 4\pi r^2 \mathrm{d}r \tag{4.6.19}$$

与式(4.6.17)相比较，可得维里系数与径向分布函数的关系：

$$B_{j+2}(T)=-\frac{1}{6kT}\int_0^{+\infty} rg_j(r,T)\frac{\partial \varepsilon_{\mathrm{p}}(r)}{\partial r}4\pi r^2\mathrm{d}r \tag{4.6.20}$$

有趣的是，通过 $B_2(T)$，可以看到 $g_0(r, T)$的一个重要特点。式(4.5.13)已经给出 B，注意 $B_2(T)=B/L$，因而有

$$B_2(T)=-2\pi\int_0^{\infty}\left(\left(\exp-\frac{\varepsilon_{\mathrm{p}}(r)}{kT}\right)-1\right)r^2\mathrm{d}r \tag{4.6.21}$$

可以证明，式(4.6.21)与式(4.6.22)等价

$$B_2(T)=-\frac{1}{6kT}\int_0^{\infty} r\frac{\mathrm{d}\varepsilon_{\mathrm{p}}(r)}{\mathrm{d}r}\left(\exp-\frac{\varepsilon_{\mathrm{p}}(r)}{kT}\right)4\pi r^2\mathrm{d}r \tag{4.6.22}$$

与式(4.6.20)比较可得

$$g_0(r,T)=\exp\left(-\varepsilon_{\mathrm{p}}(r)/kT\right) \tag{4.6.23}$$

由式(4.6.18)可知，$g_0(r, T)$是$\rho\to 0$ 时的 $g(r, T)$，因此，理想气体的径向分布函数等于 $\exp[-\varepsilon_{\mathrm{p}}(r)/kT]$。

压缩性方程和压力方程都是直接由系综原理导出的状态方程，并未引入任何假定，它们是精确的方程。

(4) **化学势**　上面已经得到能量 E 和压力 p 与径向分布函数的关系，E 和 p 都是力学量。现在推导非力学量与径向分布函数的关系，一个直接的做法是利用热力学。例如，利用吉布斯-亥姆霍兹方程

$$\left(\frac{\partial\ (A/T)}{\partial(1/T)}\right)_V=E \tag{4.6.24}$$

以式(4.6.12)的能量方程代入，通过对温度的积分，原则上可以得到亥姆霍兹函数 A，并由此得到所有其他的非力学量 S、G、μ等。但这样做需要知道径向分布函数与温度的关系，而现在我们并不知道这种关系。

引入偶合参数　下面介绍另一种有效的方法，即引入偶合参数的方法，参见科恩-沈方法的式(3.3.10)。以化学势μ为例进行推导。设偶合参数为ξ，由 0 到 1，通过$\xi\varepsilon_{\mathrm{p}}(r_{1j})$，以调节某分子 1 与其他分子 j 之间的相互作用能。整个系统的位能 E_{p} 与ξ有关

$$E_p(\boldsymbol{r}_1,\cdots,\boldsymbol{r}_N,\xi)=\sum_{j=2}^{N}\xi\varepsilon_{\mathrm{p}}(\boldsymbol{r}_{1j})+\sum_{2\leqslant i<j\leqslant N}\varepsilon_{\mathrm{p}}(\boldsymbol{r}_{ij}) \tag{4.6.25}$$

通过ξ由 0 到 1 的调节，我们可以使分子 1 进出系统。当ξ=0 时，系统中有 N−1 个分子；当ξ=1 时，系统中有 N 个分子；当ξ=ξ时，分子 1 以程度ξ偶合于系统中。

由于 N 是一个大数，我们可以很严格地为化学势写出：

$$\mu=\left(\partial A/\partial N\right)_{V,T}=A(N,V,T)-A(N-1,V,T) \tag{4.6.26}$$

按式(4.2.16)和式(4.2.20)，略去内部运动的贡献，亥姆霍兹函数 A 可用式(4.2.23)位形积分 Z 表达：

$$\begin{aligned} A(N,V,T) &= -kT(\ln Z_N - \ln N! - 3N\ln\Lambda) \\ A(N-1,V,T) &= -kT\left(\ln Z_{N-1} - \ln(N-1)! - 3(N-1)\ln\Lambda\right) \end{aligned} \tag{4.6.27}$$

代入式(4.6.26)，得

$$\mu = -kT\left(\ln(Z_N/Z_{N-1}) - \ln N - 3\ln\Lambda\right) \tag{4.6.28}$$

其中 Z_N 即 $Z_N(\xi=1)$，Z_{N-1} 则为 $VZ_N(\xi=0)$，乘以 V 来自 Z 对 $\mathrm{d}\boldsymbol{r}_1$ 的积分。

$$\ln\frac{Z_N}{Z_{N-1}} = \ln\frac{Z_N(\xi=1)}{Z_N(\xi=0)} + \ln V = \ln V + \int_0^1\left(\frac{\partial \ln Z_N}{\partial \xi}\right)\mathrm{d}\xi \tag{4.6.29}$$

按式(4.2.23)，得

$$Z_N(\xi) = \int\underset{V}{\cdots}\int \exp\left(-E_{\mathrm{p}}(\boldsymbol{r}_1,\cdots,\boldsymbol{r}_N,\xi)/kT\right)\mathrm{d}\boldsymbol{r}_1\cdots\mathrm{d}\boldsymbol{r}_N \tag{4.6.30}$$

由式(4.6.25)和(4.6.30)，得

$$\frac{\partial Z_N(\xi)}{\partial \xi} = -\frac{1}{kT}\int\underset{V}{\cdots}\int \exp\left(-E_{\mathrm{p}}(\boldsymbol{r}_1,\cdots,\boldsymbol{r}_N,\xi)/kT\right)\sum_{j=2}^{N}\varepsilon_{\mathrm{p}}(r_{1j})\mathrm{d}\boldsymbol{r}_1\cdots\mathrm{d}\boldsymbol{r}_N \tag{4.6.31}$$

除以 $Z_N(\xi)$，并将求和中的 N–1 个相同的积分汇集，可得

$$\begin{aligned} \frac{\partial \ln Z_N(\xi)}{\partial \xi} &= -\frac{1}{NkT}\iint_V \varepsilon_{\mathrm{p}}(r_{12})\rho^{(2)}(\boldsymbol{r}_1,\boldsymbol{r}_2,\xi)\mathrm{d}\boldsymbol{r}_1\mathrm{d}\boldsymbol{r}_2 \\ &= -(\rho/kT)\int_0^\infty \varepsilon_{\mathrm{p}}(r)g(r,\xi)4\pi r^2\mathrm{d}r \end{aligned} \tag{4.6.32}$$

代入式(4.6.29)和式(4.6.28)，得化学势 μ 与径向分布函数的关系式

$$\mu = kT\ln\rho\Lambda^3 + \rho\int_0^1\int_0^\infty \varepsilon_{\mathrm{p}}(r)g(r,\xi)4\pi r^2\mathrm{d}r\mathrm{d}\xi \tag{4.6.33}$$

现在原则上可以求得所有的热力学性质。但还剩下一个问题，如何得到径向分布函数 $g(r)$ 或 $g(r,\xi)$，这正是分布函数理论最核心之处。

4.7 积分方程

分布函数理论中求取分布函数的方法，最基本的就是建立积分方程。下面介绍几种常见的积分方程方法。

1. 伊冯-玻恩-格林积分方程[11]

从 h 重分布函数 $\rho^{(h)}$ 出发。由 N 重标明分布函数的式(4.6.2)可得

$$\rho^{(h)}(\boldsymbol{r}_1,\cdots,\boldsymbol{r}_h) = \frac{N!}{(N-h)!Z}\int\cdots\int \exp\left(-\frac{E_{\mathrm{p}}(\boldsymbol{r}_1,\cdots,\boldsymbol{r}_N)}{kT}\right)\mathrm{d}\boldsymbol{r}_{h+1}\cdots\mathrm{d}\boldsymbol{r}_N \tag{4.7.1}$$

由式可见，如对 $\mathrm{d}\boldsymbol{r}_h$ 积分，就得到 h–1 重分布函数 $\rho^{(h-1)}$，反之，求导可得到 h+1

重分布函数$\rho^{(h+1)}$。现将此式对 $\boldsymbol{r}_i$ 求导，得

$$-kT(N-h)!\frac{\partial\rho^{(h)}}{\partial\boldsymbol{r}_i}=\frac{N!}{Z}\int\cdots\int\sum_{j=1}^{N}\frac{\partial\varepsilon_{\mathrm{p}}(\boldsymbol{r}_i,\boldsymbol{r}_j)}{\partial\boldsymbol{r}_i}\exp\left(-\frac{E_{\mathrm{p}}}{kT}\right)\mathrm{d}\boldsymbol{r}_{h+1}\cdots\mathrm{d}\boldsymbol{r}_N \tag{4.7.2}$$

将式中求和项$\sum$分为 1～h 和 h+1～N 两部分，变换后可得

$$kT\frac{\partial\rho^{(h)}}{\partial\boldsymbol{r}_i}=-\rho^{(h)}\sum_{j=1}^{h}\frac{\partial\varepsilon_{\mathrm{p}}(\boldsymbol{r}_i,\boldsymbol{r}_j)}{\partial\boldsymbol{r}_i}-\int\frac{\partial\varepsilon_{\mathrm{p}}(\boldsymbol{r}_i,\boldsymbol{r}_{h+1})}{\partial\boldsymbol{r}_i}\rho^{(h+1)}\mathrm{d}\boldsymbol{r}_{h+1} \tag{4.7.3}$$

式(4.7.3)将$\rho^{(h)}$和$\rho^{(h+1)}$关联起来。如 i=1，h=2，有

$$kT\frac{\partial\ln\rho^{(2)}(\boldsymbol{r}_1,\boldsymbol{r}_2)}{\partial\boldsymbol{r}_1}=-\frac{\partial\varepsilon_{\mathrm{p}}(\boldsymbol{r}_1,\boldsymbol{r}_2)}{\partial\boldsymbol{r}_1}-\int\frac{\partial\varepsilon_{\mathrm{p}}(\boldsymbol{r}_1,\boldsymbol{r}_3)}{\partial\boldsymbol{r}_1}\frac{\rho^{(3)}(\boldsymbol{r}_1,\boldsymbol{r}_2,\boldsymbol{r}_3)}{\rho^{(2)}(\boldsymbol{r}_1,\boldsymbol{r}_2)}\mathrm{d}\boldsymbol{r}_3 \tag{4.7.4}$$

这一方程称为伊冯(J. Yvon)-玻恩(M. Born)-格林(H. S. Green)积分方程(YBG)。由式可见，如果知道$\rho^{(3)}$，就可求得$\rho^{(2)}$，而为了知道$\rho^{(3)}$，需要$\rho^{(4)}$，以此类推，可见，方程是非封闭的。需要再加一个独立的式子使之封闭，才能得到结果。

最方便的是采用柯克伍德(J. G. Kirkwood)迭加近似

$$\rho^{(3)}(\boldsymbol{r}_1,\boldsymbol{r}_2,\boldsymbol{r}_3)=\rho^{(2)}(\boldsymbol{r}_1,\boldsymbol{r}_2)\rho^{(2)}(\boldsymbol{r}_2,\boldsymbol{r}_3)\rho^{(2)}(\boldsymbol{r}_1,\boldsymbol{r}_3)/\rho^3 \tag{4.7.5}$$

代入式(4.7.4)，得到的结果称为伊冯-玻恩-格林式，或称 YBG 式。

柯克伍德积分方程[12]　和 YBG 式类似，但对偶合参数ξ求导。与式(4.7.4)对应的是

$$-kT\ln g^{(2)}(\boldsymbol{r}_1,\boldsymbol{r}_2,\xi)=\xi\varepsilon_{\mathrm{p}}(\boldsymbol{r}_1,\boldsymbol{r}_2)+\rho\int_0^{\xi}\int_V\varepsilon_{\mathrm{p}}(\boldsymbol{r}_1,\boldsymbol{r}_3)\left(\frac{g^{(3)}(\boldsymbol{r}_1,\boldsymbol{r}_2,\boldsymbol{r}_3,\xi)}{g^{(2)}(\boldsymbol{r}_1,\boldsymbol{r}_2,\xi)}-g^{(2)}(\boldsymbol{r}_1,\boldsymbol{r}_3,\xi)\right)\mathrm{d}\boldsymbol{r}_3\mathrm{d}\xi \tag{4.7.6}$$

称为柯克伍德积分方程。同样采用柯克伍德迭加近似

$$g^{(3)}(\boldsymbol{r}_1,\boldsymbol{r}_2,\boldsymbol{r}_3)=g^{(2)}(\boldsymbol{r}_1,\boldsymbol{r}_2)g^{(2)}(\boldsymbol{r}_2,\boldsymbol{r}_3)g^{(2)}(\boldsymbol{r}_1,\boldsymbol{r}_3) \tag{4.7.7}$$

2. 奥恩斯坦-策尼克积分方程

(1)**总相关函数**　符号采用 $h(\boldsymbol{r}_1, \boldsymbol{r}_2)$，定义为

$$h(\boldsymbol{r}_1,\boldsymbol{r}_2)=h(r)=g(\boldsymbol{r}_1,\boldsymbol{r}_2)-1=g(r)-1 \tag{4.7.8}$$

它就是式(2.5.17)定义的 $h(\boldsymbol{\tau}_1, \boldsymbol{\tau}_2)$，与式(2.5.20)定义的交换相关空穴 $h_{\mathrm{xc}}(\boldsymbol{\tau}_1, \boldsymbol{\tau}_2)=\rho(\boldsymbol{\tau}_2)h(\boldsymbol{\tau}_1, \boldsymbol{\tau}_2)$密切相关。$-h_{\mathrm{xc}}(\boldsymbol{\tau}_1, \boldsymbol{\tau}_2)$是当一个电子在$\boldsymbol{\tau}_1$时，在$\boldsymbol{\tau}_2$处排除一个电子的概率，即造成一个空穴的概率。

在统计力学中，为什么要引入 h。在 4.6 节一开始就指出，分布函数理论是以 X 射线对液体的散射实验结果作为依据的。当电磁波通过连续介质时，在一定的散射角θ下的散射强度与入射强度之比 $P(\theta)$为

$$P(\theta)\propto\int(g(r)-1)\mathrm{e}^{\mathrm{i}\boldsymbol{s}\cdot\boldsymbol{r}}\mathrm{d}\boldsymbol{r} \tag{4.7.9}$$

式中，$|\boldsymbol{s}|=s=(4\pi/\lambda)\sin(\theta/2)$，$\lambda$是波长。由式可见，$P(\theta)$正比于 $h(r)=g(r)-1$ 的傅里叶变换，后者乘以密度ρ，称为**静态结构因子**，符号为 $\hat{h}(s)$

$$\hat{h}(s)=\rho\int h(r)\mathrm{e}^{\mathrm{i}s\cdot r}\mathrm{d}\boldsymbol{r} \tag{4.7.10}$$

(2) **奥恩斯坦**(L.S. Ornstein)**-策尼克**(F. Zernike)**积分方程**　简称 OZ 方程。$h(r_{12})$度量分子 1 对于距离为 r_{12} 处的分子 2 的总体影响。早在 1914 年，奥恩斯坦和策尼克提出，$h(r_{12})$可分解为两部分：一个是分子 1 对分子 2 的直接影响，用 $c(r_{12})$表示，称为**直接相关函数**，参见图 4-7，它的结构比 $h(r_{12})$简单，有效程较短。另一个是分子 1 对分子 2 的间接影响，是通过第三者再对分子 2 施加的影响，它正比于密度，并对分子 3 在整个空间取平均，$h(r_{12})$在长程时的涨落，主要受它的影响。按照这一分解，总相关函数可表达为

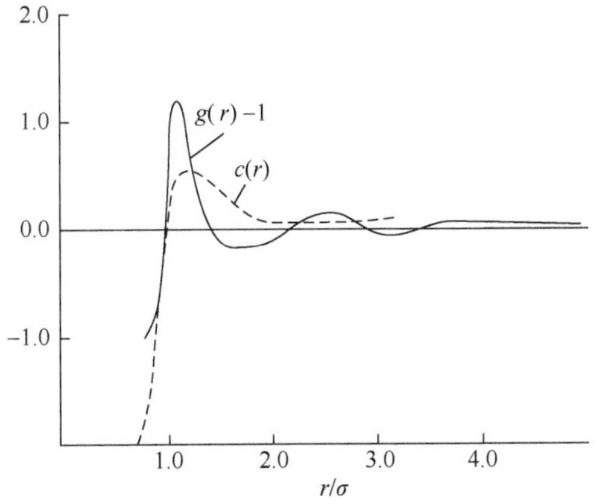

图 4-7　总相关函数和直接相关函数

$$h(r_{12})=c(r_{12})+\rho\int c(r_{13})h(r_{23})\mathrm{d}\boldsymbol{r}_3 \tag{4.7.11}$$

这就是 OZ 方程，它是一个积分方程。OZ 方程可转化为更简洁的形式

$$\hat{H}(\boldsymbol{k})=\hat{C}(\boldsymbol{k})+\rho\hat{H}(\boldsymbol{k})\hat{C}(\boldsymbol{k}) \tag{4.7.12}$$

式中有帽∧的函数是相应函数的傅里叶变换

$$\begin{gathered}\hat{H}(\boldsymbol{k})=\int h(r_{12})\mathrm{e}^{\mathrm{i}\boldsymbol{k}\cdot r_{12}}\mathrm{d}\boldsymbol{r}_1\mathrm{d}\boldsymbol{r}_2\quad,\quad \hat{C}(\boldsymbol{k})=\int c(r_{12})\mathrm{e}^{\mathrm{i}\boldsymbol{k}\cdot r_{12}}\mathrm{d}\boldsymbol{r}_1\mathrm{d}\boldsymbol{r}_2\\ \hat{H}(\boldsymbol{k})\hat{C}(\boldsymbol{k})=\int c(r_{13})h(r_{23})\mathrm{e}^{\mathrm{i}\boldsymbol{k}\cdot(r_2-r_1)}\mathrm{d}\boldsymbol{r}_1\mathrm{d}\boldsymbol{r}_2\mathrm{d}\boldsymbol{r}_3\end{gathered} \tag{4.7.13}$$

一个有趣的结果是：式(4.6.15)的压缩性方程可转化为

$$\begin{aligned}\frac{1}{kT}\left(\frac{\partial\rho}{\partial p}\right)_T&=\frac{1}{1+\rho\int h(r)\mathrm{d}r}=\frac{1}{1+\rho\hat{H}(0)}\\&=1-\rho\hat{C}(0)=1-\rho\int c(r)\mathrm{d}r\end{aligned} \tag{4.7.14}$$

推导中用到 $\boldsymbol{k}$=0 时的式(4.7.12)。由式(4.7.14)可见，直接相关函数 $c(r)$ 可与实验测定的压缩性相关联。

OZ 方程中的 $h(r_{12})$和 $c(r_{12})$都可以像维里展开那样对密度展开，得到无穷系列的集团积分，通常都采用类似于式(4.5.4)的图表示。但从解决实际问题来说，回避不了的基本事实是：OZ 方程也是非封闭的。将式(4.7.11)的积分中的 $h(r_{23})$和 $c(r_{13})$再用 OZ 方程，将引入第四个分子，以此类推，永无止境。和 YBG 一样，要再加一个独立的式子使之封闭，才能得到结果。下面要介绍的 PY 和 HNC，就是两种成功的方法。

3. 珀卡斯-耶维克近似[13]

引入一个工作函数 $y(r)$，定义为

$$y(r)=\exp\left(\varepsilon_{\rm p}(r)/kT\right)g(r) \tag{4.7.15}$$

这个函数当密度为零时趋于 1。它还有一个重要特点：对于硬球系统，$g(r)$在 $r=\sigma$ 处达到极大，并且是一个奇点，当 $r<\sigma$时，$g(r)=0$，而 $y(r)$在 $r=\sigma$处连续，随 r 减小而继续增大，参见图 4-16。

珀卡斯(J. K. Percus)-耶维克(G. J. Yevick)的近似，或称 PY 近似，是假设

$$c(r)=g(r)-y(r)={\rm e}^{-\varepsilon_{\rm p}(r)/kT}y(r)-y(r)=f(r)y(r) \tag{4.7.16}$$

$f(r)$是式(4.5.1)定义的梅逸函数。PY 近似的实际内容是在对 $c(r)$和 $g(r)$做密度展开时，省略了一些集团积分或图[14]。将式(4.7.16)代入 OZ 方程(4.7.11)，得到 PY 方程

$$y(r_{12})=1+\rho\int f(r_{13})y(r_{13})h(r_{23}){\rm d}\boldsymbol{r}_3 \tag{4.7.17}$$

这个 PY 方程已经封闭了，其中只有 $g(r)$是未知的，原则上可以求解。

4. 超网链近似(hypernetted chain，HNC)[15]

超网链近似或称 HNC 近似。它假设

$$\begin{aligned}c(r)&={\rm e}^{-w(r)/kT}-1+\left(w(r)-\varepsilon_{\rm p}(r)\right)/kT=g(r)-1-\ln y(r)\\&=f(r)y(r)+y(r)-1-\ln y(r)\end{aligned} \tag{4.7.18}$$

式中，$w(r)=-kT\ln g(r)$。HNC 近似的实际内容，也是在对 $c(r)$和 $g(r)$做密度展开时，省略了一些集团积分或图，省略的部分与 PY 不同。将式(4.7.18)代入 OZ 方程(4.7.11)，得到 HNC 方程

$$\ln y(r_{12})=\rho\int[h(r_{13})-\ln g(r_{13})-\varepsilon_{\rm p}(r_{13})/kT][g(r_{23})-1]{\rm d}\boldsymbol{r}_3 \tag{4.7.19}$$

这个 HNC 方程也已经封闭了，只有 $g(r)$未知，原则上可以求解。

5. PY 和 HNC 的效果

总体来说，PY 和 HNC 比 YBG 有很大改进。

图 4-6 已经给出 LJ(6-12)流体的径向分布函数曲线，由图可见 PY 和 HNC 的预测结果与分子模拟数据相当符合。

硬球流体　对于硬球流体，PY 近似可以导得状态方程的解析式，推导可参阅参考书[2]的第 39 章。直接相关函数导得

$$c(r)=\frac{-1}{(1-\eta)^4}\left[\frac{\eta}{2}(1+2\eta)^2\left(\frac{r}{\sigma}\right)^3-\frac{3\eta}{2}(2+\eta)^2\frac{r}{\sigma}+(1+2\eta)^2\right],\quad r<\sigma \tag{4.7.20}$$

式中，$\eta=\pi\rho\sigma^3/6$。如果利用压缩性方程式(4.6.15)，得硬球流体状态方程

$$\frac{p}{\rho kT}=\frac{1+\eta+\eta^2}{(1-\eta)^3} \tag{4.7.21}$$

如果利用压力方程式(4.6.19)，得

$$\frac{p}{\rho kT}=1+\frac{2\pi\rho\sigma^3}{3}g(\sigma)$$

式中，$g(\sigma)$是 $r=\sigma$处的径向分布函数。进一步可导得硬球流体状态方程

$$\frac{p}{\rho kT}=\frac{1+2\eta+3\eta^2}{(1-\eta)^2} \tag{4.7.22}$$

比较式(4.7.21)和式(4.7.22)，两种状态方程并不一致，这是由 PY 的近似性所致。图 4-8 是硬球状态方程理论预测与 MD 分子模拟结果的比较。由图可见，由式(4.7.21)预测的 $p/\rho kT$，记为 PY(c)，比模拟的要高一些，由式(4.7.22)预测的 $p/\rho kT$，记为 PY(p)，比模拟的要低一些。图中还画出 HNC(c)和 HNC(p)与分子模拟结果的比较，结果要稍差一些。但我们却不能认为 PY 一定优于 HNC。在有些情况下，如电解质溶液，HNC 表现更好。

图 4-9 是用压缩性方程和 PY 近似对 LJ 流体的 pVT 关系的预测，在 $T^*=kT/\varepsilon=$ 1.275 以下，有些区域无解，可能有相变化。

卡纳汉-斯塔林方程　鉴于 PY(c)和 PY(p)的不同方向的偏差，卡纳汉(N. F. Carnahan)和斯塔林(K. E. Starling)[16]将式(4.7.22)和式(4.7.20)分别乘以因子(1/3)和(2/3)后相加，得卡纳汉-斯塔林方程，简称 CS 方程

$$\frac{p}{\rho kT}=\frac{1+\eta+\eta^2-\eta^3}{(1-\eta)^3} \tag{4.7.23}$$

它几乎与计算机模拟值完全一致，只在压力大于相变压力时，才有显著偏差，因此被认为是几乎精确的硬球流体的状态方程。这一工作开创了由分子模拟与统计力学推导相结合的先河，成为构造分子热力学模型的主要方法。

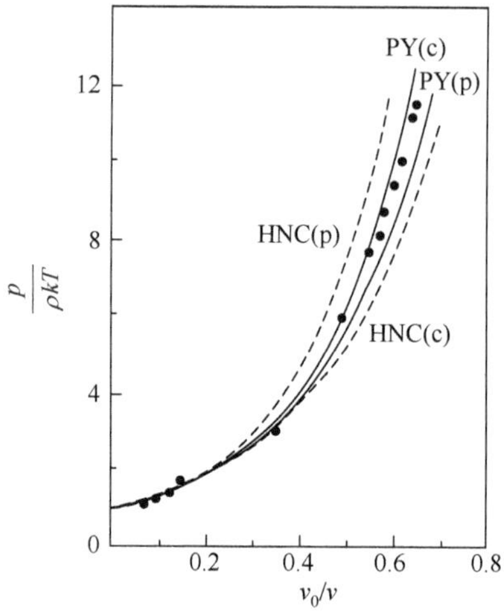

图 4-8　硬球状态方程理论预测与分子模拟结果的比较。● MD，(c)按压缩性方程推导，(p)按压力方程推导，v_0是硬球本身的体积

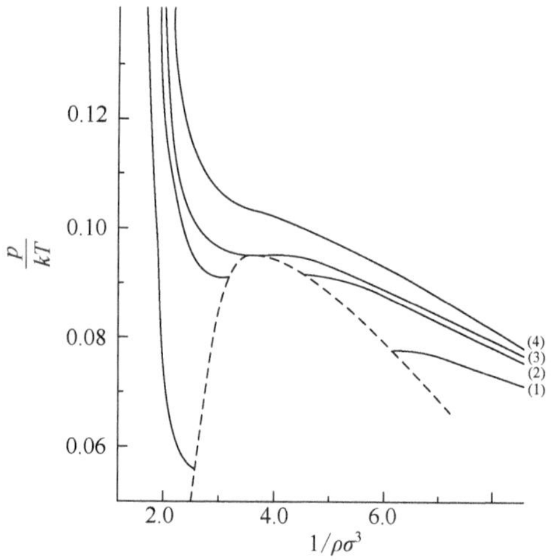

图 4-9　PY(c)预测的 LJ-12 流体的 pVT 关系 $T^*=kT/\varepsilon$：(1) 1.2，(2) 1.263，(3) 1.275，(4) 1.3

4.8　微 扰 理 论

1. 微扰的依据

式(4.7.10)曾定义静态结构因子 $\hat{h}(k)=\rho\int h(r)\mathrm{e}^{\mathrm{i}\boldsymbol{k}\cdot\boldsymbol{r}}\mathrm{d}\boldsymbol{r}$，它是 $h(r)$的傅里叶变换乘以密度ρ，波矢 k 在式(4.7.10)中用 s。图 4-10 是 LJ(6-12)流体的静态结构因子与波矢 k 的关系，包括中子散射数据，分子模拟(MD)数据，使用有效的硬球直径的

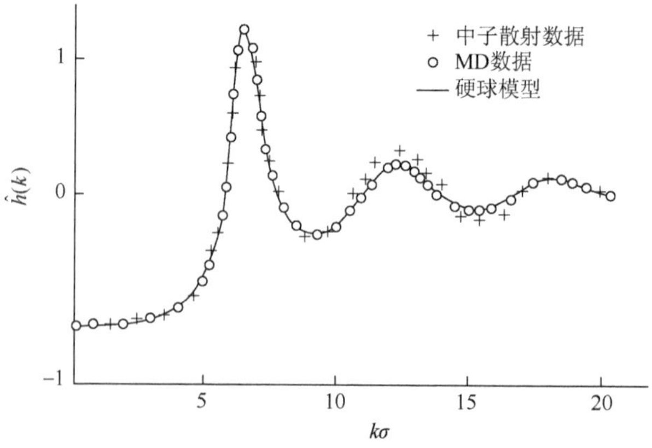

图 4-10　LJ(6-12)流体的静态结构因子与波矢的关系。$T^*=0.827$，$\rho^*=0.75$。Verlet L. Phys Rev，1968，165：201

硬球流体的计算结果。由图可见，对于 $T^*=0.827$，$\rho^*=0.75$ 的 LJ(6-12) 流体，它的结构与硬球流体的结构一致。这说明稠密流体或液体的结构主要取决于短程的排斥力，而吸引力的作用是维持系统处于高密度的液体状态。

这一事实导致微扰概念的产生。我们可以选择一个参考系统，如硬球流体，它具有与所研究的系统非常接近的结构，而将吸引力的作用处理为一种微扰。实际上，范德华方程所基于的有吸引力的硬球，就是这种思想。在 2.6 节中介绍过量子力学的微扰理论，本节要讨论统计力学的微扰理论。

2. 茨旺切胥的微扰理论

1954 年，茨旺切胥(R. W. Zwanzig)[17]对统计力学微扰理论的基本原理做了全面的论述。设系统的总位能 E_p 可表达为某参考系统的位能 $E_p^{(0)}$ 与微扰项 $E_p^{(1)}$ 之和

$$E_p = E_p^{(0)} + E_p^{(1)} \tag{4.8.1}$$

系统与参考系统的位形积分按式(4.2.23)分别为

$$Z = \int_V \cdots \int \exp\left(-(E_p^{(0)} + E_p^{(1)})/kT\right) \mathrm{d}\boldsymbol{r}_1 \cdots \mathrm{d}\boldsymbol{r}_N \tag{4.8.2}$$

$$Z^{(0)} = \int_V \cdots \int \exp(-E_p^{(0)}/kT) \mathrm{d}\boldsymbol{r}_1 \cdots \mathrm{d}\boldsymbol{r}_N \tag{4.8.3}$$

将式(4.8.2)右方乘以和除以式(4.8.3)，得

$$\begin{aligned} Z &= Z^{(0)} \frac{\int_V \cdots \int \exp\left(-(E_p^{(0)} + E_p^{(1)})/kT\right) \mathrm{d}\boldsymbol{r}_1 \cdots \mathrm{d}\boldsymbol{r}_N}{\int_V \cdots \int \exp(-E_p^{(0)}/kT) \mathrm{d}\boldsymbol{r}_1 \cdots \mathrm{d}\boldsymbol{r}_N} \\ &= Z^{(0)} \langle \exp(-E_p^{(1)}/kT) \rangle_0 \end{aligned} \tag{4.8.4}$$

注意：$\exp(-E_p^{(0)}/kT) \Big/ \int_V \cdots \int \exp(-E_p^{(0)}/kT) \mathrm{d}\boldsymbol{r}_1 \cdots \mathrm{d}\boldsymbol{r}_N$ 就是参考系统具有位能 $E_p^{(0)}(\boldsymbol{r}_1, \cdots, \boldsymbol{r}_N)$时的概率密度，式(4.8.4)第一行右面的分数，则是微扰项 $\exp(-E_p^{(1)}(\boldsymbol{r}_1, \cdots, \boldsymbol{r}_N)/kT)$ 对参考系统的正则系综平均，用$\langle\,\rangle_0$表示。

按式(4.2.16) $A=-kT\ln Q$ 和式(4.2.20)，如不计内部运动，式(4.8.4)变为

$$\begin{aligned} A &= -kT\ln\left(Z^{(0)}/N!\Lambda^{3N}\right) - kT\ln\langle \exp(-E_p^{(1)}/kT) \rangle_0 \\ &= A^{(0)} - kT\ln\langle \exp(-E_p^{(1)}/kT) \rangle_0 = A^{(0)} + A^{(1)} \end{aligned} \tag{4.8.5}$$

$$A^{(1)} = -kT\ln\langle \exp(-E_p^{(1)}/kT) \rangle_0 \tag{4.8.6}$$

现将亥姆霍兹函数的微扰项 $A^{(1)}$ 按 $-A^{(1)}/kT$ 展开为 $\beta=1/kT$ 的泰勒级数

$$-\beta A^{(1)} = -A^{(1)}/kT = \sum_{n=1}^{\infty} (\omega_n/n!)(-\beta)^n$$

$$\exp\left(-\beta A^{(1)}\right) = \exp \sum_{n=1}^{\infty} \frac{\omega_n}{n!} (-\beta)^n \tag{4.8.7}$$

再将式(4.8.6)的 $\left\langle \exp(-\beta E_p^{(1)}) \right\rangle_0$ 按 $\exp x = \Sigma x^k/k!$ 展开

$$\langle \exp(-\beta E_{\mathrm{p}}^{(1)})\rangle_0 = \sum_{k=0}^{\infty}\frac{1}{k!}(-\beta)^k\langle E_{\mathrm{p}}^{(1)k}\rangle_0 \tag{4.8.8}$$

两式应该相等。比较两式展开后的系数，可得

$$\begin{aligned}
\omega_1 &= \langle E_{\mathrm{p}}^{(1)}\rangle_0\\
\omega_2 &= \langle E_{\mathrm{p}}^{(1)2}\rangle_0 - \langle E_{\mathrm{p}}^{(1)}\rangle_0^2\\
\omega_3 &= \langle E_{\mathrm{p}}^{(1)3}\rangle_0 - 3\langle E_{\mathrm{p}}^{(1)2}\rangle_0\langle E_{\mathrm{p}}^{(1)}\rangle_0 + 2\langle E_{\mathrm{p}}^{(1)}\rangle_0^3\\
\omega_4 &= \langle E_{\mathrm{p}}^{(1)4}\rangle_0 - 4\langle E_{\mathrm{p}}^{(1)3}\rangle_0\langle E_{\mathrm{p}}^{(1)}\rangle_0 - 3\langle E_{\mathrm{p}}^{(1)2}\rangle_0^2\\
&\quad +12\langle E_{\mathrm{p}}^{(1)2}\rangle_0\langle E_{\mathrm{p}}^{(1)}\rangle_0^2 - 6\langle E_{\mathrm{p}}^{(1)}\rangle_0^4
\end{aligned} \tag{4.8.9}$$

代入式(4.8.5)和式(4.8.6)，得亥姆霍兹函数的微扰理论表达式：

$$A = A^{(0)} + A^{(1)} = A^{(0)} + \sum_{n=1}^{\infty}\left(\omega_n/n!\right)(-\beta)^{n-1} \tag{4.8.10}$$

ω_n 由式(4.8.9)求取，由该式可见，如果能得到$\langle E_p^{(1)n}\rangle_0$，就能得到亥姆霍兹函数 A，并由此得到所有的热力学性质。

如果位能有对加和性，则

$$\omega_1 = \langle E_{\mathrm{p}}^{(1)}\rangle_0 = \frac{1}{2}\sum_{i,j}^{N}\langle \varepsilon_{\mathrm{p}}^{(1)}(\boldsymbol{r}_i,\boldsymbol{r}_j)\rangle_0 \tag{4.8.11}$$

对于参考系统，按式(4.6.3)，二重标明分布函数 $P^{(2,0)}(\boldsymbol{r}_1,\boldsymbol{r}_2)$为

$$P^{(2,0)}(\boldsymbol{r}_1,\boldsymbol{r}_2) = \int_V\cdots\int \exp(-E_{\mathrm{p}}^{(0)}/kT)\mathrm{d}\boldsymbol{r}_3\cdots\mathrm{d}\boldsymbol{r}_N\Big/Z^{(0)} \tag{4.8.12}$$

代入式(4.8.11)的ω_1，得

$$\begin{aligned}
\omega_1 &= \frac{1}{2}N(N-1)\int_V\cdots\int \varepsilon_{\mathrm{p}}^{(1)}(\boldsymbol{r}_1,\boldsymbol{r}_2)P^{(2,0)}(\boldsymbol{r}_1,\boldsymbol{r}_2)\mathrm{d}\boldsymbol{r}_1\mathrm{d}\boldsymbol{r}_2\\
&= \frac{1}{2}N(N-1)V^{-2}\int_V\cdots\int \varepsilon_{\mathrm{p}}^{(1)}(\boldsymbol{r}_1,\boldsymbol{r}_2)g^{(0)}(\boldsymbol{r}_1,\boldsymbol{r}_2)\mathrm{d}\boldsymbol{r}_1\mathrm{d}\boldsymbol{r}_2\\
&= \frac{1}{2}N(N-1)V^{-1}\int_0^{\infty}\varepsilon_{\mathrm{p}}^{(1)}(r)g^{(0)}(r)4\pi r^2\mathrm{d}r
\end{aligned} \tag{4.8.13}$$

可见为求ω_1，需要参考系统的径向分布函数 $g^{(0)}(r)$。

为求ω_2，将需要三重、四重标明分布函数 $P^{(3,0)}(\boldsymbol{r}_1,\boldsymbol{r}_2)$和 $P^{(4,0)}(\boldsymbol{r}_1,\boldsymbol{r}_2)$。

推导也可采用引入偶合参数ξ的方法，即 $E_{\mathrm{p}} = E_{\mathrm{p}}^{(0)} + \xi E_{\mathrm{p}}^{(1)}$。

3. 范德华模型

如仅取一次微扰项，以式(4.8.13)代入式(4.8.10)，$N(N-1)\approx N^2$，得

$$A = A^{(0)} + \omega_1 = A^{(0)} + 2\pi\rho^2 V\int_0^{\infty}\varepsilon_{\mathrm{p}}^{(1)}(r)g^{(0)}(r)r^2\mathrm{d}r \tag{4.8.14}$$

式中，$\rho=N/V$ 为数密度。由于 $p=-(\partial A/\partial V)_T$，利用式(4.8.14)，得

$$p = p^{(0)} + a/V^2 \tag{4.8.15}$$

$$a = -2\pi N^2 \int_0^\infty \varepsilon_p^{(1)}(r) g^{(0)}(r) r^2 \mathrm{d}r \tag{4.8.16}$$

如果$p^{(0)}$用$RT/(V-b)$代入，即得范德华方程 VDW。如用卡纳汉-斯塔林方程式(4.7.23)代入，得 CS-VDW 方程，更为准确。

4. 巴克尔-亨德森理论[18]

巴克尔(J. A. Barker)-亨德森(D. Henderson)理论简称 BH 理论。上面已经提到，为求二次微扰项ω_2，将需要三重、四重标明分布函数，这是非常困难的。1967年，巴克尔和亨德森设计了一种方法，解决了这一难题。

(1) **二次微扰项的推导**　设想将分子间的距离分为 $r_1 \sim r_2, \cdots, r_i \sim r_{i+1}, \cdots$ 间隔，处于上述间隔中的分子对的数目分别记为 $N_1, \cdots, N_i, \cdots$，第 i 间隔分子对位能的微扰项为$\varepsilon_{pi}^{(1)}$。对于一定的分布，相应的参考系统的概率为 $P^{(0)}(N_1, \cdots, N_i, \cdots)$，位形积分可写为

$$\begin{aligned} Z &= Z^{(0)} \sum_{N_1, N_2, \cdots} P^{(0)}(N_1, N_2, \cdots) \exp\left(-\beta \sum_i N_i \varepsilon_{pi}^{(1)}\right) \\ &= Z^{(0)} \left\langle \exp\left(-\beta \sum_i N_i \varepsilon_{pi}^{(1)}\right) \right\rangle_0 \end{aligned} \tag{4.8.17}$$

$\beta=1/kT$。进一步做如下推演，

$$\begin{aligned} Z &= Z^{(0)} \left\langle \exp\left(-\beta \sum_i (\langle N_i \rangle_0 + (N_i - \langle N_i \rangle_0) \varepsilon_{pi}^{(1)})\right) \right\rangle_0 \\ &= Z^{(0)} \exp\left(-\beta \sum_i \langle N_i \rangle_0 \varepsilon_{pi}^{(1)}\right) \left\langle \exp\left(-\beta \sum_i (N_i - \langle N_i \rangle_0) \varepsilon_{pi}^{(1)}\right) \right\rangle_0 \end{aligned} \tag{4.8.18}$$

式中最后一项$\langle\ \rangle_0$中的 $\exp(-\beta\Sigma_i(\ )\varepsilon_{pi}^{(1)})$按 $e^x=1+x+x^2/2!+\cdots$ 展开，略去二次以上各项，运算中消去某些项后，又回到 exp，得

$$\begin{aligned} &\left\langle \exp\left(-\beta \sum_i (N_i - \langle N_i \rangle_0) \varepsilon_{pi}^{(1)}\right) \right\rangle_0 \\ &= \exp\left((\beta^2/2) \sum_i \sum_j (\langle N_i N_j \rangle_0 - \langle N_i \rangle_0 \langle N_j \rangle_0) \varepsilon_{pi}^{(1)} \varepsilon_{pj}^{(1)}\right) \end{aligned} \tag{4.8.19}$$

按式(4.2.16)，$A=-kT\ln Q$，相应有 $A/A^{(0)}=-kT\ln(Q/Q^{(0)})=-kT\ln(Z/Z^{(0)})$，将以上式子代入，得

$$(A - A^{(0)})/kT = \beta \sum_i \langle N_i \rangle_0 \varepsilon_{pi}^{(1)} - (\beta^2/2) \sum_i \sum_j (\langle N_i N_j \rangle_0 - \langle N_i \rangle_0 \langle N_j \rangle_0) \varepsilon_{pi}^{(1)} \varepsilon_{pj}^{(1)} + O(\beta^3) \tag{4.8.20}$$

式中，$O(\beta^3)$表示β^3以及更高次项已略；$\langle N_i \rangle_0$是 i 间隔中分子对的数目对参考系统的平均，可利用径向分布函数按下式计算

$$\langle N_i \rangle_0 = \frac{1}{2} N \rho \int_{r_i}^{r_{i+1}} g^{(0)}(r) 4\pi r^2 \mathrm{d}r \tag{4.8.21}$$

$\langle N_i N_j \rangle_0$的严格计算则有一定困难。

(2) $\langle \boldsymbol{N}_i\boldsymbol{N}_j\rangle_0$ **的近似计算** 巴克尔和亨德森作出了一个半宏观的近似。由于 N_i 和 N_j 可看作是围绕某中心分子距离分别为 $r_i \sim r_{i+1}$ 与 $r_j \sim r_{j+1}$ 的球壳层中的分子数。如果这些球壳层具有可与宏观尺度比拟的体积，则不同球壳层中的分子数可认为是互不相关的，这时

$$\langle N_i N_j\rangle_0 - \langle N_i\rangle_0 \langle N_j\rangle_0 = 0, \quad i \neq j \tag{4.8.22}$$

而对于相同球壳层，$\langle N_i^2\rangle_0 - \langle N_i\rangle_0^2$ 就是涨落，由于 $\rho = \langle N\rangle/V$，按式(4.4.13)，$\langle N^2\rangle - \langle N\rangle^2 = \langle N\rangle^2 kT\kappa/V$，$\kappa$是宏观的压缩系数，$\kappa = -(\partial V/\partial p)_T/V = (\partial\rho/\partial p)_T/\rho$，因而有

$$\langle N_i^2\rangle_0 - \langle N_i\rangle_0^2 = \langle N_i\rangle_0 kT\left(\frac{\partial\rho}{\partial p}\right)_{T,0} \tag{4.8.23}$$

将式(4.8.21)和式(4.8.22)代入式(4.8.20)，得计入二次微扰的亥姆霍兹函数

$$\begin{aligned}(A - A^{(0)})/NkT = &\frac{1}{2}\rho\beta\int_0^\infty \varepsilon_{\rm p}^{(1)}(r)g^{(0)}(r)4\pi r^2 {\rm d}r \\ &-\frac{1}{4}\rho\beta^2\int_0^\infty \left(\varepsilon_{\rm p}^{(1)}(r)\right)^2 kT(\partial\rho/\partial p)_{T,0}\, g^{(0)}(r)4\pi r^2{\rm d}r + O(\beta^3)\end{aligned} \tag{4.8.24}$$

该式称为**宏观压缩性近似**(macroscopic compressibility approximation)。

更合理的是应用局部的压缩系数，即将式中的 $(\partial\rho/\partial p)_{T,0}\, g^{(0)}(r)$ 用 $(\partial/\partial p)_{T,0}(\rho g^{(0)}(r))$ 取代，式(4.8.24)变为

$$\begin{aligned}(A - A^{(0)})/NkT = &\frac{1}{2}\rho\beta\int_0^\infty \varepsilon_{\rm p}^{(1)}(r)g^{(0)}(r)4\pi r^2 {\rm d}r \\ &-\frac{1}{4}\rho\beta^2\int_0^\infty \left(\varepsilon_{\rm p}^{(1)}(r)\right)^2 kT\left((\partial/\partial p)_{T,0}\left(\rho g^{(0)}(r)\right)\right)4\pi r^2{\rm d}r + O(\beta^3)\end{aligned} \tag{4.8.25}$$

该式称为**局部压缩性近似**(local compressibility approximation)。

式(4.8.24)和式(4.8.25)对方阱流体取得很大的成功。方阱位能函数的内核就是硬球，以硬球流体作为参考系统，以位阱作为微扰，是一个极为自然的安排。理论预测的 pVT 状态方程与计算机模拟结果符合得很满意。但是对于更接近实际的 LJ 流体，符合就较差。这是因为 LJ 分子的内核是柔软的，当分子间距很小时，硬球的位能陡直上升的特点与实际情况相差较大。巴克尔和亨德森为此设计了一种更为灵活的位能函数，解决了微扰时的困难。

(3) **巴克尔和亨德森的位能函数** 巴克尔和亨德森采用一种双重的微扰，相应地在位能函数中引入两个附加变量，一是γ，调节位阱的深度，γ越大，位能越负；二是α，调节排斥部分的陡度，α越小，陡度越高。位能函数符号用 v，形式如下：

$$v(d,\sigma,\alpha,\gamma;r)=\begin{cases}\varepsilon_{\mathrm{p}}\left(d+\dfrac{r-d}{\alpha}\right), & d+\dfrac{r-d}{\alpha}<\sigma \\ 0, & \sigma<d+\dfrac{r-d}{\alpha}<d+\dfrac{\sigma-d}{\alpha} \\ \gamma\varepsilon_{\mathrm{p}}(r), & \sigma<r \end{cases} \tag{4.8.26}$$

式中，ε_{p}是 LJ 位能函数。除两个附加变量外，还有σ，按惯例，当 $r=\sigma$，位能为零。还有一个距离参数 d，它的意义在下面将会明了。

这个位能函数形式上不够直观。先看式中第三行，在 r 比σ大时，v 就是乘以γ的 LJ 位能函数（$\varepsilon_{\mathrm{p}}<0$ 的部分）。再看式中第二行，$d+(r-d)/\alpha<d+(\sigma-d)/\alpha$，说明 r 比σ小，这时有一段 $v=0$，这一段起于 $r=\sigma$，终于$\sigma=d+(r-d)/\alpha$，即 $r=\alpha(\sigma-d)+d$。最后看式中第一行，当 $r<\alpha(\sigma-d)+d$，即式中的 $d+(r-d)/\alpha<\sigma$，又采用 LJ 位能函数（$\varepsilon_{\mathrm{p}}>0$ 的部分）。

当$\alpha=\gamma=0$，$r>d$ 时，$v=0$；$r<d$ 时，$v=\varepsilon_{\mathrm{p}}(-\infty)=\infty$，$v$ 相当于直径为 d 的硬球位能函数。

当$\alpha=\gamma=1$，v 就是以σ为参数的 LJ 位能函数ε_{p}。

(4) **巴克尔-亨德森理论**　由上述位能函数出发，巴克尔和亨德森将位形配分函数或亥姆霍兹函数在$\alpha=\gamma=0$ 处对α和γ展开为二重泰勒级数

$$\begin{aligned}A=A^{(0)}&+(\partial A/\partial\alpha)_{\alpha=\gamma=0}\,\alpha+(\partial A/\partial\gamma)_{\alpha=\gamma=0}\,\gamma\\&+\frac{1}{2}\left(\partial^2 A/\partial\gamma^2\right)_{\alpha=\gamma=0}\gamma^2+O(\alpha^2)+O(\alpha\gamma)+\cdots\end{aligned} \tag{4.8.27}$$

冗长的推导可得

$$\begin{aligned}A=A^{(0)}&+\alpha 2\pi NkT\rho d^2 g_0(d)\left(d-\int_0^{\sigma}\left(1-\exp(-\beta\varepsilon_{\mathrm{p}}(z)\right)\mathrm{d}z\right)\\&+\gamma 2\pi N\rho\int_{\sigma}^{\infty}g_0(r)\varepsilon_{\mathrm{p}}(r)r^2\mathrm{d}r\\&-\gamma^2\pi N\rho\left(\frac{\partial\rho}{\partial p}\right)_0\frac{\partial}{\partial p}\left(\rho\int_{\sigma}^{\infty}g_0(r)\left(\varepsilon_{\mathrm{p}}(r)\right)r^2\mathrm{d}r\right)+O(\alpha^2,\alpha\gamma)+\cdots\end{aligned} \tag{4.8.28}$$

现在处理距离参数 d 的问题。在建立位能函数时，d 是任意的。由式(4.8.28)，最方便的选择则是

$$d=\int_0^{\sigma}\left(1-\exp(-\beta\varepsilon_{\mathrm{p}}(z)\right)\mathrm{d}z \tag{4.8.29}$$

这样，式(4.8.28)右面第二项消失。再令$\gamma=1$，在积分区间$\sigma\sim\infty$，v 就是以σ为参数的 LJ 位能函数ε_{p}。式(4.8.28)变为

$$A = A^{(0)} + 2\pi N\rho\int_{\sigma}^{\infty} g_0(r)\varepsilon_{\rm p}(r)r^2{\rm d}r - \pi N\rho\left(\frac{\partial\rho}{\partial p}\right)_0 \frac{\partial}{\partial p}\left(\rho\int_{\sigma}^{\infty} g_0(r)\varepsilon_{\rm p}^2(r)r^2{\rm d}r\right) + \cdots \tag{4.8.30}$$

这就是 BH 理论的亥姆霍兹函数，由此可得其他的热力学函数和状态方程。应该指出，$\varepsilon_{\rm p}$ 是实际的位能函数，并不限于 LJ。式(4.8.30)与适用于方阱位能函数的式(4.8.25)完全一致。

图 4-11 和图 4-12 是巴克尔-亨德森理论对 LJ(6-12)流体状态方程和热力学能的预测，与分子模拟以及实验结果比较，相当满意。图 4-13 是对 LJ(6-12)流体气液共存曲线密度的预测，与分子模拟以及实验结果比较也相当好。图 4-14 是对 LJ(6-12)流体在三相点附近径向分布函数的预测，这是一个比较严峻的检验，由图可见，比 PY 有显著改进。

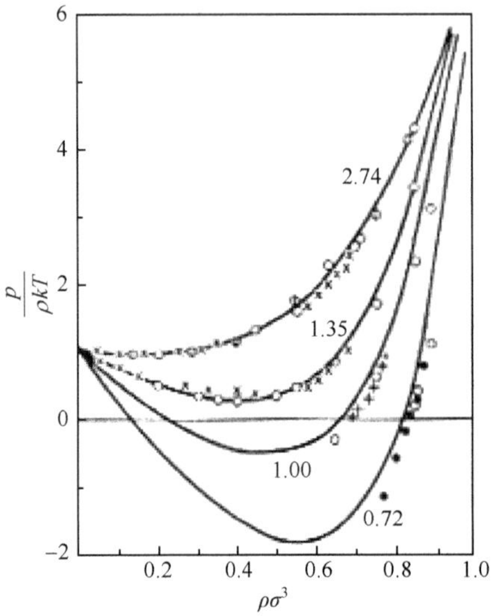

图 4-11 巴克尔和亨德森理论对 LJ(6-12)流体状态方程的预测。数字是 T^*，数据点是分子模拟和实验结果

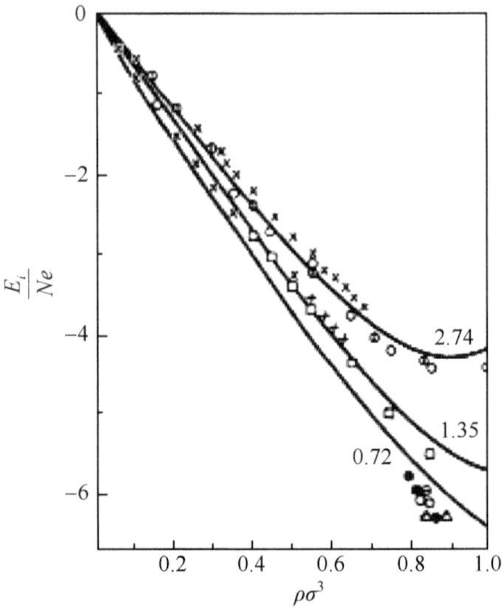

图 4-12 巴克尔和亨德森理论对 LJ(6-12)流体热力学能的预测。数字是 T^*，数据点是分子模拟和实验结果

对混合物的应用可参见列奥纳德(P.J. Leonard)等[19]的工作。

5. 钱德勒-威克斯-安德森理论[20, 21]

1971 年提出的钱德勒(D. Chandler)-威克斯(J. D. Weeks)-安德森(H. C. Anderson)理论简称 CWA 理论。它的特点是：选择一个特殊的软球参考系统，在只引入一次微扰项的情况下，就能得到满意的结果。CWA 理论的基本思想是：当涉及分子的运动时，重要的不是相互作用位能的符号，而是位能随距离变化的正负

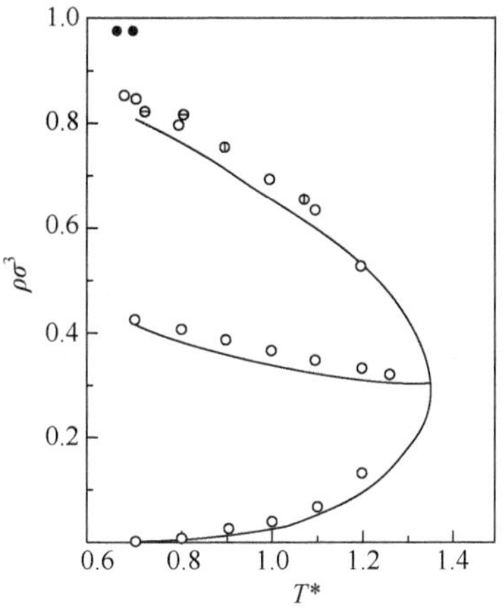

图 4-13　巴克尔和亨德森理论对 LJ(6-12) 流体的气液共存曲线密度的预测。数据点是分子模拟和实验结果

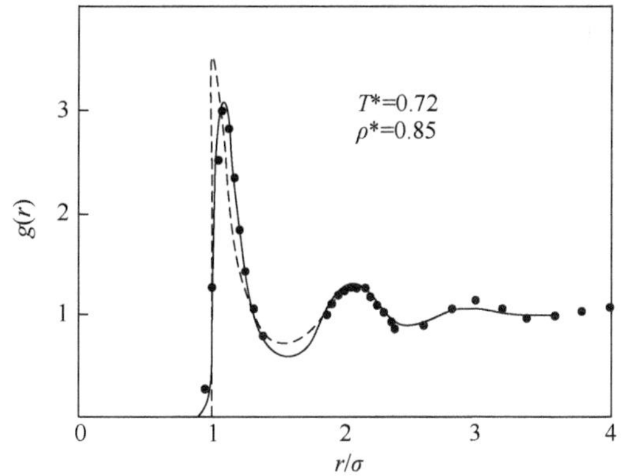

图 4-14　巴克尔和亨德森理论对 LJ(6-12) 流体在三相点附近径向分布函数的预测(实线)。数据点是分子模拟结果，虚线是 PY 方程，$\rho^*=\rho\sigma^3$

号。也就是说，当两个分子相互接近时，究竟位能是增加还是降低。

从这一思想出发，CWA 将分子间相互作用位能ε_p 分为参考和微扰两部分

$$\varepsilon_p(r)=\varepsilon_p^{(0)}(r)+\varepsilon_p^{(1)}(r) \tag{4.8.31}$$

以 LJ 位能函数为例

$$\varepsilon_p^{(0)}(r)=\begin{cases}\varepsilon_p(r)+\varepsilon, & r<2^{1/6}\sigma\\ 0, & r\geqslant 2^{1/6}\sigma\end{cases} \tag{4.8.32}$$

$$\varepsilon_p^{(1)}(r)=\begin{cases}-\varepsilon, & r<2^{1/6}\sigma\\ \varepsilon_p(r), & r\geqslant 2^{1/6}\sigma\end{cases} \tag{4.8.33}$$

参见图 4-15，左图是 LJ 位能函数$\varepsilon_p(r)$，最低点的距离为 $2^{1/6}\sigma$。右图是$\varepsilon_p^{(0)}(r)$和$\varepsilon_p^{(1)}(r)$。由图可见，当 $r<2^{1/6}\sigma$时，参考系统的$\varepsilon_p^{(0)}(r)$是由$\varepsilon_p(r)$向上位移ε而得，微扰项$\varepsilon_p^{(1)}(r)$为$-\varepsilon$。当 $r\geqslant 2^{1/6}\sigma$时，$\varepsilon_p^{(0)}(r)$则为 0，$\varepsilon_p^{(1)}(r)$即原来的$\varepsilon_p(r)$。$\varepsilon_p^{(0)}(r)$和$\varepsilon_p^{(1)}(r)$加和，即为$\varepsilon_p(r)$。

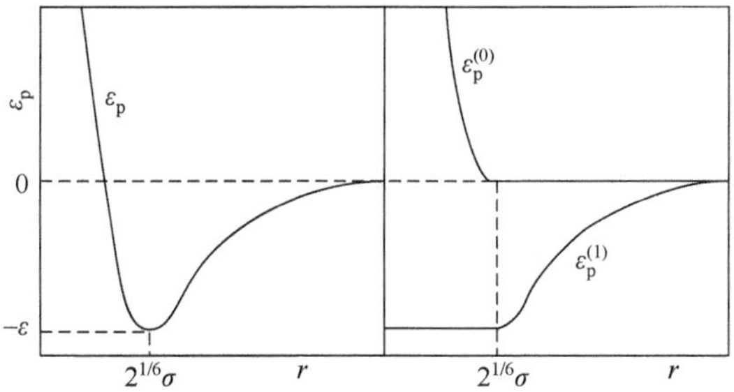

图 4-15　CWA 理论的$\varepsilon_p(r)$、$\varepsilon_p^{(0)}(r)$和$\varepsilon_p^{(1)}(r)$

对于亥姆霍兹函数计算，可直接采用包含一次微扰项的式(4.8.14)

$$A = A^{(0)} + \omega_1 = A^{(0)} + 2\pi\rho^2 V\int_0^\infty \varepsilon_{\mathrm{p}}^{(1)}(r)g^{(0)}(r)r^2\mathrm{d}r$$

只是要注意，式中 $g^{(0)}(r)$是具有式(4.8.32)那样的位能函数的软球参考系统的径向分布函数。

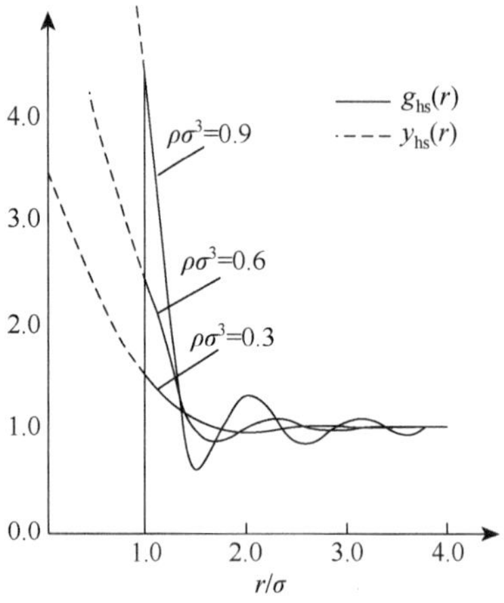

图 4-16　硬球流体的 $g(r)$和 $y(r)$

CWA 的 $g^{(0)}(r)$比硬球的 $g_{\mathrm{hs}}(r)$更接近实际，在 $r=\sigma$处不出现不连续变化。但这也正是理论的主要困难，因为它的解析式并不清楚。CWA 用下面的近似来解决这一问题。在前面讨论 PY 近似时，曾引入一个工作函数 $y(r)$，按式(4.7.15)定义为 $y(r) = \mathrm{e}^{\varepsilon_{\mathrm{p}}(r)/kT}g(r)$，它的特点是：对于硬球系统，$y(r)$在 $r=\sigma$处连续，随 r 减小而继续增大，见图 4-16。考虑到这一特点，CWA 采用下式来近似软球参考系统的 $g^{(0)}(r)$，

$$g^{(0)}(r) = y_{\mathrm{hs}}(d,r)\exp\left(-\varepsilon_{\mathrm{p}}^{(0)}(r)\big/kT\right) \quad (4.8.34)$$

式中硬球直径 d 则按硬球流体的压缩性$(\partial\rho/\partial p)_T$与软球参考系统的相等求得。按压缩性方程式(4.6.15)，$-\rho kTV^{-1}(\partial V/\partial p)_{T,N} = 1 + 4\pi\rho\int_0^\infty r^2(g(r)-1)\mathrm{d}r$，并将 $(\partial V/\partial p)$ 按 $\rho = N/V$ 化为 $-(V/\rho)(\partial\rho/\partial p)$，有

$$\int \mathrm{d}r y_{\mathrm{hs}}(d,r)\exp\left(-\varepsilon_{\mathrm{p}}^{\mathrm{hs}}(r)\big/kT\right) = \int \mathrm{d}r y_{\mathrm{hs}}(d,r)\exp\left(-\varepsilon_{\mathrm{p}}^{(0)}(\sigma,r)\big/kT\right) \quad (4.8.35)$$

由此可以解得 d 与σ、T 和ρ的关系。

CWA 理论只用一次微扰，取得了和 BH 理论相媲美的效果。但两者还是相互补充的，它们各有优缺点。CWA 展开收敛快，但由于 d 是 T、ρ的函数，在 A 对ρ求导来得到状态方程时，就显得麻烦。BH 展开收敛慢，必须使用二次微扰，但 d 仅是 T 的函数，在计算时又带来方便。

对混合物的应用见文献[22，23]。

本章内容覆盖了统计力学几乎所有的基本方面，目的是形成一个完整的概念。核心是吉布斯的统计系综理论，它是平衡态统计力学最基本的具有普遍意义的理论，像热力学一样简洁完整。难点在于配分函数，它是一个多重积分，这个多重不是二重、三重，而是天文数字。解决这个困难是从两方面着手：一是构造合理的简化的微观模型，如硬球流体、伦纳德-琼斯流体等；二是研究可行的方法如维里展开、积分方程、微扰理论等。计算机分子模拟带来极大的推动。可以毫不夸张地说，对于实际问题的研究，统计力学理论、实验和计算机分子模拟已呈三足鼎立之势。

在第 2 章 2.5 节中已提到混合态和纯态的概念，这种概念可以与本章的系综

联系起来。一般混合态就是宏观状态，纯态则是微观状态或标本系统所代表的状态。纯态、微观状态或标本系统可用量子力学或经典力学研究，混合态或宏观状态涉及概率，必须用统计力学来处理。

对于有些重要公式的推导，如维里方程、PY 方程等，由于篇幅限制而省略，可阅参考书。下一章要系统讨论统计力学的密度泛函理论，它与本章提供的基础有密切的关系。本章中经常提到β=1/kT，这是因为物理化学[1]中常定义β=−1/kT，为避免混乱，故多次提醒。此外，非常抱歉的是，正则配分函数 Q 与位形积分 Z 的符号，与我们过去的几本著作[2-4]正好相反，也希望特别注意。

参 考 文 献

[1] 胡英，黑恩成，彭昌军. 物理化学. 6 版. 北京：高等教育出版社，2014

[2] 胡英，叶汝强，吕瑞东，等. 物理化学参考. 北京：高等教育出版社，2003

[3] 胡英，刘国杰，徐英年，等. 应用统计力学，流体物性的研究基础. 北京：化学工业出版社，1990

[4] 胡英. 流体的分子热力学. 北京：高等教育出版社，1982

[5] 梅逸 J，梅逸 M G. 统计力学. 陈成琳，陈继述，译. 北京：人民教育出版社，1960

[6] 唐有祺. 统计力学及其在物理化学中的应用. 北京：科学出版社，1979

[7] Hill T L. An Introduction to Statistical Thermodynamics. London：Addison-Wisley Pub，1960

[8] McQuarrie D A. Statistical Mechanics. New York：Happer & Row，1976

[9] Kihara T. Virial coefficients and models of molecules in gases. Rev Mod Phys，1953，25：831

[10] Frenkel D，Smit B. 分子模拟——从算法到应用. 汪文川等，译. 北京：化学工业出版社，2002

[11] Born M，Green H S. A general kinetic theory of liquids. I. The molecular distribution functions. Proc Roy Soc (London)，1946，A188：10

[12] Kirkwood J G. Statistical mechnics of fluid mixtures. J Chem Phys，1935，3：300

[13] Percus J K，Yevick G J. Analysis of classical statistical mechanics by means of collective coordinates. Phys Rev，1958，110：1

[14] Stell G. The Percus-Yevick equation for the radial distribution fuction of a fluid. Physica，1963，29：517

[15] Rushbrooke G S，Scoins H I. On the theory of fluids. Proc Roy Soc，1953，216A：203

[16] Canahan N F，Starling K E. Intermolecular repulsions and the equation of state for fluids. AIChEJ，1972，18：1184

[17] Zwanzig R W. High-temperature equation of state by a perturbation method. I. Nonpolar gases. J Chem Phys，1954，22：1420

[18] Barker J A，Henderson D. Perturbation theory and equation of state for fluids：The Square-Well potential. J Chem Phys，1967，47：2856；Barker J A，Henderson D. Perturbation theory and equation of state for fluids. II. A successful theory of liquids. J Chem Phys，1967，47：4714

[19] Leonard P J，Henderson D，Barker J A. Perturbation theory and fluid mixtures. Trans Fara Soc，1970，66：2439

[20] Chandler D，Weeks J D. Equilibrium structures of simple fluids. Phys Rev Lett，1970，25：149

[21] Weeks J D，Chandler D，Anderson H C. Role of repulsive forces in determining the equilibrium structure of simple liquids. J Chem Phys，1971，54：5237

[22] Boublik T. A first order perturbation theory of solutions. Coll Czech Chem Commun，1973，38：3694；Boublik T. A second order perturbation theory for systems with soft intermolecular repulsions. Coll Czech Chem Commun，1973，38：3706

[23] Lee L L，Levesque D. Perturbation theory for mixtures of simple liquids. Mol Phys，1973，26：1351

第 5 章　统计力学的密度泛函理论

5.1　引　　言

非均匀流体具有不均一的密度分布。例如，在界面层中或在外场作用下的流体，以及复杂流体或软物质，如塑料合金、嵌段和接枝共聚物、高聚电解质、凝胶、囊泡等。研究它们的宏观和介观的相变和介稳结构及其随时间的演变，密度泛函理论是最常用的理论方法。

首先将泛函引入统计物理的通常认为是苏联的 N. N. Bogoliubov[1] (1946)。20 世纪 60 年代早期，T. Morita 和 K. Hiroike[2]，C. de Dominics[3]、F. H. Stillinger 和 F. P. Buff[4]、J. L. Lebowitz 和 J. K. Percus[5]、G. Stell[6]等对密度泛函理论的建立作出了重要贡献。

对于非均匀的有相互作用的电子流体，P. Hohenberg 和 W. Kohn[7]、W. Kohn 和沈吕九(L. J. Sham)[8]等在量子力学基础上，开发了一个密度泛函理论(参见第 3 章)。该理论以电子的密度分布$\rho(\boldsymbol{r})$作为变量，构筑能量泛函 $E[\rho(\boldsymbol{r})]$，通过薛定谔方程，与原子和分子的结构以及各种性质相联系。关键是构造交换相关能泛函 $E_{xc}[\rho(\boldsymbol{r})]$ 的模型。N. D. Mermin 将它推广到非零的温度，证明了对于一定的宏观系统，当处于一定的外场 $V_{ext}(\boldsymbol{r})$下，也有一定的平衡密度分布 $\rho(\boldsymbol{r})$。

本章介绍统计力学的密度泛函理论。它的核心是引入内在自由能泛函 $F_{intr}[\rho(\boldsymbol{r})]$，$\rho(\boldsymbol{r})$是粒子的密度场或密度分布，相应有内在化学势 μ_{intr}。内在(intrinsic)的含义在于不显含外场的直接贡献，但并不排除隐含外场的间接贡献。从统计力学的基本原理来说，构造准确的内在自由能泛函等价于确定配分函数。前者的好处在于利用泛函微分和积分，能够导得比较清晰的相关函数表达式，以及以不均一的密度分布为特征的流体结构。通过由过量内在自由能 $F^{ex}[\rho(\boldsymbol{r})]$定义的直接相关函数，可以与各种热力学性质相联系，并求得密度场 $\rho(\boldsymbol{r})$。注意在本章中，与一般使用摩尔量不同，密度 ρ 指数密度，化学势 μ 指粒子的化学势。

与量子力学的密度泛函理论类似，利用统计力学的密度泛函理论进行预测，关键是建立内在自由能泛函的模型，这将在下一章详细讨论。统计力学的密度泛函理论的全面介绍可参阅 R. Evans[9, 10]的文章。

本章最后还要介绍自洽场理论和概念密度泛函理论。前者与密度泛函理论虽然是两类不同的方法，但有密切关系，结合起来，取长补短，能够发挥更好的作用。后者的内容可以归于量子化学，但由于它论证了一个事实或观点：在 0K 时，统计力学处理的平衡态与量子力学处理的基态是一致的。由此它采用了统计力学系综的方法，建立了整个理论框架，因而在学了统计力学后对其进行讨论。

5.2　巨势泛函和内在自由能泛函

生成函数(generating function)的意义在于，它可以引出许多其他有用的函数。密度泛函理论有两个生成函数：巨势泛函和内在自由能泛函。

1. 概率密度与巨势泛函

概率密度　第 4 章式(4.3.20)中的 $\bar{N}_{i,N}/\bar{N}$ 或 $P_{i,N}$，是巨正则系综平衡时处于某微观状态或标本系统的概率。当粒子的化学势为 μ，粒子数为 N，对于粒子空间位置为 $\boldsymbol{r}^N[\boldsymbol{r}^N=(\boldsymbol{r}_1, \boldsymbol{r}_2, \cdots, \boldsymbol{r}_N)]$、动量为 $\boldsymbol{p}^N[\boldsymbol{p}^N=(\boldsymbol{p}_1, \boldsymbol{p}_2, \cdots, \boldsymbol{p}_N)]$的某微观状态，由于 $\boldsymbol{r}^N$ 和 $\boldsymbol{p}^N$ 连续变化，式(4.3.20)给出的应该是平衡时的概率密度 $f_0(\boldsymbol{r}^N, \boldsymbol{p}^N)$，可以写出：

$$f_0(\boldsymbol{r}^N, \boldsymbol{p}^N) = \Xi^{-1}\exp\left(-\beta(H-\mu N)\right) \tag{5.2.1}$$

式中，$\beta=1/kT$；Ξ 是巨正则配分函数。

按式(4.3.18)，$\Xi = \sum_{i,N}\exp\left((N\mu - E_{i,N})/kT\right)$，$E_{i,N}$ 即哈密顿量 H。在 $\boldsymbol{r}^N$ 和 $\boldsymbol{p}^N$ 相空间中，Ξ 应按经典方法表达为积分

$$\Xi = \mathrm{Tr}\exp\left(-\beta(H-\mu N)\right) \tag{5.2.2}$$

$$\mathrm{Tr} = \sum_{N=0}^{\infty}\frac{1}{h^{3N}N!}\int \mathrm{d}\boldsymbol{r}^N \int \mathrm{d}\boldsymbol{p}^N \tag{5.2.3}$$

Tr 为经典迹(classical trace)。积分 $\int \mathrm{d}\boldsymbol{r}^N \int \mathrm{d}\boldsymbol{p}^N / (h^{3N}N!)$ 覆盖了粒子数为 N 时所有的微观状态。普朗克常量 h 的引入，是由不确定关系给出不确定度为$\Delta\boldsymbol{p}\Delta\boldsymbol{r}\approx h^3$，$h^{3N}$ 是 N 个粒子的相空间中最小的可区别体积，相当于一个微观状态。除以 $N!$ 则是由于积分涉及的 N 个粒子不可区别。巨正则系综粒子数可变，$N=0\sim\infty$。由于历经所有的微观状态，$\mathrm{Tr}f_0(\boldsymbol{r}^N, \boldsymbol{p}^N)=1$。

一般动量 $\boldsymbol{p}$ 的积分已完成，相应的概率密度变为 $f_0(\boldsymbol{r}^N)$。由于

$$\int \exp\left(-\boldsymbol{p}^2/2mkT\right)\mathrm{d}\boldsymbol{p} = (2\pi mkT)^{3/2}$$

$\boldsymbol{p}^2/2m$ 是一个分子的动能，Tr 变为

$$\mathrm{Tr} = \sum_{N=0}^{\infty}\frac{1}{\Lambda^{3N}N!}\int \mathrm{d}\boldsymbol{r}^N, \quad \Lambda = (h^2\beta/2\pi m)^{1/2} \tag{5.2.4}$$

Λ 为德布罗意热波长，量纲为 L。这时，哈密顿量 H 中动能应为平均值。

巨势泛函　当尚未达到平衡时，概率密度为 $f(\boldsymbol{r}^N)$，仍有 $\mathrm{Tr}f(\boldsymbol{r}^N)=1$。按照 N.D. Mermin[11]的做法，定义第一个生成函数巨势泛函 $\Omega[f(\boldsymbol{r}^N)]$：

$$\Omega[f(\boldsymbol{r}^N)] = \mathrm{Tr}\Big(f(\boldsymbol{r}^N)\big(H - \mu N + \beta^{-1}\ln f(\boldsymbol{r}^N)\big)\Big) \tag{5.2.5}$$

这一巨势泛函的特点是：未达平衡时，$\Omega[f] > \Omega[f_0]$，平衡时 $\Omega[f_0(\boldsymbol{r}^N)]$应为极小值。

下面简短证明：将式(5.2.5)分别应用于f和f_0

$$\begin{aligned}\Omega[f] - \Omega[f_0] &= \mathrm{Tr}\Big(f\big(H - \mu N + \beta^{-1}\ln f\big)\Big) - \mathrm{Tr}\Big(f_0\big(H - \mu N + \beta^{-1}\ln f_0\big)\Big) \\ &= \mathrm{Tr}\Big(f\big(H - \mu N + \beta^{-1}\ln f_0\big)\Big) - \mathrm{Tr}\Big(f_0\big(H - \mu N + \beta^{-1}\ln f_0\big)\Big) \\ &\quad + \beta^{-1}\mathrm{Tr}(f\ln f - f\ln f_0)\end{aligned}$$

按式(5.2.1)，$H-\mu N+\beta^{-1}\ln f_0=-\beta^{-1}\ln\Xi$，为常数，由于 $\mathrm{Tr}f(\boldsymbol{r}^N)=\mathrm{Tr}f_0(\boldsymbol{r}^N)=1$，上式右面前两项相消，得

$$\Omega[f] - \Omega[f_0] = \beta^{-1}\mathrm{Tr}(f\ln f - f\ln f_0)$$

进一步采用**吉布斯不等式**

$$-\mathrm{Tr}(f\ln f_0) \geqslant -\mathrm{Tr}(f\ln f) \tag{5.2.6}$$

可见 $\Omega[f]-\Omega[f_0]>0$，这就证明了 $\Omega[f]>\Omega[f_0]$。当 $f=f_0$，不等式为等号，说明平衡时巨势泛函 $\Omega[f_0]$应为极小值。

注 1：吉布斯不等式可证明如下：由于 $\ln x\leqslant x-1$，

$$\mathrm{Tr}(f\ln f - f\ln f_0) = -\mathrm{Tr}(f\ln(f_0/f)) \geqslant -\mathrm{Tr}(f(f_0/f - 1)) = -\mathrm{Tr}f_0 + \mathrm{Tr}f = 0$$

这就是式(5.2.6)。证明中用到概率的特性 $\mathrm{Tr}f_0=\mathrm{Tr}f=1$。

注 2：应该指出，式(5.2.1)的基础是最概然分布或熵最大原理。平衡时 $\Omega[f_0(\boldsymbol{r}^N)]$ 应为极小值的基础同样是最概然分布或熵最大原理。

式(5.2.5)中的 $H-\mu N$ 经 $\mathrm{Tr}f(\boldsymbol{r}^N)$作用后变为$\langle E\rangle-\mu\langle N\rangle$。对于式(5.2.5)右面的第三项：按式(4.3.27)，有 $S=-k\sum_{i,N}P_{i,N}\ln P_{i,N}$，此式虽按平衡态定义，可采用解除保证平衡的约束或限制(restraint)，如突然改变外场或外压，使其变为非平衡态，此式仍可使用。$P_{i,N}$相当于$f(\boldsymbol{r}^N)$，这就有 $S=-\mathrm{Tr}kf(\boldsymbol{r}^N)\ln f(\boldsymbol{r}^N)$，因此，这第三项就是$-S$。式(5.2.5)变为

$$\Omega[f(\boldsymbol{r}^N)] = \langle E\rangle - \mu\langle N\rangle - TS = F - \mu\langle N\rangle = F - G = -pV \tag{5.2.7}$$

即式(4.3.28)。此式平衡或不平衡时均可使用。

巨势 达到平衡时，$f(\boldsymbol{r}^N)=f_0(\boldsymbol{r}^N)$。将式(5.2.1)移项所得的$H-\mu N+\beta^{-1}\ln f_0(\boldsymbol{r}^N)=\beta^{-1}\ln\Xi$ 代入式(5.2.5)，得

$$\begin{aligned}\Omega[f_0(\boldsymbol{r}^N)] &= \mathrm{Tr}\big(f_0(\boldsymbol{r}^N)(H - \mu N + \beta^{-1}\ln f_0(\boldsymbol{r}^N))\big) \\ &= -\beta^{-1}\ln\Xi = \Omega\end{aligned} \tag{5.2.8}$$

Ω称为巨势，即平衡时的巨势泛函 $\Omega[f_0(\boldsymbol{r}^N)]$。

系综平均值 任意微观量 X 的系综平均值$\langle X\rangle$为

$$\langle X\rangle = \mathrm{Tr}\big(f(\boldsymbol{r}^N)X\big) \tag{5.2.9}$$

2. 密度场与内在自由能泛函

密度场　即密度分布，常简称密度。**微观密度算符** $\hat{\rho}(\boldsymbol{r})$ 定义为

$$\hat{\rho}(\boldsymbol{r})=\sum_{i=1}^{N}\delta(\boldsymbol{r}-\boldsymbol{r}_i) \tag{5.2.10}$$

δ为狄拉克δ函数，参见 1.2 节注 4。每一个 $\boldsymbol{r}^N$ 对应一个 $\hat{\rho}(\boldsymbol{r})$，相当于一个微观状态。利用式(5.2.9)，采用 f_0，得到平衡时的系综平均，即平衡时的密度场 $\rho_0(\boldsymbol{r})$

$$\rho_0(\boldsymbol{r})=\langle\hat{\rho}(\boldsymbol{r})\rangle=\langle\sum_{i=1}^{N}\delta(\boldsymbol{r}-\boldsymbol{r}_i)\rangle=\mathrm{Tr}\,f_0(\boldsymbol{r}^N)\sum_{i=1}^{N}\delta(\boldsymbol{r}-\boldsymbol{r}_i) \tag{5.2.11}$$

可见，$\rho_0(\boldsymbol{r})$是$f_0(\boldsymbol{r}^N)$的泛函。$\hat{\rho}(\boldsymbol{r})$ 瞬息万变，存在涨落，$\rho_0(\boldsymbol{r})$则是平均值，是宏观量。注意这里的密度是数密度，量纲为 L^{-3}。当尚未达到平衡时，密度场为 $\rho(\boldsymbol{r})$，也是平均值和宏观量，在上式中要使用$f(\boldsymbol{r}^N)$。

注 3：由于 $\int_{-\infty}^{\infty}\delta(x)\mathrm{d}x=1$，现在 x=$\boldsymbol{r}$，d$\boldsymbol{r}$=dxdydz，量纲为 L^3，所以这里δ函数的量纲是 L^{-3}。式(5.2.11)也说明，$\delta(\boldsymbol{r}-\boldsymbol{r}_i)$的量纲是 L^{-3}。

平衡时的密度场 $\rho_0(\boldsymbol{r})$与外场 $V_{\mathrm{ext}}(\boldsymbol{r})$自洽　通常哈密顿量 H 由动能 E_{k}、位能(势能) $E_{\mathrm{p}}(\boldsymbol{r}^N)$ 和外场 $V_{\mathrm{ext}}=\sum_{i=1}^{N}V_{\mathrm{ext}}(\boldsymbol{r}_i)$ 的贡献构成

$$H=E_{\mathrm{k}}+E_{\mathrm{p}}(\boldsymbol{r}^N)+\sum_{i=1}^{N}V_{\mathrm{ext}}(\boldsymbol{r}_i) \tag{5.2.12}$$

量子力学的霍恩伯格-科恩第一定理指出：外场 $V_{\mathrm{ext}}(\boldsymbol{r})$是电子密度分布函数$\rho(\boldsymbol{r})$的独一无二的泛函，参见第 3 章 3.2 节。这个定理没有温度的概念，或温度为零。N. D. Mermin[11]将它推广到非零的温度，他证明了对于 μ、T 一定时的巨正则系综，一定的 $\rho_0(\boldsymbol{r})$只对应着一个 $V_{\mathrm{ext}}(\boldsymbol{r})$，它们之间自洽，有互相映射的关系(bijective)。这种自洽关系的意义在于：对于一定的系统，当外加一定的外场，就有一定的平衡密度分布。对于一定的系统，由于 $V_{\mathrm{ext}}(\boldsymbol{r})$决定了哈密顿量 H，按式(5.2.1)，也就决定了 $f_0(\boldsymbol{r}^N)$，所以 $f_0(\boldsymbol{r}^N)$也可表达为 $\rho_0(\boldsymbol{r})$的泛函。因而我们可以将巨势泛函 $\Omega[f(\boldsymbol{r}^N)]$按密度场 $\rho(\boldsymbol{r})$表达为 $\Omega[\rho(\boldsymbol{r})]$，并将平衡时 $\Omega[f_0(\boldsymbol{r}^N)]$为极小引申至 $\Omega[\rho_0(\boldsymbol{r})]$应为极小。

内在自由能泛函和自由能泛函　巨势泛函 $\Omega[\rho(\boldsymbol{r})]$可按式(5.2.7)定义为(有的文献[9, 10]写作 $\Omega_V[\rho(\boldsymbol{r})]$，以区别于 $\Omega[f(\boldsymbol{r}^N)]$)

$$\begin{aligned}\Omega[\rho(\boldsymbol{r})]&=F[\rho(\boldsymbol{r})]-\mu\int\mathrm{d}\boldsymbol{r}\,\rho(\boldsymbol{r})\\&=F_{\mathrm{intr}}[\rho(\boldsymbol{r})]+\int\mathrm{d}\boldsymbol{r}\,\rho(\boldsymbol{r})V_{\mathrm{ext}}(\boldsymbol{r})-\mu\int\mathrm{d}\boldsymbol{r}\,\rho(\boldsymbol{r})\end{aligned} \tag{5.2.13}$$

式中，$\int\mathrm{d}\boldsymbol{r}\rho(\boldsymbol{r})=\langle N\rangle$；$F_{\mathrm{intr}}[\rho(\boldsymbol{r})]$称为内在自由能泛函(intrinsic free energy functional)，这是第二个生成函数。电子系统也有 $F_{\mathrm{intr}}[\rho(\boldsymbol{r})]$，见式(3.2.6)。注意这里的“内在

intr”与式(4.2.19)的 E_{int} 和式(4.2.20)的 Q_{int} 的“内部 int”含义不同，指不显含外场 V_{ext} 的直接贡献，但并不排除隐含外场的间接贡献。类似于巨势泛函$\Omega[\rho(\boldsymbol{r})]$的式(5.2.5)，$F_{\text{intr}}[\rho(\boldsymbol{r})]$可定义为

$$F_{\text{intr}}[\rho(\boldsymbol{r})]=\mathrm{Tr}\left(f(\boldsymbol{r}^N)\left(\sum_{i=1}^{N}p_i^2/2m+E_{\text{p}}(\boldsymbol{r}^N)+\beta^{-1}\ln f(\boldsymbol{r}^N)\right)\right) \tag{5.2.14}$$

$F[\rho(\boldsymbol{r})]$为自由能泛函，它与内在自由能泛函的关系为

$$F[\rho(\boldsymbol{r})]=F_{\text{intr}}[\rho(\boldsymbol{r})]+\int \mathrm{d}\boldsymbol{r}\,\rho(\boldsymbol{r})V_{\text{ext}}(\boldsymbol{r}) \tag{5.2.15}$$

达到平衡时，$\rho(\boldsymbol{r})=\rho_0(\boldsymbol{r})$，按 N. D. Mermin 的推广，$\Omega[\rho(\boldsymbol{r})]$应为极值

$$\left.\frac{\delta\Omega[\rho(\boldsymbol{r})]}{\delta\rho(\boldsymbol{r})}\right|_{\rho_0(\boldsymbol{r})}=0,\quad \Omega[\rho_0(\boldsymbol{r})]=\Omega \tag{5.2.16}$$

相应地，平衡时的 $F_{\text{intr}}[\rho_0(\boldsymbol{r})]$表示为

$$F_{\text{intr}}[\rho_0(\boldsymbol{r})]=\mathrm{Tr}\left(f_0(\boldsymbol{r}^N)(E_{\text{k}}+E_{\text{p}}(\boldsymbol{r}^N)+\beta^{-1}\ln f_0(\boldsymbol{r}^N))\right) \tag{5.2.17}$$

内在化学势　定义一个函数 $u(\boldsymbol{r})$，$u(\boldsymbol{r})=\mu-V_{\text{ext}}(\boldsymbol{r})$。联合式(5.2.13)和式(5.2.16)，可写出：

$$u(\boldsymbol{r})\stackrel{\text{def}}{=}\mu-V_{\text{ext}}(\boldsymbol{r})=\left.\frac{\delta F_{\text{intr}}[\rho(\boldsymbol{r})]}{\delta\rho(\boldsymbol{r})}\right|_{\rho_0(\boldsymbol{r})}=\mu_{\text{intr}}(\boldsymbol{r})\big|_{\rho_0(\boldsymbol{r})} \tag{5.2.18}$$

$$\mu_{\text{intr}}(\boldsymbol{r})\stackrel{\text{def}}{=}\frac{\delta F_{\text{intr}}[\rho(\boldsymbol{r})]}{\delta\rho(\boldsymbol{r})} \tag{5.2.19}$$

$\mu_{\text{intr}}(\boldsymbol{r})$称为(粒子的)内在化学势(intrinsic chemical potential)，与 $\boldsymbol{r}$ 有关，式(5.2.19)是它的定义式，既可用于平衡态，也可用于非平衡态。$u(\boldsymbol{r})$等于平衡时的内在化学势。同样，$u(\boldsymbol{r})$或平衡时的 $\mu_{\text{intr}}(\boldsymbol{r})$也与 $\rho_0(\boldsymbol{r})$共轭。

化学势　至于(粒子的)化学势 μ，则有以下关系式

$$\mu\stackrel{\text{def}}{=}\frac{\delta F[\rho(\boldsymbol{r})]}{\delta\rho(\boldsymbol{r})}=\mu_{\text{intr}}(\boldsymbol{r})+V_{\text{ext}}(\boldsymbol{r}) \tag{5.2.20}$$

函数 $u(\boldsymbol{r})$或平衡时的 $\mu_{\text{intr}}(\boldsymbol{r})$或 $V_{\text{ext}}(\boldsymbol{r})$通过式(5.2.18)与平衡时的密度场 $\rho_0(\boldsymbol{r})$相关联，它们之间有自洽的关系。如果知道内在自由能泛函 $F_{\text{intr}}[\rho(\boldsymbol{r})]$，可以进行 $V_{\text{ext}}(\boldsymbol{r})$与 $\rho_0(\boldsymbol{r})$间的自洽计算。有了 $F_{\text{intr}}[\rho(\boldsymbol{r})]$，还可以得到粒子的化学势$\mu$，进而进行相平衡研究。

注 4：按勒让德(A. M. Legendre)变换，有下面的变换关系式：

$$y^{(0)}=f(x_1,x_2,\cdots,x_m),\quad \xi_1=\partial y^{(0)}/\partial x_1$$

$$y^{(1)}(\xi_1,x_2,\cdots,x_m)=y^{(0)}(x_1,x_2,\cdots,x_m)-\xi_1x_1$$

令 $y^{(0)}$ 为 $F_{\text{intr}}[\rho_0(\boldsymbol{r})]$，$\xi_1=\delta F_{\text{intr}}[\rho_0(\boldsymbol{r})]/\delta\rho_0(\boldsymbol{r})=u(\boldsymbol{r})$，$y^{(1)}$ 为$\Omega[u(\boldsymbol{r})]$，可写出：

$$\Omega[u(\boldsymbol{r})]=F_{\text{intr}}[\rho_0(\boldsymbol{r})]-\int \mathrm{d}\boldsymbol{r}\,\rho_0(\boldsymbol{r})u(\boldsymbol{r}) \tag{5.2.21}$$

这就是平衡时的式(5.2.13)。巨势泛函Ω与内在自由能泛函F_{intr}之间是勒让德变换的关系。

5.3 相关函数

本节的相关函数，都是系统在平衡时的特性。为简明起见，以下将平衡时的$\rho_0(\boldsymbol{r})$和$f_0(\boldsymbol{r}^N)$简写为$\rho(\boldsymbol{r})$和$f(\boldsymbol{r}^N)$，除特别指出，不再区分。

1. 分布函数

由平衡时的巨势泛函$\Omega[\rho(\boldsymbol{r})]$对$u(\boldsymbol{r})$求导，可得到系列的相关函数。

密度分布　按式(5.2.2)的$\varXi$，式(5.2.4)的 Tr 和式(5.2.12)的 H，以及$\hat{\rho}(\boldsymbol{r})=\sum_{i=1}^{N}\delta(\boldsymbol{r}-\boldsymbol{r}_i)$和$u(\boldsymbol{r})=\mu-V_{\text{ext}}(\boldsymbol{r})$，巨正则配分函数可表示为

$$\begin{aligned}\varXi&=\sum_{N=0}^{\infty}\frac{1}{\varLambda^{3N}N!}\int\mathrm{d}\boldsymbol{r}^N\exp\left(-\beta E_{\mathrm{p}}(\boldsymbol{r}^N)-\beta\sum_{i=1}^{N}V_{\text{ext}}(\boldsymbol{r}_i)-\beta N\mu\right)\\&=\mathrm{Tr}\exp\left(-\beta E_{\mathrm{p}}(\boldsymbol{r}^N)+\beta\int\mathrm{d}\boldsymbol{r}\,u(\boldsymbol{r})\hat{\rho}(\boldsymbol{r})\right)\end{aligned}\tag{5.3.1}$$

E_{p}是标本系统的势能。按式(5.2.8)，$\Omega=-\beta^{-1}\ln\varXi$，对$u(\boldsymbol{r})$求导，并结合平衡时概率密度$f_0$的定义式(5.2.1)，下标“0”略去，得

$$\begin{aligned}\frac{\delta\Omega[\rho(\boldsymbol{r})]}{\delta u(\boldsymbol{r})}&=\varXi^{-1}\sum_{N=0}^{\infty}\frac{1}{\varLambda^{3N}N!}\int\mathrm{d}\boldsymbol{r}^N\hat{\rho}(\boldsymbol{r})\exp\left(-\beta E_{\mathrm{p}}(\boldsymbol{r}^N)+\beta\int\mathrm{d}\boldsymbol{r}\,u(\boldsymbol{r})\hat{\rho}(\boldsymbol{r})\right)\\&=-\mathrm{Tr}\,f(\boldsymbol{r}^N)\hat{\rho}(\boldsymbol{r})=-\langle\hat{\rho}(\boldsymbol{r})\rangle=-\rho(\boldsymbol{r})\end{aligned}\tag{5.3.2}$$

$\Omega[\rho(\boldsymbol{r})]$对$u(\boldsymbol{r})$的求导即平衡时的密度分布或密度场$\rho(\boldsymbol{r})$的负值。

注意这一求导的结果并非通常的泛函导数，泛函Ω的变量函数ρ与求导的函数u不相同，量纲分析要应用链规则。求导结果的量纲为L^{-3}，参见第 1 章 1.2 节例 1-14。

密度-密度相关函数　符号为$G(\boldsymbol{r}_1,\boldsymbol{r}_2)$。将上式再次对$u(\boldsymbol{r})$求导，可得密度-密度相关函数$G(\boldsymbol{r}_1,\boldsymbol{r}_2)$。它是$\rho(\boldsymbol{r})/kT$对$u(\boldsymbol{r})$的求导，是泛函$-\Omega[\rho(\boldsymbol{r})]/kT$对$u(\boldsymbol{r})$的二阶求导，量纲为$\mathrm{L}^{-6}$。求导结果为

$$\begin{aligned}G(\boldsymbol{r}_1,\boldsymbol{r}_2)&=\beta^{-1}\frac{\delta\rho(\boldsymbol{r}_1)}{\delta u(\boldsymbol{r}_2)}=-\beta^{-1}\frac{\delta^2\Omega[\rho(\boldsymbol{r})]}{\delta u(\boldsymbol{r}_1)\delta u(\boldsymbol{r}_2)}\\&=-\beta^{-1}\left(-\varXi^{-2}\sum_{N=0}^{\infty}\cdots\frac{\delta\varXi}{\delta u(\boldsymbol{r}_2)}+\varXi^{-1}\sum_{N=0}^{\infty}\cdots+\frac{\delta}{\delta u(\boldsymbol{r}_2)}\beta\int\mathrm{d}\boldsymbol{r}\,u(\boldsymbol{r})\hat{\rho}(\boldsymbol{r})\right)\\&=\beta^{-1}\left(-\frac{\delta\ln\varXi}{\delta u(\boldsymbol{r}_2)}\rho(\boldsymbol{r}_1)+\beta\mathrm{Tr}f(\boldsymbol{r}^N)\hat{\rho}(\boldsymbol{r}_1)\hat{\rho}(\boldsymbol{r}_2)\right)\\&=-\rho(\boldsymbol{r}_1)\rho(\boldsymbol{r}_2)+\langle\hat{\rho}(\boldsymbol{r}_1)\hat{\rho}(\boldsymbol{r}_2)\rangle\end{aligned}\tag{5.3.3}$$

二重分布函数(two-particle，two-body distribution function)

$$\begin{aligned}\left\langle\hat{\rho}(\boldsymbol{r}_1)\hat{\rho}(\boldsymbol{r}_2)\right\rangle &= \left\langle\sum_{i\neq j}\delta(\boldsymbol{r}_1-\boldsymbol{r}_i)\delta(\boldsymbol{r}_2-\boldsymbol{r}_j)\right\rangle + \left\langle\sum_i\delta(\boldsymbol{r}_1-\boldsymbol{r}_i)\delta(\boldsymbol{r}_2-\boldsymbol{r}_i)\right\rangle \\ &= \rho^{(2)}(\boldsymbol{r}_1,\boldsymbol{r}_2)+\rho(\boldsymbol{r}_1)\delta(\boldsymbol{r}_1-\boldsymbol{r}_2)\end{aligned} \tag{5.3.4}$$

式右第二项是由于$\left\langle\hat{\rho}(\boldsymbol{r}_1)\hat{\rho}(\boldsymbol{r}_2)\right\rangle$中包含了 $\boldsymbol{r}_i$=$\boldsymbol{r}_j$ 的情况。式中

$$\rho^{(2)}(\boldsymbol{r}_1,\boldsymbol{r}_2)=\left\langle\sum_{i\neq j}\delta(\boldsymbol{r}_1-\boldsymbol{r}_i)\delta(\boldsymbol{r}_2-\boldsymbol{r}_j)\right\rangle \tag{5.3.5}$$

称为二重分布函数。$\rho^{(2)}(\boldsymbol{r}_1,\boldsymbol{r}_2)$是一对粒子分别处于 $\boldsymbol{r}_1$ 和 $\boldsymbol{r}_2$ 的概率密度。$\rho(\boldsymbol{r})$即$\rho^{(1)}(\boldsymbol{r})$，则为**一重分布函数**(one-particle，one-body distribution function)，是一个粒子处于 $\boldsymbol{r}$ 的概率密度。将式(5.3.4)代入式(5.3.3)，得

$$\rho^{(2)}(\boldsymbol{r}_1,\boldsymbol{r}_2)=G(\boldsymbol{r}_1,\boldsymbol{r}_2)-\rho(\boldsymbol{r}_1)\delta(\boldsymbol{r}_1-\boldsymbol{r}_2)+\rho(\boldsymbol{r}_1)\rho(\boldsymbol{r}_2) \tag{5.3.6}$$

可见 $\rho^{(2)}(\boldsymbol{r}_1,\boldsymbol{r}_2)$取决于$-\Omega[\rho(\boldsymbol{r})]/kT$对 $u(\boldsymbol{r})$的二阶和一阶求导。

***m* 重分布函数**　在第 4 章用正则系综定义了 m 重标明分布函数，即式(4.6.2)。在巨正则系综中，m 重分布函数定义为

$$\begin{aligned}\rho^{(m)}(\boldsymbol{r}_1,\cdots,\boldsymbol{r}_m) &= \left\langle\sum_{i\neq j\cdots\neq l}^{N}\delta(\boldsymbol{r}_1-\boldsymbol{r}_i)\delta(\boldsymbol{r}_2-\boldsymbol{r}_j)\cdots\delta(\boldsymbol{r}_m-\boldsymbol{r}_l)\right\rangle \\ &= \Xi^{-1}\sum_{N>m}^{\infty}\frac{1}{\Lambda^{3N}(N-m)!}\int \mathrm{d}\boldsymbol{r}_{m+1}\cdots\mathrm{d}\boldsymbol{r}_N\exp\left(-\beta E_{\mathrm{p}}(\boldsymbol{r}^N)-\beta V_{\mathrm{ext}}+\beta N\mu\right)\end{aligned} \tag{5.3.7}$$

它是粒子 1 处于 $\boldsymbol{r}_1$，粒子 2 处于 $\boldsymbol{r}_2$，…，粒子 m 处于 $\boldsymbol{r}_m$ 时的概率密度，除以$(N-m)!$是因为积分涉及$(N-m)$个粒子，它们不可区别。由 $\rho^{(1)}(\boldsymbol{r})$和 $\rho^{(2)}(\boldsymbol{r}_1,\boldsymbol{r}_2)$类推，$m$ 重分布函数 $\rho^{(m)}(\boldsymbol{r}_1,\cdots,\boldsymbol{r}_m)$取决于$-\Omega[\rho(\boldsymbol{r})]/kT$对 $u(\boldsymbol{r})$的 m 阶以内的各阶求导。

径向分布函数　如果是均匀流体，由式(5.3.6)和式(4.6.6)可得

$$G(\boldsymbol{r}_1,\boldsymbol{r}_2)\rightarrow G(r_{12})=\rho^2(g(r_{12})-1)+\rho\delta(r_{12}) \tag{5.3.8}$$

r_{12}=$|\boldsymbol{r}_1-\boldsymbol{r}_2|$，$g(r_{12})$即径向分布函数，量纲为 1。$\delta(r_{12})$的量纲为 L^{-3}。

静态结构因子　$G(r_{12})$的傅里叶变换可表示为 $G(k)=\rho S(k)$，$S(k)$称为静态结构因子，即式(4.7.10)的$\hat{h}(s)$。

2. 直接相关函数

上一章讨论奥恩斯坦-策尼克(OZ)积分方程时，参见 4.7 节，引入了直接相关函数。本章将先定义直接相关函数，再导出 OZ 方程。

过量内在自由能泛函　内在自由能泛函可以分解为理想气体贡献 F^{ig} 和过量贡献 F^{ex} 两部分，$F_{\mathrm{intr}}[\rho(\boldsymbol{r})]=F^{\mathrm{ig}}[\rho(\boldsymbol{r})]+F^{\mathrm{ex}}[\rho(\boldsymbol{r})]$。利用式(5.2.13)和式(5.2.15)，过量内在自由能泛函 $F^{\mathrm{ex}}[\rho(\boldsymbol{r})]$可表达为

$$
\begin{aligned}
F^{\mathrm{ex}}[\rho(\boldsymbol{r})] &= F_{\mathrm{intr}}[\rho(\boldsymbol{r})] - F^{\mathrm{ig}}[\rho(\boldsymbol{r})] \\
&= F[\rho(\boldsymbol{r})] - \left(F^{\mathrm{ig}}[\rho(\boldsymbol{r})] + \int \mathrm{d}\boldsymbol{r}\,\rho(\boldsymbol{r}) V_{\mathrm{ext}}(\boldsymbol{r})\right) \\
&= \Omega[\rho(\boldsymbol{r})] + \mu \int \mathrm{d}\boldsymbol{r}\,\rho(\boldsymbol{r}) - \left(F^{\mathrm{ig}}[\rho(\boldsymbol{r})] + \int \mathrm{d}\boldsymbol{r}\,\rho(\boldsymbol{r}) V_{\mathrm{ext}}(\boldsymbol{r})\right)
\end{aligned} \tag{5.3.9}
$$

式中，F^{ig}可用理想气体的**自由能密度**$f^{\mathrm{ig}}=\rho kT(\ln(\Lambda^3\rho)-1)$表达：

$$
\begin{aligned}
F^{\mathrm{ig}}[\rho(\boldsymbol{r})] &= \int f^{\mathrm{ig}}(\rho(\boldsymbol{r}))\mathrm{d}\boldsymbol{r} = \int kT\rho(\boldsymbol{r})\left(\ln\left(\Lambda^3\rho(\boldsymbol{r})\right)-1\right)\mathrm{d}\boldsymbol{r} \\
&= \int \rho(\boldsymbol{r})\left(\ \mu^{\ominus} + kT\ln(\rho(\boldsymbol{r})kT/p^{\ominus}) - kT\ \right)\mathrm{d}\boldsymbol{r}
\end{aligned} \tag{5.3.10}
$$

注：对于理想气体，位形积分 $Z=1$，如不计内配分函数 Q_{int}，并引入$\rho=N/V$，按式(4.2.16)和式(4.2.20)，可写出

$$
\begin{aligned}
F^{\mathrm{ig}} &= -kT\ln Q = -kT\ln\left(V^N/N!\Lambda^{3N}\right) = NkT\left(\ln(\Lambda^3\rho)-1\right) = N(\mu^{\mathrm{ig}} - kT) \\
&= N(\mu^{\ominus} + kT\ln(\rho kT/p^{\ominus}) - kT\ ) = f^{\mathrm{ig}}V = f^{\mathrm{ig}}N/\rho
\end{aligned}
$$

$$
f^{\mathrm{ig}} = \rho kT\left(\ln(\Lambda^3\rho)-1\right) = \rho(\mu^{\mathrm{ig}} - kT) = \rho(\mu^{\ominus} + kT\ln(\rho kT/p^{\ominus}) - kT\ )
$$

式中，$\mu^{\ominus}= kT\ln(\Lambda^3 p^{\ominus}/kT)$，是标准化学势；$p^{\ominus}$ 是标准压力。

有的文献用$\mu^{\mathrm{ig}}=\mu^{+}+kT\ln\rho$，注意$\rho$的量纲为 L^{-3}，不能进行对数运算，μ^{+}的意义也不明。

***m* 重直接相关函数**　直接相关函数符号为 c。由 F^{ex} 可定义 m 重直接相关函数 $c^{(m)}$

$$
\begin{aligned}
c^{(m)}(\rho(\boldsymbol{r});\boldsymbol{r}_1,\boldsymbol{r}_2,\boldsymbol{r}_3,\cdots,\boldsymbol{r}_m) &= \delta c^{(m-1)}(\rho(\boldsymbol{r});\boldsymbol{r}_1,\boldsymbol{r}_2,\boldsymbol{r}_3,\cdots,\boldsymbol{r}_{m-1})/\delta\rho(\boldsymbol{r}_m) \\
&= -\frac{1}{kT}\frac{\delta^m F^{\mathrm{ex}}[\rho(\boldsymbol{r})]}{\delta\rho(\boldsymbol{r}_1)\delta\rho(\boldsymbol{r}_2)\delta\rho(\boldsymbol{r}_3)\cdots\delta\rho(\boldsymbol{r}_m)}
\end{aligned} \tag{5.3.11}
$$

它是 F^{ex} 的 m 阶泛函导数。kT 的量纲为 E(能量)，$c^{(m)}$的量纲为 1。

相应的**一重直接相关函数**和**二重直接相关函数**为

$$
c^{(1)}(\rho(\boldsymbol{r});\boldsymbol{r}) = -\frac{1}{kT}\frac{\delta F^{\mathrm{ex}}[\rho(\boldsymbol{r})]}{\delta\rho(\boldsymbol{r})} = -\frac{1}{kT}\frac{\delta\left(F_{\mathrm{intr}}[\rho(\boldsymbol{r})] - F^{\mathrm{ig}}[\rho(\boldsymbol{r})]\right)}{\delta\rho(\boldsymbol{r})} \tag{5.3.12}
$$

$$
\begin{aligned}
c^{(2)}(\rho(\boldsymbol{r});\boldsymbol{r}_1,\boldsymbol{r}_2) &= \frac{\delta c^{(1)}(\rho(\boldsymbol{r});\boldsymbol{r}_1)}{\delta\rho(\boldsymbol{r}_2)} = -\frac{1}{kT}\frac{\delta^2 F^{\mathrm{ex}}[\rho(\boldsymbol{r})]}{\delta\rho(\boldsymbol{r}_1)\delta\rho(\boldsymbol{r}_2)} \\
&= c^{(2)}(\rho(\boldsymbol{r});\boldsymbol{r}_2,\boldsymbol{r}_1)
\end{aligned} \tag{5.3.13}
$$

$$
c^{(1)}(\rho(\boldsymbol{r});\boldsymbol{r}) = -\frac{1}{kT}\frac{\delta F^{\mathrm{ex}}[\rho(\boldsymbol{r})]}{\delta\rho(\boldsymbol{r})} = -\frac{\mu^{\mathrm{ex}}(\boldsymbol{r})}{kT} \tag{5.3.14}
$$

一重直接相关函数 $c^{(1)}(\rho(\boldsymbol{r}),\boldsymbol{r})$等于$-\mu^{\mathrm{ex}}(\boldsymbol{r})/kT$，$\mu^{\mathrm{ex}}(\boldsymbol{r})$是**过量内在化学势**。

密度分布 $\rho(\boldsymbol{r})$　将式(5.3.12)代入式(5.2.18)，并利用式(5.3.10)得

$$
\begin{aligned}
\mu &= V_{\mathrm{ext}}(\boldsymbol{r}) + \delta F_{\mathrm{intr}}[\rho(\boldsymbol{r})]/\delta\rho(\boldsymbol{r}) \\
&= V_{\mathrm{ext}}(\boldsymbol{r}) + \mu^{\ominus} + kT\ln(\rho(\boldsymbol{r})kT/p^{\ominus}) - kTc^{(1)}(\rho(\boldsymbol{r});\boldsymbol{r})
\end{aligned} \tag{5.3.15}
$$

如果没有外场，密度均匀为 ρ_0，下标 0 指均匀流体，注意不要与平衡时的密度分布 $\rho_0(\boldsymbol{r})$混淆，并且现在已不区分 $\rho_0(\boldsymbol{r})$和 $\rho(\boldsymbol{r})$，式(5.3.15)变为

$$\mu = \mu^{\text{ig}} - kTc_0^{(1)}(\rho_0) = \mu^{\ominus}(T) + kT\ln(\rho_0 kT/p^{\ominus}) - kTc_0^{(1)}(\rho_0) \tag{5.3.16}$$

式中，$c_0^{(1)}$ 是均匀流体的一重直接相关函数；$\mu^{\text{ig}}=\mathrm{d}f^{\text{ig}}/\mathrm{d}\rho$，是理想气体的化学势。联合式(5.3.15)和式(5.3.16)，得

$$\rho(\boldsymbol{r}) = \rho_0\exp\left(-\frac{V_{\text{ext}}(\boldsymbol{r})}{kT} + c^{(1)}(\rho(\boldsymbol{r});\boldsymbol{r}) - c_0^{(1)}(\rho_0)\right) \tag{5.3.17}$$

这是已知外场 $V_{\text{ext}}(\boldsymbol{r})$求密度分布或密度场 $\rho(\boldsymbol{r})$的基本式，关键是要知道 $c^{(1)}(\rho(\boldsymbol{r}),\boldsymbol{r})$或 $F^{\text{ex}}[\rho(\boldsymbol{r})]$。

3. 积分方程

以上由两个生成函数，巨势泛函 $\Omega[\rho(\boldsymbol{r})]$和内在自由能泛函 $F_{\text{int}}[\rho(\boldsymbol{r})]$，定义了平衡时两个系列的相关函数，$\rho^{(m)}(\boldsymbol{r}_1,\cdots,\boldsymbol{r}_m)$(即 m 重分布函数)和 $c^{(m)}(\rho(\boldsymbol{r});\boldsymbol{r}_1,\boldsymbol{r}_2,\boldsymbol{r}_3,\cdots,\boldsymbol{r}_m)$(即 m 重直接相关函数)，它们具有相同的根源，彼此间并不独立。本节要解决它们之间的相互关系。

推导　式(5.3.15)联系了一阶的 $c^{(1)}(\rho(\boldsymbol{r});\boldsymbol{r})$与$\rho(\boldsymbol{r})$，可作为推导的出发点。利用式(5.2.18) $u(\boldsymbol{r})=\mu-V_{\text{ext}}(\boldsymbol{r})$，式(5.3.15)可改写为

$$kTc^{(1)}(\rho(\boldsymbol{r}),\boldsymbol{r}) = -u(\boldsymbol{r}) + \mu^{\ominus}(T) + kT\ln(\rho(\boldsymbol{r})kT/p^{\ominus})$$

将此式代入式(5.3.13) $c^{(2)}(\rho(\boldsymbol{r});\boldsymbol{r}_1,\boldsymbol{r}_2) = \delta c^{(1)}(\rho(\boldsymbol{r});\boldsymbol{r}_1)/\delta\rho(\boldsymbol{r}_2)$，得

$$c^{(2)}(\rho(\boldsymbol{r});\boldsymbol{r}_1,\boldsymbol{r}_2) = \frac{\delta(\boldsymbol{r}_1-\boldsymbol{r}_2)}{\rho(\boldsymbol{r}_1)} - \frac{1}{kT}\frac{\delta u(\boldsymbol{r}_1)}{\delta\rho(\boldsymbol{r}_2)} = \frac{\delta(\boldsymbol{r}_1-\boldsymbol{r}_2)}{\rho(\boldsymbol{r}_1)} - \frac{1}{kT}\frac{\delta^2 F_{\text{intr}}[\rho(\boldsymbol{r})]}{\delta\rho(\boldsymbol{r}_1)\delta\rho(\boldsymbol{r}_2)}$$

其中用到式(1.2.17) $\delta\rho(\boldsymbol{r}_1)/\delta\rho(\boldsymbol{r}_2) = \delta(\boldsymbol{r}_1-\boldsymbol{r}_2)$。由于二次求导时 $V_{\text{ext}}(\boldsymbol{r})$已消失，$\delta^2F_{\text{intr}}$可直接用$\delta^2F$ 代替。又按式(5.3.3) $G(\boldsymbol{r}_1,\boldsymbol{r}_2)=\beta^{-1}\delta\rho(\boldsymbol{r}_1)/\delta u(\boldsymbol{r}_2)$，$\beta^{-1}\delta u(\boldsymbol{r}_1)/\delta\rho(\boldsymbol{r}_2)$就是$-G^{-1}(\boldsymbol{r}_1,\boldsymbol{r}_2)$，可见 $c^{(2)}$与 $G^{-1}(\boldsymbol{r}_1,\boldsymbol{r}_2)$相关联，

$$G^{-1}(\boldsymbol{r}_1,\boldsymbol{r}_2) = \rho^{-1}(\boldsymbol{r}_1)\delta(\boldsymbol{r}_1-\boldsymbol{r}_2) - c^{(2)}(\rho(\boldsymbol{r});\boldsymbol{r}_1,\boldsymbol{r}_2) \tag{5.3.18}$$

$G^{-1}(\boldsymbol{r}_1,\boldsymbol{r}_2)$是泛函 $G(\boldsymbol{r}_1,\boldsymbol{r}_2)$的逆，量纲为 1。它们之间有以下关系

$$\int \mathrm{d}\boldsymbol{r}_3 G^{-1}(\boldsymbol{r}_1,\boldsymbol{r}_3)G(\boldsymbol{r}_3,\boldsymbol{r}_2) = \delta(\boldsymbol{r}_1-\boldsymbol{r}_2) \tag{5.3.19}$$

按$u(\boldsymbol{r}) = \delta F_{\text{intr}}[\rho(\boldsymbol{r})]/\delta\rho(\boldsymbol{r})$，即式(5.2.18)，还有$\delta\Omega[\rho(\boldsymbol{r})]/\delta u(\boldsymbol{r}) = -\rho(\boldsymbol{r})$，即式(5.3.2)，可见式(5.3.19)等价于

$$\int \mathrm{d}\boldsymbol{r}_3 \frac{\delta u(\boldsymbol{r}_1)}{\delta\rho(\boldsymbol{r}_3)}\frac{\delta\rho(\boldsymbol{r}_3)}{\delta u(\boldsymbol{r}_2)} = -\int \mathrm{d}\boldsymbol{r}_3 \frac{\delta^2 F_{\text{intr}}[\rho(\boldsymbol{r})]}{\delta\rho(\boldsymbol{r}_1)\delta\rho(\boldsymbol{r}_3)}\frac{\delta^2\Omega}{\delta u(\boldsymbol{r}_3)\delta u(\boldsymbol{r}_2)} = \delta(\boldsymbol{r}_1-\boldsymbol{r}_2) \tag{5.3.20}$$

将式(5.3.6) $G(\boldsymbol{r}_1,\boldsymbol{r}_2) = \rho^{(2)}(\boldsymbol{r}_1,\boldsymbol{r}_2) + \rho(\boldsymbol{r}_1)\delta(\boldsymbol{r}_1-\boldsymbol{r}_2) - \rho(\boldsymbol{r}_1)\rho(\boldsymbol{r}_2)$ 和式(5.3.18)代入式(5.3.19)，得

$$\int \mathrm{d}\boldsymbol{r}_3 \left(\rho^{-1}(\boldsymbol{r}_1)\delta(\boldsymbol{r}_1-\boldsymbol{r}_3)-c^{(2)}(\boldsymbol{r}_1,\boldsymbol{r}_3)\right) \times\left(\rho^{(2)}(\boldsymbol{r}_3,\boldsymbol{r}_2)+\rho(\boldsymbol{r}_3)\delta(\boldsymbol{r}_3-\boldsymbol{r}_2)-\rho(\boldsymbol{r}_3)\rho(\boldsymbol{r}_2)\right)=\delta(\boldsymbol{r}_1-\boldsymbol{r}_2) \tag{5.3.21}$$

此式原则上已表达了 $c^{(2)}$ 和 $\rho^{(2)}$ 之间的相互关系，但还可进一步精练。

总相关函数(total correlation function)　符号为 $h(\boldsymbol{r}_1, \boldsymbol{r}_2)$，定义为

$$h(\boldsymbol{r}_1,\boldsymbol{r}_2)=g(\boldsymbol{r}_1,\boldsymbol{r}_2)-1=\frac{\rho^{(2)}(\boldsymbol{r}_1,\boldsymbol{r}_2)}{\rho(\boldsymbol{r}_1)\rho(\boldsymbol{r}_2)}-1 \tag{5.3.22}$$

参见第 4 章的式(4.7.8)。$h(\boldsymbol{r}_1, \boldsymbol{r}_2)$ 的量纲为 1。

奥恩斯坦-策尼克积分方程　将式(5.3.21)左面展开，并应用式(5.3.22)引入的 $h(\boldsymbol{r}_1, \boldsymbol{r}_2)$，展开后的各项分别为

$$\int \mathrm{d}\boldsymbol{r}_3\rho^{-1}(\boldsymbol{r}_1)\delta(\boldsymbol{r}_1-\boldsymbol{r}_3)\rho(\boldsymbol{r}_3)\delta(\boldsymbol{r}_3-\boldsymbol{r}_2)=\delta(\boldsymbol{r}_1-\boldsymbol{r}_2)$$

$$-\int \mathrm{d}\boldsymbol{r}_3 c^{(2)}(\boldsymbol{r}_1,\boldsymbol{r}_3)\rho(\boldsymbol{r}_3)\delta(\boldsymbol{r}_3-\boldsymbol{r}_2)=-c^{(2)}(\boldsymbol{r}_1,\boldsymbol{r}_2)\int \mathrm{d}\boldsymbol{r}_3\rho(\boldsymbol{r}_3)\delta(\boldsymbol{r}_3-\boldsymbol{r}_2)$$

$$\int \mathrm{d}\boldsymbol{r}_3\rho^{-1}(\boldsymbol{r}_1)\delta(\boldsymbol{r}_1-\boldsymbol{r}_3)\left(\rho^{(2)}(\boldsymbol{r}_3,\boldsymbol{r}_2)-\rho(\boldsymbol{r}_3)\rho(\boldsymbol{r}_2)\right)=h(\boldsymbol{r}_1,\boldsymbol{r}_2)\rho(\boldsymbol{r}_2)\int \mathrm{d}\boldsymbol{r}_3\delta(\boldsymbol{r}_1-\boldsymbol{r}_3)$$

$$-\int \mathrm{d}\boldsymbol{r}_3 c^{(2)}(\boldsymbol{r}_1,\boldsymbol{r}_3)\left(\rho^{(2)}(\boldsymbol{r}_3,\boldsymbol{r}_2)-\rho(\boldsymbol{r}_3)\rho(\boldsymbol{r}_2)\right)=-\rho(\boldsymbol{r}_2)\int \mathrm{d}\boldsymbol{r}_3 c^{(2)}(\boldsymbol{r}_1,\boldsymbol{r}_3)h(\boldsymbol{r}_3,\boldsymbol{r}_2)\rho(\boldsymbol{r}_3)$$

经过这样整理，式(5.3.21)变为

$$h(\boldsymbol{r}_1,\boldsymbol{r}_2)=c^{(2)}(\boldsymbol{r}_1,\boldsymbol{r}_2)+\int \mathrm{d}\boldsymbol{r}_3 h(\boldsymbol{r}_3,\boldsymbol{r}_2)\rho(\boldsymbol{r}_3)c^{(2)}(\boldsymbol{r}_1,\boldsymbol{r}_3) \tag{5.3.23}$$

这就是非均匀流体的奥恩斯坦-策尼克积分方程，简称 OZ 方程，参见式(4.7.11)。这是一个积分方程。它将直接相关函数 $c^{(2)}(\boldsymbol{r}_1, \boldsymbol{r}_2)$ 和二重分布函数 $\rho^{(2)}(\boldsymbol{r}_1, \boldsymbol{r}_2)$ 或总相关函数 $h(\boldsymbol{r}_1, \boldsymbol{r}_2)$ 联系起来。OZ 方程是非封闭的，求解时要借助一个独立的式子。

应该指出，$c^{(2)}$ 虽然是 $\boldsymbol{r}_1, \boldsymbol{r}_2$ 的函数，是局部量，但仍是 $\rho(\boldsymbol{r})$ 的泛函，可对 $\rho(\boldsymbol{r})$ 进行泛函求导，并可表示为 $c^{(2)}[\rho(\boldsymbol{r}); \boldsymbol{r}_1, \boldsymbol{r}_2]$。多数文献则写为 $c^{(2)}(\rho(\boldsymbol{r}); \boldsymbol{r}_1, \boldsymbol{r}_2)$ 或 $c^{(2)}(\boldsymbol{r}_1, \boldsymbol{r}_2)$。$\rho^{(2)}$ 和 h 也都是 $\rho(\boldsymbol{r})$ 的泛函。

上述分布函数、直接相关函数、总相关函数等，在一般均匀系统的统计力学中均已定义(参见第 4 章)，它们与本章按密度泛函定义的一致。

4. 多组分系统

当系统中有组分 $\alpha, \beta, \cdots, \tau, \omega, \cdots$，生成函数巨势泛函式(5.2.13)可推广写为

$$\Omega[\boldsymbol{\rho}]=F_{\mathrm{intr}}[\boldsymbol{\rho}]+\sum_{\alpha}\left(\int \mathrm{d}\boldsymbol{r}_{\alpha}\rho_{\alpha}(\boldsymbol{r}_{\alpha})V_{\mathrm{ext}}(\boldsymbol{r}_{\alpha})-\mu_{\alpha}\int \mathrm{d}\boldsymbol{r}_{\alpha}\rho(\boldsymbol{r}_{\alpha})\right) \tag{5.3.24}$$

其中 $[\boldsymbol{\rho}]=[\rho_{\alpha}(\boldsymbol{r}_{\alpha}), \rho_{\beta}(\boldsymbol{r}_{\beta}), \cdots, \rho_{\tau}(\boldsymbol{r}_{\tau}), \rho_{\omega}(\boldsymbol{r}_{\omega}), \cdots]$。

另一个生成函数，过量自由能泛函式(5.3.9)可推广写为

$$
\begin{aligned}
F^{\text{ex}}[\boldsymbol{\rho}] &= F_{\text{intr}}[\boldsymbol{\rho}] - F^{\text{ig}}[\boldsymbol{\rho}] \\
&= F[\boldsymbol{\rho}] - \left(F^{\text{ig}}[\boldsymbol{\rho}] + \sum_{\alpha} \int \mathrm{d}\boldsymbol{r}_{\alpha} \rho_{\alpha}(\boldsymbol{r}_{\alpha}) V_{\text{ext}}(\boldsymbol{r}_{\alpha}) \right) \\
&= \Omega[\boldsymbol{\rho}] + \mu \int \mathrm{d}\boldsymbol{r} \rho(\boldsymbol{r}) - \left(F^{\text{ig}}[\boldsymbol{\rho}] + \sum\nolimits_{\alpha} \int \mathrm{d}\boldsymbol{r}_{\alpha} \rho_{\alpha}(\boldsymbol{r}_{\alpha}) V_{\text{ext}}(\boldsymbol{r}_{\alpha}) \right)
\end{aligned}
\tag{5.3.25}
$$

式中的 F^{ig} 可表达为

$$
F^{\text{ig}}[\boldsymbol{\rho}] = \sum_{\alpha} \int \rho_{\alpha}(\boldsymbol{r}_{\alpha}) \left(\mu_{\alpha}^{\ominus}(T) + kT\ln\left(\rho_{\alpha}(\boldsymbol{r}_{\alpha}) kT / p^{\ominus} \right) - kT \right) \mathrm{d}\boldsymbol{r}_{\alpha}
\tag{5.3.26}
$$

相应地，m 重分布函数式(5.3.7)可扩展为

$$
\begin{aligned}
&\rho_{\alpha\beta\cdots\tau\omega}^{(m)}[\boldsymbol{\rho}; \boldsymbol{r}_{\alpha 1}, \boldsymbol{r}_{\beta 2}, \boldsymbol{r}_{\gamma 3}, \cdots, \boldsymbol{r}_{\omega m}] \\
&= \Xi^{-1} \sum_{N>m}^{\infty} \frac{1}{\Lambda^{3N}(N-m)!} \int \mathrm{d}\boldsymbol{r}_{m+1} \cdots \mathrm{d}\boldsymbol{r}_{N} \exp\left[-\beta E_{\mathrm{p}}(\boldsymbol{r}^{N}) - \beta V_{\text{ext}} + \beta \sum_{\alpha} N_{\alpha} \mu_{\alpha} \right]
\end{aligned}
\tag{5.3.27}
$$

m 重直接相关函数式(5.3.11)可扩展为

$$
\begin{aligned}
c_{\alpha\beta\cdots\tau\omega}^{(m)}[\boldsymbol{\rho}; \boldsymbol{r}_{\alpha 1}, \boldsymbol{r}_{\beta 2}, \boldsymbol{r}_{\gamma 3}, \cdots, \boldsymbol{r}_{\omega m}] &= \frac{\delta c_{\alpha\beta\cdots\tau}^{(m-1)}[\boldsymbol{\rho}; \boldsymbol{r}_{\alpha 1}, \boldsymbol{r}_{\beta 2}, \boldsymbol{r}_{\gamma 3}, \cdots, \boldsymbol{r}_{\tau, m-1}]}{\delta \rho_{\omega}(\boldsymbol{r}_{\omega m})} \\
&= -\frac{1}{kT} \frac{\delta^{m} F^{\text{ex}}[\boldsymbol{\rho}]}{\delta \rho_{\alpha}(\boldsymbol{r}_{\alpha 1}) \delta \rho_{\beta}(\boldsymbol{r}_{\beta 2}) \cdots \delta \rho_{\tau}(\boldsymbol{r}_{\tau, m-1}) \delta \rho_{\omega}(\boldsymbol{r}_{\omega m})}
\end{aligned}
\tag{5.3.28}
$$

一重直接相关函数为

$$
\begin{aligned}
c_{\alpha}^{(1)}[\boldsymbol{\rho}; \boldsymbol{r}_{\alpha}] &= -\frac{1}{kT} \frac{\delta F^{\text{ex}}[\boldsymbol{\rho}]}{\delta \rho_{\alpha}(\boldsymbol{r}_{\alpha})} = -\frac{\mu_{\alpha}^{\text{ex}}}{kT} \\
&= \left(V_{\text{ext}}(\boldsymbol{r}_{\alpha}) + \mu_{\alpha}^{\ominus}(T) + kT\ln\left(\rho_{\alpha}(\boldsymbol{r}_{\alpha}) kT / p^{\ominus} \right) - \mu_{\alpha} \right) \Big/ kT
\end{aligned}
\tag{5.3.29}
$$

按式(5.2.18)，$\mu_{\alpha} - V_{\text{ext}}(\boldsymbol{r}_{\alpha}) = u(\boldsymbol{r}_{\alpha}) = \mu_{\text{intr}, \alpha}(\boldsymbol{r}_{\alpha})$。二重直接相关函数有

$$
c_{\alpha\beta}^{(2)}[\boldsymbol{\rho}; \boldsymbol{r}_{\alpha 1}, \boldsymbol{r}_{\beta 2}] = \frac{\delta_{\alpha,\beta} \delta(\boldsymbol{r}_{\alpha 1} - \boldsymbol{r}_{\beta 2})}{\rho_{\alpha}(\boldsymbol{r}_{\alpha 1})} - \frac{1}{kT} \frac{\delta^{2} F_{\text{intr}}[\boldsymbol{\rho}]}{\delta \rho_{\alpha}(\boldsymbol{r}_{\alpha 1}) \delta \rho_{\beta}(\boldsymbol{r}_{\beta 2})}
\tag{5.3.30}
$$

联系两类相关函数的 OZ 方程为

$$
\begin{aligned}
h_{\alpha\beta}(\boldsymbol{r}_{\alpha 1}, \boldsymbol{r}_{\beta 2}) &= g_{\alpha\beta}^{(2)}(\boldsymbol{r}_{\alpha 1}, \boldsymbol{r}_{\beta 2}) - 1 \\
&= c_{\alpha\beta}^{(2)}(\boldsymbol{r}_{\alpha 1}, \boldsymbol{r}_{\beta 2}) + \sum\nolimits_{\gamma} \int \mathrm{d}\boldsymbol{r}_{\gamma 3} h_{\gamma\beta}(\boldsymbol{r}_{\gamma 3}, \boldsymbol{r}_{\beta 2}) \rho_{\gamma}(\boldsymbol{r}_{\gamma 3}) c_{\alpha\gamma}^{(2)}(\boldsymbol{r}_{\alpha 1}, \boldsymbol{r}_{\gamma 3})
\end{aligned}
\tag{5.3.31}
$$

5. 存在非中心力

在以上的讨论中，都是将相互作用看作是由每一个分子的质量中心所确定。在有些情况下并不如此，如分子有电矩，相互作用不仅取决于分子中心的位置 $\boldsymbol{r}_i$，还取决于分子的空间取向 $\boldsymbol{\theta}_i$。令 $\boldsymbol{\tau}_i = (\boldsymbol{r}_i, \boldsymbol{\theta}_i)$，将以上方程中的 $\boldsymbol{r}_i$ 改为 $\boldsymbol{\tau}_i$，即可用于存在非中心力的情况。

5.4　相关函数与热力学函数

相关函数都是泛函导数，由它们计算热力学函数要应用泛函积分，参见第 1 章的式(1.5.9)，其中ε是为函数引入的一个由 0 到 1 的乘数

$$F[y]=F[0]+\int_0^1\int\frac{\delta F[\varepsilon y]}{\delta\left(\varepsilon y(\boldsymbol{x})\right)}y(\boldsymbol{x})\mathrm{d}\boldsymbol{x}\mathrm{d}\varepsilon$$

现在处理的是密度泛函，设流体的初始密度为 $\rho_{\mathrm{i}}(\boldsymbol{r})$，终态密度为 $\rho(\boldsymbol{r})$，在密度函数空间中，它们以一个偶合参数 α(即乘数)线性相连，

$$\rho_\alpha\equiv\rho(\boldsymbol{r};\alpha)=\rho_{\mathrm{i}}(\boldsymbol{r})+\alpha\left(\rho(\boldsymbol{r})-\rho_{\mathrm{i}}(\boldsymbol{r})\right)\equiv\rho_{\mathrm{i}}(\boldsymbol{r})+\alpha\Delta\rho(\boldsymbol{r})\tag{5.4.1}$$

其中，$\Delta\rho(\boldsymbol{r})=\rho(\boldsymbol{r})-\rho_{\mathrm{i}}(\boldsymbol{r})$。

注意在本节中，下标“0”指均匀流体，与平衡无关。

1. 由直接相关函数计算热力学函数

过量内在自由能泛函和化学势　按式(5.3.12)，得

$$kTc^{(1)}\left(\rho(\boldsymbol{r});\boldsymbol{r}\right)\delta\rho(\boldsymbol{r})=-\delta F^{\mathrm{ex}}[\rho(\boldsymbol{r})]$$

利用式(5.4.1)的路线进行泛函积分，得

$$F^{\mathrm{ex}}[\rho(\boldsymbol{r})]=F^{\mathrm{ex}}[\rho_{\mathrm{i}}(\boldsymbol{r})]-kT\int_0^1\mathrm{d}\alpha\int\mathrm{d}\boldsymbol{r}\Delta\rho(\boldsymbol{r})c^{(1)}(\rho_\alpha;\boldsymbol{r})\tag{5.4.2}$$

再按式(5.3.13)

$$c^{(2)}\left(\rho(\boldsymbol{r});\boldsymbol{r}_1,\boldsymbol{r}_2\right)\delta\rho(\boldsymbol{r}_2)=\delta c^{(1)}\left(\rho(\boldsymbol{r});\boldsymbol{r}_1\right)$$

同样按式(5.4.1)的路线进行泛函积分，并代入式(5.4.2)，得

$$c^{(1)}(\rho_\alpha,\boldsymbol{r}_1)=c^{(1)}\left(\rho_{\mathrm{i}}(\boldsymbol{r}_1);\boldsymbol{r}_1\right)+\int_0^\alpha\mathrm{d}\alpha'\int\mathrm{d}\boldsymbol{r}_2\Delta\rho(\boldsymbol{r}_2)c^{(2)}\left(\rho_{\alpha'};\boldsymbol{r}_1,\boldsymbol{r}_2\right)\tag{5.4.3}$$

$$\begin{aligned}F^{\mathrm{ex}}[\rho(\boldsymbol{r})]=&F^{\mathrm{ex}}[\rho_{\mathrm{i}}(\boldsymbol{r})]-kT\int\mathrm{d}\boldsymbol{r}\Delta\rho(\boldsymbol{r})c^{(1)}\left(\rho_{\mathrm{i}}(\boldsymbol{r}),\boldsymbol{r}\right)\\&-kT\int_0^1\mathrm{d}\alpha\int\mathrm{d}\boldsymbol{r}_1\Delta\rho(\boldsymbol{r}_1)\int_0^\alpha\mathrm{d}\alpha'\int\mathrm{d}\boldsymbol{r}_2\Delta\rho(\boldsymbol{r}_2)c^{(2)}\left(\rho_{\alpha'};\boldsymbol{r}_1,\boldsymbol{r}_2\right)\end{aligned}\tag{5.4.4}$$

对任意的函数 $q(\alpha)$，有

$$\int_0^1\mathrm{d}\alpha\int\mathrm{d}\alpha'q(\alpha')=\int_0^1\mathrm{d}\alpha(1-\alpha)q(\alpha)$$

式(5.4.4)由此简化为

$$\begin{aligned}F^{\mathrm{ex}}[\rho(\boldsymbol{r})]=&F^{\mathrm{ex}}[\rho_{\mathrm{i}}(\boldsymbol{r})]-kT\int\mathrm{d}\boldsymbol{r}\Delta\rho(\boldsymbol{r})c^{(1)}\left(\rho_{\mathrm{i}}(\boldsymbol{r}),\boldsymbol{r}\right)\\&-kT\int_0^1\mathrm{d}\alpha(1-\alpha)\int\mathrm{d}\boldsymbol{r}_1\int\mathrm{d}\boldsymbol{r}_2\Delta\rho(\boldsymbol{r}_1)\Delta\rho(\boldsymbol{r}_2)c^{(2)}\left(\rho_\alpha;\boldsymbol{r}_1,\boldsymbol{r}_2\right)\end{aligned}\tag{5.4.5}$$

式(5.4.5)可由直接相关函数 $c^{(2)}$、$c^{(1)}$计算过量内在自由能。

由于过量内在自由能泛函 $F^{\mathrm{ex}}[\rho(\boldsymbol{r})]$是 $\rho(\boldsymbol{r})$的单值泛函，因此式(5.4.5)与积分路径无关。如令 $\rho_{\mathrm{i}}(\boldsymbol{r})=0$，$c^{(1)}(0;\ \boldsymbol{r})=0$，$F^{\mathrm{ex}}[\rho(\boldsymbol{r})]$的式(5.4.5)右面将只剩最后一项。

对于化学势，式(5.4.3)简化为

$$c^{(1)}\left(\rho(\boldsymbol{r}),\boldsymbol{r}_1\right)=\int_0^1\mathrm{d}\alpha\int\mathrm{d}\boldsymbol{r}_2\rho(\boldsymbol{r}_2)c^{(2)}\left(\rho_\alpha;\boldsymbol{r}_1,\boldsymbol{r}_2\right) \tag{5.4.6}$$

代入式(5.3.15) $\mu=V_{\text{ext}}(\boldsymbol{r})+\mu^{\ominus}+kT\ln(\rho(\boldsymbol{r})kT/p^{\ominus})-kTc^{(1)}(\rho(\boldsymbol{r});\boldsymbol{r})$，得

$$\begin{aligned}\mu&=V_{\text{ext}}(\boldsymbol{r}_1)+\mu^{\ominus}(T)+kT\ln\left(\rho(\boldsymbol{r}_1)kT/p^{\ominus}\right)\\&\quad-kT\int_0^1\mathrm{d}\alpha\int\mathrm{d}\boldsymbol{r}_2\rho(\boldsymbol{r}_2)c^{(2)}\left(\rho_\alpha;\boldsymbol{r}_1,\boldsymbol{r}_2\right)\end{aligned} \tag{5.4.7}$$

自由能密度 符号为 $f(\rho(\boldsymbol{r}),\boldsymbol{r})$，它在 $\boldsymbol{r}$ 处取值，由下式定义

$$F[\rho(\boldsymbol{r})]=\int f\left(\rho(\boldsymbol{r}),\boldsymbol{r}\right)\mathrm{d}\boldsymbol{r} \tag{5.4.8}$$

按式(5.2.18) $\mu=\delta F[\rho(\boldsymbol{r})]/\delta\rho(\boldsymbol{r})$，借助第 1 章的式(1.2.24)，如果是 f 对 ρ 可微，因而可简化为 $\mu=\partial f\left(\rho(\boldsymbol{r}),\boldsymbol{r}\right)/\partial\rho(\boldsymbol{r})$。将式(5.4.7)代入后积分，第 3 项中用到 $\int\ln\rho\mathrm{d}\rho=\rho\ln\rho-\rho+C$，第 4 项积分步骤类似于式(5.4.5)的过程，最后得自由能密度 f

$$\begin{aligned}f\left(\rho(\boldsymbol{r}),\boldsymbol{r}_1\right)&=\rho(\boldsymbol{r}_1)\left(V_{\text{ext}}(\boldsymbol{r}_1)+\mu^{\ominus}(T)+kT\ln\left(\rho(\boldsymbol{r}_1)kT/p^{\ominus}\right)-kT\right)\\&\quad-kT\rho(\boldsymbol{r}_1)\int_0^1\mathrm{d}\alpha(1-\alpha)\int\mathrm{d}\boldsymbol{r}_2\rho(\boldsymbol{r}_2)c^{(2)}\left(\rho_\alpha;\boldsymbol{r}_1,\boldsymbol{r}_2\right)\end{aligned} \tag{5.4.9}$$

如为多组分系统，可直接写出：

$$\begin{aligned}f(\boldsymbol{\rho},\boldsymbol{r})&=\sum_\alpha\rho_\alpha(\boldsymbol{r}_1)\left(V_{\text{ext}}(\boldsymbol{r}_1)+\mu^{\ominus}(T)+kT\ln\left(\rho_\alpha(\boldsymbol{r}_1)kT/p^{\ominus}\right)-kT\right)\\&\quad-kT\sum_{\alpha,\beta}\rho_\alpha(\boldsymbol{r}_1)\int_0^1\mathrm{d}\alpha(1-\alpha)\int\mathrm{d}\boldsymbol{r}_2\rho_\beta(\boldsymbol{r}_2)c^{(2)}\left(\rho_\alpha;\boldsymbol{r}_1,\boldsymbol{r}_2\right)\end{aligned} \tag{5.4.10}$$

均匀流体 对于均匀流体，用下标“0”表示，式(5.4.6)可简化为

$$c_0^{(1)}(\rho)=\int_0^\rho\mathrm{d}\rho'\int\mathrm{d}\boldsymbol{r}_2c_0^{(2)}(\rho';\boldsymbol{r}_1,\boldsymbol{r}_2) \tag{5.4.11}$$

因此

$$\frac{\partial c_0^{(1)}(\rho)}{\partial\rho}=\int\mathrm{d}r_{12}c_0^{(2)}(\rho;r_{12}) \tag{5.4.12}$$

式中，$r_{12}=|\boldsymbol{r}_1-\boldsymbol{r}_2|$，$c_0{}^{(2)}(\rho;r_{12})$为均匀流体的二重直接相关函数。由式(5.3.16)，$\mu(\rho)=\mu^{\text{ig}}(\rho)-kTc_0^{(1)}(\rho)$，注意$\partial\mu^{\text{ig}}/\partial\rho=kT/\rho$，式(5.4.12)变为

$$\frac{\rho}{kT}\left(\frac{\partial\mu}{\partial\rho}\right)_T=1-\rho\int\mathrm{d}r_{12}c_0^{(2)}(\rho;r_{12}) \tag{5.4.13}$$

式(5.4.13)称为均匀流体的**压缩性求和规则**(compressibility sum rule)。均匀硬球流体的 $c_0^{(2)}(\rho;\boldsymbol{r})$可由 PY 近似得到解析式，参见式(4.7.20)。

2. 由分布函数计算热力学函数

如果势能 $E_\text{p}(\boldsymbol{r}^N)$具有对加和性，则

$$
\begin{aligned}
E_{\mathrm{p}}(\boldsymbol{r}_1,\boldsymbol{r}_2,\cdots,\boldsymbol{r}_N) &= \frac{1}{2}\sum_{i\neq j}\sum_{j=1}^{N}\varepsilon_{\mathrm{p}}(\boldsymbol{r}_i,\boldsymbol{r}_j) \\
&= \frac{1}{2}\iint \mathrm{d}\boldsymbol{r}\mathrm{d}\boldsymbol{r}'\varepsilon_{\mathrm{p}}(\boldsymbol{r},\boldsymbol{r}')\hat{\rho}(\boldsymbol{r})\left(\hat{\rho}(\boldsymbol{r}')-\delta(\boldsymbol{r}-\boldsymbol{r}')\right)
\end{aligned}
\tag{5.4.14}
$$

按式(5.2.5)和式(5.2.13)定义的巨势 Ω 是分子对的势能 $\varepsilon_{\mathrm{p}}(\boldsymbol{r},\boldsymbol{r}')$ 的泛函。按式(5.3.1) $\Xi = \mathrm{Tr}\exp\left(-\beta E_{\mathrm{p}}(\boldsymbol{r}^N)+\beta\int \mathrm{d}\boldsymbol{r}\,u(\boldsymbol{r})\hat{\rho}(\boldsymbol{r})\right)$，以及 $\Omega=-\beta\ln\Xi$，当固定 T 和 $u(\boldsymbol{r})$，应用式(5.3.4) $\rho^{(2)}(\boldsymbol{r},\boldsymbol{r}')=\langle\hat{\rho}(\boldsymbol{r})\hat{\rho}(\boldsymbol{r}')\rangle-\rho_0(\boldsymbol{r})\delta(\boldsymbol{r}-\boldsymbol{r}')$，有

$$
\frac{\delta\Omega}{\delta\varepsilon_{\mathrm{p}}(\boldsymbol{r}_1,\boldsymbol{r}_2)}=\frac{1}{2}\rho^{(2)}(\boldsymbol{r}_1,\boldsymbol{r}_2)
\tag{5.4.15}
$$

此式与 m 重分布函数定义式(5.3.7)一致。又按式(5.2.13)

$$
\Omega[\rho(\boldsymbol{r})]=F_{\mathrm{intr}}[\rho(\boldsymbol{r})]+\int \mathrm{d}\boldsymbol{r}\,\rho(\boldsymbol{r})V_{\mathrm{ext}}(\boldsymbol{r})-\mu\int \mathrm{d}\boldsymbol{r}\,\rho(\boldsymbol{r})
$$

有

$$
\frac{\delta F_{\mathrm{intr}}[\rho(\boldsymbol{r})]}{\delta\varepsilon_{\mathrm{p}}(\boldsymbol{r}_1,\boldsymbol{r}_2)}=\frac{1}{2}\rho^{(2)}(\boldsymbol{r}_1,\boldsymbol{r}_2)
\tag{5.4.16}
$$

现考虑一个处于同样 T 和 $\rho(\boldsymbol{r})$ 的参考流体，其分子对的势能为 $\varepsilon_{\mathrm{p}}^{\mathrm{ref}}(\boldsymbol{r}_1,\boldsymbol{r}_2)$，引入参数 α=0～1，

$$
\varepsilon_{\mathrm{p},\alpha}(\boldsymbol{r}_1,\boldsymbol{r}_2)=\varepsilon_{\mathrm{p}}^{\mathrm{ref}}(\boldsymbol{r}_1,\boldsymbol{r}_2)+\alpha\varepsilon_{\mathrm{p}}^{\mathrm{pert}}(\boldsymbol{r}_1,\boldsymbol{r}_2)
\tag{5.4.17}
$$

式中，$\varepsilon_{\mathrm{p}}^{\mathrm{pert}}(\boldsymbol{r}_1,\boldsymbol{r}_2)=\varepsilon_{\mathrm{p}}(\boldsymbol{r}_1,\boldsymbol{r}_2)-\varepsilon_{\mathrm{p}}^{\mathrm{ref}}(\boldsymbol{r}_1,\boldsymbol{r}_2)$，为微扰贡献，它和外场一起可看作一个有效外场。将式(5.4.16)相对于参考流体进行泛函积分，得

$$
\begin{aligned}
F_{\mathrm{intr}}[\rho(\boldsymbol{r})] &= F_{\mathrm{intr}}^{\mathrm{ref}}[\rho(\boldsymbol{r})] \\
&\quad+\frac{1}{2}\int_0^1 \mathrm{d}\alpha\int \mathrm{d}\boldsymbol{r}_1\int \mathrm{d}\boldsymbol{r}_2\,\rho^{(2)}(\varepsilon_{\mathrm{p},\alpha}(\boldsymbol{r}_1,\boldsymbol{r}_2);\boldsymbol{r}_1,\boldsymbol{r}_2)\varepsilon_{\mathrm{p}}^{\mathrm{pert}}(\boldsymbol{r}_1,\boldsymbol{r}_2)
\end{aligned}
\tag{5.4.18}
$$

注意当 α 由 0 变为 1 的过程中，为保持 $\rho(\boldsymbol{r})$ 不变，有效外场将偏离 V_{ext}，只有当 α=1 时，外场才复原至实际值 V_{ext}。式(5.4.18)是微扰理论的基础，参见第 2 章 2.6 节和第 4 章 4.8 节。式(5.4.18)可由二重分布函数 $\rho^{(2)}(\boldsymbol{r}_1,\boldsymbol{r}_2)$ 计算内在自由能。

3. 泰勒级数展开

将过量自由能泛函 $F^{\mathrm{ex}}[\rho(\boldsymbol{r})]$ 用泛函的泰勒级数式(1.4.1)围绕没有外场的均匀流体的 $F^{\mathrm{ex}}(\rho_0)$ 展开，均匀流体用下标“0”表示，得

$$
\begin{aligned}
F^{\mathrm{ex}}[\rho(\boldsymbol{r})] &= F^{\mathrm{ex}}(\rho_0) \\
&\quad+\sum_{m=1}^{\infty}\int\cdots\int\frac{1}{m!}\left.\frac{\delta^m F^{\mathrm{ex}}[\rho(\boldsymbol{r})]}{\delta\rho(\boldsymbol{r}_1)\delta\rho(\boldsymbol{r}_2)\delta\rho(\boldsymbol{r}_3)\cdots\delta\rho(\boldsymbol{r}_m)}\right|_{\rho_0}\prod_{i=1}^{m}(\rho(\boldsymbol{r}_i)-\rho_0)\mathrm{d}\boldsymbol{r}_i
\end{aligned}
\tag{5.4.19}
$$

展开后，并利用 m 重直接相关函数 $c^{(m)}$ 的式(5.3.11)，得

$$
\begin{aligned}
F^{\mathrm{ex}}[\rho(\boldsymbol{r})] = & F^{\mathrm{ex}}(\rho_0) - kT\int c_0^{(1)}(\rho_0)(\rho(\boldsymbol{r}_1)-\rho_0)\mathrm{d}\boldsymbol{r}_1 \\
& -\frac{kT}{2!}\iint c_0^{(2)}(\rho_0;\boldsymbol{r}_1,\boldsymbol{r}_2)(\rho(\boldsymbol{r}_1)-\rho_0)\mathrm{d}\boldsymbol{r}_1(\rho(\boldsymbol{r}_2)-\rho_0)\mathrm{d}\boldsymbol{r}_2 \\
& -\frac{kT}{3!}\iiint c_0^{(3)}(\rho_0;\boldsymbol{r}_1,\boldsymbol{r}_2,\boldsymbol{r}_3)(\rho(\boldsymbol{r}_1)-\rho_0)\mathrm{d}\boldsymbol{r}_1 \\
& (\rho(\boldsymbol{r}_2)-\rho_0)\mathrm{d}\boldsymbol{r}_2(\rho(\boldsymbol{r}_3)-\rho_0)\mathrm{d}\boldsymbol{r}_3+\cdots
\end{aligned}
\tag{5.4.20}
$$

另一个方案是将 $c^{(1)}(\rho(\boldsymbol{r}),\boldsymbol{r})$用泛函的泰勒级数围绕没有外场的均匀流体的 $c_0^{(1)}(\rho_0)$展开

$$
\begin{aligned}
c^{(1)}(\rho(\boldsymbol{r}),\boldsymbol{r}) = & c_0^{(1)}(\rho_0)+\int c_0^{(2)}(\rho_0,|\boldsymbol{r}-\boldsymbol{r}'|)(\rho(\boldsymbol{r}')-\rho_0)\mathrm{d}\boldsymbol{r}' \\
& +\frac{1}{2!}\iint c_0^{(3)}(\rho_0,|\boldsymbol{r}-\boldsymbol{r}'|,|\boldsymbol{r}-\boldsymbol{r}''|,|\boldsymbol{r}'-\boldsymbol{r}''|) \\
& \times(\rho(\boldsymbol{r}')-\rho_0)(\rho(\boldsymbol{r}'')-\rho_0)\mathrm{d}\boldsymbol{r}'\mathrm{d}\boldsymbol{r}''+\cdots
\end{aligned}
\tag{5.4.21}
$$

代入式(5.3.17) $\rho(\boldsymbol{r})=\rho_0\exp\left(-V_{\mathrm{ext}}(\boldsymbol{r})/kT+c^{(1)}(\rho(\boldsymbol{r});\boldsymbol{r})-c_0^{(1)}(\rho_0)\right)$，得

$$
\begin{aligned}
\ln\rho(\boldsymbol{r}) = & \ln\rho_0-\frac{V_{\mathrm{ext}}(\boldsymbol{r})}{kT}+\int c_0^{(2)}(\rho_0,|\boldsymbol{r}-\boldsymbol{r}'|)(\rho(\boldsymbol{r}')-\rho_0)\mathrm{d}\boldsymbol{r}' \\
& +\frac{1}{2!}\iint c_0^{(3)}(\rho_0,|\boldsymbol{r}-\boldsymbol{r}'|,|\boldsymbol{r}-\boldsymbol{r}''|,|\boldsymbol{r}'-\boldsymbol{r}''|) \\
& \times(\rho(\boldsymbol{r}')-\rho_0)(\rho(\boldsymbol{r}'')-\rho_0)\mathrm{d}\boldsymbol{r}'\mathrm{d}\boldsymbol{r}''+\cdots
\end{aligned}
\tag{5.4.22}
$$

如果知道均匀流体的 $c_0^{(2)},c_0^{(3)},\cdots$，就可计算 F^{ex} 和密度分布 $\rho(\boldsymbol{r})$。

4. 极值和稳定性[13]

本小节平衡时的密度符号为 $\rho_0(\boldsymbol{r})$。在 5.2 节中提到，达到平衡时，$\rho(\boldsymbol{r})=\rho_0(\boldsymbol{r})$，巨势泛函 $\Omega[\rho(\boldsymbol{r})]$应为极值。现在就以 $\Omega[\rho_0(\boldsymbol{r})]$作为出发点进一步进行讨论。设平衡时的密度分布 $\rho_0(\boldsymbol{r})$有一个微扰 $v(\boldsymbol{r})$，将 $\Omega[\rho_0(\boldsymbol{r})+v(\boldsymbol{r})]$围绕 $\Omega[\rho_0(\boldsymbol{r})]$展开，由于按式(5.2.13) $\Omega[\rho(\boldsymbol{r})]=F[\rho(\boldsymbol{r})]-\mu\int\mathrm{d}\boldsymbol{r}\rho(\boldsymbol{r})$，$F[\rho(\boldsymbol{r})]$为自由能泛函，按第 1 章式(1.4.1)，泰勒级数展开式为

$$
\begin{aligned}
\Omega[\rho_0(\boldsymbol{r})+v(\boldsymbol{r})] = & \Omega[\rho_0(\boldsymbol{r})]+\int\left(\frac{\delta F[\rho_0(\boldsymbol{r})]}{\delta\rho_0(\boldsymbol{r})}-\mu\right)v(\boldsymbol{r})\mathrm{d}\boldsymbol{r} \\
& +\frac{1}{2!}\iint\frac{\delta^2 F[\rho_0(\boldsymbol{r})]}{\delta\rho_0(\boldsymbol{r})\delta\rho_0(\boldsymbol{r}')}v(\boldsymbol{r})v(\boldsymbol{r}')\mathrm{d}\boldsymbol{r}\mathrm{d}\boldsymbol{r}'+\cdots
\end{aligned}
\tag{5.4.23}
$$

平衡时，线性项为 0，μ等于平衡化学势μ_0。

为判别这一极值的稳定性，如果 $\Omega[\rho_0(\boldsymbol{r})]$为极小值，是稳定的平衡态，则二次项＞0

$$\iint \frac{\delta^2 F[\rho_0(\boldsymbol{r})]}{\delta\rho_0(\boldsymbol{r})\delta\rho_0(\boldsymbol{r}')} v(\boldsymbol{r})v(\boldsymbol{r}')\mathrm{d}\boldsymbol{r}\mathrm{d}\boldsymbol{r}' > 0 \tag{5.4.24}$$

在第 1 章中提到，为判别稳定性，要看式(1.2.44)的本征方程 $K\psi=\lambda\psi$ 的所有的本征值，其中 $K\psi$ 按式(1.2.45)为

$$K\psi = \int \frac{\delta^2 F}{\delta y(\boldsymbol{x})\delta y(\boldsymbol{x}')}\psi(\boldsymbol{x}')\mathrm{d}\boldsymbol{x}'$$

对于 $\Omega[\rho(\boldsymbol{r})]$的极值，由于式(5.3.18)的推导中给出：

$$c^{(2)}(\rho(\boldsymbol{r});\boldsymbol{r}_1,\boldsymbol{r}_2) = \frac{\delta(\boldsymbol{r}_1-\boldsymbol{r}_2)}{\rho(\boldsymbol{r}_1)} - \frac{1}{kT}\frac{\delta^2 F[\rho(\boldsymbol{r})]}{\delta\rho(\boldsymbol{r}_1)\delta\rho(\boldsymbol{r}_2)}$$

可写出本征方程

$$kT\frac{\psi(\boldsymbol{r})}{\rho_0(\boldsymbol{r})} - kT\int c^{(2)}(\rho_0(\boldsymbol{r});\boldsymbol{r},\boldsymbol{r}')\psi(\boldsymbol{r}')\mathrm{d}\boldsymbol{r}' = \lambda\psi(\boldsymbol{r}) \tag{5.4.25}$$

要考察此方程的所有的本征值 λ，如本征值为正，即为极小，负则为极大。由此可见，稳定性与二重直接相关函数有关。按 OZ 方程式(5.3.23)，$c^{(2)}(\boldsymbol{r},\boldsymbol{r}')$与二重分布函数 $\rho^{(2)}(\boldsymbol{r},\boldsymbol{r}')$或总相关函数 $h(\boldsymbol{r},\boldsymbol{r}')$或径向分布函数 $g(\boldsymbol{r},\boldsymbol{r}')$相关联，因此，稳定性也取决于这些函数。

至此，统计力学的密度泛函理论的基本内容已经介绍完毕。从两个生成函数巨势泛函 $\Omega[\rho(\boldsymbol{r})]$和内在自由能泛函 $F_{\text{intr}}[\rho(\boldsymbol{r})]$，定义了平衡时两个系列的相关函数，特别是二重分布函数$\rho^{(2)}(\boldsymbol{r}_1,\boldsymbol{r}_2)$和二重直接相关函数 $c^{(2)}(\rho(\boldsymbol{r});\boldsymbol{r}_1,\boldsymbol{r}_2)$。由这些相关函数，可得到各种热力学函数。由于这些相关函数和密度分布有可能从实验或计算机分子模拟中得到，从而可以对非均匀系统进行完整的热力学研究。

如果希望做理论预测，当然这是我们要追求的。但问题在于，除了极个别的简单系统，可以建立巨正则配分函数Ξ的解析式，因而可以得到 $\Omega[\rho(\boldsymbol{r})]$或 $F_{\text{intr}}[\rho(\boldsymbol{r})]$外，对于绝大多数实际系统，我们并不知道 $\Omega[\rho(\boldsymbol{r})]$或 $F_{\text{intr}}[\rho(\boldsymbol{r})]$或 $F^{\text{ex}}[\rho(\boldsymbol{r})]$的具体泛函形式。似乎可以借助于式(5.4.2)，由 $c^{(1)}(\rho_\alpha;\boldsymbol{r})$求得 $F^{\text{ex}}[\rho(\boldsymbol{r})]$，但 $c^{(1)}(\rho;\boldsymbol{r})$的具体泛函形式仍不知道。于是又想利用式(5.4.3)，由 $c^{(2)}(\rho_\alpha;\boldsymbol{r}_1,\boldsymbol{r}_2)$求得 $c^{(1)}(\rho_\alpha;\boldsymbol{r})$，但 $c^{(2)}(\rho_\alpha;\boldsymbol{r}_1,\boldsymbol{r}_2)$的具体泛函形式还是不知道。与量子力学的密度泛函理论一样，出路在于构造泛函模型。这将在下面逐步展开。

5.5　一个可解的实例

对于非均匀流体，如界面层或在外场作用下的流体以及软物质，最基本的特征就是存在密度分布。求取平衡时的密度分布 $\rho(\boldsymbol{r})$，有不同的方法。基本公式就是式(5.3.17)

$$\rho(\boldsymbol{r})=\rho_0\exp\left(-\frac{V_{\text{ext}}(\boldsymbol{r})}{kT}+c^{(1)}(\rho(\boldsymbol{r});\boldsymbol{r})-c_0^{(1)}(\rho_0)\right)$$

按式(5.3.14) $c^{(1)}(\rho(\boldsymbol{r});\boldsymbol{r})=-\beta\delta F^{\text{ex}}[\rho(\boldsymbol{r})]/\delta\rho(\boldsymbol{r})$，又按式(5.3.16) $kTc_0^{(1)}(\rho_0)=\mu^{\text{ig}}-\mu$，可见，在一定的温度 T 和化学势μ时，只要知道过量自由能泛函 $F^{\text{ex}}[\rho(\boldsymbol{r})]$的具体形式，原则上能够解得 $\rho(\boldsymbol{r})$。

如果知道巨配分函数 Ξ 或巨势 $\Omega(\Omega=-\beta^{-1}\ln\Xi)$，对 $u(\boldsymbol{r})$求泛函导数，按式(5.3.2)

$$\delta\Omega/\delta u(\boldsymbol{r})=-\rho(\boldsymbol{r})$$

也可解得 $\rho(\boldsymbol{r})$。

一个能够解析求解的实例 对于三维的稠密流体或液体，目前还没有成功得到解析解的实例。能够解析求解的是某些一维流体。

一维硬棒流体 J. K. Percus[12]研究了一维硬棒流体(hard rods)，由于能够写出巨配分函数的解析式，得到了理想的结果。

图 5-1 画出在 x 方向有一长度为 L 的封闭区间，外场为 $V_{\text{ext}}(x)$，其中有 N 个直径为σ的硬棒，与温度为 T 化学势为μ的体相达到平衡。硬棒编号为 1, …, N，按 $x_1\leqslant x_2\leqslant x_3\cdots\leqslant x_N$ 次序排列。按式(4.2.23)，位形积分 $Z=\int\cdots\int\exp(-E_{\text{p}}(x_1,\cdots,x_N))\mathrm{d}x_1\cdots\mathrm{d}x_N$，由于硬棒不重叠时位能 $E_{\text{p}}=0$，$\exp(-E_{\text{p}})=1$，重叠时 $E_{\text{p}}=\infty$，$\exp(-E_{\text{p}})=0$，对于这一序列，位形积分 Z 可具体写为

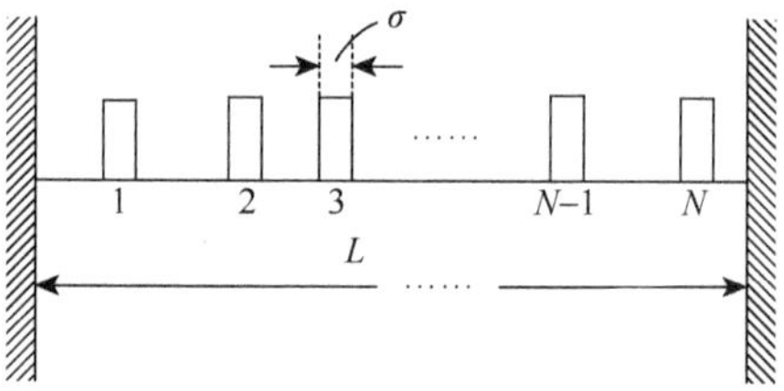

图 5-1 一维硬棒流体

$$Z_{1,2,\cdots,N}=\int_{(N-1)\sigma+\sigma/2}^{L-\sigma/2}\mathrm{d}x_N\cdots\int_{\sigma+\sigma/2}^{x_3-\sigma}\mathrm{d}x_2\int_{\sigma/2}^{x_2-\sigma}\mathrm{d}x_1$$

进行坐标变换：令$\xi_1=x_1-\sigma/2$，$\xi_j=x_j-(j-1)\sigma-\sigma/2$，上式可积分得

$$Z_{1,2,\cdots,N}=(L-N\sigma)^N/N!$$

考虑到这种序列共有 $N!$个，位形积分即为

$$Z=(L-N\sigma)^N \tag{5.5.1}$$

这一结果是很自然的，因为 $L-N\sigma$正是可供硬棒活动的空间。

一维硬棒的正则配分函数 Q 按式(4.2.20)为

$$Q=Z/(N!\Lambda^N)=(L-N\sigma)^N/(N!\Lambda^N) \tag{5.5.2}$$

Λ为德布罗意热波长。巨配分函数Ξ相应为

$$\Xi = \sum_{N=0}^{\infty} \exp \frac{N\mu}{kT} Q = \sum_{N=0}^{\infty} \exp \frac{N\mu}{kT} \frac{(L - N\sigma)^N}{N!\Lambda^N} \Theta(L - N\sigma) \tag{5.5.3}$$

式中，Θ为赫维赛德(Heaviside)阶梯函数，当$L-N\sigma>0$，$\Theta(L-N\sigma)=1$；当$L-N\sigma<0$，$\Theta(L-N\sigma)=0$，说明硬棒本身的大小不可能超过活动的空间。

有了巨配分函数Ξ，经过冗长的推导，得过量自由能泛函$F^{ex}[\rho(x)]$：

$$F^{ex}[\rho(x)] = kT\int dx \frac{1}{2}\left(\rho(x+\sigma/2) + \rho(x-\sigma/2)\right)\psi^{ex}\left(\rho(x)\right) \tag{5.5.4}$$

$$\psi^{ex}\left(\rho(x)\right) = -kT\ln\left(1 - \sigma\rho_\tau(x)\right), \quad \sigma\rho_\tau(x) = \int_{-\sigma/2}^{\sigma/2} dy\rho(x+y) \tag{5.5.5}$$

ψ^{ex}是一个分子的过量自由能。进一步导得可求解密度分布的工作方程，

$$\frac{u(x)}{kT} = \frac{\mu - V_{ext}(x)}{kT} = \ln\frac{\Lambda\rho(x)}{1-t(x)} + \int_x^{x+\sigma} dy \frac{\rho(y)}{1-t(y)} \tag{5.5.6}$$

式中,$t(y) = \int_y^{y+\sigma}\rho(z)dz$。相应还可导得二重直接相关函数$c^{(2)}(\rho(x), x)$等。

图 5-2 是对受限于硬壁的一维硬棒流体密度分布的计算结果。当$x=-L/2$和$L/2$，$V_{ext}(x)=\infty$，当$-L/2<x<L/2$，$V_{ext}(x)=0$。对比压力$p\sigma/kT=3$，对于体相，硬棒流体的状态方程为

$$\mu/kT = p\sigma/kT + \ln(p\sigma/kT) + \ln(\Lambda/\sigma) \tag{5.5.7}$$

由此可以确定化学势。图中L和x均以σ为单位。由图可见，在不同长度L的封闭区间，密度分布呈现与L有关的对称的振荡衰减结构。

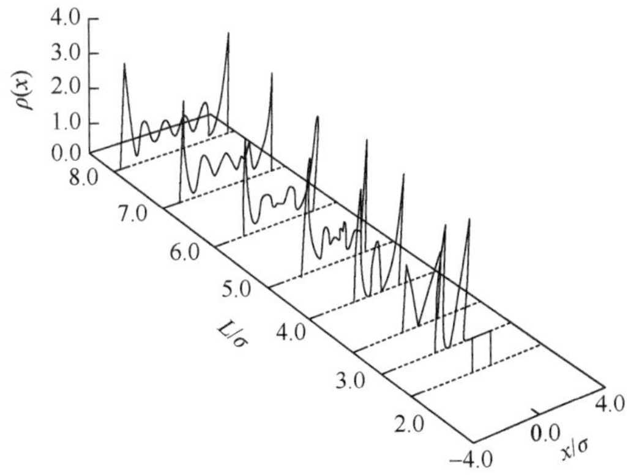

图 5-2　一维硬棒流体的密度分布

范德里克(T. K. Vanderlick)和戴维斯(H. T. Davis)等[13, 14]将上述单组分的一维模型，推广应用于多组分系统。

5.6　自洽场方法

研究流体和相变，作为常规的选择，还有一个场理论(field theory)[22]，它的重整化群方法，在临界现象研究中起着重要作用。这种理论和密度泛函理论不同，并不直接对生成函数如内在自由能泛函构筑近似模型，而是利用环展开(loop expansion)对热力学函数和相关函数引入系统的近似。这种方法有利于跟踪涨落效应，但对非均匀流体的处理非常困难。以后发展了自洽场理论(self-consistent field theory，SCFT)，采用了平均场近似，困难有所克服。

自洽场理论和密度泛函理论都是研究非均匀流体的重要手段，它们在理论框架上有紧密联系。密度泛函理论在一开始，就提到 $\rho_0(\boldsymbol{r})$与外场 $V_{\text{ext}}(\boldsymbol{r})$自洽的概念，在应用时，由于不能解析求解，也常采用自洽场方法来为求解服务。本节首先概要介绍自洽场理论，然后讨论自洽场方法在密度泛函理论中的应用。

注意在本节中，一般的 $\rho(\boldsymbol{r})$与平衡的 $\rho_0(\boldsymbol{r})$要加以区分。

1. 自洽场理论

复杂流体或软物质，如塑料合金、嵌段和接枝高聚物、高聚电解质、凝胶、囊泡等，它们在介观层次上往往是非均匀的。研究它们的性质、宏观和介观相变、介稳结构及其随时间的演变，自洽场理论也是一个常用的理论方法。早期的工作有 S. F. Edwards[15]、E. J. Helfand[16]、L. Leibler[17]、Y. Oono[18]等，最近 F. Schmid[19]、G. H. Fredrickson 等[20]写了比较全面的评论。下面主要根据这些文章，以单原子流体为对象介绍基本理论。

自洽场理论的核心，是在正则系综的位形积分的基础上，利用δ函数的特性，引出一个与实际的粒子密度场$\rho(\boldsymbol{r})$自洽的复场 i$w(\boldsymbol{r})$，从而将位形积分表达为$\rho(\boldsymbol{r})$与 i$w(\boldsymbol{r})$的二重泛函积分。它是二重无穷路径积分，在特定条件下可化为一重泛函积分。然后利用平均场近似，得到联系$\rho(\boldsymbol{r})$和 i$w(\boldsymbol{r})$的两个工作方程，在系统的相互作用势能已知时，反复迭代到两者自洽，最后求得各种热力学性质。

1) 建立位形积分和路径积分

位形积分　对于一个含有 N 个粒子的非均匀单原子流体，系统的体积为 V，并与温度为 T 的热源接触，当达到平衡时，按第 4 章的式(4.2.23)，平衡时正则系综的位形积分为

$$Z=\int \mathrm{d}\boldsymbol{r}^N \exp\left(-\beta E_{\mathrm{p}}(\boldsymbol{r}^N)\right) \tag{5.6.1}$$

式中，$\mathrm{d}\boldsymbol{r}^N=\mathrm{d}\boldsymbol{r}_1\mathrm{d}\boldsymbol{r}_2\cdots\mathrm{d}\boldsymbol{r}_N$；$\beta=1/kT$；$E_{\mathrm{p}}$是系统的势能；$Z$ 的量纲为 L^{3N}。如设 E_{p} 有对加和性，按式(5.4.14)，可表达为 $\hat{\rho}(\boldsymbol{r})$ 的泛函 $E_{\mathrm{p}}[\hat{\rho}(\boldsymbol{r})]$

$$E_{\mathrm{p}}(\boldsymbol{r}^N)=\frac{1}{2}\iint \mathrm{d}\boldsymbol{r}\mathrm{d}\boldsymbol{r}'\varepsilon_{\mathrm{p}}(\boldsymbol{r},\boldsymbol{r}')\hat{\rho}(\boldsymbol{r})\left(\hat{\rho}(\boldsymbol{r}')-\delta(\boldsymbol{r}-\boldsymbol{r}')\right) \tag{5.6.2}$$

$\hat{\rho}(\boldsymbol{r})$ 为微观的粒子密度算符或微观密度场，按式(5.2.10)定义为

$$\hat{\rho}(\boldsymbol{r})=\sum_i^N \delta(\boldsymbol{r}-\boldsymbol{r}_i)$$

每一个 $\boldsymbol{r}^N$ 对应一个 $\hat{\rho}(\boldsymbol{r})$，相应地 Z 可写成如下泛函形式，

$$Z=\int \mathrm{d}\boldsymbol{r}^N \exp\left(-\beta E_{\mathrm{p}}[\hat{\rho}]\right) \tag{5.6.3}$$

应该指出，式(5.6.3)的写法并不受 E_{p} 是否具有对加和性的限制。

采用宏观的粒子密度场 $\rho(\boldsymbol{r})$　现在考察一个实际的宏观的粒子密度场 $\rho(\boldsymbol{r})$，它是所有微观密度场的总和，它可以是不平衡的，也可以是平衡的 $\rho_0(\boldsymbol{r})$。后者的稳定存在可能需要一定的外场 $V_{\mathrm{ext}}(\boldsymbol{r})$。密度泛函理论是在哈密顿量中直接引入外场。自洽场理论则要将位形积分化为对 $\rho(\boldsymbol{r})$ 的泛函路径积分，并自然引入附加场。

为了将式(5.6.3)中 Z 的微观的粒子密度场 $\hat{\rho}(\boldsymbol{r})$ 用实际的宏观的粒子密度场 $\rho(\boldsymbol{r})$ 代替，利用δ函数的特性，得

$$\exp\left(-\beta E_{\mathrm{p}}[\hat{\rho}]\right)=\int \mathrm{D}[\rho]\delta[\rho-\hat{\rho}]\exp\left[-\beta E_{\mathrm{p}}[\rho]\right] \tag{5.6.4}$$

此式强制使得在每一个位置 $\boldsymbol{r}$ 处 $\rho(\boldsymbol{r})$ 场与 $\hat{\rho}(\boldsymbol{r})$ 场相同。$\int D[\rho(\boldsymbol{r})]$ 是泛函积分的一种，参见第 1 章 1.5 节，它是沿着无穷多的可能的路径，进行路径积分的总和。代入式(5.6.3)，得

$$Z=\int \mathrm{d}\boldsymbol{r}^N \int \mathrm{D}[\rho]\delta[\rho-\hat{\rho}]\exp[-\beta E_{\mathrm{p}}[\rho]] \tag{5.6.5}$$

式中 $\rho(\boldsymbol{r})$ 可以是平衡的，也可以是不平衡的。使用此式，就强制使 $\rho(\boldsymbol{r})$ 按 $\hat{\rho}(\boldsymbol{r})$ 的各种变化而变化，实际上覆盖了所有可能的微观状态。

将 $\hat{\rho}(\boldsymbol{r})$ 用 $\rho(\boldsymbol{r})$ 置换不仅是形式，它带来几个好处。首先，可以将 E_{p} 表达为实际的 $\rho(\boldsymbol{r})$ 的泛函。更重要的是，在下一步可以引入附加场。

δ泛函的傅里叶变换　进一步利用δ泛函的傅里叶变换。对于一般δ函数的变换，$2\pi\delta(k_0)=\int_{-\infty}^{+\infty}\mathrm{e}^{-\mathrm{i}k_0x}\mathrm{d}x$，式中 $\mathrm{i}=\sqrt{-1}$。对于δ泛函，则有

$$\delta[\rho-\hat{\rho}]=\int \mathrm{D}[w]\exp\left(\mathrm{i}\int \mathrm{d}\boldsymbol{r}\, w(\boldsymbol{r})\left(\rho(\boldsymbol{r})-\hat{\rho}(\boldsymbol{r})\right)\right) \tag{5.6.6}$$

此式引入了一个附加场，即复场 $\mathrm{i}w(\boldsymbol{r})$，注意 $w(\boldsymbol{r})$ 本身也可以是复场，有实部和虚部，量纲为 1。有的文献附加场采用 $w(\boldsymbol{r})$，只是要注意它是一个复场。$\mathrm{i}w(\boldsymbol{r})$ 相当于引入一个未定乘数，以满足 $\rho(\boldsymbol{r})$ 场与 $\hat{\rho}(\boldsymbol{r})$ 场相同的条件。式中 $\int \mathrm{D}[w(\boldsymbol{r})]$ 为对于 $w(\boldsymbol{r})$ 的无穷路径积分，意义在前面已叙述。如果是均匀流体，$\rho(\boldsymbol{r})$ 是常数，不随空间变化，则 $w(\boldsymbol{r})$ 也不随空间变化。而如果不均匀，存在随着空间变化的 $\rho(\boldsymbol{r})$，就必定存在随着空间变化的 $w(\boldsymbol{r})$，虽然这一点在建立正则系综时并未考虑。

位形积分的路径积分表示　将式(5.6.6)代入式(5.6.5)，得

$$Z=\int \mathrm{d}\boldsymbol{r}^N\int \mathrm{D}[\rho]\int \mathrm{D}[w]\exp\left(-\beta E_{\mathrm{p}}[\rho]\right)\exp\left(\mathrm{i}\int \mathrm{d}\boldsymbol{r}\, w(\boldsymbol{r})\left(\rho(\boldsymbol{r})-\hat{\rho}(\boldsymbol{r})\right)\right)$$
$$=\int \mathrm{D}[\rho]\int \mathrm{D}[w]\exp\left(-\beta E_{\mathrm{p}}[\rho]\right)\exp\left(\mathrm{i}\int \mathrm{d}\boldsymbol{r}\, w(\boldsymbol{r})\rho(\boldsymbol{r})\right) \tag{5.6.7}$$
$$\times\int \mathrm{d}\boldsymbol{r}^N\exp\left(-\mathrm{i}\int \mathrm{d}\boldsymbol{r}\, w(\boldsymbol{r})\hat{\rho}(\boldsymbol{r})\right)$$

式中最后一项可用式(5.2.10)的 $\hat{\rho}(\boldsymbol{r})$ 代入作进一步推导

$$\int \mathrm{d}\boldsymbol{r}^N\exp\left(-\mathrm{i}\int \mathrm{d}\boldsymbol{r} w(\boldsymbol{r})\hat{\rho}(\boldsymbol{r})\right)=\int \mathrm{d}\boldsymbol{r}^N\exp\left(-\mathrm{i}\int \mathrm{d}\boldsymbol{r}\, w(\boldsymbol{r})\sum_i^N\delta(\boldsymbol{r}-\boldsymbol{r}_i)\right)$$
$$=\left(\int \mathrm{d}\boldsymbol{r}_i\exp\left(-\mathrm{i}\int \mathrm{d}\boldsymbol{r}\, w(\boldsymbol{r})\delta(\boldsymbol{r}-\boldsymbol{r}_i)\right)\right)^N=\left(\int \mathrm{d}\boldsymbol{r}_i\exp\left(-\mathrm{i}w(\boldsymbol{r}_i)\right)\right)^N \tag{5.6.8}$$
$$=\left(\int \mathrm{d}\boldsymbol{r}\exp\left(-\mathrm{i}w(\boldsymbol{r})\right)\right)^N$$

其中的第二步是析因子(factorization)处理，第三步则是利用了δ函数的特性。

复场中的配分函数　现在引入单个粒子在一定的复场 $\mathrm{i}w(\boldsymbol{r})$中运动的配分函数 $Q[\mathrm{i}w(\boldsymbol{r})]$

$$Q[\mathrm{i}w(\boldsymbol{r})]=V^{-1}\int \mathrm{d}\boldsymbol{r}\exp\left(-\mathrm{i}w(\boldsymbol{r})\right) \tag{5.6.9}$$

$Q[\mathrm{i}w(\boldsymbol{r})]$是复场 $\mathrm{i}w(\boldsymbol{r})$的泛函，量纲为 1。将式(5.6.8)和式(5.6.9)代入式(5.6.7)，得到 Z 的路径积分表达式

$$Z=\int \mathrm{D}[\rho]\int \mathrm{D}[w]\exp\left(-\beta H[\rho,w]\right)V^N \tag{5.6.10}$$

$$\beta H[\rho,w]=\beta E_{\mathrm{p}}[\rho]-\mathrm{i}\int \mathrm{d}\boldsymbol{r} w(\boldsymbol{r})\rho(\boldsymbol{r})-N\ln Q[\mathrm{i}w] \tag{5.6.11}$$

式中，$H[\rho(\boldsymbol{r}),w(\boldsymbol{r})]$是有效哈密顿量。由式可见，$Z$ 是一个二重无穷路径积分，它对所有可能的$\rho(\boldsymbol{r})$和 $w(\boldsymbol{r})$的路径求和。注意 Z 的量纲仍为 L^{3N}。

泛函 $H[\rho, w]$是复函数。其中的 $\mathrm{i}w(\boldsymbol{r})$和 Q，与相互作用能无关，是一种附加场，所以 $H[\rho, w]$具有势能和附加场的综合特征。按式(5.6.6)，$\rho(\boldsymbol{r})$和 $\mathrm{i}w(\boldsymbol{r})$之间存在自洽的关系，也就是在 5.2 节中提到的映射关系。式(5.6.10)和式(5.6.11)是非均匀单原子流体自洽场理论的基本公式。它们使原来的 $3N$ 维空间的位形积分变为泛函积分，它是二重的无穷路径积分。更重要的是，原来的位形积分形式上只与势能 E_{p} 有关，不显示外场或附加场的贡献，现在附加场的贡献已由隐含变为显含。

2) Hubbard-Stratonovich 变换

又称**高斯变换**，参见文献[23]第 276 页或文献[22]第 21 页，以及本节后的附注。在统计力学中常用于伊辛(Ising)模型和 n 矢量模型以获得配分函数的泛函积分。变换是基于如下高斯积分

$$\int_{-\infty}^{\infty}\mathrm{d}x\exp\left(-\frac{1}{2}Ax^2+bx\right)=\left(2\pi/A\right)^{1/2}\exp\left(b^2/2A\right) \tag{5.6.12}$$

如果相互作用势能具有对加和性，经过 Hubbard-Stratonovich 变换，式(5.6.10)变为

$$Z = \int \mathrm{D}[w]\exp\left(-\beta H[w(\boldsymbol{r})]\right) \tag{5.6.13}$$

$$\beta H[w] = \frac{1}{2}\int \mathrm{d}\boldsymbol{r}\int \mathrm{d}\boldsymbol{r}' w(\boldsymbol{r})\varepsilon_{\mathrm{p}}^{-1}\left(\left|\boldsymbol{r}-\boldsymbol{r}'\right|\right)w(\boldsymbol{r}') - N\ln Q[\mathrm{i}w] \tag{5.6.14}$$

原来路径积分式(5.6.10)是二重泛函积分，变换后简化为一重。前提是分子对的势能$\varepsilon_{\mathrm{p}}\left(\left|\boldsymbol{r}-\boldsymbol{r}'\right|\right)$具有对加和性，并且有泛函积分意义下的逆。式(5.6.13)适用于库仑势、汤川(Yukawa)势、δ函数排斥赝势(repulsive δ function pseudo potential)等，但不适用于 LJ(6-12)势。

3) 平均场近似

位形积分 Z 是一个二重无穷路径积分，难以得到解析式。为了研究平衡态的性质，应用平均场近似来得到解析式是比较合适的做法。特别是大分子，由于有效的相互作用距离较大，浓度涨落比较重要的临界区较小，平均场处理更为合适。平均场近似主要通过求极值来实现。它类似于撷取最大项，原来位形积分要历经所有微观状态，包括所有可能的$\rho(\boldsymbol{r})$和 $\mathrm{i}w(\boldsymbol{r})$，现在仅取极值。在实空间中，极值可以是极小、极大或鞍点。在复空间中，能量面的极值通常是一个鞍点，对于实场$\rho(\boldsymbol{r})$，是极小；对于虚场 $\mathrm{i}w(\boldsymbol{r})$，是极大。因此，可区分为两步。

第一步　将式(5.6.10)的位形积分 Z 或其指数项式(5.6.11)的有效哈密顿量对 $\mathrm{i}w(\boldsymbol{r})$求鞍点极值，相应的泛函偏导数为零

$$\frac{\delta\beta H[\rho(\boldsymbol{r}), w(\boldsymbol{r})]}{\delta[\mathrm{i}w(\boldsymbol{r})]} = 0 \tag{5.6.15}$$

得

$$\rho(\boldsymbol{r}) = -N\frac{\delta\ln Q[\mathrm{i}w(\boldsymbol{r})]}{\delta[\mathrm{i}w(\boldsymbol{r})]} \tag{5.6.16}$$

按式(5.6.9)并利用式(5.6.8)，式(5.6.16)右面的泛函导数可化为

$$\begin{aligned}
\rho(\boldsymbol{r}) &= -N\frac{\delta\ln Q[\mathrm{i}w(\boldsymbol{r})]}{\delta[\mathrm{i}w(\boldsymbol{r})]} = -\frac{1}{Q[\mathrm{i}w(\boldsymbol{r})]^N}\frac{\delta Q[\mathrm{i}w(\boldsymbol{r})]^N}{\delta[\mathrm{i}w(\boldsymbol{r})]} \\
&= \frac{-\delta\int \mathrm{d}\boldsymbol{r}^N\exp\left(-\mathrm{i}\int \mathrm{d}\boldsymbol{r}w(\boldsymbol{r})\hat{\rho}(\boldsymbol{r})\right)}{\int \mathrm{d}\boldsymbol{r}^N\exp\left(-\mathrm{i}\int \mathrm{d}\boldsymbol{r}w(\boldsymbol{r})\hat{\rho}(\boldsymbol{r})\right)\delta[\mathrm{i}w(\boldsymbol{r})]} \\
&= \frac{\int \mathrm{d}\boldsymbol{r}^N\exp\left(-\mathrm{i}\int \mathrm{d}\boldsymbol{r}w(\boldsymbol{r})\hat{\rho}(\boldsymbol{r})\right)\hat{\rho}(\boldsymbol{r})}{\int \mathrm{d}\boldsymbol{r}^N\exp\left(-\mathrm{i}\int \mathrm{d}\boldsymbol{r}w(\boldsymbol{r})\hat{\rho}(\boldsymbol{r})\right)} = \langle\hat{\rho}(\boldsymbol{r})\rangle_{\mathrm{i}w(\boldsymbol{r})}
\end{aligned}$$

因此

$$\rho(\boldsymbol{r}) = \langle\hat{\rho}(\boldsymbol{r})\rangle_{\mathrm{i}w(\boldsymbol{r})} \tag{5.6.17}$$

式中，$\langle\hat{\rho}(\boldsymbol{r})\rangle_{\mathrm{i}w(\boldsymbol{r})}$ 是 N 个粒子在复场 $\mathrm{i}w(\boldsymbol{r})$中运动的系综平均值。式(5.6.17)表明，原来式(5.6.4)要求每一个位置 $\boldsymbol{r}$ 处 $\hat{\rho}(\boldsymbol{r})$ 与$\rho(\boldsymbol{r})$相同，现在松弛为$\rho(\boldsymbol{r})$与$\langle\hat{\rho}(\boldsymbol{r})\rangle_{\mathrm{i}w(\boldsymbol{r})}$相同。一定的 $\mathrm{i}w(\boldsymbol{r})$平均出一定的$\rho(\boldsymbol{r})$，反之，一定的$\rho(\boldsymbol{r})$对应着一定的鞍点值 $\mathrm{i}w(\boldsymbol{r})$，$\mathrm{i}w(\boldsymbol{r})$与$\rho(\boldsymbol{r})$互相映射。

这一步所起的作用，实际上是进行了一次**粗粒化**，$\boldsymbol{r}$ 处的密度$\rho(\boldsymbol{r})$用该处微观密度的复场平均值来代替。这一点对大分子尤显重要，因为可能的相互作用数量很大，微观的特点在很大程度上被平均了，往往只有少数的特性起着关键的作用。例如，高分子物质的性质主要取决于链的特性包括它的柔性。又如两亲物质的性质，它们对极性和非极性都具有亲和力，以及它们在界面上的取向，是最重要的特征。

将式(5.6.10) $Z=\int\mathrm{D}[\rho]\int\mathrm{D}[w]\exp\left(-\beta H[\rho,w]\right)V^{-N}$ 对 $\mathrm{i}w(\boldsymbol{r})$进行一次鞍点积分，路径积分由被积函数取代，这时，$\mathrm{i}w(\boldsymbol{r})$场的涨落已被平均，代之的是复空间中相应极值的鞍点函数 $\mathrm{i}w^{*}(\boldsymbol{r})$。上面提到的映射关系表明，$w^{*}(\boldsymbol{r})$可表达为$\rho(\boldsymbol{r})$的泛函 $w^{*}[\rho(\boldsymbol{r})]$。式(5.6.10)变为

$$Z=\int\mathrm{D}[\rho]\exp\left(-\beta H[\rho,w^{*}[\rho]]\right)V^{N} \tag{5.6.18}$$

第二步　到目前为止，密度场$\rho(\boldsymbol{r})$的涨落仍然存在。第二步是将式(5.6.18)的指数项再对$\rho(\boldsymbol{r})$求鞍点极值，相应泛函导数为零

$$\frac{\delta\beta H(\rho(\boldsymbol{r}),w^{*}[\rho(\boldsymbol{r})])}{\delta\rho(\boldsymbol{r})}=0 \tag{5.6.19}$$

这是进一步的平均场近似，按式(5.6.11)，并利用式(5.6.16)，得

$$\begin{aligned}
&\frac{\delta\beta E_{\mathrm{p}}[\rho(\boldsymbol{r})]}{\delta\rho(\boldsymbol{r})}-\mathrm{i}w^{*}(\boldsymbol{r})-\rho(\boldsymbol{r})\frac{\delta\mathrm{i}w^{*}(\boldsymbol{r})}{\delta\rho(\boldsymbol{r})}-N\frac{\delta\ln Q[\mathrm{i}w^{*}(\boldsymbol{r})]}{\delta[\mathrm{i}w^{*}(\boldsymbol{r})]}\frac{\delta\mathrm{i}w^{*}(\boldsymbol{r})}{\delta\rho(\boldsymbol{r})}\\
&=\frac{\delta\beta E_{\mathrm{p}}[\rho(\boldsymbol{r})]}{\delta\rho(\boldsymbol{r})}-\mathrm{i}w^{*}(\boldsymbol{r})-\rho(\boldsymbol{r})\frac{\delta\mathrm{i}w^{*}(\boldsymbol{r})}{\delta\rho(\boldsymbol{r})}+\rho(\boldsymbol{r})\frac{\delta\mathrm{i}w^{*}(\boldsymbol{r})}{\delta\rho(\boldsymbol{r})}\\
&=\frac{\delta\beta E_{\mathrm{p}}[\rho(\boldsymbol{r})]}{\delta\rho(\boldsymbol{r})}-\mathrm{i}w^{*}(\boldsymbol{r})=0
\end{aligned}$$

因此

$$\mathrm{i}w^{*}(\boldsymbol{r})=\frac{\delta\beta E_{\mathrm{p}}[\rho(\boldsymbol{r})]}{\delta\rho(\boldsymbol{r})} \tag{5.6.20}$$

将式(5.6.18)对$\rho(\boldsymbol{r})$再进行一次鞍点积分，路径积分由被积函数取代，这时，$\rho(\boldsymbol{r})$场的涨落也已被平均，代之的是鞍点值$\rho^{\mathrm{SCF}}(\boldsymbol{r})$或$\rho_0(\boldsymbol{r})$，它是平均场的平衡密度。由于 $w(\boldsymbol{r})$已由式(5.6.16)表达为$\rho(\boldsymbol{r})$的泛函，式(5.6.20)可用来有效地确定密度场$\rho^{\mathrm{SCF}}(\boldsymbol{r})$或$\rho_0(\boldsymbol{r})$。平均场的自由能为

$$F^{\mathrm{SCF}} = \min H[\rho, w^*[\rho]] = H[\rho^{\mathrm{SCF}}] \tag{5.6.21}$$

上面推导有一个微妙的问题，由式(5.6.20)可见，$\mathrm{i}w^*(\boldsymbol{r})$是实数。这是因为平均场近似。上述第一步在寻找鞍点极值时，实际上是沿着 $w(\boldsymbol{r})$的虚轴进行的，鞍点值是虚数，乘以 i 变为实数。

以上讨论都是基于正则系综。对于混合物，则最好采用巨正则系综。更准确的还要考虑涨落，要超越平均场，参见文献[20, 21]。

式(5.6.17)和式(5.6.20)是平均场的自洽场理论的两个工作方程。如已知势能泛函 $E_{\mathrm{p}}[\rho(\boldsymbol{r})]$，联立求解可解得自洽的$\rho(\boldsymbol{r})$和 $w(\boldsymbol{r})$，其中主要的工作是计算单个粒子在复场 $\mathrm{i}w(\boldsymbol{r})$中运动的配分函数 $Q[\mathrm{i}w(\boldsymbol{r})]$。实际操作过程则是自洽迭代，其内容是指定$\rho(\boldsymbol{r})$求 $w(\boldsymbol{r})$，或指定 $w(\boldsymbol{r})$求$\rho(\boldsymbol{r})$。如果路径积分采用的是简化为一重泛函积分的式(5.6.13)，则仅用式(5.6.17)已足够。进一步由式(5.6.21)进行各种热力学性质计算。主要的困难在于：我们并不确切清楚势能泛函 $E_{\mathrm{p}}[\rho(\boldsymbol{r})]$的形式，需要引入各种近似。

2. 用自洽场方法建立密度泛函理论

现在回到我们的主题，密度泛函理论。它除了 5.2 节介绍的框架外，还可类似于自洽场理论，通过求条件极值来建立，参见 J. G. E. M. Fraaije 等的工作[24]。现介绍这种自洽场方法，并与传统的方法作比较。

对于一个具有 N 个粒子，概率密度为$f(\boldsymbol{r}^N)$，宏观粒子密度场为 $\rho(\boldsymbol{r})$的系统，按式(5.2.14)，可写出内在自由能泛函 $F_{\mathrm{intr}}[\rho(\boldsymbol{r})]$或 $F_{\mathrm{intr}}[f(\boldsymbol{r}^N)]$

$$F_{\mathrm{intr}}[f(\boldsymbol{r}^N)] = \mathrm{Tr}\Big(f(\boldsymbol{r}^N)\big(E_{\mathrm{k}} + E_{\mathrm{p}}(\boldsymbol{r}^N) + \beta^{-1}\ln f(\boldsymbol{r}^N)\big)\Big) \tag{5.6.22}$$

密度泛函理论一般采用巨正则系综，但此式同样可用于 TVN 一定的正则系综，由于考虑了动能，$\mathrm{Tr} = \Lambda^{-3N} N!^{-1}\int \mathrm{d}\boldsymbol{r}^N$。$\rho(\boldsymbol{r})$相应为

$$\rho(\boldsymbol{r}) = \mathrm{Tr}\, f(\boldsymbol{r}^N)\sum_i^N \delta(\boldsymbol{r} - \boldsymbol{r}_i) \tag{5.6.23}$$

平衡时，概率密度为$f_0(\boldsymbol{r}^N)$，密度场为 $\rho_0(\boldsymbol{r})$。

1) 求条件极值

当 TVN 不变，平衡时 F_{intr} 应为极值，它是条件极值。首先要求 $\rho(\boldsymbol{r})$与平衡时的密度场 $\rho_0(\boldsymbol{r})$相同，其次概率密度 $f(\boldsymbol{r}^N)$在整个相空间的积分应该归一，即 $\mathrm{Tr}\, f(\boldsymbol{r}^N)=1$。

采用拉格朗日未定乘数法来求条件极值，写出

$$\begin{aligned} F[f(\boldsymbol{r}^N)] = {} & F_{\mathrm{intr}}[f(\boldsymbol{r}^N)] + \int w(\boldsymbol{r})\big(\rho[f(\boldsymbol{r}^N), \boldsymbol{r}] - \rho_0(\boldsymbol{r})\big)\mathrm{d}\boldsymbol{r} \\ & + \lambda\big(\mathrm{Tr}\, f(\boldsymbol{r}^N) - 1\big) \end{aligned} \tag{5.6.24}$$

两个未定乘数分别为 $w(\boldsymbol{r})$和 λ，前者使 $\rho(\boldsymbol{r})$与 $\rho_0(\boldsymbol{r})$相同，后者使 $\mathrm{Tr}\, f(\boldsymbol{r}^N)$等于 1。它们的量纲均为 E(能量)。$w(\boldsymbol{r})$的引入与自洽场理论的式(5.6.6)很相似，后者用δ函数强制使 $\rho_0(\boldsymbol{r})$与 $\hat{\rho}(\boldsymbol{r})$ 一致，再利用δ泛函的傅里叶变换，得到第二个场，即复场 $\mathrm{i}w(\boldsymbol{r})$。

对 $f(\boldsymbol{r}^N)$求条件极值，泛函导数为零

$$\left.\frac{\delta F[f(\boldsymbol{r}^N)]}{\delta f(\boldsymbol{r}^N)}=0\right|_{\rho_0(\boldsymbol{r}),f_0(\boldsymbol{r}^N)} \tag{5.6.25}$$

利用式(5.6.23)，有

$$\begin{aligned}\frac{\delta\int w(\boldsymbol{r})\rho[f(\boldsymbol{r}^N),\boldsymbol{r}]\mathrm{d}\boldsymbol{r}}{\delta f(\boldsymbol{r}^N)}&=\int w(\boldsymbol{r})\frac{\delta\rho[f(\boldsymbol{r}^N),\boldsymbol{r}]}{\delta f(\boldsymbol{r}^N)}\mathrm{d}\boldsymbol{r}\\&=\int w(\boldsymbol{r})\sum_i^N\delta(\boldsymbol{r}-\boldsymbol{r}_i)\mathrm{d}\boldsymbol{r}=\sum_i^N w(\boldsymbol{r}_i)\end{aligned} \tag{5.6.26}$$

再利用式(5.6.22)，由式(5.6.25)得

$$E_\mathrm{k}+E_\mathrm{p}(\boldsymbol{r}^N)+\beta^{-1}\ln f_0(\boldsymbol{r}^N)+\beta^{-1}+\sum_i^N w(\boldsymbol{r}_i)+\lambda=0 \tag{5.6.27}$$

式中，动能 E_k 是温度的函数。由此式得

$$f_0(\boldsymbol{r}^N)\exp(1+\beta\lambda)=\exp\left(-\beta E_\mathrm{k}-\beta E_\mathrm{p}(\boldsymbol{r}^N)-\beta\sum_i^N w(\boldsymbol{r}_i)\right) \tag{5.6.28}$$

两边以 Tr 进行运作，由于 $\mathrm{Tr}f_0=1$，得

$$\exp(1+\beta\lambda)=\mathrm{Tr}\exp\left(-\beta E_\mathrm{k}-\beta E_\mathrm{p}(\boldsymbol{r}^N)-\beta\sum_i^N w(\boldsymbol{r}_i)\right)=Q_N[w] \tag{5.6.29}$$

其中 $Q_N[w]$是 N 个粒子在附加有 $w(\boldsymbol{r}_i)$场时的配分函数，定义为

$$Q_N[w]=\mathrm{Tr}\exp\left(-\beta E_\mathrm{k}-\beta E_\mathrm{p}(\boldsymbol{r}^N)-\beta\sum_i^N w(\boldsymbol{r}_i)\right) \tag{5.6.30}$$

以式(5.6.29)和式(5.6.30)代入式(5.6.28)，得概率密度式

$$f_0(\boldsymbol{r}^N)=\exp\left(-\beta E_\mathrm{k}-\beta E_\mathrm{p}(\boldsymbol{r}^N)-\beta\sum_i^N w(\boldsymbol{r}_i)\right)Q_N[w]^{-1} \tag{5.6.31}$$

2) 内在自由能泛函

以式(5.6.31)代入式(5.6.22) $F_\mathrm{intr}[f(\boldsymbol{r}^N)]=\mathrm{Tr}(f(\boldsymbol{r}^N)(E_\mathrm{k}+E_\mathrm{p}(\boldsymbol{r}^N)+\beta^{-1}\ln f(\boldsymbol{r}^N)))$，可得平衡时的内在自由能泛函，即 $F_\mathrm{intr}[\rho_0(\boldsymbol{r})]$。其中前两项为

$$\mathrm{Tr}\left(f_0(\boldsymbol{r}^N)\left(E_\mathrm{k}+E_\mathrm{p}(\boldsymbol{r}^N)\right)\right)=E_\mathrm{k}+E_\mathrm{p}[\rho_0(\boldsymbol{r})] \tag{5.6.32}$$

剩下的一项 $\mathrm{Tr}(f_0(\boldsymbol{r}^N)\beta^{-1}\ln f_0(\boldsymbol{r}^N))$可做如下演算：

$$\begin{aligned}&\mathrm{Tr}\left(f_0(\boldsymbol{r}^N)\beta^{-1}\ln f_0(\boldsymbol{r}^N)\right)\\&=\mathrm{Tr}\left(f_0(\boldsymbol{r}^N)\left(-E_\mathrm{k}-E_\mathrm{p}(\boldsymbol{r}^N)-\sum_i^N w(\boldsymbol{r}_i)\right)\right)+\beta^{-1}\ln Q_N[w]\\&=-E_\mathrm{k}-E_\mathrm{p}[\rho(\boldsymbol{r})]-\mathrm{Tr}\left(f_0(\boldsymbol{r}^N)\sum_i^N w(\boldsymbol{r}_i)\right)+\beta^{-1}\ln Q_N[w]\end{aligned}\tag{5.6.33}$$

式(5.6.33)右面的第 3 项可利用狄拉克 δ 函数的特性$\int f(x)\delta(x-\xi)\mathrm{d}\xi=f(\xi)$进行变换，并利用平衡时的式(5.6.23) $\rho_0(\boldsymbol{r})=\mathrm{Tr}f_0(\boldsymbol{r}^N)\sum_i^N\delta(\boldsymbol{r}-\boldsymbol{r}_i)$，得

$$\begin{aligned}&\mathrm{Tr}\left(f_0(\boldsymbol{r}^N)\sum_i^N w(\boldsymbol{r}_i)\right)\\&=\int\mathrm{Tr}\left(f_0(\boldsymbol{r}^N)\sum_i^N w(\boldsymbol{r}_i)\delta(\boldsymbol{r}-\boldsymbol{r}_i)\right)\mathrm{d}\boldsymbol{r}=\int w(\boldsymbol{r})\rho_0(\boldsymbol{r})\mathrm{d}\boldsymbol{r}\end{aligned}\tag{5.6.34}$$

综合以上各式，得用密度场$\rho_0(\boldsymbol{r})$表达的内在自由能泛函$F_\mathrm{intr}[\rho_0(\boldsymbol{r})]$

$$F_\mathrm{intr}[\rho_0(\boldsymbol{r})]=-\beta^{-1}\ln Q_N[w]-\int w(\boldsymbol{r})\rho_0(\boldsymbol{r})\mathrm{d}\boldsymbol{r}\tag{5.6.35}$$

$w(\boldsymbol{r})$与$\rho_0(\boldsymbol{r})$即通过此式相联系。如已知内在自由能泛函$F_\mathrm{intr}[\rho_0(\boldsymbol{r})]$，可以进行自洽计算。这和式(5.2.18)所表达的$V_\mathrm{ext}(\boldsymbol{r})$与$\rho_0(\boldsymbol{r})$间的自洽关系一样。

析因子　如果粒子间相互作用不太强，可将式(5.6.30)的$Q_N[w]$进行析因子

$$Q_N[w]=(N!)^{-1}Q[w(\boldsymbol{r})]^N\tag{5.6.36}$$

除以 $N!$是由于 N 个粒子不可区别，所得 $Q[w]$为单个粒子在附加有 $w(\boldsymbol{r}_i)$场时的配分函数

$$\begin{aligned}Q[w(\boldsymbol{r})]&=\mathrm{Tr}\exp\left(-\beta N^{-1}E_\mathrm{k}-\beta N^{-1}E_\mathrm{p}(\boldsymbol{r}^N)-\beta w(\boldsymbol{r})\right)\\&\approx\exp\left(-\beta N^{-1}E_\mathrm{k}-\beta N^{-1}E_\mathrm{p}\right)\mathrm{Tr}\exp\left(-\beta w(\boldsymbol{r})\right)\end{aligned}\tag{5.6.37}$$

在第二步中，势能$E_\mathrm{p}(\boldsymbol{r}^N)$近似地取平均值$E_\mathrm{p}$，$\mathrm{Tr}=\Lambda^{-3}\int\mathrm{d}\boldsymbol{r}$。式(5.6.35)相应变为

$$F_\mathrm{intr}[\rho_0(\boldsymbol{r})]=-\beta^{-1}N\ln Q[w(\boldsymbol{r})]+\beta^{-1}\ln N!-\int w(\boldsymbol{r})\rho_0(\boldsymbol{r})\mathrm{d}\boldsymbol{r}\tag{5.6.38}$$

一些文献中得出的就是这个式子，如 J. G. E. M. Fraaije 等[24]。

3) $w(\boldsymbol{r})$场的物理意义

从式(5.6.31)和式(5.6.30)给出的概率密度和配分函数出发进行讨论，

$$f_0(\boldsymbol{r}^N)=\exp\left(-\beta E_\mathrm{k}-\beta E_\mathrm{p}(\boldsymbol{r}^N)-\beta\sum_i^N w(\boldsymbol{r}_i)\right)Q_N[w]^{-1}$$

$$Q_N[w]=\mathrm{Tr}\exp\left(-\beta E_\mathrm{k}-\beta E_\mathrm{p}(\boldsymbol{r}^N)-\beta\sum_i^N w(\boldsymbol{r}_i)\right)$$

在密度泛函理论讨论的一开始，在 5.2 节中，引入了巨正则系综的概率密度式(5.2.1)

$$f_0(\boldsymbol{r}^N, \boldsymbol{p}^N) = \Xi^{-1}\exp\big(-\beta(H-\mu N)\big)$$

如果是正则系综，并且动能已平均化，相应有 $f_0(\boldsymbol{r}^N) = Q^{-1}\exp\big(-\beta H\big)$，$Q$ 为正则配分函数，哈密顿量 $H = E_{\rm k} + E_{\rm p}(\boldsymbol{r}^N) + \sum_{i=1}^{N} V_{\rm ext}(\boldsymbol{r}_i)$，因此有

$$f_0(\boldsymbol{r}^N) = Q^{-1}\exp\left(-\beta E_{\rm k} - \beta E_{\rm p}(\boldsymbol{r}^N) - \beta\sum_{i=1}^{N} V_{\rm ext}(\boldsymbol{r}_i)\right) \tag{5.6.39}$$

$$Q = \mathrm{Tr}\exp\big(-\beta H\big) = \mathrm{Tr}\exp\left(-\beta E_{\rm k} - \beta E_{\rm p}(\boldsymbol{r}^N) - \beta\sum_{i=1}^{N} V_{\rm ext}(\boldsymbol{r}_i)\right) \tag{5.6.40}$$

比较式(5.6.31)和式(5.6.30)与密度泛函理论的式(5.6.39)和(5.6.40)，可见，$w(\boldsymbol{r})$相当于外场 $V_{\rm ext}(\boldsymbol{r})$, $Q_N[w]$相当于正则配分函数 Q，$-kT\ln Q_N[w]$相当于$-kT\ln Q$，也就是自由能泛函 $F[\rho(\boldsymbol{r})]$

$$w(\boldsymbol{r}) \leftrightarrow V_{\rm ext}(\boldsymbol{r}),\quad Q_N[w(\boldsymbol{r})] \leftrightarrow Q$$

$$-kT\ln Q_N[w(\boldsymbol{r})] \leftrightarrow F[\rho(\boldsymbol{r})]$$

这一结果并不令人意外。前面在 5.2 节中已指出，按 N. D. Mermin[11]，$\rho_0(\boldsymbol{r})$与 $V_{\rm ext}(\boldsymbol{r})$共轭。如果有一个不均匀的密度分布 $\rho_0(\boldsymbol{r})$，必须有一个外场 $V_{\rm ext}(\boldsymbol{r})$才能达到平衡。现在用求条件极值的方法来研究平衡，自然引入了一个条件 $w(\boldsymbol{r})$，它就是外场 $V_{\rm ext}(\boldsymbol{r})$。

3. 评述

1)用自洽场方法建立的 DFT 与传统的 DFT 的比较

由 5.6 节和 5.2 节可见，它们定义了同样的内在自由能泛函，只是采用了不同的系综。式(5.2.14)是通用的，即

$$F_{\rm intr}[\rho(\boldsymbol{r})] = \mathrm{Tr}\left(f(\boldsymbol{r}^N)\left(\sum_{i=1}^{N} p_i^2/2m + E_{\rm p}(\boldsymbol{r}^N) + \beta^{-1}\ln f(\boldsymbol{r}^N)\right)\right)$$

平衡时的密度取决于$f_0(\boldsymbol{r}^N)$，见式(5.2.11)，

$$\rho_0(\boldsymbol{r}) = \langle\hat{\rho}(\boldsymbol{r})\rangle = \langle\sum_{i=1}^{N}\delta(\boldsymbol{r}-\boldsymbol{r}_i)\rangle = \mathrm{Tr}\, f_0(\boldsymbol{r}^N)\sum_{i=1}^{N}\delta(\boldsymbol{r}-\boldsymbol{r}_i)$$

两种方法的区别在于外场 $V_{\rm ext}(\boldsymbol{r})$的引入途径。

传统的密度泛函理论使用巨正则系综$(\ )_{T,V,\mu}$，在哈密顿量H中直接引入外场，按式(5.2.12)，$H = E_{\rm k} + E_{\rm p}(\boldsymbol{r}^N) + \sum_{i=1}^{N} V_{\rm ext}(\boldsymbol{r}_i)$。在巨势泛函$\Omega[\rho(\boldsymbol{r})]$中包括外场，见式(5.2.13)，

$$\Omega[\rho(\boldsymbol{r})] = F_{\rm intr}[\rho(\boldsymbol{r})] + \int \mathrm{d}\boldsymbol{r}\,\rho(\boldsymbol{r})V_{\rm ext}(\boldsymbol{r}) - \mu\int \mathrm{d}\boldsymbol{r}\,\rho(\boldsymbol{r})$$

利用平衡时 $\Omega[\rho(\boldsymbol{r})]$应为极值，$\rho(\boldsymbol{r})=\rho_0(\boldsymbol{r})$，得到式(5.2.18)

$$\mu - V_{\text{ext}}(\boldsymbol{r}) = \delta F_{\text{intr}}[\rho(\boldsymbol{r})]/\delta\rho(\boldsymbol{r})\big|_{\rho_0(\boldsymbol{r})} = \mu_{\text{intr}}\big|_{\rho_0(\boldsymbol{r})}$$

此式将外场 $V_{\text{ext}}(\boldsymbol{r})$与平衡时的密度 $\rho_0(\boldsymbol{r})$联系起来。

自洽场方法使用正则系综( )$_{T,V,N}$，通过对内在自由能泛函 $F_{\text{intr}}[f(\boldsymbol{r}^N)]$求条件极值，为使 $\rho(\boldsymbol{r})$与平衡时的密度场 $\rho_0(\boldsymbol{r})$相同，引入未定乘数 $w(\boldsymbol{r})$。上面已经论证，这个 $w(\boldsymbol{r})$就是外场 $V_{\text{ext}}(\boldsymbol{r})$。

由上述可见，两种方案实质是一致的，采用了同样的内在自由能泛函 $F_{\text{intr}}[f(\boldsymbol{r}^N)]$，只是在外场 $V_{\text{ext}}(\boldsymbol{r})$的引入途径上有较小差别。前者在 N. D. Mermin[11]证明的 $\rho_0(\boldsymbol{r})$与 $V_{\text{ext}}(\boldsymbol{r})$自洽的基础上，直接引入外场 $V_{\text{ext}}(\boldsymbol{r})$，然后利用平衡时 $\Omega[\rho(\boldsymbol{r})]$应为极值，使 $\rho(\boldsymbol{r})=\rho_0(\boldsymbol{r})$。后者是将 $\rho(\boldsymbol{r})=\rho_0(\boldsymbol{r})$作为平衡的条件，引入自洽的未定乘数 $w(\boldsymbol{r})$，然后可证明 $w(\boldsymbol{r})=V_{\text{ext}}(\boldsymbol{r})$。虽然定义的内在自由能泛函 F_{intr}表面上没有显示外场 $V_{\text{ext}}(\boldsymbol{r})$，但由式(5.2.14)可见，式中包含了概率密度为 $f(\boldsymbol{r}^N)$，而按 N. D. Mermin[11]，$\rho_0(\boldsymbol{r})$决定了 $V_{\text{ext}}(\boldsymbol{r})$，$V_{\text{ext}}(\boldsymbol{r})$又决定了 $f_0(\boldsymbol{r}^N)$。所以，有了 $f(\boldsymbol{r}^N)$，平衡时也就意味着有了 $V_{\text{ext}}(\boldsymbol{r})$。

显然，从 $V_{\text{ext}}(\boldsymbol{r})$的引入来说，传统的密度泛函理论更为简洁和直观。

2) 自洽场理论 SCFT 和 DFT 的比较

参见 5.6 节和 5.2 节，文献中对于两个理论之间的关系，有过许多评论。例如，G.H. Fredrickson 等[20]、J. G. E. M. Fraaije 等[24]认为采用自洽场方法的密度泛函理论，是自洽场理论的实场化，求条件极值就是一种实场化的鞍点近似。K. F. Freed[25]以及 P. Bryk 和 L. G. MacDowell[26]也曾进行过比较，他们由密度泛函理论导得类似于自洽场理论的公式，所以认为它们是一致的。下面的讨论以单原子流体为对象，可以排除一些复杂而非本质的因素。

第 1 点　首先看两种理论的出发点。5.6 节第一部分的自洽场理论针对非均匀单原子流体，从平衡时正则系综的位形积分 Z 出发进行推导。由式(4.2.16)可知，$F=-kT\ln Q$，F 即亥姆霍兹函数 A。当不显含外场 $V_{\text{ext}}(\boldsymbol{r})$时，此式中的 Q 与式(5.6.40)不同，哈密顿量 H 中没有外场 $V_{\text{ext}}(\boldsymbol{r})$，这时，亥姆霍兹函数 F 实质上就是内在自由能 F_{intr}。又按式(4.2.20)，$Q = ZQ_{\text{int}}/N!\Lambda^{3N}$，因此，如不考虑内配分函数 Q_{int}，F_{intr}与 Z 有如下关系：

$$F_{\text{intr}} = -kT\ln Q = -kT\ln\left(Z/N!\Lambda^{3N}\right) \tag{5.6.41}$$

自洽场理论的 Z 与密度泛函理论的 $F_{\text{intr}}[\rho(\boldsymbol{r})]$相对应。

由此可见，从出发点来说，自洽场理论的位形积分 Z 和密度泛函理论的内在自由能泛函 $F_{\text{intr}}[\rho(\boldsymbol{r})]$，实质上是一致的。但是从推导过程来看，密度泛函理论显然要比自洽场理论简单得多。

第 2 点　再看密度场的引入。在密度泛函理论中，先按式(5.2.10)定义微观密度算符 $\hat{\rho}(\boldsymbol{r}) = \sum_{i=1}^{N}\delta(\boldsymbol{r}-\boldsymbol{r}_i)$，然后按式(5.2.11)，由系综平均得到宏观的密度场

$$\rho_0(\boldsymbol{r}) = \langle \hat{\rho}(\boldsymbol{r}) \rangle = \langle \sum_{i=1}^{N} \delta(\boldsymbol{r} - \boldsymbol{r}_i) \rangle = \mathrm{Tr} f_0(\boldsymbol{r}^N) \sum_{i=1}^{N} \delta(\boldsymbol{r} - \boldsymbol{r}_i)$$

$\rho_0(\boldsymbol{r})$是平衡的，如果是非平衡的$\rho(\boldsymbol{r})$，式中$f_0(\boldsymbol{r}^N)$变为$f(\boldsymbol{r}^N)$。以后就按$\rho(\boldsymbol{r})$定义内在自由能泛函$F_{\mathrm{intr}}[\rho(\boldsymbol{r})]$，并构造内在自由能泛函模型（参见第 6 章），整个框架即在宏观层次上发展。很明显，它不研究微观密度场的涨落。

在 5.6 节第一部分的自洽场理论中，也是先定义微观密度算符$\hat{\rho}(\boldsymbol{r})$。然后在式（5.6.4）中，利用狄拉克δ函数的特性，将$\hat{\rho}(\boldsymbol{r})$用$\rho(\boldsymbol{r})$代替

$$\exp\left(-\beta E_{\mathrm{p}}[\hat{\rho}]\right) = \int \mathrm{D}[\rho]\delta[\rho - \hat{\rho}]\exp[-\beta E_{\mathrm{p}}[\rho]]$$

它虽然采用了宏观的$\rho(\boldsymbol{r})$，但$\rho(\boldsymbol{r})$却按$\hat{\rho}(\boldsymbol{r})$的各种变化而变化。代入式（5.6.3），得配分函数式（5.6.5）

$$Z = \int \mathrm{d}\boldsymbol{r}^N \int \mathrm{D}[\rho]\delta[\rho - \hat{\rho}]\exp[-\beta E_{\mathrm{p}}[\rho]]$$

之后又利用δ泛函的傅里叶变换，引入附加场 $\mathrm{i}w(\boldsymbol{r})$。最后得到 Z 的路径积分表达式（5.6.10），

$$Z = \int \mathrm{D}[\rho] \int \mathrm{D}[w]\exp\left(-\beta H[\rho, w]\right) V^N$$

这个式子表面上采用了宏观的密度场$\rho(\boldsymbol{r})$，但实际上路径积分经历了$\hat{\rho}(\boldsymbol{r})$的各种可能的变化，覆盖了所有可能的微观状态。换句话说，它计及了微观密度场的涨落。直到采用了平均场近似，才得到实际的平衡的密度场$\rho_0(\boldsymbol{r})$。在构造模型时，不像密度泛函理论是构筑宏观的内在自由能泛函 $F_{\mathrm{intr}}[\rho(\boldsymbol{r})]$，而是构筑势能泛函 $E_{\mathrm{p}}[\rho(\boldsymbol{r})]$，它是微观量，通过哈密顿量 H 直接与位形积分 Z 相联系。这些与密度泛函理论不同。

平均场近似在分子的链长为无穷时是严格的。但当链长有限时，浓度涨落的影响不可忽视。一方面，涨落的尺度大致为回转半径，在临界点时趋于无穷。另一方面，在两相界面，任何温度下均存在毛细波涨落（capillary-wave fluctuation）。这些涨落对自由能有重要影响，要超越平均场进行研究。式（5.6.10）$Z = \int \mathrm{D}[\rho] \int \mathrm{D}[w]\exp\left(-\beta H[\rho, w]\right) V^N$则是严格的方程，并未经过平均场近似处理。直接利用这些方程，就超越了平均场。理论上可采取级数展开，或采用计算机模拟，进行密度场涨落影响的研究。

因此，自洽场理论的最大长处是原则上可以研究密度场的涨落，密度泛函理论则相当困难。

第 3 点　关于附加场 $\mathrm{i}w(\boldsymbol{r})$的物理意义。当达到平衡，前面已经提到，平衡时的 F_{intr} 实际上内含了外场，问题是如何将隐含外场变为显含外场。密度泛函理论是在哈密顿量 H 中直接引入外场 $V_{\mathrm{ext}}(\boldsymbol{r})$。自洽场方法建立的密度泛函理论，是利用求条件极值时引入未定乘数 $w(\boldsymbol{r})$，再证明它就是外场 $V_{\mathrm{ext}}(\boldsymbol{r})$。自洽场理论则将 $Z = \mathrm{Tr}\exp(-\beta E_{\mathrm{p}}(\boldsymbol{r}^N))$ 中的 E_{p} 表达为微观的粒子密度场 $\hat{\rho}(\boldsymbol{r})$ 的泛函 $E_{\mathrm{p}}[\hat{\rho}(\boldsymbol{r})]$，然

后强使实际的粒子密度场$\rho(\boldsymbol{r})$取代$\hat{\rho}(\boldsymbol{r})$，因而应用了δ函数，再利用δ泛函的傅里叶变换，将位形积分 Z 变为二重无穷路径积分，这就引入了一个附加场，即复场 i$w(\boldsymbol{r})$。这一附加场 i$w(\boldsymbol{r})$的物理含义是什么？

按采用平均场近似后的自洽场理论的式(5.6.20)

$$\mathrm{i}w^*(\boldsymbol{r}) = \frac{\delta\beta E_{\mathrm{p}}[\rho(\boldsymbol{r})]}{\delta\rho(\boldsymbol{r})}$$

说明 i$w(\boldsymbol{r})$是在 $\boldsymbol{r}$ 处植入一个分子后的势能变化。进一步分析，达到平衡后，由于$F_{\mathrm{intr}}[\rho(\boldsymbol{r})]=E_{\mathrm{k}}+E_{\mathrm{p}}[\rho(\boldsymbol{r})]-TS[\rho(\boldsymbol{r})]$，其中动能 E_{k} 只随温度而变化，按式(5.2.18)，有

$$\delta F_{\mathrm{intr}}[\rho(\boldsymbol{r})]/\delta\rho(\boldsymbol{r})\Big|_{\rho_0(\boldsymbol{r})} = \mu_{\mathrm{intr}}\Big|_{\rho_0(\boldsymbol{r})} = \mu - V_{\mathrm{ext}}(\boldsymbol{r})$$

由此可得 $E_{\mathrm{p}}[\rho(\boldsymbol{r})]$对$\rho(\boldsymbol{r})$的泛函导数，并写出

$$\mathrm{i}w^*(\boldsymbol{r})\beta^{-1} = \mu_{\mathrm{intr}} + \frac{T\delta S[\rho(\boldsymbol{r})]}{\delta\rho(\boldsymbol{r})}\Bigg|_{\rho(\boldsymbol{r})} = \mu - V_{\mathrm{ext}}(\boldsymbol{r}) + \frac{T\delta S[\rho(\boldsymbol{r})]}{\delta\rho(\boldsymbol{r})}\Bigg|_{\rho(\boldsymbol{r})} \tag{5.6.42}$$

由式可见，i$w^*(\boldsymbol{r})\beta^{-1}$ 主要就是内在化学势μ_{intr}，但还有一项熵的影响。G. H. Fredrickson 等[20]就曾指出，$w(\boldsymbol{r})$可看作是涨落着的化学势。由于$\mu_{\mathrm{intr}}=\mu-V_{\mathrm{ext}}(\boldsymbol{r})$，在一定$\mu$的前提下，$\mu_{\mathrm{intr}}$ 主要反映了外场 $V_{\mathrm{ext}}(\boldsymbol{r})$的贡献。

如上所述，在密度泛函理论和自洽场理论中，所引入的附加场，主要成分都是外场 $V_{\mathrm{ext}}(\boldsymbol{r})$。如果考虑 N. D. Mermin[11]证明的 $\rho_0(\boldsymbol{r})$与 $V_{\mathrm{ext}}(\boldsymbol{r})$共轭，这一结果不会令人意外。从理论框架来说，两个理论都可以说是从内在自由能泛函 F_{intr} 出发，主要区别在于引入附加场的方式。

总之，密度泛函理论和自洽场理论，是两类既有基本共同点又有不同点的方法。密度泛函理论更为简洁明了，自洽场理论则可以考虑涨落。如不计涨落，两者是基本一致的。自洽场理论的附加场大体反映了密度泛函理论的外场。对于复杂流体，由于自洽场理论的附加场中，还有熵的贡献，两个理论间的比较还值得进一步探讨。

4. 应用自洽场方法进行迭代

密度泛函理论除了在推导时可采用类似于自洽场理论的做法外，在实际应用时，也常采用自洽场的方法。上面已经说了，主要是 $V_{\mathrm{ext}}(\boldsymbol{r})$，$\mu_{\mathrm{int}}(\boldsymbol{r})$或 $w(\boldsymbol{r})$与 $\rho_0(\boldsymbol{r})$的自洽迭代。也有的研究如 A. Yethiraj[27]，以式(5.3.15) $\mu = V_{\mathrm{ext}}(\boldsymbol{r}) + \mu^{\ominus} + kT\ln(\rho(\boldsymbol{r})kT/p^{\ominus}) - kTc^{(1)}[\rho(\boldsymbol{r});\boldsymbol{r}]$ 作为工作方程，在 $V_{\mathrm{ext}}(\boldsymbol{r})$与直接相关函数 $c^{(1)}[\rho(\boldsymbol{r});\boldsymbol{r}]$间自洽迭代。可见采用自洽场方法进行迭代是非常灵活的。

注：**Hubbard-Stratonovich 变换**

即高斯变换，参考书在前面第 1 部分中已引用。在统计力学中常用于伊辛模

型和 n 矢量模型以获得配分函数的泛函积分。变换是基于式(5.6.12)的高斯积分

$$\int_{-\infty}^{\infty}\mathrm{d}x\exp\left(-\frac{1}{2}Ax^2+bx\right)=\left(2\pi/A\right)^{1/2}\exp\left(b^2/2A\right)$$

推广到多维，要计算

$$\int_{-\infty}^{+\infty}\prod_i\mathrm{d}x_i\exp\left(-\frac{1}{2}\sum_m\sum_n A_{mn}x_m x_n+\sum_m b_m x_m\right)\tag{5.6.43}$$

设有实对称矩阵 $\boldsymbol{A}=(A_{mn})$，它总可以对角化，即找出正交归一化矩阵 $\boldsymbol{U}$，$\boldsymbol{U}^{-1}=\boldsymbol{U}^{\mathrm{T}}$，使得

$$\boldsymbol{AU}=\boldsymbol{U\Lambda}\tag{5.6.44}$$

其中$\boldsymbol{\Lambda}$为对角阵，对角线上元素是 $\boldsymbol{A}$ 的特征根，记为λ_i, i=1, 2, ⋯, N。将式(5.6.44)代入式(5.6.43)，得

$$\begin{aligned}&\int_{-\infty}^{+\infty}\prod_i\mathrm{d}x_i\exp\left(-\tfrac{1}{2}\boldsymbol{x}^{\mathrm{T}}\boldsymbol{U\Lambda U}^{-1}\boldsymbol{x}+\boldsymbol{b}^{\mathrm{T}}\boldsymbol{UU}^{-1}\boldsymbol{b}\right)\\&\xrightarrow{\boldsymbol{y}=\boldsymbol{U}^{-1}\boldsymbol{x},\ \boldsymbol{c}=\boldsymbol{U}^{-1}\boldsymbol{b}}\int_{-\infty}^{+\infty}\prod_i\mathrm{d}y_i\exp\left(-\frac{1}{2}\boldsymbol{y}^{\mathrm{T}}\boldsymbol{\Lambda y}+\boldsymbol{c}^{\mathrm{T}}\boldsymbol{y}\right)\\&=\prod_i\int_{-\infty}^{+\infty}\mathrm{d}y_i\exp\left(-\frac{1}{2}\lambda_i y_i^2+c_i y_i\right)=\left(\prod_i\pi/\lambda_i\right)^{1/2}\exp\left(\sum_i c_i^2/2\lambda_i\right)\\&=\left(\det(\pi^{-1}\boldsymbol{A})\right)^{-1/2}\exp\left(\frac{1}{2}\boldsymbol{c}^{\mathrm{T}}\boldsymbol{\Lambda}^{-1}\boldsymbol{c}\right)\\&=\left(\det(\pi^{-1}\boldsymbol{A})\right)^{-1/2}\exp\left(\frac{1}{2}\boldsymbol{b}^{\mathrm{T}}\boldsymbol{A}^{-1}\boldsymbol{b}\right)\end{aligned}\tag{5.6.45}$$

现在对式(5.6.10)的配分函数进行变换，

$$Z=\int\mathrm{D}[\rho]\int\mathrm{D}[w]\exp\left(-\beta H[\rho,w]\right)V^N$$

按式(5.6.11) $\beta H[\rho,w]=\beta E_{\mathrm{p}}[\rho]-\mathrm{i}\int\mathrm{d}\boldsymbol{r}w(\boldsymbol{r})\rho(\boldsymbol{r})-N\ln Q[\mathrm{i}w]$，要处理

$$\int\mathrm{D}[\rho]\exp\left(-\beta E_{\mathrm{p}}[\rho]+\mathrm{i}\int\mathrm{d}\boldsymbol{r}w(\boldsymbol{r})\rho(\boldsymbol{r})\right)\tag{5.6.46}$$

如果粒子间相互作用具有对加和性，E_{p}可表达为

$$E_{\mathrm{p}}=\frac{1}{2}\int\mathrm{d}\boldsymbol{r}\int\mathrm{d}\boldsymbol{r}'\,\rho(\boldsymbol{r})\varepsilon_{\mathrm{p}}\left(\left|\boldsymbol{r}-\boldsymbol{r}'\right|\right)\rho(\boldsymbol{r}')\tag{5.6.47}$$

如果粒子对势能ε_{p}只有实的正定的特征值，存在按下式定义的逆势 $\varepsilon_{\mathrm{p}}^{-1}$，

$$\int\mathrm{d}\boldsymbol{r}''\varepsilon_{\mathrm{p}}\left(\left|\boldsymbol{r}-\boldsymbol{r}''\right|\right)\varepsilon_{\mathrm{p}}^{-1}\left(\left|\boldsymbol{r}''-\boldsymbol{r}'\right|\right)=\delta(\boldsymbol{r}-\boldsymbol{r}')\tag{5.6.48}$$

这时就可以应用上述变换。与式(5.6.43)比较，该式中的 x_m、x_n、A_{mn}和 b_m就是现在式(5.6.46)和式(5.6.47)中的$\rho(\boldsymbol{r})$、$\rho(\boldsymbol{r}')$、$\varepsilon_{\mathrm{p}}\left(\left|\boldsymbol{r}-\boldsymbol{r}'\right|\right)$和 $w(\boldsymbol{r})$，只是积分代替了求和。如将积分号看成是累加号，即$\sum_i a_i\Delta t\Leftrightarrow\int\mathrm{d}t\cdot a(t)$，然后，令$\Delta t\to 0$，式(5.6.45)中指数

前面的系数通常并入积分号中。式(5.6.46)现在可以积分，按式(5.6.45)，积分结果为

$$\begin{aligned}&\int \mathrm{D}[\rho]\exp\Big(-\beta E_{\mathrm{p}}[\rho]+\mathrm{i}\int \mathrm{d}\boldsymbol{r}w(\boldsymbol{r})\rho(\boldsymbol{r})\Big)\\&=\exp-\frac{1}{2}\int \mathrm{d}\boldsymbol{r}\int \mathrm{d}\boldsymbol{r}'w(\boldsymbol{r})\varepsilon_{\mathrm{p}}^{-1}(|\boldsymbol{r}-\boldsymbol{r}'|)w(\boldsymbol{r}')\end{aligned}\tag{5.6.49}$$

代入式(5.6.10)，即得式(5.6.13)和式(5.6.14)，

$$Z=\int \mathrm{D}[w]\exp\big(-\beta H[w(\boldsymbol{r})]\big)$$

$$\beta H[w]=\frac{1}{2}\int \mathrm{d}\boldsymbol{r}\int \mathrm{d}\boldsymbol{r}'w(\boldsymbol{r})\varepsilon_{\mathrm{p}}^{-1}\big(|\boldsymbol{r}-\boldsymbol{r}'|\big)w(\boldsymbol{r}')-N\ln Q[\mathrm{i}w]$$

原来路径积分式(5.6.10)是二重泛函积分，现在简化为一重。前提是势能 $\varepsilon_{\mathrm{p}}\big(|\boldsymbol{r}-\boldsymbol{r}'|\big)$ 具有对加和性，并且有泛函积分意义下的逆。

5.7　概念密度泛函理论

密度泛函理论为研究原子和分子中的电子结构及其相应的能量和性质，以及宏观的非均匀流体的密度分布、相变和介稳结构，提供了坚实的理论基础和计算方法。其中，在量子力学基础上构筑交换相关能的泛函模型和在统计基础上构筑内在自由能的泛函模型，是计算的关键。第 3 章、本章以及后面的第 6、7 两章，有深入的讨论。

20 世纪 70 年代后期到 80 年代早期，发展了一个重要的分支，称为概念密度泛函理论(conceptual DFT)，R. G. Parr 和 W. Yang[29]是先驱。P. Geerlings、F. de Proft 和 W. Langenaeker[30]于 2003 年的评论做了全面的介绍和讨论。这个分支关心的是原子和分子的化学问题，但却是从系综原理建立了电子的化学势。由此与电负性、硬度和软度、局域硬度和局域软度，以及作为反应性标志的福井(K. Fukui)函数相联系，并发展了电负性均等原理、最大硬度原理和软硬酸碱原理。这些概念将密度泛函理论与化学应用结合起来。概念密度泛函的内容可以归于量子化学，但由于它的统计力学基础，所以在本章最后做简要介绍。

1. 电子的化学势

1) 电子的化学势的定义

在 5.2 节中，由巨势泛函 $\Omega[\rho(\boldsymbol{r})]$导得粒子的化学势 μ，即式(5.2.20)

$$\mu\overset{\mathrm{def}}{=}\frac{\delta F[\rho(\boldsymbol{r})]}{\delta\rho(\boldsymbol{r})}=\mu_{\mathrm{intr}}(\boldsymbol{r})+V_{\mathrm{ext}}(\boldsymbol{r})$$

式中，$F[\rho(\boldsymbol{r})]$是自由能泛函，$F[\rho(\boldsymbol{r})]=F_{\mathrm{intr}}[\rho(\boldsymbol{r})]+\int \mathrm{d}\boldsymbol{r}\rho(\boldsymbol{r})V_{\mathrm{ext}}(\boldsymbol{r})$ [式(5.2.15)]；μ_{intr} 是内在化学势，$\mu_{\mathrm{intr}}(\boldsymbol{r})=\delta F_{\mathrm{intr}}[\rho(\boldsymbol{r})]/\delta\rho(\boldsymbol{r})$ [式(5.2.19)]；$F_{\mathrm{intr}}[\rho(\boldsymbol{r})]$是内在自由

能泛函，按式(5.2.14)定义，其中除能量外，还包含 $\mathrm{Tr}f(\boldsymbol{r}^N)\beta^{-1}\ln f(\boldsymbol{r}^N)$，按式(4.3.27) $S=-k\sum_{i,N}P_{i,N}\ln P_{i,N}$，$P_{i,N}$ 相当于 $f(\boldsymbol{r}^N)$，即熵的贡献；$V_{\text{ext}}(\boldsymbol{r})$是外场。

R. G. Parr 和 W. Yang[28]将式(5.2.20)直接应用于原子和分子中的基态电子。这时，温度为零，TS 为零，$F_{\text{intr}}[\rho(\boldsymbol{r})]$中只含内在能量 $E_{\text{intr}}[\rho(\boldsymbol{r})]$，$V_{\text{ext}}(\boldsymbol{r})$即核与电子间的相互作用 $V_{\text{ne}}(\boldsymbol{r})$，$E_{\text{intr}}[\rho(\boldsymbol{r})]$与 $V_{\text{ne}}(\boldsymbol{r})$的贡献之和为 $E[\rho(\boldsymbol{r})]$。自由能泛函 $F[\rho(\boldsymbol{r})]$ 即为原子和分子的能量泛函 $E[\rho(\boldsymbol{r})]$。化学势 μ 相应为

$$\mu=\frac{\delta E[\rho(\boldsymbol{r})]}{\delta\rho(\boldsymbol{r})}=\mu_{\text{intr}}(\boldsymbol{r})+V_{\text{ne}}(\boldsymbol{r}) \tag{5.7.1}$$

在第 3 章，针对基态电子系统，根据霍恩伯格-科恩第二定理，按式(3.2.5)，有

$$E_0=\min_{\rho\to N}E[\rho(\boldsymbol{r})]$$

利用拉格朗日未定乘数法求条件极值，在$\rho\to N$ 的限制下，即在$\int\rho\mathrm{d}\boldsymbol{r}=N$ 的条件下求极值，相应可写出

$$\delta\left(E[\rho(\boldsymbol{r})]-\mu\left(\int\rho(\boldsymbol{r})\mathrm{d}\boldsymbol{r}-N\right)\right)=0 \tag{5.7.2}$$

μ 是一个未定乘子，由此得欧拉-拉格朗日(Euler-Lagrange)式

$$\mu=\frac{\delta E[\rho(\boldsymbol{r})]}{\delta\rho(\boldsymbol{r})}=\frac{\delta E_{\text{intr}}[\rho(\boldsymbol{r})]}{\delta\rho(\boldsymbol{r})}+V_{\text{ne}}(\boldsymbol{r}) \tag{5.7.3}$$

它与式(5.7.1)完全一致。但这一推导得到的 μ 只是一个未定乘子。只有利用统计力学的系综，与式(5.7.1)比较，才知道 μ 是电子的化学势。它是原子和分子中基态电子的逸出能力。

但式(5.2.20)或式(5.7.1)的基础，是平衡时 $\Omega[f_0(\boldsymbol{r}^N)]$应为极小值的原理，它的根据是吉布斯不等式与熵最大原理。这些原理是否能够应用于原子分子或温度为0K，TS=0 的基态电子系统？R. G. Parr 和 W. Yang 的专著[28] 4.1 节对此进行了论证。由于可以推理得出 E 对 N 的凸性(convexity)(凸向原点或下凸)，$\partial^2E/\partial N^2\geqslant 0$，即能量应为极小，与电离势实验的规律一致，因此结论是可以的。当温度为零时，式(5.7.1)可看作是统计力学的系综原理应用于基态电子系统的特例。在 0K 时，统计力学处理的平衡态与量子力学处理的基态是一致的，$\Omega[f_0(\boldsymbol{r}^N)]$为极小值的原理与能量为极小值的原理是不矛盾的。

得到电子的化学势 μ 后，进一步采用式(3.3.7) $F_{\text{intr}}[\rho(\boldsymbol{r})]=T_{\text{ref}}[\rho(\boldsymbol{r})]+J[\rho(\boldsymbol{r})]+E_{\text{xc}}[\rho(\boldsymbol{r})]$，由式可知，只要知道交换相关能泛函 $E_{\text{xc}}[\rho(\boldsymbol{r})]$，我们就可以通过式(5.7.1)计算化学势 μ。3.4 节介绍的许多建立交换相关能模型的方法，都可以使用。

2) 由一个基态到另一个基态的变化

能量的变化 基态电子系统的能量 E 也可表达为电子数 N 和外场 $V_{\text{ext}}(\boldsymbol{r})$的泛

函 $E[N, V_{\text{ext}}(\boldsymbol{r})]$。写出微分式

$$\mathrm{d}E(\delta E)=\left(\frac{\partial E}{\partial N}\right)_{V_{\text{ext}}}\mathrm{d}N+\int\left(\frac{\delta E}{\delta V_{\text{ext}}(\boldsymbol{r})}\right)_N\delta V_{\text{ext}}(\boldsymbol{r})\mathrm{d}\boldsymbol{r}\tag{5.7.4}$$

E 也可表达为 $E[\rho(\boldsymbol{r}), V_{\text{ext}}(\boldsymbol{r})]$，相应有

$$\mathrm{d}E(\delta E)=\int\left(\frac{\delta E}{\delta\rho(\boldsymbol{r})}\right)_{V_{\text{ext}}}\delta\rho(\boldsymbol{r})\mathrm{d}\boldsymbol{r}+\int\left(\frac{\delta E}{\delta V_{\text{ext}}(\boldsymbol{r})}\right)_\rho\delta V_{\text{ext}}(\boldsymbol{r})\mathrm{d}\boldsymbol{r}\tag{5.7.5}$$

对于原子和分子，由于 $F[\rho(\boldsymbol{r})]$即 $E[\rho(\boldsymbol{r})]$，式(5.7.1)给出

$$\left(\frac{\delta E}{\delta\rho(\boldsymbol{r})}\right)_{V_{\text{ext}}}=\mu\tag{5.7.6}$$

另外，当 N 或$\rho(\boldsymbol{r})$一定时，$V_{\text{ext}}(\boldsymbol{r})$的泛函微分与 E 的微分的关系为

$$\delta E=\int\delta V_{\text{ext}}(\boldsymbol{r})\rho(\boldsymbol{r})\mathrm{d}\boldsymbol{r}\tag{5.7.7}$$

可见

$$\left(\frac{\delta E}{\delta V_{\text{ext}}(\boldsymbol{r})}\right)_\rho=\left(\frac{\delta E}{\delta V_{\text{ext}}(\boldsymbol{r})}\right)_N=\rho(\boldsymbol{r})\tag{5.7.8}$$

将式(5.7.6)和式(5.7.8)代入式(5.7.5)，注意 $\int\delta\rho(\boldsymbol{r})\mathrm{d}\boldsymbol{r}=\mathrm{d}N$ ，得

$$\mathrm{d}E(\delta E)=\mu\mathrm{d}N+\int\rho(\boldsymbol{r})\delta V_{\text{ext}}(\boldsymbol{r})\mathrm{d}\boldsymbol{r}\tag{5.7.9}$$

这是原子和分子中的电子从一个基态变为另一个基态时，密度泛函理论的基本公式。由式(5.7.8)还可得出二阶泛函偏导数

$$\frac{\delta^2 E}{\delta V_{\text{ext}}(\boldsymbol{r})\delta V_{\text{ext}}(\boldsymbol{r}')}=\left(\frac{\delta\rho(\boldsymbol{r})}{\delta V_{\text{ext}}(\boldsymbol{r}')}\right)_N=\left(\frac{\delta\rho(\boldsymbol{r}')}{\delta V_{\text{ext}}(\boldsymbol{r})}\right)_N\tag{5.7.10}$$

化学势及其变化　将式(5.7.9)与式(5.7.4)比较，得

$$\mu=\left(\frac{\partial E}{\partial N}\right)_{V_{\text{ext}}}\tag{5.7.11}$$

由式可见，类似于宏观粒子系统，电子化学势 μ 可表示为能量 E 对电子数 N 的偏导数。这里有一个引起争议的问题，即电子数 N 似乎应该是整数。但如果考察更普遍的情况，如分子中的原子，由于原子的部分带电，电子数 N 很自然地在连续改变。

化学势 μ 是 N 和 $V_{\text{ext}}(\boldsymbol{r})$的函数，化学势的变化可相应表达为

$$\mathrm{d}\mu=\left(\frac{\partial\mu}{\partial N}\right)_{V_{\text{ext}}}\mathrm{d}N+\int\left(\frac{\delta\mu}{\delta V_{\text{ext}}(\boldsymbol{r})}\right)_N\delta V_{\text{ext}}(\boldsymbol{r})\mathrm{d}\boldsymbol{r}\tag{5.7.12}$$

引入两个新的变量

$$2\eta=\left(\frac{\partial\mu}{\partial N}\right)_{V_{\text{ext}}}\tag{5.7.13}$$

$$f(\boldsymbol{r})=\left(\frac{\delta\mu}{\delta V_{\text{ext}}(\boldsymbol{r})}\right)_N=\left(\frac{\partial\rho(\boldsymbol{r})}{\partial N}\right)_{V_{\text{ext}}} \tag{5.7.14}$$

式中，η称为**硬度**；$f(\boldsymbol{r})$称为**福井函数**，后面还要讨论。式(5.7.14)第二步是对式(5.7.9)采用麦克斯韦关系式。

内在自由能泛函和巨势泛函的变化　对于原子和分子中的电子，按式(5.2.15)和式(5.2.13)，$F_{\text{intr}}[\rho(\boldsymbol{r})]$和$\Omega[\rho(\boldsymbol{r})]$有

$$\begin{aligned}F_{\text{intr}}[\rho(\boldsymbol{r})]&=F[\rho(\boldsymbol{r})]-\int\mathrm{d}\boldsymbol{r}\,\rho(\boldsymbol{r})V_{\text{ext}}(\boldsymbol{r})\\&=E[\rho(\boldsymbol{r})]-\int\mathrm{d}\boldsymbol{r}\,\rho(\boldsymbol{r})V_{\text{ext}}(\boldsymbol{r})\end{aligned} \tag{5.7.15}$$

$$\Omega[\rho(\boldsymbol{r})]=F[\rho(\boldsymbol{r})]-\mu\int\mathrm{d}\boldsymbol{r}\,\rho(\boldsymbol{r})=E[\rho(\boldsymbol{r})]-\mu N \tag{5.7.16}$$

写出微分式，利用式(5.7.9)，得

$$\begin{aligned}\mathrm{d}F_{\text{intr}}(\delta F_{\text{intr}})&=\mu\mathrm{d}N-\int V_{\text{ext}}(\boldsymbol{r})\delta\rho(\boldsymbol{r})\mathrm{d}\boldsymbol{r}\\&=\int\left(\mu-V_{\text{ext}}(\boldsymbol{r})\right)\delta\rho(\boldsymbol{r})\mathrm{d}\boldsymbol{r}\end{aligned} \tag{5.7.17}$$

$$\mathrm{d}\Omega(\delta\Omega)=-N\mathrm{d}\mu+\int\rho(\boldsymbol{r})\delta V_{\text{ext}}(\boldsymbol{r})\mathrm{d}\boldsymbol{r} \tag{5.7.18}$$

类似于式(5.7.10)，由式(5.7.17)可得

$$\frac{\delta^2F_{\text{intr}}}{\delta\rho(\boldsymbol{r})\delta\rho(\boldsymbol{r}')}=\frac{\delta\left(\mu-V_{\text{ext}}(\boldsymbol{r})\right)}{\delta\rho(\boldsymbol{r}')}=\frac{\delta\left(\mu-V_{\text{ext}}(\boldsymbol{r}')\right)}{\delta\rho(\boldsymbol{r})} \tag{5.7.19}$$

由式(5.7.18)可得

$$\frac{\delta^2\Omega}{\delta V_{\text{ext}}(\boldsymbol{r})\delta V_{\text{ext}}(\boldsymbol{r}')}=\left(\frac{\delta\rho(\boldsymbol{r})}{\delta V_{\text{ext}}(\boldsymbol{r}')}\right)_\mu=\left(\frac{\delta\rho(\boldsymbol{r}')}{\delta V_{\text{ext}}(\boldsymbol{r})}\right)_\mu \tag{5.7.20}$$

利用麦克斯韦关系式，还可得

$$\left(\frac{\delta N}{\delta V_{\text{ext}}(\boldsymbol{r})}\right)_\mu=-\left(\frac{\partial\rho(\boldsymbol{r})}{\partial\mu}\right)_{V_{\text{ext}}} \tag{5.7.21}$$

这些式子都是一些有用的关系式。

3) 电子化学势的物理意义

在热力学中，化学势 μ 的物理意义是粒子逸出的能力，包括参与化学反应的能力。对于原子和分子中的电子，μ 应该是电子云的逸出能力。它在一定条件下，是一个整体性质，在整个原子或分子空间中处处相同，是一个常数。

2. 电负性

1) 电负性与化学势

R. S. Mulliken[31]提出的电负性(electronegativity) χ_{M}，定义为

$$\chi_{\mathrm{M}} = \frac{1}{2}(I + A) \tag{5.7.22}$$

式中，$I=E^{+}-E$，为电离势(ionization potential)；$A=E-E^{-}$，为电子亲和势(electroaffinity)；E^{+}、E^{-}分别为失去和得到一个电子时的能量。电负性在研究结构和反应性质时被广泛应用。设有两个物种 S 和 T，如果 S 从 T 取得一个电子，所需能量为 $I_{\mathrm{T}}-A_{\mathrm{S}}$，反之，T 从 S 取得一个电子，所需能量为 $I_{\mathrm{S}}-A_{\mathrm{T}}$，如果两者相同，得 $I_{\mathrm{S}}+A_{\mathrm{S}}=I_{\mathrm{T}}+A_{\mathrm{T}}$，两个物种具有相同的电负性，$\chi_{\mathrm{M,S}}=\chi_{\mathrm{M,T}}$。

对式(5.7.11)采用 E^{+}、E、E^{-}三点有限差分近似，可得

$$\mu = -\frac{1}{2}(I + A) \tag{5.7.23}$$

比较式(5.7.22)和式(5.7.23)，得

$$\mu = -\chi_{\mathrm{M}} \tag{5.7.24}$$

电子的化学势 μ 是电负性χ_{M}的负值。这就将化学中常用的电负性与密度泛函理论联系起来。

2) 电负性均衡原理

R. T. Sanderson[32, 33]提出电负性均衡原理(electronegativity equalization principle)，它指出：当两个电负性不同的原子化合时，它们在所形成的分子中电负性趋于均衡。这是由于化学键形成时，通过键的极性的调整，每一个原子上有局部电荷的变化，失去电子的电负性增加，得到电子的电负性降低。

现在已导出了化学势，并按式(5.7.24)与电负性相联系，我们可由化学势出发来讨论化学键的形成问题。当化学势分别为 μ_{A}^{0} 和 μ_{B}^{0} 的两个原子化合，设 $\mu_{\mathrm{B}}^{0} > \mu_{\mathrm{A}}^{0}$，按化学势的物理意义，电子应由 B 流向 A。原来两个原子的能量分别是 E_{A}^{0} 和 E_{B}^{0}，电子数分别为 N_{A}^{0} 和 N_{B}^{0}，化合后，能量分别是 E_{A} 和 E_{B}，电子数分别为 N_{A} 和 N_{B}。将 E_{A} 和 E_{B} 分别对 E_{A}^{0} 和 E_{B}^{0} 作泰勒级数展开，利用式(5.7.11)和式(5.7.13)，可写出

$$E_{\mathrm{A}} = E_{\mathrm{A}}^{0} + \mu_{\mathrm{A}}^{0}(N_{\mathrm{A}} - N_{\mathrm{A}}^{0}) + \eta_{\mathrm{A}}^{0}(N_{\mathrm{A}} - N_{\mathrm{A}}^{0})^{2} + \cdots \tag{5.7.25}$$

$$E_{\mathrm{B}} = E_{\mathrm{B}}^{0} + \mu_{\mathrm{B}}^{0}(N_{\mathrm{B}} - N_{\mathrm{B}}^{0}) + \eta_{\mathrm{B}}^{0}(N_{\mathrm{B}} - N_{\mathrm{B}}^{0})^{2} + \cdots \tag{5.7.26}$$

当然这样是过于简化了，实际上，由于化合后，电荷分布不均匀，还有各种库仑相互作用。如果采用简化处理，由以上两式可得

$$E_{\mathrm{A}} + E_{\mathrm{B}} = E_{\mathrm{A}}^{0} + E_{\mathrm{B}}^{0} + (\mu_{\mathrm{A}}^{0} - \mu_{\mathrm{B}}^{0})\Delta N + (\eta_{\mathrm{A}}^{0} + \eta_{\mathrm{B}}^{0})(\Delta N)^{2} + \cdots \tag{5.7.27}$$

$$\Delta N = N_{\mathrm{B}}^{0} - N_{\mathrm{B}} = N_{\mathrm{A}} - N_{\mathrm{A}}^{0} \tag{5.7.28}$$

ΔN 决定了偶极矩。当 $\mu_{\mathrm{B}}^{0} > \mu_{\mathrm{A}}^{0}$，$\Delta N$ 为正，电子由 B 流向 A，将使分子能量更低，更稳定。将 $E_{\mathrm{A}}+E_{\mathrm{B}}$ 对ΔN 进行极小化，结果得

$$\mu_{\mathrm{A}} = \mu_{\mathrm{B}} \tag{5.7.29}$$

$$\mu_{\mathrm{A}} = \mu_{\mathrm{A}}^{0} + 2\eta_{\mathrm{A}}^{0}\Delta N + \cdots \tag{5.7.30}$$

$$\mu_B = \mu_B^0 + 2\eta_B^0 \Delta N + \cdots \tag{5.7.31}$$

作为一级近似，有

$$\Delta N = \frac{\mu_B^0 - \mu_A^0}{2(\eta_A^0 + \eta_B^0)} \tag{5.7.32}$$

对于能量，作为二级近似，有

$$\Delta E = E_A + E_B - E_A^0 - E_B^0 = -\frac{(\mu_B^0 - \mu_A^0)}{4(\eta_A^0 + \eta_B^0)} \tag{5.7.33}$$

由以上推导可见，化学势的引入，自然得到电负性均衡原理，并且还得出一些理论基础较好的计算化学势和能量改变的公式。

上面的公式是一种简化，更精确的要包括带电原子间的库仑引力和斥力，以及点偶极(point dipole)与核间的相互作用。例如，W. J. Mortier 等[34]采用这一方法，计算了较复杂的分子，丙氨酸二肽(alanine dipeptide) $HO_2CCH(CH_3)NHCOCH(CH_3)NH_2$的原子电荷，见表 5-1，表中还列出用自洽场从头计算的结果，两者符合良好。但此方法没有计入键的影响，难以预测键长和力常数。

表 5-1　丙氨酸二肽分子中的原子电荷分布

原子	C-1	C-2	O-3	H-4	H-5	H-6	N-7	C-8	H-9	C-10	N-11
STO-3G	−0.23	−0.30	−0.27	0.09	0.08	0.09	−0.37	0.05	0.19	0.28	−0.36
EEM	−0.29	−0.30	−0.28	0.11	0.11	0.11	−0.38	0.04	0.19	0.25	−0.36
原子	C-12	H-13	C-14	H-15	H-16	H-17	O-18	H-19	H-20	H-21	H-22
STO-3G	−0.10	0.07	−0.20	0.08	0.08	0.08	−0.24	0.17	0.08	0.07	0.08
EEM	−0.11	0.07	−0.23	0.10	0.11	0.10	−0.27	0.17	0.07	0.07	0.08

STO-3G：自洽场计算，STO-3G 为最小基组，参见 2.3 节。

EEM：电负性均衡原理[34]。

杨忠志和王长生[35]做了进一步改进，引入了键的贡献，区分了原子的电荷和键的电荷。作为近似，假设了围绕原子核中心的密度分布和围绕键中心的密度分布，分子的电子密度分布则为所有核的密度分布和键的密度分布的代数和。由此按前述概念密度泛函理论的方法，得到了所有核的化学势以及所有键的化学势，并且得到了电负性均衡原理，要求在形成分子时，所有核和所有键的化学势和电负性彼此相等，因而将这种方法称为**原子-键电负性均衡原理(ABEEM)**。对于几个复杂的分子，$C_{21}O_5H_{40}$，$C_{17}H_{36}$，$C_{24}O_2N_2H_{52}$，用 ABEEM 计算所得电荷在各原子和键上的分布，与用自洽场从头计算(用 STO-3G)结果符合得很好。这个方法很有希望。

3. 硬度和软度

前面式(5.7.13)已定义了硬度，又称**绝对硬度**(absolute hardness)

$$\eta = \frac{1}{2}\left(\frac{\partial \mu}{\partial N}\right)_{V_{\text{ext}}} = \frac{1}{2}\left(\frac{\partial^2 E}{\partial N^2}\right)_{V_{\text{ext}}} \tag{5.7.34}$$

由于 E 对 N 的凸性，$\partial^2 E/\partial N^2 \geqslant 0$，因此

$$\eta \geqslant 0 \tag{5.7.35}$$

硬度总是正值。硬度的倒数即软度(softness)，符号为 S，

$$S = \frac{1}{2\eta} = \left(\frac{\partial N}{\partial \mu}\right)_{V_{\text{ext}}} \tag{5.7.36}$$

类似于式(5.7.23)对μ采用的三点有限差分近似，应用于式(5.7.34)，可得

$$\eta = \frac{1}{2}(I - A) \tag{5.7.37}$$

由此式可见η的物理意义，它是一个电子由一个原子转移至另一个相同原子时能量变化的一半。如果η很小或等于 0，说明电子转移很容易，这个原子可认为是软物种，软度 S 很大。

如果设η等于 0，是很差的近似，许多量子化学近似方法如 PPP、CNDO、MINDO，以及固体物理中的 Hubbard 模型(参见 3.6 节)，不但能得到电负性或化学势，也能给出比较可靠的硬度。

上面的概念还可用来区分硬软酸碱：

软碱(soft base)：授体原子有高的极化率和低的电负性，难以被氧化，具有较低能量的空轨道。

硬碱(hard base)：授体原子有低的极化率和高的电负性，容易被氧化，具有较高能量的空轨道。

软酸(soft acid)：受体原子有低的正电荷，尺寸较大，有容易被激发的外层电子。

硬酸(hard acid)：受体原子有高的正电荷，尺寸较小，没有容易被激发的外层电子。

由此可得**硬软酸碱原理**(principle of hard and soft acids and bases，HSAB)：对于热力学和动力学性质来说，硬酸更喜欢硬碱，软酸更喜欢软碱。

4. 福井函数，反应性指数

前面式(5.7.14)已定义了福井函数(Fukui function)$f(\boldsymbol{r})$

$$f(\boldsymbol{r}) = \left(\frac{\delta \mu}{\delta V_{\text{ext}}(\boldsymbol{r})}\right)_N = \left(\frac{\partial \rho(\boldsymbol{r})}{\partial N}\right)_{V_{\text{ext}}}$$

$$\int f(\boldsymbol{r})\mathrm{d}\boldsymbol{r} = \int \left(\frac{\partial \rho(\boldsymbol{r})}{\partial N} \right)_{V_{\text{ext}}} \mathrm{d}\boldsymbol{r} = 1 \tag{5.7.38}$$

由式可见$f(\boldsymbol{r})$是归一化的。定义式的前半式说明了它的物理意义：$f(\boldsymbol{r})$度量了化学势对外场扰动的灵敏度随着空间位置的变化。定义式的后半式则涉及电子数的变化对密度分布的影响。

在化学中通常将电子壳层近似地分解为内层和价区前沿，前者近似地认为是冻结的，电子数的变化由N变为$N\pm\delta$，仅在价区前沿引起电子密度改变。如果近似用三点有限差分，还可区分：当电子数由N增至$N+\delta$，为$f^+(\boldsymbol{r})$，与最低未占轨道(LUMO)相对应。当电子数由N减至$N-\delta$，为$f^-(\boldsymbol{r})$，与最高占据轨道(HOMO)相对应。两者平均为$f^0(\boldsymbol{r})$。

$$f^+(\boldsymbol{r}) \approx \rho_{\text{LUMO}}(\boldsymbol{r}) \tag{5.7.39}$$

$$f^-(\boldsymbol{r}) \approx \rho_{\text{HOMO}}(\boldsymbol{r}) \tag{5.7.40}$$

$$f^0(\boldsymbol{r}) \approx \frac{1}{2}\left(\rho_{\text{LUMO}}(\boldsymbol{r}) + \rho_{\text{HOMO}}(\boldsymbol{r})\right) \tag{5.7.41}$$

由此可见福井函数$f(\boldsymbol{r})$的物理意义。它是在福井谦一[36, 37]的前沿轨道理论意义上的一种反应性指数(reactivity index)。$f^+(\boldsymbol{r})$度量与亲核试剂的反应性，$f^-(\boldsymbol{r})$度量与亲电子试剂的反应性，$f^0(\boldsymbol{r})$则度量与自由基(不亲核也不亲电子)试剂的反应性。这也就是为什么$f(\boldsymbol{r})$称为福井函数。

5. 局域硬度和局域软度

本节要将硬度和软度的概念与反应性指数联系起来，这就需要定义局域硬度(local hardness)和局域软度(local softness)。

先讨论局域软度，按式(5.7.36) $S = (\partial N/\partial \mu)_{V_{\text{ext}}}$，因而局域软度$s(\boldsymbol{r})$可自然定义为

$$s(\boldsymbol{r}) = \left(\frac{\partial \rho(\boldsymbol{r})}{\partial \mu} \right)_{V_{\text{ext}}(\boldsymbol{r})} \tag{5.7.42}$$

$$S = \left(\frac{\partial N}{\partial \mu} \right)_{V_{\text{ext}}} = \int s(\boldsymbol{r})\mathrm{d}\boldsymbol{r} \tag{5.7.43}$$

由于

$$\left(\frac{\partial \rho(\boldsymbol{r})}{\partial \mu} \right)_{V_{\text{ext}}} = \left(\frac{\partial \rho(\boldsymbol{r})}{\partial N} \right)_{V_{\text{ext}}} \left(\frac{\partial N}{\partial \mu} \right)_{V_{\text{ext}}} \tag{5.7.44}$$

结合式(5.7.14)福井函数$f(\boldsymbol{r})$的定义，$f(\boldsymbol{r}) = (\partial \rho(\boldsymbol{r})/\partial N)_{V_{\text{ext}}}$，可得

$$s(\boldsymbol{r}) = f(\boldsymbol{r})S, \quad f(\boldsymbol{r}) = s(\boldsymbol{r})/S \tag{5.7.45}$$

由式(5.7.45)可见，局域软度$s(\boldsymbol{r})$包含了福井函数$f(\boldsymbol{r})$的信息，还外加了整体软度的信息。

至于局域硬度$\eta(\boldsymbol{r})$，它与局域软度$s(\boldsymbol{r})$的关系为

$$2\int s(\boldsymbol{r})\eta(\boldsymbol{r})\mathrm{d}\boldsymbol{r}=1 \tag{5.7.46}$$

与硬度$\eta(\boldsymbol{r})$的关系则为

$$\eta=\int f(\boldsymbol{r})\eta(\boldsymbol{r})\mathrm{d}\boldsymbol{r} \tag{5.7.47}$$

局域软度$s(\boldsymbol{r})$或福井函数$f(\boldsymbol{r})$是一种空间分布，可用数据表格，也可用轮廓图形象地表示。图 5-3 是 C. Lee、W. Yang、R. G. Parr[38]对 H_2CO 所做的局域软度或福井函数的轮廓图，采用从头计算(Gaussian 82 program)，基组采用 6-311G。图中左面−1.27a.u.处是 O 原子，右面 1.015a.u.处是 C 原子，轮廓线间距 0.05a.u.。由图 5-3(a)可见，C 原子有更为扩展的轮廓线，说明亲核攻击主要在 C 原子处，它接受电子的能力比其他原子强，而且亲核攻击来自 H_2CO 分子平面的顶部，分子平面的轮廓线比与之垂直的平面上的要小得多。对于亲电子攻击，由图 5-3(b)可见，主要发生在 H_2CO 分子平面，指向 O 原子。对于自由基攻击，由图 5-3(c)可见，则发生在 H_2CO 分子平面的顶部，也在 O 原子处。

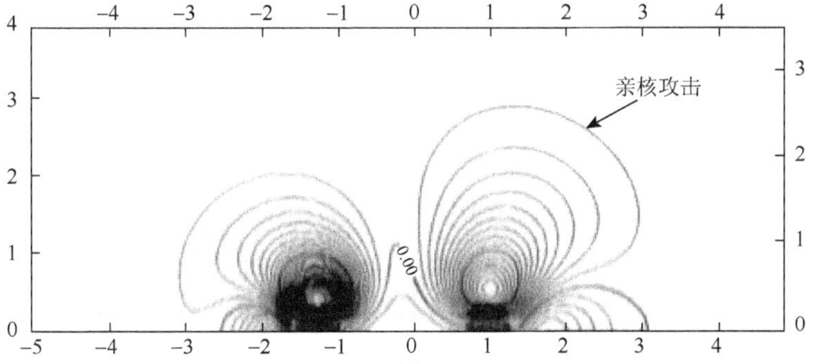

(a)

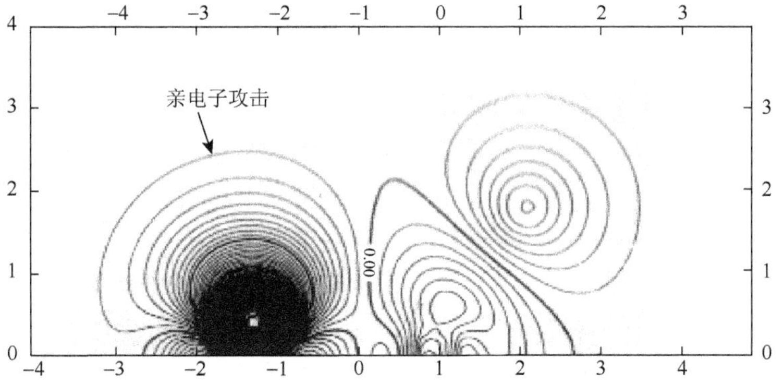

(b)

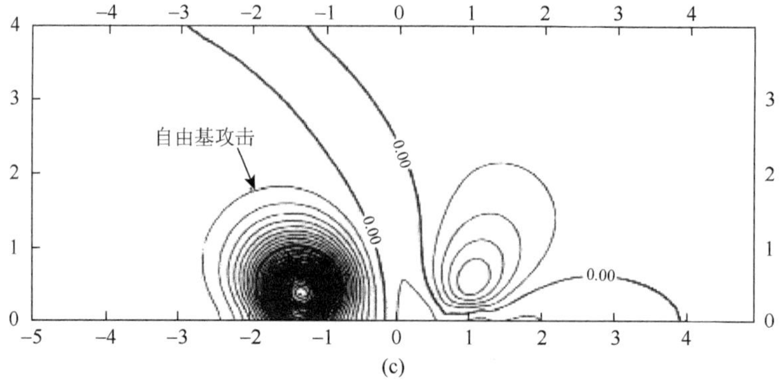

图 5-3　C. Lee、W. Yang、R. G. Parr 等[38]对 H_2CO 所做的福井函数的轮廓图。(a) $f^+(\boldsymbol{r})$在与 H_2CO 分子平面相垂直的平面上的轮廓线；(b) $f^-(\boldsymbol{r})$在 H_2CO 分子平面上的轮廓线；(c) $f^0(\boldsymbol{r})$在与 H_2CO 分子平面相垂直的平面上的轮廓线

以上预测与实验一致，醛类的脱水实验表明，酸催化时，H^+的亲电子攻击发生在 O 原子处，碱催化时，OH^-的亲核攻击发生在 C 原子处。

硬核和软核　前面式(5.2.18)曾定义函数 $u(\boldsymbol{r})$，$u(\boldsymbol{r})=\mu-V_{\text{ext}}(\boldsymbol{r})$，$u(\boldsymbol{r})$等于平衡时的内在化学势 $\mu_{\text{intr}}(\boldsymbol{r})$。在它的基础上，又定义了硬核(hard kernel) $\eta(\boldsymbol{r},\boldsymbol{r}')$和软核(soft kernel) $s(\boldsymbol{r},\boldsymbol{r}')$。前者为

$$2\eta(\boldsymbol{r},\boldsymbol{r}')=\frac{\delta u(\boldsymbol{r})}{\delta\rho(\boldsymbol{r}')}=\frac{\delta u(\boldsymbol{r}')}{\delta\rho(\boldsymbol{r})}=\frac{\delta\mu_{\text{intr}}(\boldsymbol{r})}{\delta\rho(\boldsymbol{r}')}=\frac{\delta\mu_{\text{intr}}(\boldsymbol{r}')}{\delta\rho(\boldsymbol{r})} \tag{5.7.48}$$

硬核表达 $\boldsymbol{r}'$处的密度变化对 $\boldsymbol{r}$ 处内在化学势的影响。后者为

$$s(\boldsymbol{r},\boldsymbol{r}')=\frac{\delta\rho(\boldsymbol{r}')}{\delta u(\boldsymbol{r})}=\frac{\delta\rho(\boldsymbol{r})}{\delta u(\boldsymbol{r}')}=\frac{1}{2\eta(\boldsymbol{r},\boldsymbol{r}')} \tag{5.7.49}$$

软核则是硬核倒数的一半。

统计力学的密度泛函理论是严格的理论，主要用于非均匀的存在密度分布的系统。从两个生成函数(巨势泛函和内在自由能泛函)到定义各种相关函数，然后得到各种热力学函数，已经形成了完整的理论框架。但是它存在和一般统计力学同样的问题，后者主要用于均匀的系统，在处理三维的稠密流体时，它们都难以严格求解。上面介绍的方法，都需要知道内在自由能泛函 $F^{\text{ex}}[\rho(\boldsymbol{r})]$。而由 5.5 节可知，只有一维的硬棒系统，可导出一个严格可解的 $F^{\text{ex}}[\rho(\boldsymbol{r})]$解析式。其他多数情况，必须采用近似的构造模型的方法，这将在第 6 章介绍。

本章的后两节，自洽场方法和概念密度泛函理论，不仅是介绍一些有用的知识，更希望能体会到领域交叉的意义。密度泛函理论和自洽场理论，是两类不同的方法，但结合起来，取长补短，就能发挥更好的作用。概念密度泛函理论则将量子力学和统计力学融合起来。通常认为，量子力学可用来研究原子和分子中的

电子，统计力学则研究一群分子的行为。实际上，分子中的电子也是带有统计性的，波粒二象性必须从统计性来理解。概念密度泛函理论论证了，在 0K 时，统计力学处理的平衡态与量子力学处理的基态是一致的。由此得出电子的化学势，具有明确的物理意义，并与量子化学中的电负性、福井函数、硬度和软度等相联系。进一步考虑到有限温度，平衡态中将包含基态和激发态，电子密度中将有基态密度和激发态密度的共同贡献，统计系综理论与量子力学理论结合更有潜力(可参阅 R. G. Parr 和 W. Yang 的专著[28])。

参 考 文 献

[1] Bogoliubov N N. Problems of dynamical theory in statistical physics. J Phys URSS，1946，10：256

[2] Morita T，Hiroike K. A new approach to the theory of classsical fluids. III. Progr Theor Phys Osaka，1961，25：537

[3] de Dominics C. Variational formulations of equilibrium statistical mechanics. J Math Phys，1962，3：983

[4] Stillinger F H，Buff F P. Equilibrium statistical mechanics of inhomogeneous fluids. J Chem Phys，1962，37：1

[5] Lebowitz J L，Percus J K. Statistical thermodynamics of nonuniform fluids. J Math Phys，1963，4：116

[6] Stell G. Cluster expansions for classical systems in equilibrium，In Frisch H L，Lebowitz J L. The Equilibrium Theory of Classical Fluids. New York：Benjamin，1964

[7] Hohenberg P，Kohn W. Inhomogeneous electron gas. Phys Rev，1964，136：B864

[8] Kohn W，Sham L. Self-consistent equations including exchange and correlation effects. J Phys Rev，1965，140：A1133

[9] Evans R. Density functionals in the theory of nonuniform fluids. In Henderson D. Fundamentals of Inhomogeneous Fluid. New York：Marcel Dehker Inc，1992

[10] Evans R. The nature of the liquid-vapor interface and other topics in the statistical mechanics of non-uniform, classical fluids. Adv Phys，1979，28：143

[11] Mermin N D. Thermal properties of the inhomogeneous electron gas. Phys Rev，1965，137A：1441

[12] Percus J K. Equilibrium state of a classical fluid of hard rods in an external field. J Stat Phys，1976，15：505；Percus J K. One-dimentional classical fluid with nearest neighbor interaction in arbitrary external field. J Stat Phys，1982，28：67

[13] Davis H T. Statistical Mechanics of Phases，Interfaces and Thin Films. New York：VCH Publishers Inc，1996

[14] Vanderlick T K，Davis H T，Percus J K. The statistical mechanics of inhomogeneous hard rod mixtures. J Chem Phys，1989，91：7136

[15] Edwards S F. The statistical mechanics of polymers with excluded volume. Proc Phys Soc (London)，1965，85：613

[16] Helfand E J. Theory of inhomogeneous polymers：Fundamentals of the Saussian random-walk model. J Chem Phys，1975，6：999

[17] Leibler L. Theory of microphase separation in block copolymers. Macromolecules，1980，13：1602

[18] Oono Y. Statistical physics of polymer solutions：Conformation-space renormalization-group approach. Adv Chem Phys. 1985，61：301

[19] Schmid F. Self-consistent-field theories for complex fluids. J Phys Condens Matter，1998，10：8105
[20] Fredrickson G H，Ganesan V，Drolet F. Field-theoretic computer simulation methods for polymers and complex fluids. Macromolecules，2002，35：16
[21] Shi A C，Noolandi J，Desai R C. Theory of anisotropic fluctuations in ordered block copolymer phases. Macromolecules，1996，29：6487
[22] Amit D J. Field Theory，the Renormalization Group and Critical Phenomena. New York：McGraw-Hill，1978
[23] Chaikin P M，Lubensky T C. Principles of Condensed Matter Physics. Cambridge：Cambridge University Press，1995
[24] Fraaije J G E M，van Vlimmeren B A C，Mauritus N M，et al. The dynamic mean-field density functional method and its application to the mesoscopic dynamics of quenched block colpolymer melts. J Chem Phys，1997，106：4260
[25] Freed K F. Interrelation between density functional and self-consistent-field formulations for inhomogeneous polymer systems. J Chem Phys，1995，103：3230
[26] Bryk P，MacDowell L G. Self-consistent field/density functional study of conformational properties of polymers at interfaces：Role of intramolecular interactions. J Chem Phys，2008，129：104901
[27] Yethiraj A. Density functional theory of polymers：A curtin-Ashcroft type weighted density approximation. J Chem Phys，1995，109：3269
[28] Parr R G，Yang W. Density-Functional Theory of Atoms and Molecules. Oxford：Oxford University Press，1989
[29] Parr R G，Yang W. Density-functional theory of the electronic structure of molecules. Annu Rev Phys Chem，1995，46：701
[30] Geerlings P，de Proft F，Langenaeker W. Conceptual density functional theory. Chem Rev，2003，103：1793
[31] Mulliken R S. A new electroaffinity scale：Together with data on valence states and an ionization potential and electron affinities. J Chem Phys，1934，2：782
[32] Sanderson R T. An Interpretation of bond lengths and a classification of bonds. Science，1951，114：670
[33] Sanderson R T. Chemical Bonds and Bond Energy. 2nd ed. New York：Academic Press，1976
[34] Mortier W J，Ghosh S K，Shankar S. Electronegativity equilization method for the calculation of atomic charges in molecules. J Am Chem Soc，1986，108：4315
[35] Yang Z Z，Wang C S. Atom-bond electronegativity equilization method. 1. Calculation of the charge distribution in large molecules. J Phys Chem A，1997，101：6315
[36] Fukui K. Theory of Orientation and Stereoselection. Berlin：Springer-Verlag，1975
[37] Fukui K. Role of Frontier orbitals in chemical reactions. Science，1987，218：747
[38] Lee C，Yang W，Parr R G. Local softness and chemical reactivity in the molecules CO，SCN^- and H_2CO. Theochem，1987，163：305

第 6 章　内在自由能泛函模型

6.1　引　　言

上一章的统计力学的密度泛函理论，从巨势泛函和内在自由能泛函定义各种相关函数，形成了完整的理论框架。但由 5.5 节可知，只有一维的硬棒系统，可导出一个严格可解的 $F^{\text{ex}}[\rho(\boldsymbol{r})]$解析式。其他多数情况，必须采用近似方法。这一点和量子力学的密度泛函理论很类似。在第 3 章 3.3 节介绍科恩-沈方法时曾指出，按式(3.3.7)

$$F_{\text{intr}}[\rho(\boldsymbol{r})]=T_{\text{ref}}[\rho(\boldsymbol{r})]+J[\rho(\boldsymbol{r})]+E_{\text{xc}}[\rho(\boldsymbol{r})]$$

其中库仑积分 $J[\rho(\boldsymbol{r})]$原则上可与哈特里-福克方法一样严格计算，但交换相关泛函 $E_{\text{xc}}[\rho(\boldsymbol{r})]$的形式并不清楚，必须构造各种近似的泛函模型。

与之类似，在统计力学的密度泛函理论中，对内在自由能泛函 $F_{\text{intr}}[\rho(\boldsymbol{r})]$做出合理的简化，构造实用的模型，是最可行的步骤。有了 $F_{\text{intr}}[\rho(\boldsymbol{r})]$，在一定的 T、μ、$V_{\text{ext}}(\boldsymbol{r})$时，可得$\rho(\boldsymbol{r})$和$\Omega$，并可进一步得到各种相关函数。这种方法当然有很大的风险，因为模型不一定完全代表系统的哈密顿量 H，即系统最基本的特征。另外，在处理涨落时也没有场理论那样容易。但从工程应用的观点，构造模型确实很有效。

构筑内在自由能泛函模型，形成了三类近似方法：最简单直观的是局部密度近似，直接采用均匀系统的自由能密度进行积分，多用于密度变化比较平缓的情况，如气液相界面。第二类是从泰勒级数展开出发，近似截断至一定的阶次，它要用到二重或三重直接相关函数，物理意义比较清晰。第三类用得最多，称为加权密度近似，它是受到可以严格求解的一维硬棒系统的启示，必须要对密度进行粗粒化，即进行加权，用于密度变化有衰减起伏的场合，如固液相界面。以后又发展了基本度量理论，直接采用分子度量参数，比较容易推广至混合物。

R. Evans[1, 2]的文章仍是最基本的参考。吴建中[3]最近写了一篇评述，详细介绍了密度泛函理论在化学工程中的应用。

6.2　局部密度近似

局部密度近似(local density approximation，LDA)　它直接采用没有外场时的均匀流体的自由能密度 $f^{\circ}(\rho)$，而将 $F_{\text{intr}}[\rho(\boldsymbol{r})]$表达为

$$F_{\text{intr}}[\rho(\boldsymbol{r})]=\int \mathrm{d}\boldsymbol{r}\, f^{\circ}\big(\rho(\boldsymbol{r})\big) \tag{6.2.1}$$

LDA 适用于密度分布比较平缓的流体-流体相界面。

1. 范德华模型(VDW)

特点　早在 1893 年，范德华在研究气液界面的张力时，采用了式(6.2.1)，还进一步考虑了$\rho(\boldsymbol{r})$的梯度。现在的范德华模型(VDW)，则泛指将分子看作有吸引力的硬球的模型。

按照微扰理论，参见式(4.8.1)、式(4.8.5)和式(4.8.6)，A 即 F_{intr}，

$$E_{\text{p}} = E_{\text{p}}^{(0)} + E_{\text{p}}^{(1)}，\quad F_{\text{intr}} = F_{\text{intr}}^{(0)} + F_{\text{intr}}^{(1)}，\quad F_{\text{intr}}^{(1)} = -kT\ln\langle\exp(-E_{\text{p}}^{(1)}/kT)\rangle_0$$

上标(0)表示参考系统，上标(1)表示微扰项。对于范德华模型，可将硬球流体作为参考系统，$F_{\text{intr}}^{(0)} = F_{\text{intr}}^{\text{hs}}$，$E_{\text{p}}^{(1)}$就是吸引能。进一步按泰勒级数展开，并近似取一次项，参见式(4.8.14)，得

$$F_{\text{intr}}^{(1)} = \langle E_{\text{p}}^{(1)}\rangle_0 = \langle E_{\text{p}}^{(1)}\rangle_{\text{hs}} \tag{6.2.2}$$

$$F_{\text{intr}} = F_{\text{intr}}^{\text{hs}} + \langle E_{\text{p}}^{(1)}\rangle_{\text{hs}} \tag{6.2.3}$$

如果吸引能有对加和性，$\varepsilon_{\text{p}}^{(1)}$为分子对的吸引能，则有

$$\langle E_{\text{p}}^{(1)}\rangle_{\text{hs}} = \frac{1}{2}\sum_{i\neq j}^{N}\langle\varepsilon_{\text{p}}^{(1)}(\boldsymbol{r}_i,\boldsymbol{r}_j)\rangle_{\text{hs}} \tag{6.2.4}$$

$\langle\ \rangle_{\text{hs}}$指按参考系统的硬球流体取平均。

范德华模型的基本特点是，在应用于非均匀流体时，只对参考系统的硬球流体采用 LDA，而将吸引的贡献作为微扰分别处理。

要点　首先，对作为参考系统的硬球流体采用 LDA 的式(6.2.1)，

$$F_{\text{intr}}^{\text{hs}}[\rho(\boldsymbol{r})] = \int \mathrm{d}\boldsymbol{r}\, f^{\text{hs}}(\rho(\boldsymbol{r})) \tag{6.2.5}$$

其次，吸引能采用对加和性的式(6.2.4)。在 4.8 节中，对于均匀流体，利用 4.6 节介绍的二重标明分布函数$P^{(2)}(\boldsymbol{r},\boldsymbol{r}')$，导得了式(4.8.14)，

$$\langle E_{\text{p}}^{(1)}\rangle_0 = \omega_1 = \frac{1}{2}\rho^2 V\int_0^\infty \varepsilon_{\text{p}}^{(1)}(r)g^{(0)}(r)4\pi r^2\mathrm{d}r$$

注意公式形式略有些变化。现在是非均匀流体，相应可得

$$\begin{aligned}\langle E_{\text{p}}^{(1)}\rangle_0 &= \frac{1}{2}\int \rho^{(2)\text{hs}}(\boldsymbol{r},\boldsymbol{r}')\varepsilon_{\text{p}}^{(1)}(\boldsymbol{r},\boldsymbol{r}')\mathrm{d}\boldsymbol{r}\mathrm{d}\boldsymbol{r}' \\ &= \frac{1}{2}\int \rho(\boldsymbol{r})\rho(\boldsymbol{r}')g^{(2)\text{hs}}(\boldsymbol{r},\boldsymbol{r}')\varepsilon_{\text{p}}^{(1)}(\boldsymbol{r},\boldsymbol{r}')\mathrm{d}\boldsymbol{r}\mathrm{d}\boldsymbol{r}'\end{aligned} \tag{6.2.6}$$

$g^{(2)\text{hs}}(\boldsymbol{r},\boldsymbol{r}')$是硬球流体的径向分布函数，乘 1/2 是因为 $\boldsymbol{r},\boldsymbol{r}'$分别积分时重复计算。严格地说，$P^{(2)}(\boldsymbol{r},\boldsymbol{r}')$和$g^{(2)}(\boldsymbol{r},\boldsymbol{r}')$都与密度分布有关，是$\rho(\boldsymbol{r})$的泛函。在范德华模型中，$g^{(2)}(\boldsymbol{r},\boldsymbol{r}')$近似取为 1，则有

$$\langle E_{\text{p}}^{(1)}\rangle_0 = \frac{1}{2}\int \rho(\boldsymbol{r})\rho(\boldsymbol{r}')\varepsilon_{\text{p}}^{(1)}(\boldsymbol{r},\boldsymbol{r}')\mathrm{d}\boldsymbol{r}\mathrm{d}\boldsymbol{r}' \tag{6.2.7}$$

最后，再引入外场 $V_{\text{ext}}(\boldsymbol{r})$。

三项之和，就得到自由能泛函 $F[\rho(\boldsymbol{r})]$：

$$F[\rho(\boldsymbol{r})]=\int \mathrm{d}\boldsymbol{r}\, f^{\mathrm{hs}}\left(\rho(\boldsymbol{r})\right)+\frac{1}{2}\int \rho(\boldsymbol{r})\rho(\boldsymbol{r}')\varepsilon_{\mathrm{p}}^{(1)}(\boldsymbol{r},\boldsymbol{r}')\mathrm{d}\boldsymbol{r}\mathrm{d}\boldsymbol{r}' + \int \mathrm{d}\boldsymbol{r}\rho(\boldsymbol{r})V_{\mathrm{ext}}(\boldsymbol{r}) \tag{6.2.8}$$

自由能密度和自由能泛函　通常还将 LDA 对整个系统的贡献分离出来。为此，定义自由能密度 $f^{\circ}(\rho)$：

$$\begin{aligned}f^{\circ}\left(\rho(\boldsymbol{r})\right)&=f^{\mathrm{hs}}\left(\rho(\boldsymbol{r})\right)+\frac{1}{2}\int \rho(\boldsymbol{r})\rho(\boldsymbol{r}'=\boldsymbol{r})\varepsilon_{\mathrm{p}}^{(1)}(\boldsymbol{r}')\mathrm{d}\boldsymbol{r}'\\&=f^{\mathrm{hs}}\left(\rho(\boldsymbol{r})\right)+\frac{1}{2}\rho(\boldsymbol{r})\rho(\boldsymbol{r})\int \varepsilon_{\mathrm{p}}^{(1)}(\boldsymbol{r}')\mathrm{d}\boldsymbol{r}'\end{aligned} \tag{6.2.9}$$

式(6.2.9)的含义在于，虽然密度 $\rho(\boldsymbol{r})$ 是不均匀的，但吸引能是按照均匀流体来计算，当某一位置 $\boldsymbol{r}$ 的密度是 $\rho(\boldsymbol{r})$ 时，所有其他位置 $\boldsymbol{r}'$ 的密度仍是 $\rho(\boldsymbol{r})$。将式(6.2.9)代入式(6.2.8)，得范德华模型的自由能泛函 $F[\rho(\boldsymbol{r})]$ 表达式

$$\begin{aligned}F[\rho(\boldsymbol{r})]=&\int \mathrm{d}\boldsymbol{r}\, f^{\circ}\left(\rho(\boldsymbol{r})\right)+\int \mathrm{d}\boldsymbol{r}\rho(\boldsymbol{r})V_{\mathrm{ext}}(\boldsymbol{r})\\&-\frac{1}{4}\int\left(\rho(\boldsymbol{r}')-\rho(\boldsymbol{r})\right)\left(\rho(\boldsymbol{r}')-\rho(\boldsymbol{r})\right)\varepsilon_{\mathrm{p}}^{(1)}\left(\left|\boldsymbol{r}'-\boldsymbol{r}\right|\right)\mathrm{d}\boldsymbol{r}\mathrm{d}\boldsymbol{r}'\end{aligned} \tag{6.2.10}$$

式右第一项是 LDA 对整个系统的贡献，第二项是外场的贡献，第三项则是由于吸引能并未使用 LDA 的附加值。

化学势　利用式(5.2.20) $\mu=\delta F[\rho(\boldsymbol{r})]/\delta\rho(\boldsymbol{r})$，由式(6.2.10)可得

$$\mu=\mu^{\circ}\left(\rho(\boldsymbol{r})\right)+V_{\mathrm{ext}}(\boldsymbol{r})+\int\left(\rho(\boldsymbol{r}')-\rho(\boldsymbol{r})\right)\varepsilon_{\mathrm{p}}^{(1)}\left(\left|\boldsymbol{r}'-\boldsymbol{r}\right|\right)\mathrm{d}\boldsymbol{r}' \tag{6.2.11}$$

$$\mu^{\circ}\left(\rho(\boldsymbol{r})\right)=\frac{\partial\int \mathrm{d}\boldsymbol{r}\, f^{\circ}\left(\rho(\boldsymbol{r})\right)}{\partial\rho(\boldsymbol{r})} \tag{6.2.12}$$

μ° 是 LDA 对化学势的贡献。式(6.2.11)是一个积分方程。

多组分系统　对于多组分系统，自由能泛函相应为

$$\begin{aligned}F[\boldsymbol{\rho}(\boldsymbol{r})]=&\int \mathrm{d}\boldsymbol{r}\, f^{\mathrm{hs}}\left(\boldsymbol{\rho}(\boldsymbol{r})\right)+\sum_{i}\int \mathrm{d}\boldsymbol{r}\rho_i(\boldsymbol{r})V_{\mathrm{ext},i}(\boldsymbol{r})\\&+\frac{1}{2}\sum_{i,j}\int \rho_i(\boldsymbol{r})\rho_j(\boldsymbol{r}')\varepsilon_{\mathrm{p},ij}^{(1)}(\left|\boldsymbol{r}'-\boldsymbol{r}\right|)\mathrm{d}\boldsymbol{r}\mathrm{d}\boldsymbol{r}'\\=&\int \mathrm{d}\boldsymbol{r}\, f^{\circ}\left(\boldsymbol{\rho}(\boldsymbol{r})\right)+\sum_{i}\int \mathrm{d}\boldsymbol{r}\rho_i(\boldsymbol{r})V_{\mathrm{ext},i}(\boldsymbol{r})\\&-\frac{1}{4}\sum_{i,j}\int\left(\rho_i(\boldsymbol{r}')-\rho_i(\boldsymbol{r})\right)\left(\rho_j(\boldsymbol{r}')-\rho_j(\boldsymbol{r})\right)\varepsilon_{\mathrm{p},ij}^{(1)}(\left|\boldsymbol{r}'-\boldsymbol{r}\right|)\mathrm{d}\boldsymbol{r}\mathrm{d}\boldsymbol{r}'\end{aligned} \tag{6.2.13}$$

式中乘 1/2 不是由于 $\boldsymbol{r}, \boldsymbol{r}'$ 分别积分，而是因为在 i,j 求和时重复计算，i、j、k、… 为组分，$\boldsymbol{\rho}(\boldsymbol{r})=\{\rho_i(\boldsymbol{r}), \rho_j(\boldsymbol{r}), \rho_k(\boldsymbol{r}), \cdots\}$，$V_{\mathrm{ext},i}$ 是作用于 i 组分的外势。

化学势表达式则为

$$\mu_i = \mu_i^{\circ}\big(\rho(\boldsymbol{r})\big) + V_{\text{ext},i}(\boldsymbol{r}) + \sum_j \int \big(\rho_i(\boldsymbol{r}') - \rho_j(\boldsymbol{r})\big)\varepsilon_{\text{p},ij}^{(1)}\big(|\boldsymbol{r}'-\boldsymbol{r}|\big)\text{d}\boldsymbol{r}' \qquad (6.2.14)$$

2. 修正范德华模型(MVDW)[4]

要点 与 VDW 不同之处在于，在使用式(6.2.6)时，采用硬球流体的径向分布函数 $g^{(2)\text{hs}}(\boldsymbol{r},\boldsymbol{r}')$。但是问题的复杂性在于，它是密度分布的泛函，应写作 $g^{(2)\text{hs}}[\rho(\boldsymbol{r});\boldsymbol{r},\boldsymbol{r}']$，计算变得复杂。在局部密度近似中，写作 $g^{(2)\text{hs}}(\rho(\boldsymbol{r});\boldsymbol{r},\boldsymbol{r}')$，表示是密度为$\rho(\boldsymbol{r})$的均匀流体的径向分布函数。但仔细推敲，还是不落实，因为涉及两个位置，$\rho(\boldsymbol{r})$是那一个位置的密度。MVDW 采用近似的方法计算 $g^{(2)\text{hs}}(\rho(\boldsymbol{r});\boldsymbol{r},\boldsymbol{r}')$：或采用平均密度，$\bar{\rho}=\dfrac{1}{2}\big(\rho(\boldsymbol{r})+\rho(\boldsymbol{r}')\big)$；或采用平均径向分布函数，即将$\rho(\boldsymbol{r})$时和$\rho(\boldsymbol{r}')$的径向分布函数平均。

自由能泛函 VDW 的 $F[\rho(\boldsymbol{r})]$表达式(6.2.10)修正为

$$\begin{aligned}F[\rho(\boldsymbol{r})] &= \int \text{d}\boldsymbol{r}\, f^{\circ}\big(\rho(\boldsymbol{r})\big) + \int \text{d}\boldsymbol{r}\,\rho(\boldsymbol{r})V_{\text{ext}}(\boldsymbol{r}) \\ &\quad - \frac{1}{4}\int \big(\rho(\boldsymbol{r}')-\rho(\boldsymbol{r})\big)\big(\rho(\boldsymbol{r}')-\rho(\boldsymbol{r})\big) g^{(2)\text{hs}}\big(\bar{\rho};|\boldsymbol{r}'-\boldsymbol{r}|\big)\varepsilon_{\text{p}}^{(1)}\big(|\boldsymbol{r}'-\boldsymbol{r}|\big)\text{d}\boldsymbol{r}\text{d}\boldsymbol{r}'\end{aligned} \qquad (6.2.15)$$

化学势 在计算化学势时，由于要对$\rho(\boldsymbol{r})$求泛函导数，要引入 $g^{(2)\text{hs}}$对 $\bar{\rho}$ 的偏导数。相应的 VDW 的化学势表达式(6.2.11)修正为

$$\begin{aligned}\mu &= \mu^{\circ}\big(\rho(\boldsymbol{r})\big) + V_{\text{ext}}(\boldsymbol{r}) + \int \big(\rho(\boldsymbol{r}')-\rho(\boldsymbol{r})\big) g^{(2)\text{hs}}\big(\bar{\rho};|\boldsymbol{r}'-\boldsymbol{r}|\big)\varepsilon_{\text{p}}^{(1)}\big(|\boldsymbol{r}'-\boldsymbol{r}|\big)\text{d}\boldsymbol{r}' \\ &\quad - \frac{1}{4}\int \big(\rho(\boldsymbol{r}')-\rho(\boldsymbol{r})\big)\big(\rho(\boldsymbol{r}')-\rho(\boldsymbol{r})\big)\frac{\partial g^{(2)\text{hs}}\big(\bar{\rho};|\boldsymbol{r}'-\boldsymbol{r}|\big)}{\partial\bar{\rho}}\varepsilon_{\text{p}}^{(1)}\big(|\boldsymbol{r}'-\boldsymbol{r}|\big)\text{d}\boldsymbol{r}'\end{aligned} \qquad (6.2.16)$$

3. 近似密度泛函模型(ADF)[5]

特点 ADF 不再采用硬球模型，而是由第 5 章式(5.4.9)的自由能密度$f(\rho(\boldsymbol{r}),\boldsymbol{r})$积分，得到自由能泛函：

$$\begin{aligned}F[\rho(\boldsymbol{r})] &= \int \text{d}\boldsymbol{r}\,\rho(\boldsymbol{r})\Big(V_{\text{ext}}(\boldsymbol{r}) + \mu^{+}(T) + kT\big(\ln\rho(\boldsymbol{r})-1\big)\Big) \\ &\quad - \frac{1}{2}kT\int\int_0^1 (1-\alpha)\rho(\boldsymbol{r})\rho(\boldsymbol{r}')c^{(2)}(\rho_\alpha;\boldsymbol{r},\boldsymbol{r}')\text{d}\alpha\text{d}\boldsymbol{r}\text{d}\boldsymbol{r}'\end{aligned} \qquad (6.2.17)$$

这是一个严格的公式，问题是不知道二重直接相关函数泛函 $c^{(2)}(\rho(\boldsymbol{r});\boldsymbol{r},\boldsymbol{r}')$的确切形式。ADF 的特点是采用近似的 $c^{(2)}$。

要点 主要是假设 $c^{(2)}$与密度分布无关，有 $c^{(2)}(\boldsymbol{r},\boldsymbol{r}')$或$c^{(2)}(\bar{\rho};\boldsymbol{r},\boldsymbol{r}')$，$\bar{\rho}$ 为平均密度。式(6.2.17)变为

$$\begin{aligned}F[\rho(\boldsymbol{r})] &= \int \text{d}\boldsymbol{r}\,\rho(\boldsymbol{r})\Big(V_{\text{ext}}(\boldsymbol{r}) + \mu^{+}(T) + kT\big(\ln\rho(\boldsymbol{r})-1\big)\Big) \\ &\quad - \frac{1}{2}kT\int \rho(\boldsymbol{r})\rho(\boldsymbol{r}')c^{(2)}\big(|\boldsymbol{r}'-\boldsymbol{r}|\big)\text{d}\boldsymbol{r}\text{d}\boldsymbol{r}'\end{aligned} \qquad (6.2.18)$$

自由能泛函　类似于式(6.2.9)，将 LDA 的贡献分离出来。定义$f^{\circ}(\rho)$为

$$f^{\circ}\big(\rho(\boldsymbol{r})\big)=\rho(\boldsymbol{r})\big(\mu^{+}(T)+kT\big(\ln\rho(\boldsymbol{r})-1\big)\big)-\frac{1}{2}kT\rho(\boldsymbol{r})\rho(\boldsymbol{r})\int c^{(2)}\big(|\boldsymbol{r}'-\boldsymbol{r}|\big)\mathrm{d}\boldsymbol{r}' \tag{6.2.19}$$

将式(6.2.19)代入式(6.2.18)，与式(6.2.10)类似，得

$$F[\rho(\boldsymbol{r})]=\int\mathrm{d}\boldsymbol{r}\,f^{\circ}\big(\rho(\boldsymbol{r})\big)+\int\mathrm{d}\boldsymbol{r}\,\rho(\boldsymbol{r})V_{\mathrm{ext}}(\boldsymbol{r})+\frac{1}{4}kT\int\big(\rho(\boldsymbol{r}')-\rho(\boldsymbol{r})\big)\big(\rho(\boldsymbol{r}')-\rho(\boldsymbol{r})\big)c^{(2)}\big(|\boldsymbol{r}'-\boldsymbol{r}|\big)\mathrm{d}\boldsymbol{r}\mathrm{d}\boldsymbol{r}' \tag{6.2.20}$$

其中，$c^{(2)}(\boldsymbol{r},\boldsymbol{r}')$可采用 PY 近似，按第 4 章式(4.7.16)，得

$$c(r)=g(r)-y(r)=g(r)(1-\mathrm{e}^{\varepsilon_{\mathrm{p}}(r)/kT}) \tag{6.2.21}$$

如取低密度的极限值，$g(r)=\mathrm{e}^{-\varepsilon_{\mathrm{p}}(r)/kT}$，

$$c(r)=\mathrm{e}^{-\varepsilon_{\mathrm{p}}(r)/kT}(1-\mathrm{e}^{\varepsilon_{\mathrm{p}}(r)/kT})=\mathrm{e}^{-\varepsilon_{\mathrm{p}}(r)/kT}-1\approx-\varepsilon_{\mathrm{p}}(r)/kT \tag{6.2.22}$$

得 $c^{(2)}(\boldsymbol{r},\boldsymbol{r}')=-\varepsilon_{\mathrm{p}}(\boldsymbol{r},\boldsymbol{r}')/kT$。

化学势　更广泛地应考虑 $c^{(2)}$与密度(不是密度分布)有关，但可采用平均密度，$\bar{\rho}=\frac{1}{2}\big(\rho(\boldsymbol{r})+\rho(\boldsymbol{r}')\big)$，式(6.2.20)中的$c^{(2)}\big(|\boldsymbol{r}'-\boldsymbol{r}|\big)$改为$c^{(2)}\big(\bar{\rho};|\boldsymbol{r}'-\boldsymbol{r}|\big)$。相应的化学势按$\mu=\delta F[\rho(\boldsymbol{r})]/\delta\rho(\boldsymbol{r})$为

$$\mu=\mu^{\circ}\big(\rho(\boldsymbol{r})\big)+V_{\mathrm{ext}}(\boldsymbol{r})-kT\int\big(\rho(\boldsymbol{r}')-\rho(\boldsymbol{r})\big)c^{(2)}\big(\bar{\rho};|\boldsymbol{r}'-\boldsymbol{r}|\big)\mathrm{d}\boldsymbol{r}'+\frac{1}{4}kT\int\big(\rho(\boldsymbol{r}')-\rho(\boldsymbol{r})\big)\big(\rho(\boldsymbol{r}')-\rho(\boldsymbol{r})\big)\frac{\partial c^{(2)}\big(\bar{\rho};|\boldsymbol{r}'-\boldsymbol{r}|\big)}{\partial\bar{\rho}}\mathrm{d}\boldsymbol{r}' \tag{6.2.23}$$

4. 密度梯度理论

密度梯度理论仍属于范德华模型的范畴。

要点　对于密度变化较为平缓的情况，如离临界点不太远的气液界面，可将密度围绕 $\boldsymbol{r}$ 展开为泰勒级数并在二阶处截断，对于组分 i，

$$\rho_i(\boldsymbol{r}')=\rho_i(\boldsymbol{r})+(\boldsymbol{r}'-\boldsymbol{r})\cdot\nabla\rho_i(\boldsymbol{r})+\frac{1}{2}(\boldsymbol{r}'-\boldsymbol{r})(\boldsymbol{r}'-\boldsymbol{r}):\nabla\nabla\rho_i(\boldsymbol{r})+O\big(\nabla^3\rho_i(\boldsymbol{r})\big) \tag{6.2.24}$$

式中，“·”是矢量的数性积，矢量的直积则得到张量；“:”是张量的数性积；O 表示截断或略去。所以密度梯度理论又称**平方梯度**(square gradient)**近似**。

自由能泛函　将式(6.2.24)代入多组分范德华模型$F[\rho(\boldsymbol{r})]$的式(6.2.13)，并使用式(6.2.6)，即考虑硬球流体的径向分布函数$g^{(2)\mathrm{hs}}(\rho(\boldsymbol{r});\boldsymbol{r})$，得

$$
\begin{aligned}
F[\boldsymbol{\rho}(\boldsymbol{r})] = & \int \mathrm{d}\boldsymbol{r}\, f^{\circ}\big(\boldsymbol{\rho}(\boldsymbol{r})\big) + \sum\nolimits_i \int \mathrm{d}\boldsymbol{r}\, \rho_i(\boldsymbol{r}) V_{\mathrm{ext},i}(\boldsymbol{r}) \\
& -\frac{1}{4}\sum_{i,j}\int \mathrm{d}\boldsymbol{r}'\mathrm{d}\boldsymbol{r}\, g_{ij}^{(2)\mathrm{hs}}\big(\boldsymbol{\rho}(\boldsymbol{r});|\boldsymbol{r}'-\boldsymbol{r}|\big)\varepsilon_{\mathrm{p},ij}^{(1)}\big(|\boldsymbol{r}'-\boldsymbol{r}|\big) \\
& \times\Big\{(\boldsymbol{r}'-\boldsymbol{r})(\boldsymbol{r}'-\boldsymbol{r}) : \nabla\rho_i(\boldsymbol{r})\nabla\rho_j(\boldsymbol{r}) \\
& +\frac{1}{2}(\boldsymbol{r}'-\boldsymbol{r})(\boldsymbol{r}'-\boldsymbol{r})(\boldsymbol{r}'-\boldsymbol{r}) : \big(\nabla\rho_i(\boldsymbol{r})\nabla\nabla\rho_j(\boldsymbol{r}) + \nabla\rho_j(\boldsymbol{r})\nabla\nabla\rho_i(\boldsymbol{r})\big) + O\nabla^4\Big\}
\end{aligned}
\tag{6.2.25}
$$

由于ε_{p}是偶函数，式右末项即∇^4项消失。

进一步简化，采用PY近似。令$\boldsymbol{s}=\boldsymbol{r}'-\boldsymbol{r}$，式右第三项对$\boldsymbol{r}'$的积分为$\int \mathrm{d}\boldsymbol{s}\,\boldsymbol{s}^2 : \nabla\rho_i(\boldsymbol{r})\cdot\nabla\rho_j(\boldsymbol{r}) g_{ij}^{(2)\mathrm{hs}}(\bar{\rho};\boldsymbol{s})\varepsilon_{\mathrm{p},ij}^{(1)}(\boldsymbol{s})$。定义函数$f_{2,ij}$:

$$
\begin{aligned}
f_{2,ij}\big(\boldsymbol{\rho}(\boldsymbol{r})\big) &= -\frac{1}{4}\int \mathrm{d}\boldsymbol{s}\,\boldsymbol{s}^2 g_{ij}^{(2)\mathrm{hs}}(\boldsymbol{\rho}(\boldsymbol{r});\boldsymbol{s})\varepsilon_{\mathrm{p},ij}^{(1)}(\boldsymbol{s}) \\
&= \frac{1}{4}kT\int \mathrm{d}\boldsymbol{s}\,\boldsymbol{s}^2 c_{ij}^{(2)\mathrm{hs}}(\boldsymbol{\rho}(\boldsymbol{r});\boldsymbol{s})
\end{aligned}
\tag{6.2.26}
$$

式中第二步采用PY近似，按式(4.7.16)，有

$$
c(r) = g(r) - y(r) = g(r)\Big(1-\mathrm{e}^{\varepsilon_{\mathrm{p}}(r)/kT}\Big) \approx -g(r)\varepsilon_{\mathrm{p}}(r)/kT \tag{6.2.27}
$$

$c^{(2)\mathrm{hs}}$为硬球的二重直接相关函数。式(6.2.25)可化为

$$
\begin{aligned}
F[\boldsymbol{\rho}(\boldsymbol{r})] = & \int \mathrm{d}\boldsymbol{r}\, f^{\circ}\big(\boldsymbol{\rho}(\boldsymbol{r})\big) + \sum\nolimits_i \int \mathrm{d}\boldsymbol{r} V_{\mathrm{ext},i}(\boldsymbol{r})\rho_i(\boldsymbol{r}) \\
& + \sum\nolimits_{ij}\int \mathrm{d}\boldsymbol{r} f_{2,ij}\big(\boldsymbol{\rho}(\boldsymbol{r})\big)\nabla\rho_i(\boldsymbol{r})\cdot\nabla\rho_j(\boldsymbol{r}) + O\nabla^4
\end{aligned}
\tag{6.2.28}
$$

这一简化的特点是，将 $\boldsymbol{r}$ 和 $\boldsymbol{r}'$的二重积分化为一重积分，在导得化学势时，可将非线性的积分方程变为非线性的微分方程。

化学势 利用式(5.2.18)，$\mu_i = \delta F[\boldsymbol{\rho}(\boldsymbol{r})]/\delta\rho_i(\boldsymbol{r})$，由式(6.2.28)可得

$$
\begin{aligned}
\mu_i = & \mu_i^{\circ}\big(\boldsymbol{\rho}(\boldsymbol{r})\big) + V_{\mathrm{ext},i}(\boldsymbol{r}) - 2\sum\nolimits_j \nabla\cdot\Big(f_{2,ij}\big(\boldsymbol{\rho}(\boldsymbol{r})\big)\nabla\rho_j(\boldsymbol{r})\Big) \\
& + \sum\nolimits_{jk}\frac{\partial f_{2,jk}\big(\boldsymbol{\rho}(\boldsymbol{r})\big)}{\partial\rho_i(\boldsymbol{r})}\nabla\rho_j(\boldsymbol{r})\cdot\nabla\rho_k(\boldsymbol{r})
\end{aligned}
\tag{6.2.29}
$$

式右第三项推导参见例 1-4 或例 1-11。如果$f_{2,ij}$不随密度变化，有

$$
\mu_i = \mu_i^{\circ}\big(\boldsymbol{\rho}(\boldsymbol{r})\big) + V_{\mathrm{ext},i}(\boldsymbol{r}) - 2\sum_j f_{2,ij}\nabla^2\rho_j(\boldsymbol{r}) \tag{6.2.30}
$$

这是一个微分方程，更容易求解。

上述平方梯度近似的密度梯度理论，与朗道(L. D. Landau)理论[6]等价。

5. 对气液界面的应用

设有α和β两相被一面积为A_{s}的水平平面分隔，该平面即取为x方向的零点，

两相在 x 方向分别延伸至$+\infty$和$-\infty$。组分 i 的体相密度分别为$\rho_i(x=+\infty)$和$\rho_i(x=-\infty)$。

1) 使用范德华模型、修正范德华模型和近似密度泛函模型

在任意两个高度 x 和 x'间的分子对 i-j 的有效吸引能 $\varepsilon_{ij}^{\text{eff}}(x,x')$ 为

$$\varepsilon_{ij}^{\text{eff}}(x,x')=\int_0^\infty \varepsilon_{\text{p},ij}^{(1)}\left(\sqrt{(x-x')^2+y^2}\right)g_{ij}^{(2)\text{hs}}\left(\bar{\rho};\sqrt{(x-x')^2+y^2}\right)2\pi y\text{d}y \tag{6.2.31}$$

式中，y 为 i-j 分子对的水平距离。此式适用于 MVDW，对于 VDW，只要令 $g^{(2)\text{hs}}=1$ 即可。对于 ADF，则有

$$\varepsilon_{ij}^{\text{eff}}(x,x')=\int_0^\infty c_{ij}^{(2)}\left(\bar{\rho};\sqrt{(x-x')^2+y^2}\right)2\pi y\text{d}y \tag{6.2.32}$$

自由能泛函 $F[\boldsymbol{\rho}(x)]$相应为

$$\begin{aligned}F[\boldsymbol{\rho}(x)]&=A_{\text{s}}\int\text{d}x\, f^\circ\left(\boldsymbol{\rho}(x)\right)\\&\quad-\frac{1}{4}A_{\text{s}}\sum_{i,j}\int\left(\rho_i(x')-\rho_i(x)\right)\left(\rho_j(x')-\rho_j(x)\right)\varepsilon_{ij}^{\text{eff}}(x,x')\text{d}x\text{d}x'\end{aligned} \tag{6.2.33}$$

化学势为

$$\begin{aligned}\mu_i&=\mu_i^\circ\left(\boldsymbol{\rho}(x)\right)+\sum_j\int_{-\infty}^{+\infty}\left(\rho_j(x')-\rho_j(x)\right)\varepsilon_{ij}^{\text{eff}}(x',x)\text{d}x'\\&\quad-\frac{1}{4}\sum_{j,k}\int_{-\infty}^{+\infty}\left(\rho_j(x')-\rho_j(x)\right)\left(\rho_k(x')-\rho_k(x)\right)\frac{\partial\varepsilon_{ij}^{\text{eff}}(x',x)}{\partial\bar{\rho}}\text{d}x'\end{aligned} \tag{6.2.34}$$

虽然积分由$-\infty$至$+\infty$，但密度仅在接近界面时有显著变化。

2) 使用密度梯度理论

自由能泛函和化学势按式(6.2.28)和式(6.2.29)分别为

$$F[\boldsymbol{\rho}(x)]=A_{\text{s}}\int\text{d}x\left(f^\circ\left(\boldsymbol{\rho}(x)\right)+\sum_{i,j}f_{2,ij}\left(\boldsymbol{\rho}(x)\right)\frac{\text{d}\rho_i(x)}{\text{d}x}\frac{\text{d}\rho_j(x)}{\text{d}x}\right) \tag{6.2.35}$$

$$\mu_i=\mu_i^\circ\left(\boldsymbol{\rho}(x)\right)-2\sum_j\frac{\text{d}}{\text{d}x}\left(f_{2,ij}\frac{\text{d}\rho_j(x)}{\text{d}x}\right)+\sum_{j,k}\frac{\partial f_{2,jk}}{\partial\rho_i(x)}\frac{\text{d}\rho_j(x)}{\text{d}x}\frac{\text{d}\rho_k(x)}{\text{d}x} \tag{6.2.36}$$

为了进一步使计算简化，定义一个函数：

$$\omega\left(\boldsymbol{\rho}(x)\right)=f^\circ\left(\boldsymbol{\rho}(x)\right)-\sum_i\rho_i(x)\mu_i \tag{6.2.37}$$

它对$\rho_I(x)$的偏导数为

$$\frac{\partial\omega\left(\boldsymbol{\rho}(x)\right)}{\partial\rho_i(x)}=\mu_i^\circ\left(\boldsymbol{\rho}(x)\right)-\mu_i \tag{6.2.38}$$

并且有

$$\frac{\text{d}\omega\left(\boldsymbol{\rho}(x)\right)}{\text{d}x}=\sum_i\frac{\text{d}\rho_i(x)}{\text{d}x}\frac{\partial\omega\left(\boldsymbol{\rho}(x)\right)}{\partial\rho_i(x)} \tag{6.2.39}$$

将式(6.2.36)略去$f_{2,ij}$对$\rho_i(x)$的偏导数，乘以$\mathrm{d}\rho_i(x)/\mathrm{d}x$并对$i$求和，得

$$\frac{\mathrm{d}}{\mathrm{d}x}\sum_{i,j}\left(f_{2,ij}\frac{\mathrm{d}\rho_i(x)}{\mathrm{d}x}\frac{\mathrm{d}\rho_j(x)}{\mathrm{d}x}\right)=\frac{\mathrm{d}\omega\left(\boldsymbol{\rho}(x)\right)}{\mathrm{d}x} \tag{6.2.40}$$

积分此式，得

$$\sum_{i,j}\left(f_{2,ij}\frac{\mathrm{d}\rho_i(x)}{\mathrm{d}x}\frac{\mathrm{d}\rho_j(x)}{\mathrm{d}x}\right)=\omega\left(\boldsymbol{\rho}(x)\right)+K \tag{6.2.41}$$

当x=+∞或−∞，$\rho_i(x)$对x的导数为零，

$$K=-\omega\left(\boldsymbol{\rho}(x=+\infty)\right)=-\omega\left(\boldsymbol{\rho}(x=-\infty)\right) \tag{6.2.42}$$

对于体相α和β，分别有

$$\begin{aligned}\omega\left(\boldsymbol{\rho}(x=+\infty)\right)&=f^{\circ}\left(\boldsymbol{\rho}^{(\alpha)}\right)-\sum_i\rho_i^{(\alpha)}\mu_i=(F^{(\alpha)}-G^{(\alpha)})/V=-p^{(\alpha)}\\ \omega\left(\boldsymbol{\rho}(x=-\infty)\right)&=f^{\circ}\left(\boldsymbol{\rho}^{(\beta)}\right)-\sum_i\rho_i^{(\beta)}\mu_i=(F^{(\beta)}-G^{(\beta)})/V=-p^{(\beta)}\end{aligned} \tag{6.2.43}$$

由于$p^{(\alpha)}=p^{(\beta)}=p$，式(6.2.41)变为

$$\sum_{i,j}\left(f_{2,ij}\frac{\mathrm{d}\rho_i(x)}{\mathrm{d}x}\frac{\mathrm{d}\rho_j(x)}{\mathrm{d}x}\right)=f^{\circ}\left(\boldsymbol{\rho}(x)\right)-\sum_i\rho_i(x)\mu_i+p \tag{6.2.44}$$

将式(6.2.44)代入式(6.2.35)，消去f°，注意$A_s\int\mathrm{d}x=V$，$A_s\int\rho_i(x)\,\mathrm{d}x=N_i$，得自由能泛函$F[\rho(x)]$

$$F[\boldsymbol{\rho}(x)]=\sum_i N_i\mu_i-pV+2A_s\int_{-\infty}^{+\infty}\mathrm{d}x\sum_{i,j}f_{2,ij}\left(\boldsymbol{\rho}(x)\right)\frac{\mathrm{d}\rho_i(x)}{\mathrm{d}x}\frac{\mathrm{d}\rho_j(x)}{\mathrm{d}x} \tag{6.2.45}$$

与原来式(6.2.35)相比较，简化后的优点是不出现f°。

密度梯度理论较之上述其他几个模型VDW、MVDW和ADF来说，最重要的优点是，在化学势的表达式中不出现积分。这可以从式(6.2.36)与式(6.2.34)的比较看出。化学势等式是一个非线性的微分方程，而不是非线性的积分方程。但是由式(6.2.26)可见，密度梯度理论式中的$f_{2,ij}(\rho(\boldsymbol{r}))$涉及二重直接相关函数$c^{(2)\text{hs}}(\rho(\boldsymbol{r});\boldsymbol{r},\boldsymbol{r}')$，严格地说，它应该是一个泛函，我们并不知道它的形式，需要进一步引入近似。

密度分布 设组分数为K，有α和β两相，按相律，自由度可计算为K−2+2=K。如不考虑界面，当确定温度T和α相的K−1个体相密度$\rho_i^{(\alpha)}(+\infty)$，$i$=1～$K$−1，求其他变量$p^{(\alpha)}$、$p^{(\beta)}$、α相剩下的$\rho_K^{(\alpha)}(+\infty)$和β相的体相密度$\rho_i^{(\beta)}(-\infty)$，$i$=1～$K$，共$K$+3个未知变量，需列出$K$+2个方程，

$$\begin{aligned}&\mu_i^{(\alpha)}=\mu_i^{(\beta)},\quad i=1\sim K,\qquad p^{(\alpha)}=p^{(\beta)}\\&p^{(\alpha)}=p^{(\alpha)}(\rho_1^{(\alpha)},\cdots,\rho_K^{(\alpha)}),\qquad p^{(\beta)}=p^{(\beta)}(\rho_1^{(\beta)},\cdots,\rho_K^{(\beta)})\end{aligned} \tag{6.2.46}$$

其中第二行是状态方程。有了自由能，它们都能解决。如果考虑界面，从热力学来说，没有根本差别，要得到的应该是α相和β相的密度分布$\rho_i^{(\alpha)}(x)$和$\rho_i^{(\beta)}(x)$，i=1～K。

由于提供了 K 个 $\rho_i^{(\alpha)}(+\infty)$ 和 K 个 $\rho_i^{(\beta)}(-\infty)$，$i$=1～$K$ 作为边界条件，原则上可以求解。这里关键是 K 个化学势等式，可以利用式(6.2.34)或式(6.2.36)。

界面张力　按一般的定义，界面张力 $\sigma=\left(\partial F/\partial A_{\mathrm{s}}\right)_{T,V,N}$，下标 T, V, N 意味着体相性质不变。对于范德华模型、修正范德华模型和近似密度泛函模型，可以将体相的贡献从自由能泛函 $F[\rho(\boldsymbol{r})]$中扣除，构作界面的过量自由能ΔF，再对面积 A_{s} 求导。ΔF 可表达为

$$\begin{aligned}\Delta F[\boldsymbol{\rho}(x)]=&A_{\mathrm{s}}\int_{-\infty}^{+\infty}\mathrm{d}x\Big(f^{\circ}\big(\boldsymbol{\rho}(x)\big)-\big(1-\Theta(x)\big)f^{\circ}\big(\rho(+\infty)\big)-\Theta(x)f^{\circ}\big(\rho(-\infty)\big)\Big)\\&-\frac{1}{4}A_{\mathrm{s}}\sum_{i,j}\int_{-\infty}^{+\infty}\big(\rho_i(x')-\rho_i(x)\big)\big(\rho_j(x')-\rho_j(x)\big)\varepsilon_{ij}^{\mathrm{eff}}(x,x')\mathrm{d}x\mathrm{d}x'\end{aligned}\tag{6.2.47}$$

式中，$\Theta(x)$是一个 Heaviside 阶梯函数，$x>0$，$\Theta(x)$=0，$x<0$，$\Theta(x)$=1。界面张力为 $\sigma=\partial\Delta F/\partial A_{\mathrm{s}}$，以式(6.2.47)代入，得

$$\begin{aligned}\sigma=&\int_{-\infty}^{+\infty}\mathrm{d}x\Big(f^{\circ}\big(\boldsymbol{\rho}(x)\big)-\big(1-\eta(x)\big)f^{\circ}\big(\rho(+\infty)\big)-\eta(x)f^{\circ}\big(\rho(-\infty)\big)\Big)\\&-\frac{1}{4}\sum_{i,j}\int_{-\infty}^{+\infty}\big(\rho_i(x')-\rho_i(x)\big)\big(\rho_j(x')-\rho_j(x)\big)\varepsilon_{ij}^{\mathrm{eff}}(x,x')\mathrm{d}x\mathrm{d}x'\end{aligned}\tag{6.2.48}$$

对于密度梯度理论，可直接使用不出现f°的式(6.2.45)，

$$\sigma=\left(\frac{\partial F}{\partial A_{\mathrm{s}}}\right)_{T,V,N}=2\int_{-\infty}^{+\infty}\mathrm{d}x\sum_{ij}f_{2,ij}\big(\boldsymbol{\rho}(x)\big)\frac{\mathrm{d}\rho_i(x)}{\mathrm{d}x}\frac{\mathrm{d}\rho_j(x)}{\mathrm{d}x}\tag{6.2.49}$$

实例　图 6-1 是 B. F. McCoy 和 H. T. Davis[4]对 LJ 流体气液界面的密度分布的计算，采用 ADF 和 MVDW，两者相当一致。图中还列出界面张力σ即γ的数值，两种方法的偏差约 12%。图 6-2 是 V. Bongiorno、L. E. Scriven 和 H. T. Davis[7]对不同温度下 LJ 流体气液界面的密度分布的计算，采用 MVDW 的积分方程，图中还画出计算机分子模拟的数据，符合得比较满意。kT/ε=1.469 是临界温度，气液差别消失，得水平线段。注意两图坐标中的 σ 不是界面张力，是 LJ 尺寸参数。

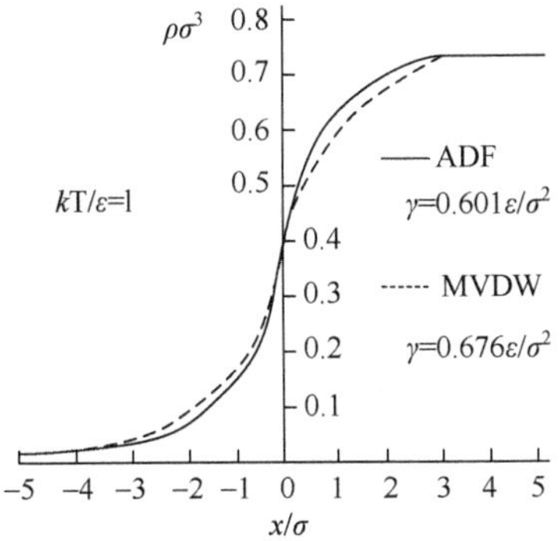

图 6-1　LJ 流体气液界面的密度分布[4]

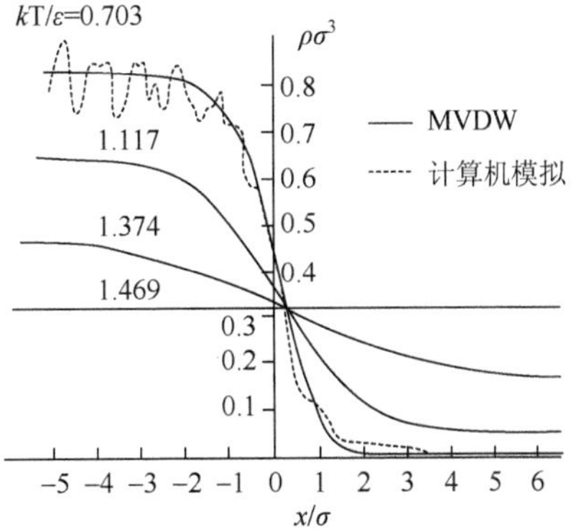

图 6-2　不同温度 LJ 流体气液界面的密度分布[7]

6.3 密度展开

在第 5 章 5.4 节的相关函数与热力学函数中，导出了一些相关函数与内在自由能泛函的严格的关系式，如式(5.4.5)，如果取$\rho_1(\boldsymbol{r})=\rho_0$，或写作$\rho_b$，即体相的均匀流体的密度，$\Delta\rho(\boldsymbol{r})=\rho(\boldsymbol{r})-\rho_0$，有

$$\begin{aligned}F^{\text{ex}}[\rho(\boldsymbol{r})]&=F^{\text{ex}}(\rho_0)-kT\int \mathrm{d}\boldsymbol{r}\Delta\rho(\boldsymbol{r})c^{(1)}(\rho_0,\boldsymbol{r})\\&-kT\int_0^1\mathrm{d}\alpha(1-\alpha)\int\mathrm{d}\boldsymbol{r}_1\int\mathrm{d}\boldsymbol{r}_2\Delta\rho(\boldsymbol{r}_1)\Delta\rho(\boldsymbol{r}_2)c^{(2)}(\rho_\alpha;\boldsymbol{r}_1,\boldsymbol{r}_2)\end{aligned}\tag{6.3.1}$$

代入式(5.3.9) $F^{\text{ex}}[\rho]=\Omega[\rho(\boldsymbol{r})]+\mu\int\mathrm{d}\boldsymbol{r}\rho(\boldsymbol{r})-F^{\text{ig}}[\rho(\boldsymbol{r})]-\int\mathrm{d}\boldsymbol{r}\rho(\boldsymbol{r})V_{\text{ext}}(\boldsymbol{r})$，并应用式(5.3.10) $F^{\text{ig}}[\rho(\boldsymbol{r})]=\int\rho(\boldsymbol{r})\left(\mu^{\ominus}+kT\ln(\rho(\boldsymbol{r})kT/p^{\ominus})-kT\right)\mathrm{d}\boldsymbol{r}$，以及式(5.3.14) $c^{(1)}(\rho_0;\boldsymbol{r})=-\mu^{\text{ex}}(\rho_0)/kT=-(\mu-\mu^{\text{ig}}(\rho_0))/kT$，在化学势$\mu$一定的条件下，可得

$$\begin{aligned}\Omega[\rho(\boldsymbol{r})]&=\Omega(\rho_0)+\int\mathrm{d}\boldsymbol{r}\rho(\boldsymbol{r})V_{\text{ext}}(\boldsymbol{r})+kT\int\mathrm{d}\boldsymbol{r}\left(\rho(\boldsymbol{r})\ln\frac{\rho(\boldsymbol{r})}{\rho_0}-\Delta\rho(\boldsymbol{r})\right)\\&-kT\int_0^1\mathrm{d}\alpha(1-\alpha)\int\mathrm{d}\boldsymbol{r}_1\int\mathrm{d}\boldsymbol{r}_2\Delta\rho(\boldsymbol{r}_1)\Delta\rho(\boldsymbol{r}_2)c^{(2)}(\rho_\alpha;\boldsymbol{r}_1,\boldsymbol{r}_2)\end{aligned}\tag{6.3.2}$$

这仍然是一个严格的关系式。但在应用时需要引入近似。

1. 超网链近似和 Percus-Yevick 近似

1) 超网链(hypernetted chain，HNC)近似

近似假设　HNC 近似假设 $c^{(2)}(\rho_\alpha;\boldsymbol{r}_1,\boldsymbol{r}_2)$对偶合参数$\alpha$的依赖可以忽略，并且简单地认为它等于均匀流体的 $c^{(2)}(\rho_0;\boldsymbol{r}_1,\boldsymbol{r}_2)$。式(6.3.2)变为

$$\begin{aligned}\Omega[\rho(\boldsymbol{r})]&=\Omega(\rho_0)+\int\mathrm{d}\boldsymbol{r}\rho(\boldsymbol{r})V_{\text{ext}}(\boldsymbol{r})+kT\int\mathrm{d}\boldsymbol{r}\left(\rho(\boldsymbol{r})\ln\frac{\rho(\boldsymbol{r})}{\rho_0}-\Delta\rho(\boldsymbol{r})\right)\\&-\frac{1}{2}kT\int\mathrm{d}\boldsymbol{r}_1\int\mathrm{d}\boldsymbol{r}_2\Delta\rho(\boldsymbol{r}_1)\Delta\rho(\boldsymbol{r}_2)c_0^{(2)}(\rho_0;\boldsymbol{r}_1,\boldsymbol{r}_2)\end{aligned}\tag{6.3.3}$$

密度分布　当达到平衡，通过式(5.2.16) $\delta\Omega[\rho(\boldsymbol{r})]/\delta\rho(\boldsymbol{r})=0$，可得

$$\rho(\boldsymbol{r}_1)=\rho_0\exp\left(-\beta V_{\text{ext}}(\boldsymbol{r}_1)+\int\mathrm{d}\boldsymbol{r}_2c_0^{(2)}(\rho_0;\boldsymbol{r}_1,\boldsymbol{r}_2)(\rho(\boldsymbol{r}_2)-\rho_0)\right)\tag{6.3.4}$$

式中，$\beta=1/kT$。与第 5 章的已知外场 $V_{\text{ext}}(\boldsymbol{r})$求密度分布 $\rho(\boldsymbol{r})$的式(5.3.17)比较，$\rho(\boldsymbol{r})=\rho_0\exp\left(-\beta V_{\text{ext}}(\boldsymbol{r})+c^{(1)}(\rho(\boldsymbol{r});\boldsymbol{r})-c_0^{(1)}(\rho_0)\right)$，可见，原来是要输入 $c^{(1)}(\rho(\boldsymbol{r}),\boldsymbol{r})$，HNC 近似则仅需均匀流体的 $c^{(2)}(\rho_0;\boldsymbol{r}_1,\boldsymbol{r}_2)$。

与均匀流体的 HNC 比较　第 4 章 4.7 节已介绍均匀流体 HNC 近似的假设，即式(4.7.18)，$c(r)=g(r)-1-\ln y(r)$，$y(r)$按式(4.7.15)为 $y(r)=\exp\left(\varepsilon_{\text{p}}(r)/kT\right)g(r)$。式(6.3.3)与它们有什么关系？

对于均匀流体，如果考察一个分子的近邻，分子的分布仍是不均匀的。这时，分子间相互作用的位能$\varepsilon_p(\boldsymbol{r})$，就是作用在该位置 $\boldsymbol{r}$ 上的外场 $V_{ext}(\boldsymbol{r})$。式(5.3.17)可写为

$$\rho(\boldsymbol{r}) = \rho_0 \exp\left(-\beta\varepsilon_p(\boldsymbol{r}) + c^{(1)}(\rho(\boldsymbol{r});\boldsymbol{r}) - c_0^{(1)}(\rho_0)\right) \tag{6.3.5}$$

或

$$g(\boldsymbol{r}) = \rho(\boldsymbol{r})/\rho_0 = \exp\left(-\beta\varepsilon_p(\boldsymbol{r}) + c^{(1)}(\rho(\boldsymbol{r});\boldsymbol{r}) - c_0^{(1)}(\rho_0)\right) \tag{6.3.6}$$

以式(5.4.3) $c^{(1)}(\rho,\boldsymbol{r}_1) = c^{(1)}(\rho_0) + \int_0^1 \mathrm{d}\alpha \int \mathrm{d}\boldsymbol{r}_2 \Delta\rho(\boldsymbol{r}_2) c_0^{(2)}(\rho_\alpha;\boldsymbol{r}_1,\boldsymbol{r}_2)$ 代入，式中 $c^{(1)}(\rho_\alpha,\boldsymbol{r}_i)$ 中 ρ_α 改为 ρ，是假设对偶合参数 α 的依赖可略，并取 $\rho_i(\boldsymbol{r}) = \rho_0$，得

$$\ln g(\boldsymbol{r}_1) = -\beta\varepsilon_p(\boldsymbol{r}_1) + \int_0^1 \mathrm{d}\alpha \int \mathrm{d}\boldsymbol{r}_2 \rho_0 h(\boldsymbol{r}_2) c_0^{(2)}(\rho_\alpha;\boldsymbol{r}_1,\boldsymbol{r}_2) \tag{6.3.7}$$

式中总相关函数 $h(\boldsymbol{r})=g(\boldsymbol{r})-1=\rho(\boldsymbol{r})/\rho_0-1$，$g(\boldsymbol{r})$是径向分布函数。

上面已提到，HNC 近似用 $c_0{}^{(2)}(\rho_0; \boldsymbol{r}_1, \boldsymbol{r}_2)$取代 $c^{(2)}(\rho_\alpha; \boldsymbol{r}_1, \boldsymbol{r}_2)$，式(6.3.7)变为

$$\ln g(\boldsymbol{r}_1) = -\beta\varepsilon_p(\boldsymbol{r}_1) + \int \mathrm{d}\boldsymbol{r}_2 \rho_0 h(\boldsymbol{r}_2) c_0^{(2)}(\rho_0;\boldsymbol{r}_1,\boldsymbol{r}_2) \tag{6.3.8}$$

利用均匀流体的 OZ 方程［式(4.7.11)］，得

$$h(\boldsymbol{r}_1) = c^{(2)}(\boldsymbol{r}_1) + \rho_0 \int c^{(2)}(\rho_0;\boldsymbol{r}_2) h(\boldsymbol{r}_2) \mathrm{d}\boldsymbol{r}_2 \tag{6.3.9}$$

联合式(6.3.8)和式(6.3.9)可得

$$g(\boldsymbol{r}) = \exp\left(-\beta\varepsilon_p(\boldsymbol{r}) + h(\boldsymbol{r}) - c_0^{(2)}(\rho_0;\boldsymbol{r})\right) \tag{6.3.10}$$

它正是式(4.7.18) $c(r) = g(r) - 1 - \ln y(r)$，其中 $y(r) = \exp\left(\varepsilon_p(r)/kT\right) g(r)$。

以上比较说明，将非均匀流体的 HNC 近似假设用于均匀流体，就得到均匀流体的 HNC 近似假设，两者是一致的。

与泰勒级数展开的关系　现在换一个思路，从$\rho(\boldsymbol{r})$的泰勒级数展开的式(5.4.22)出发，

$$\begin{aligned}\ln\rho(\boldsymbol{r}_1) = {} & \ln\rho_0 - \beta V_{ext}(\boldsymbol{r}_1) + \int c_0^{(2)}(\rho_0;\boldsymbol{r}_1,\boldsymbol{r}_2)(\rho(\boldsymbol{r}_2) - \rho_0)\mathrm{d}\boldsymbol{r}_2 \\ & + \frac{1}{2!}\iint c_0^{(3)}(\rho_0;\boldsymbol{r}_1,\boldsymbol{r}_2,\boldsymbol{r}_3)(\rho(\boldsymbol{r}_2) - \rho_0)(\rho(\boldsymbol{r}_3) - \rho_0)\mathrm{d}\boldsymbol{r}_2\mathrm{d}\boldsymbol{r}_3 + \cdots\end{aligned} \tag{6.3.11}$$

可见，如果近似地略去 $c_0^{(3)}(\rho_0)$ 以上的高重直接相关函数，同样得到式(6.3.4)。HNC 近似等价于在泰勒级数展开中，略去三阶以上的各项。

2) Percus-Yevick 近似

将式(6.3.4)中与 $c_0^{(2)}(\rho_0)$ 有关的指数项展开并取线性部分

$$\rho(\boldsymbol{r}_1) = \rho_0 \exp\left(-\beta V_{ext}(\boldsymbol{r}_1)\right)\left(1 + \int \mathrm{d}\boldsymbol{r}_2 c_0^{(2)}(\rho_0;\boldsymbol{r}_1,\boldsymbol{r}_2)\left(\rho(\boldsymbol{r}_2) - \rho_0\right)\right) \tag{6.3.12}$$

这就是非均匀流体的 PY 近似的密度分布式。可以证明，它与均匀流体的 PY 近似假设，式(4.7.16) $c(r) = g(r) - y(r)$，也是一致的。

密度展开的 HNC 近似和 PY 近似比 6.2 节的 LDA 有所改进，能够重现硬球

流体在硬壁表面附近的密度振荡衰减现象，但不能满足壁面的密度ρ_w应遵守的求和规则(sum rule)[8]，$\beta p=\rho_w$。当流体具有吸引成分时，更显示有较大不足。它不能描述在壁面上的润湿成膜或膜的干燥和蒸发，不能描述相变现象。原因在于HNC 的式(6.3.4)和 PY 的式(6.3.12)都是展开到二次项，在没有外场时，不会出现两个极小，而两个极值是两相共存必需的。

2. 引入三重直接相关函数

前已述及，HNC 近似和 PY 近似相当于略去 $c^{(3)}(\rho_0)$以上的高重直接相关函数。G. Rickayzen 和 A. Augousti[9]采用了一个简单的方案来计及 $c^{(3)}(\rho_0)$的贡献，他们引入了一个参数，使加和规则$\beta p=\rho_w$ 得以满足。对于硬球流体在硬壁面上的分布，确实有所改善。以后又推广至 LJ 流体[10]和二元混合物[11]。应该指出，G. Rickayzen 等的方法实质上考虑了 $c^{(3)}(\rho_0)$，却只需输入 $c^{(2)}(\rho_0)$。图 6-3 是 LJ-10-4-3 流体在两个相距为 L 的平行壁面间的密度分布，它模拟了乙烯在石墨缝隙中的行为，与 MC 数据比较显示，得到很好的效果(LJ-10-4-3 指排斥项为 r^{-10}，两个吸引项分别为 r^{-4} 和 r^{-3})。

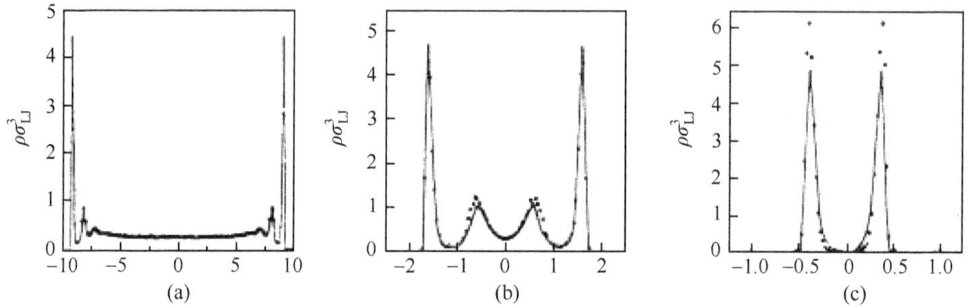

图 6-3 LJ-10-4-3 流体在两个平行壁面间的密度分布，模拟乙烯在石墨缝隙中的行为。(a) $L=20\sigma_{LJ}$，(b) $L=5\sigma_{LJ}$，(c) $L=2.5\sigma_{LJ}$。$kT/\varepsilon=1.35$，$\mu=-3\varepsilon$，$\rho\sigma^3=0.28$。温度已超过临界点。点为巨正则 MC 数据[10]

3. 桥函数

HNC 近似的式(6.3.10) $g(\boldsymbol{r})=\exp\left(-\beta\varepsilon_p(\boldsymbol{r})+h(\boldsymbol{r})-c^{(2)}(\rho_0;\boldsymbol{r})\right)$中，由于没有计入三重以上的直接相关函数，其失去的部分形式上可用桥函数(bridge function)[12]来表示，符号为 $B(\boldsymbol{r})$。式(6.3.10)变为

$$g(\boldsymbol{r})=\exp\left(-\beta\varepsilon_p(\boldsymbol{r})+h(\boldsymbol{r})-c_0^{(2)}(\rho_0;\boldsymbol{r})+B(\boldsymbol{r})\right) \tag{6.3.13}$$

与式(6.3.6) $g(\boldsymbol{r})=\exp\left(-\beta\varepsilon_p(\boldsymbol{r})+c^{(1)}(\rho(\boldsymbol{r});\boldsymbol{r})-c_0^{(1)}(\rho_0)\right)$相比较，得

$$B(\boldsymbol{r})=c^{(1)}(\rho(\boldsymbol{r});\boldsymbol{r})-c_0^{(1)}(\rho_0)-h(\boldsymbol{r})+c_0^{(2)}(\rho_0;\boldsymbol{r}) \tag{6.3.14}$$

式(6.3.4)相应变为

$$\rho(\boldsymbol{r})=\rho_0\exp\left(-\beta V_{\text{ext}}(\boldsymbol{r})+\int \mathrm{d}\boldsymbol{r}' c_0^{(2)}(\rho_0;\boldsymbol{r},\boldsymbol{r}')\left(\rho(\boldsymbol{r}')-\rho_0\right)+B(\boldsymbol{r})\right) \tag{6.3.15}$$

如果有正确的桥函数，此式可以是严格的表达式。

由 $c^{(1)}$ 的泰勒级数展开的式(5.4.21)，可以写出

$$\begin{aligned}c^{(1)}\left(\rho(\boldsymbol{r});\boldsymbol{r}_1\right)&=c_0^{(1)}(\rho_0)+\rho_0\int h(\boldsymbol{r}_2)c_0^{(2)}(\rho_0;\boldsymbol{r}_1,\boldsymbol{r}_2)\mathrm{d}\boldsymbol{r}_2\\&+\sum_{n=2}^{\infty}\frac{\rho_0^n}{n!}\int \mathrm{d}\boldsymbol{r}_2\cdots\int \mathrm{d}\boldsymbol{r}_{n+1}h(\boldsymbol{r}_2)\cdots h(\boldsymbol{r}_{n+1})c_0^{(n+1)}(\rho_0;\boldsymbol{r}_1,\cdots,\boldsymbol{r}_{n+1})\end{aligned} \tag{6.3.16}$$

式中，$h(\boldsymbol{r})$是总相关函数，按第 4 章的式(4.7.8)，$h(\boldsymbol{r})=g(\boldsymbol{r})-1=(\rho(\boldsymbol{r})-\rho_0)/\rho_0$。代入式(6.3.14)，可得严格的桥函数的展开式[13]

$$B(\boldsymbol{r}_1)=\sum_{n=2}^{\infty}\frac{\rho_0^n}{n!}\int \mathrm{d}\boldsymbol{r}_2\cdots\int \mathrm{d}\boldsymbol{r}_{n+1}h(\boldsymbol{r}_2)\cdots h(\boldsymbol{r}_{n+1})c_0^{(n+1)}(\rho_0;\boldsymbol{r}_1,\cdots,\boldsymbol{r}_{n+1}) \tag{6.3.17}$$

由式(6.3.17)可见，桥函数包含了所有的三重以上的直接相关函数的信息。

近似处理　对桥函数可做出各种近似假设。常将某种已知桥函数的严格或近似形式的流体作为参考流体，$B(\boldsymbol{r})$就采用该流体的桥函数。

周世琦和 E. Ruckenstein[14]采用了 J. K. Percus 和 G. J. Yevick[15]的以及 L. Verlet[16]的硬球流体的近似桥函数

$$B_{\text{PY}}(\boldsymbol{r})=\ln\left(1+\gamma(\boldsymbol{r})\right)-\gamma(\boldsymbol{r}) \tag{6.3.18}$$

$$B_{\text{VT}}(\boldsymbol{r})=-\gamma(\boldsymbol{r})^2/2\left(1+0.8\gamma(\boldsymbol{r})\right) \tag{6.3.19}$$

$$\gamma(\boldsymbol{r})=\int\left(\rho(\boldsymbol{r}')-\rho_0\right)c_0^{(2)}(\rho_0;\boldsymbol{r},\boldsymbol{r}')\mathrm{d}\boldsymbol{r}' \tag{6.3.20}$$

代入式(6.3.15)，可进行密度分布的计算。所需作为输入的硬球的 $c_0^{(2)}$，可采用 PY 近似的式(4.7.20)。图 6-4 是对硬壁附近硬球流体的密度分布的计算，采用 Verlet 的式(6.3.19)。插图为一些 WDA 的计算(WDA 的介绍见 6.4 节)。与模拟结果比较非常满意。图 6-5 是对 LJ-9-3 壁附近硬球流体的密度分布的计算，也是采用 Verlet 的式(6.3.19)。插图也是一些 WDA 的计算。与模拟结果比较也非常满意。

N. Choudhury 和 S. K. Ghosh[17]沿用了周世琦和 E. Ruckenstein 的方法，推广至硬球混合物和 LJ 流体混合物。对于二元系，式(6.3.15)可写为

$$\begin{aligned}\rho_i(\boldsymbol{r})/\rho_{0,i}&=\exp\left(-\beta V_{\text{ext},i}(\boldsymbol{r})\right)\\&\times\exp\left(\sum_{j=1}^{2}\int \mathrm{d}\boldsymbol{r}' c_{0,ij}^{(2)}(\rho_{0i},\rho_{0j};\boldsymbol{r},\boldsymbol{r}')\left(\rho_j(\boldsymbol{r}')-\rho_{0,j}\right)+B_i(\boldsymbol{r})\right)\end{aligned} \tag{6.3.21}$$

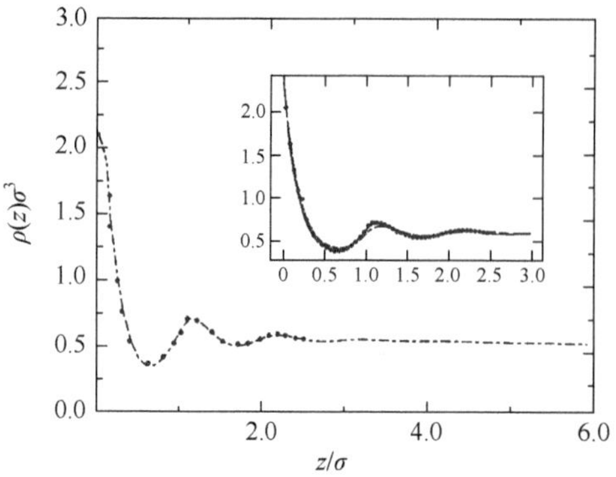

图 6-4　硬壁附近硬球流体的密度分布。$\rho\sigma^3$=0.575，点为模拟数据，点虚线：使用 B_{VT}。插图为 Kroll、Laird 和 Meister、Kroll 的计算[14]

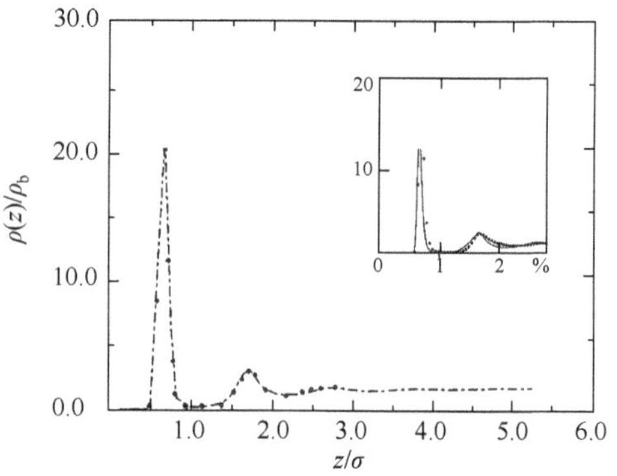

图 6-5　LJ-9-3 壁附近硬球流体的密度分布。$\eta=\pi\rho\sigma^3/6=0.32$，$\varepsilon/k$=2876K，$z_0=0.562\sigma$，$T$=100K。点为模拟数据，点虚线：使用 B_{VT}。插图为 Kierlik、Rosinberg 的计算[14]

$B(\boldsymbol{r})$中的$\gamma(\boldsymbol{r})$的表达式(6.3.20)相应变为

$$\gamma_i(\boldsymbol{r})=\sum_{j=1}^{2}\int\left(\rho_j(\boldsymbol{r}')-\rho_0\right)c_{0,ij}^{(2)}(\rho_{01},\rho_{02};\boldsymbol{r},\boldsymbol{r}')\mathrm{d}\boldsymbol{r}' \tag{6.3.22}$$

对于 LJ(12-6)流体，按式(4.2.26)，位能函数为

$$\varepsilon_{\mathrm{p},ij}=4\varepsilon_{ij}\left(\left(\sigma_{ij}/r_{ij}\right)^{12}-\left(\sigma_{ij}/r_{ij}\right)^{6}\right)$$

LJ 流体的近似桥函数 $B(\boldsymbol{r})$，则采用 D.M. Due 和 D. Henderson[18]推荐的公式。所需作为输入的 LJ 流体的 $c_0^{(2)}$，可通过 OZ 方程［式(4.7.11)］，得

$$h_{ij}(r_{12})=c_{ij}^{(2)}(r_{12})+\sum_{k=1}^{2}\rho_{0,k}\int c_{ik}^{(2)}(r_{13})h_{kj}(r_{23})\mathrm{d}\boldsymbol{r}_3 \tag{6.3.23}$$

并以式(6.3.13)进行封闭，得

$$h_{ij}(r_{12})+1=\exp\left(-\beta\varepsilon_{\mathrm{p},ij}(r_{12})+h_{ij}(r_{12})-c_{0,ij}^{(2)}(\rho_{0i},\rho_{0j};r_{12})+B_{ij}(r_{12})\right) \tag{6.3.24}$$

然后进行数值求解。

图 6-6 是对硬壁附近二元硬球混合物的密度分布的计算，图 6-7 是对石墨狭缝中 Ar(1)-Kr(2)混合物密度分布的计算，采用 LJ-9-3 位能函数，桥函数均采用 Verlet 的式(6.3.19)。由图可见，计算与模拟数据的比较十分满意。

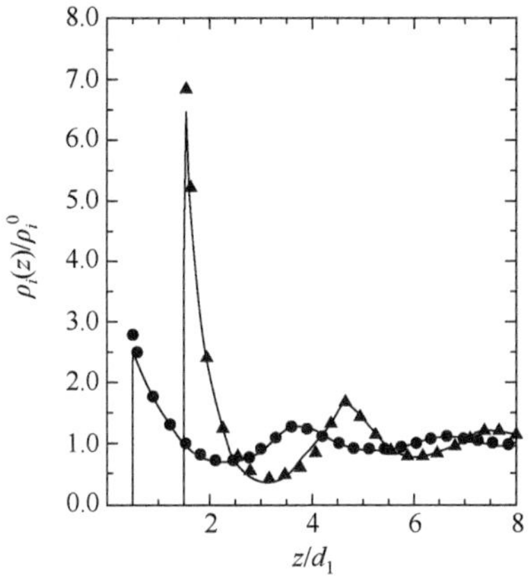

图 6-6　硬壁附近二元硬球混合物的密度分布。η=0.39，d_1/d_2=1/3，d 即σ，x_2=0.75，圆点和三角分别为 1 与 2 的模拟数据，线为计算值。使用 B_{VT}[17]

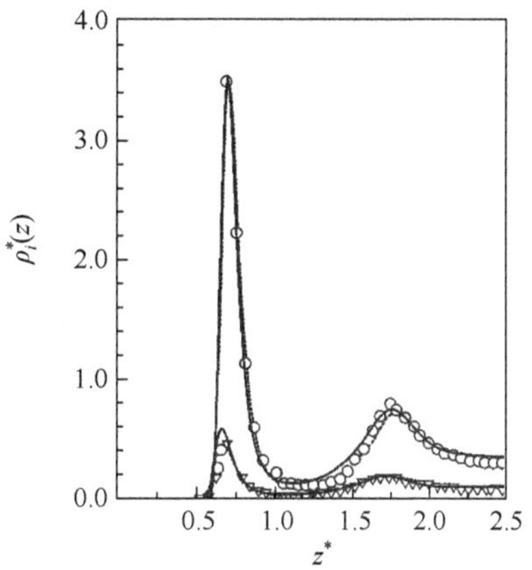

图 6-7　石墨狭缝中 Ar(1)-Kr(2) 混合物密度分布。采用 LJ(9-3)，σ_1=0.3405nm，σ_2=0.3630nm，ε_{11}/k=119.8K，ε_{22}/k=163.1K，用 Berthelot 混合规则。kT/ε_{11}=2，$\rho_{01}\sigma_1^3+\rho_{02}\sigma_2^3$=0.444，$x_2$=0.738。三角和圆点分别为 Ar 与 Kr 的模拟数据。$\rho_i^*=\rho_i\sigma_i^3$，$z^*=z/\sigma_1$。使用 B_{VT}[17]

6.4　加权密度近似

1. 加权密度

局部密度近似(LDA)适用于密度变化比较平缓的场合。对于密度起伏较大的情况，如固体流体界面就不太适合，要采用更灵活的加权密度近似(weighted density approximation，WDA)。它实质上是一种粗粒化，不像 LDA 那样直接取局部密度，而是采用一定范围的局部体积中的平均密度，即加权密度 $\bar{\rho}(\boldsymbol{r})$。

2. 背景

采用加权密度的思路，来自对一维硬棒流体严格求解结果的思考。由 5.5 节可知，按式(5.5.4)和式(5.5.5)，一维硬棒流体过量自由能泛函 $F^{\mathrm{ex}}[\rho(x)]$的严格表达式为

$$F^{\mathrm{ex}}[\rho(x)]=kT\int \mathrm{d}x\frac{1}{2}\big(\rho(x+\sigma/2)+\rho(x-\sigma/2)\big)\psi^{\mathrm{ex}}\big(\rho(x)\big)$$

$$\psi^{\mathrm{ex}}\big(\rho(x)\big)=-kT\ln\big(1-\sigma\rho_\tau(x)\big),\quad \sigma\rho_\tau(x)=\int_{-\sigma/2}^{\sigma/2}\mathrm{d}y\rho(x+y)$$

J. K. Percus[19]据此建立了一个过量自由能泛函 $F^{\mathrm{ex}}[\rho(x)]$的普遍式：

$$F^{\mathrm{ex}}[\rho(\boldsymbol{r})]=F[\rho(\boldsymbol{r})]-F^{\mathrm{id}}[\rho(\boldsymbol{r})]=\int \mathrm{d}\boldsymbol{r}\,\bar{\rho}^{\xi}(\boldsymbol{r})\psi^{\mathrm{ex}}\big(\bar{\rho}^{\tau}(\boldsymbol{r})\big) \tag{6.4.1}$$

$$\psi^{\mathrm{ex}}(\rho)=\big(f(\rho)-f^{\mathrm{id}}(\rho)\big)/\rho \tag{6.4.2}$$

式中，ψ^{ex} 是**单个分子的过量自由能**；f(即 f°)是均匀流体的自由能密度；加权密度 $\bar{\rho}$ 按下面的卷积式估计：

$$\bar{\rho}^{\xi}(\boldsymbol{r}) = \int \mathrm{d}\boldsymbol{r}'\, \xi\left(\boldsymbol{r}-\boldsymbol{r}'; \rho(\boldsymbol{r})\right)\rho(\boldsymbol{r}') \tag{6.4.3}$$

$$\bar{\rho}^{\tau}(\boldsymbol{r}) = \int \mathrm{d}\boldsymbol{r}'\, \tau\left(\boldsymbol{r}-\boldsymbol{r}'; \rho(\boldsymbol{r})\right)\rho(\boldsymbol{r}') \tag{6.4.4}$$

$\xi(\boldsymbol{r}-\boldsymbol{r}'; \rho(\boldsymbol{r}))$和 $\tau(\boldsymbol{r}-\boldsymbol{r}'; \rho(\boldsymbol{r}))$是**权重密度函数**，它们满足归一化要求。与式(5.5.4)和式(5.5.5)比较可知，对于一维硬棒流体，

$$\bar{\rho}^{\xi}(x) = \frac{1}{2}\left(\rho(x+\frac{1}{2}\sigma) + \rho\left(x-\frac{1}{2}\sigma\right)\right) = \frac{1}{2}\int \mathrm{d}x'\delta\left(|x-x'| - \frac{1}{2}\sigma\right)\rho(x') \tag{6.4.5}$$

$$\bar{\rho}^{\tau}(x) = \sigma^{-1}\int_{x-\sigma/2}^{x+\sigma/2}\mathrm{d}x'\rho(x') = \sigma^{-1}\int \mathrm{d}x'\Theta\left(\frac{1}{2}\sigma - |x-x'|\right)\rho(x') \tag{6.4.6}$$

Θ为 Heaviside 阶梯函数。一维硬棒流体的权重密度函数分别为

$$\xi(x-x') = \frac{1}{2}\delta\left(|x-x'| - \frac{1}{2}\sigma\right) \tag{6.4.7}$$

$$\tau(x-x') = \sigma^{-1}\Theta\left(\frac{1}{2}\sigma - |x-x'|\right) \tag{6.4.8}$$

δ 为狄拉克 δ 函数。单个分子的过量自由能 ψ^{ex} 则为

$$\psi^{ex}\left(\rho(x)\right) = -kT\ln\left(1-\sigma\rho_{\tau}(x)\right) \tag{6.4.9}$$

由以上的分析比较可见，一维硬棒流体的过量自由能泛函严格表达式自然地得出加权密度的概念。如果权重密度函数等于$\delta(\boldsymbol{r}-\boldsymbol{r}')$，就回到局部密度近似。对于一般的流体，加权密度的形式并不清楚。

3. 加权密度近似(WDA)

下面介绍几种常用的加权密度近似。

1) Nordholm 等的 WDA[20]

特点　S. Nordholm 等在 1980 年开发。其权重密度函数为

$$\xi(\boldsymbol{r}-\boldsymbol{r}') = \delta(\boldsymbol{r}-\boldsymbol{r}') \quad , \quad \tau(\boldsymbol{r}-\boldsymbol{r}') = \frac{3}{4\pi\sigma^3}\Theta\left(\sigma - |\boldsymbol{r}-\boldsymbol{r}'|\right) \tag{6.4.10}$$

此式表明，$\bar{\rho}^{\xi}(\boldsymbol{r}) = \rho(\boldsymbol{r})$，$\tau(\boldsymbol{r}-\boldsymbol{r}')$的有效作用范围则为 $r<\sigma$，

$$\bar{\rho}^{\tau}(\boldsymbol{r}) = \int \frac{3}{4\pi\sigma^3}\Theta\left(\sigma - |\boldsymbol{r}-\boldsymbol{r}'|\right)\rho(\boldsymbol{r}')\mathrm{d}\boldsymbol{r}' = \frac{3}{4\pi\sigma^3}\int_{|\boldsymbol{r}-\boldsymbol{r}'|<\sigma}\rho(\boldsymbol{r}')\mathrm{d}\boldsymbol{r}' \tag{6.4.11}$$

$\bar{\rho}^{\tau}(\boldsymbol{r})$ 的加权平均是在以 $\boldsymbol{r}$ 为中心，在$\pm\sigma$的范围内的排斥体积中进行。

这一 WDA 采用范德华模型。类似于 LDA，只对参考系统的硬球流体采用 WDA，吸引部分分开处理。由于 $\delta\rho(\boldsymbol{r})/\delta\rho(\boldsymbol{r}') = \delta(\boldsymbol{r}-\boldsymbol{r}')$，

$$\begin{aligned}\frac{\delta\psi^{\text{ex}}\left(\bar{\rho}^{\tau}(\boldsymbol{r})\right)}{\delta\rho(\boldsymbol{r}')}&=\frac{\partial\psi^{\text{ex}}\left(\bar{\rho}^{\tau}(\boldsymbol{r})\right)}{\partial\bar{\rho}^{\tau}(\boldsymbol{r})}\frac{\delta\bar{\rho}^{\tau}(\boldsymbol{r})}{\delta\rho(\boldsymbol{r}')}\\&=\frac{\partial\psi^{\text{ex}}\left(\bar{\rho}^{\tau}(\boldsymbol{r})\right)}{\partial\bar{\rho}^{\tau}(\boldsymbol{r})}\frac{3}{4\pi\sigma^{3}}\Theta\left(\sigma-|\boldsymbol{r}-\boldsymbol{r}'|\right)\end{aligned}\tag{6.4.12}$$

化学势　按 $\mu=\delta F[\rho(\boldsymbol{r})]/\delta\rho(\boldsymbol{r})$ 可导得

$$\begin{aligned}\mu=&\ \mu^{\ominus}+kT\ln\left(\rho(\boldsymbol{r})kT/p^{\ominus}\right)+\Delta\mu^{\text{attr}}+V_{\text{ext}}(\boldsymbol{r})\\&+\psi^{\text{ex}}\left(\bar{\rho}^{\tau}(\boldsymbol{r})\right)+\frac{3}{4\pi\sigma^{3}}\int\frac{\partial\psi^{\text{ex}}\left(\bar{\rho}^{\tau}(\boldsymbol{r})\right)}{\partial\bar{\rho}^{\tau}(\boldsymbol{r})}\bar{\rho}^{\tau}(\boldsymbol{r})\Theta\left(\sigma-|\boldsymbol{r}-\boldsymbol{r}'|\right)\mathrm{d}\boldsymbol{r}'\end{aligned}\tag{6.4.13}$$

式右前两项为理想气体的贡献， $\mu^{\ominus}$ 是标准化学势，$\Delta\mu^{\text{attr}}$ 为吸引部分，V_{ext} 为外场部分，最后两项则为硬球流体采用 WDA 后的贡献。

单个分子的过量自由能 ψ^{ex}　对于硬球流体，按范德华方程有

$$\psi^{\text{ex}}(\rho)=\left(f(\rho)-f^{\text{id}}(\rho)\right)/\rho=-kT\ln(1-\rho b)\tag{6.4.14}$$

如果用卡纳汉-斯塔林方程，第 4 章的式(4.7.23)，$\eta=\pi\rho\sigma^3/6$

$$\frac{p}{\rho kT}=\frac{1+\eta+\eta^{2}-\eta^{3}}{(1-\eta)^{3}}$$

$$\psi^{\text{ex}}(\rho)=\frac{f(\rho)-f^{\text{id}}(\rho)}{\rho}=kT\frac{\eta(4-3\eta)}{(1-\eta)^{2}}\tag{6.4.15}$$

对于硬球流体的计算结果表明，S. Nordholm 的 WDA 比简单的 LDA 的δ函数大为改进，在固液界面得到振荡的密度分布，但定量并不满意。然而对于高分子，却取得了满意的结果，在下一章中还要讨论。

2) Robledo-Varea 等的 WDA[21]

特点　1981 年，A. Robledo 和 C. Varea 提出下面的权重密度函数

$$\xi(\boldsymbol{r}-\boldsymbol{r}')=\frac{1}{\pi\sigma^{2}}\delta\left(\frac{\sigma}{2}-|\boldsymbol{r}-\boldsymbol{r}'|\right)\tag{6.4.16}$$

$$\tau(\boldsymbol{r}-\boldsymbol{r}')=\frac{6}{\pi\sigma^{3}}\Theta\left(\frac{\sigma}{2}-|\boldsymbol{r}-\boldsymbol{r}'|\right)\tag{6.4.17}$$

它们与一维硬棒流体的式(6.4.7)和式(6.4.8)类似，与 S. Nordholm 建议的式(6.4.10)相较，τ的范围小了一半。对于硬球流体的计算结果表明，与 S. Nordholm 的相比，没有实质性的变化。

3) Tarazona 等的 WDA[22]

特点　1985 年，P. Tarazona 提出了一个新的方案。类似于范德华模型，仍只对参考系统的硬球流体采用 WDA，吸引部分分开处理。对于加权平均密度 $\bar{\rho}^{\xi}(\boldsymbol{r})$，仍采用 $\xi(\boldsymbol{r}-\boldsymbol{r}')=\delta(\boldsymbol{r}-\boldsymbol{r}')$， $\bar{\rho}^{\xi}(\boldsymbol{r})=\rho(\boldsymbol{r})$，但对 $\bar{\rho}^{\tau}(\boldsymbol{r})$ 做了进一步的改进，更精细地用式(6.4.18)计算：

$$\overline{\rho}^{\tau}(\boldsymbol{r})=\int\rho(\boldsymbol{r}')\tau\left(\left|\boldsymbol{r}-\boldsymbol{r}'\right|;\overline{\rho}^{\tau}(\boldsymbol{r})\right)\mathrm{d}\boldsymbol{r}' \tag{6.4.18}$$

其中权重密度函数$\tau((\boldsymbol{r}-\boldsymbol{r}');\ \overline{\rho}^{\tau}(\boldsymbol{r}))$按式(6.4.19)对$\overline{\rho}^{\tau}(\boldsymbol{r})$做级数展开

$$\begin{aligned}&\tau\left(\left|\boldsymbol{r}-\boldsymbol{r}'\right|;\overline{\rho}^{\tau}(\boldsymbol{r})\right)\\&=w_0\left(\left|\boldsymbol{r}-\boldsymbol{r}'\right|\right)+w_1\left(\left|\boldsymbol{r}-\boldsymbol{r}'\right|\right)\overline{\rho}^{\tau}(\boldsymbol{r})+w_2\left(\left|\boldsymbol{r}-\boldsymbol{r}'\right|\right)\left(\overline{\rho}^{\tau}(\boldsymbol{r})\right)^2\end{aligned} \tag{6.4.19}$$

将式(6.4.19)代入式(6.4.18)，得$\overline{\rho}^{\tau}(\boldsymbol{r})$与$w_0$、$w_1$和$w_2$的关系

$$\overline{\rho}^{\tau}(\boldsymbol{r})=\sum_{i=0}^{2}\overline{\rho}_i(\boldsymbol{r})\left(\overline{\rho}^{\tau}(\boldsymbol{r})\right)^i \tag{6.4.20}$$

这是一个二次方程，可解得$\overline{\rho}^{\tau}(\boldsymbol{r})$为$\overline{\rho}_i(\boldsymbol{r})$的函数，参见式(6.4.32)。$\overline{\rho}_i(\boldsymbol{r})$的表达式为

$$\overline{\rho}_i(\boldsymbol{r})=\int w_i\left(\left|\boldsymbol{r}-\boldsymbol{r}'\right|\right)\rho(\boldsymbol{r}')\mathrm{d}\boldsymbol{r}',\quad i=0,1,2 \tag{6.4.21}$$

级数的系数w_0应满足归一条件，w_1和w_2则归零

$$\int w_0\left(\left|\boldsymbol{r}-\boldsymbol{r}'\right|\right)\mathrm{d}\boldsymbol{r}'=1,\quad\int w_i\left(\left|\boldsymbol{r}-\boldsymbol{r}'\right|\right)\mathrm{d}\boldsymbol{r}'=0,\quad i=1,2 \tag{6.4.22}$$

系数的确定　系数w_0、w_1和w_2由均匀硬球流体的二重直接相关函数$c_{\text{hs}}^{(2)}(\rho;\boldsymbol{r},\boldsymbol{r}')$拟合而得，后者由PY近似式(4.7.20)计算。按式(6.4.1)，得

$$F^{\text{ex}}[\rho(\boldsymbol{r})]=\int\mathrm{d}\boldsymbol{r}\,\rho(\boldsymbol{r})\psi^{\text{ex}}\left(\overline{\rho}^{\tau}(\boldsymbol{r})\right) \tag{6.4.23}$$

对于密度为ρ_0的均匀硬球流体，由二重直接相关函数的定义式(5.3.13)，得

$$\begin{aligned}c^{(2)}(\left|\boldsymbol{r}-\boldsymbol{r}'\right|,\rho_0)&=-\frac{1}{kT}\frac{\delta^2F^{\text{ex}}[\rho(\boldsymbol{r})]}{\delta\rho(\boldsymbol{r})\delta\rho(\boldsymbol{r}')}\bigg|_{\rho_0}=-\frac{2\psi^{\text{ex}\prime}(\rho_0)}{kT}\frac{\delta\overline{\rho}^{\tau}(\boldsymbol{r})}{\delta\rho(\boldsymbol{r}')}\bigg|_{\rho_0}\\&\quad-\frac{\psi^{\text{ex}\prime\prime}(\rho_0)\rho_0}{kT}\int\mathrm{d}\boldsymbol{r}''\frac{\delta\overline{\rho}^{\tau}(\boldsymbol{r}'')}{\delta\rho(\boldsymbol{r})}\bigg|_{\rho_0}\frac{\delta\overline{\rho}^{\tau}(\boldsymbol{r}'')}{\delta\rho(\boldsymbol{r}')}\bigg|_{\rho_0}\\&\quad-\frac{\psi^{\text{ex}\prime}(\rho_0)\rho_0}{kT}\int\mathrm{d}\boldsymbol{r}''\frac{\delta^2\overline{\rho}^{\tau}(\boldsymbol{r}'')}{\delta\rho(\boldsymbol{r}')\delta\rho(\boldsymbol{r}'')}\end{aligned} \tag{6.4.24}$$

式中，$\psi^{\text{ex}\prime}(\rho_0)$和$\psi^{\text{ex}\prime\prime}(\rho_0)$分别是$\psi^{\text{ex}}(\rho_0)$对$\rho_0$的一阶和二阶导数。

$\overline{\rho}^{\tau}(\boldsymbol{r})$对$\rho(\boldsymbol{r})$的泛函导数则由式(6.4.18)求得

$$\frac{\delta\overline{\rho}^{\tau}(\boldsymbol{r})}{\delta\rho(\boldsymbol{r}')}\bigg|_{\rho_0}=\tau\left(\left|\boldsymbol{r}-\boldsymbol{r}'\right|,\rho_0\right) \tag{6.4.25}$$

$$\begin{aligned}\frac{\delta^2\overline{\rho}^{\tau}(\boldsymbol{r}'')}{\delta\rho(\boldsymbol{r})\delta\rho(\boldsymbol{r}')}\bigg|_{\rho_0}&=\tau'\left(\left|\boldsymbol{r}''-\boldsymbol{r}\right|,\rho_0\right)\tau\left(\left|\boldsymbol{r}''-\boldsymbol{r}'\right|,\rho_0\right)\\&\quad+\tau'\left(\left|\boldsymbol{r}''-\boldsymbol{r}'\right|,\rho_0\right)\tau\left(\left|\boldsymbol{r}''-\boldsymbol{r}\right|,\rho_0\right)\end{aligned} \tag{6.4.26}$$

式中，$\tau'(r,\rho_0)$是$\tau(r,\rho_0)$对ρ_0的导数。

关于$\psi^{\text{ex}}(\rho)$，硬球流体有严格的表达式：

$$\psi^{\text{ex}}(\rho)/kT = 4\eta + 5\eta^2 + 6.121666\eta^3 + 7.06\eta^4 + \cdots \tag{6.4.27}$$

$\eta=\pi\sigma^3\rho/6$。也可用卡纳汉-斯塔林方程式(4.7.23)，得很准确的近似式

$$\psi^{\text{ex}}(\rho)/kT = 4\eta + 5\eta^2 + 6\eta^3 + 7\eta^4 + \cdots \tag{6.4.28}$$

以式(6.4.19)的$\tau((\boldsymbol{r}-\boldsymbol{r}'; \bar{\rho}^\tau(\boldsymbol{r}))$代入式(6.4.24)，并利用式(6.4.25)～式(6.4.28)，得到用$w_0(r)$、$w_1(r)$和$w_2(r)$表示的$c^{(2)}(r,\rho)$。再利用 PY 的均匀硬球流体的二重直接相关函数，见第 4 章的式(4.7.20)

$$c(r) = \frac{-1}{(1-\eta)^4}\left[\frac{\eta}{2}(1+2\eta)^2\left(\frac{r}{\sigma}\right)^3 - \frac{3\eta}{2}(2+\eta)^2\frac{r}{\sigma} + (1+2\eta)^2\right], \quad r<\sigma$$

在$r<\sigma$时进行逐项比较，得到$w_0(r)$、$w_1(r)$和$w_2(r)$，其中

$$w_0(r) = \frac{3}{4\pi\sigma^3}\Theta(\sigma - r) \tag{6.4.29}$$

此式和 S. Nordholm 的式(6.4.10)相同。$w_1(r)$和$w_2(r)$的表达式从略，可参见 P. Tarazona 的原文[22]，其中$w_1(r)$由于要解积分方程，需采用数值方法。

化学势　类似于式(6.4.13)，化学势为

$$\begin{aligned}\mu = {} & \mu^\ominus + kT\ln\left(\rho(\boldsymbol{r})kT/p^\ominus\right) + \Delta\mu^{\text{attr}} + V_{\text{ext}}(\boldsymbol{r}) \\ & + \psi^{\text{ex}}\left(\bar{\rho}^\tau(\boldsymbol{r})\right) + \int \frac{\partial\psi^{\text{ex}}\left(\bar{\rho}^\tau(\boldsymbol{r})\right)}{\partial\bar{\rho}^\tau(\boldsymbol{r})}\frac{\delta\bar{\rho}^\tau(\boldsymbol{r})}{\delta\rho(\boldsymbol{r}')}\bar{\rho}^\tau(\boldsymbol{r})\mathrm{d}\boldsymbol{r}'\end{aligned} \tag{6.4.30}$$

其中泛函导数由式(6.4.18)得

$$\frac{\delta\bar{\rho}^\tau(\boldsymbol{r})}{\delta\rho(\boldsymbol{r}')} = \frac{\tau\left(|\boldsymbol{r}-\boldsymbol{r}'|;\bar{\rho}^\tau(\boldsymbol{r})\right)}{1-\bar{\rho}_1(\boldsymbol{r}')-2\bar{\rho}_2(\boldsymbol{r}')\bar{\rho}^\tau(\boldsymbol{r})} \tag{6.4.31}$$

式中，$\bar{\rho}_i(\boldsymbol{r})(i=0,1,2)$ 见式(6.4.21)；$\bar{\rho}^\tau(\boldsymbol{r})$ 则由式(6.4.20)解得：

$$\begin{aligned}\bar{\rho}^\tau(\boldsymbol{r}) &= \frac{1-\bar{\rho}_1(\boldsymbol{r})-((1-\bar{\rho}_1(\boldsymbol{r}))^2-4\bar{\rho}_0(\boldsymbol{r})\bar{\rho}_2(\boldsymbol{r}))^{1/2}}{2\bar{\rho}_2(\boldsymbol{r})} \\ &= \frac{2\bar{\rho}_0(\boldsymbol{r})}{1-\bar{\rho}_1(\boldsymbol{r})+((1-\bar{\rho}_1(\boldsymbol{r}))^2-4\bar{\rho}_0(\boldsymbol{r})\bar{\rho}_2(\boldsymbol{r}))^{1/2}}\end{aligned} \tag{6.4.32}$$

P. Tarazona 的 WDA 比 LDA 有很大改进，当应用于有外场时非均匀的硬球流体，得到比较准确的振荡衰减拖尾的密度分布，并且可推广至混合物[23, 24]。它成功地应用于润湿转变(wetting transition)、毛细蒸发和冷凝。

注：J. A. Cuesta、Y. Martinez-Raton 和 P. Tarazona[40]对于 P. Tarazona 的 WDA 的含义，在维里展开的基础上，做过一个分析。关于严格的维里展开或集团展开的理论方法，在第 4 章的 4.5 节中已有介绍，在该章的参考书[2]的第 40 章和参考书[3]的第 5 章中，还有更详细的推导。

按维里展开，过量自由能 F^{ex} 可导得

$$F^{\mathrm{ex}} = -NkT\sum_{m=1}^{\infty}\frac{1}{m+1}\beta_m\rho^m \tag{6.4.33}$$

式中，β_m 称为不可约积分

$$\beta_m = \frac{1}{m!V}\int\cdots\int\sum\prod_{m+1>i>j\geqslant 1} f_{ij}\mathrm{d}\boldsymbol{r}_1\cdots\mathrm{d}\boldsymbol{r}_{m+1} \tag{6.4.34}$$

f_{ij} 是梅逸函数，见第 4 章的式(4.5.1)

$$f(r_{ij}) = \exp(-\varepsilon_{\mathrm{p}}(r_{ij})/kT) - 1$$

β_m 通常用不可约的连通图来表达，它的量纲是 L^{3m}。式(6.4.34)中求和是对所有多重连通的乘积来求取。

对于过量自由能的密度泛函，对应于式(6.4.33)，可以写出：

$$\begin{aligned} F^{\mathrm{ex}}/kT = &-\frac{1}{2}\int\mathrm{d}\boldsymbol{r}_1\rho(\boldsymbol{r}_1)\int\mathrm{d}\boldsymbol{r}_2\rho(\boldsymbol{r}_2)f(r_{12}) \\ &-\frac{1}{6}\int\mathrm{d}\boldsymbol{r}_1\rho(\boldsymbol{r}_1)\int\mathrm{d}\boldsymbol{r}_2\rho(\boldsymbol{r}_2)\int\mathrm{d}\boldsymbol{r}_3\rho(\boldsymbol{r}_3)f(r_{12})f(r_{23})f(r_{31}) - \cdots \end{aligned} \tag{6.4.35}$$

式右第一、二项分别是β_1、β_2 项。按式(5.3.13)，二重直接相关函数为

$$\begin{aligned} c^{(2)}(\rho(\boldsymbol{r});\boldsymbol{r}_1,\boldsymbol{r}_2) &= -\frac{1}{kT}\frac{\delta^2 F^{\mathrm{ex}}[\rho(\boldsymbol{r})]}{\delta\rho(\boldsymbol{r}_1)\delta(\boldsymbol{r}_2)} \\ &= f(r_{12}) + f(r_{12})\int\mathrm{d}\boldsymbol{r}_3\rho(\boldsymbol{r}_3)f(r_{23})f(r_{31}) + O(\rho^2) \end{aligned} \tag{6.4.36}$$

三重直接相关函数按式(5.3.11)为

$$\begin{aligned} c^{(3)}(\rho(\boldsymbol{r});\boldsymbol{r}_1,\boldsymbol{r}_2) &= -\frac{1}{kT}\frac{\delta^3 F^{\mathrm{ex}}[\rho(\boldsymbol{r})]}{\delta\rho(\boldsymbol{r}_1)\delta(\boldsymbol{r}_2)\delta(\boldsymbol{r}_3)} \\ &= f(r_{12})f(r_{23})f(r_{31}) + O(\rho) \end{aligned} \tag{6.4.37}$$

对于硬球流体，式(6.4.36)右面第一项为

$$f(r_{12}) = \exp\left(-\varepsilon_{\mathrm{p}}(r_{12})/kT\right) - 1 = -\Theta(r_{12}-\sigma) \tag{6.4.38}$$

这是由于当 $r_{12}<\sigma$，$\varepsilon_{\mathrm{p}}=\infty$，$\Theta=1$，$f(r_{12})=-1$；$r_{12}>\sigma$，$\varepsilon_{\mathrm{p}}=0$，$\Theta=0$，$f(r_{12})=0$。此式相当于式(6.4.29)的 $w_0(r)$。式(6.4.36)右面第二项是一个不可约积分，涉及三个粒子的独立运动，不能约化为更简单的只涉及两个粒子的积分，所以计算极为繁重。

现在引入 P. Tarazona 的 WDA 的权重密度函数式(6.4.19)，如仅考虑零阶的 $w_0(r)$和一阶的 $w_1(r)$，为了重现在体相密度ρ_0 时式(6.4.36)的二重直接相关函数 $c^{(2)}(\rho_0;\boldsymbol{r}_1,\boldsymbol{r}_2)$，式右第二项的不可约积分内核，将用梅逸函数与一个新的连通函数 $w_1(r)$的可约的组合来趋近。相当于将式(6.4.36)右面的第二项变为

$$f(r_{12})\int\mathrm{d}\boldsymbol{r}_3\rho(\boldsymbol{r}_3)f(r_{23})f(r_{31}) \Rightarrow f(r_{12})\int\mathrm{d}\boldsymbol{r}_3\rho(\boldsymbol{r}_3)\left(f(r_{23}) + w_1(r_{23})\right) \tag{6.4.39}$$

这是一个可约积分，计算要简单得多。

这就是 P. Tarazona 的 WDA 的含义。

4) Curtin-Ashcroft 的 WDA[25, 26]

特点　稍晚于 P. Tarazona，同样在 1985 年，W. A. Curtin 和 N. W. Ashcroft 又做了更精细的改进。对于分子间的相互作用，不再分解为硬球部分与吸引部分，在使用式(6.4.1)时，$F^{ex}[\rho(x)]$是对整个相互作用来定义。对于加权平均密度 $\bar{\rho}^{\xi}(\boldsymbol{r})$，他们仍采用 $\xi(\boldsymbol{r}-\boldsymbol{r}')=\delta(\boldsymbol{r}-\boldsymbol{r}')$，$\bar{\rho}^{\xi}(\boldsymbol{r})=\rho(\boldsymbol{r})$。对于加权平均密度 $\bar{\rho}^{\tau}(\boldsymbol{r})$，则不使用级数展开和拟合，其代价是更多的计算时间。

为求加权密度函数τ，应用均匀流体的二阶直接相关函数 $c_0^{(2)}$。将式(6.4.1) $F^{ex}[\rho(\boldsymbol{r})]=\int d\boldsymbol{r}\,\bar{\rho}^{\xi}(\boldsymbol{r})\psi^{ex}\left(\bar{\rho}^{\tau}(\boldsymbol{r})\right)$ 代入式(5.3.12)，得一阶直接相关函数 $c^{(1)}$，

$$\begin{aligned}-kTc^{(1)}(\boldsymbol{r};\rho(\boldsymbol{r}))&=\frac{\delta F^{ex}[\rho(\boldsymbol{r})]}{\delta\rho(\boldsymbol{r})}\\&=\int d\boldsymbol{r}'\rho(\boldsymbol{r}')\frac{\partial\psi^{ex}\left(\bar{\rho}^{\tau}(\boldsymbol{r}')\right)}{\partial\bar{\rho}^{\tau}(\boldsymbol{r}')}\frac{\delta\bar{\rho}^{\tau}(\boldsymbol{r}')}{\delta\rho(\boldsymbol{r})}+\psi^{ex}\left(\bar{\rho}^{\tau}(\boldsymbol{r})\right)\end{aligned}\tag{6.4.40}$$

$$\frac{\delta\bar{\rho}^{\tau}(\boldsymbol{r}')}{\delta\rho(\boldsymbol{r})}=\frac{\tau\left(|\boldsymbol{r}'-\boldsymbol{r}|;\bar{\rho}^{\tau}(\boldsymbol{r}')\right)}{1-\int d\boldsymbol{r}''\tau'\left(|\boldsymbol{r}'-\boldsymbol{r}''|;\bar{\rho}^{\tau}(\boldsymbol{r}')\right)\rho(\boldsymbol{r}'')}\tag{6.4.41}$$

式中偏导数$\tau'=\partial\tau/\partial\rho$。将式(6.4.40)对$\rho(\boldsymbol{r}')$再求一次泛函偏导，按式(5.3.13)，得二阶直接相关函数 $c^{(2)}$，在密度为ρ的均匀极限时有

$$\begin{aligned}-kTc_0^{(2)}(|\boldsymbol{r}'-\boldsymbol{r}|;\rho)&=\frac{\delta^2F^{ex}[\rho(\boldsymbol{r})]}{\delta\rho(\boldsymbol{r})\delta\rho(\boldsymbol{r}')}\\&=2\psi^{ex\prime}(\rho)\tau\left(|\boldsymbol{r}'-\boldsymbol{r}|;\rho\right)+\rho\psi^{ex\prime\prime}(\rho)\int d\boldsymbol{r}''\tau\left(|\boldsymbol{r}-\boldsymbol{r}''|;\rho\right)\tau\left(|\boldsymbol{r}'-\boldsymbol{r}''|;\rho\right)\\&\quad+\rho\psi^{ex\prime}(\rho)\int d\boldsymbol{r}''\left(\tau'\left(|\boldsymbol{r}-\boldsymbol{r}''|;\rho\right)\tau\left(|\boldsymbol{r}'-\boldsymbol{r}''|;\rho\right)+\tau\left(|\boldsymbol{r}-\boldsymbol{r}''|;\rho\right)\tau'\left(|\boldsymbol{r}'-\boldsymbol{r}''|;\rho\right)\right)\end{aligned}\tag{6.4.42}$$

式中，$\tau'=\partial\tau/\partial\rho$；$\psi^{ex\prime}=\partial\psi^{ex}/\partial\rho$，$\psi^{ex\prime\prime}=\partial^2\psi^{ex}/\partial\rho^2$，分别为一阶和二阶偏导数。式(6.4.42)是一个积分微分方程。有了均匀流体的直接相关函数 $c_0^{(2)}$ 以及单个分子过量自由能ψ^{ex}，原则上可以求得加权密度函数τ，但计算费时。

傅里叶变换　为了对计算加以改进，采取傅里叶变换的方法。对于函数$\tau(\boldsymbol{r};\rho)$，进行傅里叶变换后，有

$$\tau(\boldsymbol{k};\rho)=\int d\boldsymbol{r}\exp(i\boldsymbol{k}\cdot\boldsymbol{r})\tau(\boldsymbol{r};\rho)\tag{6.4.43}$$

对于式(6.4.42)，经过傅里叶变换后变为

$$-kTc_0^{(2)}(\boldsymbol{k};\rho)=2\psi^{ex\prime}(\rho)\tau(\boldsymbol{k};\rho)+\rho\,\partial\left(\psi^{ex\prime}(\rho)\tau^2(\boldsymbol{k};\rho)\right)/\partial\rho\tag{6.4.44}$$

这是一个微分方程，运算比上述积分微分方程快捷得多。由均匀的流体的$c_0^{(2)}(\boldsymbol{k};\rho)$ 和 $\psi^{ex}(\rho)$，可解得$\tau(\boldsymbol{k};\rho)$，进行傅里叶逆变换后，可得任意密度下的加权密度函数$\tau(\boldsymbol{r};\rho)$。

Curtin-Ashcroft 的 WDA 成功地用于硬球流体的凝固，以及固液界面的结构和界面自由能研究。A. R. Denton 和 N. W. Ashcroft[27]推广到三阶以至高阶的直接相关函数。Curtin-Ashcroft 的 WDA 超越了硬球流体的局限，这当然是一个进步，但硬球流体的 $c^{(2)}$ 比较准确，而一般流体的 $c^{(2)}$ 准确度较差，这就是代价。

5) Meister-Kroll 的 WDA[28]

特点　还是在 1985 年，T. F. Meister 和 D. M. Kroll 发表了一种不同的方法。他们将 $F^{\text{ex}}[\rho(\boldsymbol{r})]$围绕一个变化较慢的粗粒化密度 $\rho_0(\boldsymbol{r})$展开，将所得的泛函对 $\rho_0(\boldsymbol{r})$求极值，可得 $\bar{\rho}^{\tau}(\boldsymbol{r})=\int \mathrm{d}\boldsymbol{r}'\tau\left(\boldsymbol{r}-\boldsymbol{r}';\rho(\boldsymbol{r})\right)\rho(\boldsymbol{r}')$，即式(6.4.4)的权重密度函数，但 $\tau(\boldsymbol{r}-\boldsymbol{r}';\rho(\boldsymbol{r}))$是从严格的式子出发推导的。希望能避免上面那些 WDA 对加权密度函数的经验假设。

要点　从严格的式(5.4.2)出发。令初值$\rho_i(\boldsymbol{r})$=0，有

$$F^{\text{ex}}[\rho(\boldsymbol{r})]=-kT\int_0^1\mathrm{d}\alpha\int\mathrm{d}\boldsymbol{r}\rho(\boldsymbol{r})c^{(1)}(\alpha\rho;\boldsymbol{r}) \tag{6.4.45}$$

然后将 $c^{(1)}(\alpha\rho;\boldsymbol{r})$围绕一个均匀参考系统在一个粗粒化密度 $\rho_0(\boldsymbol{r})$处展开

$$\begin{aligned}c^{(1)}(\alpha\rho;\boldsymbol{r})&=c^{(1)}\left(\alpha\rho_0(\boldsymbol{r})\right)\\&\quad+\sum_{n=1}^{\infty}\mathrm{d}\boldsymbol{r}_1\cdots\mathrm{d}\boldsymbol{r}_n c^{(n+1)}\left(\alpha\rho_0(\boldsymbol{r});\boldsymbol{r},\boldsymbol{r}_1\cdots\boldsymbol{r}_n\right)\prod_{k=1}^{n}\left(\alpha\rho(\boldsymbol{r}_k)-\alpha\rho_0(\boldsymbol{r})\right)\end{aligned} \tag{6.4.46}$$

注意这里的 $\rho_0(\boldsymbol{r})$是变化较慢的粗粒化密度，是系统的性质，而参考系统则是一个均匀的系统，它的密度被指定为 $\rho_0(\boldsymbol{r})$。在前面 6.3 节密度展开中，是围绕着恒定的密度 ρ_0 展开，现在是 $\rho_0(\boldsymbol{r})$，提供了灵活性。

式(6.4.46)右面第一项 $c^{(1)}(\rho_0)$为均匀参考系统处于 $\rho_0(\boldsymbol{r})$的一阶直接相关函数，也就是系统的加权密度 $\bar{\rho}^{\tau}(\boldsymbol{r})$ 为 $\rho_0(\boldsymbol{r})$时的一阶直接相关函数。按式(6.4.1)，可写出 $F^{\text{ex}}[\rho(\boldsymbol{r}),\rho_0(\boldsymbol{r})]=\int\mathrm{d}\boldsymbol{r}\,\rho(\boldsymbol{r})\psi^{\text{ex}}\left(\rho_0(\boldsymbol{r})\right)$，$F^{\text{ex}}$ 是$\rho(\boldsymbol{r})$和$\rho_0(\boldsymbol{r})$的泛函，又按$c^{(1)}(\rho(\boldsymbol{r});\boldsymbol{r})=-(1/kT)\delta F^{\text{ex}}[\rho(\boldsymbol{r})]/\delta\rho(\boldsymbol{r})$［式(5.3.12)］，可得$\rho_0(\boldsymbol{r})$时的一阶直接相关函数 $c^{(1)}(\rho_0)=-\psi^{\text{ex}}(\rho_0)/kT$。$c^{(n+1)}$则为均匀参考系统在$\rho_0(\boldsymbol{r})$时的各阶直接相关函数。

迄今，推导是严格的。现在引入近似，如果展开截断于 n=1，即终止于 $c^{(2)}$项，得

$$\begin{aligned}F^{\text{ex}}[\rho(\boldsymbol{r}),\rho_0(\boldsymbol{r})]&=\int\mathrm{d}\boldsymbol{r}\rho(\boldsymbol{r})\psi^{\text{ex}}\left(\rho_0(\boldsymbol{r})\right)\\&\quad-kT\int\mathrm{d}\boldsymbol{r}\int\mathrm{d}\boldsymbol{r}'\rho(\boldsymbol{r})L\left(\rho_0(\boldsymbol{r});|\boldsymbol{r}-\boldsymbol{r}'|\right)\left(\rho(\boldsymbol{r}')-\rho_0(\boldsymbol{r})\right)\end{aligned} \tag{6.4.47}$$

$$L\left(\rho_0(\boldsymbol{r});|\boldsymbol{r}-\boldsymbol{r}'|\right)=\int_0^1\mathrm{d}\alpha\,\alpha c^{(2)}\left(\alpha\rho_0(\boldsymbol{r});|\boldsymbol{r}-\boldsymbol{r}'|\right) \tag{6.4.48}$$

系统的粗粒化密度　为了求系统的粗粒化密度 $\rho_0(\boldsymbol{r})$，按式(5.3.9)写出巨势泛函$\Omega[\rho(\boldsymbol{r}),\rho_0(\boldsymbol{r})]$，它是$\rho(\boldsymbol{r})$和$\rho_0(\boldsymbol{r})$的泛函

$$
\begin{aligned}
\Omega[\rho(\boldsymbol{r}),\rho_0(\boldsymbol{r})] &= F^{\text{ex}}[\rho(\boldsymbol{r}),\rho_0(\boldsymbol{r})] \\
&\quad -\mu\int \mathrm{d}\boldsymbol{r}\,\rho(\boldsymbol{r}) + F^{\text{ig}}[\rho(\boldsymbol{r})] + \int \mathrm{d}\boldsymbol{r}\,\rho(\boldsymbol{r})V_{\text{ext}}(\boldsymbol{r})
\end{aligned} \tag{6.4.49}
$$

将巨势泛函$\Omega[\rho(\boldsymbol{r}),\rho_0(\boldsymbol{r})]$对 $\rho_0(\boldsymbol{r})$求泛函导数，并按式(5.2.16)令其为零，

$$\delta\Omega[\rho(\boldsymbol{r}),\rho_0(\boldsymbol{r})]/\delta\rho_0(\boldsymbol{r}) = 0 \tag{6.4.50}$$

式(6.4.49)右面后三项是 $\rho(\boldsymbol{r})$的泛函，与 $\rho_0(\boldsymbol{r})$无关，对 $\rho_0(\boldsymbol{r})$求泛函导数为零。$F^{\text{ex}}[\rho(\boldsymbol{r}),\rho_0(\boldsymbol{r})]$则按式(6.4.47)与 $\rho_0(\boldsymbol{r})$有关，因此有

$$\delta F^{\text{ex}}[\rho(\boldsymbol{r}),\rho_0(\boldsymbol{r})]/\delta\rho_0(\boldsymbol{r}) = 0 \tag{6.4.51}$$

以式(6.4.47)代入，得

$$
\begin{aligned}
&\rho(\boldsymbol{r})\psi^{\text{ex}\prime}\left(\rho_0(\boldsymbol{r})\right) + kT\rho(\boldsymbol{r})\int \mathrm{d}\boldsymbol{r}' L\left(\rho_0(\boldsymbol{r});|\boldsymbol{r}-\boldsymbol{r}'|\right) \\
&\quad - kT\rho(\boldsymbol{r})\int \mathrm{d}\boldsymbol{r}' L'\left(\rho_0(\boldsymbol{r});|\boldsymbol{r}-\boldsymbol{r}'|\right)\left(\rho(\boldsymbol{r}')-\rho_0(\boldsymbol{r})\right) = 0
\end{aligned} \tag{6.4.52}
$$

式中，$L'=\partial L/\partial\rho_0$。

由于 $c^{(1)}(\rho_0)=-\psi^{\text{ex}}(\rho_0)/kT$，$-kT\psi^{\text{ex}\prime}(\rho_0)/kT=\partial c^{(1)}(\rho_0)/\partial\rho_0$，按均匀流体的压缩性求和规则推导过程中的$\partial c^{(1)}(\rho_0)/\partial\rho_0 = \int \mathrm{d}\boldsymbol{r} c^{(2)}(\rho_0;\boldsymbol{r})$，即式(5.4.12)，进一步利用式(6.4.48)的 $L(\rho_0)$与 $c^{(2)}(\rho_0)$的积分关系，可知式(6.4.52)的前两项相消。由此解得系统的粗粒化密度 $\rho_0(\boldsymbol{r})$：

$$\rho_0(\boldsymbol{r}) = \frac{\int \mathrm{d}\boldsymbol{r}' L'\left(\rho_0(\boldsymbol{r});|\boldsymbol{r}-\boldsymbol{r}'|\right)\rho(\boldsymbol{r}')}{\int \mathrm{d}\boldsymbol{r}' L'\left(\rho_0(\boldsymbol{r});|\boldsymbol{r}-\boldsymbol{r}'|\right)} \tag{6.4.53}$$

权重密度函数　在上面的这种处理中，由于采用了$\psi^{\text{ex}}(\rho_0(\boldsymbol{r}))$，这相当于将式(6.4.1) $F^{\text{ex}}[\rho(\boldsymbol{r})] = \int \mathrm{d}\boldsymbol{r}\,\rho(\boldsymbol{r})\psi^{\text{ex}}\left(\bar{\rho}^{\tau}(\boldsymbol{r})\right)$ 中的 $\bar{\rho}^{\tau}(\boldsymbol{r})$ 用 $\rho_0(\boldsymbol{r})$来代替。将式(6.4.4) $\bar{\rho}^{\tau}(\boldsymbol{r}) = \int \mathrm{d}\boldsymbol{r}'\,\tau\left(\boldsymbol{r}-\boldsymbol{r}';\rho(\boldsymbol{r})\right)\rho(\boldsymbol{r}')$与式(6.4.53)结合，令 $\bar{\rho}^{\tau}(\boldsymbol{r})=\rho_0(\boldsymbol{r})$，由此可以导得式(6.4.4)中的权重密度函数$\tau\left(\boldsymbol{r}-\boldsymbol{r}';\rho_0(\boldsymbol{r})\right)$：

$$\tau\left(\boldsymbol{r}-\boldsymbol{r}';\rho_0(\boldsymbol{r})\right) = \frac{L'\left(\rho_0(\boldsymbol{r});|\boldsymbol{r}-\boldsymbol{r}'|\right)}{\int \mathrm{d}\boldsymbol{r}' L'\left(\rho_0(\boldsymbol{r});|\boldsymbol{r}-\boldsymbol{r}'|\right)} \tag{6.4.54}$$

改进　Meister-Kroll(MK)方案的确很有吸引力。前面的那些 WDA 带有一些任意性，在权重密度函数$\tau((\boldsymbol{r}-\boldsymbol{r}');\ \bar{\rho}^{\tau}(\boldsymbol{r}))$的定义中，经验性很强。而 MK 方案的粗粒化密度 $\rho_0(\boldsymbol{r})$，即$\bar{\rho}^{\tau}(\boldsymbol{r})$，却是按巨势泛函 $\Omega[\rho(\boldsymbol{r})]$应为极值，$\delta\Omega[\rho,\rho_0]/\delta\rho_0(\boldsymbol{r})=0$ 来求取的，它的近似则在于泰勒级数展开时的截断，这是一种代价。1987 年，R. D. Groot[23]指出，以式(6.4.53)代入式(6.4.47)的 $F^{\text{ex}}[\rho]$，在均匀流体的极限下，不满足二重直接相关函数的式(5.3.13) $kTc^{(2)}(\rho;\boldsymbol{r}_1,\boldsymbol{r}_2) = -\delta^2 F^{\text{ex}}[\rho(\boldsymbol{r})]/\delta\rho(\boldsymbol{r}_1)\delta\rho(\boldsymbol{r}_2)$，这正是由于式(6.4.46)的展开截断于 n=1。由此得到的 $c^{(2)}$可能与应该输入的体相的 $c^{(2)}$有较大差别。

R. D. Groot 和 J. P. van de Eerden[29]进一步对此做出了改进。他们形式上仍采用式(6.4.47)，将它仍看作是包括 $n>1$ 各项的一个很好的近似，但 L 不再由截断于 n=1 的式(6.4.48)表示，而是一个特设的取决于两点 $\boldsymbol{r}$ 和 $\boldsymbol{r}'$的函数。应用极值条件式(6.4.50)，再次得到式(6.4.52)，其中前两项相消。对于均匀流体，相应地有

$$-\psi^{\mathrm{ex}\prime}(\rho)=kT\int \mathrm{d}\boldsymbol{r}L(\rho;\boldsymbol{r})=kTL_0(\rho) \tag{6.4.55}$$

式(6.4.53)和式(6.4.54)照常用来确定$\rho_0(\boldsymbol{r})$。

此方案的不同之处在于 L 不再由式(6.4.48)计算，而是将 $F^{\mathrm{ex}}[\rho(\boldsymbol{r})]$的二阶泛函导数得到的 $c^{(2)}$与均匀流体的 $c^{(2)}$进行比较，通过它们的一致性来确定。具体可以利用如下傅里叶变换式：

$$c_k^{(2)}(\rho)=2L_k(\rho)+\rho(L_k'(\rho))^2/L_0'(\rho) \tag{6.4.56}$$

当 k=0，式(6.4.55)和式(6.4.56)等价于均匀流体的压缩性求和规则式(5.4.13)。

式(6.4.56)与 Curtin-Ashcroft 的式(6.4.44)很相似。R. Evans[2]对 Groot-van de Eerden 方法与 Curtin-Ashcroft 方法做了详细的比较。R. D. Groot 和 J. P. van de Eerden 对 Meister-Kroll 的方法的改进，使预测的硬球流体的径向分布函数与计算机模拟数据更为一致，与 Curtin-Ashcroft 的预测效果相同。

S. Sokolowski 和 J. Fischer[24]将 Meister-Kroll 方法进一步扩展，引入三分子的相关。

6) 应用效果

下面展示不同 WDA 预测的在两个硬壁间硬球流体的密度分布。图 6-8 是用 Nordholm 的 WDA 预测结果与 MC 模拟结果的比较，两壁间距离为 L=8.74σ，平均密度固定为 0.897σ^{-3}，由图可见，虽然权重密度函数是用得最简单的阶梯函数，但却能基本正确地描述出振荡衰减结构，当然定量误差还较大。图 6-9 则是对 Tarazona 方法的相应比较，由于采用级数，可见定量符合上有很大改进。图 6-10

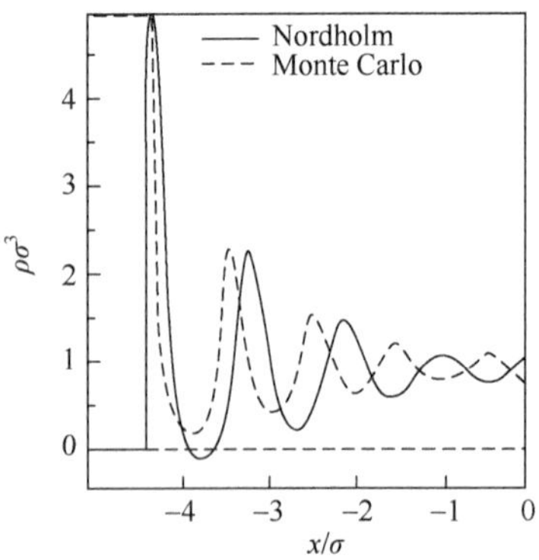

图 6-8　硬球流体在硬壁间的密度分布。Nordholm 和 MC 的比较[30]

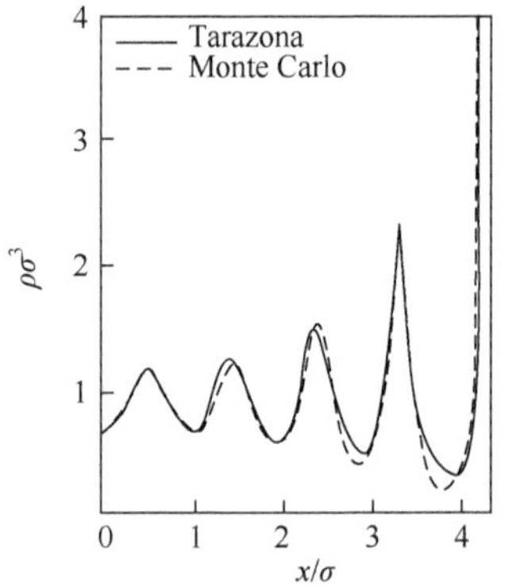

图 6-9　硬球流体在硬壁间的密度分布。Tarazona 和 MC 的比较[30]

是 Curtin-Ashcroft (CA)、Meister-Kroll (MK) 以及 Groot-van de Eerden (GvE) 改进的 MK 等方法，对硬球流体在硬壁附近的密度分布的预测结果，与 MC 模拟结果的比较显示，Curtin-Ashcroft 和 Groot-van de Eerden 均有上佳表现，密度高时误差略有增大。

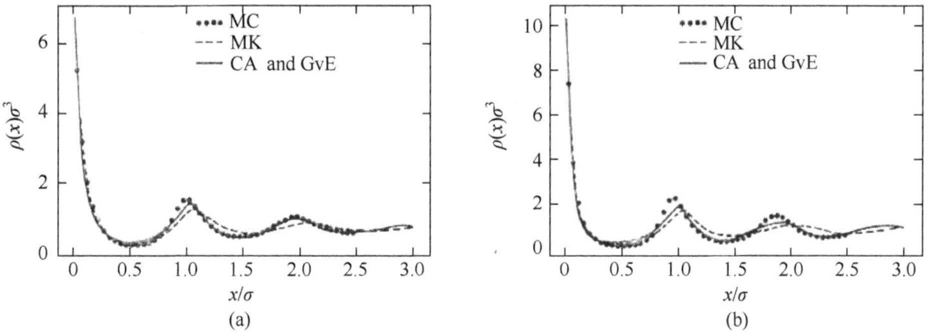

图 6-10　硬球流体在硬壁附近的密度分布。(a) $\rho\sigma^3$=0.813；(b) $\rho\sigma^3$=0.9135。MK (Meister-Kroll)、CA (Curtin-Ashcroft)、GvE (Groot-van de Eerden) 和 MC 的比较[31]

S. Sokolowski 和 J. Fischer[32]研究了 Ar 与 Kr 的混合物在石墨缝隙中的毛细管凝结现象，采用 Meister-Kroll 的 WDA，分子间以及分子与石墨壁间的相互作用，则采用伦纳德-琼斯位能函数 LJ (6-12)。图 6-11 是预测的在管径为 $L=5\sigma_{Ar}$ 的石墨管壁上的吸附等温线。在 $kT/\varepsilon_{Ar}=1$ 时，见图中实线，纯 Ar 与纯 Kr 以及混合物都有毛细管凝结，预测和 MD 模拟数据基本一致。在 $kT/\varepsilon_{Ar}=1.5$ 时，见图中虚线，预测 Ar 有凝结，Kr 含量较高时没有毛细管凝结，但 MD 模拟在整个范围都没有发现毛细管凝结。这是由于所采用的 LJ 位能函数以及相应的状态方程，预测的临界温度过高。

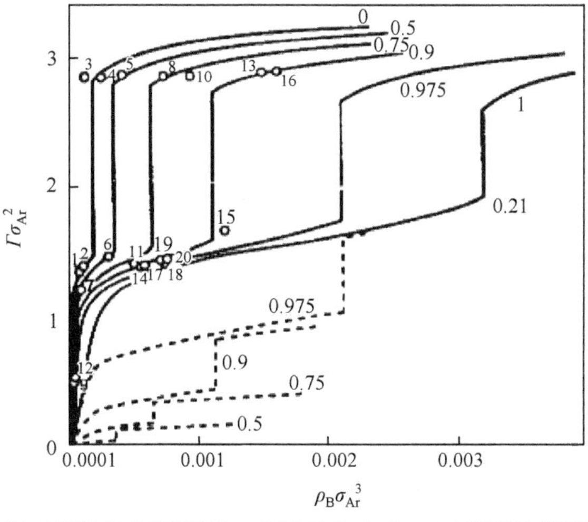

图 6-11　Ar 与 Kr 的混合物的毛细管凝结。在管径为 $L=5\sigma_{Ar}$ 时的吸附等温线。ρ_B 为体相密度。线条为用 Meister-Kroll 的 WDA 的预测，实线：$kT/\varepsilon_{Ar}=1$，虚线：$kT/\varepsilon_{Ar}=1.5$。点：MD[32]

6.5　基本度量理论

1. Rosenfeld 的基本度量理论(fundamental measure theory，FMT)[33]

1)背景

上面介绍的那些 WDA，特别是 Tarazona 开始的，以及 Curtin-Ashcroft 改进的，将权重密度函数$\tau(\boldsymbol{r}-\boldsymbol{r}')$按级数展开的式(6.4.19)，取得了很大的成功，直到现在还在使用。但也有一个缺点，就是难以推广至混合物。例如，参数$w_1(\boldsymbol{r})$在讨论 Tarazona 方案的意义时曾提到，它的作用是将包含$f_{12}(r_{12})f_{23}(r_{23})f_{31}(r_{31})$的不可约集团积分，用$f_{12}(r_{12})(f_{23}(r_{23})+w_1(r_{23}))$的可约积分来近似，大大简化了计算。而对于有 K 个组分的混合物，每一种梅逸函数 $f_{ij}(r_{ij})$应该有 $K(K+1)$个，如果考虑 $w_2(\boldsymbol{r})$，还将涉及更多的交叉相互作用，将遇到数量庞大的 $w_1(\boldsymbol{r})$和 $w_2(\boldsymbol{r})$。

1989 年，Y. Rosenfeld[33]提出了一个 WDA 的新的思路。原来加权密度按卷积式(6.4.4) $\overline{\rho}^{\tau}(\boldsymbol{r})=\int \mathrm{d}\boldsymbol{r}'\,\tau\left(\boldsymbol{r}-\boldsymbol{r}';\rho(\boldsymbol{r})\right)\rho(\boldsymbol{r}')$ 计算时，权重密度函数τ的有效作用范围通常是 $r<\sigma$ [对硬球流体，即梅逸函数 $f_{ij}(r_{ij})$的有效作用范围，见式(6.4.10)]，现在则改为 $r<R$，R 是硬球半径。这一改变的实质在于，σ_{ij} 涉及 i 和 j 两种分子，而 R_i 只涉及分子 i 本身，推广至混合物就简单得多。

Rosenfeld 方案是基于他稍早前的工作[37]，他利用了定标粒子理论[38]的一些对分子的基本度量，$R_i^{(0)}=1$、$R_i^{(1)}=R_i$、$R_i^{(2)}=4\pi R_i^2$、$R_i^{(3)}=3\pi R_i^3/4$ 分别是 1、硬球 i 的半径、面积和体积。由此定义了参数$\xi^{(k)}$，对于一个有 K 个组分的硬球流体混合物，

$$\xi^{(k)}=\sum_{i=1}^{K}\rho_i R_i^{(k)},\quad k=0,1,2,3 \tag{6.5.1}$$

Rosenfeld 得出，直接相关函数可用式(6.5.2)精确表达：

$$c_{ij}^{(2)}(r)=\chi^{(3)}\Delta V_{ij}(r)+\chi^{(2)}\Delta S_{ij}(r)+\chi^{(1)}\Delta R_{ij}(r)+\chi^{(0)}\Theta(R_i+R_j-r) \tag{6.5.2}$$

式中，$\Delta V_{ij}(r)$、$\Delta S_{ij}(r)$、$\Delta R_{ij}(r)$分别是两个分子 i 和 j 的重叠体积、重叠面积和重叠半径；Θ是 Heaviside 阶梯函数；系数$\chi^{(0)}$、$\chi^{(1)}$、$\chi^{(2)}$、$\chi^{(3)}$则是与基本度量有关的$\xi^{(k)}$的函数。由这一公式可以看出，不同分子 i 和 j 的直接相关函数只取决于分子 i 和 j 的基本度量，$R_i^{(0)}$、$R_i^{(1)}$、$R_i^{(2)}$ 和 $R_i^{(3)}$ 以及 $R_j^{(0)}$、$R_j^{(1)}$、$R_j^{(2)}$ 和 $R_j^{(3)}$。式(6.5.2)与定标粒子理论或(利用压缩性方程的)PY 近似的结果完全一致。

2)FMT 要点[33-36]

对于有 K 个组分的非均匀的硬球流体混合物，Rosenfeld 的 WDA 采用的方案是：将式(6.4.1) $F^{\mathrm{ex}}[\rho(\boldsymbol{r})]=\int \mathrm{d}\boldsymbol{r}\,\overline{\rho}^{\xi}(\boldsymbol{r})\psi^{\mathrm{ex}}(\overline{\rho}^{\tau}(\boldsymbol{r}))$ 写为

$$F^{\mathrm{ex}}[\boldsymbol{\rho}(\boldsymbol{r})]=kT\int \mathrm{d}\boldsymbol{r}\,\Phi[n_\alpha(\boldsymbol{r})] \tag{6.5.3}$$

式中，$\boldsymbol{\rho}(\boldsymbol{r})=\{\rho_i(\boldsymbol{r}), i=1\sim K\}$；$\Phi$是无因次过量自由能(的)密度，量纲为 L^{-3}。

加权密度 $n_\alpha(\boldsymbol{r})$　Φ是有因次的加权密度 $n_\alpha(\boldsymbol{r})$的泛函，α=0, 1, 2, 3。$n_\alpha(\boldsymbol{r})$或为体积平均密度，或为面积平均密度，量纲为 $\mathrm{L}^{\alpha-3}$，用下面的卷积式表示：

$$n_\alpha(\boldsymbol{r})=\sum_i^K\int\rho(\boldsymbol{r}')w_i^{(\alpha)}(\boldsymbol{r}-\boldsymbol{r}')\mathrm{d}\boldsymbol{r}' \tag{6.5.4}$$

权重函数 $w_i^{(\alpha)}$　共 6 个，分两大类，一类是标量，另一类是矢量。基本的有两个，一个是标量 $w_i^{(3)}(\boldsymbol{r})$ ，一个是矢量 $\boldsymbol{w}_i^{(2)}(\boldsymbol{r})$，定义为

$$w_i^{(3)}(\boldsymbol{r})=\Theta\left(|\boldsymbol{r}|-R_i\right) \tag{6.5.5}$$

$$\boldsymbol{w}_i^{(2)}(\boldsymbol{r})=\nabla\Theta\left(|\boldsymbol{r}|-R_i\right)=(\boldsymbol{r}/r)\delta\left(|\boldsymbol{r}|-R_i\right) \tag{6.5.6}$$

式(6.5.5)说明是体积平均，阶梯函数Θ考虑到硬球的特点($r<R_i$，Θ=1，$r>R_i$，Θ=0，体积平均只在硬球体积内进行)。相应的标量 $w^{(3)}(\boldsymbol{r})$和 $n_3(\boldsymbol{r})$的量纲为 1。式(6.5.6)是式(6.5.5)的梯度，只在 $r=R_i$ 时δ≠0，说明是面积平均，平均时在硬球表面处将得到不连续的跳跃。相应的矢量 $\boldsymbol{w}^{(2)}(\boldsymbol{r})$和 $\boldsymbol{n}_2(\boldsymbol{r})$的量纲为 L^{-1}。其他 4 个权重函数分别是

$$\begin{aligned}&w_i^{(2)}(\boldsymbol{r})=\left|\boldsymbol{w}_i^{(2)}(\boldsymbol{r})\right|=|\boldsymbol{r}/r|\delta\left(|\boldsymbol{r}|-R_i\right),\quad w_i^{(0)}(\boldsymbol{r})=w_i^{(2)}(\boldsymbol{r})/4\pi R_i^2\\&w_i^{(1)}(\boldsymbol{r})=w_i^{(2)}(\boldsymbol{r})/4\pi R_i\qquad\qquad\qquad\quad,\quad \boldsymbol{w}_i^{(1)}(\boldsymbol{r})=\boldsymbol{w}_i^{(2)}(\boldsymbol{r})/4\pi R_i\end{aligned} \tag{6.5.7}$$

可见权重函数总共是 4 个标量，2 个矢量。相应地由式(6.5.4)可得 6 个加权密度，4 个标量[$n_0(\boldsymbol{r})$，$n_1(\boldsymbol{r})$，$n_2(\boldsymbol{r})$，$n_3(\boldsymbol{r})$]和两个矢量[$\boldsymbol{n}_1(\boldsymbol{r})$，$\boldsymbol{n}_2(\boldsymbol{r})$]。除了 2 个基本的以外，其他的 $w^{(2)}(\boldsymbol{r})$和 $n_2(\boldsymbol{r})$的量纲为 L^{-1}，$\boldsymbol{w}^{(1)}(\boldsymbol{r})$、$w^{(1)}(\boldsymbol{r})$和 $\boldsymbol{n}_1(\boldsymbol{r})$、$n_1(\boldsymbol{r})$的量纲为 L^{-2}，$w^{(0)}(\boldsymbol{r})$和 $n_0(\boldsymbol{r})$的量纲为 L^{-3}。应该指出，前面介绍过的 Robledo-Varea 的方法，也采用了 $r<R$ 来定义权重密度函数，但展开仅限于首项。

注：关于量纲，有一个微妙的问题。在式(6.5.5)和式(6.5.6)中，$w^{(3)}(\boldsymbol{r})$和 $\boldsymbol{w}^{(2)}(\boldsymbol{r})$中的 $\boldsymbol{r}$，是指粒子的空间位置 x, y, z，$\mathrm{d}\boldsymbol{r}=\mathrm{d}x\mathrm{d}y\mathrm{d}z$，量纲是 L^3。而公式右面的 $\boldsymbol{r}$，却是一个长度矢量，量纲为 L。$\boldsymbol{r}/r$ 是单位长度矢量，量纲为 1。狄拉克 δ 函数 $\delta\left(|\boldsymbol{r}|-R_i\right)$ 由于变量是长度，量纲为 L^{-1}。所以 $\boldsymbol{w}^{(2)}(\boldsymbol{r})$和 $\boldsymbol{n}_2(\boldsymbol{r})$的量纲为 L^{-1}。

无因次自由能密度　要解决无因次自由能密度$\Phi(n_\alpha(\boldsymbol{r}))$的形式，思路是要复原均匀硬球流体的 PY 近似(利用压缩性方程)或定标粒子理论的结果，包括直接相关函数，参见式(4.7.20)。经过推导，可得无因次自由能密度Φ的标量部分Φ_s：

$$\Phi_\mathrm{s}(n_\alpha(\boldsymbol{r}))=-n_0\ln(1-n_3)+\frac{n_1n_2}{1-n_3}+\frac{1}{24\pi}\frac{n_2^3}{(1-n_3)^2} \tag{6.5.8}$$

矢量部分Φ_v为

$$\Phi_\mathrm{v}(n_\alpha(\boldsymbol{r}),\boldsymbol{n}_\alpha(\boldsymbol{r}))=-\frac{\boldsymbol{n}_1\cdot\boldsymbol{n}_2}{1-n_3}-\frac{1}{8\pi}\frac{n_2(\boldsymbol{n}_2\cdot\boldsymbol{n}_2)}{(1-n_3)^2} \tag{6.5.9}$$

Φ_v在均匀极限时消失。Φ则为两者之和

$$\Phi = \Phi_s + \Phi_v \tag{6.5.10}$$

有了Φ，就有了过量自由能泛函 $F^{ex}[\rho(\boldsymbol{r})]$，就可计算各种热力学性质以及各种相关函数。

Rosenfeld 的方案由于采用了基本度量，因此称为基本度量理论，它是 WDA 的一种。

2. 相关进展

1990 年，E. Kierlik 和 M. L. Rosinberg[39]提出，采用矢量并不是必需的。除了 $w_i^{(2)}(\boldsymbol{r})$和 $w_i^{(3)}(\boldsymbol{r})$与式(6.5.7)和式(6.5.5)相同外，另外两个可表示为

$$\begin{aligned} w_i^{(1)}(\boldsymbol{r}) &= \delta'(r - R_i)/8\pi \\ w_i^{(0)}(\boldsymbol{r}) &= -\delta''(r - R_i)/8\pi + \delta'(r - R_i)/2\pi r \end{aligned} \tag{6.5.11}$$

式中，δ'和δ''分别是δ函数的一阶和二阶导数。利用式(6.5.11)，硬球流体的 PY 的结果同样可以重演。这其实并不意外，因为Φ_v在均匀极限时消失。至于在非均匀时，还可继续探讨。

2002 年，J. A. Cuesta、Y. Martinez-Raton 和 P. Tarazona[40]从不同角度讨论了基本度量理论，从复原梅逸函数在硬球表面处的不连续的跳跃，也得出矢量型的权重函数，但形式与 Rosenberg 的有些不同。

对于硬球流体，PY 近似或定标粒子理论所得到的并不是最准确的方程，与分子模拟一致的是 CS(卡纳汉-斯塔林)方程，见式(4.7.23)。以后发展了 Boublik-Mansoori-Carnahan-Starling-Leland 方程[41, 42]，简称 BMCSL 方程，适用于组分大小不一的硬球混合物。2002 年，于养信和吴建中[43]将 Rosenfeld 的 FMT 与 BMCSL 方程结合，得到无因次自由能密度Φ的标量部分Φ_s和矢量部分Φ_v分别为

$$\Phi_s(n_\alpha(\boldsymbol{r})) = -n_0 \ln(1-n_3) + \frac{n_1 n_2}{1-n_3} + \frac{n_2^3}{36\pi}\left(\frac{\ln(1-n_3)}{n_3^2} + \frac{1}{n_3(1-n_3)^2}\right) \tag{6.5.12}$$

$$\Phi_v(n_\alpha(\boldsymbol{r}), \boldsymbol{n}_\alpha(\boldsymbol{r})) = -\frac{\boldsymbol{n}_1 \cdot \boldsymbol{n}_2}{1-n_3} - \frac{n_2(\boldsymbol{n}_2 \cdot \boldsymbol{n}_2)}{12\pi}\left(\frac{\ln(1-n_3)}{n_3^2} + \frac{1}{n_3(1-n_3)^2}\right) \tag{6.5.13}$$

3. 应用

1)硬球流体的密度分布

为求得硬球流体的密度分布，可以应用式(5.3.17) $\rho(\boldsymbol{r}) = \rho_0 \exp(-V_{ext}(\boldsymbol{r})/kT + c^{(1)}(\rho(\boldsymbol{r});\boldsymbol{r}) - c_0^{(1)}(\rho_0))$，这就需要知道 $c^{(1)}(\rho(\boldsymbol{r}),\boldsymbol{r})$或 $F^{ex}[\rho(\boldsymbol{r})]$。这里不妨从头开始，按式(5.3.9)和式(5.3.10)，略去动能贡献Λ，并将式(6.5.3) $F^{ex}[\rho(\boldsymbol{r})] = kT\int \mathrm{d}\boldsymbol{r}\, \Phi[n_\alpha(\boldsymbol{r})]$代入，有

$$\begin{aligned}\Omega[\rho(\boldsymbol{r})] &= F^{\text{ex}}[\rho(\boldsymbol{r})] + \sum_i^K \int \mathrm{d}\boldsymbol{r}\,\rho_i(\boldsymbol{r})\big(V_{\text{ext},i}(\boldsymbol{r}) - \mu_i\big) + F^{\text{ig}}[\rho(\boldsymbol{r})] \\ &= kT\int \mathrm{d}\boldsymbol{r}\,\Phi[n_\alpha(\boldsymbol{r})] + \sum_i^K \int \mathrm{d}\boldsymbol{r}\,\rho_i(\boldsymbol{r})\big(V_{\text{ext},i}(\boldsymbol{r}) - \mu_i\big) \\ &\quad + \sum_i^K \int kT\rho_i(\boldsymbol{r})\big(\ln\rho_i(\boldsymbol{r}) - 1\big)\mathrm{d}\boldsymbol{r}\end{aligned} \tag{6.5.14}$$

达到平衡时，巨势泛函 $\Omega[\rho(\boldsymbol{r})]$应为极值，$\delta\Omega[\rho(\boldsymbol{r})]/\delta\rho_i(\boldsymbol{r}) = 0$。利用式(6.5.4) $n_\alpha(\boldsymbol{r}) = \sum_i^K \int \rho(\boldsymbol{r}')w_i^{(\alpha)}(\boldsymbol{r}-\boldsymbol{r}')\mathrm{d}\boldsymbol{r}'$，得

$$\rho_i(\boldsymbol{r}) = \exp\left(-\int \mathrm{d}\boldsymbol{r}' \sum_\alpha \frac{\partial\Phi[n_\alpha(\boldsymbol{r})]}{\partial n_\alpha(\boldsymbol{r})} w_i^{(\alpha)}(\boldsymbol{r}-\boldsymbol{r}') + \frac{\mu_i - V_{\text{ext},i}(\boldsymbol{r})}{kT}\right) \tag{6.5.15}$$

式中$\Phi[\rho(\boldsymbol{r})]$以式(6.5.8)和式(6.5.9)或式(6.5.12)和式(6.5.13)代入，化学势 μ_i 可采用 BMCSL 方程，如为纯物质，可采用 CS 方程

$$\frac{\mu}{kT} = \ln\rho_0 + \eta\frac{8 - 9\eta + 3\eta^2}{(1-\eta)^3}, \quad \eta = \frac{1}{6}\pi\rho_{\text{b}}\sigma^3 \tag{6.5.16}$$

ρ_0或ρ_{b}为体相密度，σ为直径，σ=2R。

式(6.5.15)的求解可采用皮卡(Picard)迭代法。常将空间网格化，加权密度和积分则用梯形规则(trapezoidal rule)计算。

如果组分 i 和组分 j 的直径分别为σ_i和σ_j，要计算硬球 j 周围硬球 i 的密度分布，则外场 $V_{\text{ext},i}(r)$为

$$V_{\text{ext},i}(r) = 0,\ r \geqslant (\sigma_i + \sigma_j)/2;\quad V_{\text{ext},i}(r) = \infty,\ r < (\sigma_i + \sigma_j)/2 \tag{6.5.17}$$

径向分布函数 $g_{ij}(r)=\rho_i(r)/\rho_{i,\text{b}}$。

如果是一维硬壁构成的狭缝，宽度为 h，要求得硬球流体在狭缝中的密度分布，则外场 $V_{\text{ext}}(x)$为

$$V_{\text{ext}}(x) = 0,\quad 0 < x < h;\quad V_{\text{ext}}(x) = \infty,\quad 0 > x > -h \tag{6.5.18}$$

2) 直接相关函数

按式(5.3.13)，二重直接相关函数与 F^{ex} 的关系为

$$c_{ij}^{(2)}(\boldsymbol{r}_1, \boldsymbol{r}_2) = -\frac{1}{kT}\frac{\delta^2 F^{\text{ex}}}{\delta\rho_i(\boldsymbol{r}_1)\delta\rho_j(\boldsymbol{r}_2)} \tag{6.5.19}$$

下标 i 和 j 代表两个不同组分。以式(6.5.3) $F^{\text{ex}}[\rho(\boldsymbol{r})] = kT\int \mathrm{d}\boldsymbol{r}\,\Phi[n_\alpha(\boldsymbol{r})]$代入，经过傅里叶变换后有[55]

$$c_{ij}^{(2)}(k) = -\sum_{\alpha,\gamma}\frac{\delta^2\Phi}{\delta n_\alpha \delta n_\gamma} w_i^{(\alpha)}(k) w_j^{(\gamma)}(k) \tag{6.5.20}$$

式中权重函数在傅里叶空间相应为

$$w_i^{(3)}(k) = 4\pi\left(\sin(kR_i) - kR_i\cos(kR_i)\right)/k^3 \tag{6.5.21}$$

$$\boldsymbol{w}_i^{(2)}(\boldsymbol{k}) = -\mathrm{i}\boldsymbol{k}w_i^{(3)}(k) \tag{6.5.22}$$

其他 4 个权重函数分别为

$$\begin{aligned} &w_i^{(2)}(k) = 4\pi R_i\sin(kR_i)/k \quad , \quad w_i^{(0)}(k) = w_i^{(2)}(k)/4\pi R_i^2 \\ &w_i^{(1)}(k) = w_i^{(2)}(k)/4\pi R_i \quad , \quad \boldsymbol{w}_i^{(1)}(\boldsymbol{k}) = \boldsymbol{w}_i^{(2)}(\boldsymbol{k})/4\pi R_i \end{aligned} \tag{6.5.23}$$

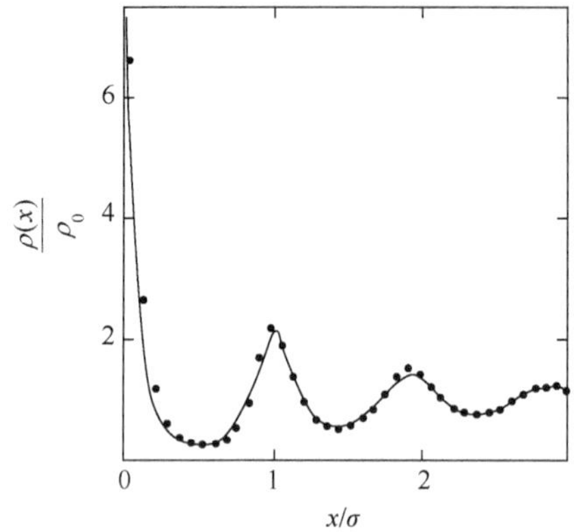

图 6-12 硬球流体在硬壁附近的密度分布。$\rho\sigma^3$=0.878，FMT 预测(线)与 MC(点)的比较。x 为硬球表面与硬壁的距离[39]

3) 实例

图 6-12 是 Kierlik-Rosinberg[39]的基本度量理论对硬球流体在硬壁附近的密度分布的预测，与 MC 模拟结果的比较极为满意，虽然他们没有用矢量的权重函数。图 6-13 是对硬球流体在 Lennard-Jones 9-3 壁上的密度分布的预测。它是模拟 Ar 在石墨表面上的行为。与 MC 模拟结果的比较可见，符合也非常满意。图 6-14 是于养信和吴建中[43]计算的二元硬球混合物的径向分布函数，与 MD 模拟结果的比较，得到很好的一致。

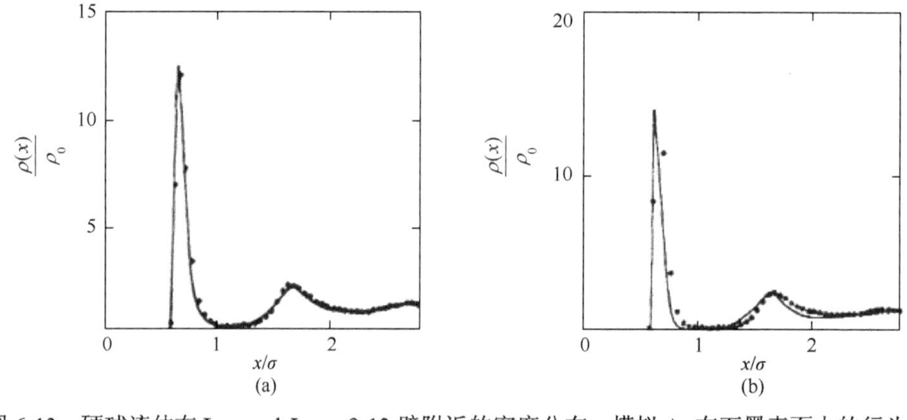

图 6-13 硬球流体在 Lennard-Jones 9-13 壁附近的密度分布，模拟 Ar 在石墨表面上的行为。ε/k=2876K，x_0=0.562σ。(a) $\rho\sigma^3$=0.467，T=150K；(b) $\rho\sigma^3$=0.611，T=100K。x 为硬球中心与 LJ 壁的距离。线：Kierlik-Rosinberg FMT 的预测[39]，点：MC

图 6-15 是于养信和吴建中[43]计算的均匀硬球流体在三个不同密度下的二重直接相关函数，图中同时画出 Rosenfeld 的 FMT 的计算结果。由图可见，与分子模拟数据比较显示，采用 BMCSL 方程或 CS 方程后，比采用 PY 方程的 Rosenfeld 的 FMT 有明显改进。图 6-16 是 Rosenfeld[33]的 FMT 对硬球流体的三重直接相关

函数的预测，三个分子的位形是等边三角形，$c^{(3)}(k,k,k)$是 $c^{(3)}$的傅里叶变换，横坐标 ka 中的 $a=(3/4\pi\rho)^{1/3}=\eta^{-1/3}\sigma$，$\eta=0.458$。数据点是软球系统在接近凝固时的分子动力学模拟结果，Rosenfeld 用$\xi^{(3)}=0.458$ 来拟合软球的 $c^{(3)}(0,0,0)$。由图可见，符合得很好，说明 FMT 有推广至高阶的潜力。但对非等边三角形的位形，符合得要差得多。

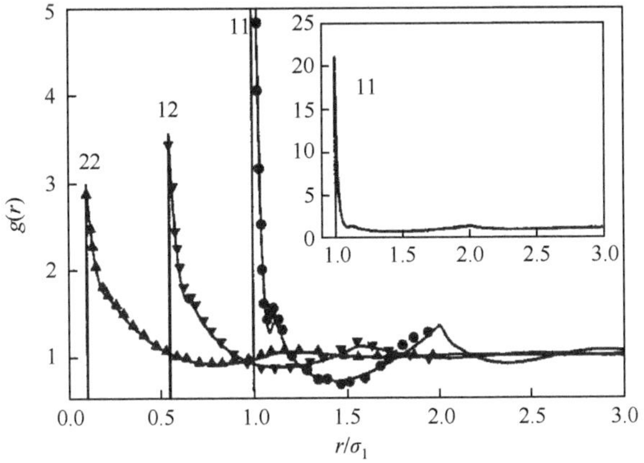

图 6-14　二元硬球混合物的径向分布函数。$\eta=0.55$，$x_1=0.01$，$\sigma_2/\sigma_1=0.1$，线：预测，点：MD[43]

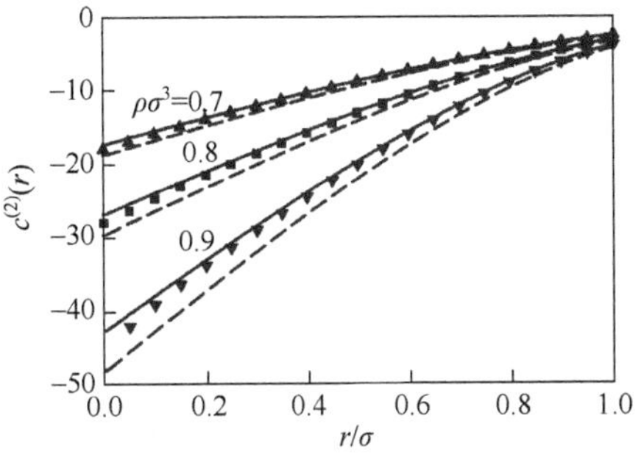

图 6-15　均匀硬球流体的直接相关函数 $c^{(2)}(r)$。$\rho\sigma^3=0.7$，0.8，0.9，线：预测，虚线：Rosenberg，点：分子模拟[39]

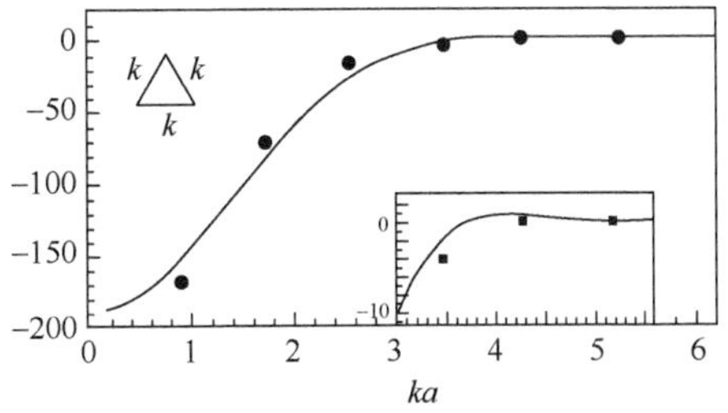

图 6-16　硬球流体的三重直接相关函数 $c^{(3)}(k,k,k)$。FMT 预测(线)与 MD(点)的比较。小图是放大图[33]

4. 超越硬球

1) 吸引的贡献

在讨论 WDA 时，介绍过 Curtin-Ashcroft(参见 6.4 节)对 Tarazona 的改进，为超越硬球，只要采用实际均匀流体的二重直接相关函数，因为在 Tarazona 的理论框架中并没有局限于硬球。FMT 就不同，虽然它的长处在于只用分子的基本度量，容易推广至混合物，但它是一个硬球流体混合物的理论，不能简单地推广到非硬球流体。

为了在 FMT 的基础上引入吸引的贡献，最简单的做法是像 6.2 节中介绍过的范德华模型那样采用平均场近似，但准确度较差。1993 年，Rosenfeld[36]提出了一个方案，首先将过量内在自由能表达为硬球贡献和吸引贡献两部分：

$$F^{\text{ex}}[\boldsymbol{\rho}(\boldsymbol{r})] = F_{\text{hs}}^{\text{ex}}[\boldsymbol{\rho}(\boldsymbol{r})] + F_{\text{attr}}^{\text{ex}}[\boldsymbol{\rho}(\boldsymbol{r})] \tag{6.5.24}$$

前者按 FMT 处理。后者相对于均匀流体的吸引贡献展开为泰勒级数，并截止于二阶项，

$$\begin{aligned} F_{\text{attr}}^{\text{ex}}[\boldsymbol{\rho}(\boldsymbol{r})] &= F_{\text{attr}}^{\text{ex}}(\boldsymbol{\rho}_0) + \sum_i^k \int \frac{\delta F_{\text{attr}}^{\text{ex}}[\boldsymbol{\rho}(\boldsymbol{r})]}{\delta \rho_i(\boldsymbol{r})} \Delta\rho_i(\boldsymbol{r}) \mathrm{d}\boldsymbol{r} \\ &\quad + \frac{1}{2}\sum_{i,j}^K \iint \frac{\delta^2 F_{\text{attr}}^{\text{ex}}[\boldsymbol{\rho}(\boldsymbol{r})]}{\delta\rho_i(\boldsymbol{r})\delta\rho_j(\boldsymbol{r}')} \Delta\rho_i(\boldsymbol{r})\Delta\rho_j(\boldsymbol{r}') \mathrm{d}\boldsymbol{r}\mathrm{d}\boldsymbol{r}' \\ &= F_{\text{attr}}^{\text{ex}}(\boldsymbol{\rho}_0) + \sum_i^K \mu_{i,\text{attr}} \int \Delta\rho_i(\boldsymbol{r}) \mathrm{d}\boldsymbol{r} \\ &\quad - \frac{1}{2} kT \sum_{i,j}^K \iint c_{ij,\text{attr}}^{(2)}(\boldsymbol{\rho}_0; |\boldsymbol{r}-\boldsymbol{r}'|) \Delta\rho_i(\boldsymbol{r})\Delta\rho_j(\boldsymbol{r}') \mathrm{d}\boldsymbol{r}\mathrm{d}\boldsymbol{r}' \end{aligned} \tag{6.5.25}$$

式中泛函导数与直接相关函数以及化学势的关系参见式(5.3.12)～式(5.3.14)。由式可见，和 Curtin-Ashcroft 类似，需要二重直接相关函数。

汤一平和吴建中[44]针对 LJ 流体，先应用 Barker 和 Henderson 的微扰理论［参见第 4 章 4.8 节］，按式(4.8.29) $d = \int_0^\sigma \left(1 - \exp(-\beta\varepsilon_{\text{p}}(z)\right)\mathrm{d}z$ 引入有效硬球直径 d，以分离硬球的贡献，并采用于养信和吴建中[43]的 FMT 与 BMCSL 结合方法。然后将 LJ 位能函数的吸引部分映射为两个 Yukawa 函数，

$$\varepsilon_{\text{p}}^{\text{attr}} = -k_1(\varepsilon/r)\exp\left(-z_1(r-d)\right) + k_2(\varepsilon/r)\exp\left(-z_2(r-d)\right) \tag{6.5.26}$$

式中，$k_1=k_0\exp(z_1(\sigma-d))$，$k_2=k_0\exp(z_2(\sigma-d))$，$k_0=2.1714\sigma$，$z_1\sigma=2.9637$，$z_2\sigma=14.0167$。在此基础上，采用汤一平和陆志禹(B. C. Lu)[45, 46]开发的一阶平均球近似 FMSA，得到二重直接相关函数

$$c_{\text{attr}}^{(2)}(r) = c_1^{\text{Yukawa}}(T_1^*, z_1 d, r/d) + c_1^{\text{Yukawa}}(T_2^*, z_2 d, r/d) \tag{6.5.27}$$

式中，$T_1^*=T^*d/k_1$，$T_2^*=T^*d/k_2$，$T^*=kT/\varepsilon$，c_1^{Yukawa} 有解析式。这种利用微扰理论的方法，虽然只计及二重的直接相关函数，高重的直接相关函数的影响至少部分被有效的硬球贡献所涵盖。图 6-17 是 LJ 流体在硬壁上的密度分布，可见比平均场近似有显著改进，其中 RDF 和 DCF 分别指利用 FMSA 得到径向分布函数和直接相关函数后进行的计算。图 6-18 是 LJ 流体在狭缝中的密度分布，与模拟数据的符合程度也非常满意。

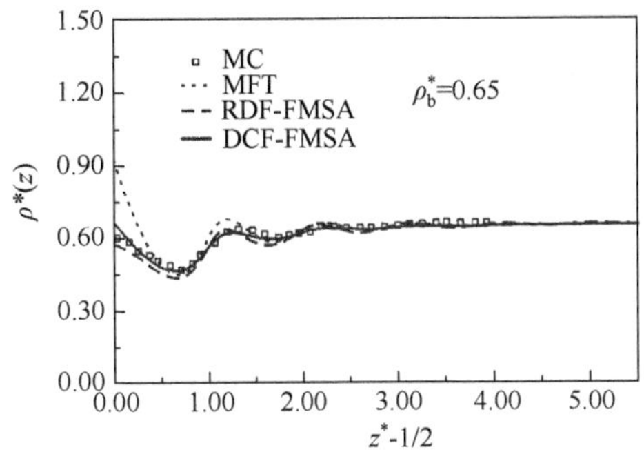

图 6-17　LJ 流体在硬壁上的密度分布。$\rho^*(z)=\rho(z)\sigma^3$，$z^*=z/d$，$T^*=1.35$，$\rho_b$ 为体相密度。MFT：平均场[44]

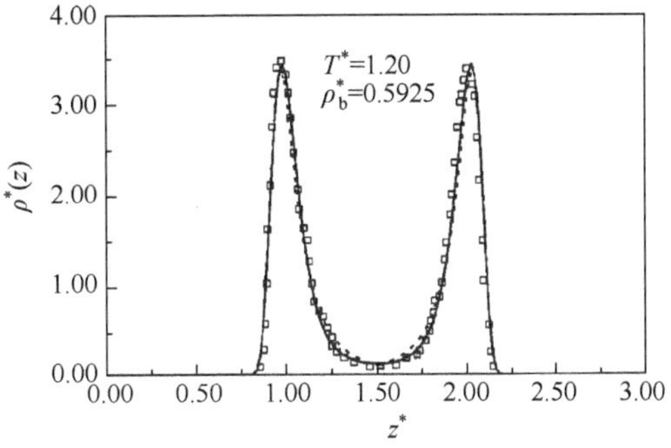

图 6-18　LJ 流体在狭缝中的密度分布。缝宽 $H=3\sigma$。线：预测。点：模拟数据[44]

2) 缔合的贡献

对于氢键或弱化学反应引起的缔合现象，它对非均匀流体密度分布的影响已经有不少研究[47-51]。例如，于养信和吴建中[51]将 FMT 的硬球项和 W. G. Chapman 等[52]的缔合流体统计理论(statistical associating fluid theory，SAFT)的缔合项结合，式(6.5.3)变为

$$F^{\mathrm{ex}}[\boldsymbol{\rho}(\boldsymbol{r})]=kT\int \mathrm{d}\boldsymbol{r}\left(\Phi_{\mathrm{FMT}}[n_\alpha(\boldsymbol{r})]+\Phi_{\mathrm{ass}}[n_\alpha(\boldsymbol{r})]\right) \tag{6.5.28}$$

Φ_{ass} 为缔合对无因次过量自由能密度的贡献，按 SAFT 可表达为

$$\Phi_{\mathrm{ass}}[n_\alpha(\boldsymbol{r})]=\sum_{i,A}n_{0i}\zeta_i\left(\ln X_i^{(A)}-\frac{1}{2}(X_i^{(A)}-1)\right) \tag{6.5.29}$$

式中，i 代表原子或基团；A 代表它的缔合位；$X_i^{(A)}$是 i 在 A 上未被键合的局部分数；ζ_i 是非均匀因子，它与 FMT 的加权密度间有以下关系

$$\zeta_i=1-\boldsymbol{n}_2\cdot\boldsymbol{n}_2/n_{2,i}^2 \tag{6.5.30}$$

图 6-19 是缔合硬球流体在硬壁上的密度分布，从(a)到(c)，密度逐次增加，温度逐次降低。按式(6.5.28)预测的结果与模拟数据比较表明，理论总体上能够定量地描述缔合性的非均匀流体的结构，但在低温和高密度下，误差增大。

3) 电解质溶液

在原电池和电解池中，电解质溶液在电极表面是非均匀的，离子的密度分布构成双扩散电层。在电化学中，这是一个传统的命题。为计算简单，电解质溶液可看作一个在介电常数或电容率为ε中的带电硬球的流体，离子具有相同的直径 d 和电荷数 z。常定义偶合常数 q^*

$$q^*=\sqrt{\beta z^2e^2/\varepsilon d} \tag{6.5.31}$$

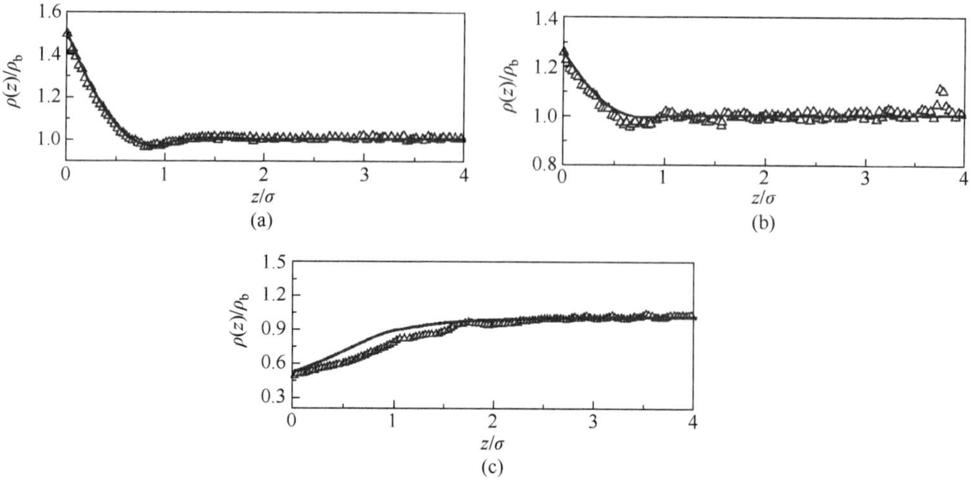

图 6-19 缔合硬球流体在硬壁上的密度分布。(a) $\rho_b\sigma^3$=0.1977，ε/kT=3；(b) $\rho_b\sigma^3$=0.1994，ε/kT=5；(c) $\rho_b\sigma^3$=0.2112，ε/kT=7。ε为键合能。三角点：模拟数据。线：预测[51]

e 为元电荷，q^*用来度量离子间相互作用的强度。物理化学中通常都介绍古依-查普曼(Gouy-Chapman)理论，它将离子看作点电荷，按式(6.5.31) q^*为∞，但是该理论只能描述弱偶合 q^*较小时的双电层，这时，电容的温度系数 $\mathrm{d}C/\mathrm{d}T$ 为负值。当 q^*较大时，实验表明，一部分离子将以紧密吸附的形式聚集于表面，$\mathrm{d}C/\mathrm{d}T$ 可能为正值，Gouy-Chapman 理论不能定量说明。

密度泛函理论可以提供研究双扩散电层的有效工具，已经有一些有相当成效的工作。例如，D. Boda、D. Henderson、L.M.Y. Teran 和 S. Sokolowski[57]的工作，还有许多其他的工作[53-58]。

下面从式(5.2.13) $\Omega[\rho(\boldsymbol{r})] = F_{\text{intr}}[\rho(\boldsymbol{r})] + \int \mathrm{d}\boldsymbol{r}\rho(\boldsymbol{r})V_{\text{ext}}(\boldsymbol{r}) - \mu\int \mathrm{d}\boldsymbol{r}\rho(\boldsymbol{r})$ 开始，对 D. Boda 等的工作进行介绍。

方程建立 对于电极表面的电解质溶液，设有若干种离子，用 i 表达，式(5.2.13)应写为

$$\begin{aligned}\Omega[\boldsymbol{\rho}(\boldsymbol{r})] = F_{\text{intr}}[\boldsymbol{\rho}(\boldsymbol{r})] + \sum\nolimits_i \int \mathrm{d}\boldsymbol{r}\rho_i(\boldsymbol{r})\left(V_{\text{ext},i}(\boldsymbol{r}) - \mu_i\right) \\ + \frac{1}{2}\sum_i \int \mathrm{d}\boldsymbol{r} z_i e\rho_i(\boldsymbol{r})\psi(\boldsymbol{r})\end{aligned} \tag{6.5.32}$$

式中，$\boldsymbol{\rho}(\boldsymbol{r})=\{\rho_i(\boldsymbol{r}), i=1, 2, \cdots\}$；式右末项为静电相互作用的直接贡献，乘 1/2 是因为每一个离子同时又作用于其他离子；$\psi(\boldsymbol{r})$为平均静电势，由下面的 Poisson 方程确定

$$\nabla^2\psi(\boldsymbol{r}) = -(4\pi/\varepsilon)\sum_i z_i e\rho_i(\boldsymbol{r}) \tag{6.5.33}$$

注意内在自由能泛函 F_{intr} 仍内含外场和静电相互作用的间接影响。由于 $F_{\text{intr}}=F^{\text{ig}}+F^{\text{ex}}$，将 F^{ex} 相对于体相(下标 0)进行泰勒级数展开，并截止于二阶，按式(5.4.20)

$$F^{\text{ex}}[\rho(\boldsymbol{r})]=F^{\text{ex}}(\rho_0)-kT\int c_0^{(1)}(\rho_0)(\rho(\boldsymbol{r}_1)-\rho_0)\text{d}\boldsymbol{r}_1$$
$$-\frac{kT}{2!}\iint c_0^{(2)}(\rho_0;\boldsymbol{r}_1,\boldsymbol{r}_2)(\rho(\boldsymbol{r}_1)-\rho_0)\text{d}\boldsymbol{r}_1(\rho(\boldsymbol{r}_2)-\rho_0)\text{d}\boldsymbol{r}_2$$

并利用式(5.3.14) $c^{(1)}(\rho(\boldsymbol{r});\boldsymbol{r})=-\mu^{\text{ex}}(\boldsymbol{r})/kT$，$F_{\text{intr}}$ 可表达为

$$\begin{aligned}F_{\text{intr}}[\rho(\boldsymbol{r})]=&F^{\text{ig}}[\rho(\boldsymbol{r})]+F^{\text{ex}}(\rho_0)+\sum_i(\mu_i^{\text{ex}}-z_ie\psi_0)\int(\rho_i(\boldsymbol{r}_i)-\rho_{0,i})\text{d}\boldsymbol{r}_i\\&-\frac{kT}{2!}\sum_{i,j}\iint c_{ij}^{(2)\text{sr}}(\boldsymbol{r}_i,\boldsymbol{r}_j)(\rho_i(\boldsymbol{r}_i)-\rho_{0,i})\text{d}\boldsymbol{r}_i(\rho_j(\boldsymbol{r}_j)-\rho_{0,j})\text{d}\boldsymbol{r}_j\end{aligned}\tag{6.5.34}$$

式中 μ_i^{ex} 减去 $z_ie\psi_0$，是扣除静电作用的直接贡献，

$$c_{ij}^{(2)\text{sr}}(\boldsymbol{r}_i,\boldsymbol{r}_j)=c_{ij}^{(2)}(\boldsymbol{r}_i,\boldsymbol{r}_j)+\frac{\beta z_iz_je^2}{\varepsilon|\boldsymbol{r}_i-\boldsymbol{r}_j|}\tag{6.5.35}$$

上标 sr 指短程，加 $\beta z_iz_je^2/\varepsilon r$，也是为了扣除静电作用的直接贡献，因为式(6.5.32)右末项静电作用的直接贡献对 $\rho(r)$ 的二阶泛函导数为正，对 $c^{(2)}$ 的贡献则为负。

硬球流体是常用的参考流体。对于相应的不带电的硬球混合物，它的内在自由能泛函为

$$\begin{aligned}F_{\text{intr}}^{\text{hs}}[\rho(\boldsymbol{r})]=&F^{\text{ig}}[\rho(\boldsymbol{r})]+F^{\text{hs,ex}}(\rho_0)+\sum\nolimits_i\mu_i^{\text{hs,ex}}\int(\rho_i(\boldsymbol{r}_i)-\rho_{0,i})\text{d}\boldsymbol{r}_i\\&-\frac{kT}{2!}\sum_{i,j}\iint c_{ij}^{(2)\text{hs}}(\boldsymbol{r}_i,\boldsymbol{r}_j)(\rho_i(\boldsymbol{r}_i)-\rho_{0,i})\text{d}\boldsymbol{r}_i(\rho_j(\boldsymbol{r}_j)-\rho_{0,j})\text{d}\boldsymbol{r}_j\end{aligned}\tag{6.5.36}$$

将式(6.5.34)与式(6.5.36)相减，得

$$\begin{aligned}F_{\text{intr}}[\rho(\boldsymbol{r})]=&F_{\text{intr}}^{\text{hs}}[\rho(\boldsymbol{r})]+F^{\text{ex}}(\rho_0)-F^{\text{hs,ex}}(\rho_0)\\&+\sum\nolimits_i(\mu_i^{\text{ex}}-\mu_i^{\text{hs,ex}}-z_ie\psi_0)\int(\rho_i(\boldsymbol{r}_i)-\rho_{0,i})\text{d}\boldsymbol{r}_i\\&-\frac{kT}{2!}\sum_{i,j}\iint\Delta c_{ij}^{(2)}(\boldsymbol{r}_i,\boldsymbol{r}_j)(\rho_i(\boldsymbol{r}_i)-\rho_{0,i})\text{d}\boldsymbol{r}_i(\rho_j(\boldsymbol{r}_j)-\rho_{0,j})\text{d}\boldsymbol{r}_j\end{aligned}\tag{6.5.37}$$

$$\Delta c_{ij}^{(2)}(\boldsymbol{r}_i,\boldsymbol{r}_j)=c_{ij}^{(2)\text{sr}}(\boldsymbol{r}_i,\boldsymbol{r}_j)-c_{ij}^{(2)\text{hs}}(\boldsymbol{r}_i,\boldsymbol{r}_j)\tag{6.5.38}$$

将式(6.5.37)代入式(6.5.32)，求极值，$\delta\Omega[\rho(\boldsymbol{r})]/\delta\rho_i(\boldsymbol{r})=0$，得

$$\delta F_{\text{intr}}[\rho(\boldsymbol{r})]/\delta\rho_i(\boldsymbol{r})+V_{\text{ext},i}(\boldsymbol{r})+z_ie\psi(\boldsymbol{r})=\mu_i\tag{6.5.39}$$

以式(6.5.37)代入，并考虑到 $F_{\text{intr}}^{\text{hs}}[\rho(\boldsymbol{r})]=F^{\text{ig}}[\rho(\boldsymbol{r})]+F^{\text{hs,ex}}[\rho(\boldsymbol{r})]$，

$$\delta F^{\text{ig}}[\rho(\boldsymbol{r})]/\delta\rho_i(\boldsymbol{r})+\delta F^{\text{hs,ex}}[\rho(\boldsymbol{r})]/\delta\rho_i(\boldsymbol{r})+\mu_i^{\text{ex}}-\mu_i^{\text{hs,ex}}-z_ie\psi_0$$
$$-kT\sum_j\int\Delta c_{ij}^{(2)}(\boldsymbol{r}_i,\boldsymbol{r}_j)(\rho_j(\boldsymbol{r}_j)-\rho_{0,j})\text{d}\boldsymbol{r}_j+V_{\text{ext},i}(\boldsymbol{r})+z_ie\psi(\boldsymbol{r})=\mu_i$$

$$\mu_i^{\text{ig}}[\rho_i(\boldsymbol{r})]-\mu_i^{\text{ig}}(\rho_{0,i})+\delta F^{\text{hs,ex}}[\boldsymbol{\rho}(\boldsymbol{r})]/\delta\rho_i(\boldsymbol{r})-\mu_i^{\text{hs,ex}}+z_i e\left(\psi(\boldsymbol{r})-\psi_0\right)$$
$$-kT\sum_j\int\Delta c_{ij}^{(2)}(\boldsymbol{r}_i,\boldsymbol{r}_j)(\rho_j(\boldsymbol{r}_j)-\rho_{0,j})\mathrm{d}\boldsymbol{r}_j+V_{\text{ext},i}(\boldsymbol{r})=0$$

最后得

$$-kT\ln\left(\rho_i(\boldsymbol{r})/\rho_{0,i}\right)=\delta F^{\text{hs,ex}}[\boldsymbol{\rho}(\boldsymbol{r})]/\delta\rho_i(\boldsymbol{r})-\mu_i^{\text{hs,ex}}+V_{\text{ext},i}(\boldsymbol{r})+z_i e\left(\psi(\boldsymbol{r})-\psi_0\right)$$
$$-kT\sum_j\int\Delta c_{ij}^{(2)}(\boldsymbol{r}_i,\boldsymbol{r}_j)(\rho_j(\boldsymbol{r}_j)-\rho_{0,j})\mathrm{d}\boldsymbol{r}_j \qquad (6.5.40)$$

基本参照　对式(6.5.40)的求解，需要两个方面的参照。一是硬球流体的内在自由能，可以挑选上面已经介绍的方法，如 FMT[33]或 Kierlik 和 Rosinberg[39]的修正的 FMT，或于养信和吴建中[43]结合 BMCSL 的 FMT。二是带电硬球流体的直接相关函数，MSA[58]或 GMSA[59]理论提供了解析式。

图 6-20 是在ρd^3=0.04 的密度较低的情况下，带电硬球流体在带电壁上的密度分布，可见典型的双扩散电层与带电壁电荷相反的离子的浓度显著比反离子的高，离壁较远后，逐步趋于中性。预测结果与 MC 模拟相较，大体上一致，GMSA 的效果比 MSA 要好一些。图 6-21 是在ρd^3=0.64 的密度较高的情况下的密度分布，它相当于熔盐的情况，由图可见，有明显的吸附现象，并出现周期衰减变化。但对电容的计算表明，并没有出现 dC/dT 为正值的趋势，说明理论还有很大的改进余地。进一步还可以计算渗透系数等热力学性质[53]。

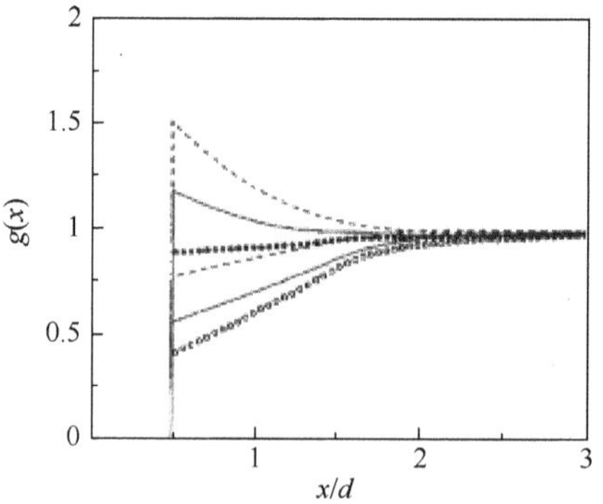

图 6-20　带电硬球流体在带电壁上的密度分布。ρd^3=0.04，$\sigma d^2/e$=0.00765，σ是电荷，T^*=0.15。圆点：MC，圆圈：同离子，实心：反离子。虚线：MSA，实线：GMSA[57]

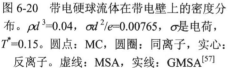

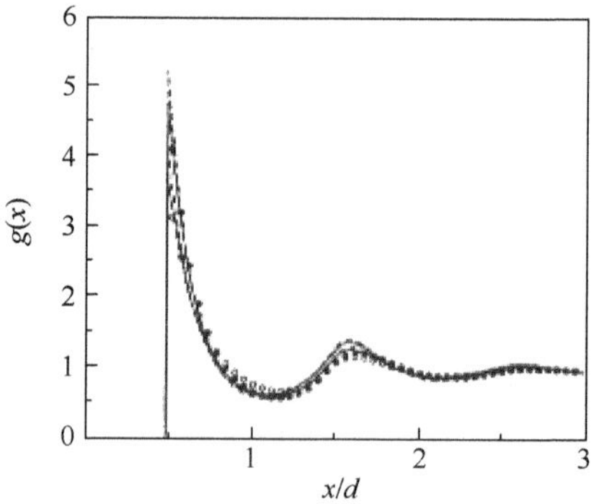

图 6-21　带电硬球流体在带电壁上的密度分布。ρd^3=0.64，$\sigma d^2/e$=0.0234，σ是电荷，T^*=0.211。其他同图 6-20

统计力学的密度泛函理论是严格的理论，主要用于非均匀系统，它的特征是存在密度分布。但是它和一般统计力学存在同样的问题，即难以严格求解。第 4 章

已说明，流体的统计力学用于均匀的系统时，对于三维的稠密流体，必须采用各种近似方法，如 PY 近似、HNC 近似以及微扰理论等。对于统计力学的密度泛函理论，问题同样在于，并不准确知道三维稠密流体的内在自由能泛函 $F_{\text{intr}}[\rho(\boldsymbol{r})]$ 的具体形式，必须构造各种近似的泛函模型。这一点和量子力学的密度泛函理论很类似。在第 3 章 3.3 节介绍科恩-沈方法时曾指出，交换相关泛函 $E_{\text{xc}}[\rho(\boldsymbol{r})]$ 的形式并不清楚，必须构造各种近似的泛函模型。

构筑内在自由能泛函模型，统计力学的密度泛函理论已形成以下三类近似方法：①首先是局部密度近似 LDA，它很直观，形式简单，直接采用均匀系统的自由能密度进行积分，因而便于应用，多用于密度变化比较平缓的情况，如气液相界面。对于密度变化有衰减起伏的场合，如固液相界面，LDA 不再适用，要采取密度展开以及加权密度近似 WDA。②将泛函按密度作泰勒级数展开，只要级数展开得阶次够高，理论上可得严格的结果，代价是要输入高重的直接相关函数，特别是三重的 $c^{(3)}$，这不仅更为繁琐，对许多实际系统，更是目前难以逾越的障碍。引入桥函数是一条可行的途径，但只对硬球或 LJ 流体有效，对实际系统还得构造模型，这方面工作还不多。③有较大发展的是加权密度近似，它受到可以严格求解的一维硬棒系统的启示，要对密度进行粗粒化，即进行加权。建立各种模型的关键步骤，往往是要复现一维硬棒系统的权重函数，以及均匀流体的直接相关函数，主要是硬球流体的二重直接相关函数，因为它已经有可靠的解析式。其中基本度量理论很引人注目，因为它的基本度量参数只涉及分子本身，推广至混合物就简单得多。在处理非硬球以至实际系统时，可将硬球流体作为参考系统，特别是采用 Barker-Henderson 的微扰理论，使参考系统包含实际系统的高重相关函数的信息。硬球以外的吸引、氢键缔合、离子的静电相互作用，则处理为微扰。这看来确实是有效而可行的途径。

本章的内容多以球形分子作为对象，以 $\rho(\boldsymbol{r})$ 来构筑泛函。实际分子有或简单或复杂的结构，单纯的 $\rho(\boldsymbol{r})$ 不足以代表分子的分布。以水分子 H—O—H 为例，必须确定三个原子的空间位置，采用 $\rho(\boldsymbol{r}_{\text{H1}}, \boldsymbol{r}_{\text{O}}, \boldsymbol{r}_{\text{H2}})$。如果将水分子处理为刚性，还可采用 $\rho(\boldsymbol{r}_{\text{O}}, \boldsymbol{\omega})$，其中 $\boldsymbol{\omega}=\theta, \phi, \psi$，$\theta$、$\phi$ 是水分子矢量的空间方位角，ψ 是水分子平面的旋转角度。更复杂的是高分子，它由大量的原子或基团构成。高分子系统包括各种高分子材料、表面活性剂、液晶、蛋白质和生物大分子，是一个非常活跃的领域。高分子系统原则上也可应用本章的方法，但有许多特殊之处，首先不能简单使用硬球流体作为参考系统，高分子链的构象又起着重要的作用。此外，自洽场理论与密度泛函理论结合更为常见。所以要单独列出一章来介绍，见第 7 章。

参 考 文 献

[1]　Evans R. Density Functionals in the Theory of Nonuniform Fluids. In Henderson D. Fundamentals of Inhomogeneous Fluid. New York：Marcel Dehker Inc，1992

[2] Evans R. The nature of the liquid-vapor interface and other topics in the statistical mechanics of non-uniform, classical fluids. Adv Phys，1979，28：143

[3] Wu J. Density functional theory for chemical engineering：From capillary to soft materials. AIChEJ，2006，52：1169

[4] McCoy B F，Davis H T. Free-energy theory of inhomogeneous fluids. Phys Rev，1979，A20：1201

[5] Ebner C，Saam W F，Stroud D. Density-functional theory of simple classical fluids. I. Surfaces. Phys Rev，1976，A14：2264

[6] Chaikin P M，Lubensky T C. Principles of Condensed Matter Physics. Cambridge：Cambridge University Press，1995

[7] Bongiorno V，Scriven L E，Davis H T. Molecular theory of fluid interfaces. J Colloid Interface Sci，1976，57：462

[8] Fisher I Z. Statistical Theory of Liquids. Chicago：University of Chicago Press，1964：109

[9] Rickayzen G，Augousti A. Integral equations and the pressure at the liquid-solid interface. Mol Phys，1984，52：1355

[10] Powles J G，Rickayzen G，Williams M L. The density profile of a fluid confined to a slit. Mol Phys，1988，64：33

[11] Moradi M，Rickayzen G. The structure of a hard-sphere fluid mixture confined to a slit. Mol Phys，1989，66：143

[12] Hansen J P，McDonald I R. Theory of Simple Fluid. 2nd ed. New York：Academic Press，1986

[13] Iyetomi H. Hypernetted chain approximation，convolution approximation and perfect screening in columbic many-particle system. Prog Theor Phys，1984，71：427

[14] Zhou S Q，Ruckenstein E. A density functional theory based on the universality of the free energy density functional. J Chem Phys，2000，112：5242，8079

[15] Percus J K，Yevick G J. Analysis of classical statistical mechanics by means of collective coordinates. Phys Rev，1958，110：1

[16] Verlet L. Integral equations for classical fluids. I. The hard sphere case. Mol Phys，1980，41：183

[17] Choudhury N，Ghosh S K. Density functional theory of inhomogeneous fluid mixture based on bridge function. J Chem Phys，2001，114：8530

[18] Due D M，Henderson D. Integral equation theory for Lennard-Jones fluids：The bridge function and apllications to pure fluids and mixtures. J Chem Phys，1996，104：6742

[19] Percus J K. Model grand potential for a nonuniform classical fluid. J Chem Phys，1981，75：1316

[20] Nordholm S，Johnson M，Freasier B C. Generalized van der Waals theory. III. The prediction of hard sphere structure. Aust J Chem，1980，33：2139；Johnson M，Nordholm S. Generalized van der Waals theory. VI. Application to adsorption. J Chem Phys，1981，75：1953

[21] Robledo A，Varea C. On the relationship between the density functional formalism and the potential distribution theory for nonuniform fluids. J Stat Phys，1981，26：513

[22] Tarazona P. Free-energy density functional for hard spheres. Phys Rev，1985，A31：2672

[23] Groot R D. Density functional models for inhomogeneous hard sphere fluids. Mol Phys，1987，60：45

[24] Sokolowski S，Fischer J. Classical multicomponent fluid structure near solid substrate：Born-Green-Yvon equation versus density functiuonal theory. J Mol Phys，1990，70：1097

[25] Curtin W A，Ashcroft N W. Weighted-density-functional theory of inhomogeneous liquids and the freezing transition. Phys Rev，1985，A32：2909

[26] Curtin W A，Ashcroft N W. Density-functional theory and freezing of simple liquids. Phys Rev Lett，1986，56：2775

[27] Denton A R，Ashcroft N W. High-order direct correlation functions of uniform classical liquids. Phys Rev，1989，A39：4701

[28] Meister T F，Kroll D M. Density-functional theory of inhomogeneous fluids：Application to wetting. Phys Rev A，1985，31：4055

[29] Groot R D，van de Eerden J P. Renormalized density-functional theory for inhomogeneous liquids. Phys Rev A，1987，36：4356

[30] Vanderlick T K，Davis H T，Percus J K. The Statistical mechanics of inhomogeneous hard rod mixtures. J Chem Phys，1989，91：7136

[31] Kroll D M，Laird B. Comparison of weighted-density-functional theory for inhomogeneous liquids. Phys Rev A，1990，42：4806

[32] Sokolowski S，Fischer J. Lennard-Jones mistures in slitlike pores：Comparison of simulation and density-functional theory. Mol Phys，1990，71：393

[33] Rosenfeld Y. Free-energy model for the inhomogeneous hard-sphere fluid mixture and density-functional theory of freezing. Phys Rev Lett，1989，63：980

[34] Rosenfeld Y. Free-energy model for the inhomogeneous hard-sphere fluid in *D* dimensions：Structure factors for the hard-disk (D=2) mixtures in simple explicit form. Phys Rev A，1990，42：5978

[35] Rosenfeld Y. Free-energy model for the inhomogeneous fluid：Closure relations between generating functions for direct and cavity distribution functions. J Chem Phys，1990，93：4305

[36] Rosenfeld Y. Free-energy model for the inhomogeneous fluid mixtures：Yukawa-charged hard spheres，general interactions，and plasmas. J Chem Phys，1993，98：8126

[37] Rosenfeld Y. Scaled field particle theory of the structure and the thermodynamics of isotropic hard particle fluids. J Chem Phys，1988，89：1

[38] Reiss H，Frisch H L. Statistical mechanics of rigid spheres. J Chem Phys，1959，31：369

[39] Kierlik E，Rosinberg M L. Free-energy functional for the inhomogeneous hard-sphere fluids：Application to interfacial adsorption. Phys Rev A，1990，42：3382；Kierlik E，Rosinberg M L. Density-functional theory for inhomogeneous fluids：Adsorption of binary mixtures. Phys Rev A，1991，44：5025

[40] Cuesta J A，Martinez-Raton Y，Tarazona P. Close to the edge of fundamental measure theory：A density functional for hard-sphere mixtures. J Phys：Condens Matter，2002，14：11965

[41] Boublik T. Hard sphere equation of state. J Chem Phys，1970，53：471

[42] Mansoori G A，Canarhan G F，Starling K E，et al. Equilibrium thermodynamic properties of the mixtures of hard spheres. J Chem Phys，1971，54：1523

[43] Yu Y X，Wu J Z. Structures of hard-sphere fluids from a modified fundamental measure theory. J Chem Phys，2002，117：10156

[44] Tang Y P，Wu J Z. Modeling inhomogeneous van der Waals fluids using an analytical direct correlation function. Phys Rev E，2004，70：011201

[45] Tang Y P，Lu B C. A new solution of the Ornstein-Zernike equation from the perturbation theory. J Chem Phys，1993，99：9828

[46] Tang Y P. On the first order mean field approximation. J Chem Phys，2003，118：4140

[47] Segura C J，Zhang J，Chapman W G. Binary associating fluid mixtures against a hard wall：Density functional theory and simulation. Mol Phys，2001，99：1

[48] Pizio O，Patrikiejew A，Sokolowski S. Evaluation of liquid-vapor density profiles for associating fluids in pores from density functional theory. J Chem Phys，2000，113：10761

[49] Paricaud P，Galindo A，Jackson G. Recent advances in the use of the SAFT approach in describing，electrolytes，interfaces liquid crystals and polymers. Fluid Phase Equilib，2002，194：87

[50] Tripathi S，Chapman W G. A density functional approach to chemical reaction equilibria in confined systems：Application to dimerization. J Chem Phys，2003，118：7993

[51] Yu Y X，Wu J Z. A fundamental measure theory for imhomogeneous assoiciating fluids. J Chem Phys，2002，116：7094

[52] Chapman W G，Gubbins K E，Jackson G，et al. Equation-of-state solution model for associating fluids. Fluid Phase Equilib，1989，52：31

[53] Li Z D，Wu J Z. Density functional theories for the structures and thermodynamic properties of highly symmetric electrolyte and neutal component mixtures. Phys Rev E，2004，70：031109

[54] Gillespie D，Nonner W，Eisenberg R S. Density functional theory of charged hard sphere fluids. Phys Rev E，2003，68：031503

[55] Patra C N，Yethraj A. Density functional theory for the distribution of small ions around polyions. J Phys Chem B，1999，103：6080

[56] Henderson D，Bryk P，Sokolowski S，et al. Density functional theory for an electrolyte confined by the charges walls. Phys Rev E，2000，61：3896

[57] Boda D，Henderson D，Teran L M Y，et al. The application of density functional theory and the generalized mean sphere approximation to double layers containing stronge coupled ions. J Phys Condens Matter，2002，14：11945

[58] Blum L. Mean spherical model for assymmetric electrolytes. 1. Method of solution. Mol Phys，1975，35：299

[59] Stell G，Sun S F. Generalized mean spherical approximation for charged hard spheres：The electrolyte regime. J Chem Phys，1975，63：5333

第 7 章　对高分子系统的应用

7.1　引　　言

第 5 章和第 6 章已经介绍了统计力学的密度泛函理论的基本原理，以及对常规非均匀流体的应用。本章将进一步讨论高分子系统。它是一类复杂流体或软物质，分子的长链存在复杂的拓扑结构，如线形、星形、梳形及环形等，还可因其不同的共聚合方式形成 AB 两嵌段、ABA 和 ABC 三嵌段和无规共聚高分子等。由于巨大的内自由度，存在复杂的链内相互作用，它和链间的相互作用一起，使得具有不同构型的大分子能够自组装形成丰富的微相分离形态。从分相界面的清晰程度，又可分为强分离、中等程度分离和弱分离(strong，medium and weak segregation)。密度泛函理论很适合此类复杂系统的研究。下面的讨论将主要在自由空间中进行，也可采用格子模型。

首先构作高分子系统的密度泛函理论的是 D. Chandler、J. D. McCoy 和 S. J. Singer 等的工作[1]，它建立在 PRISM[2, 3](polymer reference interacting site method)的基础之上，将整个高分子链的坐标用一系列相互作用位(site)的位置来表达，某一个位 i 在空间位置 $\boldsymbol{r}$ 的密度采用$\rho_i(\boldsymbol{r})$来表示。Chandler 等的方案中，最为关键的：一是要计算理想的无相互作用的高分子链内的相互作用，二是直接相关函数 $c^{(2)}$采用均匀流体作为参考系统来估计。尽管 RISM 不能描述长程结构，对于位-位相关函数的短程结构描述却相当成功。E. Kierlik 和 M. L. Rosinberg[4-6]引入热力学微扰理论(thermodynamic perturbation theory，TPT)[7]，在 TPT1 和 TPTN 模型的基础上，计算空穴相关函数 y 和过量自由能泛函，对缝隙中的硬球链流体的密度分布做出了预测，与计算机模拟比较，符合情况相当满意。但所设计的对自洽场方程组求解的计算程序，工作量相当可观。C. E. Woodward 和 A. Yethiraj[8-11]以后做出了许多改进，在计算过量自由能泛函时，采用 R. Dickman 和 C. K. Hall[12]以及 K. G. Honnell 和 C. K. Hall[13]开发的硬球链状态方程，特别是在自洽迭代中采用了单链模拟方法，使计算效率得到了很大的提高。J. B. Hooper 等[14, 15]认为，虽然单链模拟看起来比多链模拟容易得多，但它在自洽迭代中，不可避免要进行多次，过度的噪声可能干扰收敛。此外，外场可能形成位垒，使单链困在一定的区域。J. B. Hooper 等提出了他们认为有效的改进方案。

在我们实验室，蔡钧等[16, 17]采用了我们开发的链状分子状态方程[18]，通过空穴相关函数 y 计算过量自由能泛函，并采用了单链模拟方法。叶贞成等[19, 20]研究了方阱链状分子，它的硬球排斥部分和方阱吸引部分分别采用了不同的状态方程，除了上述链状分子状态方程[18]以外，还采用了在 SAFT 方程[21, 22]基础上扩展的 SAFT-VR 方程[23, 24]。对于自洽场方程的求解，除了采用单链模拟方法外，发展了一个利用 Green 传递子的迭代方法，比单链模拟方法更省时，还进一步推广应用于链状分子混合物。陈厚样等[25]研究了链状分子在有图案形成的壁上的分布和构象。陈学谦等[26, 27]发展了一个在格子模型基础上的链状分子流体的密度泛函理论，不但可以计算密度分布，还区别了尾形、队列形和环形等不同构象，准确度比传统理论提高很多，并进一步推广至自由空间。

高分子系统密度泛函理论的重要发展是 J. G. E. M. Fraaije 等的动态密度泛函理论 DDFT。它将密度泛函理论与扩散方程结合，能够研究高分子物质的密度分布和构象随时间的演变。它特别适用于嵌段共聚物和表面活性剂，这将在 7.5 节进行讨论。

和一般小分子流体一样，自洽场理论和密度泛函理论都是研究复杂流体的重要手段，它们在理论框架上有紧密联系。因此，在本章最后简要介绍自洽场理论对高分子系统的应用。

7.2 链状分子系统的密度泛函理论

本节的密度泛函理论主要针对自由空间中的链状分子。

1. 均聚物

巨势泛函与内在自由能泛函 按式(5.2.13) $\Omega[\rho(\boldsymbol{r})]=F_{\text{intr}}[\rho(\boldsymbol{r})]+\int \mathrm{d}\boldsymbol{r}\rho(\boldsymbol{r})V_{\text{ext}}(\boldsymbol{r})-\mu\int \mathrm{d}\boldsymbol{r}\rho(\boldsymbol{r})$，可为具有 m 个链节的总数为 N 的均聚物 A 定义巨势泛函：

$$\Omega[\rho_{\text{A}}(\boldsymbol{R})]=F_{\text{intr}}[\rho_{\text{A}}(\boldsymbol{R})]+\int \mathrm{d}\boldsymbol{R}\rho_{\text{A}}(\boldsymbol{R})V_{\text{ext}}(\boldsymbol{R})-\mu\int \mathrm{d}\boldsymbol{R}\rho_{\text{A}}(\boldsymbol{R}) \tag{7.2.1}$$

式中，$\boldsymbol{R}$ 代表一条链的位形，$\rho_{\text{A}}(\boldsymbol{R})$是具有位形 $\boldsymbol{R}$ 的均聚物分子的数密度，$\boldsymbol{R}=(\boldsymbol{r}_1, \boldsymbol{r}_2, \cdots, \boldsymbol{r}_m)$，$\int\rho_{\text{A}}(\boldsymbol{R})\mathrm{d}\boldsymbol{R}=N$；$V_{\text{ext}}(\boldsymbol{R})$是外势；$F_{\text{intr}}[\rho_{\text{A}}(\boldsymbol{R})]$是内在自由能泛函，它可以分解为理想气体贡献 F^{ig} 和过量贡献 F^{ex} 两部分:

$$F_{\text{intr}}[\rho_{\text{A}}(\boldsymbol{R})]=F^{\text{ig}}[\rho_{\text{A}}(\boldsymbol{R})]+F^{\text{ex}}[\rho_{\text{A}}(\boldsymbol{R})] \tag{7.2.2}$$

对于理想气体贡献 F^{ig}，按第 5 章式(5.3.10)

$$F^{\text{ig}}[\rho(\boldsymbol{r})]=\int f^{\text{ig}}[\rho(\boldsymbol{r})]\mathrm{d}\boldsymbol{r}=\int \rho(\boldsymbol{r})(\mu^{\ominus}+kT\ln(\rho(\boldsymbol{r})kT/p^{\ominus})-kT)\mathrm{d}\boldsymbol{r}$$

式中，$\mu^{\ominus}=kT\ln(\Lambda^3 p^{\ominus}/kT)$ 是理想气体标准化学势，$p^{\ominus}$是标准压力，$\Lambda=(h^2\beta/2\pi m)^{1/2}$ 为德布罗意热波长，量纲为 L。现在处理的是均聚物分子链，还应计入链内相互作用 $V_{\text{intra}}(\boldsymbol{R})$，相应有

$$\mu_{\text{chain}}^{\ominus}=\mu^{\ominus}+V_{\text{intra}}(\boldsymbol{R}) \tag{7.2.3}$$

$$F^{\text{ig}}[\rho_{\text{A}}(\boldsymbol{R})]=kT\int\rho_{\text{A}}(\boldsymbol{R})\left(\ln(\rho_{\text{A}}(\boldsymbol{R})kT/p^{\ominus})-1\right)\mathrm{d}\boldsymbol{R}+\int\rho_{\text{A}}(\boldsymbol{R})(\mu^{\ominus}+V_{\text{intra}}(\boldsymbol{R}))\mathrm{d}\boldsymbol{R}\tag{7.2.4}$$

式中仍保持 $\mu^{\ominus}=kT\ln(\Lambda^3 p^{\ominus}/kT)$，它是不计 $V_{\text{intra}}(\boldsymbol{R})$的标准化学势。

分子密度分布　平衡时，巨势泛函为极值，利用式(7.2.1)，有

$$\frac{\delta\Omega[\rho_{\text{A}}(\boldsymbol{R})]}{\delta\rho_{\text{A}}(\boldsymbol{R})}=\frac{\delta F_{\text{intr}}[\rho_{\text{A}}(\boldsymbol{R})]}{\delta\rho_{\text{A}}(\boldsymbol{R})}+V_{\text{ext}}(\boldsymbol{R})-\mu=0\tag{7.2.5}$$

将式(7.2.2)和式(7.2.4)代入，可得化学势

$$\mu=\mu^{\ominus}+kT\ln(\rho_{\text{A}}(\boldsymbol{R})kT/p^{\ominus})+V_{\text{ext}}(\boldsymbol{R})+V_{\text{intra}}(\boldsymbol{R})+\frac{\delta F^{\text{ex}}[\rho_{\text{A}}(\boldsymbol{R})]}{\delta\rho_{\text{A}}(\boldsymbol{R})}\tag{7.2.6}$$

由此可得均聚物的分子数密度分布：

$$\{\rho_{\text{A}}(\boldsymbol{R})\}=\exp\left(\frac{1}{kT}\left(\mu-V_{\text{ext}}(\boldsymbol{R})-V_{\text{intra}}(\boldsymbol{R})-\frac{\delta F^{\text{ex}}[\rho_{\text{A}}(\boldsymbol{R})]}{\delta\rho_{\text{A}}(\boldsymbol{R})}\right)\right)\tag{7.2.7}$$

注意由式(7.2.6)到式(7.2.7)时，使用了 $\mu^{\ominus}=kT\ln(\Lambda^3 p^{\ominus}/kT)$，但其中 $kT\ln\Lambda^3$ 被省略，意味着化学势 μ 中不计动能的贡献。又由于 exp 处理后得纯数，因此$\rho_{\text{A}}(\boldsymbol{R})$表示为$\{\rho_{\text{A}}(\boldsymbol{R})\}$，它是物理量$\rho_{\text{A}}(\boldsymbol{R})$的数值。

注：物理量 $X=\{X\}[X]$，X 是物理量的符号，$[X]$是物理量 X 的单位的符号，$\{X\}$是相应于单位为$[X]$的物理量 X 的数值(纯数)。

链节密度分布　对于均聚物，常定义链节密度分布$\rho(\boldsymbol{r})$：

$$\rho(\boldsymbol{r})=\int\sum_{s=1}^{m}\delta(\boldsymbol{r}-\boldsymbol{r}_s)\rho_{\text{A}}(\boldsymbol{R})\mathrm{d}\boldsymbol{R}\tag{7.2.8}$$

式中δ是狄拉克δ函数(参见 1.2 节注 4)，s 代表链节。将式(7.2.7)代入，得

$$\{\rho(\boldsymbol{r})\}=\int\sum_{s=1}^{m}\delta(\boldsymbol{r}-\boldsymbol{r}_s)\exp\left(\frac{1}{kT}\left(\mu-V_{\text{ext}}(\boldsymbol{R})-V_{\text{intra}}(\boldsymbol{R})-\frac{\delta F^{\text{ex}}[\rho_{\text{A}}(\boldsymbol{R})]}{\delta\rho_{\text{A}}(\boldsymbol{R})}\right)\right)\mathrm{d}\boldsymbol{R}\tag{7.2.9}$$

式(7.2.9)中的泛函导数可按 1.2 节泛函求导的链规则和式(7.2.8)化为

$$\frac{\delta F^{\text{ex}}[\rho_{\text{A}}(\boldsymbol{R})]}{\delta\rho_{\text{A}}(\boldsymbol{R})}=\int\frac{\delta F^{\text{ex}}[\rho]}{\delta\rho(\boldsymbol{r})}\frac{\delta\rho(\boldsymbol{r})}{\delta\rho_{\text{A}}(\boldsymbol{R})}\mathrm{d}\boldsymbol{r}\tag{7.2.10}$$

$$\frac{\delta\rho(\boldsymbol{r})}{\delta\rho_{\text{A}}(\boldsymbol{R})}=\sum_{s=1}^{m}\delta(\boldsymbol{r}-\boldsymbol{r}_s)\tag{7.2.11}$$

式(7.2.10)变为

$$\frac{\delta F^{\text{ex}}[\rho_{\text{A}}(\boldsymbol{R})]}{\delta\rho_{\text{A}}(\boldsymbol{R})}=\sum_{s=1}^{m}\int\frac{\delta F^{\text{ex}}[\rho(\boldsymbol{r})]}{\delta\rho(\boldsymbol{r})}\delta(\boldsymbol{r}-\boldsymbol{r}_s)\mathrm{d}\boldsymbol{r}=\sum_{s=1}^{m}\lambda(\boldsymbol{r}_s)\tag{7.2.12}$$

$$\lambda(\boldsymbol{r}_s)=\int\frac{\delta F^{\text{ex}}[\rho(\boldsymbol{r})]}{\delta\rho(\boldsymbol{r})}\delta(\boldsymbol{r}-\boldsymbol{r}_s)\mathrm{d}\boldsymbol{r}=\frac{\delta F^{\text{ex}}[\rho(\boldsymbol{r})]}{\delta\rho(\boldsymbol{r}_s)}\tag{7.2.13}$$

由式(5.3.12) $kTc^{(1)}(\rho(\boldsymbol{r});\boldsymbol{r}) = -\delta F^{\mathrm{ex}}[\rho(\boldsymbol{r})]/\delta\rho(\boldsymbol{r})$ 可知，$\lambda(\boldsymbol{r})$相当于$-kTc^{(1)}(\boldsymbol{r})$，$c^{(1)}$是一重直接相关函数。将式(7.2.12)和式(7.2.13)代入式(7.2.9)，得

$$\{\rho(\boldsymbol{r})\} = \int\sum_{s=1}^{m}\delta(\boldsymbol{r}-\boldsymbol{r}_s)\exp\left(\frac{1}{kT}\left(\mu - V_{\mathrm{ext}}(\boldsymbol{R}) - V_{\mathrm{intra}}(\boldsymbol{R}) - \sum_{s'=1}^{m}\lambda(\boldsymbol{r}_{s'})\right)\right)\mathrm{d}\boldsymbol{R} \tag{7.2.14}$$

这是求链节密度分布的最基本的方程。由式可见，要得到一定外场下均聚物的链节密度分布$\rho(\boldsymbol{r})$，先要知道链内相互作用 $V_{\mathrm{intra}}(\boldsymbol{R})$，以及由过量内在自由能泛函$F^{\mathrm{ex}}[\rho(\boldsymbol{r})]$所决定的$\lambda(\boldsymbol{r}_s)$。由于$\lambda(\boldsymbol{r}_s)$与$\rho(\boldsymbol{r})$有关，用式(7.2.14)求解$\rho(\boldsymbol{r})$是一个迭代自洽的过程。

2. 均聚物的混合物

设混合物由 A, B, C, … 不同的均聚物组成，它们的链节是不同种类。内在自由能泛函为 $F_{\mathrm{intr}}[\boldsymbol{\rho}_\alpha(\boldsymbol{R})]$，其中

$$\boldsymbol{\rho}_\alpha(\boldsymbol{R}) = (\rho_{\mathrm{A}}(\boldsymbol{R}_{\mathrm{A}}), \rho_{\mathrm{B}}(\boldsymbol{R}_{\mathrm{B}}), \cdots), \quad \boldsymbol{R}_\alpha = (\boldsymbol{r}_{\alpha 1}, \cdots, \boldsymbol{r}_{\alpha m_\alpha}), \alpha = \mathrm{A,B,C}, \cdots$$

m_α是第α种均聚物的链节数或链长。$F_{\mathrm{intr}}[\boldsymbol{\rho}_\alpha(\boldsymbol{R})]$仍分解为理想气体贡献 F^{ig} 和过量贡献 F^{ex} 两部分，类似于式(7.2.4)，理想气体的 F^{ig} 为

$$\begin{aligned}F^{\mathrm{ig}}[\boldsymbol{\rho}_\alpha(\boldsymbol{R})] = {} & kT\sum\nolimits_\alpha\int\rho_\alpha(\boldsymbol{R}_\alpha)\left(\ln(\rho_\alpha(\boldsymbol{R})kT/p^\ominus) - 1\right)\mathrm{d}\boldsymbol{R}_\alpha \\ & + kT\sum\nolimits_\alpha\int\rho_\alpha(\boldsymbol{R})(\mu_\alpha^\ominus + V_{\mathrm{intra},\alpha}(\boldsymbol{R}_\alpha))\,\mathrm{d}\boldsymbol{R}_\alpha\end{aligned} \tag{7.2.15}$$

$V_{\mathrm{intra},\alpha}(\boldsymbol{R}_\alpha)$表示第$\alpha$种均聚物的链内相互作用。

相应于式(7.2.6)和式(7.2.7)，第α种均聚物的化学势和分子数密度分别为

$$\mu_\alpha = \mu^\ominus + kT\ln(\rho_\alpha(\boldsymbol{R}_\alpha)kT/p^\ominus) + V_{\mathrm{ext},\alpha}(\boldsymbol{R}_\alpha) + V_{\mathrm{intra}}(\boldsymbol{R}_\alpha) + \frac{\delta F^{\mathrm{ex}}[\boldsymbol{\rho}_\alpha(\boldsymbol{R})]}{\delta\rho_\alpha(\boldsymbol{R}_\alpha)}$$

$$\alpha = \mathrm{A, B, C}, \cdots \tag{7.2.16}$$

$$\{\rho_\alpha(\boldsymbol{R}_\alpha)\} = \exp\left(\frac{1}{kT}\left(\mu_\alpha - V_{\mathrm{ext},\alpha}(\boldsymbol{R}_\alpha) - V_{\mathrm{intra},\alpha}(\boldsymbol{R}_\alpha) - \frac{\delta F^{\mathrm{ex}}[\boldsymbol{\rho}_\alpha(\boldsymbol{R})]}{\delta\rho_\alpha(\boldsymbol{R}_\alpha)}\right)\right) \tag{7.2.17}$$

对于均聚物α，链节密度分布$\rho_\alpha(\boldsymbol{r})$定义为

$$\rho_\alpha(\boldsymbol{r}) = \int\sum_{s=1}^{m_\alpha}\delta(\boldsymbol{r}-\boldsymbol{r}_s)\rho_\alpha(\boldsymbol{R}_\alpha)\mathrm{d}\boldsymbol{R}_\alpha \tag{7.2.18}$$

类似于式(7.2.12)～式(7.2.14)，式(7.2.17)中的泛函导数和第 α 种均聚物的链节分布分别为

$$\frac{\delta F^{\mathrm{ex}}[\boldsymbol{\rho}_\alpha(\boldsymbol{R})]}{\delta\rho_\alpha(\boldsymbol{R}_\alpha)} = \sum_{s=1}^{m_\alpha}\int\frac{\delta F^{\mathrm{ex}}[\boldsymbol{\rho}(\boldsymbol{r})]}{\delta\rho_\alpha(\boldsymbol{r})}\delta(\boldsymbol{r}-\boldsymbol{r}_s)\mathrm{d}\boldsymbol{r} = \sum_{s=1}^{m_\alpha}\lambda_\alpha(\boldsymbol{r}_s) \tag{7.2.19}$$

$$\lambda_\alpha(\boldsymbol{r}_s) = \int\frac{\delta F^{\mathrm{ex}}[\boldsymbol{\rho}(\boldsymbol{r})]}{\delta\rho_\alpha(\boldsymbol{r})}\delta(\boldsymbol{r}-\boldsymbol{r}_s)\mathrm{d}\boldsymbol{r} = \frac{\delta F^{\mathrm{ex}}[\boldsymbol{\rho}(\boldsymbol{r})]}{\delta\rho_\alpha(\boldsymbol{r}_s)} \tag{7.2.20}$$

$$\{\rho_\alpha(\boldsymbol{r})\}=\int\sum_{s=1}^{m_\alpha}\delta(\boldsymbol{r}-\boldsymbol{r}_s)\exp\left(\beta^{-1}\left(\mu_\alpha-V_{\text{ext},\alpha}(\boldsymbol{R}_\alpha)-V_{\text{intra},\alpha}(\boldsymbol{R}_\alpha)-\sum\nolimits_{s'=1}^{m_\alpha}\lambda_\alpha(\boldsymbol{r}_{s'})\right)\right)\mathrm{d}\boldsymbol{R}_\alpha$$

$$\alpha=\text{A, B, C, }\cdots \tag{7.2.21}$$

$\boldsymbol{\rho}(\boldsymbol{r})=(\rho_A(\boldsymbol{r}), \rho_B(\boldsymbol{r}), \cdots)$。在使用式(7.2.21)时，同样，要得到一定外场下均聚物α的链节密度分布$\rho_\alpha(\boldsymbol{r})$，先要知道链内相互作用 $V_{\text{intra},\alpha}(\boldsymbol{R}_\alpha)$，以及由过量内在自由能泛函 $F^{\text{ex}}[\boldsymbol{\rho}(\boldsymbol{r})]$所决定的$\lambda_\alpha(\boldsymbol{r})$。

3. 嵌段共聚物

设嵌段共聚物为 A_mB_n。式(7.2.1)～式(7.2.7)不变，照样使用，其中 $\boldsymbol{R}=(\boldsymbol{r}_1, \cdots, \boldsymbol{r}_m, \boldsymbol{r}_{m+1}, \cdots, \boldsymbol{r}_{m+n})$。A 和 B 的链节密度分布$\rho_A(\boldsymbol{r})$和$\rho_B(\boldsymbol{r})$定义为

$$\begin{aligned}\rho_A(\boldsymbol{r})&=\int\sum_{s=1}^{m}\delta(\boldsymbol{r}-\boldsymbol{r}_s)\rho(\boldsymbol{R})\mathrm{d}\boldsymbol{R}\\ \rho_B(\boldsymbol{r})&=\int\sum_{s=m+1}^{m+n}\delta(\boldsymbol{r}-\boldsymbol{r}_s)\rho(\boldsymbol{R})\mathrm{d}\boldsymbol{R}\end{aligned} \tag{7.2.22}$$

类似于式(7.2.12)～式(7.2.14)，式(7.2.7)中的泛函导数以及 A 和 B 的链节分布分别为

$$\frac{\delta F^{\text{ex}}[\rho(\boldsymbol{R})]}{\delta\rho(\boldsymbol{R})}=\sum_{s=1}^{m+n}\int\frac{\delta F^{\text{ex}}[\boldsymbol{\rho}(\boldsymbol{r})]}{\delta\rho_{\alpha_s}(\boldsymbol{r})}\delta(\boldsymbol{r}-\boldsymbol{r}_s)\mathrm{d}\boldsymbol{r}=\sum_{s=1}^{m+n}\lambda_{\alpha_s}(\boldsymbol{r}_s)\quad,\ \alpha_s=\text{A,B} \tag{7.2.23}$$

$$\lambda_{\text{AorB}}(\boldsymbol{r}_s)=\int\frac{\delta F^{\text{ex}}[\boldsymbol{\rho}(\boldsymbol{r})]}{\delta\rho_{\text{AorB}}(\boldsymbol{r})}\delta(\boldsymbol{r}-\boldsymbol{r}_s)\mathrm{d}\boldsymbol{r}=\frac{\delta F^{\text{ex}}[\boldsymbol{\rho}(\boldsymbol{r})]}{\delta\rho_{\text{AorB}}(\boldsymbol{r}_s)} \tag{7.2.24}$$

$$\{\rho_A(\boldsymbol{r})\}=\int\sum_{s=1}^{m}\delta(\boldsymbol{r}-\boldsymbol{r}_s)\exp\left(\frac{1}{kT}\left(\mu-V_{\text{ext}}(\boldsymbol{R})-V_{\text{intra}}(\boldsymbol{R})-\sum_{s'=1}^{m}\lambda_A(\boldsymbol{r}_{s'})\right)\right)\mathrm{d}\boldsymbol{R} \tag{7.2.25}$$

对于$\{\rho_B(\boldsymbol{r})\}$，求和上下限为 $m+1$～$m+n$，λ_A 改为λ_B，$\boldsymbol{\rho}(\boldsymbol{r})=(\rho_A(\boldsymbol{r}), \rho_B(\boldsymbol{r}))$。在使用式(7.2.25)时，同样，要得到一定外场下嵌段共聚物 A_mB_n 的链节密度分布$\rho_A(\boldsymbol{r})$和$\rho_B(\boldsymbol{r})$，先要知道链内相互作用 $V_{\text{intra}}(\boldsymbol{R})$，以及由过量内在自由能泛函 $F^{\text{ex}}[\boldsymbol{\rho}(\boldsymbol{r})]$所决定的$\lambda_{\text{AorB}}(\boldsymbol{r}_s)$。

高分子具有丰富的构象，除了上面提到的均聚物、两嵌段共聚物和它们的混合物外，可能遇到多嵌段共聚物、随机的共聚物、有支链或侧链的高分子、星形高分子甚至更复杂的构象。但都可以按照上述例子构建合适的方程，来求取链节密度分布。

上述式(7.2.14)、式(7.2.21)和式(7.2.25)常见于各种文献。要注意两点：一是化学势μ中不计动能的贡献；二是$\{\rho_A(\boldsymbol{r})\}$为物理量$\rho_A(\boldsymbol{r})$的数值。

7.3　密度泛函理论方程的求解

前面已经提到，要求解密度泛函理论的基本方程，得到链节密度分布，需要知道链内相互作用 $V_{\text{intra}}(\boldsymbol{R})$，过量内在自由能泛函 $F^{\text{ex}}[\rho(\boldsymbol{r})]$，以及适当的数学方法。

1. 链内相互作用

对于一个半柔韧的弹性硬球链，A. Yethiraj 和 C. E. Woodward[9, 10]采用下式表示链内相互作用

$$V_{\text{intra}}(\boldsymbol{R}) = \sum_{s=2}^{m-1}\varepsilon(1+\cos\theta_s) + \sum_{s'=3}^{m}\sum_{s=1}^{s'-2} v_{\text{hs}}(r_{ss'}) + \sum_{s=2}^{m} v_{\text{b}}\left(\left|\boldsymbol{r}_s - \boldsymbol{r}_{s-1}\right|\right) \tag{7.3.1}$$

式右第一项是键的弯曲能，θ是键角，$\cos\theta_s=(\boldsymbol{r}_{s-1}-\boldsymbol{r}_s)\cdot(\boldsymbol{r}_{s+1}-\boldsymbol{r}_s)$；第二项是排斥体积贡献，如果 $r<\sigma$，$v_{\text{hs}}(r)=\infty$，否则为 0，此项的意义是避免不同链节的重叠，如果链的排斥体积在过量贡献中已计及，此项可不用；第三项是成键作用贡献，当 $|\boldsymbol{r}_s-\boldsymbol{r}_{s-1}|\neq\sigma$，$v_{\text{b}}|\boldsymbol{r}_s-\boldsymbol{r}_{s-1}|=\infty$，否则为 0，此项使键长约束在一定距离以内。如为有吸引力软球，硬球直径σ可用一定区间取代。

链内相互作用也可按理想的高斯链计算，参见本章 7.5 节。

2. 过量内在自由能泛函

对于密度起伏较大的情况，可以采用密度展开(参见 6.3 节)。更常用的是加权密度近似(参见 6.4 节)，它是一种粗粒化，采用一定范围的局部体积中的平均密度。按式(6.4.1)和式(6.4.2)，

$$F^{\text{ex}}[\rho(\boldsymbol{r})] = \int \mathrm{d}\boldsymbol{r}\, \bar{\rho}^{\xi}(\boldsymbol{r})\psi^{\text{ex}}\left(\bar{\rho}^{\tau}(\boldsymbol{r})\right) \tag{7.3.2}$$

$$\psi^{\text{ex}}(\rho) = [f(\rho) - f^{\text{id}}(\rho)]/\rho$$

ψ^{ex} 是单个分子的过量自由能，f(即 f°)是均匀流体的自由能密度。由这两个公式可见，要得到过量内在自由能泛函，一是要选取合适的自由能模型或状态方程来得到f，二是如何计算平均密度 $\bar{\rho}^{\xi}(\boldsymbol{r})$ 和 $\bar{\rho}^{\tau}(\boldsymbol{r})$。

1) 自由能模型或状态方程

前已提及，C. E. Woodward 和 A. Yethiraj[8-11]采用 R. Dickman 和 C. K. Hall[12]以及 K. G. Honnell 和 C. K. Hall[13]开发的硬球链状态方程。蔡钧等[16, 17]采用我们[18]开发的硬球链状态方程。叶贞成等[19, 20]对排斥和吸引部分分别采用了我们[18]的方程和在 SAFT 方程[21, 22]基础上扩展的 SAFT-VR 方程[23, 24]。

下面以胡英、刘洪来和 J. M. Prausnitz[18]的硬球链分子状态方程为例。方程建立沿用了热力学微扰理论 TPT[7]的框架，采用了空穴相关函数。对于链状分子 $S_1S_2\cdots S_m$，m 重空穴相关函数 $y^{(m)}$ 定义为

$$y_{S_1S_2\cdots S_m}^{(m)} = \exp\left(\varepsilon_{S_1S_2\cdots S_m}^{(m)}/kT\right)g_{S_1S_2\cdots S_m}^{(m)} \tag{7.3.3}$$

式中，$\varepsilon^{(m)}$是 m 个链节间的结合能；$g^{(m)}$是 m 重径向分布函数。TPT 给出：

$$F^{\text{ex}} = F_{\text{hs}}^{\text{ex}} - NkT\ln y_{S_1S_2\cdots S_m}^{(m)} \tag{7.3.4}$$

$F_{\text{hs}}^{\text{ex}}$ 是相应的硬球流体的过量自由能。

对于均聚物，将 $y^{(m)}$近似表达为

$$y_{S_1S_2\cdots S_m}^{(m)} \approx \prod_{s=1}^{m-1} y_{s,s+1}^{(2\text{e})} \prod_{s=1}^{m-2} y_{s,s+2}^{(2\text{e})} \tag{7.3.5}$$

$$\frac{F^{\text{ex}}}{NkT} = \frac{F_{\text{hs}}^{\text{ex}}}{NkT} - (m-1)\ln y_{s,s+1}^{(2\text{e})} - (m-2)\ln y_{s,s+2}^{(2\text{e})} \tag{7.3.6}$$

$y_{s,s+1}^{(2\text{e})}$ 是相邻链节的有效二重空穴相关函数，由硬哑铃分子流体的严格的 Tildesley-Streett 方程求取；$y_{s,s+2}^{(2\text{e})}$ 是相间链节的有效二重空穴相关函数，由链节数为 3 的硬球链流体的分子模拟数据拟合求得。最后得

$$\frac{F_{\text{hs}}^{\text{ex}}}{NkT} = \frac{m(3\eta-1)}{1-\eta} + \frac{m}{(1-\eta)^2} \tag{7.3.7}$$

$$\begin{aligned}\frac{F^{\text{ex}}}{NkT} &= \frac{(3+a-b+3c)\eta-(1+a+b-c)}{2(1-\eta)} \\ &\quad + \frac{1+a+b-c}{2(1-\eta)^2} + (c-1)\ln(1-\eta)\end{aligned} \tag{7.3.8}$$

$$\frac{pV}{NkT} = \frac{1+a\eta+b\eta^2-c\eta^3}{(1-\eta)^3} \tag{7.3.9}$$

式中，$\eta=\pi m\rho_{\text{p}}\sigma^3/6=\pi\rho\sigma^3/6$，$\rho_{\text{p}}=N_{\text{p}}/V$ 是分子密度，$\rho=mN_{\text{p}}/V$ 是链节密度；a、b、c 是与链节数 m 有关的常数[18]。单个分子的过量自由能则为

$$\psi^{\text{ex}}(\rho) = F^{\text{ex}}(\rho)/N \tag{7.3.10}$$

2) 过量自由能泛函模型

由式(7.3.2) $F^{\text{ex}}[\rho(\boldsymbol{r})] = \int \mathrm{d}\boldsymbol{r}\,\bar{\rho}^{\xi}(\boldsymbol{r})\psi^{\text{ex}}(\bar{\rho}^{\tau}(\boldsymbol{r}))$ 出发，按式(6.4.3)和式(6.4.4)，平均密度 $\bar{\rho}^{\xi}(\boldsymbol{r})$ 和 $\bar{\rho}^{\tau}(\boldsymbol{r})$ 表达为

$$\bar{\rho}^{\xi}(\boldsymbol{r}) = \int \mathrm{d}\boldsymbol{r}'\,\xi\left(\boldsymbol{r}-\boldsymbol{r}';\rho(\boldsymbol{r})\right)\rho(\boldsymbol{r}')$$

$$\bar{\rho}^{\tau}(\boldsymbol{r}) = \int \mathrm{d}\boldsymbol{r}'\,\tau\left(\boldsymbol{r}-\boldsymbol{r}';\rho(\boldsymbol{r})\right)\rho(\boldsymbol{r}')$$

ξ和τ是权重密度函数。多数情况下，$\xi(\boldsymbol{r}-\boldsymbol{r}';\rho(\boldsymbol{r}))=\delta(\boldsymbol{r}-\boldsymbol{r}')$，$\bar{\rho}^{\xi}(\boldsymbol{r}) = \rho(\boldsymbol{r})$。

对于均聚物，过量自由能泛函式(7.3.2)可写为

$$F^{\text{ex}}[\rho(\boldsymbol{r})] = \int \mathrm{d}\boldsymbol{r}\,\rho(\boldsymbol{r})\psi^{\text{ex}}\left(\bar{\rho}^{\tau}(\boldsymbol{r})\right) \tag{7.3.11}$$

由式(6.4.4)和式(7.3.11)，式(7.2.13) $\lambda(\boldsymbol{r}_i) = \delta F^{\text{ex}}[\rho(\boldsymbol{r})]/\delta\rho(\boldsymbol{r}_i)$ 可表达为

$$\lambda(\boldsymbol{r})=\psi^{\text{ex}}\left(\bar{\rho}^{\tau}(\boldsymbol{r})\right)+\int \mathrm{d}\boldsymbol{r}'\,\rho(\boldsymbol{r}')\frac{\partial\psi^{\text{ex}}\left(\bar{\rho}^{\tau}(\boldsymbol{r})\right)}{\partial\bar{\rho}^{\tau}(\boldsymbol{r})}\tau\left(\left|\boldsymbol{r}-\boldsymbol{r}'\right|\right) \tag{7.3.12}$$

对于均聚物，$\lambda(\boldsymbol{r}_i)$与$\lambda(\boldsymbol{r})$是一回事。如果权重密度函数$\tau$与密度$\rho$有关，还要考虑$\tau$对$\rho$的导数。

Nordholm 等的 WDA　参见 6.4 节。为 C. E. Woodward 和 A. Yethiraj[9-11]、蔡钧等[16, 17]和叶贞成等[19, 20]所采用。按式(6.4.10)，权重密度函数为

$$\tau(\boldsymbol{r}-\boldsymbol{r}')=\frac{3}{4\pi\sigma^3}\Theta\left(\sigma-\left|\boldsymbol{r}-\boldsymbol{r}'\right|\right) \tag{7.3.13}$$

此式表明，$\tau(\boldsymbol{r}-\boldsymbol{r}')$的有效作用范围为 $r<\sigma$。平均密度为

$$\bar{\rho}^{\tau}(\boldsymbol{r})=\int\frac{3}{4\pi\sigma^3}\Theta\left(\sigma-\left|\boldsymbol{r}-\boldsymbol{r}'\right|\right)\rho(\boldsymbol{r}')\mathrm{d}\boldsymbol{r}'=\frac{3}{4\pi\sigma^3}\int_{|\boldsymbol{r}-\boldsymbol{r}'|<\sigma}\rho(\boldsymbol{r}')\mathrm{d}\boldsymbol{r}' \tag{7.3.14}$$

$\bar{\rho}^{\tau}(\boldsymbol{r})$ 的加权平均是在以 $\boldsymbol{r}$ 为中心，在$\pm\sigma$的范围内的排斥体积中进行。式(7.3.12)变为

$$\lambda(\boldsymbol{r})=\psi^{\text{ex}}\left(\bar{\rho}^{\tau}(\boldsymbol{r})\right)+\int \mathrm{d}\boldsymbol{r}'\,\rho(\boldsymbol{r}')\frac{\partial\psi^{\text{ex}}\left(\bar{\rho}^{\tau}(\boldsymbol{r})\right)}{\partial\bar{\rho}^{\tau}(\boldsymbol{r})}\frac{3}{4\pi\sigma^3}\Theta\left(\sigma-\left|\boldsymbol{r}-\boldsymbol{r}'\right|\right) \tag{7.3.15}$$

Curtin-Ashcroft 的 WDA　参见 6.4 节。为 A. Yethiraj[11]所采用。按式(6.4.42)的积分微分方程，有了均匀流体的直接相关函数 $c_0^{(2)}$ 以及单个分子过量自由能ψ^{ex}，原则上可以求得加权密度函数τ。采取傅里叶变换的方法得到微分方程，运算比积分微分方程快捷得多。

3. 计算方法

以均聚物为例，为了求得链节密度分布$\rho(\boldsymbol{r})$，要对式(7.2.14)

$$\{\rho(\boldsymbol{r})\}=\int\sum_{s=1}^{m}\delta\left(\boldsymbol{r}-\boldsymbol{r}_s\right)\exp\left(\beta\left(\mu-V_{\text{ext}}(\boldsymbol{R})-V_{\text{intra}}(\boldsymbol{R})-\sum\nolimits_{s'=1}^{m}\lambda(\boldsymbol{r}_{s'})\right)\right)\mathrm{d}\boldsymbol{R}$$

进行自洽迭代。现在链内相互作用 $V_{\text{intra}}(\boldsymbol{R})$解决了，$\lambda(\boldsymbol{r}_s)$也解决了，在给定化学势$\mu$ 和一定的外场 $V_{\text{ext}}(\boldsymbol{R})$下，原则上可以求解，但还要合适的计算方法。下面以在两个平行的面积为无穷的平面间的均聚链状分子为例进行讨论，由于不均匀的密度分布仅存在于 z 方向，$\rho(\boldsymbol{r})=\rho(z)$。

1) 单链模拟法

(1) 指定平均密度。在应用式(7.2.14)时，需要知道化学势 μ 才能计算密度分布$\rho(\boldsymbol{r})$，当然也就知道了平面间的平均密度。但为了计算方便，可以换个方向来进行，即首先指定平面间的平均密度，再计算$\rho(\boldsymbol{r})$和 μ。

(2) 计算$\lambda(\boldsymbol{r})$。将两平面间的空间均匀划分为若干区间，如 200 个，在各区间的节点上先假设符合平均密度的密度初值。当已知单个分子的过量自由能$\psi^{\text{ex}}(\rho)$的形式［如式(7.3.10)］，并选用一定的过量自由能泛函模型，主要是权重密度函数τ，如 Nordholm 等的 WDA 的式(7.3.13)，即可按式(6.4.4)或式(7.3.14)计算$\bar{\rho}^{\tau}(\boldsymbol{r})$，并按式(7.3.12)或式(7.3.15)计算$\lambda(\boldsymbol{r})$。

(3) 单链模拟得到$\rho(\boldsymbol{r})$。C. E. Woodward 和 A. Yethiraj[9, 10]采用的单链模拟是一个得到$\rho(\boldsymbol{r})$的有效的方法，它是指一条链在有效场中运动的模拟。当给定外场$V_{\text{ext}}(\boldsymbol{R})$，链内相互作用 $V_{\text{intra}}(\boldsymbol{R})$由式(7.3.1)估计，原则上已可利用式(7.2.14)计算$\rho(\boldsymbol{r})$。式中的 $\exp(\mu/kT)$虽然是未知数，但由于$\rho(\boldsymbol{r})$平均后必须等于平均密度，$\exp(\mu/kT)$可作为归一化常数而求得。式(7.2.14)的$\int \mathrm{d}\boldsymbol{R}$ 是对高分子链的各种可能的位形 $\boldsymbol{R}$ 积分。分析式(7.2.14)，除了 $V_{\text{intra}}(\boldsymbol{R})$外，$\sum_{s=1}^{m}\lambda(\boldsymbol{r}_s)$实际上是所有的高分子链的总体效应，因此，$V_{\text{ext}}(\boldsymbol{R})+\sum_{s=1}^{m}\lambda(\boldsymbol{r}_s)=V^{\text{eff}}(\boldsymbol{R})$可以看作是一个有效场，$\rho(\boldsymbol{r})$就是一条高分子链在这一有效场中运动的平均结果，$p(\boldsymbol{r})=\left\langle \sum_{s=1}^{m}\delta(\boldsymbol{r}-\boldsymbol{r}_s)\right\rangle$。

(4) 迭代。在密度不高时，可采用 Picard 迭代法。将新的计算值与初值混合，作为新的初值输入，重新计算模拟，直至收敛。密度较高时，应采用牛顿-拉弗森(Newton-Raphson)法。

2) 解析方法

叶贞成等[19, 20]在对式(7.2.14)求解时，采取了解析方法。

首先关于链内相互作用，由于在硬球链的部分，已经计入了链的排斥体积的贡献，如果再略去键的弯曲能，式(7.3.1)可简化为

$$V_{\text{intra}}(\boldsymbol{R})=\sum_{s=2}^{m}v_{\text{b}}\left(\left|\boldsymbol{r}_s-\boldsymbol{r}_{s-1}\right|\right) \tag{7.3.16}$$

当$|\boldsymbol{r}_s-\boldsymbol{r}_{s-1}|\neq\sigma$，$v_{\text{b}}|\boldsymbol{r}_s-\boldsymbol{r}_{s-1}|=\infty$，否则为 0。将相邻链节间的相互作用表达为玻耳兹曼因子，得到相邻链节成键的概率，在积分中可表达为

$$\exp\left(-v_{\text{b}}\left(\left|\boldsymbol{r}_s-\boldsymbol{r}_{s-1}\right|\right)/kT\right)=\delta\left(\left|\boldsymbol{r}_s-\boldsymbol{r}_{s-1}\right|-\sigma\right)/4\pi\sigma^2 \tag{7.3.17}$$

式右的δ函数表明，只有当相邻链节互相接触时才能成键，脱离或重叠时成键概率为零。$4\pi\sigma^2$ 是链节的表面积，相邻链节间每一个特定的成键是整个成键概率的$1/(4\pi\sigma^2)$。对于相切链接的整条硬球链，则有

$$\exp\left(-V_{\text{intra}}(\boldsymbol{R})/kT\right)=\prod_{s=2}^{m}\delta\left(\left|\boldsymbol{r}_s-\boldsymbol{r}_{s-1}\right|-\sigma\right)/4\pi\sigma^2 \tag{7.3.18}$$

为求密度分布$\rho(\boldsymbol{r})$，将式(7.3.18)代入式(7.2.14)，得

$$\begin{aligned}\{\rho(\boldsymbol{r})\}=&\exp(\mu/kT)\int\sum_{s=1}^{m}\delta(\boldsymbol{r}-\boldsymbol{r}_s)\prod_{s'=2}^{m}\delta\left(\left|r_{s'}-r_{s-1}\right|-\sigma\right)/4\pi\sigma^2\\&\times\exp\left(-\sum_{s''=1}^{m}(V_{\text{ext}}(\boldsymbol{r}_{s''})+\lambda(\boldsymbol{r}_{s''}))/kT\right)\mathrm{d}\boldsymbol{R}\end{aligned} \tag{7.3.19}$$

$\{\rho(\boldsymbol{r})\}$是$\rho(\boldsymbol{r})$的数值，见式(7.2.7)的说明。令 $V^{\text{eff}}(\boldsymbol{r}_s)=V_{\text{ext}}(\boldsymbol{r}_s)+\lambda(\boldsymbol{r}_s)$。将式(7.3.19)

中 $V_{\text{intra}}(\boldsymbol{R})$的连乘以 s 为分界分为两部分，前部分从 $\boldsymbol{r}_2-\boldsymbol{r}_1$ 到 $\boldsymbol{r}_s-\boldsymbol{r}_{s-1}$，变量从 $\boldsymbol{r}_1$ 到 $\boldsymbol{r}_{s-1}$，后部分从 $\boldsymbol{r}_{s+1}-\boldsymbol{r}_s$ 到 $\boldsymbol{r}_m-\boldsymbol{r}_{m-1}$，变量从 $\boldsymbol{r}_{s+1}$ 到 $\boldsymbol{r}_m$，注意已将 $\boldsymbol{r}_s$ 独立出来。再将 $\mathrm{d}\boldsymbol{R}$ 分解为 $\mathrm{d}\boldsymbol{r}_1\mathrm{d}\boldsymbol{r}_2\cdots\mathrm{d}\boldsymbol{r}_s\cdots\mathrm{d}\boldsymbol{r}_m$。利用狄拉克δ函数的特性，$\int f(\boldsymbol{r}')\delta(\boldsymbol{r}'-\boldsymbol{r})\mathrm{d}\boldsymbol{r}'=f(\boldsymbol{r})$，得

$$
\begin{aligned}
\{\rho(\boldsymbol{r})\}=&\exp(\mu/kT)\\
&\sum_{s=1}^{m}\int\left(\delta\left(\left|\boldsymbol{r}_2-\boldsymbol{r}_1\right|-\sigma\right)/4\pi\sigma^2\right)\exp\left(-V^{\text{eff}}(\boldsymbol{r}_1)/kT\right)\mathrm{d}\boldsymbol{r}_1\cdots\\
&\int\left(\delta\left(\left|\boldsymbol{r}_s-\boldsymbol{r}_{s-1}\right|-\sigma\right)/4\pi\sigma^2\right)\exp\left(-V^{\text{eff}}(\boldsymbol{r}_{s-1})/kT\right)\mathrm{d}\boldsymbol{r}_{s-1}\\
&\int\delta\left(\boldsymbol{r}-\boldsymbol{r}_s\right)\exp\left(-V^{\text{eff}}(\boldsymbol{r}_s)/kT\right)\mathrm{d}\boldsymbol{r}_s\\
&\int\left(\delta\left(\left|\boldsymbol{r}_{s+1}-\boldsymbol{r}_s\right|-\sigma\right)/4\pi\sigma^2\right)\exp\left(-V^{\text{eff}}(\boldsymbol{r}_{s+1})/kT\right)\mathrm{d}\boldsymbol{r}_{s+1}\cdots\\
&\int\left(\delta\left(\left|\boldsymbol{r}_m-\boldsymbol{r}_{m-1}\right|-\sigma\right)/4\pi\sigma^2\right)\exp\left(-V^{\text{eff}}(\boldsymbol{r}_m)/kT\right)\mathrm{d}\boldsymbol{r}_m \qquad (7.3.20)\\
=&\exp(\mu/kT)\exp\left(-V^{\text{eff}}(\boldsymbol{r})/kT\right)\\
&\times\sum_{s=1}^{m}\int\left(\delta\left(\left|\boldsymbol{r}_2-\boldsymbol{r}_1\right|-\sigma\right)/4\pi\sigma^2\right)\exp\left(-V^{\text{eff}}(\boldsymbol{r}_1)/kT\right)\mathrm{d}\boldsymbol{r}_1\cdots\\
&\int\left(\delta\left(\left|\boldsymbol{r}-\boldsymbol{r}_{s-1}\right|-\sigma\right)/4\pi\sigma^2\right)\exp\left(-V^{\text{eff}}(\boldsymbol{r}_{s-1})/kT\right)\mathrm{d}\boldsymbol{r}_{s-1}\\
&\int\left(\delta\left(\left|\boldsymbol{r}_{s+1}-\boldsymbol{r}\right|-\sigma\right)/4\pi\sigma^2\right)\exp\left(-V^{\text{eff}}(\boldsymbol{r}_{s+1})/kT\right)\mathrm{d}\boldsymbol{r}_{s+1}\cdots\\
&\int\left(\delta\left(\left|\boldsymbol{r}_m-\boldsymbol{r}_{m-1}\right|-\sigma\right)/4\pi\sigma^2\right)\exp\left(-V^{\text{eff}}(\boldsymbol{r}_m)/kT\right)\mathrm{d}\boldsymbol{r}_m
\end{aligned}
$$

对于积分 $\int\left(\delta\left(\left|\boldsymbol{r}-\boldsymbol{r}'\right|-\sigma\right)/4\pi\sigma^2\right)\mathrm{d}\boldsymbol{r}'$，可以做如下变换

$$
\int\frac{\delta\left(\left|\boldsymbol{r}-\boldsymbol{r}'\right|-\sigma\right)}{4\pi\sigma^2}\mathrm{d}\boldsymbol{r}'=\int\frac{\delta\left(\left|\boldsymbol{r}'-\boldsymbol{r}\right|-\sigma\right)}{4\pi\sigma^2}\mathrm{d}(\boldsymbol{r}'-\boldsymbol{r})=\int\frac{\delta\left(\left|\boldsymbol{r}''\right|-\sigma\right)}{4\pi\sigma^2}\mathrm{d}\boldsymbol{r}'' \qquad (7.3.21)
$$

其中 $\boldsymbol{r}'-\boldsymbol{r}=\boldsymbol{r}''$。令$|\boldsymbol{r}''|=\tau$，并将式(7.3.21)化为球极坐标

$$
\begin{aligned}
\int\left(\delta\left(\left|\boldsymbol{r}''\right|-\sigma\right)/4\pi\sigma^2\right)\mathrm{d}\boldsymbol{r}''&=\int\left(\delta(\tau-\sigma)/4\pi\sigma^2\right)\tau^2\sin\theta\mathrm{d}\tau\mathrm{d}\theta\mathrm{d}\phi\\
&=-\int_0^{\infty}\left(\delta(\tau-\sigma)/4\pi\sigma^2\right)\tau^2\mathrm{d}\tau\int_0^{\pi}\mathrm{d}\cos\theta\int_0^{2\pi}\mathrm{d}\phi\\
&=\int\left(\delta(\tau-\sigma)/4\pi\sigma^2\right)\tau^2\mathrm{d}\tau\int_{z-\sigma}^{z+\sigma}\mathrm{d}z'\int_0^{2\pi}\mathrm{d}\phi\\
&=(1/2\sigma)\int_{z-\sigma}^{z+\sigma}\mathrm{d}z'
\end{aligned} \qquad (7.3.22)
$$

式中 $\mathrm{d}\cos\theta$ 到 $\mathrm{d}z'$ 的变换，是由于 $\cos\theta=(z'-z)/\rho$，θ由 0 到π，z'相应由 $z+\sigma$变为 $z-\sigma$，然后变换积分上下限，公式前面的负号变为正号。注意 z'由 $z+\sigma$变为 $z-\sigma$后，平均来说仍在位置 z。

设外场只在 z 方向变化，$V^{\text{eff}}(\boldsymbol{r})=V^{\text{eff}}(z)$，经上述变换后，式(7.3.20)变为

$$
\{\rho(z)\}=\exp(\mu/kT)\exp(-V^{\text{eff}}(z)/kT)\sum_{s=1}^{m}G_{\mathrm{L},s}(z)G_{\mathrm{R},s}(z) \qquad (7.3.23)
$$

$$G_{\mathrm{L},s}(z) = (1/2\sigma)\int_{\max(0,z-\sigma)}^{\min(H\sigma,z+\sigma)} \mathrm{d}z' \exp\left(-V^{\mathrm{eff}}(z')/kT\right) G_{\mathrm{L},s-1}(z') \tag{7.3.24}$$

$$G_{\mathrm{R},s}(z) = (1/2\sigma)\int_{\max(0,z-\sigma)}^{\min(H\sigma,z+\sigma)} \mathrm{d}z' \exp\left(-V^{\mathrm{eff}}(z')/kT\right) G_{\mathrm{R},s+1}(z') \tag{7.3.25}$$

式(7.3.24)和式(7.3.25)是两个递归方程，G 称为 Green 传递子，参见 7.5 节的注。$H\sigma$ 为两平面壁间的宽度，积分上下限的 max 和 min 是边界限制，$G_{\mathrm{L},1}(z)=1$，$G_{\mathrm{R},m}(z)=1$。

式(7.3.23)的特点是：为求 z 处的密度，要对链的 m 个链节分别进行统计。而对每一个链节 s，又要按 s 的两端分别进行追溯，直至链端。每追溯一个链节，又要对它的可能位置做全面的搜索。但也没有想象中的复杂，因为不论 s 是第几链节，积分上下限均取 $z-\sigma$ 到 $z+\sigma$，这是因为相邻链节在空间积分后，平均来说又回到原点，即 z。

一般来说，解析方法与单链模拟可得到类似结果，优点是更节省时间。但可靠性单链模拟占优，这是因为解析方法并未做到自规避，积分时不能避免链节的重叠。

3) 壁面附近高分子的构象

吸附在壁面附近的高分子链具有不同的构象，见图 7-1。通常可区分为尾形(tail)、环形(loop)和队列形(train)。当一个链状分子的尾部，不论有多少链节，它的起点与壁面接触，其余则在空间中，为尾形。当一个链状分子的中段，不论有多少链节，它的起点和终点与壁面接触，其余则在空间中，为环形。当一个链状分子的某段，不论有多少链节，全部与壁面接触，为队列形。三种构象所包含的键的数目，最小为 1，最大为 $m-1$。链状分子的密度泛函理论可以对三种构象加以区分，详见 7.4 节。

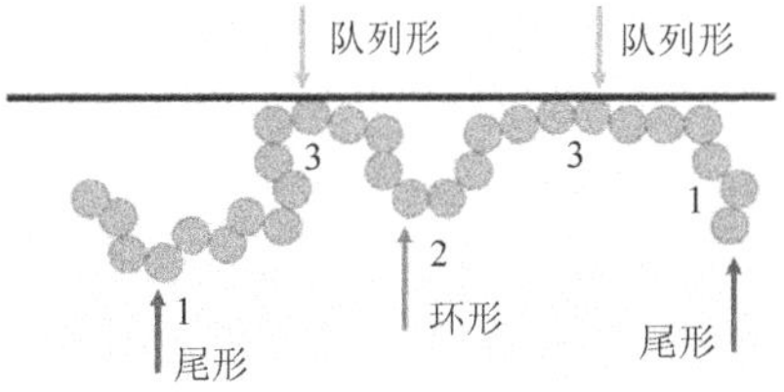

图 7-1 链状分子吸附时的不同构象

找到具有 l 个链节的构象 q 的概率 $P_q(l)$定义为

$$P_q(l) = N_q(l) \Big/ \sum_l N_q(l) \tag{7.3.26}$$

式中，q 表示构象，即尾形、环形或队列形，$N_q(l)$为具有 l 个链节的构象 q 的总数。构象 q 的平均链长$\langle l\rangle_q$ 由式(7.3.27)计算：

$$\langle l\rangle_q = \sum_l l P_q(l) \Big/ \sum_l P_q(l) \tag{7.3.27}$$

构象 q 占总构象的比例则为

$$S_q = \sum_l l N_q(l) \Big/ \sum_q \sum_l l N_q(l) \tag{7.3.28}$$

4. 均聚物实例

图 7-2 是蔡钧等[16]对链长 m=3 的硬球链在两个平面硬壁间的分布所做的计算，自由能模型或状态方程采用了胡英等[18]的方程，过量自由能泛函模型采用 Nordholm 等的 WDA，平均密度$\eta=\pi m\rho_M\sigma^3/6$ 分别为 0.3 和 0.4。由图可见，呈现典型的振荡衰减分布。虽然是最简单的 WDA，与计算机模拟 MC 数据比较相当一致，在壁面处预测值略偏低。

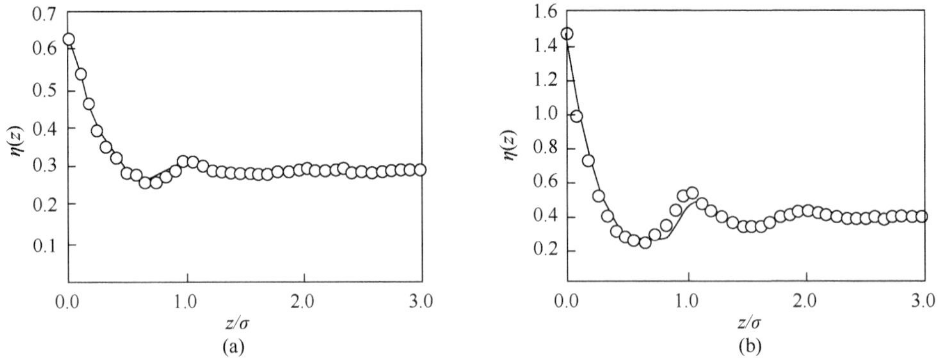

图 7-2　m=3 的硬球链在两个硬壁间的分布。线：预测，圆圈：MC。(a) η=0.3；(b) η=0.4

图 7-3 和图 7-4 是叶贞成等[19]对链长 m=3 和 m=12 的方阱链在两个平面硬壁或方阱壁间的分布所做的计算，方阱阱宽为σ，阱深为λ，ρ_{av}是平均密度。排斥部分的自由能模型或状态方程采用了胡英等[18]的方程，吸引部分采用了 SAFT-VR 方程[23, 24]，F^{ex}泛函模型采用 Nordholm 等的 WDA。由图可见，对于方阱壁，在阱中(z=0～σ)密度明显升高，在阱边呈现密度的陡降。虽然是最简单的 WDA，与计算机模拟 MC 数据比较也相当一致。

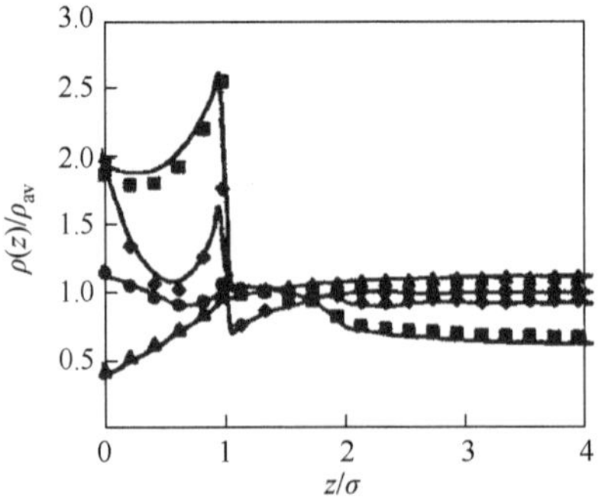

图 7-3　m=3 的方阱链在两壁间的分布。线：预测，点：MC。T^*=3.0。●：η=0.1，硬壁；■：η=0.1，方阱壁λ=−1.0；▲：η=0.3，硬壁；♦：η=0.3，方阱壁λ=−1.0

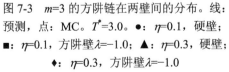

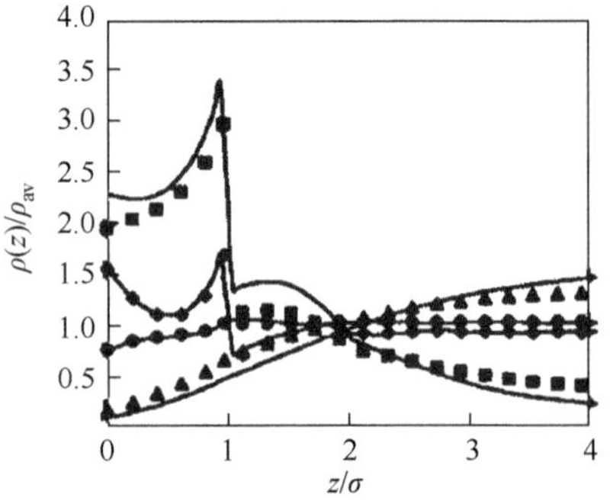

图 7-4　m=12 的方阱链在两壁间的分布。线：预测，点：MC。T^*=3.0。●：η=0.1，硬壁；■：η=0.1，方阱壁λ=−1.0；▲：η=0.3，硬壁；♦：η=0.3，方阱壁λ=−1.0

图 7-5 和图 7-6 是蔡钧等[17]对硬球链混合物在平面硬壁间的分布所做的计算。前者是 m=4 和 m=8，后者是 m=4 和 m=32。对于η=0.1，0.2，0.3，0.4 时的预测，与 MC 模拟都相当符合。

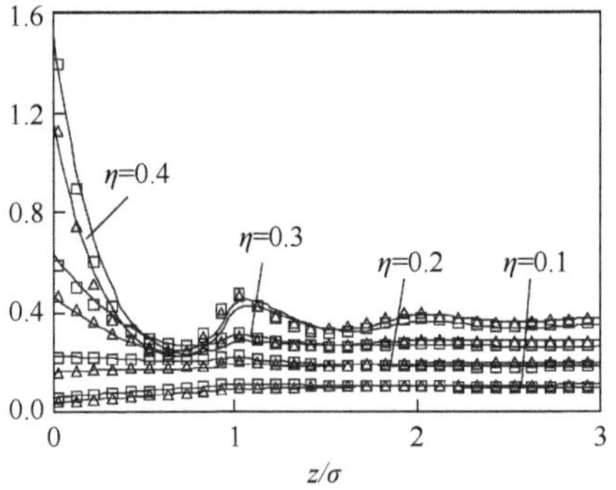

图 7-5　硬球链混合物在平面硬壁间的分布随η的变化。线：预测，MC：□：m=4，△：m=8

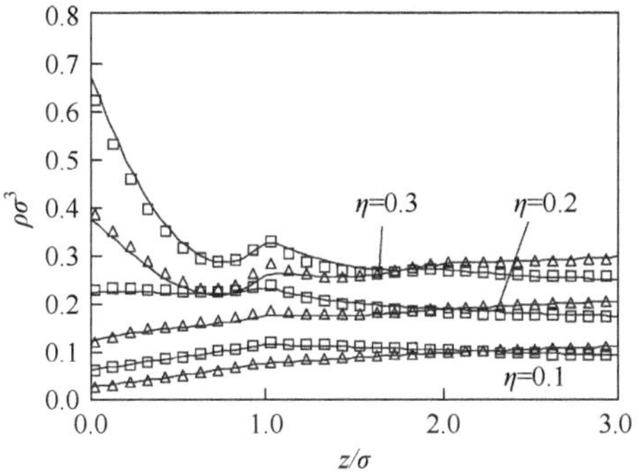

图 7-6　硬球链混合物在平面硬壁间的分布随η的变化。线：预测，MC：□：m=4，△：m=32

图 7-7 和图 7-8 是叶贞成等[20]对链长 m=3 和 m=12 的方阱链在两壁间的分布所做的计算，ρ_{av} 是平均密度。前者是平面硬壁，后者是方阱壁。对于η=0.1，0.3 时的预测，总体来说，与 MC 模拟的符合程度还比较满意。这说明所采用的自由能模型或状态方程以及过量自由能泛函模型都比较得当，计算方法也很有效。

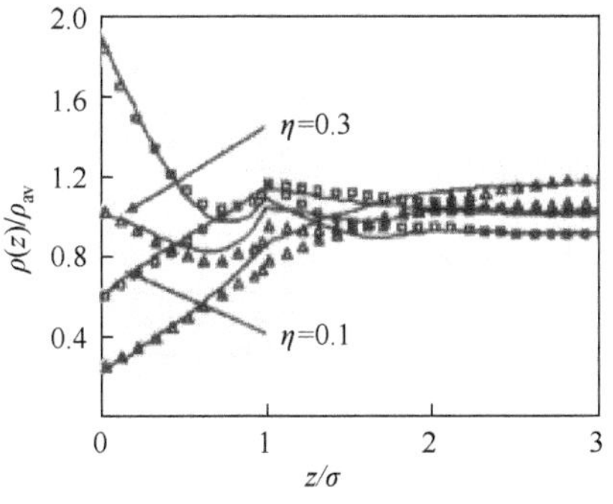

图 7-7　方阱链混合物在平面硬壁间的分布随η的变化。线：预测，MC：□：m=3，△：m=12

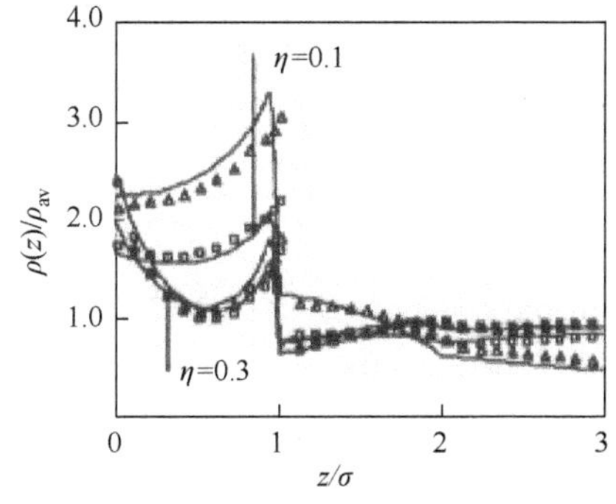

图 7-8　方阱链混合物在方阱壁间的分布随η的变化。线：预测，MC：□：m=3，△：m=12

陈厚样等[25]研究了硬球链分子在有图案的平面壁上的分布和构象。有图案的平面壁见图 7-9，黑色是中性的，相当于硬壁，白色代表对高分子有方阱型的吸引力。图 7-10 是 m=6 的硬球链分子在 x 和 z 方向的二维密度分布，平面壁在 x 方向

的 x=0～2.5σ和 7.5σ～10σ间是黑壁，在 2.5σ～7.5σ间是白壁，方阱阱深λ=–1.0，η=0.1。由图可见，黑壁(硬壁)表面的密度明显比在白壁(方阱壁)表面的密度低，白壁在阱的边界(z=σ)处，密度则陡降。无论是黑壁还是白壁，当趋近壁面时，密度明显下降，形成耗尽层(depletion layer)。图 7-11 用平面图画出相应的在 z 方向的密度变化，四条线分别为 x/σ=0，x/σ=2.0，对应黑壁；x/σ=3.0，x/σ=5.0，对应白壁。图 7-11(a)可清楚地看到耗尽层现象，以及白壁在阱的边界处的密度陡降。图 7-11(b)说明在平均密度较高时，耗尽层现象消失。图 7-12 用平面图画出相应的在 x 方向的密度变化，三条线分别为 z/σ=0，z/σ=1.0 和 z/σ=5.0，对应于壁面，距壁σ处和离壁较远处，后者已趋于恒定。图 7-12(b)则是η=0.3 的情况。

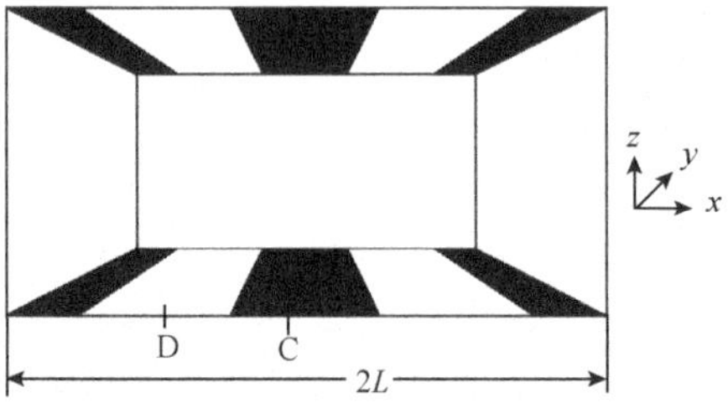

图 7-9　两个有图案的平面壁

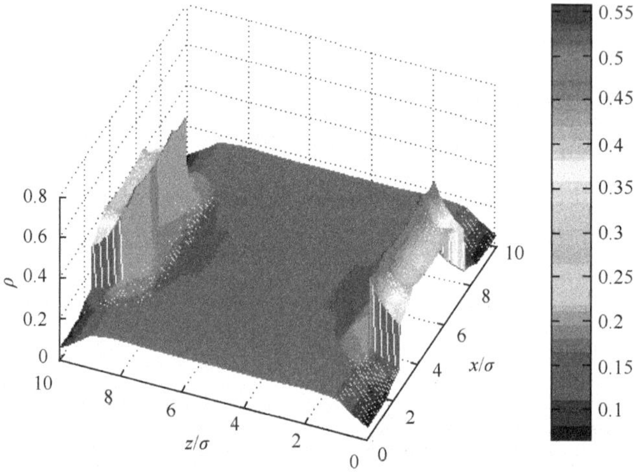

图 7-10　m=6 的硬球链分子在有图案的平面壁上，在 x 和 z 方向的二维分布。λ=–1.0，η=0.1(后附彩图)

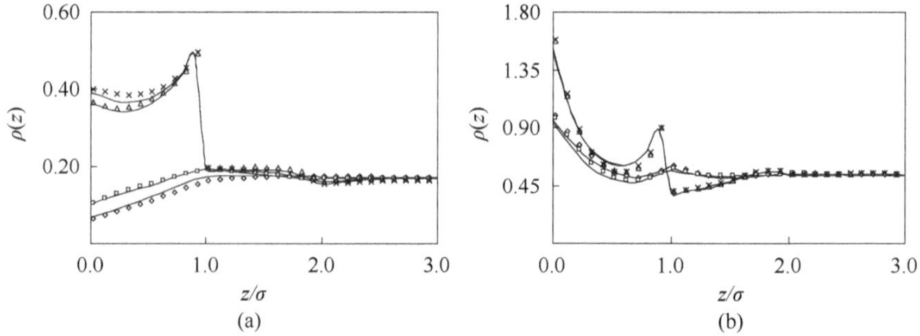

图 7-11　m=6 的硬球链分子在有图案的平面壁间沿 z 方向的变化。线：预测，符号：MC。λ=–1.0。◊：x/σ=0，□：x/σ=2.0，△：x/σ=3.0，×：x/σ=5.0。(a)η=0.1；(b)η=0.3

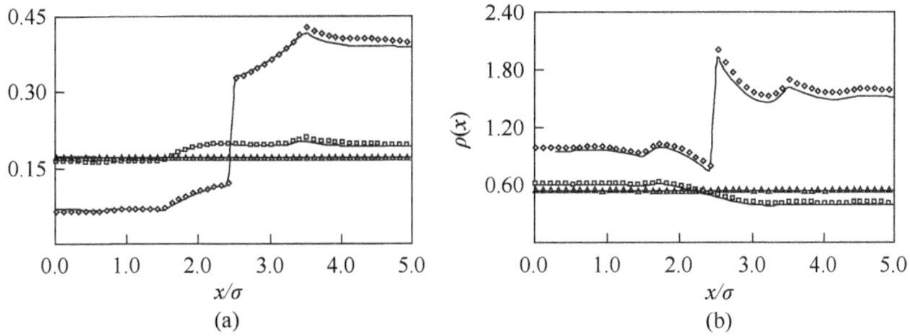

图 7-12　m=6 的硬球链分子在有图案的平面壁间沿 x 方向的变化。线：预测，符号：MC。λ=−1.0。◇：z/σ=0，□：z/σ=1.0，△：z/σ=5.0。(a) η=0.1；(b) η=0.3

图 7-13 是构象概率 $P_q(l)$随构象链长 l 的变化，可见尾形的概率比较稳定，环形出现在 $l<4$，概率随 l 增大而减小，队列形出现在 $l<2$。预测和分子模拟相当一致。考虑到 m=6，有一半是硬壁，这种现象是很自然的。图 7-14 是构象的平均链长$\langle l\rangle$随对比密度η的变化，比较平坦。构象 q 占总构象的比例 S_q 随η的变化也比较平坦。

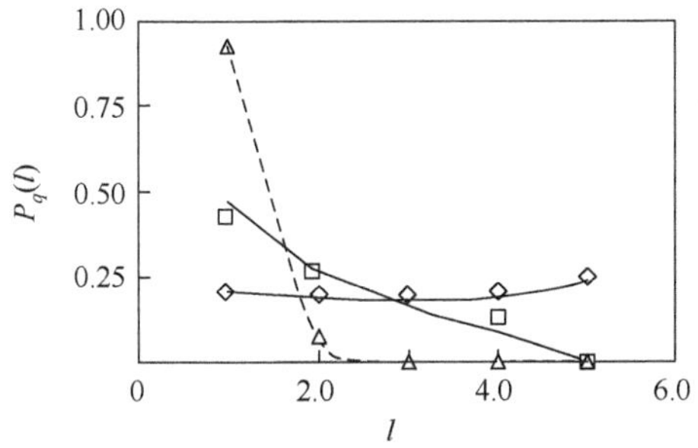

图 7-13　m=6 的硬球链分子在有图案的平面壁间分布，构象概率 $P_q(l)$随 l 的变化。λ=−1.0，η=0.3。线：预测，符号：MC。◇：尾形，□：环形，△：队列形

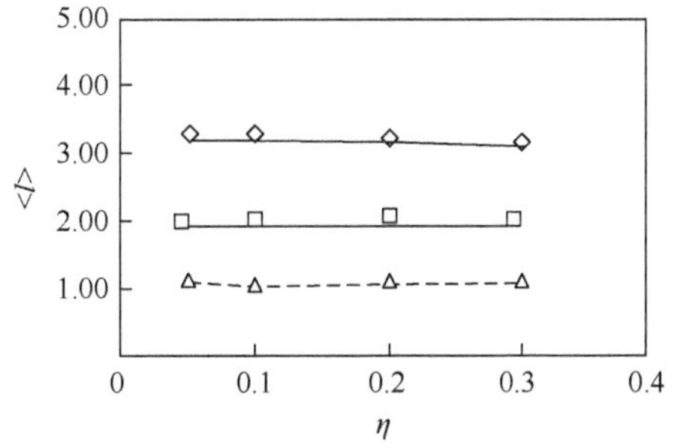

图 7-14　m=6 的硬球链分子在有图案的平面壁间分布，构象 q 的平均链长$\langle l\rangle$随η的变化。λ=−0.5。线：预测，符号：MC。◇：尾形，□：环形，△：队列形

5. 嵌段共聚物实例

S. K. Nath 等[28]和 A. L. Frischknecht 等[29, 30]研究了嵌段共聚物分子在平面壁间的密度分布。内在自由能泛函采用了密度展开，用到二重直接相关函数 $c^{(2)}$，密度分布参见第 6 章式(6.3.15)，但不使用桥函数 $B(\boldsymbol{r})$，

$$\rho(\boldsymbol{r})=\rho_0\exp\left(-\beta V_{\text{ext}}(\boldsymbol{r})+\int \mathrm{d}\boldsymbol{r}'c_0^{(2)}(\rho_0;\boldsymbol{r},\boldsymbol{r}')\left(\rho(\boldsymbol{r}')-\rho_0\right)\right) \tag{7.3.29}$$

A. L. Frischknecht 等对 $c^{(2)}$采用下面的近似

$$c_{\alpha\beta}(\boldsymbol{r})=\begin{cases}c_{\alpha\beta}^{\mathrm{h}}(\boldsymbol{r}), & \boldsymbol{r}\leqslant\sigma_{\alpha\beta}\\ -\varepsilon_{\mathrm{p},\alpha\beta}/kT, & \boldsymbol{r}>\sigma_{\alpha\beta}\end{cases} \tag{7.3.30}$$

式中，$\sigma_{\alpha\beta}$是链节α、β的碰撞直径；$c_{\alpha\beta}^{\mathrm{h}}$是用 PRISM[2, 3, 31]计算的硬球链的二重直接相关函数；$\varepsilon_{\mathrm{p},\alpha\beta}$是相互作用位能，A. L. Frischknecht 等采用 LJ(6-12)位能函数，计算采用解析方法，使用 Green 传递子。

图 7-15 是 A. L. Frischknecht 等计算所得的一个嵌段共聚物 A_8B_8 在狭缝中的密度分布，σ对 A、B 和 AB 都相同，H 是缝宽。平面壁 W 对嵌段 A 有吸引力，对嵌段 B 没有吸引力。由图可见，除了在壁面附近，嵌段 A 和 B 有典型的衰减和增强振荡变化外，在不同的缝宽和不同的作用力时，A_8B_8 呈不同周期的层状结构。

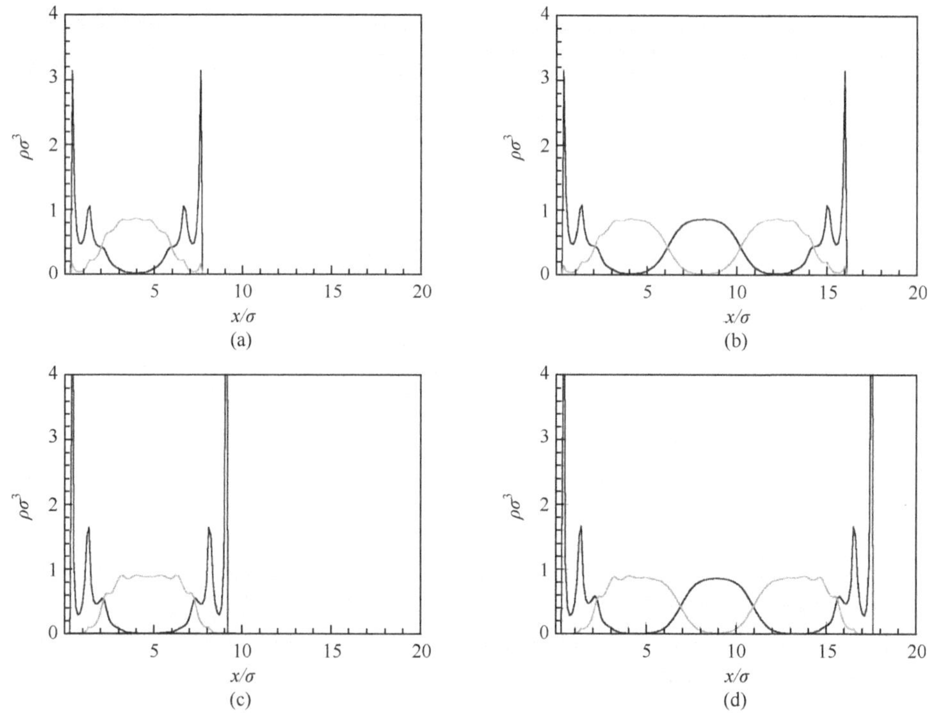

图 7-15 嵌段共聚物 A_8B_8 在狭缝中的密度分布。黑线：嵌段 A，灰线：嵌段 B。$\varepsilon_{AA}/kT=\varepsilon_{BB}/kT=0.17$，$\varepsilon_{AB}/kT=0$。(a)$\varepsilon_{WA}/kT=0.12$，$H=7.75\sigma$；(b)$\varepsilon_{WA}/kT=0.12$，$H=15.875\sigma$；(c)$\varepsilon_{WA}/kT=2.5$，$H=9.0\sigma$；(d)$\varepsilon_{WA}/kT=2.5$，$H=17.375\sigma$。$\varepsilon_{WB}/kT=0$

R. B. Thompson 等[32]和 J. Y. Lee 等[33]还研究了嵌段共聚物和纳米颗粒混合物中各嵌段和颗粒的密度分布。

7.4 格子模型的密度泛函理论

前面两节都是自由空间的模型，已取得很大成功。但是对于高分子研究中历史更悠久的格子模型的兴趣依然存在。自由空间模型当然比格子模型更接近实际，特别是能够比较好地计及由链节间的体积排斥而引起的填塞效应(packing effect)，如在表面上吸附的高分子链，由于填塞效应容易形成环形构象，增加了吸附量，格子模型对环形构象则容易低估。但如果填塞效应并不显著，如玻璃体以及微孔中的流体，使用格子模型就比较合适。一般来说，格子模型理论比较简单，还容易推广至常规流体以外的系统，如表面加工、DNA 修饰等。

早期有关高分子在表面上吸附的理论，最著名的是 J. M. H. M. Scheutjens 和 G.J. Fleer 的平均场理论[34, 35]，他们利用了 E. A. DeMarzio 和 R. J. Rubins[36]的矩阵方法，第一次成功地预测了尾形、环形和队列形构象的分布。王相田和胡英[37]采用了修正的 Freed 模型，与分子模拟比较，预测结果有很大改进。

对于格子模型上的密度泛函理论(LDFT)，最早的应该提到 S. Ono 和 S. Kondo[38]的平均场理论方程。进一步还要引入吸引贡献，如文献[39-41]。Ono 和 Kondo 的方法还被扩展应用至二聚体，如 Y. Chen 和 M. D. Donohue[42, 43]等的工作。最近，陈学谦等[26, 27]开发了一个在格子模型基础上的链状分子流体的密度泛函理论，准确度比平均场理论提高很多。

1. 巨势泛函

设在格子上有一个均聚物溶液，均聚物链长为 m，均聚物分子总数为 N_p，溶剂分子总数为 N_s。每一个链节和每一个溶剂分子占据一个格位，$mN_\mathrm{p}+N_\mathrm{s}=N_\mathrm{lattice}$，为格子上的格位总数。一个均聚物分子的位形可表示为 $\boldsymbol{Q}=(\boldsymbol{q}_1, \cdots, \boldsymbol{q}_m)$，其中 $\boldsymbol{q}_{s'}=(q_{s'x}, q_{s'y}, q_{s'z})$, $q_{s'x}, q_{s'y}, q_{s'z}$ 是链节 s'(注意与溶剂代号 s 区别)在三维格子的三个方向上的编号，相应的数密度分布为$\rho_\mathrm{p}(\boldsymbol{Q})$。溶剂分子的位形即为 $\boldsymbol{q}=(q_x, q_y, q_z)$，相应的数密度分布为$\rho_\mathrm{s}(\boldsymbol{q})$。类似于自由空间的$\int\rho_\mathrm{p}(\boldsymbol{R})\mathrm{d}\boldsymbol{R}=N_\mathrm{p}$，$\rho_\mathrm{p}(\boldsymbol{Q})$和$\rho_\mathrm{s}(\boldsymbol{q})$有下面的关系式，

$$\sum_{\boldsymbol{Q}}\rho_\mathrm{p}(\boldsymbol{Q})=N_\mathrm{p},\quad \sum_{\boldsymbol{q}}\rho_\mathrm{s}(\boldsymbol{q})=N_\mathrm{s} \tag{7.4.1}$$

可见$\rho_\mathrm{p}(\boldsymbol{Q})$是具有位形 $\boldsymbol{Q}$ 的均聚物分子数，$\rho_\mathrm{s}(\boldsymbol{q})$是具有位形 $\boldsymbol{q}$ 的溶剂分子数，量纲为 1。在高分子领域中，还常将$\rho_\mathrm{p}(\boldsymbol{Q})$化为链节密度$\rho_\mathrm{p}(\boldsymbol{q})$

$$\rho_\mathrm{p}(\boldsymbol{q})=\sum_{\boldsymbol{Q}}\sum_{s'=1}^{m}\delta(\boldsymbol{q}_{s'}-\boldsymbol{q},0)\rho_\mathrm{p}(\boldsymbol{Q}) \tag{7.4.2}$$

式中，$\delta(x,0)=\delta_{0,x}$是克罗内克 δ 函数，$x=0$，$\delta=1$，$x\neq0$，$\delta=0$。并且有

$$\rho_\mathrm{p}(\boldsymbol{q})+\rho_\mathrm{s}(\boldsymbol{q})=1 \tag{7.4.3}$$

对一个格位 $\boldsymbol{q}$，不是链节，就是溶剂。为了计算简单，按格子模型的通常做法，可将溶剂分子看作空穴，溶剂-溶剂和溶剂-链节的相互作用能为零。

7.2 节在自由空间中为均聚物定义巨势泛函，即式(7.2.1)

$$\Omega[\rho_p(\boldsymbol{R})]=F_{\text{intr}}[\rho_p(\boldsymbol{R})]+\int \mathrm{d}\boldsymbol{R}\rho_p(\boldsymbol{R})V_{\text{ext}}(\boldsymbol{R})-\mu\int \mathrm{d}\boldsymbol{R}\rho_p(\boldsymbol{R})$$

现在是格子模型，要做一些修改。因为 $\boldsymbol{Q}$ 和 $\boldsymbol{q}$ 不再是连续变量，而是离散变量，相应地要将式(7.2.1)中的积分改为求和，式(7.2.1)变为

$$\begin{aligned}\Omega[\rho_p(\boldsymbol{Q}),\rho_s(\boldsymbol{q})]=&F_{\text{intr}}[\rho_p(\boldsymbol{Q}),\rho_s(\boldsymbol{q})]+\sum_{\boldsymbol{Q}}\left(V_{\text{ext}}(\boldsymbol{Q})-\mu_p\right)\rho_p(\boldsymbol{Q})\\&+\sum_{\boldsymbol{q}}\left(V_{\text{ext}}(\boldsymbol{q})-\mu_s\right)\rho_s(\boldsymbol{q})\end{aligned}\tag{7.4.4}$$

由于溶剂分子是空穴，$V_{\text{ext}}(\boldsymbol{q})=0$。

平衡时，巨势泛函为极值。在对 F_{intr} 求泛函导数时，可将对$\rho_p(\boldsymbol{Q})$求导化为对$\rho_p(\boldsymbol{q})$求导

$$\delta F_{\text{intr}}/\delta\rho_p(\boldsymbol{Q})=\sum_{s'=1}^{m}\delta F_{\text{intr}}/\delta\rho_p(\boldsymbol{q}_{s'})\tag{7.4.5}$$

并注意式(7.4.3) $\rho_p(\boldsymbol{q})+\rho_s(\boldsymbol{q})=1$，$\delta\rho_p(\boldsymbol{q})=-\delta\rho_s(\boldsymbol{q})$。由式(7.4.4)，有

$$\frac{\delta\Omega[\rho_p(\boldsymbol{Q}),\rho_s(\boldsymbol{q})]}{\delta\rho_p(\boldsymbol{Q})}=\frac{\delta F_{\text{intr}}[\rho_p(\boldsymbol{Q}),\rho_s(\boldsymbol{q})]}{\delta\rho_p(\boldsymbol{Q})}+V_{\text{ext}}(\boldsymbol{Q})-\mu_p+m\mu_s=0\tag{7.4.6}$$

定义 μ_p'为插入一条链并取代了 m 个溶剂(空穴)的化学势变化：

$$\mu_p'=\mu_p-m\mu_s=\frac{\delta F_{\text{intr}}[\rho_p(\boldsymbol{Q}),\rho_s(\boldsymbol{q})]}{\delta\rho_p(\boldsymbol{Q})}+V_{\text{ext}}(\boldsymbol{Q})\tag{7.4.7}$$

由此可得均聚物的分子数密度分布，关键是内在自由能泛函模型。

2. 内在自由能泛函

内在自由能泛函可以分解为理想流体贡献和过量贡献两部分：

$$F_{\text{intr}}[\rho_p(\boldsymbol{Q}),\rho_s(\boldsymbol{q})]=F^{\text{id}}[\rho_p(\boldsymbol{Q}),\rho_s(\boldsymbol{q})]+F^{\text{ex}}[\rho_p(\boldsymbol{Q}),\rho_s(\boldsymbol{q})]\tag{7.4.8}$$

1)理想流体的内在自由能泛函

7.2 节已经介绍了自由空间中理想气体的贡献 F^{ig}，它由理想气体的标准化学势以及链内相互作用 $V_{\text{intra}}(\boldsymbol{R})$构成。现在是格子模型，没有动能，理想流体是指链状分子间没有相互作用，相应的内在自由能 F^{id} 应包括热力学能 E^{id}，主要是链内相互作用 $V_{\text{intra}}(\boldsymbol{R})$以及熵的贡献 S^{id}。理想的内在自由能泛函可表示为

$$F^{\text{id}}[\rho_p(\boldsymbol{Q}),\rho_s(\boldsymbol{q})]=E^{\text{id}}[\rho_p(\boldsymbol{Q}),\rho_s(\boldsymbol{q})]-TS^{\text{id}}[\rho_p(\boldsymbol{Q}),\rho_s(\boldsymbol{q})]\tag{7.4.9}$$

理想流体的热力学能 E^{id}　首先写出理想的哈密顿量 H^{id}，它是 N_p 条链的 $V_{\text{intra}}(\boldsymbol{Q})$之和

$$H^{\text{id}}=\sum_{i=1}^{N_p}V_{\text{intra}}(\boldsymbol{Q}_i)\tag{7.4.10}$$

理想流体的热力学能 E^{id} 是它的系综平均值

$$E^{\mathrm{id}}=\langle H^{\mathrm{id}}\rangle=\sum\nolimits_{\boldsymbol{Q}}\rho_{\mathrm{p}}(\boldsymbol{Q})V_{\mathrm{intra}}(\boldsymbol{Q}) \tag{7.4.11}$$

在 7.3 节中曾提到，$V_{\mathrm{intra}}(\boldsymbol{Q})$应包括弯曲能、排斥体积贡献和成键作用贡献。对于格子模型，弯曲能一般不考虑，如果链的排斥体积在过量贡献中计及，$V_{\mathrm{intra}}(\boldsymbol{Q})$将主要计及成键作用。

理想流体的熵 S^{id}　当系统的 N_{p} 条链和 N_{s} 个空穴处于某位形 $\boldsymbol{Q}_1,\cdots,\boldsymbol{Q}_{N\mathrm{p}}$, $\boldsymbol{q}_1,\cdots,\boldsymbol{q}_{N\mathrm{s}}$时，由于没有动能，按式(4.3.27) $S=-k\sum_{i,N}P_{i,N}\ln P_{i,N}$，熵可由位形存在的概率 $P_{\mathrm{p,s}}(\boldsymbol{Q}_1,\cdots,Q_{N_{\mathrm{p}}},\boldsymbol{q}_1,\cdots,q_{N_{\mathrm{s}}})$定义如下

$$S=-k\sum_{\{\boldsymbol{Q}_i\},\{\boldsymbol{q}_j\}}P_{\mathrm{p,s}}(\boldsymbol{Q}_1,\cdots,\boldsymbol{Q}_{N_{\mathrm{p}}},\boldsymbol{q}_1,\cdots,\boldsymbol{q}_{N_{\mathrm{s}}})\ln P_{\mathrm{p,s}}(\boldsymbol{Q}_1,\cdots,\boldsymbol{Q}_{N_{\mathrm{p}}},\boldsymbol{q}_1,\cdots,\boldsymbol{q}_{N_{\mathrm{s}}}) \tag{7.4.12}$$

对于理想流体，各条链和各个空穴彼此独立，概率可分解为

$$P_{\mathrm{p,s}}^{\mathrm{id}}(\boldsymbol{Q}_1,\cdots,\boldsymbol{Q}_{N_{\mathrm{p}}},\boldsymbol{q}_1,\cdots,\boldsymbol{q}_{N_{\mathrm{s}}})=\prod_{i=1}^{N_{\mathrm{p}}}P_{\mathrm{p}}(\boldsymbol{Q}_i)\prod_{j=1}^{N_{\mathrm{s}}}P_{\mathrm{s}}(\boldsymbol{q}_j) \tag{7.4.13}$$

$P_{\mathrm{p}}(\boldsymbol{Q})$和 $P_{\mathrm{s}}(\boldsymbol{q})$分别为单条链和单个空穴具有位形 $\boldsymbol{Q}$ 和 $\boldsymbol{q}$ 的概率。它们与密度间有以下关系：

$$\rho_{\mathrm{p}}(\boldsymbol{Q})=N_{\mathrm{p}}P_{\mathrm{p}}(\boldsymbol{Q})\quad,\quad\rho_{\mathrm{s}}(\boldsymbol{q})=N_{\mathrm{s}}P_{\mathrm{s}}(\boldsymbol{q}) \tag{7.4.14}$$

将式(7.4.13)和式(7.4.14)代入式(7.4.12)，得理想流体的熵

$$\begin{aligned}S^{\mathrm{id}}&=-kN_{\mathrm{p}}\sum_{\boldsymbol{Q}}P_{\mathrm{p}}(\boldsymbol{Q})\ln P_{\mathrm{p}}(\boldsymbol{Q})-kN_{\mathrm{s}}\sum_{\boldsymbol{q}}P_{\mathrm{s}}(\boldsymbol{q})\ln P_{\mathrm{s}}(\boldsymbol{q})\\&=-k\sum_{\boldsymbol{Q}}\rho_{\mathrm{p}}(\boldsymbol{Q})\ln\rho_{\mathrm{p}}(\boldsymbol{Q})-k\sum_{\boldsymbol{q}}\rho_{\mathrm{s}}(\boldsymbol{q})\ln\rho_{\mathrm{s}}(\boldsymbol{q})+C\end{aligned} \tag{7.4.15}$$

式中，$C=kN_{\mathrm{p}}\ln N_{\mathrm{p}}+kN_{\mathrm{s}}\ln N_{\mathrm{s}}$ 是常数，求导时消失，因而可以略去。

联合式(7.4.11)和式(7.4.15)，得理想流体的内在自由能泛函，

$$\begin{aligned}F^{\mathrm{id}}[\rho_{\mathrm{p}}(\boldsymbol{Q}),\rho_{\mathrm{s}}(\boldsymbol{q})]&=E^{\mathrm{id}}-TS^{\mathrm{id}}\\&=\sum_{\boldsymbol{Q}}\rho_{\mathrm{p}}(\boldsymbol{Q})V_{\mathrm{intra}}(\boldsymbol{Q})+kT\sum_{\boldsymbol{Q}}\rho_{\mathrm{p}}(\boldsymbol{Q})\ln\rho_{\mathrm{p}}(\boldsymbol{Q})+kT\sum_{\boldsymbol{q}}\rho_{\mathrm{s}}(\boldsymbol{q})\ln\rho_{\mathrm{s}}(\boldsymbol{q})\end{aligned} \tag{7.4.16}$$

2) 过量内在自由能泛函

下面讨论过量内在自由能泛函 $\Delta F^{\mathrm{ex}}[\rho_{\mathrm{p}}(\boldsymbol{q}),\rho_{\mathrm{s}}(\boldsymbol{q})]$ 的形式。采用简单的立方格子，配位数 $Z_{\mathrm{c}}=6$，相邻格位的相互作用采用对比交换能来表达。一个链节和溶剂分子间的对比交换能为 $\tilde{\varepsilon}_{\mathrm{ps}}=(\varepsilon_{\mathrm{pp}}+\varepsilon_{\mathrm{ss}}-2\varepsilon_{\mathrm{ps}})/kT$，表面和链节间为 $\tilde{\varepsilon}_{\mathrm{a}}=(\varepsilon_{\mathrm{ap}}-\varepsilon_{\mathrm{as}})/kT$，$\varepsilon_{\alpha\alpha'}$为$\alpha$和$\alpha'$间的吸引能。

为表达过量内在自由能泛函，需采用均匀流体的模型，再应用 LDA 或 WDA 近似。模型采用杨建勇等[44-46]的工作。将过量内在自由能泛函分解为无热混合贡

献(athermal)和相互作用贡献(interaction)

$$F^{\text{ex}}[\rho_{\text{p}}(\boldsymbol{q}),\rho_{\text{s}}(\boldsymbol{q})]=F_{\text{atherm}}^{\text{ex}}[\rho_{\text{p}}(\boldsymbol{q}),\rho_{\text{s}}(\boldsymbol{q})]+F_{\text{intera}}^{\text{ex}}[\rho_{\text{p}}(\boldsymbol{q}),\rho_{\text{s}}(\boldsymbol{q})] \tag{7.4.17}$$

无热混合贡献 采用 LDA 近似

$$F_{\text{atherm}}^{\text{ex}}[\rho_{\text{p}}(\boldsymbol{q}),\rho_{\text{s}}(\boldsymbol{q})]=kT\sum_{\boldsymbol{q}}\varphi_{\text{atherm}}\left(\rho_{\text{p}}(\boldsymbol{q}),\rho_{\text{s}}(\boldsymbol{q})\right) \tag{7.4.18}$$

均匀流体的无热混合自由能φ_{atherm}用 E. A. Guggenheim[47]的无热混合熵式

$$\varphi_{\text{atherm}}(\rho_{\text{p}},\rho_{\text{s}})=\frac{Z_{\text{c}}}{2}\left(\frac{\alpha_m}{m}\rho_{\text{p}}\ln\frac{\alpha_m}{m}-\left(\frac{\alpha_m}{m}\rho_{\text{p}}+\rho_{\text{s}}\right)\ln\left(\frac{\alpha_m}{m}\rho_{\text{p}}+\rho_{\text{s}}\right)\right) \tag{7.4.19}$$

式中，$\alpha_m=((Z_{\text{c}}-2)m+2)/Z_{\text{c}}$。

相互作用贡献 采用 WDA 近似

$$F_{\text{intera}}^{\text{ex}}[\rho_{\text{p}}(\boldsymbol{q}),\rho_{\text{s}}(\boldsymbol{q})]=kT\sum_{\boldsymbol{q}}\rho_{\text{p}}(\boldsymbol{q})f_{\text{intera}}\left(\bar{\rho}_{\text{p}}(\boldsymbol{q}),\bar{\rho}_{\text{s}}(\boldsymbol{q})\right) \tag{7.4.20}$$

式中，$\bar{\rho}_i(\boldsymbol{q})$是加权平均密度，类似于第 6 章式(6.4.4)，表达为

$$\bar{\rho}_{\text{p}}(\boldsymbol{q})=\sum_{\boldsymbol{q}}w(|\boldsymbol{q}'-\boldsymbol{q}|)\rho_{\text{m}}(\boldsymbol{q}'),\quad \bar{\rho}_{\text{s}}(\boldsymbol{q})=1-\bar{\rho}_{\text{p}}(\boldsymbol{q}) \tag{7.4.21}$$

单个链节的对比过量自由能f_{intera}可分解为吸引贡献f_{attr}和偶合贡献f_{coupl}，后者是考虑到能量相关和成键效应间的偶合。

$$f_{\text{intera}}(\rho_{\text{p}},\rho_{\text{s}})=f_{\text{attr}}(\rho_{\text{p}},\rho_{\text{s}})+f_{\text{coupl}}(\rho_{\text{p}},\rho_{\text{s}}) \tag{7.4.22}$$

按杨建勇等[44-46]的工作，这两方面可表达为

$$f_{\text{attr}}(\rho_{\text{p}},\rho_{\text{s}})=\frac{Z_{\text{c}}}{2}\left(\tilde{\varepsilon}_{\text{ps}}\rho_{\text{s}}-\frac{1}{2}\tilde{\varepsilon}_{\text{ps}}^2\rho_{\text{p}}\rho_{\text{s}}^2-\frac{1}{6}\tilde{\varepsilon}_{\text{ps}}^3\rho_{\text{p}}\rho_{\text{s}}^2(1-2\rho_{\text{p}}\rho_{\text{s}})\right) \tag{7.4.23}$$

$$f_{\text{coupl}}(\rho_{\text{p}},\rho_{\text{s}})=-\frac{m-1+\lambda_m}{m}\ln\frac{\left(\exp(\tilde{\varepsilon}_{\text{ps}})-1\right)\rho_{\text{s}}+1}{\left(\exp(\tilde{\varepsilon}_{\text{ps}})-1\right)\rho_{\text{p}}\rho_{\text{s}}+1} \tag{7.4.24}$$

式中，$\lambda_m=(m-1)(m-2)(am+b)/m^2$是长程相关的校正因子，$a$和$b$是通用系数。

为计算加权平均密度，采用 Nordholm 等的 WDA(参见第 6 章 6.4 节)，即应用 Heaviside 阶梯函数Θ来表达权重函数，

$$w(x)=\frac{\Theta(x-1)}{Z_{\text{c}}+1} \tag{7.4.25}$$

3. 链节密度分布

从式(7.4.7) $\mu_{\text{p}}'=\delta F_{\text{intr}}[\rho_{\text{p}}(\boldsymbol{Q}),\rho_{\text{s}}(\boldsymbol{q})]/\delta\rho_{\text{p}}(\boldsymbol{Q})+V_{\text{ext}}(\boldsymbol{Q})$出发。以式(7.4.8) $F_{\text{intr}}=F^{\text{id}}+F^{\text{ex}}$代入，其中的$F^{\text{id}}$和$F^{\text{ex}}$分别利用式(7.4.16)和式(7.4.17)，后者的$F_{\text{atherm}}^{\text{ex}}$、$F_{\text{intera}}^{\text{ex}}$再分别以式(7.4.18)和式(7.4.20)代入，可以解得链分子的密度分布。在对F^{id}和F^{ex}求泛函导数时，将对$\rho_{\text{p}}(\boldsymbol{Q})$求导化为对$\rho_{\text{p}}(\boldsymbol{q})$求导，并注意式(7.4.3) $\rho_{\text{p}}(\boldsymbol{q})+\rho_{\text{s}}(\boldsymbol{q})=1$，$\delta\rho_{\text{p}}(\boldsymbol{q})=-\delta\rho_{\text{s}}(\boldsymbol{q})$，可得链分子的密度分布

$$\rho_{\mathrm{p}}(\boldsymbol{Q})=\exp\Big(\big(\mu_{\mathrm{p}}'-V_{\mathrm{intra}}(\boldsymbol{Q})-\Psi(\boldsymbol{Q})\big)/kT\Big) \tag{7.4.26}$$

$\Psi(\boldsymbol{Q})$是作用在一个链分子上的**有效势**，表示为

$$\Psi(\boldsymbol{Q})=\sum_{s'=1}^{m}\varphi(\boldsymbol{q}_{s'})=kT\sum_{s'=1}^{m}\left(\frac{1}{m}-1-\ln\rho_{\mathrm{s}}(\boldsymbol{q}_{s'})+\frac{\delta(F^{\mathrm{ex}}/kT)}{\delta\rho_{\mathrm{p}}(\boldsymbol{q}_{s'})}+\frac{V^{\mathrm{ext}}(\boldsymbol{q}_{s'})}{kT}\right) \tag{7.4.27}$$

式中$\sum_{s'=1}^{m}(-1-\ln\rho_{\mathrm{s}}(\boldsymbol{q}_{s'}))$源自对式(7.4.16)$F^{\mathrm{id}}$中$kT\sum_{\boldsymbol{q}}\rho_{\mathrm{s}}(\boldsymbol{q})\ln\rho_{\mathrm{s}}(\boldsymbol{q})$的求导。$\varphi(\boldsymbol{q})$是作用在一个链节上的有效势。式中的泛函导数可表示为

$$\begin{aligned}\frac{\delta(F^{\mathrm{ex}}/kT)}{\delta\rho_{\mathrm{p}}(\boldsymbol{q})}&=\frac{\delta(\Delta F_{\mathrm{atherm}}^{\mathrm{ex}}/kT)}{\delta\rho_{\mathrm{p}}(\boldsymbol{q})}+\frac{\delta(\Delta F_{\mathrm{intera}}^{\mathrm{ex}}/kT)}{\delta\rho_{\mathrm{p}}(\boldsymbol{q})}=\frac{\partial\varphi_{\mathrm{atherm}}}{\partial\rho_{\mathrm{p}}(\boldsymbol{q})}-\frac{\partial\varphi_{\mathrm{atherm}}}{\partial\rho_{\mathrm{s}}(\boldsymbol{q})}\\&\quad+f_{\mathrm{attr}}(\bar{\rho}_{\mathrm{p}}(\boldsymbol{q}),\bar{\rho}_{\mathrm{s}}(\boldsymbol{q}))+\sum_{\boldsymbol{q}}\rho_{\mathrm{p}}(\boldsymbol{q})w(|\boldsymbol{q}'-\boldsymbol{q}|)\left(\frac{\partial f_{\mathrm{attr}}}{\partial\bar{\rho}_{\mathrm{p}}(\boldsymbol{q})}-\frac{\partial f_{\mathrm{attr}}}{\partial\bar{\rho}_{\mathrm{s}}(\boldsymbol{q})}\right)\end{aligned} \tag{7.4.28}$$

将式(7.4.26)代入式(7.4.2)，得链节密度分布

$$\rho_{\mathrm{p}}(\boldsymbol{q})=\sum_{\boldsymbol{Q}}\sum_{s'=1}^{m}\delta(\boldsymbol{q}_{s'}-\boldsymbol{q},0)\exp\Big(\big(\mu_{\mathrm{p}}'-V_{\mathrm{intra}}(\boldsymbol{Q})-\Psi(\boldsymbol{Q})\big)/kT\Big) \tag{7.4.29}$$

式中，$\delta(x,0)=\delta_{0,x}$，是克罗内克δ函数，$x=0$，$\delta_{0,x}=1$，$x\neq0$，$\delta_{0,x}=0$。

4. 链内相互作用

与式(7.3.1)类似，链内相互作用$V_{\mathrm{intra}}(\boldsymbol{Q})$可定义为

$$\exp\left(-\frac{V_{\mathrm{intra}}(\boldsymbol{Q})}{kT}\right)=\prod_{s'=1}^{m-1}\frac{\delta\big(|\boldsymbol{q}_{s'+1}-\boldsymbol{q}_{s'}|-1,0\big)}{Z_{\mathrm{c}}} \tag{7.4.30}$$

它满足归一化要求$\sum_{\boldsymbol{Q}}\exp(-V_{\mathrm{intra}}(\boldsymbol{Q})/kT)=1$。式中，$\delta(x,0)=\delta_{0,x}$，下同。

5. 计算方法

与 7.3 节介绍的自由空间中使用 Green 传递子的解析方法类似，以式(7.4.30)代入式(7.4.29)，链节密度分布可利用 Green 传递子 G 计算

$$\rho_{\mathrm{p}}(\boldsymbol{q})=\sum_{s'=1}^{m}\exp\Big(\big(\mu_{\mathrm{p}}'-\varphi(\boldsymbol{q})\big)/kT\Big)G_{\mathrm{L}}^{(s')}(\boldsymbol{q})G_{\mathrm{R}}^{(s')}(\boldsymbol{q}) \tag{7.4.31}$$

$$G_{\mathrm{L}}^{(s')}(\boldsymbol{q})=\sum_{\boldsymbol{q}'}\frac{\delta\big(|\boldsymbol{q}'-\boldsymbol{q}|-1,0\big)}{Z_{\mathrm{c}}}\exp\big(-\varphi(\boldsymbol{q}')/kT\big)G_{\mathrm{L}}^{(s'-1)}(\boldsymbol{q}') \tag{7.4.32}$$

$$G_{\mathrm{R}}^{(s')}(\boldsymbol{q})=\sum_{\boldsymbol{q}'}\frac{\delta\big(|\boldsymbol{q}'-\boldsymbol{q}|-1,0\big)}{Z_{\mathrm{c}}}\exp\big(-\varphi(\boldsymbol{q}')/kT\big)G_{\mathrm{R}}^{(s'+1)}(\boldsymbol{q}') \tag{7.4.33}$$

式中，$s'=1,2,\cdots,m-1$，并且$G_{\mathrm{L}}^{(1)}(\boldsymbol{q})=G_{\mathrm{R}}^{(r)}(\boldsymbol{q})=1$。传递子参见 7.5 节注。

式(7.4.32)和式(7.4.33)是两个递归方程。式(7.4.31)的特点是：为求 $\boldsymbol{q}$ 处的密度，要对链的 m 个链节分别进行统计。而对每一个链节 s'，又要按 s'的两端分别进行追溯，直至链端。每追溯一个链节，又要对它的可能位置做全面的搜索。但不论 i 是第几链节，经过 $\boldsymbol{q}'$的搜索后，平均来说又回到原点，即 $\boldsymbol{q}$。

在 7.2 节中曾指出，在应用式(7.2.14)时，需要知道化学势 μ，但为了计算方便，可首先指定平面间的平均密度。现在面临同样的问题，在利用式(7.4.31)时，先要知道 μ_{p}'，实际计算时总是想避免。以在平面上的链状分子的分布为例，要求得一个方向如 z 方向的链节分布$\rho_{\mathrm{p}}(z)$，z 是 z 方向的格位编号。可以利用一个信息，即 $z=\infty$时的$\rho_{\mathrm{p}}(\infty)$，它是体相的链节密度$\rho_{\mathrm{p,\,b}}$，相应的有效势为$\varphi(\infty)$或$\varphi_{\mathrm{b}}$。先将$\rho_{\mathrm{p,\,b}}$代入式(7.4.31)，再联合式(7.4.31)，得

$$\rho_{\mathrm{p}}(z)=(\rho_{\mathrm{p,b}}/m)\sum_{s'=1}^{m}\exp\left((m\varphi_{\mathrm{b}}-\varphi(z))/kT\right)G_{\mathrm{L}}^{(s')}(z)G_{\mathrm{R}}^{(s')}(z) \tag{7.4.34}$$

式中，$\rho_{\mathrm{p,\,b}}$除以 m 和φ_{b}乘以 m 是因为在 $z=\infty$时，链状分子构象的变化不会影响密度，一条链可作为整体来处理，$\rho_{\mathrm{p,\,b}}/m$ 就是一条链的密度，$m\varphi_{\mathrm{b}}$ 则是作用在一条链上的有效势。

6. 环形、尾形和队列形构象的链节密度分布

现在讨论在平面上吸附的链状分子的分布。对于这三种构象，队列形的链节密度分布最简单直观，它就是在第一层的密度$\rho_{\mathrm{p}}(1)$。对于另外两种，则需要做缜密分析。

对于第 z 层的密度$\rho_{\mathrm{p}}(z)$，按式(7.4.34)，它是将链长为 m 的链分子中每一个链节 i 的贡献求和

$$\rho_{\mathrm{p}}(z)=\sum\nolimits_{s'=1}^{m}\rho_{\mathrm{p}}^{(s')}(z)$$

$$\rho_{\mathrm{p}}^{(s')}(z)=C\exp(-\varphi(z)/kT)G_{\mathrm{L}}^{(s')}(z)G_{\mathrm{R}}^{(s')}(z) \tag{7.4.35}$$

$C=(\rho_{\mathrm{p,b}}/m)\exp(m\varphi_{\mathrm{b}}/kT)$。式中$\varphi(z)$是作用在第 z 层的一个链节 i 上的有效势，玻耳兹曼因子 $\exp(-\varphi(z)/kT)$是它对该链节的分布概率的贡献。按递归方程式(7.4.32)，其中计及$\exp(-\varphi(z')/kT)$和链内相互作用 V_{intra}，$G_{\mathrm{L}}^{(s')}(z)$是从第 1 节开始无规行走了 $i-1$ 步的终端概率。按递归方程式(7.4.33)，$G_{\mathrm{R}}^{(s')}(z)$则是从第 m 节开始无规行走了 $m-i$ 步的终端概率。第 1 节和第 m 节是整条链的终端，$G_{\mathrm{L}}^{(1)}(z)=G_{\mathrm{R}}^{(m)}(z)=1$。由于在链内相互作用 V_{intra} 中，长程相关可以忽略，第 i 节两边的无规行走可看作是相互独立的，因此，第 i 节作为两边链节的共同终端，概率为乘积 $G_{\mathrm{L}}^{(s')}(z)G_{\mathrm{R}}^{(s')}(z)$。

按照一个链是否被吸附在固体表面，即是否有一节在第 1 层 $z=1$，可将 $G_{\mathrm{L}}^{(s')}(z)$ 和 $G_{\mathrm{R}}^{(s')}(z)$ 各分解为两项

$$G_{\mathrm{L}}^{(s')}(z)=G_{\mathrm{L,ads}}^{(s')}(z)+G_{\mathrm{L,free}}^{(s')}(z),\quad G_{\mathrm{R}}^{(s')}(z)=G_{\mathrm{R,ads}}^{(s')}(z)+G_{\mathrm{R,free}}^{(s')}(z) \tag{7.4.36}$$

式中下标 ads 表示在左面的 $s'-1$ 个链节或右面的 $m-s'$ 个链节中，至少有一节被吸附，处于第 1 层，下标 free 则表示其中没有一节被吸附。有吸附的 $G_{\text{ads}}^{(s')}(z)$ 可由式(7.4.32)和式(7.4.33)的递归方程计算，并加以条件 $G_{\text{ads}}^{(1)}(z)=\delta(z-1)$，即第 1 节处于 z=1 时为 1，否则为 0，$G_{\text{ads}}^{(s')}(1)=G^{(s')}(1)=1$，表明有吸附的任何一节 s' 处于 z=1 时，即为 1。至于没有被吸附，按式(7.4.36)，$G_{\text{free}}^{(s')}(z)=G^{(s')}(z)-G_{\text{ads}}^{(s')}(z)$。

将式(7.4.36)代入式(7.4.35)，有

$$\begin{aligned}\rho_{\text{p}}^{(s')}(z)=C\exp(-\varphi(z)/kT)\Big(&G_{\text{L,ads}}^{(s')}(z)G_{\text{R,ads}}^{(s')}(z)\\&+G_{\text{L,ads}}^{(s')}(z)G_{\text{R,free}}^{(s')}(z)+G_{\text{L,free}}^{(s')}(z)G_{\text{R,ads}}^{(s')}(z)+G_{\text{L,free}}^{(s')}(z)G_{\text{R,free}}^{(s')}(z)\Big)\end{aligned}\tag{7.4.37}$$

对于均聚物，$G_{\text{R}}^{(s')}(z)=G_{\text{L}}^{(m+1-s')}(z)=G^{(m+1-s')}(z)$，式(7.4.37)简化为

$$\begin{aligned}\rho_{\text{p}}^{(s')}(z)=C\exp(-\varphi(z)/kT)\Big(&G_{\text{ads}}^{(s')}(z)G_{\text{ads}}^{(m+1-s')}(z)\\&+2G_{\text{ads}}^{(s')}(z)G_{\text{free}}^{(m+1-s')}(z)+G_{\text{free}}^{(s')}(z)G_{\text{free}}^{(m+1-s')}(z)\Big)\end{aligned}\tag{7.4.38}$$

式右三项分别对应于三种不同的构象，$G_{\text{ads}}^{(s')}(z)G_{\text{ads}}^{(m+1-s')}(z)$ 表明链节 i 的两边均有链节被吸附，是环形；$G_{\text{ads}}^{(s')}(z)G_{\text{free}}^{(m+1-s')}(z)$ 表明链节 i 的两边中，有一边有链节被吸附，是尾形；$G_{\text{free}}^{(s')}(z)G_{\text{free}}^{(m+1-s')}(z)$ 表明链节 i 的两边都没有链节被吸附，是自由的非吸附链。因此，环形、尾形和队列形构象的链节密度分布可分别计算如下：

队列形：

$$\rho_{\text{p,train}}=\rho_{\text{p}}(1)\tag{7.4.39}$$

环形：

$$\rho_{\text{p,loop}}(z)=C\exp(-\varphi(z)/kT)\sum_{s'=1}^{m}G_{\text{ads}}^{(s')}(z)G_{\text{ads}}^{(m+1-s')}(z)\tag{7.4.40}$$

尾形：

$$\rho_{\text{p,tail}}(z)=2C\exp(-\varphi(z)/kT)\sum_{s'=1}^{m}G_{\text{ads}}^{(s')}(z)G_{\text{free}}^{(m+1-s')}(z)\tag{7.4.41}$$

式中 $C=(\rho_{\text{p,b}}/m)\exp(m\varphi_{\text{b}}/kT)$，$\rho_{\text{p, b}}$ 是需要输入的数据。

计算时可采用 Picard 迭代法。输入 $\rho_{\text{p}}(z)$ 的初值，计算有效势 $\varphi(z)$，然后用式(7.4.39)～式(7.4.41)计算各种密度分布。将所得新的 $\rho_{\text{p}}(z)$ 与输入的比较，如不如预期，则将两者混合后再输入，直至收敛。

注意本节的链节代号用 s'，是为了尽量与溶剂代号 s 相区别。

7. 实例

图 7-16 和图 7-17 为陈学谦等[26]用密度泛函理论得到的链状分子在近表面的链节分布，k=z。图 7-16 为总的链节分布，图中曲线由下至上，体相密度 ρ_{b}=0.1，0.3，0.5。当 $\tilde{\varepsilon}_{\text{a}}=0$，为惰性表面，可见明显的耗尽层，表面密度降低，参见图 7-10。

$\tilde{\varepsilon}_a=1.0$ 时，有吸附作用。与分子模拟结果比较，预测相当满意。虚线是用 Scheutjens 和 Fleer 的平均场理论(SF)的计算结果，在近壁处有明显偏离，耗尽效应受到低估，预测密度偏高，吸附作用也被低估，预测密度偏低。

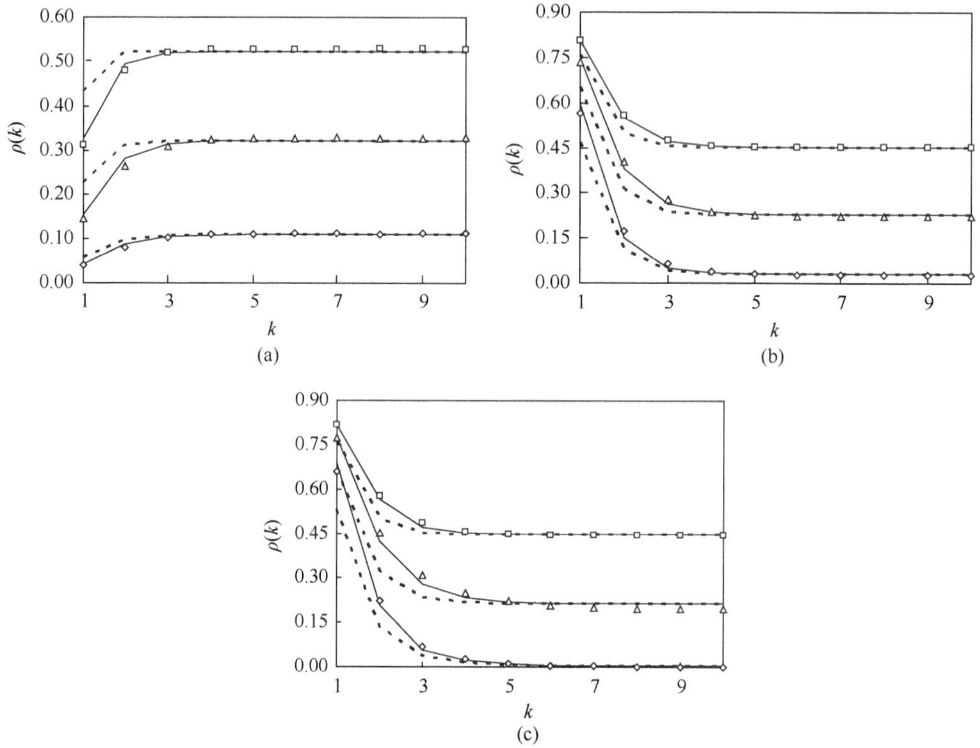

图 7-16　链状分子在近表面的链节分布，$k=z$。由下至上，ρ_b=0.1，0.3，0.5。(a)m=10，$\tilde{\varepsilon}_{ps}=0.2$，$\tilde{\varepsilon}_a=0$；(b)$m$=10，$\tilde{\varepsilon}_{ps}=0.2$，$\tilde{\varepsilon}_a=1.0$；(c)$m$=40，$\tilde{\varepsilon}_{ps}=0.2$，$\tilde{\varepsilon}_a=1.0$。MC：模拟数据，实线：密度泛函，虚线：SF 理论

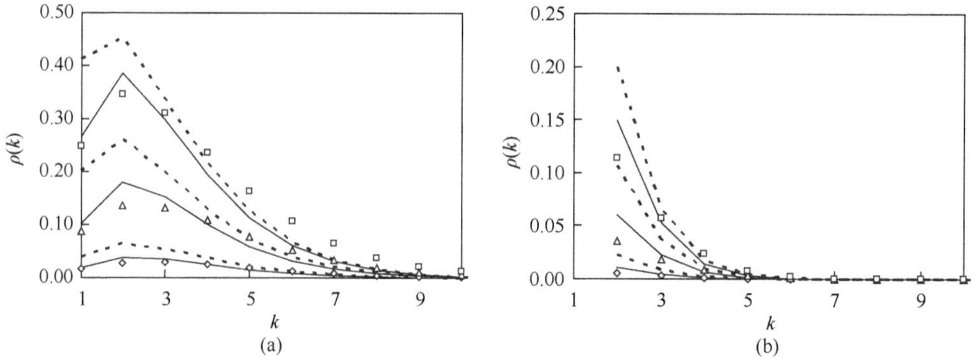

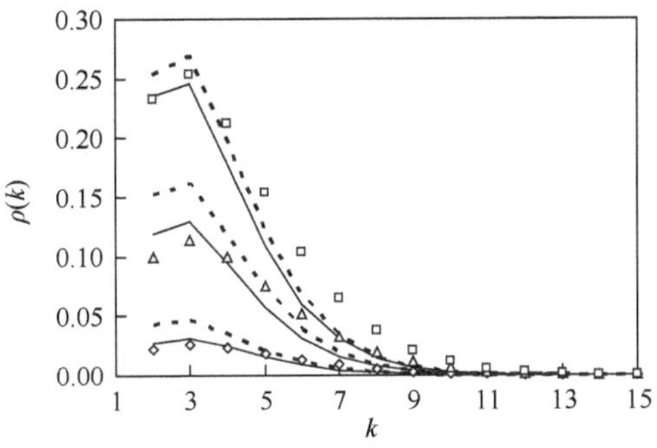

(c)

图 7-17　链状分子在近表面不同构象的链节分布，$k=z$。由下至上，ρ_b=0.1，0.3，0.5。m=40，$\tilde{\varepsilon}_{ps}=0.2$，$\tilde{\varepsilon}_a=0$。(a)所有构象；(b)环形；(c)尾形。MC：模拟数据，实线：密度泛函，虚线：SF 理论

图 7-17 为在近表面不同构象的链节分布。同样，图中曲线由下至上，体相密度ρ_b=0.1，0.3，0.5。三个图分别为总链节分布、环形构象的链节分布和尾形构象的链节分布。采用$\tilde{\varepsilon}_a=0$，为惰性表面。可见典型的耗尽效应，表面密度降低，但由于链长较长，m=40，总链节密度随 $z(k)$增大出现极值。环形和尾形构象的链节密度从 $z(k)$=2 开始计算，这是因为 $z(k)$=1 为队列形。环形的链节密度随 $z(k)$增大单调降低，尾形的链节密度随 $z(k)$增大有极值。与分子模拟结果比较，预测还算满意。虚线是用 SF 的平均场理论的计算结果，偏离要大一些。

密度泛函理论比 SF 的平均场理论有所改进。它们的计算方法其实很类似，都采用递归方程，如式(7.4.31)～式(7.4.33)，或者说密度泛函理论借鉴了 SF 的理论方法。前已述及，式中的$G_L^{(s')}(\boldsymbol{q})$和$G_R^{(s')}(\boldsymbol{q})$是一种概率，其中包含了有效势$\varphi(\boldsymbol{q})$。两种理论在计算有效势上有较大差别。SF 理论采用弗洛里(Flory)的混合熵，相互作用能则采用平均场近似，相当于 LDA。密度泛函理论采用 Guggenheim 的混合熵要准确得多，而相互作用能则采用 WDA，比 LDA 有改进。这可能就是陈学谦等[26]的工作取得较好结果的原因。

7.5　高斯链模型

在研究高聚物构型时，常采用高斯链(Gaussian chain)模型[48]作为内核。它是一种理想链的模型，虽然并不能确切描写高聚物的局部结构，却能正确反映大尺度的性质，更重要的是数学上可行，可以得到解析式。在高斯链的基础上，还可发展更现实的模型。

1. 构型分布函数

设一个高聚物分子有 m+1 个单体，相应有 m 个键，构型 $\boldsymbol{R}=\boldsymbol{l}_1,\cdots,\boldsymbol{l}_m$，或 $\boldsymbol{R}=\boldsymbol{r}_0$,

$\boldsymbol{r}_1,\cdots,\boldsymbol{r}_m$，键长 $\boldsymbol{l}_s=\boldsymbol{r}_s-\boldsymbol{r}_{s-1}$。高斯链的特征是：键长有高斯分布。按键长 $\boldsymbol{l}$ 的分布函数为

$$\psi(\boldsymbol{l})=\left(\frac{3}{2\pi b^2}\right)^{3/2}\exp\left(-\frac{3\boldsymbol{l}^2}{2b^2}\right) \tag{7.5.1}$$

式中，b 是均方根键长，$b^2=\langle \boldsymbol{l}^2\rangle$，又称统计键长。一条高斯链的构型分布函数 Ψ 则为

$$\begin{aligned}\Psi(\boldsymbol{R})&=\prod_{s=1}^{m}\left(\frac{3}{2\pi b^2}\right)^{3/2}\exp\left(-\frac{3\boldsymbol{l}_s^2}{2b^2}\right)\\&=\left(\frac{3}{2\pi b^2}\right)^{3m/2}\exp\left(-\sum_{s=1}^{m}\frac{3(\boldsymbol{r}_s-\boldsymbol{r}_{s-1})^2}{2b^2}\right)\end{aligned} \tag{7.5.2}$$

高斯链可描述为由 $m+1$ 个珠子构成的链，珠子间由谐正弹簧连接(harmonic bead-spring chain)，它的势能由式(7.5.3)表示

$$\varepsilon_{\mathrm{p0}}(\boldsymbol{R})=\frac{3kT}{2b^2}\sum_{s=1}^{m}(\boldsymbol{r}_s-\boldsymbol{r}_{s-1})^2 \tag{7.5.3}$$

平衡时，它的玻耳兹曼分布即式(7.5.2)。

构型分布式(7.5.2)也可用连续变量 s 表达，这时，s 称为弧长度变量(arc length variable)，$s=0\sim m$ 或 $0\sim1$，后者相应计算要乘以 m 以求一致

$$\Psi(\boldsymbol{R})=C\exp\left(-\frac{3}{2b^2}\int_0^m \mathrm{d}s\left(\frac{\partial\boldsymbol{r}_s}{\partial s}\right)^2\right) \tag{7.5.4}$$

C 为常数。

如果有外场 $V_{\mathrm{ext}}(\boldsymbol{r})$，式(7.5.4)变为

$$\Psi(\boldsymbol{R})=C\exp\left(-\frac{3}{2b^2}\int_0^m \mathrm{d}s\left(\frac{\partial\boldsymbol{r}_s}{\partial s}\right)^2-\frac{1}{kT}\int_0^m \mathrm{d}sV_{\mathrm{ext}}(\boldsymbol{r}_s)\right) \tag{7.5.5}$$

2. 格林函数

为了讨论一条高斯链的统计性质，并计算其配分函数，要借助于格林(Green)函数，参见本节后的注解。它按下式定义：

$$G(\boldsymbol{r},\boldsymbol{r}';m)=\frac{\displaystyle\int_{\boldsymbol{r}_0=\boldsymbol{r}'}^{\boldsymbol{r}_m=\boldsymbol{r}}\delta\boldsymbol{r}_n\exp\left(-\frac{3}{2b^2}\int_0^m\mathrm{d}s\left(\frac{\partial\boldsymbol{r}_s}{\partial s}\right)^2-\frac{1}{kT}\int_0^m\mathrm{d}sV_{\mathrm{ext}}(\boldsymbol{r}_s)\right)}{\displaystyle\int\mathrm{d}\boldsymbol{r}\int_{\boldsymbol{r}_0=\boldsymbol{r}'}^{\boldsymbol{r}_m=\boldsymbol{r}}\delta\boldsymbol{r}_s\exp\left(-\frac{3}{2b^2}\int_0^m\mathrm{d}s\left(\frac{\partial\boldsymbol{r}_s}{\partial s}\right)^2\right)} \tag{7.5.6}$$

这里的对 $\delta\boldsymbol{r}_s$ 在 $\boldsymbol{r}_m=\boldsymbol{r}$ 和 $\boldsymbol{r}_0=\boldsymbol{r}'$ 间进行的路径积分(泛函积分)表明，积分计及起讫于 $\boldsymbol{r}$ 和 $\boldsymbol{r}'$ 间所有可能的构型，分母 $\int\mathrm{d}\boldsymbol{r}$ 则统计了全部空间。格林函数 $G(\boldsymbol{r},\boldsymbol{r}';m)$ 是起讫于 $\boldsymbol{r}$ 和 $\boldsymbol{r}'$ 间在外场 $V_{\mathrm{ext}}(\boldsymbol{r})$ 下一条高斯链的统计权重，相应的位形配分函数为

$$Z=\int\mathrm{d}\boldsymbol{r}\mathrm{d}\boldsymbol{r}'\,G(\boldsymbol{r},\boldsymbol{r}';m) \tag{7.5.7}$$

如果没有外场，$V_{\text{ext}}(\boldsymbol{r})=0$，式(7.5.6)还原为高斯分布函数

$$G(\boldsymbol{r}-\boldsymbol{r}';m)=\left(\frac{2\pi mb^2}{3}\right)^{-3/2}\exp\left(-\frac{3(\boldsymbol{r}-\boldsymbol{r}')^2}{2mb^2}\right) \tag{7.5.8}$$

它相当于将式(7.5.1)中的 b^2 用整条链的均方链长 mb^2 取代。

由格林函数 $G(\boldsymbol{r}, \boldsymbol{r}'; m)$的定义，可以得出下面等式

$$G(\boldsymbol{r},\boldsymbol{r}';m)=\int \mathrm{d}\boldsymbol{r}''G(\boldsymbol{r},\boldsymbol{r}'';m-s)G(\boldsymbol{r}'',\boldsymbol{r}';s),\quad (0<s<m) \tag{7.5.9}$$

虽然格林函数 $G(\boldsymbol{r}, \boldsymbol{r}'; m)$仅当 $m>0$ 时才有物理意义，我们仍可写出

$$G(\boldsymbol{r}, \boldsymbol{r}'; m)=0,\quad m\leqslant 0 \tag{7.5.10}$$

按此定义，格林函数 $G(\boldsymbol{r}, \boldsymbol{r}'; m)$满足下面的微分方程，即扩散方程

$$\left(\frac{\partial}{\partial m}-\frac{b^2}{6}\frac{\partial^2}{\partial \boldsymbol{r}^2}+\frac{1}{kT}V_{\text{ext}}(\boldsymbol{r})\right)G(\boldsymbol{r},\boldsymbol{r}';m)=\delta(\boldsymbol{r}-\boldsymbol{r}')\delta(m) \tag{7.5.11}$$

推导见参考书[48]，式右狄拉克δ函数之积考虑下面的边界条件。

$$G(\boldsymbol{r}, \boldsymbol{r}'; m<0)=0;\quad G(\boldsymbol{r}, \boldsymbol{r}'; m=0)=\delta(\boldsymbol{r}-\boldsymbol{r}') \tag{7.5.12}$$

3. 容器中一条高斯链的配分函数

设容器体积为 $V=L_xL_yL_z$，外场影响等价于边界条件，如 $\boldsymbol{r}$ 在容器之外，$G(\boldsymbol{r}, \boldsymbol{r}'; m)=0$。式(7.5.11)变为

$$\left(\frac{\partial}{\partial m}-\frac{b^2}{6}\frac{\partial^2}{\partial \boldsymbol{r}^2}\right)G(\boldsymbol{r},\boldsymbol{r}';m)=\delta(\boldsymbol{r}-\boldsymbol{r}')\delta(m) \tag{7.5.13}$$

用标准方法求解[49]，得

$$G(\boldsymbol{r},\boldsymbol{r}';m)=g_x(r_x,r_x';m)g_y(r_y,r_y';m)g_z(r_z,r_z';m) \tag{7.5.14}$$

$$g_x(r_x,r_x';m)=\frac{2}{L_x}\sum_{p=1}^{\infty}\sin\left(\frac{p\pi r_x}{L_x}\right)\sin\left(\frac{p\pi r_x'}{L_x}\right)\exp\left(-\frac{p^2\pi^2 mb^2}{6L_x^2}\right) \tag{7.5.15}$$

按式(7.5.7)，配分函数为

$$Z=\int \mathrm{d}\boldsymbol{r}\mathrm{d}\boldsymbol{r}'\, G(\boldsymbol{r},\boldsymbol{r}';m)=Z_xZ_yZ_z \tag{7.5.16}$$

$$\begin{aligned} Z_x &= \int_0^{L_x}\mathrm{d}r_x\int_0^{L_x}\mathrm{d}r_x'\, g_x(r_x,r_x';m)\\ &=\frac{8L_x}{\pi^2}\sum\nolimits_{p=1,3,\cdots}^{\infty}\frac{1}{p^2}\exp\left(-\frac{p^2\pi^2 mb^2}{6L_x^2}\right) \end{aligned} \tag{7.5.17}$$

亥姆霍兹函数和 x 方向的压力分别为

$$A=-kT\ln Z \tag{7.5.18}$$

$$p=-\frac{1}{L_yL_z}\frac{\partial A}{\partial L_x} \tag{7.5.19}$$

如果高聚物分子很小，$\sqrt{N}b \ll L$，

$$Z_x = \frac{8L_x}{\pi^2}\sum\nolimits_{p=1,3,\cdots}^{\infty}\frac{1}{p^2} = L_x \tag{7.5.20}$$

$$p = \frac{kT}{L_x L_y L_z} = \frac{kT}{V} \tag{7.5.21}$$

回到理想气体。如果高聚物分子很大，$\sqrt{m}b \gg L$，级数取首项即可

$$Z_x = \frac{8L_x}{\pi^2}\exp\left(-\frac{\pi^2 mb^2}{6L_x^2}\right) \tag{7.5.22}$$

$$p = -\frac{1}{L_y L_z}\frac{\partial A}{\partial L_x} = \frac{kT}{V}\left(1+\frac{\pi^2 mb^2}{6L_x^2}\right) = \frac{\pi^2 mb^2}{6L_x^2}\frac{kT}{V} \tag{7.5.23}$$

4. 进一步考虑

高斯链是一种理想链，它不计自规避(self avoiding)，两条链可以交叉，对于无限长的链，它是严格的。上面介绍的是一条链，对于含有许多高斯链的系统，以及进一步考虑排斥体积效应等，见参考书[48]。对于较短的或较硬的链，可采用蠕虫链(wormlike chain)模型，链具有固定长度的轮廓，它与高斯链的关系见文献[50]。对于具有固定链长为 l 的自由连接的链(freely jointed chain)，积分中构型分布函数可表达为

$$\Psi(\boldsymbol{R}) = C\prod_{s=1}^{m-1}\delta(|\boldsymbol{r}_{s+1}-\boldsymbol{r}_s|-l) \tag{7.5.24}$$

对于半柔韧的弹性硬球链，前面已介绍了 A. Yethiraj 和 C. E. Woodward[9, 10]采用的式(7.3.1)。其他还有 freely rotating chain model，hindered rotation model 和 rotational isomeric state model 等，可参阅高分子物理书籍。

注：**传递子**(propagator)　粒子从某一点 $\boldsymbol{r}, t$ 运动到另一点 $\boldsymbol{r}', t'$ 的概率振幅 $G(\boldsymbol{r}, t; \boldsymbol{r}', t')$ 称为传递子。通常也称格林函数，它来自非均匀微分方程的求解。例如，在量子力学中，含时的薛定谔方程为

$$-\frac{\hbar}{\mathrm{i}}\frac{\partial \Psi}{\partial t} = \hat{H}\Psi \tag{7.5.25}$$

当粒子从 $\boldsymbol{r}, t$ 运动到 $\boldsymbol{r}', t'$ 时，有

$$\left(\hat{H} - \mathrm{i}\hbar\frac{\partial}{\partial t}\right)K(\boldsymbol{r},t;\boldsymbol{r}',t') = -\mathrm{i}\hbar\delta(\boldsymbol{r}-\boldsymbol{r}')\delta(t-t') \tag{7.5.26}$$

$K(\boldsymbol{r}, t; \boldsymbol{r}', t')$ 就是传递子，它可以用下面的路径积分求得

$$K(\boldsymbol{r},t;\boldsymbol{r}',t') = \int\exp\left((\mathrm{i}/\hbar)\int_t^{t'} L(\dot{\boldsymbol{r}},\boldsymbol{r},t)\mathrm{d}t\right)\mathrm{D}[\boldsymbol{r}(t)] \tag{7.5.27}$$

$L(\dot{\boldsymbol{r}},\boldsymbol{r},t)$ 是拉格朗日函数(Lagrangian)。

式(7.5.6)的格林函数 $G(\boldsymbol{r}, \boldsymbol{r}'; m)$ 也是一种传递子，它是从 $\boldsymbol{r}$ 到 $\boldsymbol{r}'$ 一条高斯链的统

计权重。式(7.3.24)和式(7.3.25)的 $G_{L,I}(z)$和 $G_{R,I}(z)$也是传递子，分别描述从第 i–1 节和 i+1 节到第 i 节的贡献。式(7.4.32)和式(7.4.33)的 $C_L^{(i)}(\boldsymbol{q})$和 $C_R^{(i)}(\boldsymbol{q})$也类似。

7.6 动态密度泛函理论

J. G. E. M. Fraaije 等[51-55]在 20 世纪末开发了一个动态密度泛函理论(dynamic density functional theory，DDFT)，它是密度泛函理论方法与扩散方程的组合，可用来研究介稳结构及其随时间的演变，特别适用于软物质如嵌段共聚高分子和表面活性剂，并且已经形成了商业软件 MesoDyn。介稳结构的形成相对于快速的分子过程来说要慢得多，可以应用平衡态的热力学或统计力学结合扩散方程来研究。但 DDFT 所描述的结构随时间的演变是否与实际过程符合，并没有受到严格的检验。然而，不论随时间的演变的真实性如何，DDFT 作为研究平衡态，却提供了一个有效的手段。通常的 DFT 所采用的自洽迭代包括反复的单链模拟，十分费时，DDFT 可作为一种替代。过去研究软物质的介观结构多采用自洽场方法 SCFT(参见第 5 章 5.6 节)，7.7 节针对高分子系统的 SCF 还要做进一步讨论。DFT 虽然发展得晚一些，对于非均匀流体，已经显示有许多优点(参见第 6 章)。本节则注重对软物质的应用。

1. 内在自由能泛函

在第 5 章 5.6 节中，介绍了用自洽场方法建立小分子的密度泛函理论，为 N 个分子写出内在自由能泛函 $F_{\text{intr}}[f(\boldsymbol{r}^N)]$，即式(5.6.22)，

$$F_{\text{intr}}[f(\boldsymbol{r}^N)] = \text{Tr}\left(f(\boldsymbol{r}^N)\left(E_k + E_p(\boldsymbol{r}^N) + \beta^{-1}\ln f(\boldsymbol{r}^N)\right)\right)$$

式中，$\beta=1/kT$，$f(\boldsymbol{r}^N)$为概率密度，迹 $\text{Tr} = \Lambda^{-3N} N!^{-1}\int \text{d}\boldsymbol{r}^N$，密度分布 $\rho(\boldsymbol{r})$相应由式(5.6.23)表达

$$\rho(\boldsymbol{r}) = \text{Tr} f(\boldsymbol{r}^N)\sum_i^N \delta(\boldsymbol{r}-\boldsymbol{r}_i)$$

平衡时，概率密度为 $f_0(\boldsymbol{r}^N)$，密度场为 $\rho_0(\boldsymbol{r})$。

现在用同样的思路，讨论高分子。对于 N 条具有 m 个链节的高聚物分子链的系统，单体可以有不同类型α=A, B, C, ⋯ 。概率密度可表达为 $f(\boldsymbol{R})$, $\boldsymbol{R}=(\boldsymbol{R}_i)$, $i=1, 2, \cdots, N$, $\boldsymbol{R}=(\boldsymbol{R}_1, \boldsymbol{R}_2, \cdots, \boldsymbol{R}_N)$，对第 i 条链，$\boldsymbol{R}_i=(\boldsymbol{r}_{is})$, $s=1, 2, \cdots, m$, $\boldsymbol{R}_i=(\boldsymbol{r}_{i1}, \boldsymbol{r}_{i2}, \cdots, \boldsymbol{r}_{im})$。相应的第$\alpha$种单体的密度为

$$\rho_\alpha(\boldsymbol{r}) = \text{Tr} f(\boldsymbol{R})\sum_i^N\sum_s^m \delta_{\alpha,\alpha'_{is}}\delta(\boldsymbol{r}-\boldsymbol{r}_{is}) \tag{7.6.1}$$

式中，α'_{is}=A, B, C, ⋯，$\delta_{a,a'_{is}}$是克罗内克 δ 函数，当分子 i 中第 s 个单体的类型α'_{is}与第α种单体相同，$\delta_{a,a'_{is}}=1$，否则$\delta_{a,a'_{is}}=0$。若链节质量简单设为同样的 m_p

$$\mathrm{Tr}=\frac{1}{\Lambda^{3mN}N!}\int\prod_{i}^{N}\prod_{s}^{m}\mathrm{d}\boldsymbol{r}_{is},\quad \Lambda=(h^2\beta/2\pi m_{\mathrm{p}})^{1/2} \tag{7.6.2}$$

对于高分子，常将哈密顿量 $H=E_{\mathrm{k}}+E_{\mathrm{p}}$ 分为理想的 H^{id} 和非理想的两部分，而将后者用平均场方法处理，内在自由能泛函 $F_{\mathrm{intr}}[f(\boldsymbol{R})]$可表示为

$$F_{\mathrm{intr}}[f(\boldsymbol{R})]=\mathrm{Tr}\Big(f(\boldsymbol{R})\Big(H^{\mathrm{id}}+\beta^{-1}\ln f(\boldsymbol{R})\Big)\Big)+F^{\mathrm{nid}}[\boldsymbol{\rho}_0(\boldsymbol{r})] \tag{7.6.3}$$

式(7.6.3)表明，非理想的贡献 F^{nid} 与概率密度无关，仅取决于平衡时各种单体的密度分布 $\boldsymbol{\rho}_0(\boldsymbol{r})=(\rho_{0\alpha}(\boldsymbol{r}))$，$\alpha$=A, B, C, … 。

1) 理想高斯链的哈密顿量

哈密顿量的理想贡献主要是键内自由能，但链节按离散处理。7.3 节的式(7.3.1)是一种方法，Fraaije 等则采用理想高斯链的方法，详见 7.5 节的式(7.5.3)。对于理想高斯链来说，单体的不同类型α已无实质区别，哈密顿量可用下式表达：

$$H^{\mathrm{id}}=\sum_{i}^{N}H_i^{\mathrm{Gauss}}=N\frac{3\beta^{-1}}{2b^2}\sum_{s=2}^{m}(\boldsymbol{r}_{is}-\boldsymbol{r}_{i,s-1})^2 \tag{7.6.4}$$

式中，b 是统计链长；H_i^{Gauss} 是第 i 条高斯链的哈密顿量。要注意，在 7.5 节讨论高斯链时，按惯例设由 m+1 个珠子构成链，本节设高聚物分子链有 m 个链节，因此在式(7.6.4)中，求和从 s=2 开始。

2) 对内在自由能泛函求条件极值

现在按照 5.6 节第 2 部分的步骤求条件极值。平衡时，F_{intr} 应为极值，但它有两个限制条件。首先要求每一个位置 $\boldsymbol{r}$ 处，第α种单体的密度$\rho_\alpha(\boldsymbol{r})$与平衡时的$\rho_{0\alpha}(\boldsymbol{r})$相同，其次概率密度$f$在整个相空间的积分应该归一，即 $\mathrm{Tr}\,f(\boldsymbol{R})=1$。利用拉格朗日未定乘数法求条件极值，未定乘数分别为 $\boldsymbol{w}(\boldsymbol{r})=(w_\alpha(\boldsymbol{r}))(\alpha$=A, B, C, …)和$\lambda$，类似于第 5 章的式(5.6.24)，可写出：

$$\begin{aligned}F[f(\boldsymbol{R})]=&F_{\mathrm{intr}}[f(\boldsymbol{R})]+\sum_{\alpha}\int w_\alpha(\boldsymbol{r})\Big(\rho_\alpha[f(\boldsymbol{R}),\boldsymbol{r}]-\rho_{0\alpha}(\boldsymbol{r})\Big)\mathrm{d}\boldsymbol{r}\\&+\lambda\Big(\mathrm{Tr}\,f(\boldsymbol{r}^N)-1\Big)\end{aligned} \tag{7.6.5}$$

对$f(\boldsymbol{R})$求条件极值，泛函导数为零

$$\delta F[f(\boldsymbol{R})]/\delta f(\boldsymbol{R})=0\Big|_{\rho_0(\boldsymbol{r}),f_0(\boldsymbol{R})} \tag{7.6.6}$$

类似于第 5 章的式(5.6.26)～式(5.6.31)，利用式(7.6.1)，有

$$\begin{aligned}\frac{\delta\sum_{\alpha}\int w_\alpha(\boldsymbol{r})\rho_\alpha[f(\boldsymbol{R}),\boldsymbol{r}]\mathrm{d}\boldsymbol{r}}{\delta f(\boldsymbol{R})}&=\sum_{\alpha}\int w_\alpha(\boldsymbol{r})\frac{\delta\rho_\alpha[f(\boldsymbol{R}),\boldsymbol{r}]}{\delta f(\boldsymbol{R})}\mathrm{d}\boldsymbol{r}\\&=\sum_{\alpha}\int w_\alpha(\boldsymbol{r})\sum_{i}^{N}\sum_{s}^{m}\delta_{\alpha,\alpha'_{is}}\delta(\boldsymbol{r}-\boldsymbol{r}_{is})\mathrm{d}\boldsymbol{r}\\&=\sum_{\alpha}\sum_{i}^{N}\sum_{s}^{m}\delta_{\alpha,\alpha'_{is}}w_\alpha(\boldsymbol{r}_{is})\end{aligned} \tag{7.6.7}$$

再利用式(7.6.3)，由式(7.6.6)得

$$H^{\mathrm{id}}+\beta^{-1}\ln f_0(\boldsymbol{R})+\beta^{-1}+\sum_{\alpha}\sum_{i}^{N}\sum_{s}^{m}\delta_{\alpha,\alpha'_{is}}w_\alpha(\boldsymbol{r}_{is})+\lambda=0 \tag{7.6.8}$$

由式(7.6.8)得

$$f_0(\boldsymbol{R})\exp(1+\beta\lambda)=\exp\left(-\beta H^{\mathrm{id}}-\beta\sum_{\alpha}\sum_{i}^{N}\sum_{s}^{m}\delta_{\alpha,\alpha'_{is}}w_\alpha(\boldsymbol{r}_{is})\right) \tag{7.6.9}$$

两边以 Tr 进行运作，得

$$\exp(1+\beta\lambda)=\mathrm{Tr}\exp\left(-\beta H^{\mathrm{id}}-\beta\sum_{\alpha}\sum_{i}^{N}\sum_{s}^{m}\delta_{\alpha,\alpha'_{is}}w_\alpha(\boldsymbol{r}_{is})\right)=Q_N[\boldsymbol{w}] \tag{7.6.10}$$

其中 $Q_N[\boldsymbol{w}]$是 N 条链在附加 $\boldsymbol{w}(\boldsymbol{r})=(w_\alpha(\boldsymbol{r}_{is}))$场时的配分函数，定义为

$$Q_N[\boldsymbol{w}]=\mathrm{Tr}\exp\left(-\beta H^{\mathrm{id}}-\beta\sum_{\alpha}\sum_{i}^{N}\sum_{s}^{m}\delta_{\alpha,\alpha'_{is}}w_\alpha(\boldsymbol{r}_{is})\right) \tag{7.6.11}$$

代入式(7.6.9)，得平衡时的概率密度

$$f_0(\boldsymbol{R})=\exp\left(-\beta H^{\mathrm{id}}-\beta\sum_{\alpha}\sum_{i}^{N}\sum_{s}^{m}\delta_{\alpha,\alpha'_{is}}w_\alpha(\boldsymbol{r}_{is})\right)Q_N[\boldsymbol{w}]^{-1} \tag{7.6.12}$$

利用式(7.6.1)，可得平衡时单体α的密度分布为

$$\begin{aligned}\rho_{0\alpha}(\boldsymbol{r})&=\mathrm{Tr}\,f_0(\boldsymbol{R})\sum_{i}^{N}\sum_{s}^{m}\delta_{\alpha,\alpha'_{is}}\delta(\boldsymbol{r}-\boldsymbol{r}_{is})\\&=\mathrm{Tr}\sum_{i}^{N}\sum_{s}^{m}\delta_{\alpha,\alpha'_{is}}\delta(\boldsymbol{r}-\boldsymbol{r}_{is})\\&\quad\times\exp\left(-\beta H^{\mathrm{id}}-\beta\sum_{\alpha}\sum_{i}^{N}\sum_{s}^{m}\delta_{\alpha,\alpha'_{is}}w_\alpha(\boldsymbol{r}_{is})\right)Q_N[\boldsymbol{w}]^{-1}\end{aligned} \tag{7.6.13}$$

式(7.6.13)可能产生一个疑问，似乎非理想贡献 F^{nid} 对密度分布没有影响。实际上，在 5.6 节中已经论述，未定乘数 $w(\boldsymbol{r})$就是外场 $V_{\mathrm{ext}}(\boldsymbol{r})$，本小节的 $w_\alpha(\boldsymbol{r})$就是作用在单体α上的外场 $V_{\mathrm{ext},\,\alpha}(\boldsymbol{r})$。非理想 F^{nid} 的影响隐藏在 $\boldsymbol{w}(\boldsymbol{r})$或 $V_{\mathrm{ext}}(\boldsymbol{r})$之中。

3)用平衡密度场 $\rho_{0\alpha}(\boldsymbol{r})$表达内在自由能泛函

将式(7.6.13)代入式(7.6.3)，其中 $\mathrm{Tr}(f_0(\boldsymbol{R})\beta^{-1}\ln f_0(\boldsymbol{R}))$可做如下演算：

$$\begin{aligned}&\mathrm{Tr}\left(f_0(\boldsymbol{R})\beta^{-1}\ln f_0(\boldsymbol{R})\right)\\&=\mathrm{Tr}\left(f_0(\boldsymbol{r}^N)\left(-H^{\mathrm{id}}-\sum_{\alpha}\sum_{i}^{N}\sum_{s}^{m}\delta_{\alpha,\alpha'_{is}}w_\alpha(\boldsymbol{r}_{is})\right)\right)+\beta^{-1}\ln Q_N[\boldsymbol{w}]\end{aligned} \tag{7.6.14}$$

利用 δ 函数的特性 $\int f(x)\delta(x-\xi)\mathrm{d}\xi = f(\xi)$ 进行变换，并利用平衡时的式(7.6.1) $\rho_{0\alpha}(\boldsymbol{r}) = \mathrm{Tr} f_0(\boldsymbol{R})\sum_i^N \sum_s^m \delta_{\alpha,\alpha'_{is}}\delta(\boldsymbol{r}-\boldsymbol{r}_{is})$，得

$$\begin{aligned}&\mathrm{Tr}\left(f_0(\boldsymbol{R})\sum_\alpha\sum_i^N\sum_s^m \delta_{\alpha,\alpha'_{is}} w_\alpha(\boldsymbol{r}_{is})\right)\\ &=\int \mathrm{Tr}\left(f_0(\boldsymbol{R})\sum_\alpha\sum_i^N\sum_s^m \delta_{\alpha,\alpha'_{is}} w_\alpha(\boldsymbol{r}_{is})\delta(\boldsymbol{r}-\boldsymbol{r}_{is})\right)\mathrm{d}\boldsymbol{r} = \sum_\alpha \int w_\alpha(\boldsymbol{r})\rho_{0\alpha}(\boldsymbol{r})\mathrm{d}\boldsymbol{r}\end{aligned} \tag{7.6.15}$$

最后得到用平衡密度场 $\rho_{0\alpha}(\boldsymbol{r})$表达的内在自由能泛函 $F_{\mathrm{intr}}[\boldsymbol{\rho}_0(\boldsymbol{r})]$

$$F_{\mathrm{intr}}[\boldsymbol{\rho}_0(\boldsymbol{r})] = -\beta^{-1}\ln Q_N[\boldsymbol{w}] - \sum_\alpha \int w_\alpha(\boldsymbol{r})\rho_{0\alpha}(\boldsymbol{r})\mathrm{d}\boldsymbol{r} + F^{\mathrm{nid}}[\rho_{0\alpha}(\boldsymbol{r})] \tag{7.6.16}$$

$w_\alpha(\boldsymbol{r})$与 $\rho_{0\alpha}(\boldsymbol{r})$通过式(7.6.16)相联系。如已知内在自由能泛函 $F_{\mathrm{intr}}[\boldsymbol{\rho}_0(\boldsymbol{r})]$，可以进行自洽计算。

4)析因子

由于高斯链是理想的，可以将式(7.6.11)的 $Q_N[\boldsymbol{w}]$进行析因子

$$Q_N[\boldsymbol{w}] = (N!)^{-1}Q[\boldsymbol{w}]^N \tag{7.6.17}$$

除以 $N!$是由于 N 条链不可区别，下标 i 可略，所得 $Q[\boldsymbol{w}]$为单条链在附加 $\boldsymbol{w}(\boldsymbol{r}) = (w_\alpha(\boldsymbol{r}))$ 场时的配分函数

$$Q[\boldsymbol{w}] = \mathrm{Tr}\exp\left(-\beta H_{\mathrm{chain}}^{\mathrm{id}} - \beta\sum_\alpha\sum_s^m \delta_{\alpha,\alpha'_s} w_\alpha(\boldsymbol{r}_s)\right) \tag{7.6.18}$$

$$\mathrm{Tr} = \Lambda^{-3m}\int\prod_s^m \mathrm{d}\boldsymbol{r}_s \tag{7.6.19}$$

$H_{\mathrm{chain}}^{\mathrm{id}}$ 为单条链的哈密顿量。式(7.6.16)相应变为

$$\begin{aligned}F_{\mathrm{intr}}[\boldsymbol{\rho}_0(\boldsymbol{r})] &= -\beta^{-1}N\ln Q[\boldsymbol{w}] + \beta^{-1}\ln N!\\ &\quad-\sum_\alpha\int w_\alpha(\boldsymbol{r})\rho_{0\alpha}(\boldsymbol{r})\mathrm{d}\boldsymbol{r} + F^{\mathrm{nid}}[\boldsymbol{\rho}_0(\boldsymbol{r})]\end{aligned} \tag{7.6.20}$$

这一形式的内在自由能泛函，就是 J. G. E. M. Fraaije 等[52]文章中的式(14)。

有了单条链在附加 $\boldsymbol{w}(\boldsymbol{r}) = (w_\alpha(\boldsymbol{r}))$场时的单链配分函数 $Q[\boldsymbol{w}]$类似于式(7.6.13)，可得平衡时单体α的密度分布

$$\begin{aligned}\rho_{0\alpha}(\boldsymbol{r}) &= N\mathrm{Tr}\sum_s^m \delta_{\alpha,\alpha'_s}\delta(\boldsymbol{r}-\boldsymbol{r}_s)\\ &\quad\times\exp\left(-\beta H_{\mathrm{chain}}^{\mathrm{id}} - \beta\sum_\alpha\sum_s^m \delta_{\alpha,\alpha'_s} w_\alpha(\boldsymbol{r}_s)\right)Q[\boldsymbol{w}]^{-1}\end{aligned} \tag{7.6.21}$$

5)非理想贡献

进一步为 $F^{\mathrm{nid}}[\boldsymbol{\rho}]$构造模型。J. G. E. M. Fraaije 等[52]采用下式：

$$F^{\mathrm{nid}}[\rho]=\frac{1}{2}\sum_{\alpha,\alpha'}\iint \mathrm{d}\boldsymbol{r}\mathrm{d}\boldsymbol{r}'\varepsilon_{\alpha,\alpha'}\left(|\boldsymbol{r}-\boldsymbol{r}'|\right)\rho_{\alpha}(\boldsymbol{r})\rho_{\alpha'}(\boldsymbol{r}') \tag{7.6.22}$$

在式(7.6.20)的内在自由能泛函 $F_{\mathrm{intr}}[\boldsymbol{\rho}_0(\boldsymbol{r})]$中包含 $Q[\boldsymbol{w}]$中的 $H^{\mathrm{id}}{}_{\mathrm{chain}}$，进一步处理还是会遇到麻烦。为了简化，J. G. E. M. Fraaije 等在定义式中内聚能参数$\varepsilon_{\alpha,\alpha'}$时，考虑以高斯链为内核，具体做法是采用没有外场时的高斯分布函数，参见 7.5 节。$\varepsilon_{\alpha,\alpha'}$表达为

$$\varepsilon_{\alpha,\alpha'}\left(|\boldsymbol{r}-\boldsymbol{r}'|\right)=\varepsilon^{0}_{\alpha,\alpha'}\frac{3}{2\pi b^2}\exp\left(-\frac{3}{2b^2}(r-r')^2\right) \tag{7.6.23}$$

式中，$\varepsilon^{0}_{\alpha,\alpha'}$为相互作用能，其余部分可认为是高斯链的弹性能。

进一步考虑系统可压缩，要计入排斥体积贡献，作为一种选择，可采用 E. Helfand[56]的平方近似，式(7.6.22)相应增加一项，修改为

$$\begin{aligned}F^{\mathrm{nid}}[\rho]=&\frac{1}{2}\sum_{\alpha,\alpha'}\iint \mathrm{d}\boldsymbol{r}\mathrm{d}\boldsymbol{r}'\varepsilon_{\alpha,\alpha'}\left(|\boldsymbol{r}-\boldsymbol{r}'|\right)\rho_{\alpha}(\boldsymbol{r})\rho_{\alpha'}(\boldsymbol{r}')\\&+(2\kappa)^{-1}\int \mathrm{d}\boldsymbol{r}\left(\sum_{\alpha}\rho_{\alpha}/\rho_{\alpha,\mathrm{pure}}-1\right)^2\end{aligned} \tag{7.6.24}$$

式中，κ是系统的平均压缩系数；$\rho_{\alpha,\mathrm{pure}}$是纯单体$\alpha$的密度。N. M. Maurits 等[54]将式中平方项表示为$(\Sigma_\alpha\rho_\alpha v_\alpha-\Sigma_\alpha\rho_{\alpha0}v_\alpha)^2$，其中 v_α是单体α的体积，$\rho_{\alpha,\mathrm{pure}}=1/v_\alpha$，$\rho_{\alpha0}$应该是理想均匀混合物的密度，$\Sigma_\alpha\rho_{\alpha0}v_\alpha=1$。

6) 内在化学势

按式(5.2.17)，以式(7.6.20)的内在自由能泛函 $F_{\mathrm{intr}}[\boldsymbol{\rho}_0(\boldsymbol{r})]$对单体$\alpha$的密度求泛函导数，单体$\alpha$的内在化学势可导得

$$\mu_{\mathrm{intr},\alpha}(\boldsymbol{r})=\frac{\partial F_{\mathrm{intr}}[\boldsymbol{\rho}(\boldsymbol{r})]}{\partial\rho_{\alpha}(\boldsymbol{r})}=-w_{\alpha}(\boldsymbol{r})+\sum_{\alpha'}\int\varepsilon_{\alpha,\alpha'}(|\boldsymbol{r}-\boldsymbol{r}'|)\rho_{\alpha'}(\boldsymbol{r}')\mathrm{d}\boldsymbol{r}' \tag{7.6.25}$$

式中形式上没有包含在 $Q[\boldsymbol{w}]$中的 $H^{\mathrm{id}}{}_{\mathrm{chain}}$的贡献，是由于已在非理想部分通过高斯分布函数计入了高斯链的弹性能。

以上全面介绍了 J. G. E. M. Fraaije 等的 DDFT 中的 DFT 部分，它是为下一步进行动态计算服务的，因此，虽然应用了求条件极值，却不必认为得到的就是真正的平衡态，而是一种介稳态。

DDFT 的 DFT 中，最重要的是式(7.6.16)或式(7.6.20)的内在自由能泛函 $F_{\mathrm{intr}}[\boldsymbol{\rho}_0(\boldsymbol{r})]$。实际上，利用第 5 章介绍的密度泛函理论，我们可以直接写出这些公式。在 5.6 节中已经指出，$w_\alpha(\boldsymbol{r})$就是作用在单体α上的外场 $V_{\mathrm{ext},\alpha}(\boldsymbol{r})$，因而式(7.6.16)可化为

$$
\begin{aligned}
&F_{\text{intr}}[\boldsymbol{\rho}_0(\boldsymbol{r})]+\sum_{\alpha}\int w_\alpha(\boldsymbol{r})\rho_{0\alpha}(\boldsymbol{r})\mathrm{d}\boldsymbol{r}\\
&=F_{\text{intr}}[\boldsymbol{\rho}_0(\boldsymbol{r})]+\sum_{\alpha}\int V_{\text{ext},\alpha}(\boldsymbol{r})\rho_{0\alpha}(\boldsymbol{r})\mathrm{d}\boldsymbol{r}\\
&=F[\boldsymbol{\rho}_0(\boldsymbol{r})]=F^{\text{id}}[\boldsymbol{\rho}_0(\boldsymbol{r})]+F^{\text{nid}}[\boldsymbol{\rho}_0(\boldsymbol{r})]\\
&=-\beta^{-1}\ln Q+F^{\text{nid}}[\boldsymbol{\rho}_0(\boldsymbol{r})]\\
&=-\beta^{-1}\ln \operatorname{Tr}\exp\left(-\beta H^{\text{id}}-\beta\sum_{\alpha}\sum_{i}^{N}\sum_{s}^{m}\delta_{\alpha,\alpha'_{is}}V_{\text{ext},\alpha}(\boldsymbol{r}_{is})\right)+F^{\text{nid}}[\boldsymbol{\rho}_0(\boldsymbol{r})]\\
&=-\beta^{-1}\ln Q_N[\boldsymbol{w}]+F^{\text{nid}}[\boldsymbol{\rho}_0(\boldsymbol{r})]
\end{aligned}
\tag{7.6.26}
$$

式中，$F[\boldsymbol{\rho}_0(\boldsymbol{r})]$是自由能泛函，它可以分解为理想和非理想贡献两部分。按第 4 章统计力学的式(4.2.16)$A=-kT\ln Q$，式中的 Q 是理想的正则配分函数，它应该由高斯链的 H^{id} 以及外场 $V_{\text{ext},\alpha}(\boldsymbol{r})$构成。由于 $V_{\text{ext},\alpha}(\boldsymbol{r})=w_\alpha(\boldsymbol{r})$，可见，它就是式(7.6.11)的 Q_N。至于非理想部分，则可以采用任何的平均场模型。所以我们用了大量篇幅进行上面的推导而不直接得出，是尊重 J. G. E. M. Fraaije 等的原文之意。

2. 动力学

1) 耗散动力学

可压缩系统的密度分布随时间的演变，不同于非耗散的分子运动，是一种不可逆的耗散过程。在凝聚态物理中，属于耗散动力学领域。DDFT 采用朗之万(Langevin)理论，见参考书[57]的 7.5 节和参考书[58]的 IX 章和本小节的注 1。建立的动力学方程为

$$
\frac{\partial\rho_\alpha(\boldsymbol{r})}{\partial t}=M\nabla\cdot\left(\rho_\alpha(\boldsymbol{r},t)\nabla\mu_{\text{intr},\alpha}(\boldsymbol{r},t)\right)+\eta_\alpha(\boldsymbol{r},t)
\tag{7.6.27}
$$

式中，M 是链节迁移参数，相当于扩散系数。式右首项是连续性方程 $\partial\rho_\alpha(\boldsymbol{r})/\partial t+\nabla\cdot J_\alpha(\boldsymbol{r},t)=0$ 和菲克(Fick)定律 $J_\alpha(\boldsymbol{r},t)=-M\rho_\alpha(\boldsymbol{r},t)\nabla\mu_{\text{intr},\alpha}(\boldsymbol{r},t)$ 的结合，J_α是α组分的通量。η是一个高斯噪声，满足涨落耗散定理。它的引入是考虑到扩散的推动力除了平均的化学势梯度外，还受到分子运动的随机碰撞的影响。这一方程归类于耗散动力学的模型 B，见参考书[57]的 8.6.2 节以及本小节的注 2。

2) 耗散动力学方程

对于不可压缩系统的密度场的扩散，设有 A 和 B 两种链节，应满足下面的通量总和为零的限制条件

$$
v_{\text{A}}J_{\text{A}}+v_{\text{B}}J_{\text{B}}=M(v_{\text{A}}\rho_{\text{A}}\nabla\mu_{\text{intr,A}}+v_{\text{B}}\rho_{\text{B}}\nabla\mu_{\text{intr,B}})=0
\tag{7.6.28}
$$

J_α是链节α的通量，v_α是链节α的体积。在这一限制下求条件极值，式(7.6.25)可表示为

$$
\begin{aligned}
\mu_{\text{intr,A}}(\boldsymbol{r})&=-w_{\text{A}}(\boldsymbol{r})+\sum_{\alpha=\text{A,B}}\int\varepsilon_{\text{A}\alpha}(|\boldsymbol{r}-\boldsymbol{r}'|)\rho_\alpha(\boldsymbol{r}')\mathrm{d}\boldsymbol{r}'+\lambda\\
&=-w_{\text{A}}(\boldsymbol{r})+\mu_{\text{A}}^{\text{coh}}(\boldsymbol{r})+\lambda
\end{aligned}
\tag{7.6.29}
$$

$$\mu_{\text{intr,B}}(\boldsymbol{r}) = -w_{\text{B}}(\boldsymbol{r}) + \mu_{\text{B}}^{\text{coh}}(\boldsymbol{r}) + \lambda \tag{7.6.30}$$

式中，λ是拉格朗日乘子；μ^{coh}是内聚能对内在化学势的贡献。将式(7.6.29)和式(7.6.30)代入式(7.6.28)，得

$$\nabla\lambda = -\frac{v_{\text{A}}\rho_{\text{A}}\nabla(-w_{\text{A}} + \mu_{\text{A}}^{\text{coh}}) + v_{\text{B}}\rho_{\text{B}}\nabla(-w_{\text{B}} + \mu_{\text{B}}^{\text{coh}})}{v_{\text{A}}\rho_{\text{A}} + v_{\text{B}}\rho_{\text{B}}} \tag{7.6.31}$$

代入耗散动力学方程式(7.6.27)，如简化设 $v_{\text{A}}=v_{\text{B}}=v$，得

$$\frac{\partial\rho_{\text{A}}(\boldsymbol{r})}{\partial t} = Mv\nabla\cdot\rho_{\text{A}}(\boldsymbol{r},t)\rho_{\text{B}}(\boldsymbol{r},t)\nabla[\mu_{\text{intr,A}}(\boldsymbol{r},t) - \mu_{\text{intr,B}}(\boldsymbol{r},t)] + \eta \tag{7.6.32}$$

$$\frac{\partial\rho_{\text{B}}(\boldsymbol{r})}{\partial t} = Mv\nabla\cdot\rho_{\text{A}}(\boldsymbol{r},t)\rho_{\text{B}}(\boldsymbol{r},t)\nabla[\mu_{\text{intr,B}}(\boldsymbol{r},t) - \mu_{\text{intr,A}}(\boldsymbol{r},t)] - \eta \tag{7.6.33}$$

式中，$v^{-1} = \rho_{\text{A}}(\boldsymbol{r},t) + \rho_{\text{B}}(\boldsymbol{r},t)$。上述方程表示了链节的局部交换，总的物质流为零。在计算 $\mu_{\text{intr, A}}$ 和 $\mu_{\text{intr, B}}$ 时，仍采用式(7.6.25)，差值不受影响。

3) 高斯噪声估计

考虑到介稳结构的形成相对于快速的分子过程要慢得多，可以采用平衡的热力学系综来代替对时间求平均。按朗之万理论，可得以下两个公式：

$$\langle\eta(\boldsymbol{r},t)\rangle = 0 \tag{7.6.34}$$

$$\langle\eta(\boldsymbol{r},t)\eta(\boldsymbol{r}',t')\rangle = -2Mv\beta^{-1}\delta(t-t')\nabla_{\boldsymbol{r}}\cdot\delta(\boldsymbol{r}-\boldsymbol{r}')\rho_{\text{A}}(\boldsymbol{r},t)\rho_{\text{B}}(\boldsymbol{r},t)\nabla_{\boldsymbol{r}'} \tag{7.6.35}$$

式中，$\langle\ \rangle$指系综平均。式(7.6.34)表示随机高斯噪声η的系综平均为零，式(7.6.35)的来源见下面注 1。

4) 迭代求解

迭代在式(7.6.25)以及式(7.6.32)和式(7.6.33)间进行。由后两式得到新的密度，再由前式计算新的化学势，迭代直至收敛。其中需要知道自洽的 $\boldsymbol{w}(\boldsymbol{r})$场，原则上可用式(7.6.21)由单条链在附加 $\boldsymbol{w}(\boldsymbol{r})=(w_\alpha(\boldsymbol{r}))$场时的配分函数 $Q[\boldsymbol{w}]$求得。而单链配分函数则用格林传递子 $q(\boldsymbol{r}, s)$计算，参见 7.3 节。但是由式(7.6.21)并不能解析得到 $w(\boldsymbol{r})$，实际做法要应用下面的外场动力学。

注 1：**朗之万(Langevin)理论**(1908)[57, 58]　该理论是一个计入随机力的运动方程。按此理论，一个布朗运动扩散颗粒的运动方程为

$$\frac{\partial v}{\partial t} = -\gamma v + L(t) \tag{7.6.36}$$

v为速度；颗粒质量取为 1；$-\gamma v$为平均所受的阻尼力；$L(t)$为随机力，它具有下列性质：

$$\langle L(t)\rangle = 0,\quad \langle L(t)L(t')\rangle = A\delta(t-t') \tag{7.6.37}$$

后式意味着每个随机力都是独立的，当 $t\neq t'$，$L(t)$与 $L(t')$无关，A 是未知常数。式(7.6.36)称为 Langevin 方程，$L(t)$称为 Langevin 力。式(7.6.36)是随机微分方程(stochastic differential equation)的雏形。

当已知初始状态，$v(0)=v_0$，式(7.6.36)可解析求解，得

$$v(t)=v_0\mathrm{e}^{-\gamma t}+\mathrm{e}^{-\gamma t}\int_0^t \mathrm{e}^{\gamma t'}L(t)\mathrm{d}t' \tag{7.6.38}$$

由于$\langle L(t)\rangle=0$，对于许多亚系综在$v(0)=v_0$时求平均，可得

$$\langle v(t)\rangle_{v_0}=v_0\mathrm{e}^{-\gamma t} \tag{7.6.39}$$

将式(7.6.38)平方，并利用式(7.6.37)，同样对于许多亚系综求平均，得

$$\begin{aligned}\langle v(t)v(t)\rangle &= v_0^2\mathrm{e}^{-2\gamma t}+A\mathrm{e}^{-2\gamma t}\int_0^t \mathrm{d}t'\int_0^t \mathrm{e}^{\gamma(t'+t'')}\langle L(t')L(t'')\rangle \mathrm{d}t'' \\ &= v_0^2\mathrm{e}^{-2\gamma t}+(A/2\gamma)(1-\mathrm{e}^{-2\gamma t})\end{aligned} \tag{7.6.40}$$

当$t=\infty$，均方根速度应该有热平衡值kT，这就可以得到未知常数A

$$\langle v(\infty)v(\infty)\rangle = A/2\gamma = kT,\quad A=2\gamma kT \tag{7.6.41}$$

代入式(7.6.37)，得

$$\langle L(t)L(t')\rangle = 2\gamma kT\delta(t-t') \tag{7.6.42}$$

它将噪声的涨落与热运动能kT联系起来，是涨落耗散定理的最简单形式。涨落耗散定理，是 H. Nyquist 在 1928 年发现的，它描述了电阻中噪声与功变为热的耗散的关系。Langevin 方程的成功，正是由于这一定理，它使噪声得以用宏观的阻尼常数以及温度来完全地表达。

将 Langevin 方程式(7.6.36)与式(7.6.32)相较，v相应于$\mu_{\mathrm{intr,A}}-\mu_{\mathrm{intr,B}}$，$-\gamma$对应于$Mv\nabla\cdot\rho_{\mathrm{A}}(\boldsymbol{r},t)\rho_{\mathrm{B}}(\boldsymbol{r},t)\nabla$，对照式(7.6.42)，即得式(7.5.35)。

由 Langevin 方程可以导得在位形空间中的扩散方程，即在《物理化学》中介绍过的 Stokes-Eienstein 方程，还可以导得在速度空间中的扩散方程，即 Fokker-Planck 方程，以及在相空间中的扩散方程，即 Chandrasekhar 方程。见参考书[76]第 43 章。

注 2: **耗散动力学**　有 A、B、C、H、E、F、G、J 等模型，参见参考书[57]的 8.6 节。下面介绍常用的两种。

模型 A: 又称 TDGL 模型(time dependent Ginsburg-Landau model)

$$\frac{\partial\phi}{\partial t}=-\gamma\frac{\delta H}{\delta\phi}+L(\boldsymbol{r},t) \tag{7.6.43}$$

ϕ为序参数，描述系统的有序程度，对于磁性系统是磁化强度，对于气液系统是$\rho-\rho_{\mathrm{c}}$，下标 c 指临界点。噪声L遵循

$$\langle L(\boldsymbol{r},t)L(\boldsymbol{r}',t')\rangle = 2T\gamma\,\delta(t-t')\delta(\boldsymbol{r}-\boldsymbol{r}') \tag{7.6.44}$$

模型 B: 又称 Cahn-Hillard 模型

$$\frac{\partial\phi}{\partial t}=-\gamma\nabla^2\frac{\delta H}{\delta\phi}+L(\boldsymbol{r},t) \tag{7.6.45}$$

$$\langle L(\boldsymbol{r},t)L(\boldsymbol{r}',t')\rangle = -2T\gamma\,\delta(t-t')\delta(\boldsymbol{r}-\boldsymbol{r}') \tag{7.6.46}$$

3. 外场动力学(external potential dynamics，EPD)

式(7.6.32)和式(7.6.33)是密度场的动力学方程，解得$\rho(\boldsymbol{r})$后，再求 $w(\boldsymbol{r})$场。但是后一个过程相当费时。在 5.6 节已论证，$w_\alpha(\boldsymbol{r})$就是作用在单体α上的外场$V_{\text{ext},\alpha}(\boldsymbol{r})$，N. W. Mauritus 和 J. G. E. M. Fraaije[54]进一步发展了外场动力学，它的要点是导出 $w(\boldsymbol{r})$随时间变化的动力学方程。

1)普遍化的动力学方程

式(7.6.27)的 Langevin 形式的动力学方程，忽略了不同单体α和α'间的相关，$\partial\rho_\alpha(\boldsymbol{r})/\partial t$ 只与α的化学势的梯度有关，不同单体之间仅受到通量总和为零的限制。

现采用普遍化的 TDGL 理论，即与时间有关的 Ginsburg-Landau 理论。一般的 TDGL 属耗散动力学的模型 A，参见式(7.6.43)。N. W. Mauritus 等的动力学方程为

$$\begin{aligned}\frac{\partial\rho_\alpha(\boldsymbol{r})}{\partial t}&=\sum_{\alpha'}\int P_{\alpha\alpha'}(\boldsymbol{r},\boldsymbol{r}')\mu_{\alpha'}(\boldsymbol{r})\mathrm{d}\boldsymbol{r}'\\&\quad-\beta^{-1}\sum_{\alpha'}\int\frac{\delta P_{\alpha\alpha'}(\boldsymbol{r},\boldsymbol{r}')}{\delta\rho_{\alpha'}(\boldsymbol{r}')}\mathrm{d}\boldsymbol{r}'+\eta_\alpha(\boldsymbol{r},t)\end{aligned}\tag{7.6.47}$$

$$P_{\alpha\alpha'}(\boldsymbol{r},\boldsymbol{r}')=\nabla_{\boldsymbol{r}}\cdot\Lambda_{\alpha\alpha'}(\boldsymbol{r},\boldsymbol{r}')\nabla_{\boldsymbol{r}'}\tag{7.6.48}$$

式中，$\Lambda_{\alpha\alpha'}$是昂萨格(Onsager)动力学系数，它计及不同类型单体间的相互影响。如略去式(7.6.47)右面第二项，满足涨落耗散定理的高斯噪声η仍按式(7.6.34)和式(7.6.35)处理，式(7.6.47)的剩余部分可表达为

$$\frac{\partial\rho_\alpha(\boldsymbol{r})}{\partial t}=\sum_{\alpha'}\int M_{\alpha\alpha'}(\boldsymbol{r},\boldsymbol{r}')\mu_{\alpha'}(\boldsymbol{r})\mathrm{d}\boldsymbol{r}'+\eta_\alpha(\boldsymbol{r},t)\tag{7.6.49}$$

$$M_{\alpha\alpha'}(\boldsymbol{r},\boldsymbol{r}')=N\left\langle\frac{\partial\rho_\alpha}{\partial\boldsymbol{r}}\cdot\boldsymbol{M}\cdot\frac{\partial\rho_{\alpha'}}{\partial\boldsymbol{r}}\right\rangle\tag{7.6.50}$$

式中，$\boldsymbol{M}$ 是迁移率矩阵，它的元素 $M_{jj'}$计及所有单体对运动的相互影响。式中，平均$\langle\cdots\rangle$为按单链在附加 $w_\alpha(\boldsymbol{r})$场时的配分函数的平均。

在式(7.6.21)中用式(7.6.18)的单链在附加 $w_\alpha(\boldsymbol{r})$场时的配分函数 $Q[\boldsymbol{w}]$，表达了密度$\boldsymbol{\rho}_0(\boldsymbol{r})=(\rho_{0\alpha}(\boldsymbol{r}))$。定义分布函数$\psi$为

$$\psi=\exp\left(-\beta H_{\text{chain}}^{\text{id}}-\beta\sum_\alpha\sum_s^m\delta_{\alpha,\alpha_s'}w_\alpha(\boldsymbol{r}_s)\right)Q[\boldsymbol{w}]^{-1}\tag{7.6.51}$$

省略下标 0，式(7.6.21)的密度可表示为

$$\rho_{0\alpha}(\boldsymbol{r})=\mathrm{Tr}\sum_s^m\delta_{\alpha,\alpha_s'}\delta(\boldsymbol{r}-\boldsymbol{r}_s)\psi\tag{7.6.52}$$

式中的迹按式(7.6.19)为 $\mathrm{Tr}=\Lambda^{-3m}\int\prod_s^m\mathrm{d}\boldsymbol{r}_s$。上面的平均$\langle\cdots\rangle=\mathrm{Tr}\cdots\psi$。

式(7.6.50)的完整表述为

$$M_{\alpha\alpha'}(\boldsymbol{r},\boldsymbol{r}') = N\left\langle \frac{\partial\rho_\alpha}{\partial\boldsymbol{r}}\cdot\boldsymbol{M}\cdot\frac{\partial\rho_{\alpha'}}{\partial\boldsymbol{r}}\right\rangle = NN_{\mathrm{N}}\int \mathrm{d}\boldsymbol{r}_1\cdots\mathrm{d}\boldsymbol{r}_m\psi\times$$

$$\begin{pmatrix} \dfrac{\partial}{\partial\boldsymbol{r}_1}\sum_{s=1}^{m}\delta_{\alpha,\beta_s}\delta(\boldsymbol{r}-\boldsymbol{r}_s) \\ \vdots \\ \dfrac{\partial}{\partial\boldsymbol{r}_m}\sum_{j=1}^{m}\delta_{\alpha,\beta_s}\delta(\boldsymbol{r}-\boldsymbol{r}_s) \end{pmatrix} \begin{pmatrix} M_{11}\cdots M_{1m} \\ \vdots \quad \vdots \\ M_{m1}\cdots M_{mm} \end{pmatrix} \begin{pmatrix} \dfrac{\partial}{\partial\boldsymbol{r}_1}\sum_{s'=1}^{m}\delta_{\alpha',\beta_{s'}}\delta(\boldsymbol{r}'-\boldsymbol{r}_{s'}) \\ \vdots \\ \dfrac{\partial}{\partial\boldsymbol{r}_m}\sum_{s'=1}^{m}\delta_{\alpha',\beta_{s'}}\delta(\boldsymbol{r}'-\boldsymbol{r}_{s'}) \end{pmatrix} \tag{7.6.53}$$

式中 $N_{\mathrm{N}}\sim\Lambda^{-3m}$，可看作归一化常数。

2) 各种近似

局部偶合近似　在 DDFT 中，多采用局部偶合近似(local coupling)，即假设 $\boldsymbol{M}$ 矩阵是一个对角矩阵乘一个常数，$M_{jj}=\beta D_{\mathrm{lca}}$，所有非对角元素 $M_{jj'}=0$。这就是说，不同单体的动力学偶合都被忽略。由此可得动力学方程

$$\frac{\partial\rho_\alpha(\boldsymbol{r})}{\partial t} = \beta D_{\mathrm{lca}}\nabla_{\boldsymbol{r}}\cdot\rho_\alpha(\boldsymbol{r},t)\nabla_{\boldsymbol{r}}\mu_\alpha(\boldsymbol{r},t)+\eta_\alpha(\boldsymbol{r},t) \tag{7.6.54}$$

它就是式(7.6.27)。这一近似的缺点是物理上有些不一致。

Rouse 模型[48, 59]　设 $\boldsymbol{M}$ 矩阵是一个全同矩阵乘一个常数，$M_{jj'}=\beta D_{\mathrm{ro}}$。这样就计入了不同单体的动力学偶合，物理上一致。动力学方程为

$$\frac{\partial\rho_\alpha(\boldsymbol{r})}{\partial t} = \beta D_{\mathrm{ro}}\sum\nolimits_{\alpha'}\nabla_{\boldsymbol{r}}\cdot\int P_{\alpha\alpha'}(\boldsymbol{r},\boldsymbol{r}')\nabla_{\boldsymbol{r}'}\mu_{\alpha'}(\boldsymbol{r}')\mathrm{d}\boldsymbol{r}'+\eta_\alpha(\boldsymbol{r},t) \tag{7.6.55}$$

式中，$P_{\alpha\alpha'}$称为**两体相关子**(two-body correlator)，即 5.3 节中定义的密度-密度相关函数 $G(\boldsymbol{r}_1,\boldsymbol{r}_2)$。对于高分子链，两体相关子可定义为

$$P_{\alpha\alpha'}(\boldsymbol{r},\boldsymbol{r}') = \sum_{s=1}^{m}\sum_{s'=1}^{m}\delta_{\alpha,\beta_s}\delta_{\alpha',\beta_{s'}}P_{ss'}(\boldsymbol{r},\boldsymbol{r}') \tag{7.6.56}$$

$$P_{ss'}(\boldsymbol{r},\boldsymbol{r}') = N\left\langle\delta(\boldsymbol{r}-\boldsymbol{r}_s)\delta(\boldsymbol{r}'-\boldsymbol{r}_{s'})\right\rangle \tag{7.6.57}$$

其他还有蛇形运动(repatation)等，参见文献[48]。

3) 在 $w(\boldsymbol{r})$空间中的外场动力学

由于$\rho(\boldsymbol{r})$与外场 $w(\boldsymbol{r})$有互相映射关系，见第 5 章 5.2 节，可以由$\rho(\boldsymbol{r})$空间的动力学转化为 $w(\boldsymbol{r})$空间的动力学。在 5.3 节中定义密度-密度相关函数 $G(\boldsymbol{r}_1,\boldsymbol{r}_2)$，按式(5.3.3)，$G(\boldsymbol{r}_1,\boldsymbol{r}_2)=\beta^{-1}\delta\rho(\boldsymbol{r}_1)/\delta u(\boldsymbol{r}_2)$，又按式(5.2.18)，$u(\boldsymbol{r})=\mu-V_{\mathrm{ext}}(\boldsymbol{r})=\mu-w(\boldsymbol{r})$，在化学势为常数的条件下，$\rho(\boldsymbol{r})$对 $w(\boldsymbol{r})$的泛函导数，正是 $G(\boldsymbol{r}_1,\boldsymbol{r}_2)$，也就是两体相关子 $P_{\alpha\alpha'}$

$$\frac{\delta\rho_\alpha(\boldsymbol{r})}{\delta w_{\alpha'}(\boldsymbol{r}')} = -\beta P_{\alpha\alpha'}(\boldsymbol{r},\boldsymbol{r}') \tag{7.6.58}$$

$\partial\rho(\boldsymbol{r})/\partial t$ 转化为$\partial w(\boldsymbol{r})/\partial t$ 可应用第 1 章 1.2 节的链规则来实现

$$\begin{aligned}\frac{\partial\rho_\alpha(\boldsymbol{r},t)}{\partial t}&=\sum_{\alpha'}\int\frac{\delta\rho_\alpha(\boldsymbol{r})}{\delta w_{\alpha'}(\boldsymbol{r}')}\frac{\partial w_{\alpha'}(\boldsymbol{r}',t)}{\partial t}\mathrm{d}\boldsymbol{r}'\\&=-\beta\sum_{\alpha'}\int P_{\alpha\alpha'}(\boldsymbol{r},\boldsymbol{r}')\frac{\partial w_{\alpha'}(\boldsymbol{r}',t)}{\partial t}\mathrm{d}\boldsymbol{r}'\end{aligned}\tag{7.6.59}$$

如不计噪声，与式(7.6.55)相较可得

$$\begin{aligned}&\sum_{\alpha'}\int P_{\alpha\alpha'}(\boldsymbol{r},\boldsymbol{r}')\frac{\partial w_{\alpha'}(\boldsymbol{r}',t)}{\partial t}\mathrm{d}\boldsymbol{r}'\\&=-D_{\mathrm{ro}}\sum_{\alpha'}\nabla_{\boldsymbol{r}}\cdot\int P_{\alpha\alpha'}(\boldsymbol{r},\boldsymbol{r}')\nabla_{\boldsymbol{r}'}\mu_{\alpha'}(\boldsymbol{r}')\mathrm{d}\boldsymbol{r}'\end{aligned}\tag{7.6.60}$$

将此式写成矩阵形式

$$\boldsymbol{P}\frac{\partial\boldsymbol{w}}{\partial t}=-D_{\mathrm{ro}}\nabla\cdot\boldsymbol{P}\nabla\boldsymbol{\mu}\tag{7.6.61}$$

式中，$\boldsymbol{w}=\{w_{\mathrm{A}}(\boldsymbol{r}),w_{\mathrm{B}}(\boldsymbol{r}),w_{\mathrm{C}}(\boldsymbol{r}),\cdots\}^{\mathrm{T}}$，$\boldsymbol{\mu}=\{\mu_{\mathrm{A}}(\boldsymbol{r}),\mu_{\mathrm{B}}(\boldsymbol{r}),\mu_{\mathrm{C}}(\boldsymbol{r}),\cdots\}^{\mathrm{T}}$，上标 T 是矩阵的转置。$\boldsymbol{P}$ 的元素 $\boldsymbol{P}_{\alpha\alpha'}$是由式(7.6.62)定义的线性算符

$$\boldsymbol{P}_{\alpha\alpha'}(\cdot)=\int P_{\alpha\alpha'}(\boldsymbol{r},\boldsymbol{r}')(\cdot)\mathrm{d}\boldsymbol{r}'\tag{7.6.62}$$

在线性范畴，由于两体相关子有平动不变性，∇和 $\boldsymbol{P}\nabla$对于点内积互易，式(7.6.61)可变为 $\boldsymbol{P}\,\partial\boldsymbol{w}/\partial t=-D_{\mathrm{ro}}\boldsymbol{P}\nabla^2\boldsymbol{\mu}$，因而有

$$\frac{\partial\boldsymbol{w}}{\partial t}=-D_{\mathrm{ro}}\nabla^2\boldsymbol{\mu}\tag{7.6.63}$$

$$\frac{\partial w_\alpha}{\partial t}=-D_{\mathrm{ro}}\nabla^2\mu_\alpha\tag{7.6.64}$$

这两个公式可推广至非线性领域，如果式(7.6.65)成立，

$$\nabla_{\boldsymbol{r}}P_{\alpha\alpha'}(\boldsymbol{r},\boldsymbol{r}')=-\nabla_{\boldsymbol{r}'}P_{\alpha\alpha'}(\boldsymbol{r},\boldsymbol{r}')\tag{7.6.65}$$

而这个公式很可能实际上是成立的。完整的动力学方程还应包括满足涨落耗散定理的高斯噪声η，但目前此项仍只能按局部偶合近似的式(7.6.34) $\langle\eta_\alpha(\boldsymbol{r},t)\rangle=0$ 和式(7.6.35)处理。相应有

$$\frac{\partial w_\alpha}{\partial t}=-D_{\mathrm{ro}}\nabla^2\mu_\alpha+\eta_\alpha\tag{7.6.66}$$

$$\langle\eta_\alpha(\boldsymbol{r},t)\rangle=0,\quad\langle\eta_\alpha(\boldsymbol{r},t)\eta_{\alpha'}(\boldsymbol{r}',t')\rangle=-2\beta^{-2}D_{\mathrm{ro}}\nabla_{\boldsymbol{r}}^2P_{\alpha\alpha'}(\boldsymbol{r},\boldsymbol{r}')\delta(t-t')\tag{7.6.67}$$

式(7.6.66)形式简单，但却是非局部偶合近似，它使 DDFT 在计算上更为经济。需要说明的是，与 DDFT 相比较，虽然外场动力学 EPD 在计算中节省了一些自洽迭代，但也存在两个明显的缺陷。首先，噪声问题已如上述。其次，EPD 很难扩展到剪切场、平行板等其他含有附加作用的系统。为了解决以上两个问题，又同时保持 EPD 的优势，可以采用以下处理方法。动力学方程仍然采用 DDFT 的形式，即式(7.6.27)(不同的系统略有差异)，但在迭代求解的过程中，选取的迭代

变量为 $w(\boldsymbol{r})$，而非$\rho(\boldsymbol{r})$。实践证明，经过这样一个处理后，不同系统的动力学方程的构造仍然十分简便明，而计算时间却保持与 EPD 大体相当，从而同时克服 DDFT 和 EPD 的不足。

4. 计算过程

1) 克兰克-尼科尔森方程[52]

应用式(7.6.32)和式(7.6.33)计算$\rho_\alpha(\boldsymbol{r})$随时间变化，或应用式(7.6.64)或式(7.6.65)计算 $w_\alpha(\boldsymbol{r})$随时间变化，要采用克兰克-尼科尔森(Crank-Nicolson)方程进行迭代。首先将空间划分为网格，并定义四个无因次参数。采用数值方法，由第 k 步的$\rho^k(\boldsymbol{r}_p)$或 $w^k(\boldsymbol{r}_p)$，计算第 k+1 步的$\rho^{k+1}(\boldsymbol{r}_p)$或 $w^{k+1}(\boldsymbol{r}_p)$。

2) 由 $w(\boldsymbol{r})$计算$\rho(\boldsymbol{r})$

密度场$\rho_{0\alpha}(\boldsymbol{r})$与单链配分函数 $Q[\boldsymbol{w}(\boldsymbol{r})]$的关系式见式(7.6.21)

$$\rho_{0\alpha}(\boldsymbol{r}) = N\mathrm{Tr}\sum_s^m \delta_{\alpha,\beta_s}\delta(\boldsymbol{r}-\boldsymbol{r}_s)$$

$$\times\exp\left(-\beta H_{\text{chain}}^{\text{id}} - \beta\sum_\alpha\sum_s^m \delta_{\alpha,\beta_s} w_\alpha(\boldsymbol{r}_s)\right)Q[\boldsymbol{w}]^{-1}$$

按式(7.6.19) $\mathrm{Tr} = \Lambda^{-3m}\int\prod_s^m \mathrm{d}\boldsymbol{r}_s$ 。但是单链并没有 $3m$ 个平动自由度，而是 3 个平动自由度，再结合 m−1 个键的 H^{Gauss} [参见式(7.6.4)]，积分后所得归一化因子，$\Lambda^{3m} \to \Lambda^3(2\pi b^2/3)^{(3/2)(m-1)}$

$$\mathrm{Tr} = \Lambda^{-3}(3/2\pi b^2)^{(3/2)(m-1)}\int\prod_s^m \mathrm{d}\boldsymbol{r}_s \tag{7.6.68}$$

式中 $H_{\text{chain}}^{\text{id}}$ 的计算要采用格林传递子，有下列递推式

$$G_0(\boldsymbol{r}) = G_{m+1}^k(\boldsymbol{r}) = 1 \tag{7.6.69}$$

$$G_s(\boldsymbol{r}) = \exp[-\beta w_s(\boldsymbol{r})]\Psi[G_{s-1}(\boldsymbol{r}'),\boldsymbol{r}] \tag{7.6.70}$$

$$G_s^k(\boldsymbol{r}) = \exp[-\beta w_s(\boldsymbol{r})]\Psi[G_{s+1}^k(\boldsymbol{r}'),\boldsymbol{r}] \tag{7.6.71}$$

$\Psi[G(\boldsymbol{r}'),\boldsymbol{r}]$ 称为高斯联接性算子

$$\Psi[G(\boldsymbol{r}'),\boldsymbol{r}] = \left(\frac{3}{2\pi b^2}\right)^{3/2}\int\exp\left(-\frac{3}{2b^2}(r-r')^2\right)G(\boldsymbol{r}')\mathrm{d}\boldsymbol{r}' \tag{7.6.72}$$

由此可得单链配分函数

$$\Lambda^3 Q[w(\boldsymbol{r})] = \int G_N(\boldsymbol{r})\mathrm{d}\boldsymbol{r} = \int G_1^k(\boldsymbol{r})\mathrm{d}\boldsymbol{r} \tag{7.6.73}$$

式(7.6.21)变为

$$\rho_{0\alpha}(\boldsymbol{r}) = \frac{N}{\Lambda^3 Q[w(\boldsymbol{r})]}\sum_{s=1}^m \delta_{\alpha,\beta_s} G_s(\boldsymbol{r})\Psi[G_{s+1}^k(\boldsymbol{r}'),\boldsymbol{r}] \tag{7.6.74}$$

此式可由外场 $w(\boldsymbol{r})$ 计算密度场 $\rho_{0\alpha}(\boldsymbol{r})$。

具体计算时，在网格上，高斯联接性算子 $\Psi[G(\boldsymbol{r}'),\boldsymbol{r}]$ 用一个受限于网格的卷积算子取代，采用 27 点各向同性的模板。

5. 实例

图 7-18 是 J. G. E. M. Fraaije 等[52]计算的 A_8B_8 嵌段共聚物熔体构象随时间的演变。熔体在 $\tau=50$ 时由 $\chi=0$ 淬冷为 $\chi=1$。可以清楚地看到当 τ 由 45 到 500 时，双连续结构的形成过程。

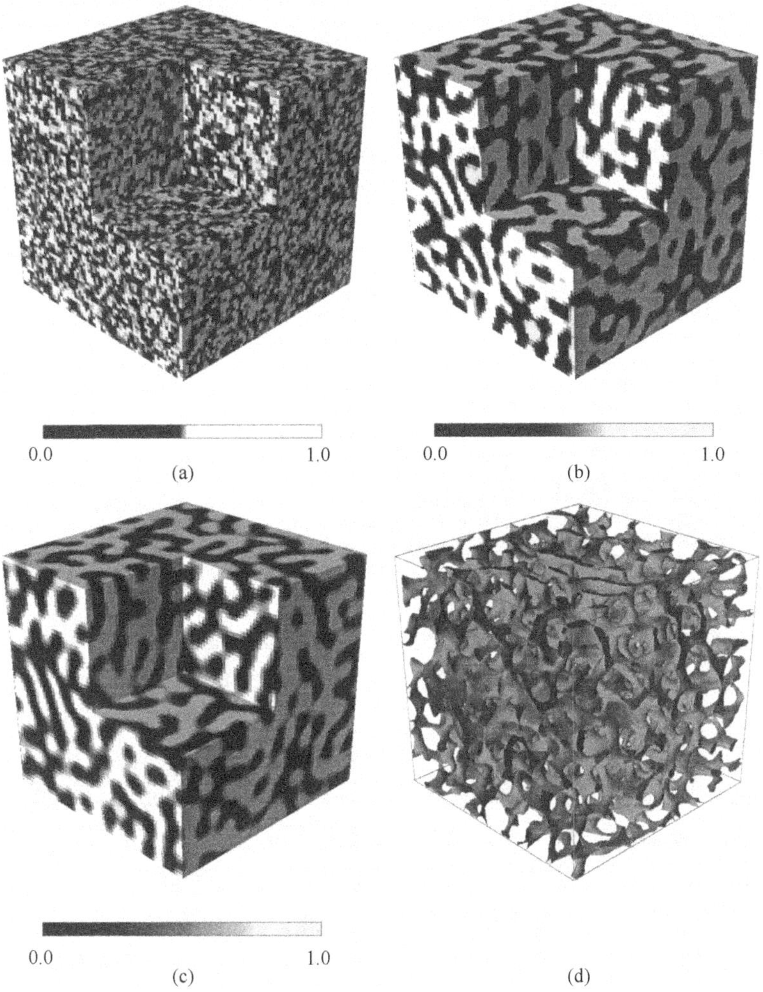

图 7-18　A_8B_8 共聚物熔体构象随时间的演变。(a) $\tau=45$，(b) $\tau=125$，(c) $\tau=500$。颜色由深至浅表明 ρ_A 由 0 到 1。(d) $\rho_A=0.85$ 的等密度面表达[52]

图 7-19 为徐辉等[60]计算的 A_5B_5 嵌段共聚物和 C_5 均聚物 0.7∶0.3 的共混物熔体构象随时间的演变。在计算非理想贡献时，采用刘洪来等[61]开发的链状分子状态方程。由图可以看到包在中间的 C_5 均聚物慢慢与 A_5B_5 共混的过程。

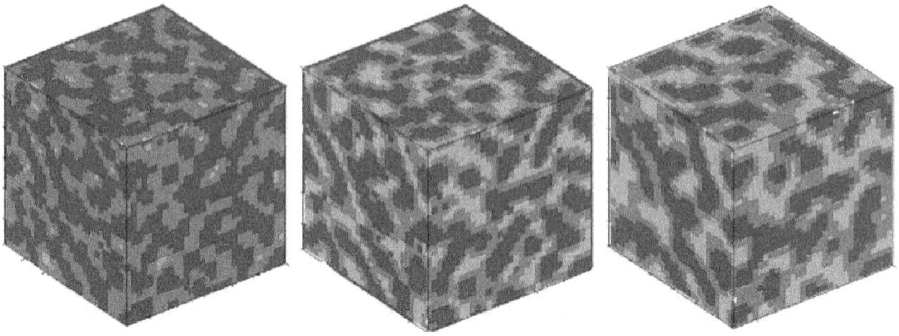

图 7-19　A_5B_5 共聚物和 C_5 均聚物 0.7∶0.3 的共混物熔体构象随时间的演变。(a) τ=100，(b) τ=500，(c) τ=1000[60]

图 7-20 为徐辉等[60]计算的在剪切速率为 $\dot{\gamma}=0.0002$, $\theta_A=0.5$ 下，A_5B_5 共聚物和 A_3B_7 共聚物的构象。由图可以看到在剪切方向形成层状结构。

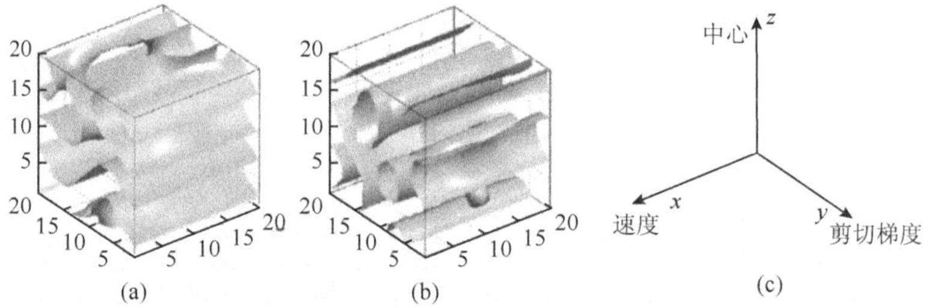

图 7-20　在剪切速率为 $\dot{\gamma}=0.0002$, $\theta_A=0.5$ 下，A_5B_5 共聚物(a)和 A_3B_7 共聚物(b)的构象。图中颜色显示微相 A 和微相 B 的分界面。(c)速度和剪切梯度变化的方向(后附彩图)[60]

图 7-21 是徐辉等[60]所做的 A_nB_m 嵌段共聚物的相图。纵坐标是 T_r^{-1}。它是一个具有上部会溶温度的图，在高温下形成无序相，温度降低后，随 A_nB_m 组成的变化，分别形成球形分散、柱形分散和双连续的微相结构。图 7-22 分别是图 7-21 中 a，b，c，d，e 各区的构象，薄壳是 AB 两微相的分界面。

徐辉等[62]还研究了压力对相图的影响。他们又进一步研究了实际的高分子共混物，对象选取了聚苯乙烯(PS)和聚丁二烯(PBD)，它们的参数用实验的 pVT 数据拟合而得(图 7-23)。由图可见，组成不同时，分别有球形分散、双连续和层状构象的微结构，与实验基本一致。图中还画出序参数(定义见文献[63])随时间的演变。

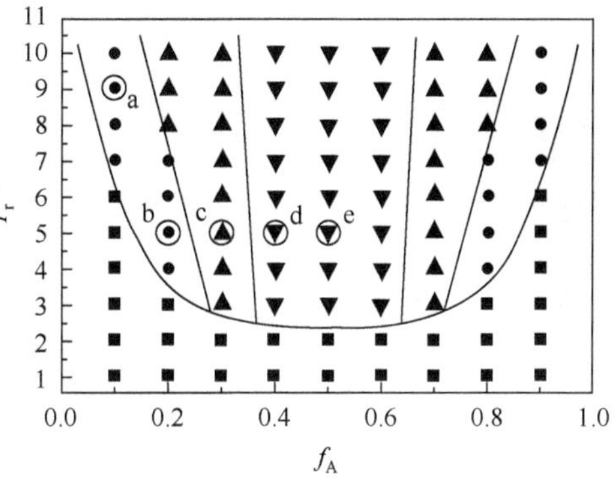

图 7-21　A_nB_m 嵌段共聚物的相图。f_A×10=n，m=10−n。■：无序；●：球形分散；▲：柱形分散；▼：双连续[60]

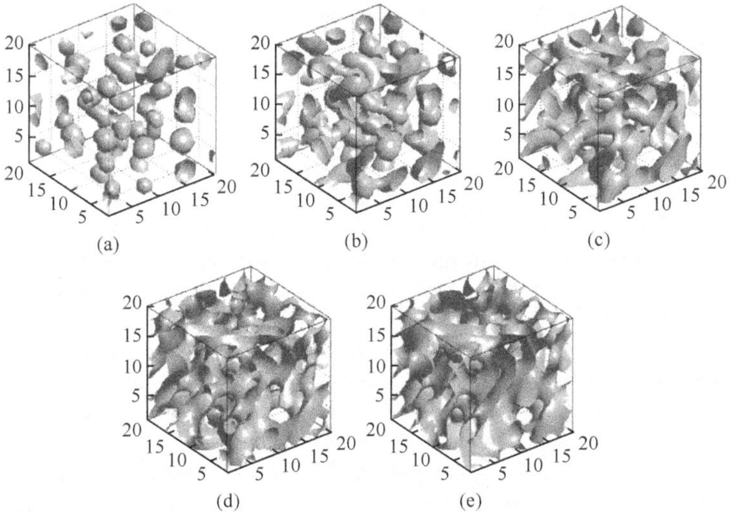

图 7-22　图 7-21 中 a～e 的微相结构[60]

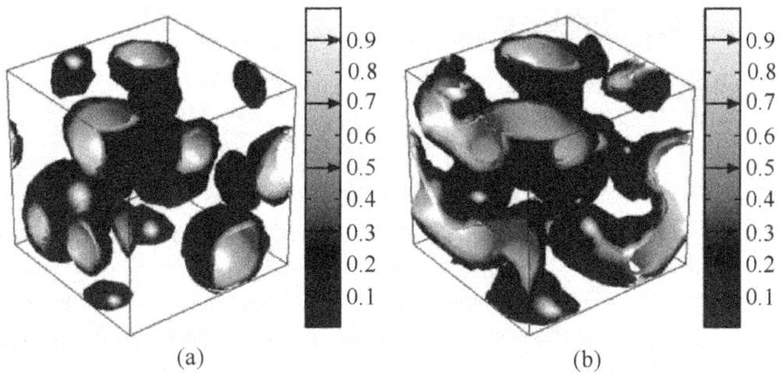

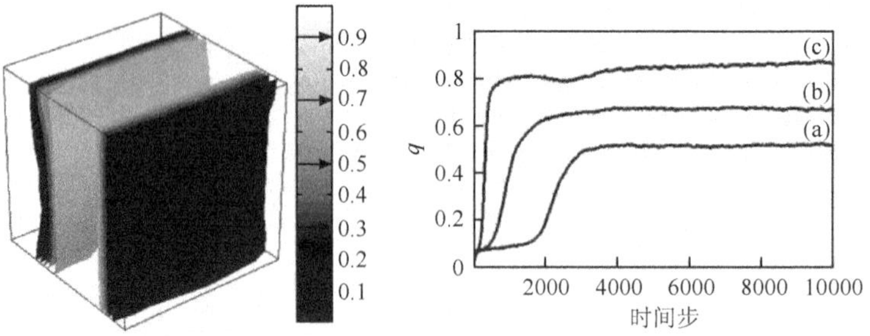

(c)　　(d)

图 7-23　PS (M_w=2000) /PBD (M_w=2260) 的微相结构。(a) W_{PS}=0.194，T=250K；(b) W_{PS}=0.292，T=250K；(c) W_{PS}=0.490，T=250K。(d) 相应的序参数随时间的演变[63]

上面的实例可以看到 DDFT 的成果。但必须指出，随时间的演变只是一种生动的参考，尚未经过实践的严格检验。然而，即使作为研究平衡态的方法，它已体现了优越性。

7.7　高聚物的自洽场理论

在第 5 章 5.6 节中，已经用单原子分子初步介绍了自洽场理论。从建立位形积分和路径积分、Hubbard-Stratonovich 变换、平均场近似以及求鞍点极值等层次依次展开，展示了自洽场理论的基本框架。最后又与密度泛函理论进行了比较，得出：经过平均场处理后，自洽场理论的附加场 $\mathrm{i}w^*(\boldsymbol{r})\beta^{-1}$ 主要就是密度泛函理论的内在化学势 μ_{intr}，但还有一项熵的影响，并且由于 $\mu_{\mathrm{intr}}=\mu-V_{\mathrm{ext}}(\boldsymbol{r})$，在一定化学势 μ 的前提下，附加场主要反映了外场 $V_{\mathrm{ext}}(\boldsymbol{r})$的贡献。

本节进一步介绍高聚物的自洽场理论。早期的工作有 S. F. Edwards[64]、E. Helfand[56]、L. Leibler[65]、Y. Oono[66]等。F. Schmid[67]，G. H. Fredrickson、V. Ganesan 和 F. Drolet[68]，杨玉良等[69]写了很好的综述。

1. 高聚物自洽场理论的基本框架

1) 位形配分函数

考察一个由不同类型κ=a, b, c, ⋯ 的高聚物形成的混合物，体积为 V，每种高聚物各有 N_κ个分子，混合物中分子总数 $N=\Sigma_\kappa N_\kappa$。如有溶剂，可作为一种组分，或处理为连续介质。经粗粒化后，每一个类型κ的高聚物分子有 m_κ个单体(链节)，单体类型α=A, B, C, ⋯ 。混合物的微观状态可用 $\boldsymbol{R}$ 代表，$\boldsymbol{R}=(\boldsymbol{R}_\kappa)=(\boldsymbol{R}_{\mathrm{a}}, \boldsymbol{R}_{\mathrm{b}}, \boldsymbol{R}_{\mathrm{c}}, \cdots)$。$\boldsymbol{R}_\kappa=(\boldsymbol{R}_{\kappa i})=(\boldsymbol{R}_{\kappa 1}, \cdots, R_{\kappa N_\kappa})$，$i$=1～$N_\kappa$。$\boldsymbol{R}_{\kappa i}$ 可以用 m_κ个链节的位置 $\boldsymbol{r}_{\kappa i,1}, \cdots, r_{ki,m_\kappa}$ 来表示。为了更好地体现高分子链内的连接性，常表达为**链函数**，$\boldsymbol{R}_{\kappa i}=\boldsymbol{r}_{\kappa is}=r_{\kappa i}(s)$，对于线形分子离散行走(discrete walks)，s=1, 2, ⋯, m_κ，也可处理为空间的连续曲

线，s 由 0 到 1，这时，s 即弧长度变量，相应计算要乘以 m_κ以求一致。如为嵌段共聚物，如两嵌段 AB，s=0～f为 A，s=f～1 为 B，f是单体 A 的分数。对于非线形分子，参见文献[70]。为区别不同的单体，线形分子链中单体的分布可应用克罗内克δ函数$\delta_{\alpha,\alpha'}$，当$\alpha=\alpha'$，$\delta_{\alpha,\alpha'}=1$，当$\alpha\neq\alpha'$，$\delta_{\alpha,\alpha'}=0$。单体$\alpha$在类型$\kappa$的高聚物上的分布则常采用函数$\gamma_{\alpha,\kappa}(s)$，$\gamma_{\alpha,\kappa}(s)=\delta_{\alpha,\alpha(\kappa s)}$，当高聚物$\kappa$的 s 位置上的单体类型为α，$\gamma_{\alpha,\kappa}(s)=1$，否则为零。对于均聚物 A，$\gamma_{\alpha,\mathrm{A}}(s)=\delta_{\alpha,\mathrm{A}}$，对于两嵌段 AB，当 s=0～f，$\gamma_{\alpha,\mathrm{AB}}(s)=\delta_{\alpha,\mathrm{A}}$，当 s=f～1，$\gamma_{\alpha,\mathrm{AB}}(s)=\delta_{\alpha,\mathrm{B}}$。显然，对所有的类型$\kappa$和所有的链内位置 s，$\Sigma_\alpha\gamma_{\alpha,\kappa}(s)=1$。

上述系统的正则位形配分函数可表达为

$$Z=\prod_{\kappa}\prod_{i=1}^{N_\kappa}\int \mathrm{D}[\boldsymbol{r}_{\kappa i}(s)]\Psi_{\kappa i}[\boldsymbol{r}_{\kappa i}(s)]\exp\left(-\beta E_{\mathrm{p}}[\boldsymbol{R}]\right) \tag{7.7.1}$$

式中，$\int \mathrm{D}[\boldsymbol{r}_{\kappa i}(s)]$ 是对 $\boldsymbol{r}_{\kappa I}(s)$的泛函路径积分。路径积分见第 1 章 1.5 节；$E_{\mathrm{p}}[\boldsymbol{R}]$是泛函形式的分子间相互作用势能，其中 $\boldsymbol{R}$ 用链函数 $\boldsymbol{r}_{\kappa I}(s)$表示；$\Psi_{\kappa i}[\boldsymbol{r}_{\kappa i}(s)]$ 是对应于链函数 $\boldsymbol{r}_{\kappa I}(s)$的内在统计权重(intrinsic statistical weight)，是链内键能以及部分构型熵的贡献。

对于柔韧的高聚物，$\Psi_{\kappa i}[\boldsymbol{r}_{\kappa i}(s)]$通常采用理想的高斯链模型(参见 7.5 节)，按式(7.5.5)，有

$$\Psi_{\kappa i}[\boldsymbol{r}_{\kappa i}(s)]=C\exp\left(-\sum_{\alpha}\frac{3}{2m_\kappa b_\alpha^2}\int_0^1 \mathrm{d}s\left|\frac{\mathrm{d}\boldsymbol{r}_{\kappa i}(s)}{\mathrm{d}s}\right|^2\gamma_{\alpha,\kappa}(s)\right) \tag{7.7.2}$$

式中按不同类型单体α求和，除以 m_κ是因为 s=0～1，b_α是单体α的统计链长，称为**库恩**(Kuhn)**长度**。如果不采用连续曲线，可用离散行走的 $\boldsymbol{r}_{\kappa i}(s)$，$s=1, 2, \cdots, m_\kappa$，积分由求和替代，式(7.7.2)中不必除以 m_κ。注意各条理想的高斯链之间没有相互作用。引入 C 是为了归一化使式(7.7.3)成立

$$\int \mathrm{D}[\boldsymbol{r}_{\kappa i}(s)]\Psi_{\kappa i}[\boldsymbol{r}_{\kappa i}(s)]=V \tag{7.7.3}$$

如果$\Psi_{\kappa i}[\boldsymbol{r}_{\kappa i}(s)]$采用模型，如理想的高斯链模型，式(7.7.1)中的 $E_{\mathrm{p}}[\boldsymbol{R}]$就不能简单看作分子间相互作用势能，它应该包含不能被模型概括的其他熵的贡献。因此，$E_{\mathrm{p}}[\boldsymbol{R}]$常被称为自由能，因而有些文献采用其他符号。实际工作时，$E_{\mathrm{p}}[\boldsymbol{R}]$往往也需要采用模型。

式(7.7.1)也可写为

$$Z=\prod_{\kappa}\prod_{i=1}^{N_\kappa}\int \mathrm{D}[\boldsymbol{r}_{\kappa i}(s)]\exp\left(-\beta E_{\mathrm{p}}^0[\boldsymbol{R}]-\beta E_{\mathrm{p}}[\boldsymbol{R}]\right) \tag{7.7.4}$$

$$\beta E_{\mathrm{p}}^0[\boldsymbol{R}]=-\ln\prod_{\kappa}\prod_{i=1}^{N_\kappa}\Psi_{\kappa i}[\boldsymbol{r}_{\kappa i}(s)] \tag{7.7.5}$$

式中，E_p^0 是键内自由能，如采用理想高斯链模型，即反映高斯链的贡献。

高斯链模型对于无限长的链是严格的。对于较短的或较硬的链，可采用蠕虫链(wormlike chain)模型[70]。对于液晶和带电高分子，还应计入与取向有关的链节间相互作用。

2) 路径积分

单体粒子的微观密度算符　与第 5 章单原子流体的式(5.2.10) $\hat{\rho}(\boldsymbol{r})=\sum_i^N \delta(\boldsymbol{r}-\boldsymbol{r}_i)$ 类似，定义单体α的微观密度算符，α=A, B, C, …，

$$\hat{\rho}_\alpha(\boldsymbol{r})=\sum_\kappa N_\kappa \hat{\rho}_{\alpha\kappa}(\boldsymbol{r})=\sum_\kappa \sum_{i=1}^{N_\kappa} m_\kappa \int_0^1 \mathrm{d}s\delta(\boldsymbol{r}-\boldsymbol{r}_{\kappa i}(s))\gamma_{\alpha,\kappa}(s) \tag{7.7.6}$$

同样，如果用 $\boldsymbol{r}_{\kappa i}(s)$, s=1, 2, …, m_κ，积分由求和替代，式中不必乘 m_κ。

在一些文献中，(s)用$(\cdot)$代替。如果是非线形的高分子，沿链的行走不用 s 表示，更是必须用$(\cdot)$。

单体粒子的密度场　混合物的微观状态 $\boldsymbol{R}$ 也可用微观密度场 $\hat{\boldsymbol{\rho}}_\alpha(\boldsymbol{r})=(\hat{\rho}_\mathrm{A}(\boldsymbol{r}), \hat{\rho}_\mathrm{B}(\boldsymbol{r}),\cdots)$ 表达，参见 5.6 节。因而，$E_\mathrm{p}[\boldsymbol{R}]$可表示为 $\hat{\boldsymbol{\rho}}_\alpha(\boldsymbol{r})$ 的泛函 $E_\mathrm{p}[\hat{\boldsymbol{\rho}}_\alpha(\boldsymbol{r})]$。为了引入实际的单体密度场 $\boldsymbol{\rho}_\alpha(\boldsymbol{r})=(\rho_\mathrm{A}(\boldsymbol{r}), \rho_\mathrm{B}(\boldsymbol{r}), \cdots)$，可按照式(5.6.4)和式(5.6.6)对单原子分子相同的处理。首先利用δ函数的特性，实现用 $\boldsymbol{\rho}_\alpha(\boldsymbol{r})$ 代替 $\hat{\boldsymbol{\rho}}_\alpha(\boldsymbol{r})$，类似于式(5.6.4)，可写出

$$\exp\left(-\beta E_\mathrm{p}[\hat{\boldsymbol{\rho}}_\alpha]\right)=\int \mathrm{D}[\boldsymbol{\rho}_\alpha]\delta[\boldsymbol{\rho}_\alpha-\hat{\boldsymbol{\rho}}_\alpha]\exp\left(-\beta E_\mathrm{p}[\boldsymbol{\rho}_\alpha]\right) \tag{7.7.7}$$

式(7.7.7)强使 $\boldsymbol{\rho}_\alpha(\boldsymbol{r})$ 按 $\hat{\boldsymbol{\rho}}_\alpha(\boldsymbol{r})$ 的各种变化而变化。代入式(7.7.1)，得

$$\begin{aligned}Z=&\prod_\kappa \prod_{i=1}^{N_\kappa} \int \mathrm{D}[\boldsymbol{r}_{\kappa i}(s)]\varPsi_{\kappa i}[\boldsymbol{r}_{\kappa i}(s)]\\&\times\int \mathrm{D}[\boldsymbol{\rho}_\alpha(\boldsymbol{r})]\delta[\boldsymbol{\rho}_\alpha(\boldsymbol{r})-\hat{\boldsymbol{\rho}}_\alpha(\boldsymbol{r})]\exp\left(-\beta E_\mathrm{p}[\boldsymbol{\rho}_\alpha(\boldsymbol{r})]\right)\end{aligned} \tag{7.7.8}$$

引入复场　类似于式(5.6.6)，进一步为δ泛函写出指数表达式

$$\delta[\rho_\alpha-\hat{\rho}_\alpha]=\int \mathrm{D}[w_\alpha]\exp\left(\mathrm{i}\int \mathrm{d}\boldsymbol{r}\, w_\alpha(\boldsymbol{r})\left(\rho_\alpha(\boldsymbol{r})-\hat{\rho}_\alpha(\boldsymbol{r})\right)\right) \tag{7.7.9}$$

这就引入了复场 $\mathrm{i}w_\alpha(\boldsymbol{r})$，它与$\rho_\alpha(\boldsymbol{r})$共轭。$\mathrm{i}w_\alpha(\boldsymbol{r})$也可以认为是由于限制条件，即实际的粒子密度场 $\rho_\alpha(\boldsymbol{r})$ 与 $\hat{\rho}_\alpha(\boldsymbol{r})$ 相等，而引入的拉格朗日乘子参见第 5 章 5.6 节。与式(5.6.7)～式(5.6.11)类似，进行析因子处理并利用δ函数特性，可由式(7.7.8)导得下式

$$Z=\left(\prod_\alpha \int \mathrm{D}[\rho_\alpha]\int \mathrm{D}[w_\alpha]\right)\exp\left(-\beta H[\boldsymbol{\rho}_\alpha, \boldsymbol{w}_\alpha]\right)V^N \tag{7.7.10}$$

式中，$H[\boldsymbol{\rho}_\alpha, \boldsymbol{w}_\alpha]$是有效哈密顿量(effective Hamiltonian)，$\boldsymbol{w}_\alpha(\boldsymbol{r})=(w_\mathrm{A}(\boldsymbol{r}), w_\mathrm{B}(\boldsymbol{r}), w_\mathrm{C}(\boldsymbol{r}), \cdots)$，

$$\beta H[\boldsymbol{\rho}_\alpha,\boldsymbol{w}_\alpha]=\beta E_{\rm p}[\boldsymbol{\rho}_\alpha]-\sum_\alpha {\rm i}\int {\rm d}\boldsymbol{r} w_\alpha(\boldsymbol{r})\rho_\alpha(\boldsymbol{r})-\sum_\kappa N_\kappa \ln Q_\kappa[{\rm i}\boldsymbol{w}_\alpha] \quad (7.7.11)$$

$Q_\kappa[{\rm i}w_\alpha(\boldsymbol{r})]$是类型$\kappa$的高聚物单链在复场 ${\rm i}w_\alpha(\boldsymbol{r})$中运动的配分函数，如采用高斯链模型，即为单条高斯链的配分函数

$$\begin{aligned}Q_\kappa[{\rm i}w_\alpha(\boldsymbol{r})]&=V^{-1}\int {\rm D}[\boldsymbol{r}_\kappa(s)]\Psi_\kappa[\boldsymbol{r}_\kappa(s)]\\&\times\exp\left(-\sum_\alpha m_\kappa\int_0^1 {\rm d}s\, {\rm i}w_\alpha[\boldsymbol{r}(s)]\gamma_{\alpha,\kappa}(s)\right)\end{aligned} \quad (7.7.12)$$

或

$$\begin{aligned}Q_\kappa[{\rm i}w_\alpha(\boldsymbol{r})]&=V^{-1}\int {\rm D}[\boldsymbol{r}_\kappa(s)]\\&\times\exp\left(-\beta E_{\rm p0}[\boldsymbol{r}_\kappa(s)]-\sum_\alpha m_\kappa\int_0^1 {\rm d}s\, {\rm i}w_\alpha[\boldsymbol{r}(s)]\gamma_{\alpha,\kappa}(s)\right)\end{aligned} \quad (7.7.13)$$

泛函 $H[\boldsymbol{\rho}_\alpha, \boldsymbol{w}_\alpha]$是复函数泛函。式(7.7.10)和式(7.7.11)是高聚物自洽场理论的基本公式。它们使原来的多维空间的路径积分变为二重泛函路径积分。自洽则存在于各类单体的$\rho_\alpha(\boldsymbol{r})$和 $w_\alpha(\boldsymbol{r})$之间。

如果相互作用势能具有对加和性，并且有泛函积分意义下的逆，经过 Hubbard-Stratonovich 变换，可以使路径积分式(7.7.10)由二重泛函积分简化为一重。参见第 5 章 5.6 节及其附注。

3) 平均场近似

第 5 章 5.6 节已提到，在复空间中，能量面的极值通常是一个鞍点，对于实场$\rho(\boldsymbol{r})$，是极小；对于虚场 ${\rm i}w(\boldsymbol{r})$，是极大。因此，可区分为两步。两步平均场近似后，与式(5.6.15)～式(5.6.21)类似，可以导得

$$\rho_\alpha(\boldsymbol{r})=-\sum_\kappa N_\kappa\frac{\delta \ln Q_\kappa[{\rm i}\boldsymbol{w}_\alpha(\boldsymbol{r})]}{\delta[{\rm i}w_\alpha(\boldsymbol{r})]}=\langle\hat{\rho}_\alpha(\boldsymbol{r})\rangle_{{\rm i}w_\alpha(\boldsymbol{r})} \quad (7.7.14)$$

$\rho_\alpha(\boldsymbol{r})$是 N 条链的α单体在复场 ${\rm i}\boldsymbol{w}(\boldsymbol{r})$中运动的系综平均值，$\alpha$=A, B, C, …

$$Z=\left(\prod_\alpha\int {\rm D}[\rho_\alpha]\right)\exp\left(-\beta H[\boldsymbol{\rho}_\alpha,\boldsymbol{w}_\alpha[\boldsymbol{\rho}_\alpha]]\right) \quad (7.7.15)$$

$$ {\rm i}w_\alpha(\boldsymbol{r})=\frac{\delta\beta E_{\rm p}[\boldsymbol{\rho}_\alpha(\boldsymbol{r})]}{\delta\rho_\alpha(\boldsymbol{r})} \quad (7.7.16)$$

$$F^{\rm SCF}=-kT\ln Z=\min H[\boldsymbol{\rho}_\alpha(\boldsymbol{r}),\boldsymbol{w}_\alpha[\boldsymbol{\rho}_\alpha(\boldsymbol{r})]]=H[\boldsymbol{\rho}_\alpha^{\rm SCF}(\boldsymbol{r})] \quad (7.7.17)$$

$F^{\rm SCF}$ 是平均场的自由能。

式(7.7.14)和式(7.7.16)是高聚物的平均场自洽场理论的工作方程。联立求解可同时得到$\rho_\alpha(\boldsymbol{r})$和 $w_\alpha(\boldsymbol{r})$，实际操作过程则是自洽迭代。

2. 配分函数的计算

在用式(7.7.14)和式(7.7.16)迭代时，要计算 $Q_\kappa[\mathrm{i}\boldsymbol{w}_\alpha(\boldsymbol{r})]$，对于高斯链，按式(7.5.6)的内涵，常用的方法是定义格林传递子 $q_\kappa(\boldsymbol{r}, s)$

$$q_\kappa(\boldsymbol{r},s) = \int \mathrm{D}[\boldsymbol{r}_\kappa(s)]\Psi_\kappa[\boldsymbol{r}_\kappa(s)] \times \exp\left(-\sum_\alpha m_\kappa \int_0^s \mathrm{d}s\, \mathrm{i}w_\alpha[\boldsymbol{r}(s)]\gamma_{\alpha,\kappa}(s)\right)\delta(\boldsymbol{r}-\boldsymbol{r}_\kappa(s)) \tag{7.7.18}$$

它沿着链传递，无记忆效应，并满足式(7.5.11)的复扩散方程

$$\frac{\partial}{\partial s}q_\kappa(\boldsymbol{r},s) = \sum_\alpha \gamma_{\alpha,\kappa}(s)\left(\frac{1}{6}m_\kappa b_\alpha^2\nabla^2 - \mathrm{i}m_\kappa w_\alpha(\boldsymbol{r})\right)q_\kappa(\boldsymbol{r},s) \tag{7.7.19}$$

由初始条件 $q_\kappa(\boldsymbol{r}, 0)=1$，将式(7.7.19)由 $s=0$ 积分至 $s=1$，可得 $q(\boldsymbol{r}, 1)$。按 $Q_\kappa[\mathrm{i}w_\alpha(\boldsymbol{r})]$ 的定义式(7.7.12)，$Q_\kappa[\mathrm{i}w_\alpha(\boldsymbol{r})]$即按式(7.7.20)求体积平均

$$Q_\kappa[\mathrm{i}w_\alpha(\boldsymbol{r})] = V^{-1}\int \mathrm{d}\boldsymbol{r}\, q_\kappa(\boldsymbol{r},1) \tag{7.7.20}$$

3. 单体间相互作用势能[67]

对于单体间相互作用势能 $E_\mathrm{p}[\boldsymbol{\rho}_\alpha(\boldsymbol{r})]$，由于经过平均场处理，按式(7.7.17)，它实际上是自由能。最简单的办法是写为

$$E_\mathrm{p}[\boldsymbol{\rho}_\alpha] = \frac{1}{2}\int \mathrm{d}\boldsymbol{r}\int \mathrm{d}\boldsymbol{r}' \sum_\alpha \sum_{\alpha'} \varepsilon_{\alpha\alpha'}\left(|\boldsymbol{r}-\boldsymbol{r}'|\right)\rho_\alpha(\boldsymbol{r})\rho_{\alpha'}(\boldsymbol{r}') \tag{7.7.21}$$

但式(7.7.21)对于像高聚物那样的稠密流体效果不佳，这是因为间接相互作用和多体作用不可忽视。另外，不同类型单体间的排斥作用相对于总的自由能常可忽略。因此通常将 E_p 表示为

$$E_\mathrm{p}[\boldsymbol{\rho}_\alpha] = E_\mathrm{ref}[\boldsymbol{\rho}_\alpha] + E_\mathrm{inter}[\boldsymbol{\rho}_\alpha] \tag{7.7.22}$$

其中，E_ref 是参考系统的贡献，计及密度涨落和压缩性；E_inter 是相互作用贡献，主要是不同种类单体的不相容性，可看作微扰。

1)参考系统贡献

如果近乎不可压缩，密度涨落很小，可用 E. Helfand[56]的平方近似

$$E_\mathrm{ref}[\boldsymbol{\rho}_\alpha] = (2\kappa)^{-1}\int \mathrm{d}\boldsymbol{r}\left(1-\sum_\alpha \rho_\alpha(\boldsymbol{r})v_\alpha\right)^2 \tag{7.7.23}$$

式中，κ是熔体的压缩系数，参见式(7.6.24)的说明。

更严格的处理是假设高分子系统的整体不可压缩，$\sum_\alpha \rho_\alpha(\boldsymbol{r})v_\alpha = 1$，$v_\alpha$是单体$\alpha$的比容，即一个单体的体积。在应用平均场近似时，要引入一个拉格朗日乘子$\xi(\boldsymbol{r})$，有效哈密顿量 H 的式(7.7.11)应为

$$\beta H[\rho_\alpha, w_\alpha, \xi] = \beta E_{\rm p}[\boldsymbol{\rho}_\alpha] - \sum_\alpha {\rm i}\int {\rm d}\boldsymbol{r} w_\alpha(\boldsymbol{r})\rho_\alpha(\boldsymbol{r}) - \int {\rm d}\boldsymbol{r}\xi(\boldsymbol{r})[\sum_\alpha \rho_\alpha(\boldsymbol{r}) - 1] - \sum_j N_j \ln Q_j[{\rm i}\boldsymbol{w}_\alpha] \tag{7.7.24}$$

$\xi(\boldsymbol{r})$ 可由 $\sum_\alpha \rho_\alpha(\boldsymbol{r})v_\alpha = 1$ 确定。式(7.7.16)变为

$$ {\rm i}w_\alpha(\boldsymbol{r}) = \frac{\delta\beta E_{\rm inter}[\rho_\alpha]}{\delta\rho_\alpha(\boldsymbol{r})} - \xi(\boldsymbol{r})v_\alpha \tag{7.7.25}$$

严格处理比较烦琐，作为替代，常采用 F. Schmid[71]的方法，参考流体不区分各类单体。按局部密度近似，参见第 6 章 6.2 节，有

$$\beta E_{\rm ref}[\boldsymbol{\rho}_\alpha] = \int {\rm d}\boldsymbol{r}\rho(\boldsymbol{r}) f\left(\rho(\boldsymbol{r})\right) \tag{7.7.26}$$

$f(\rho(\boldsymbol{r}))$是均匀流体的自由能密度(单位单体)，其形式可利用状态方程 $p(\rho)$按下式得到

$$f(\rho) = \int_0^\rho {\rm d}\rho'\left(p(\rho')/\rho'^2\right) \tag{7.7.27}$$

状态方程可采用 Flory-Huggins 方程或卡纳汉-斯塔林方程［式(4.7.23)］。

2)相互作用贡献

按微扰理论[73]，可将相互作用贡献表示为

$$E_{\rm inter}[\boldsymbol{\rho}_\alpha] = \frac{1}{2}\int {\rm d}\boldsymbol{r}\int {\rm d}\boldsymbol{r}' \sum_\alpha\sum_{\alpha'} u_{\alpha\alpha'}(\boldsymbol{r}-\boldsymbol{r}')\rho^{(2)}_{\alpha,\alpha'}(\boldsymbol{r},\boldsymbol{r}') \tag{7.7.28}$$

式中单体α与α'的 $u_{\alpha\alpha'}$与相互作用能$\varepsilon_{\alpha\alpha'}$的关系为

$$\beta u_{\alpha\alpha'}(\boldsymbol{r}) = 1 - \exp[-\beta\varepsilon_{\alpha\alpha'}(\boldsymbol{r})] \tag{7.7.29}$$

当$\varepsilon_{\alpha\alpha'}$很小并可积时，$u_{\alpha\alpha'}$还原为$\varepsilon_{\alpha\alpha'}$。式(7.7.28)更为普遍，它可计及非加和性的堆积以及不同单体尺寸相差悬殊的情况。$\rho^{(2)}_{\alpha,\alpha'}(\boldsymbol{r},\boldsymbol{r}')$是单体$\alpha$位于 $\boldsymbol{r}$ 单体α'位于 $\boldsymbol{r}'$时的二重分布函数［参见式(5.3.5)］，但α与α'不是一条链上的近邻，后者已由式(7.7.2)的 $\Psi_{ji}[\boldsymbol{r}_{ji}(s)]$计及。二重分布函数 $\rho^{(2)}_{\alpha,\alpha'}(\boldsymbol{r},\boldsymbol{r}')$可由下式表达

$$\rho^{(2)}_{\alpha,\alpha'}(\boldsymbol{r},\boldsymbol{r}') = \rho_\alpha(\boldsymbol{r})\rho_{\alpha'}(\boldsymbol{r}')\gamma(\boldsymbol{r}-\boldsymbol{r}') \tag{7.7.30}$$

$\gamma(\boldsymbol{r}-\boldsymbol{r}')$是单体的对相关函数，这里近似地处理为与单体的特性和密度无关。

如果相互作用是短程的，$\rho_{\alpha'}(\boldsymbol{r}')$可围绕 $\boldsymbol{r}$ 做泰勒级数展开[56]。

4. 均聚物

现在讨论一种最简单的情况，只有一种链长为 m 的均聚物。

1)基本公式

对于有 N 条链的系统，与第 5 章式(5.6.13)和式(5.6.14)类似，式(7.7.10)和式(7.7.11)可简化为

$$Z = \int {\rm D}[w]\exp\left(-\beta H[w]\right) \tag{7.7.31}$$

$$\beta H[w]=\frac{1}{2}\varepsilon_0^{-1}\int \mathrm{d}\boldsymbol{r}w^2(\boldsymbol{r})-N\ln Q[\mathrm{i}w] \tag{7.7.32}$$

式中，ε_0是具有对加和性的链节对的相互作用势能；$Q[\mathrm{i}w]$是单条均聚物链在复场$\mathrm{i}w(\boldsymbol{r})$作用下的配分函数，按下式定义：

$$Q[\mathrm{i}w]=V^{-1}\int \mathrm{D}[\boldsymbol{r}(s)]\exp\left(-\beta E_{\mathrm{p}}^0[\boldsymbol{r}(s)]-m\int_0^1 \mathrm{d}s\mathrm{i}w[\boldsymbol{r}(s)]\right) \tag{7.7.33}$$

$Q[0]=1$。E_{p}^0是键内自由能，见式(7.7.5)。为了计算$Q[\mathrm{i}w(\boldsymbol{r})]$，对于高斯链，按式(7.7.18)定义格林传递子$q_j(\boldsymbol{r},s)$，类似式(7.7.19)有复扩散方程

$$\frac{\partial}{\partial s}q(\boldsymbol{r},s)=R_{\mathrm{g}0}^2\nabla^2 q(\boldsymbol{r},s)-\mathrm{i}mw(\boldsymbol{r})q(\boldsymbol{r},s) \tag{7.7.34}$$

式中，$R_{\mathrm{g}0}$是未扰动的回转半径，$R_{\mathrm{g}0}^2=mNb^2/6$，$b$为统计链长。由初始条件$q(\boldsymbol{r},0)=1$，将式(7.7.34)由 $s=0$ 积分至 $s=1$，得 $q(\boldsymbol{r},1)$。$Q[\mathrm{i}w(\boldsymbol{r})]$即按式(7.7.20) $Q_\kappa[\mathrm{i}w_\alpha(\boldsymbol{r})]=V^{-1}\int \mathrm{d}\boldsymbol{r}\,q_\kappa(\boldsymbol{r},1)$求体积平均。

通常将所有长度用$R_{\mathrm{g}0}$表达为量纲为 1 的无因次量，还引入重新标度的势场$W(\boldsymbol{r})=mw(\boldsymbol{r})$。所有的强度性质均可用以下两个参数表达

$$C=NR_{\mathrm{g}0}^3/V,\quad B=\varepsilon_0 m^2/R_{\mathrm{g}0}^3 \tag{7.7.35}$$

C是无因次的均聚物浓度，B是排斥体积参数。最后得一组四个公式，包括式(7.7.31)。令$L^3=V/R_{\mathrm{g}}^3$，四式为

$$Z=\int \mathrm{D}[W]\exp(-\beta H[W]) \tag{7.7.36}$$

$$\beta H[W]=\frac{1}{2}B^{-1}\int \mathrm{d}\boldsymbol{r}W^2(\boldsymbol{r})-CL^3\ln Q[\mathrm{i}W] \tag{7.7.37}$$

$$Q[\mathrm{i}W]=L^{-3}\int \mathrm{d}\boldsymbol{r}\,q(\boldsymbol{r},1) \tag{7.7.38}$$

$$\frac{\partial}{\partial s}q(\boldsymbol{r},s)=\nabla^2 q(\boldsymbol{r},s)-\mathrm{i}W(\boldsymbol{r})q(\boldsymbol{r},s),\quad q(\boldsymbol{r},0)=1 \tag{7.7.39}$$

通常设w或W为实数，$\mathrm{i}w$或$\mathrm{i}W$则为复数，$H[W]$是复函数。

2) 可观察变量

单体的微观密度算符　从未进行假设的式(7.7.10)和式(7.7.11)出发

$$Z=\int \mathrm{D}[\rho]\int \mathrm{D}[w]\exp(-\beta H[\rho,w])V^N$$

$$\beta H[\rho,w]=\beta E_{\mathrm{p}}[\rho]-\mathrm{i}\int \mathrm{d}\boldsymbol{r}w(\boldsymbol{r})\rho(\boldsymbol{r})-N\ln Q[\mathrm{i}w]$$

当达到平衡，Z应为极值，$\delta Z/\delta \mathrm{i}w(\boldsymbol{r})=0$，

$$\begin{aligned}\frac{\delta\ln Z}{\delta \mathrm{i}w(\boldsymbol{r})}&=Z^{-1}\int \mathrm{D}[\rho]\int \mathrm{D}[w]\exp(-\beta H[\rho,w])V^N\\&\times\left(-\rho(\boldsymbol{r})-N\frac{\delta\ln Q[\mathrm{i}w(\boldsymbol{r})]}{\delta \mathrm{i}w(\boldsymbol{r})}\right)=0\end{aligned} \tag{7.7.40}$$

$$\rho(\boldsymbol{r}) = \langle\hat{\rho}(\boldsymbol{r})[\mathrm{i}w]\rangle = -N\left\langle\frac{\delta\ln Q[\mathrm{i}w(\boldsymbol{r})]}{\delta\mathrm{i}w(\boldsymbol{r})}\right\rangle = \mathrm{i}N\left\langle\frac{\delta\ln Q[\mathrm{i}w(\boldsymbol{r})]}{\delta w(\boldsymbol{r})}\right\rangle \tag{7.7.41}$$

$$\hat{\rho}(\boldsymbol{r})[\mathrm{i}w] = -\mathrm{i}N\frac{\delta\ln Q[\mathrm{i}w(\boldsymbol{r})]}{\delta\mathrm{i}w(\boldsymbol{r})} = \mathrm{i}N\frac{\delta\ln Q[\mathrm{i}w(\boldsymbol{r})]}{\delta w(\boldsymbol{r})} \tag{7.7.42}$$

$\hat{\rho}(\boldsymbol{r})[\mathrm{i}w]$是复单体密度算符，它是一个复数。$\langle\cdot\rangle$指对密度场和复场 $w(\boldsymbol{r})$的系综平均，平均后得到的$\rho(\boldsymbol{r})$则是实数。

利用式(7.7.33)的 $Q[\mathrm{i}w(\boldsymbol{r})]$

$$Q[\mathrm{i}w] = V^{-1}\int \mathrm{D}[\boldsymbol{r}(s)]\exp\left(-\beta E_{\mathrm{p}}^{0}[\boldsymbol{r}(s)] - m\int_0^1 \mathrm{d}s\mathrm{i}w[\boldsymbol{r}(s)]\right)$$

代入式(7.7.42)，将 0～1 的积分分解为 0～s 和 s～1，得

$$\begin{aligned}
\hat{\rho}(\boldsymbol{r})[\mathrm{i}w] &= NQ[\mathrm{i}w]^{-1}Q[\mathrm{i}w]\int_0^1 m\delta(\boldsymbol{r}-\boldsymbol{r}(s))\mathrm{d}s \\
&= mNQ[\mathrm{i}w]^{-1}V^{-1}\int_0^1\mathrm{d}s\int \mathrm{D}[\boldsymbol{r}(s)]\exp\left(-\beta E_{\mathrm{p}}^{0}[\boldsymbol{r}(s)] - m\int_0^s \mathrm{d}s'\mathrm{i}w[\boldsymbol{r}(s')]\right) \\
&\quad \times\delta(\boldsymbol{r}-\boldsymbol{r}(s'))\int \mathrm{D}[\boldsymbol{r}(s)]\exp\left(-\beta E_{\mathrm{p}}^{0}[\boldsymbol{r}(s)]\right. \\
&\quad \left.- m\int_s^1 \mathrm{d}s'\mathrm{i}w[\boldsymbol{r}(s')]\right)\delta(\boldsymbol{r}-\boldsymbol{r}(s')) \\
&= \rho_0 Q[\mathrm{i}w]^{-1}\int_0^1\mathrm{d}s q(\boldsymbol{r},s)q(\boldsymbol{r},1-s)
\end{aligned} \tag{7.7.43}$$

式中$\rho_0=mN/V$，$q(\boldsymbol{r}, s)$和 $q(\boldsymbol{r}, 1-s)$是格林传递子，定义见式(7.7.18)。

以上推导并未进行任何近似或假设。

单体密度场 现设相互作用具有对加和性，按式(7.7.31)和式(7.7.32)，$Z=\int \mathrm{D}[w]\exp(-\beta H[w])$，$\beta H[w] = \frac{1}{2}\varepsilon_0^{-1}\int \mathrm{d}\boldsymbol{r}w^2(\boldsymbol{r}) - N\ln Q[\mathrm{i}w]$，代入式(7.7.41)，可以导得

$$\begin{aligned}
\rho(\boldsymbol{r}) &= \langle\hat{\rho}(\boldsymbol{r})[\mathrm{i}w]\rangle \\
&= \frac{\mathrm{i}}{Z}\int \mathrm{D}[w]\exp\left(-\frac{1}{2\varepsilon_0}\int \mathrm{d}\boldsymbol{r}w^2(\boldsymbol{r}) + N\ln Q[\mathrm{i}w(\boldsymbol{r})]\right)\frac{\delta N\ln Q[\mathrm{i}w(\boldsymbol{r})]}{\delta w(\boldsymbol{r})} \\
&= \frac{\mathrm{i}}{Z}\int \mathrm{D}[w]\exp\left(-\frac{1}{2\varepsilon_0}\int \mathrm{d}\boldsymbol{r}w^2(\boldsymbol{r})\right)\frac{\delta\exp(N\ln Q[\mathrm{i}w(\boldsymbol{r})])}{\delta w(\boldsymbol{r})} \\
&= -\frac{\mathrm{i}}{Z}\int \mathrm{D}[w]\exp(N\ln Q[\mathrm{i}w(\boldsymbol{r})])\frac{\delta}{\delta w(\boldsymbol{r})}\exp\left(-\frac{1}{2\varepsilon_0}\int \mathrm{d}\boldsymbol{r}w^2(\boldsymbol{r})\right) \\
&= -\frac{\mathrm{i}}{Z}\int \mathrm{D}[w]\exp\left(-\frac{1}{2\varepsilon_0}\int \mathrm{d}\boldsymbol{r}w^2(\boldsymbol{r}) + N\ln Q[\mathrm{i}w(\boldsymbol{r})]\right)\frac{-w(\boldsymbol{r})}{\varepsilon_0} \\
&= \frac{\mathrm{i}}{\varepsilon_0}\langle w(\boldsymbol{r})\rangle
\end{aligned} \tag{7.7.44}$$

式中用到 $\int \mathrm{D}[w]A\,\delta B/\delta w(\boldsymbol{r}) = -\int \mathrm{D}[w]B\,\delta A/\delta w(\boldsymbol{r})$。由式可由 $w(\boldsymbol{r})$的系综平均值计算 $\rho(\boldsymbol{r})$。$\langle w(\boldsymbol{r})\rangle$是复数，$\rho(\boldsymbol{r})$是实数。

渗透压　按热力学，渗透压$\pi=(\partial F/\partial V)_{N,T}$。可以导得维里展开式[73]：

$$\beta\pi V = N + \langle E_{\mathrm{p}}\rangle - \frac{2}{3}(\langle E_{\mathrm{p}}^0\rangle - \langle E_{\mathrm{p}}^0\rangle_0) \tag{7.7.45}$$

E_{p}^0 是键内自由能，见式(7.7.5)。$\langle\cdot\rangle_0$ 指按 $\exp(-\beta E_{\mathrm{p}}^0)$ 求系综平均。引入无因次的渗透压$\Pi=\beta\pi R_{\mathrm{g}0}{}^3$，可导得

$$\Pi = C - (1/2BL^3)\int \mathrm{d}\boldsymbol{r}\langle W^2(\boldsymbol{r})\rangle + \frac{2}{3}C\langle P[\mathrm{i}W]/Q[\mathrm{i}W]\rangle \tag{7.7.46}$$

式中 $P[\mathrm{i}W]=\int \mathrm{d}\boldsymbol{r}p(\boldsymbol{r},1)$，类似于式(7.7.39)，$p(\boldsymbol{r},s)$满足下面传递方程

$$\frac{\partial}{\partial s}p(\boldsymbol{r},s) = \nabla^2\big(p(\boldsymbol{r},s) - q(\boldsymbol{r},s)\big) - \mathrm{i}W(\boldsymbol{r})p(\boldsymbol{r},s), \quad p(\boldsymbol{r},0) = 0 \tag{7.7.47}$$

3) 平均场近似

首先讨论鞍点问题。复空间中鞍点函数的构形 $W^*(\boldsymbol{r})$可由第 5 章式(5.6.15) $\delta H[W(\boldsymbol{r})]/\delta[W(\boldsymbol{r})] = 0$ 得到。将式(7.7.37)和式(7.7.42)代入，得

$$W^*(\boldsymbol{r})B^{-1} + \mathrm{i}C\rho(\boldsymbol{r})[W^*]\rho_0^{-1} = 0 \tag{7.7.48}$$

这个公式有唯一的均一解

$$W^* = \langle W^*(\boldsymbol{r})\rangle = -\mathrm{i}BC\langle\rho(\boldsymbol{r})[W^*]\rangle\rho_0^{-1} = -\mathrm{i}BC \tag{7.7.49}$$

鞍点的虚场 $W^*(\boldsymbol{r})$是一个复常数，鞍点的 $W(\boldsymbol{r})=BC$ 则是实数。

在应用式(7.7.36) $Z = \int \mathrm{D}[W]\exp\big(-\beta H[W]\big)$ 进行路径积分时，表面上看是沿着实场 $W(\boldsymbol{r})$进行的，但实际上 $W(\boldsymbol{r})$的变化路径既可以是实的，也可以是虚的，总体说是复的。$W(\boldsymbol{r})$可表达为 $\mathrm{Re}W(\boldsymbol{r})+\mathrm{Im}W(\boldsymbol{r})$。图 7-24 画出在某一 $\boldsymbol{r}$ 时的 $W(\boldsymbol{r})$ 空间，实际路径可以是空间中在起点到终点的任意曲线。虚线是通过鞍点的一条复路径，鞍点是一个纯虚数$-\mathrm{i}BC$。这条虚线的意思是通过陡降到达鞍点，从起点到终点，绝大部分是在 $W(\boldsymbol{r})=\mathrm{Im}W(\boldsymbol{r})=W^*(\boldsymbol{r})=-\mathrm{i}BC$ 的恒定虚场中进行的复路径。

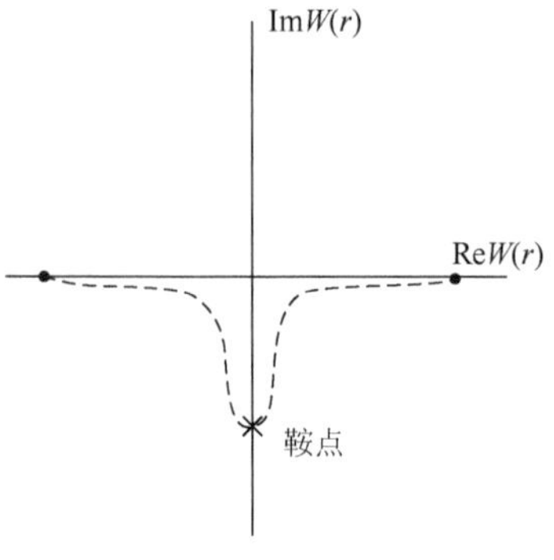

图 7-24　在 $W(\boldsymbol{r})$空间中的运行路径

在第 5 章 5.6 节中已经指出，这一绝大部分是在鞍点值进行的路径，就是平均场近似，它消除了 $W(\boldsymbol{r})$场的涨落。由式(7.7.49)可见，对于最简单的只有一种均聚物的情况，得到解析解

$W^*(\boldsymbol{r})=-\mathrm{i}BC$，代入式(7.7.44)，得密度$\rho(\boldsymbol{r})$

$$\rho(\boldsymbol{r})=\mathrm{i}\langle w(\boldsymbol{r})\rangle/\varepsilon_0=\mathrm{i}\times(-\mathrm{i}BC)/N\varepsilon_0=BC/N\varepsilon_0 \tag{7.7.50}$$

由式可见，密度是一个实常数，这正是均匀流体的特征。

5. 嵌段共聚物

设有 N 个链长为 m 的 AB 两嵌段共聚物分子，A 的单体分数为 f，$s=0\sim f$ 为 A，$s=f\sim 1$ 为 B。

1)位形配分函数

按式(7.7.4)和式(7.7.5)，正则位形配分函数可表达为路径积分

$$Z=\prod_{i=1}^{N}\int \mathrm{D}[\boldsymbol{r}_i(s)]\exp\left(-\beta E_{\mathrm{p}}^0[\boldsymbol{R}]-\beta E_{\mathrm{p}}[\boldsymbol{R}]\right) \tag{7.7.51}$$

$$\beta E_{\mathrm{p}}^0[\boldsymbol{R}]=\frac{3N}{2mb_{\mathrm{A}}^2}\int_0^f \mathrm{d}s\left|\frac{\mathrm{d}\boldsymbol{r}_{\mathrm{A}}(s)}{\mathrm{d}s}\right|^2+\frac{3N}{2mb_{\mathrm{B}}^2}\int_f^1 \mathrm{d}s\left|\frac{\mathrm{d}\boldsymbol{r}_{\mathrm{B}}(s)}{\mathrm{d}s}\right|^2 \tag{7.7.52}$$

单体的微观密度算符　与单原子流体的式(5.2.10)类似，定义单体的微观密度算符

$$\begin{aligned}\hat{\rho}_{\mathrm{A}}(\boldsymbol{r})&=\sum_{i}^{N}m\int_0^f \mathrm{d}s\delta(\boldsymbol{r}-\boldsymbol{r}_{i,\mathrm{A}}(s))\\ \hat{\rho}_{\mathrm{B}}(\boldsymbol{r})&=\sum_{i}^{N}m\int_f^1 \mathrm{d}s\delta(\boldsymbol{r}-\boldsymbol{r}_{i,\mathrm{B}}(s))\end{aligned} \tag{7.7.53}$$

它们受到 $\hat{\rho}_{\mathrm{A}}(\boldsymbol{r})+\hat{\rho}_{\mathrm{B}}(\boldsymbol{r})=\rho_0$ 的限制，$\rho_0=\rho_{\mathrm{A0}}+\rho_{\mathrm{B0}}$ 为总单体密度，$\rho_{\mathrm{A0}}=f\rho_0$，$\rho_{\mathrm{B0}}=(1-f)\rho_0$，为单体 A 和 B 的平均密度。为此，可将 $\hat{\rho}_{\mathrm{A}}(\boldsymbol{r})$ 和 $\hat{\rho}_{\mathrm{B}}(\boldsymbol{r})$ 线性组合为 $\hat{\rho}_+(\boldsymbol{r})$ 和 $\hat{\rho}_-(\boldsymbol{r})$

$$\hat{\rho}_+(\boldsymbol{r})=\hat{\rho}_{\mathrm{A}}(\boldsymbol{r})+\hat{\rho}_{\mathrm{B}}(\boldsymbol{r}),\quad \hat{\rho}_-(\boldsymbol{r})=\hat{\rho}_{\mathrm{A}}(\boldsymbol{r})-\hat{\rho}_{\mathrm{B}}(\boldsymbol{r}) \tag{7.7.54}$$

E_{p} 可表达为 $\hat{\rho}_{\mathrm{A}}(\boldsymbol{r})$ 和 $\hat{\rho}_{\mathrm{B}}(\boldsymbol{r})$ 或 $\hat{\rho}_+(\boldsymbol{r})$ 和 $\hat{\rho}_-(\boldsymbol{r})$ 的泛函，它可用 Flory 参数χ表达为

$$\begin{aligned}\beta E_{\mathrm{p}}[\boldsymbol{R}]&=v_0\chi\int \mathrm{d}\boldsymbol{r}\hat{\rho}_{\mathrm{A}}(\boldsymbol{r})\hat{\rho}_{\mathrm{B}}(\boldsymbol{r})\\ &=-v_0(\chi/4)\int \mathrm{d}\boldsymbol{r}\left(\hat{\rho}_-(\boldsymbol{r})-(\rho_{\mathrm{A0}}-\rho_{\mathrm{B0}})\right)^2\end{aligned} \tag{7.7.55}$$

$v_0=v_{\mathrm{A}}=v_{\mathrm{B}}=1/\rho_0$，是一个单体的体积。式(7.7.55)的第二步是由于

$$\begin{aligned}&(\hat{\rho}_-(\boldsymbol{r})-(\rho_{\mathrm{A0}}-\rho_{\mathrm{B0}}))^2\\ &\quad=-4\hat{\rho}_{\mathrm{A}}(\boldsymbol{r})\hat{\rho}_{\mathrm{B}}(\boldsymbol{r})+\rho_0^2-2\hat{\rho}_-(\boldsymbol{r})(\rho_{\mathrm{A0}}-\rho_{\mathrm{B0}})+(\rho_{\mathrm{A0}}-\rho_{\mathrm{B0}})^2\end{aligned}$$

它在二阶项 $\hat{\rho}_{\mathrm{A}}(\boldsymbol{r})\hat{\rho}_{\mathrm{B}}(\boldsymbol{r})$ 之外，添加了与位形无关的对 $\hat{\rho}_-(\boldsymbol{r})$ 为零阶或一阶的项，相当于将取决于位形的势能 E_{p} 作恒定的位移，对结果无碍。

单体的密度场　类似于第 5 章式(5.6.4)，利用δ函数的特性

$$\begin{aligned}&\exp[-\beta E_{\mathrm{p}}[\hat{\rho}_-(\boldsymbol{r})]\\ &\quad=\int \mathrm{D}[\rho_-(\boldsymbol{r})]\delta[\rho_-(\boldsymbol{r})-\hat{\rho}_-(\boldsymbol{r})]\exp\left(-\beta E_{\mathrm{p}}[\hat{\rho}_-(\boldsymbol{r})]\right)\end{aligned} \tag{7.7.56}$$

它强制使得在每一个位置 $\boldsymbol{r}$ 处 $\rho_-(\boldsymbol{r})$ 场与 $\hat{\rho}_-(\boldsymbol{r})$ 场相同。此外，按不可压缩性，还要求 $\rho_A(\boldsymbol{r})+\rho_B(\boldsymbol{r})=\rho_0=\rho_{A0}+\rho_{B0}$ 与 $\hat{\rho}_+(\boldsymbol{r})$ 场相同，也要利用δ函数，但这并不妨碍 $\rho_A(\boldsymbol{r})-\rho_B(\boldsymbol{r})$ 仍在涨落。代入式(7.7.51)，可得

$$Z=\prod_{i=1}^{N}\int \mathrm{D}[\boldsymbol{r}_i(s)]\exp(-\beta E_{\mathrm{p}}^0[\boldsymbol{R}])\times\int \mathrm{D}[\rho_-(\boldsymbol{r})]\delta[\rho_-(\boldsymbol{r})-\hat{\rho}_-(\boldsymbol{r})]\delta[\rho_0-\hat{\rho}_+(\boldsymbol{r})]\exp(-\beta E_{\mathrm{p}}[\rho_-(\boldsymbol{r})]) \tag{7.7.57}$$

引入复场　类似于式(5.6.6)，进一步为δ泛函写出指数表达式

$$\delta[\rho_-(\boldsymbol{r})-\hat{\rho}_-(\boldsymbol{r})]=\int \mathrm{D}[w_-(\boldsymbol{r})]\exp\left(\mathrm{i}\int \mathrm{d}\boldsymbol{r}\, w_-(\boldsymbol{r})(\rho_-(\boldsymbol{r})-\hat{\rho}_-(\boldsymbol{r}))\right) \tag{7.7.58}$$

$$\delta[\rho_0-\hat{\rho}_+(\boldsymbol{r})]=\int \mathrm{D}[w_+(\boldsymbol{r})]\exp\left(\mathrm{i}\int \mathrm{d}\boldsymbol{r}\, w_+(\boldsymbol{r})(\rho_0-\hat{\rho}_+(\boldsymbol{r}))\right) \tag{7.7.59}$$

这样就引入了两个复场 $\mathrm{i}w_+(\boldsymbol{r})$和 $\mathrm{i}w_-(\boldsymbol{r})$。代入式(7.7.56)，得

$$\begin{aligned}Z=&\prod_{i=1}^{N}\int \mathrm{D}[\boldsymbol{r}_i(s)]\exp(-\beta E_{\mathrm{p}}^0[\boldsymbol{R}])\\&\times\int \mathrm{D}[\rho_-(\boldsymbol{r})]\int \mathrm{D}[w_-(\boldsymbol{r})]\exp\left(\mathrm{i}\int \mathrm{d}\boldsymbol{r}\, w_-(\boldsymbol{r})(\rho_-(\boldsymbol{r})-\hat{\rho}_-(\boldsymbol{r}))\right)\\&\times\int \mathrm{D}[w_+(\boldsymbol{r})]\exp\left(\mathrm{i}\int \mathrm{d}\boldsymbol{r}\, w_+(\boldsymbol{r})(\rho_0-\hat{\rho}_+(\boldsymbol{r}))\right)\exp(-\beta E_{\mathrm{p}}[\rho_-(\boldsymbol{r})])\end{aligned} \tag{7.7.60}$$

2) Hubbard-Stratonovich 变换

由于式(7.7.55)中的χ可以求逆，因而可以采用 5.6 节的 Hubbard-Stratonovich 变换的结果，对式(7.7.60)的有关部分做出处理，并参见第 5 章式(5.6.49)，最后得正则位形配分函数 Z

$$Z=\int \mathrm{D}[w_+]\int \mathrm{D}[w_-]\exp\left(-\beta H[w_+,w_-]\right)V^N \tag{7.7.61}$$

有效哈密顿函数为

$$\begin{aligned}\beta H[w_+,w_-]=&\int \mathrm{d}\boldsymbol{r}\left(w_-(\boldsymbol{r})\rho_0(2f-1)+4\rho_0\chi^{-1}w_-(\boldsymbol{r})^2-\mathrm{i}w_+(\boldsymbol{r})\rho_0\right)\\&-N\ln Q[\mathrm{i}w_+-w_-,\mathrm{i}w_++w_-]\end{aligned} \tag{7.7.62}$$

式中 $Q[\cdots]$是单链在 $w_+(\boldsymbol{r})$和 $w_-(\boldsymbol{r})$场中运动的配分函数

$$\begin{aligned}Q[\cdots]=&V^{-1}\int \mathrm{D}[\boldsymbol{r}(s)]\exp(-\beta E_{\mathrm{p}}^0[\boldsymbol{R}])\\&\times\exp\left(-fm\left(\mathrm{i}w_+(\boldsymbol{r})-w_-(\boldsymbol{r})\right)-(1-f)m\left(\mathrm{i}w_+(\boldsymbol{r})-w_-(\boldsymbol{r})\right)\right)\end{aligned} \tag{7.7.63}$$

3) 基本公式

与均聚物类似，采用新标度的势场和参数

$$W_+(\boldsymbol{r})=mw_+(\boldsymbol{r}),\quad W_-(\boldsymbol{r})=mw_-(\boldsymbol{r}),\quad L^3=V/R_{\mathrm{g}}^3$$
$$C=NR_{\mathrm{g0}}^3\big/V,\ B=\varepsilon_{\mathrm{p0}}m^2\big/R_{\mathrm{g0}}^3 \tag{7.7.64}$$

式(7.7.61)和式(7.7.62)分别变为

$$Z=\int \mathrm{D}[W_+]\int \mathrm{D}[W_-]\exp\left(-\beta H[W_+,W_-]\right) \tag{7.7.65}$$

$$\beta H[W_+,W_-]=C\int \mathrm{d}\boldsymbol{r}\left(W_-(\boldsymbol{r})\rho_0(2f-1)+4m^{-1}\chi^{-1}W_-(\boldsymbol{r})^2-\mathrm{i}W_+(\boldsymbol{r})\rho_0\right)$$
$$-CL^3\ln Q[\mathrm{i}W_+-W_-,\mathrm{i}W_++W_-] \tag{7.7.66}$$

与均聚物的式(7.7.38)和式(7.7.39)类似，同样有

$$Q[\mathrm{i}W_+-W_-,\mathrm{i}W_++W_-]=\frac{1}{L^3}\int \mathrm{d}\boldsymbol{r}\,q(\boldsymbol{r},1) \tag{7.7.67}$$

$$\frac{\partial}{\partial s}q(\boldsymbol{r},s)=\nabla^2 q(\boldsymbol{r},s)-\mathrm{i}\psi(\boldsymbol{r},s)q(\boldsymbol{r},s),\quad q(\boldsymbol{r},0)=1 \tag{7.7.68}$$

$$\begin{cases}\psi(\boldsymbol{r},s)=\mathrm{i}W_+(\boldsymbol{r})-W_-(\boldsymbol{r}), & 0<s<f\\ \psi(\boldsymbol{r},s)=\mathrm{i}W_+(\boldsymbol{r})+W_-(\boldsymbol{r}), & f<s<1\end{cases} \tag{7.7.69}$$

以上公式中共有4个参数，链浓度C、嵌段A和B间的有效排斥强度χm、组成f和系统的尺度L。

4) 平均场近似

按常规采用鞍点函数进行平均场近似。复空间中鞍点函数的构形$W_\pm^*(\boldsymbol{r})$可由式(7.7.66)的$\beta H[W_+, W_-]$对$W_+(\boldsymbol{r})$和$W_-(\boldsymbol{r})$求泛函极值得到。$W_+^*(\boldsymbol{r})$位于虚轴，$W_-^*(\boldsymbol{r})$位于实轴。可列出两个方程

$$\left.\frac{\delta\beta H[W_+,W_-]}{\delta W_+(\boldsymbol{r})}\right|_{W_\pm^*}=0,\quad \left.\frac{\delta\beta H[W_+,W_-]}{\delta W_-(\boldsymbol{r})}\right|_{W_\pm^*}=0 \tag{7.7.70}$$

类似于均聚物，将$W_+(\boldsymbol{r})$表达为$\mathrm{Re}W_+(\boldsymbol{r})+\mathrm{Im}W_+(\boldsymbol{r})$，在一定的$\boldsymbol{r}$时作图，见图7-25。鞍点的势场$W_+^*(\boldsymbol{r})$位于虚轴上，并且和均聚物不同，嵌段共聚物有多个鞍点，分别代表不同的相。其中，DIS代表无序，在原点。层状LAM、体心BCC、面心FCC各相的鞍点势场$W_+^*(\boldsymbol{r})$位于虚轴的负区。六方HEX、螺旋GYR各相的鞍点势场$W_+^*(\boldsymbol{r})$位于虚轴的正区。实际路径可以是空间中在起点到终点的任意曲线。虚线是通过层状LAM鞍点的一条复路径，当χm不同时，可通过不同的鞍点，其他鞍点则为介稳态。

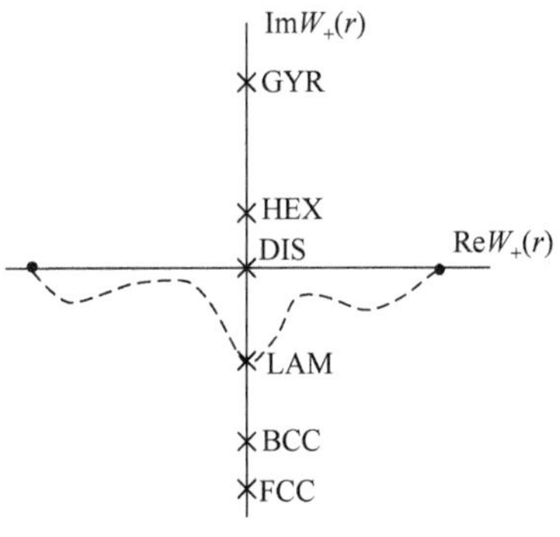

图7-25　在$W_+(\boldsymbol{r})$空间中的运行路径。×：鞍点

5) 求解方案

以式(7.7.66)的$\beta H[W_+,W_-]$代入式(7.7.70)，由于$\beta H[W_+,W_-]$是复函数，对$W_+(\boldsymbol{r})$和$W_-(\boldsymbol{r})$求极值按实部Re和虚部Im可得4个方程，原则上可以解得$W_{+,\mathrm{Re}}^*$、$W_{+,\mathrm{Im}}^*$、$W_{-,\mathrm{Re}}^*$、$W_{-,\mathrm{Im}}^*$。我们还可以借助于对鞍点位置的了解来减少计算量。特别是，我们期待W_+^*是纯虚的，因为它与排斥作用有关，W_-^*应该是实的，因为它与吸引作用有关。引入

实“压力”场 $\Xi(\boldsymbol{r}) = \mathrm{i}W_+^*(\boldsymbol{r}) = -W_{+,\mathrm{Im}}^*(\boldsymbol{r})$，并令 $W(\boldsymbol{r}) = W_{-,\mathrm{Re}}^*(\boldsymbol{r})$，变量为两个，即 $\Xi(\boldsymbol{r})$ 和 $W(\boldsymbol{r})$，两个都是实场。

具体进行有两种方法：**谱法**(Spectral Method)，参见 M. W. Matsen 和 M. Schick[74]。**动力学方法**，类似于 DDFT 的外场动力学方法，参见 G. H. Fredrickson 等[68]和 7.6 节。

对三嵌段共聚高分子的研究方案可参见唐萍、邱枫、张红东和杨玉良[69]的工作。图 7-26 是唐萍等[69, 75]对线形 ABC 三嵌段高分子所进行的 SCFT 研究。图中(a)和(c)是选自文献报道的 PS-PI-P2VP 和 PI-PS-P2VP 的 TEM 照片，显示前者的层状结构和后者的柱状结构。(b)和(d)是相应的唐萍等的二维 SCFT 计算，前者是 ABC，后者是 BAC，参数取自有关实验。两者相较，可见十分吻合。研究表明，嵌段的序列对微相分离的形态有重要影响。

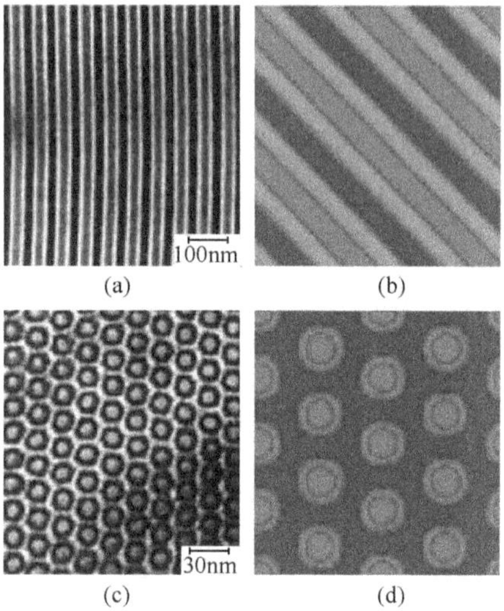

图 7-26　唐萍等[75]的线形 ABC 三嵌段共聚高分子的微相分离研究。文献报道的 TEM 照片：(a) PS-PI-P2VP；(c) PI-PS-P2VP。SCFT 计算：(b) ABC；(d) BAC

6. 涨落，超越平均场

由鞍点积分得到的平均场近似式(7.7.17)

$$F^{\mathrm{SCF}} = -kT\ln Z = \min H[\boldsymbol{\rho}_\alpha(\boldsymbol{r}), \boldsymbol{w}_\alpha[\boldsymbol{\rho}_\alpha(\boldsymbol{r})]] = H[\boldsymbol{\rho}_\alpha^{\mathrm{SCF}}(\boldsymbol{r})]$$

在链长为无穷时是严格的。但当链长有限时，存在密度涨落。一方面，涨落的尺度大致为回转半径，在临界点时趋于无穷；另一方面，在两相界面，任何温度下还存在毛细波涨落(capillary-wave fluctuation)。这些涨落对自由能可能有重要影响。在一些场合下，如高分子的稀溶液，接近临界点的共混物，接近有序无序转变(ODT)的嵌段共聚物以及高分子微乳液等，平均场近似都显示很大的缺陷。

要超越平均场进行研究，式(7.7.10)

$$Z=\left(\prod_{\alpha}\int \mathrm{D}[\rho_{\alpha}]\int \mathrm{D}[w_{\alpha}]\right)\exp[-\beta H[\boldsymbol{\rho}_{\alpha},\boldsymbol{w}_{\alpha}]]V^{N}$$

是严格的方程，并未经过平均场近似处理。直接利用这些方程就超越了平均场。

理论上通常采取**级数展开方法**[67]。例如，A. C. Shi、J. Noolandi 和 R. C. Desai 等[72]的工作，实际上在展开时仅取首项，只能用于涨落较小的场合，但若取高次项将遇到高重相关函数的困难。更常用的是采用计算机模拟。例如，计算机模拟结合**陡降取样法**[68]（steepest-descent sampling），利用 Monte Carlo 模拟方法，随机取样计算。又如超越平均场的**复朗之万取样法**（complex Langevin sampling）。朗之万方程参见 7.6 节注 1。此法原来在量子场论中应用，G. H. Friderickson 等[68]移植于 SCFT。它的基本概念是，对 $W(\boldsymbol{r})$的取样不是仅仅沿着实轴，而是在整个 $H=H_{\mathrm{Re}}+\mathrm{i}H_{\mathrm{Im}}$ 的复空间中进行。对于任何一个观察量 G，它的系综平均值为

$$\langle G[W]\rangle=\int \mathrm{D}[W_{\mathrm{Re}}]\int \mathrm{D}[W_{\mathrm{Im}}]P[W_{\mathrm{Re}},W_{\mathrm{Im}}]G[W_{\mathrm{Re}}+\mathrm{i}W_{\mathrm{Im}}] \tag{7.7.71}$$

式中原来的复概率分布函数 $Z^{-1}\exp(-\beta H)$ 被一个实的正定的 $P[W_{\mathrm{Re}}, W_{\mathrm{Im}}]$取代，它是一个更普遍的实的概率分布函数 $P[W_{\mathrm{Re}}, W_{\mathrm{Im}}, t]$的稳态值。这个与时间有关的函数给出在时间 t 时观察到复场 $W=W_{\mathrm{Re}}+\mathrm{i}W_{\mathrm{Im}}$ 的概率。这个概率分布由随机的复朗之万方程描述。

图 7-27 是 Frederickson 等[68]用复朗之万取样法研究二维的不可压缩的 AB 嵌段共聚物的微相分离构象，$\chi m=15.2$，$f=0.3$，图中颜色由蓝到红，A 的分数由 0 至 1。由图(a)可见，采用鞍点近似，得到很清晰的面心结构。而图(b)由于 $C=5$，按式(7.7.64) $C=NR_{\mathrm{g0}}^{3}/V$，对应着较小的浓度或较小的链长，涨落极强，分相模糊不清。图(c)由于 $C=100$，浓度或链长较大，分相清晰得多，但相边界有些模糊，说明存在毛细波涨落。

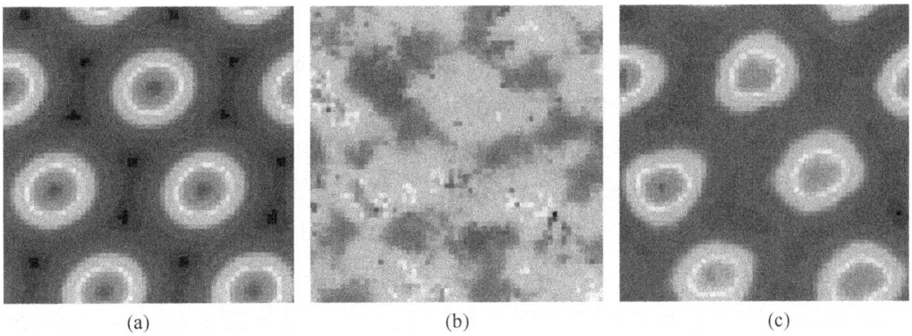

(a)　(b)　(c)

图 7-27　二维的不可压缩的 AB 嵌段共聚物的微相分离构象。$\chi m=15.2$，$f=0.3$，颜色由蓝到红，A 的分数由 0 至 1。(a)鞍点图像；(b)复朗之万取样，120000 时间步，$C=5$；(c)复朗之万取样，120000 时间步，$C=100$（后附彩图）

密度泛函理论(DFT)对高分子系统的应用，取得了很大成功。高聚物系统，特别是多相或微多相的共混物和共聚物熔体，具有长程相互作用的电解质溶液、高聚电解质溶液、嵌段共聚电解质溶液，胶体和表面活性剂系统，以至生命系统，微多相结构不论强分离、中等程度分离，还是弱分离，都可以应用这一方法。DFT对于材料的研究和设计会起到越来越大的作用。

在处理高分子时，链内相互作用非常重要，它对链的构象有决定性的影响，因而不能简单使用硬球流体作为参考系统，理想的高斯链理论被各种方法广泛使用。不论是自由空间还是格子模型，都发展了比较完善的理论。在数学方法上，高斯链的格林传递子的方法得到普遍运用。力求得到解析式，但在许多情况下，多采用单链模拟等数字方法。

本章对于高分子系统的自洽场理论(SCFT)给出了较大篇幅。这是因为 DFT 和 SCFT 是当前得到应用的两大类理论，而它们之间又有非常密切的联系。在文献中，对它们的关系讨论得并不充分，而且由于可以互相取长补短，有时常混杂交错。

在第 5 章中，我们就做了初步的比较，首先看密度场的引入：DFT 中，先定义微观密度算符，然后按系综平均，得到宏观的密度场，整个框架即在宏观层次上发展。很明显，它不计密度场的涨落。在 SCFT 中，也是先定义微观密度算符，然后利用δ函数的特性，将 $\hat{\rho}(\boldsymbol{r})$ 用 $\rho(\boldsymbol{r})$代替，也得到宏观的密度场，但$\rho(\boldsymbol{r})$却按 $\hat{\rho}(\boldsymbol{r})$ 的各种变化而变化。在考虑涨落、超越平均场时，SCFT 的优越性就突出了，它做了 DFT 所不能做的。

对于大量遇到的可以采用平均场的场合，还可以做进一步的比较。当采用平均场后，两者的密度$\rho(\boldsymbol{r})$实际上是一回事，而 SCFT 的复场 $\mathrm{i}w(\boldsymbol{r})$与 DFT 的外场 $E_{\mathrm{ext}}(\boldsymbol{r})$有着密切的关系。在第 5 章中已经指出，$w^*(\boldsymbol{r})\beta^{-1}$ 相当于内在化学势 μ_{intr}，但还有一项熵的影响。由于 $\mu_{\mathrm{intr}}=\mu-V_{\mathrm{ext}}(\boldsymbol{r})$，在一定的 μ 前提下，其中主要反映外场 $V_{\mathrm{ext}}(\boldsymbol{r})$的贡献。在本章介绍了动态密度泛函理论 DDFT 后，特别是外场动力学 EPD 后，与 SCFT 的动力学方法如出一辙，实际上前者也是受到后者的启发而产生的。G. H. Fredericksonn 等[68]甚至认为，DDFT 是 SCFT 的实场化。当然这过于简单，DDFT 的 $w(\boldsymbol{r})$就是外场 $E_{\mathrm{ext}}(\boldsymbol{r})$，而 SCFT 的 $\mathrm{i}w(\boldsymbol{r})$还要复杂一些。

但是可以很肯定地说，在采用平均场后，DFT 和 SCFT 从内容到方法上都非常相似。而从建立理论框架来说，DFT 要比 SCFT 简单得多。

DFT 和 SCFT 与其他理论如 TDGL 的比较，与其他模拟方法如 MC、MD、CDS、DPD 等的互相取长补短，都是值得探讨的地方。扩大它的应用领域，特别是介稳状态、结构随时间的演变，以及流体力学性质等，也是应该努力的方向。

参考文献

[1] Chandler D，McCoy J D，Singer S J. Non-uniform polyatomic systems. I. General formulation. J Phys Chem，1986，85：5971

[2] Lananyi D，Chandler D. New type of cluster theory for molecular fluids：Interaction site cluster expasion. J Chem Phys，1975，62：4308

[3] Rossky P J. The structure of polar molecular fluids. Annual Rev Phys Chem，1985，36：321

[4] Kierlik E，Rosinberg M L. A perturbation density functional theory for polymeric fluids. I. Rigid molecules. J Phys Chem，1992，97：9222

[5] Kierlik E，Rosinberg M L. A perturbation density functional theory for polymeric fluids. II. Flexible molecules. J Phys Chem，1993，99：3950

[6] Kierlik E，Rosinberg M L. A perturbation density functional theory for polymeric fluids. III. Application to hard chain molecules in sliylike pores. J Phys Chem，1994，100：1716

[7] Wertheim M S. Thermodynamic perturbation theory of polymerization. J Phys Chem，1987，87：7323

[8] Woodward C E. A density functional theory for polymers：Application to hard chain-hard sphere mixtures in slit pores. J Chem Phys，1991，94：3183

[9] Yethiraj A，Woodward C E. Density functional theory for inhomogeneous polymer solutions. J Chem Phys，1994，100：3181

[10] Yethiraj A，Woodward C E. Monte Carlo density functional theory of nonuniform polymer melts. J Chem Phys，1995，102：5499

[11] Yethiraj A. Density functional theory of polymers：A Curtin-Ashcroft type weighted density approximation. J Chem Phys，1998，109：3269

[12] Dickmann R，Hall C K. Equation of state for chain molecules：Continuous-space analog of Flory theory. J Chem Phys，1986，85：4108

[13] Honnell K G，Hall C K. A new equation of state for atheral chains. J Chem Phys，1989，90：1841

[14] Hooper J B，McCoy J D，Curro J G. Density functional theory of simple polymers in a slit pore. I. Theory and efficient algorith. J Phys Chem，2000，112：3090

[15] Hooper J B，Pileggi M T，McCoy J D，et al. Density functional theory of simple polymers in a slit pore. II. The role of compressibility and field type. J Phys Chem，2000，112：3094

[16] 蔡钧，刘洪来，胡英. 非均匀链状分子系统的密度泛函理论. 华东理工大学学报，2000，26：100

[17] Cai J，Liu H，Hu Y. Density functional theory and Monte Carlo simulation of mixtures of hard sphere chains confined in a slit. Fluid Phase Eqilib，2002，194-197：281

[18] Hu Y，Liu H L，Prausnitz J M. Equation of state for fluids containing chainlike molecules. J Chem Phys，1996，104：396

[19] Ye Z C，Cai J，Liu H L，et al. Density and chain conformation profiles of square-well chains confined in a slit by density functional theory. J Chem Phys，2005，123：194902

[20] Ye Z C，Chen H Y，Cai J，et al. Density functional theory of homopolymer mixtures confined in a slit. J Chem Phys，2006，125：124705

[21] Chapman W G，Gubbins K E，Jackson G，et al. SAFT：Equation-of-state solution model for associating fluids. Fluid Phase Equilib，1989，52：31

[22] Chapman W G，Gubbins K E，Jackson G，et al. New reference equation of state for associating liquids. Ind Eng Chem Res，1990，29：1709

[23] Gil-Villegas A，Galindo A，Whitehead P J，et al. Statistical associating fluid theory for chain molecules with attractive potentials of variable range. J Chem Phys，1997，106：4168

[24] Galindo A，Davies L A，Gil-Villegas A，et al. The thermodynamics of mixtures and the corresponding mixing rules in the SAFT-VR approach for potentials of variable range. Mol Phys，1998，93：241

[25] Chen H Y，Ye Z C，Peng C J，et al. Density functional theory for recognition of polymer at patterned surface. J Chem Phys，2006，125：204708

[26] Chen X，Sun L，Liu H，et al. Lattice density functional theory for polymer adsorption at solid-liquid interface. J Chem Phys，2009，131：044710

[27] Chen X，Chen H，Liu H，et al. A Free-space density functional theory for polymer adsorption：Influence of packing effect on conformations of polymer. J Chem Phyl，2011，134(4)：044713

[28] Nath S K，Nealey P F，de Pablo J J. Density functional theory of molecular structure of thin diblock copolymers on chemically heterogeneous surfaces. J Phys Chem，1999，110：7483

[29] Frischknecht A L，Weinhold J D，Salinger A G，et al. Density functional theory for inhomogeneous polymer systems. I. Numerical methods. J Chem Phys，2002，117：10385

[30] Frischknecht A L，Curro J G，Frink L J D. Density functional theory for inhomogeneous polymer systems. II. Application to block copolymer thin films. J Chem Phys，2002，117：10398

[31] Donley J P，Rajasekaran J J，McCoy J D，et al. Microscopic approach to inhomogeneous polymeric liquids. J Chem Phys，1995，103：5061

[32] Thompson R B，Ginzburg V V，Matsen M W，et al. Predicting the mesophases of copolymer-nanoparticle composites. Science，2001，292：2469

[33] Lee J Y，Shou Z Y，Anna C. et al. Modeling the self-assembly of copolymer-nanoparticle mixtures confined between solid surfaces. Phys Rev Lett，2003，91：136103

[34] Scheutjens J M H M，Fleer G J. Statistical theory of the adsorption of interacting chain molecules. 1. Partition function，segment density distribution，and adsorption isotherms. J Phys Chem，1979，83：1619

[35] Scheutjens J M H M，Fleer G J. Statistical theory of the adsorption of interacting chain molecules. 2. Train，loop，and tail Size distribution. J Phys Chem，1980，84：178

[36] DeMarzio E A，Rubins R J. Adsorption of a chain polymer between two plates. J Chem Phys，1971，55：4318

[37] 王相田，胡英. 固液界面高分子吸附研究，(I)模型的建立和检验，(II)高分子在界面的吸附. 化工学报，1998，49：424，434

[38] Ono S，Kondo S. Molecular theory of surface tension in liquids. In Flügge S. Encyclopedia of Physics. Berlin：Springer，1960

[39] Reinhard J，Dieterich W，Maass P，et al. Density correlations in lattice gases in contact with a confining wall. Phys Rev E，2000，61：422

[40] Prestipino S，Giaquinta P V. Density-functional theory of a lattice-gas model with vapour，liquid，and solid phases. J Phys Condens Matter，2003，15：3931

[41] Prestipino S. Lattice density-functional theory of surface melting：The effect of a square-gradient correction. J Phys Condens Matter，2003，15：8065

[42] Chen Y，Aranovich G L，Donohue M D. Thermodynamics of symmetric dimers：Lattice density functional theory

predictions and simulations. J Chem Phys，2006，124：134502

[43] Chen Y，Aranovich G L，Donohue M D. Configurational probabilities for symmetric dimers on a lattice：An analytical approximation with exact limits at low and high densities. J Chem Phys，2007，127：134903

[44] Yang J Y，Yan Q L，Liu H L，et al. A molecular thermodynamic model for compressible lattice polymers. Polymer，2006，47：5187

[45] Yang J Y，Peng C J，Liu H L，et al. Calculation of vapor-liquid and liquid-liquid phase equilibria for systems containing ionic liquids using a lattice model. Ind Eng Chem Res，2006，45：6811

[46] Yang J Y，Peng C J，Liu H L，et al. A generic molecular thermodynamic model for linear and branched polymer solutions in a lattice. Fluid Phase Equilib，2006，244：188

[47] Guggenheim E A. Mixtures. Oxford：Oxford University Press，1952

[48] Doi M，Edwards S F. The Theory of Polymer Dynamics. New York：Oxford University Press，1986

[49] Edwards A F，Freed K. The entropy of a confined polymer. I. J Phys A，1969，A2：145.

[50] Morse D C，Fredrickson G H. Semiflexible polymers near interfaces. Phys Rev Lett，1994，73：3235

[51] Fraaije J G E M. Dynamic density functional theory for microphase separation kinetics of block copolymer melts. J Chem Phys，1993，99：9202

[52] Fraaije J G E M，van Vlimmeren B A C，Mauritus N M，et al. The dynamic mean-field density functional method and its application to the mesoscopic dynamics of quenched block copolymer melts. J Chem Phys，1997，106：4260

[53] Mauritus N M，van Vlimmeren B A C，Fraaije J G E M. Mesoscopic phase separation dynamics of compressible copolymer melts. Phys Rev E，1997，56：816

[54] Mauritus N M，Fraaije J G E M. Mesoscopic dynamics of copolymer melts：From density dynamics to external potential dynamics using nonlocal kinetic coupling. J Chem Phys，1997，107：5879

[55] Zvelindovsky A V，Sevink G J A，van Vlimmeren B A C，et al. Three-dimensional mesoscale dynamics of block copolymers under shear：The dynamic functional approach. Phys Rev E，1998，57：R4879

[56] Helfand E. Theory of inhomogeneous polymers：Fundamentals of the saussian Random-Walk model. J Chem Phys，1975，62：999

[57] Chaikin P M，Lubensky T C. Principles of Condensed Matter Physics. Chap 8. Cambridge England：Cambridge University Press，1995

[58] van Kampen N G . Stochastic Processes in Physics and Chemistry. 3rd ed. Elsevier (Singapore) Pte Ltd. 2009

[59] Akcasu A，Tombakoglu M. Dynamics of copolymer and homopolymer mixtures in bulk and in solution via the Random phase approximation. Macromolecules，1990，23：607

[60] Xu H，Liu H L，Hu Y. Dynamic density functional theory based on equation of state. Chem Eng Sci，2007，62：3494

[61] Liu H L，Hu Y. Equation of state for systems containing chainlike molecules. Ind Eng Chem Res，1998，37：3058

[62] Xu H，Liu H L，Hu Y. The effect of pressure on the microphase separation of diblock copolymer melts studied by dynamic density functional theory based on equation of state. Macromol Theory Simul，2007，16：262

[63] Xu H，Wang T F，Huang Y M，et al. Microphase separation and morphology of the real polymer system by dynamic density functional theory，based on the equation of state. Ind Eng Chem Res，2008，47：6368

[64] Edwards S F. The statistical mechanics of polymers with excluded volume. Proc Phys Soc (London)，1965，85：613

[65] Leibler L. Theory of microphase separation in block copolymers. Macromolecules，1980，13：1602

[66] Oono Y. Statistical physics of polymer solutions：Conformation-space renormalization-group approach. Adv Chem Phys，1985，61：301

[67] Schmid F. Self-consistent field theories for complex fluids. J Phys Condens Matter，1998，10：8105

[68] Fredrickson G H，Ganesan V，Drolet F. Field-theoretic computer simulation methods for polymers and complex fluids. Macromolecules，2002，35：16

[69] 杨玉良，邱枫，唐萍，等. 高分子体系的自洽场理论方法及其应用. 中国科学(B 辑)：化学，2006，36(1)：1

[70] Matsen M W，Schick M. Microphase separation in starblock copolymer melts. Macromolecules，1994，27：6761

[71] Schmid F. A self-consistent field approach to compfressible polymer blends. J Chem Phys，1996，104：9191

[72] Shi A C，Noolandi J，Desai R C，Theory of anisotropic fluctuations in ordered block copolymer phases. Macromolecules，1996，29：6487

[73] Hansen J P，McDonald I R. Theory of Simple Fluids. New York：Academic Press，1986

[74] Matsen M W，Schick M. Stable and unstable phases of a diblock copolymer melt. Rev Phys Lett，1994，72：2660

[75] Tang P，Qiu F，Zhang H D，et al. Morphology and phase diagram of complex block copolymers：ABC linear triblock copolymers. Phys Rev E，2004，69：031803

[76] 胡英，叶汝强，吕瑞东，等. 物理化学参考. 北京：高等教育出版社，2003

第8章　界面结构的应用实例

8.1　引　　言

第5～7章已经介绍了统计力学的密度泛函理论的基本原理，以及对常规非均匀流体和高分子系统的应用。本章将结合与我们实验室有关的工作，进一步介绍几个应用实例，主要针对界面结构。

大部分化工过程处理的都是多相系统，涉及分子水平的化学反应和分子扩散，流体的混合，液滴、气泡的破碎和聚并，气-液-固表界面的形成、更新和跨表界面物质的传递，催化剂孔道内的反应、传递和相变过程，催化剂颗粒在反应介质中的悬浮稳定，流动介质中固体颗粒的运动和团聚行为，等等。不同相之间的界面结构及其对传递过程的影响，是决定化工过程效率和产生过程放大效应的重要因素之一。对它们的研究已成为近年来国内外相关学科领域研究的热点。尽管相际相界面通常只有几个分子约零点几纳米到几纳米的厚度，但由于相界面区的密度和/或组成变化剧烈，相界面区的分子受到不对称的作用力，往往表现出与体相不一样的性质，它与物体的黏附、浸润、润滑、电性质、光学性质、渗透性、生物兼容性、化学反应能力等密切相关。当分散相的尺寸小到纳微尺度时，相界面区的物质所占比例急剧增加，相界面所起的作用就非常显著。另外，两亲性的分子极易在表界面区富集形成致密的具有一定取向的单(或多)分子膜，从而阻碍物质通过表界面的传递使界面传递成为多相化工过程的控制步骤。但目前人们对表界面纳微结构的形成规律、表界面性质与纳微结构的关系、界面作用机理和动力学过程等仍然缺乏足够的认识，研究的难点主要在于原位实验观测手段(特别是微观或介观的手段)的缺乏或不够精密。由于可以处理非均匀的密度分布，密度泛函理论成为研究界面现象最强有力的理论手段之一。

多组分液体混合物的气液界面张力是重要的基础物性数据，在化工、冶金、食品等过程的开发、设计及其优化中有着非常重要的应用，特别当涉及界面传热、传质过程时，界面张力数据更是必不可少。界面张力是描述界面现象的重要性质，它与界面区的密度和组成分布密切相关，所以本章首先介绍密度泛函理论对界面张力的计算。

气体及其混合物在多孔材料中的吸附和相变现象，是气体储存、气体混合物吸附分离的基础。本章将介绍气体在多孔材料孔道中分布和相变现象的密度泛函理论，重点介绍气体在金属有机框架(MOF)材料吸附和相变现象的密度泛函理论，以及储氢和二氧化碳吸附分离材料的大规模快速筛选方法。

分子或离子的溶解自由能是一种重要的热力学性质，通过它我们可以计算气体、固体的溶解度，药物分子与蛋白质的结合自由能等重要物性，后者是药物筛选的重要指标之一。分子模拟是溶解自由能计算的主要方法之一，但需要消耗大量的计算资源。本章将介绍溶解自由能的密度泛函理论计算方法。

固体表面铆接高分子是固体表面改性的重要手段之一。但针对不同的固体及其分散介质，如何选择合适的铆接高分子和铆接密度，高分子的链长、分子间相互作用、高分子与分散介质的相互作用如何影响铆接高分子刷的结构及其对固体表面性质的影响，迄今仍是没有获得很好理解的界面科学问题。在这部分内容中，我们主要介绍高分子密度泛函理论对固液界面高分子刷结构研究的应用，重点介绍混合聚合物刷结构对溶剂性质的响应特性。

固体-电解质溶液界面形成的双电层在胶体稳定性和电化学系统中具有特别重要的意义。双电层结构不仅决定了带电胶体在电解质溶液中的稳定性或絮凝，随着超级电容器技术的发展，在储能领域也发挥了越来越重要的作用。本章最后举例说明了 DFT 在双电层结构研究中的应用，以及双电层结构对超级电容器电容量的影响。同时介绍用 DFT 研究电容混合发电技术中电极材料表面亲疏水性对发电效率的影响。

8.2　流体界面张力

密度泛函理论作为一种适合于描述流体界面现象的统计力学理论，可用于计算两个共存相之间的界面张力。如果界面的非均匀流体密度分布 $\rho(\boldsymbol{r})$ 已知，界面为无限平板时，界面张力(表面能) γ 可由下式计算

$$\gamma=\frac{1}{A_{\mathrm{s}}}\left(\Delta\Omega+\int \mathrm{d}\boldsymbol{r}\boldsymbol{r}\cdot\nabla V_{\mathrm{ext}}(\boldsymbol{r})\rho(\boldsymbol{r})\right) \tag{8.2.1}$$

注意第 6 章界面张力符号用σ，式中 A_{s} 为界面面积，$\Delta\Omega=\Omega-\Omega_{\mathrm{b}}$ 为非均匀流体的巨势Ω相对于体相均匀流体巨势Ω_{b} 的差值，$V_{\mathrm{ext}}(\boldsymbol{r})$ 为流体分子受到的外场(如固体基底)作用。对于气液或液液界面，$V_{\mathrm{ext}}(\boldsymbol{r})=0$ 。此时，按式(5.2.13)，系统巨势可表示为

$$\Omega=F[\rho_k(\boldsymbol{r}),k=1,\cdots,K]-\sum_i\mu_i\int \mathrm{d}\boldsymbol{r}\,\rho_i(\boldsymbol{r}) \tag{8.2.2}$$

μ_i 为组分 i 的化学势，F 为自由能。平衡时，系统巨势取极小值，得

$$0=\frac{\delta F[\rho_k(\boldsymbol{r})]}{\delta\rho_i(\boldsymbol{r})}-\mu_i,\quad i=1,\cdots,K \tag{8.2.3}$$

将自由能表示为理想气体(ig)贡献及其过量项(ex)

$$F(\rho)=F^{\mathrm{ig}}(\rho)+F^{\mathrm{ex}}(\rho) \tag{8.2.4}$$

其中理想气体的贡献按式(5.3.10)可表示为

$$\beta F^{\mathrm{ig}}[\rho_k]=\int \mathrm{d}\boldsymbol{r}\sum_i \rho_i(\boldsymbol{r})\left(\ln\left(\rho_i(\boldsymbol{r})\Lambda_i^3\right)-1\right) \tag{8.2.5}$$

代入式(8.2.3)得

$$\rho_i(r)=\rho_i^{\mathrm{b}}\exp\left(\beta\mu_i^{\mathrm{ex,b}}-\frac{\delta\beta F^{\mathrm{ex}}[\rho_k(\boldsymbol{r})]}{\delta\rho_i(\boldsymbol{r})}\right),\qquad i=1,\cdots,K \tag{8.2.6}$$

此式即式(5.3.17)，它在无外场时为 $\rho(\boldsymbol{r})=\rho_0\exp(c^{(1)}(\rho(\boldsymbol{r});\boldsymbol{r})-c_0^{(1)}(\rho_0))$，式(8.2.6)中的泛函导数按式(5.3.14)即为 $c^{(1)}$。式(8.2.6)中 ρ_i^{b} 和 $\mu_i^{\mathrm{ex,b}}$ 分别为体相中组分 i 的密度和化学势。由式(8.2.6)即可迭代得到各组分的密度分布，然后由式(8.2.1)计算界面张力。对于没有外场的平面界面，式(8.2.1)还可以进一步写成

$$\gamma_{\mathrm{DFT}}=\int \mathrm{d}z\left(f[\rho(z)]-\sum_i\mu_i\rho_i(z)+p^{\mathrm{b}}\right) \tag{8.2.7}$$

式中，$f[\rho(z)]$为自由能密度，$F[\rho(z)]=\int \mathrm{d}z f[\rho(z)]$；$p^{\mathrm{b}}$ 为体相压力。式(8.2.7)所能达到的精度主要取决于 DFT 本身的发展，包括更符合实际的粗粒化分子模型、更好的状态方程以及更严格的密度泛函近似。

对于小分子流体，分子间相互作用能可以用 LJ 势能模型近似。在 Barker 和 Henderson 的微扰理论框架下，参见 4.8 节的第 4 部分，分子间 LJ 势能可被分解为排斥势能 $u_{ij}^{\mathrm{rep}}(r)$ 和吸引势能 $u_{ij}^{\mathrm{attr}}(r)$：

$$u_{ij}^{\mathrm{rep}}(r)=4\varepsilon_{ij}\left((\sigma_{ij}/r)^{12}-(\sigma_{ij}/r)^6\right)\Theta(\sigma_{ij}-r) \tag{8.2.8}$$

$$u_{ij}^{\mathrm{attr}}(r)=4\varepsilon_{ij}\left((\sigma_{ij}/r)^{12}-(\sigma_{ij}/r)^6\right)\Theta(r-\sigma_{ij}) \tag{8.2.9}$$

式中，σ_{ij} 和 ε_{ij} 分别为尺寸和能量参数；Θ为 Heaviside 阶梯函数。在此模型基础上，还可进一步定义缔合、极化、成链等相互作用。

J. Gross 等[1-4]采用 PCP-SAFT 状态方程(基于极化微扰链的统计缔合流体理论)，结合上述密度泛函理论，预测了气液和液液界面张力，理论结果与实验数据符合得较好。

自由能泛函包含如下几项贡献

$$F=F^{\mathrm{ig}}+F^{\mathrm{hs}}+F^{\mathrm{chain}}+F^{\mathrm{disp}}+F^{\mathrm{assoc}}+F^{\mathrm{multipolar}} \tag{8.2.10}$$

其中，缔合贡献为 0，多重极化贡献 $F^{\mathrm{multipolar}}$ 直接用 LDA 计算，需要取自实验或量子力学计算的偶极矩参数 $\{\mu_i\}$ 和四极矩参数 $\{|Q_i|\}$。

理想气体贡献由式(8.2.5)计算。

硬球贡献

$$\beta F^{\mathrm{hs}}=\int \mathrm{d}\boldsymbol{r}\Phi(\{n_\alpha(\boldsymbol{r})\}) \tag{8.2.11}$$

其中 $n_\alpha(\boldsymbol{r})$ 为基本度量理论（FMT，参见 6.5 节）定义的加权密度，该式在体相即对应了 BMCSL 状态方程。

成链贡献

$$\begin{aligned}\beta F^{\text{chain}} &= \int \mathrm{d}\boldsymbol{r} \sum_i (m_i - 1)\rho_i(\boldsymbol{r})\{\ln\left(\rho_i(\boldsymbol{r})\right) - 1\} \\ &- \int \mathrm{d}\boldsymbol{r} \sum_i (m_i - 1)\rho_i(\boldsymbol{r})\{\ln\left(y_{ii}^{\text{dd}}(\{\bar{\rho}_k(\boldsymbol{r})\})\lambda_i(\boldsymbol{r})\right) - 1\}\end{aligned} \tag{8.2.12}$$

其中，m_i 为组分 i 的链长，空穴相关函数 y_{ii}^{dd} 取自 BMCSL 理论

$$y_{ii}^{\text{dd}} = \frac{1}{1-\zeta_3} + \frac{1.5 d_i \zeta_2}{(1-\zeta_3)^2} + \frac{0.5(d_i \zeta_2)^2}{(1-\zeta_3)^3} \tag{8.2.13}$$

其中 $\zeta_n = (\pi/6)\sum_i \rho_i(r) m_i d_i^n$，$(n=2, 3)$。加权密度 $\bar{\rho}_k(\boldsymbol{r})$ 和参数 $\lambda_i(\boldsymbol{r})$ 分别按以下公式计算

$$\bar{\rho}_k(\boldsymbol{r}) = \frac{3}{4\pi d_k^3}\int \mathrm{d}\boldsymbol{r}' \rho_k(\boldsymbol{r}')\Theta\left(d_k - |\boldsymbol{r} - \boldsymbol{r}'|\right) \tag{8.2.14}$$

$$\lambda_i(\boldsymbol{r}) = \frac{1}{4\pi d_i^2}\int \mathrm{d}\boldsymbol{r}' \rho_i(\boldsymbol{r}')\delta\left(d_i - |\boldsymbol{r} - \boldsymbol{r}'|\right) \tag{8.2.15}$$

这里 d_i 为链节直径或相邻链节的间距。从式(8.2.12)可以看出，该泛函忽略了长链构型的影响。

色散吸引贡献 色散吸引贡献的计算根据 C. Klink 和 G. J. Gloor[2]的改进方法得到，

$$\begin{aligned}F^{\text{disp}} &= F^{\text{1PT}}[\{\rho_i(\boldsymbol{r})\}] \\ &\quad + F^{\text{disp,PC-SAFT}}(\rho_i) - F^{\text{1PT}}(\rho_i)\end{aligned} \tag{8.2.16}$$

注意式右后两项中的密度，是拟均相系统(quasi-homogeneous phase)的密度，相当于局部密度近似(LDA)，$\rho_i = \rho_i(\boldsymbol{r})$，见 6.2 节。$F^{\text{1PT}}[\{\rho_i(\boldsymbol{r})\}]$则表达为

$$\begin{aligned}\beta F^{\text{1PT}}[\{\rho_i(\boldsymbol{r})\}] &= \frac{1}{2}\iint \mathrm{d}\boldsymbol{r}\mathrm{d}\boldsymbol{r}' \\ &\times \sum_{i,j} m_i m_j \rho_i(\boldsymbol{r})\rho_j(\boldsymbol{r}') g^{\text{hc}}\left(|\boldsymbol{r} - \boldsymbol{r}'|;\ \hat{\eta}, m_{ij}\right)\beta u_{ij}^{\text{attr}}\left(|\boldsymbol{r} - \boldsymbol{r}'|\right)\end{aligned} \tag{8.2.17}$$

其中，平均体积分数 $\hat{\eta} = (\eta(\boldsymbol{r}) + \eta(\boldsymbol{r}'))/2$；平均分子链长 $m_{ij} = (m_i + m_j)/2$；$g^{\text{hc}}(r;\ \hat{\eta}, m_{ij})$ 是链长为 m_{ij} 的硬球链参考流体在体积分数为 $\hat{\eta}$ 时的径向分布函数，可由 PY 近似得到解析形式。

混合物混合规则中的交叉参数可由下列两式计算

$$\sigma_{ij} = \frac{1}{2}(\sigma_i + \sigma_j) \tag{8.2.18}$$

$$\varepsilon_{ij} = \sqrt{\varepsilon_i \varepsilon_j}(1 - k_{ij}) \tag{8.2.19}$$

k_{ij} 为交叉相互作用参数，需要从实验数据回归得到。

毛细波修正　由于式(8.2.7)在外场为 0 时描述的是平直界面，因而忽略了界面的长波涨落，可在模式偶合理论的框架内引入如下毛细波修正

$$\gamma = \gamma_{\mathrm{DFT}}\left(1+\frac{3}{8\pi}\frac{T}{T_{\mathrm{c}}}\frac{1}{(2.55)^2}\frac{1}{\kappa}\right)^{-1} \tag{8.2.20}$$

其中 T_{c} 为临界点温度，增益系数 κ 可由实验数据经验估计。

具体计算时，状态方程参数可以根据纯物质的 pVT 和饱和蒸气压数据关联得到，混合规则中的交叉相互作用参数可以根据混合物的气液平衡数据关联得到。利用 DFT 理论，可以由比较容易(实验)获得的气液平衡数据预测界面张力。图 8-1 是由 DFT 计算得到的 T=90.67K，x_{CO}=0.6875 下 $CO+CH_4$ 混合物气液界面的流体密度分布。

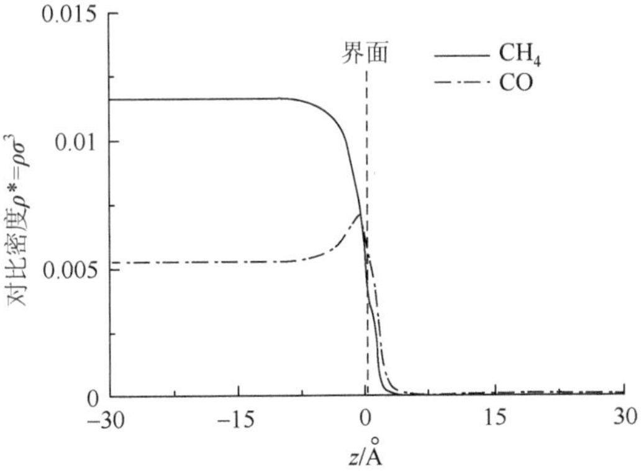

图 8-1　$CO+CH_4$ 混合物气液界面的流体密度分布

图 8-2 是由 DFT 计算得到的不同组成下 $CO+CH_4$ 混合物 T=90.67K 的气液界面张力及其与实验数据的比较，内部小图为由实验得到的气液相图。由图可见 DFT 预测得到的结果与实验数据吻合良好。

图 8-3 是四氢呋喃(THF)与正辛烷和正癸烷组成的二元混合物的气液界面张力的预测结果与实验结果的比较。图 8-4 是正癸烷+CO_2 二元系的气液界面张力预测结果。

应用类似方法，J. Gross 等[3]还对液液界面张力进行了计算。对于液液共存系统，采用了如下混合规则

$$\begin{aligned}\overline{m^2\varepsilon\sigma^3} &= \sum_i\sum_j x_i x_j m_i m_j\left(\beta\varepsilon_{ij}\right)\sigma_{ij}^3 + \\ &\quad + \sum_i x_i m_i\left(\sum_j x_j m_j \sigma_{ij}(\beta\varepsilon_{ij} l_{ij})^{1/3}\right)^3\end{aligned} \tag{8.2.21}$$

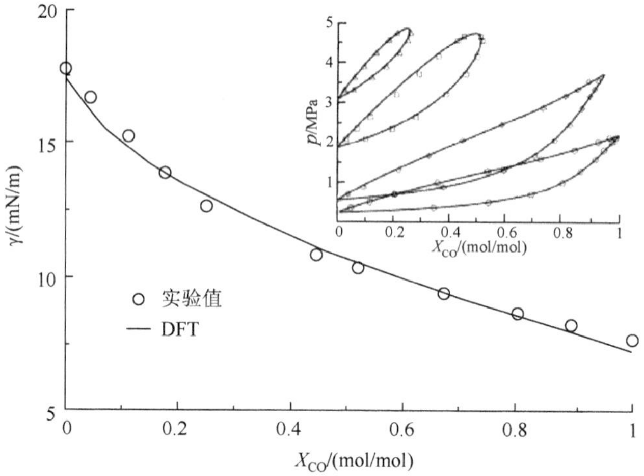

图 8-2　CO+CH_4 混合物的气液界面张力

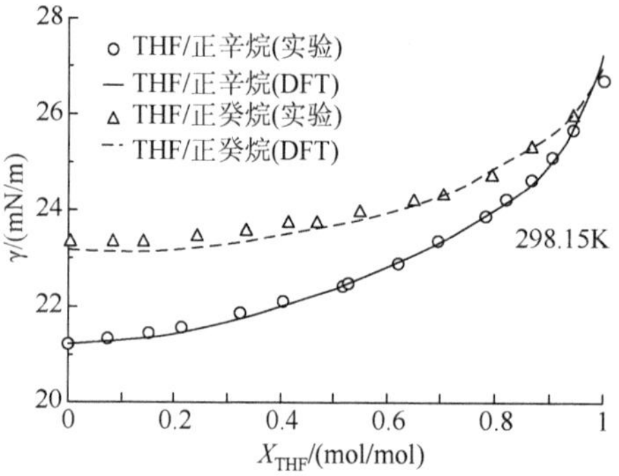

图 8-3　THF+正辛烷和 THF+正癸烷二元系的气液界面张力

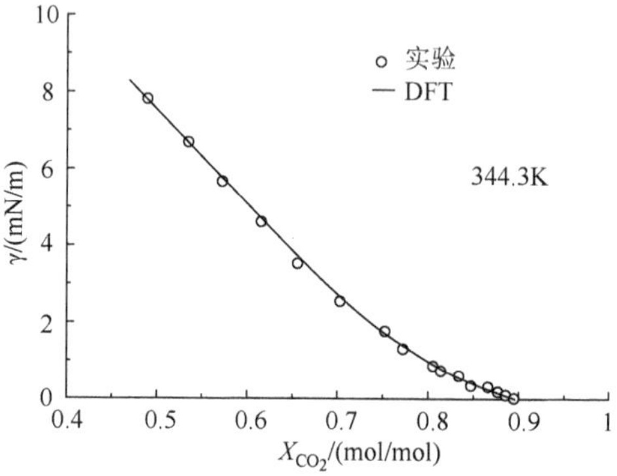

图 8-4　正癸烷+CO_2 二元系的气液界面张力

式中 σ_{ij} 和 ε_{ij} 仍由式(8.2.18)和式(8.2.19)计算。除 k_{ij} 外，PCP-SAFT 状态方程在处理色散项时还引入了一个反对称的可调混合参数 $l_{ij}=-l_{ji}$。图 8-5 是甲醇与不同烷烃形成的液液界面的界面张力的计算结果与实验值的比较。图 8-6 是 DMF+正癸烷系统界面张力随温度的变化。总体来说，液液界面张力的计算效果不如气液界面张力，一种可能的原因是状态方程对液液平衡的计算结果远不如对气液平衡计算得好。

密度泛函理论用于纯物质气液界面张力的计算相对比较简单，计算效果也比较令人满意，参见 6.2 节。随着组分数的增加，密度泛函理论计算的复杂性也将随之增大，为准确计算带来困难。李进龙等[5]根据定标粒子理论，由纯物质界面张力计算混合物的界面张力。

按定标粒子理论，气液界面张力可表达为[6]

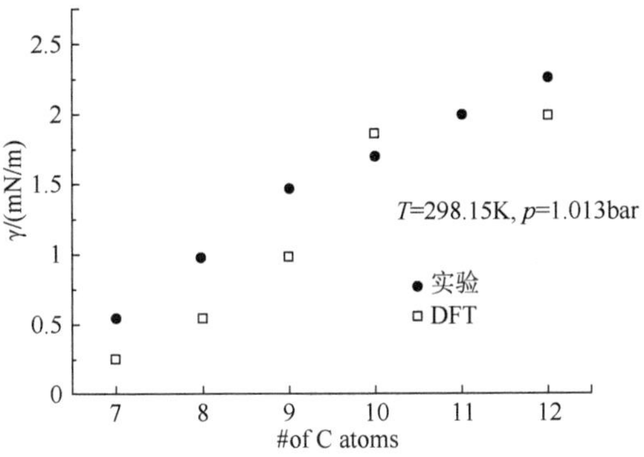

图 8-5　甲醇-正构烷烃系统液液界面张力

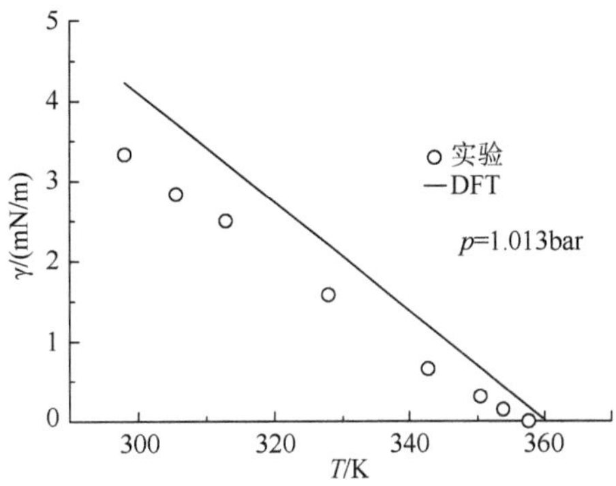

图 8-6　DMF+正癸烷系统界面张力随温度变化

$$\gamma = \frac{1}{4\pi\sigma^2\beta}\left[\frac{12\eta}{1-\eta} + 18\left(\frac{\eta}{1-\eta}\right)^2\right] - \frac{p\sigma}{2} \tag{8.2.22}$$

式中，$\beta = 1/kT$；γ 为表面张力；σ 为硬球直径；p 和 T 分别为系统的压力和温度。式右第二项的贡献比较小，通常可忽略不计，即纯流体界面张力可简化为

$$\gamma \approx \frac{1}{4\pi\sigma^2\beta}\left(\frac{12\eta}{1-\eta} + 18\left(\frac{\eta}{1-\eta}\right)^2\right) \tag{8.2.23}$$

η为对比密度，对于链长为 m 的链状流体

$$\eta = \frac{\pi}{6}\rho m\sigma^3 \tag{8.2.24}$$

令

$$\psi = \frac{12\eta}{1-\eta} + 18\left(\frac{\eta}{1-\eta}\right)^2 \tag{8.2.25}$$

式(8.2.23)可重新整理成

$$\frac{\gamma\sigma^2}{\psi} = \frac{1}{4\pi\beta} \tag{8.2.26}$$

式(8.2.26)表明，温度一定时，任何物质(包括混合物)的 $\gamma\sigma^2/\psi$ 都相等。据此，我们可方便地将混合物的界面张力和纯流体的界面张力联系起来，即

$$\frac{\gamma_m\sigma_m^2}{\psi_m} = \frac{1}{4\pi\beta} = \sum_{i=1}^{K} x_i\left(\frac{\gamma_i\sigma_i^2}{\psi_i}\right) \tag{8.2.27}$$

由此，混合物界面张力为

$$\gamma_m = \frac{\psi_m}{\sigma_m^2}\sum_{i=1}^{K} x_i\frac{\gamma_i\sigma_i^2}{\psi_i} \tag{8.2.28}$$

这里 x_i 为组分 i 的摩尔分数，ψ_m 和 σ_m 分别采用下式计算：

$$\psi_m = \frac{12\eta_m}{1-\eta_m} + 18\left(\frac{\eta_m}{1-\eta_m}\right)^2 \tag{8.2.29}$$

$$\sigma_m = \left(\sum_{i=1}^{K}\sum_{j=1}^{K} x_i x_j \sigma_{ij}^3\right)^{1/3} \tag{8.2.30}$$

η_m 为混合物的对比密度

$$\eta_m = \frac{\pi}{6}\sum_{i=1}^{K} x_i \rho_i m_i \sigma_i^3 \tag{8.2.31}$$

交叉直径的计算可采用梅逸规则[7]：

$$\sigma_{ij} = \frac{(\sigma_i + \sigma_j)}{2}\left(1 + 3\eta_m\left(\frac{\sigma_i - \sigma_j}{\sigma_i + \sigma_j}\right)^2\right)^{1/3}(1 - l_{ij}) \tag{8.2.32}$$

式中，l_{ij} 为二元可调参数。

混合物的对比密度可以根据压缩因子计算：

$$\eta_m = \frac{p\pi}{6zRT}\sum_{i=1}^{K} x_i m_i \sigma_i^3 \tag{8.2.33}$$

而压缩因子 z 则可以采用合适的状态方程计算。

图 8-7 是环己烷(1)-氯苯(2)和环己烷(1)-己烷(2)两个混合系统的界面张力的理论计算值和实验值的比较，其中实线为采用 l_{ij} 参数的关联结果，虚线为模型预测结果，由图可见，只需采用一个二元可调参数就可满意关联系统的界面张力。图 8-8 是环戊烷(1)+苯(2)和己烷(1)+丙酮(2)两个二元系表面张力模型计算值和实验值的比较，模型关联结果同样与实验结果吻合良好。

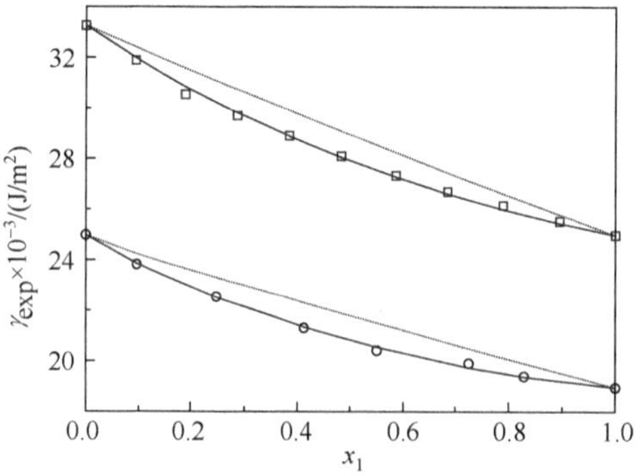

图 8-7　二元混合物的界面张力。□：环己烷(1)-氯苯(2)；○：环己烷(1)-己烷(2)

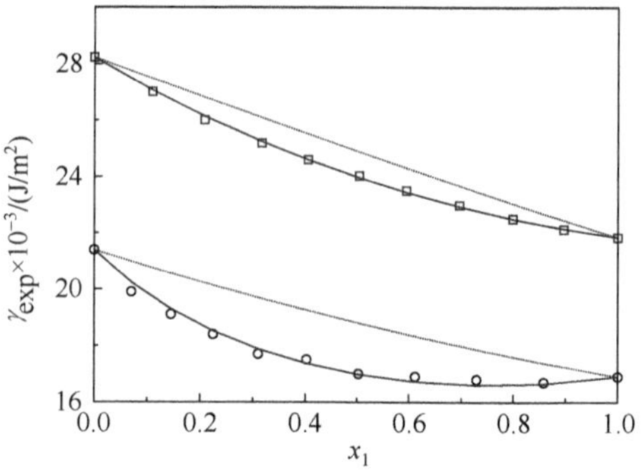

图 8-8　二元混合物的界面张力。□：环戊烷(1)+苯(2)；○：己烷(1)+丙酮(2)

上述方法直接由纯组分界面张力预测二元混合物的界面张力，与实验结果比仍有一定的差距，特别是随着不同组分极性差异的增大，误差会也会增大。一个比较好的应用是，由二元混合物的界面张力预测多元混合物的界面张力。这时，我们可以根据二元混合物界面张力的实验数据分别回归出模型中的二元可调参数，然后预测三元或多元混合物的界面张力。图 8-9 给出了两个例子：正己烷(1)+丙酮(2)+氯仿(3)和环己烷(1)+正己烷(2)+苯(3)。与实验结果比较，预测的平均误差分别为 0.84%和 1.01%，除个别点外，预测值和实验值非常一致。如果直接预测(即 $\kappa_{ij}=l_{ij}=0$)，则计算误差分别为 7.75%和 5.22%。

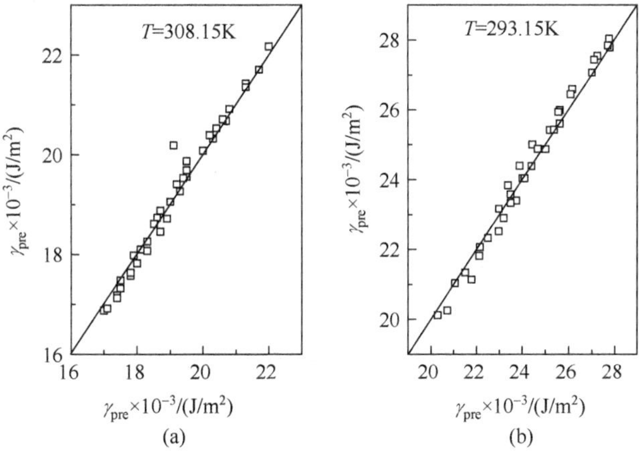

图 8-9　三元体系表面张力的预测。(a) 正己烷(1)+丙酮(2)+氯仿(3)；(b) 环己烷(1)+正己烷(2)+苯(3)

8.3　气体在金属有机框架材料中的吸附

气体及其混合物在多孔材料中的吸附和相变现象，是气体储存、气体混合物吸附分离的基础。活性炭、分子筛等是常用的工业吸附剂。金属有机框架(MOF)材料是另一类被认为具有广泛应用前景的多孔材料。MOF 是以金属离子或金属氧化物为节点，依靠有机配位体构架出的具有三维多孔结构的配位化合物。由于金属(或金属氧化物)和有机配体均可在一定范围内改变，它们的不同组合可以形成数量巨大的不同结构的 MOF 材料。迄今，已经合成出数千种不同结构的 MOF 材料，并提出了数十亿种假想 MOF。图 8-10 为四种比较典型的 MOF 材料结构。

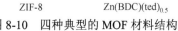

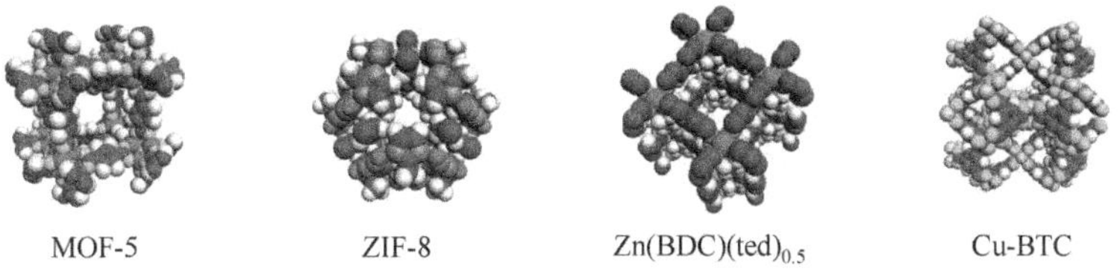

图 8-10　四种典型的 MOF 材料结构

MOF 具有巨大的比表面积，有三维连通而可调控的孔结构，在气体储存、气体分离、催化以及传感等众多领域有潜在的应用前景。这些应用都与 MOF 材料的吸附特性密切相关。如何在数量巨大的 MOF 材料可能结构中筛选满足实际需要的 MOF 材料是一件非常具有挑战性的工作，完全靠实验筛选显然是不可行的，至少是非常费时费力的。对 MOF 材料吸附特性的预测，传统的方法是通过计算机模拟。例如，R. Q. Snurr 等[8, 9]采用 MC 模拟预测了甲烷在 137000 种假想 MOF 材料中的吸附特性，并以此为依据合成了著名的储能材料 NU-100。Q. T. Ma 等[10]采用 MD 分子模拟先于实验预测了 MIL-47 材料的呼吸相变现象。L. L. Zhang 等[11, 12]采用 MD 模拟预测了吸附过程中 ZIF-8 材料的结构转变等。计算机模拟是目前预测 MOF 吸附最准确的方法，但需要耗费大量的机时，对于大规模筛选并不是太有效。密度泛函理论似乎是一种较好的选择，它可以在保证相同计算精度的前提下大大提高计算效率[13, 14]。

1. 密度泛函理论

对于 H_2 等气体分子，相互作用可以采用比较接近实际的 LJ(12-6)模型进行近似描述，即

$$u(r)=4\varepsilon\left[\left(\frac{\sigma}{r}\right)^{12}-\left(\frac{\sigma}{r}\right)^{6}\right] \tag{8.3.1}$$

在密度泛函理论中，平衡时巨势泛函 $\Omega[f_0(\boldsymbol{r}^N)]$或 $\Omega[\boldsymbol{\rho}(\boldsymbol{r})]$应为极小值，按式(5.2.16)，对于混合气体的计算实质上就是求解方程组：

$$\frac{\delta\Omega[\boldsymbol{\rho}(\boldsymbol{r})]}{\delta\rho_i(\boldsymbol{r})}=0 \quad (i=1,2,\cdots,K) \tag{8.3.2}$$

其中 K 为混合气体组分数，$\boldsymbol{\rho}(\boldsymbol{r})=[\rho_1(\boldsymbol{r}), \rho_2(\boldsymbol{r}), \cdots, \rho_K(\boldsymbol{r})]$是密度矢量，其第 i 个分量$\rho_i(\boldsymbol{r})$表示第 i 个组分的密度分布。

根据巨势的定义，按式(5.2.13)可以写出：

$$\Omega[\boldsymbol{\rho}(\boldsymbol{r})]=F[\boldsymbol{\rho}(\boldsymbol{r})]-\sum_{i=1}^{K}\mu_i N_i=F-\sum_{i=1}^{K}\int\mu_i\rho_i(\boldsymbol{r})\mathrm{d}\boldsymbol{r} \tag{8.3.3}$$

其中 μ_i 为组分 i 的化学势；F 为自由能，可以分解为理想自由能(ig)、外部自由能(ext)和过量自由能(ex)等三项贡献：

$$F[\rho(\boldsymbol{r})]=F^{\mathrm{ig}}[\rho(\boldsymbol{r})]+F^{\mathrm{ex}}[\rho(\boldsymbol{r})]+F^{\mathrm{ext}}[\rho(\boldsymbol{r})] \tag{8.3.4}$$

其中理想气体的贡献按式(5.3.10)为

$$\beta F^{\mathrm{ig}}[\boldsymbol{\rho}(\boldsymbol{r})]=\int\mathrm{d}\boldsymbol{r}\sum_{i}\rho_i(\boldsymbol{r})\{\ln[\rho_i(\boldsymbol{r})\Lambda_i^3]-1\} \tag{8.3.5}$$

外部自由能的贡献为

$$F^{\mathrm{ext}}[\boldsymbol{\rho}(\boldsymbol{r})]=\sum_{i=1}^{K}\int\rho_i(\boldsymbol{r})V_i^{\mathrm{ext}}(\boldsymbol{r})\mathrm{d}\boldsymbol{r} \tag{8.3.6}$$

$V_i^{\mathrm{ext}}(\boldsymbol{r})$为组分 i 在 $\boldsymbol{r}$ 处受到的外势场作用能。

对于混合流体的过量自由能项，难以精确地得到解析表达式，可以近似将其划分为硬核项和吸引项：

$$F^{\mathrm{ex}}[\boldsymbol{\rho}(\boldsymbol{r})]=F_{\mathrm{hc}}^{\mathrm{ex}}[\boldsymbol{\rho}(\boldsymbol{r})]+F_{\mathrm{attr}}^{\mathrm{ex}}[\boldsymbol{\rho}(\boldsymbol{r})] \tag{8.3.7}$$

对于 LJ 软球势模型，可以通过 Chandler-Weeks-Andersen（CWA）微扰理论（参见 4.8 节），将软球 LJ 势分解为硬球项和吸引项：

$$u(r)=u_{\mathrm{hc}}(r)+u_{\mathrm{attr}}(r) \tag{8.3.8}$$

其中

$$u_{\mathrm{hc}}(r)=\begin{cases}\infty & r<r_{\mathrm{h}}\\ 0 & r>r_{\mathrm{h}}\end{cases} \tag{8.3.9}$$

$$u_{\mathrm{attr}}(r)=\begin{cases}-\varepsilon & r<r_{\mathrm{m}}\\ 4\varepsilon[(\sigma/r)^{12}-(\sigma/r)^{6}] & r_{\mathrm{m}}<r<r_{\mathrm{c}}\\ 0 & r>r_{\mathrm{c}}\end{cases} \tag{8.3.10}$$

下面将 6.4 节介绍的 WDA 近似同时应用于硬球项和吸引项。按式(6.4.1)，首先写出硬核项自由能贡献：

$$F_{\mathrm{hc}}^{\mathrm{ex}}=\sum_{i=1}^{K}\int\rho_i(\boldsymbol{r})f_{\mathrm{hs}}^{(i)}[\bar{\boldsymbol{\rho}}_{\mathrm{hc}}(\boldsymbol{r})]\mathrm{d}\boldsymbol{r} \tag{8.3.11}$$

其中 $\bar{\boldsymbol{\rho}}_{\mathrm{hc}}(\boldsymbol{r})=[\bar{\rho}_{\mathrm{hc}}^{(1)}(\boldsymbol{r}),\cdots,\bar{\rho}_{\mathrm{hc}}^{(K)}(\boldsymbol{r})]$，为硬核项加权密度矢量：

$$\bar{\boldsymbol{\rho}}_{\mathrm{hc}}^{(i)}(\boldsymbol{r})=\int\rho_i(\boldsymbol{r}')w_{\mathrm{hc}}^{(i)}(|\boldsymbol{r}-\boldsymbol{r}'|,\bar{\rho}_{\mathrm{hc}}^{(i)})\mathrm{d}\boldsymbol{r}' \tag{8.3.12}$$

$w_{\mathrm{hc}}^{(i)}(r,\rho)$为硬核项权函数，可以采用 Tarazona 等的级数展开方法，参见 6.4 节的式(6.4.19)：

$$w_{\mathrm{hc}}(r,\rho)=w_0(r)+w_1(r)\rho+w_2(r)\rho^2+\cdots \tag{8.3.13}$$

对式(8.3.13)截断到二阶项，通过 PY 近似（参见 4.7 节），并应用归一化条件 $\int w_i(r)\mathrm{d}\boldsymbol{r}=1$，可以得到前三项权函数 $w_i(r)$：

$$w_0(r)=\frac{3}{4\pi r_{\mathrm{h}}^3}\Theta(r-r_{\mathrm{h}}) \tag{8.3.14}$$

$$w_1(r)=\begin{cases}0.475-0.648(r/r_{\mathrm{h}})+0.113(r/r_{\mathrm{h}})^2 & r<r_{\mathrm{h}}\\ 0.288(r_h/r)-0.924+0.764(r/r_{\mathrm{h}})-0.187(r/r_{\mathrm{h}})^2 & r_{\mathrm{h}}<r<2r_{\mathrm{h}}\\ 0 & r>2r_{\mathrm{h}}\end{cases} \tag{8.3.15}$$

$$w_2(r)=\frac{5\pi r_{\mathrm{h}}^3}{144}[6-12(r/r_{\mathrm{h}})+5(r/r_{\mathrm{h}})^2]\Theta(r-r_{\mathrm{h}}) \tag{8.3.16}$$

其中 $\Theta(r)$为 Heaviside 阶梯函数。有效硬球直径 $r_{\rm h}$ 可以采用 BH 理论估算：

$$r_{\rm h}=\frac{1+0.2977/(\beta\varepsilon)}{1+0.33163/(\beta\varepsilon)+0.0010471/(\beta\varepsilon)^2}\sigma \tag{8.3.17}$$

在式(8.3.11)中，$f_{\rm hs}^{(i)}[\bar{\boldsymbol{\rho}}_{\rm hc}(\boldsymbol{r})]$ 为组分 i 的偏分子过量自由能的硬球项贡献，可以由其定义式得

$$f_{\rm hs}^{(i)}=\left(\frac{\partial F_{\rm hs}^{\rm ex}}{\partial N_i}\right)_{T,p,\rho_{j\neq i}} \tag{8.3.18}$$

当组分数为 1 时，式(8.3.18)与纯物质的过量自由能密度是等价的。硬球项过量自由能可以由混合硬球流体的 MCSL(Mansoori-Carnahan-Starling-Leland)状态方程得到[15]：

$$\frac{\beta F_{\rm hs}^{\rm ex}}{N}=\left[\frac{3BE\eta/F-E^3/F^2}{1-\eta}+\frac{E^3/F^2}{(1-\eta)^2}+\left(E^3/F^2-1\right)\ln\left(1-\eta\right)\right] \tag{8.3.19}$$

其中，N 为总分子数，$\eta=(\pi/6)\sum_i\rho_i\sigma_i^3$ 为对比密度，$B=\sum_i\rho_i\sigma_i/\sum_i\rho_i$，$E=\sum_i\rho_i\sigma_i^2/\sum_i\rho_i$，$F=\sum_i\rho_i\sigma_i^3/\sum_i\rho_i$。

对于吸引项，也采用 WDA 方法计算：

$$F_{\rm attr}^{\rm ex}=\sum_{i=1}^{K}\int\rho_i(\boldsymbol{r})f_{\rm attr}^{(i)}[\bar{\boldsymbol{\rho}}_{\rm attr}(\boldsymbol{r})]{\rm d}\boldsymbol{r} \tag{8.3.20}$$

其中 $\bar{\boldsymbol{\rho}}_{\rm attr}(\boldsymbol{r})=[\bar{\rho}_{\rm attr}^{(1)}(\boldsymbol{r}),\cdots,\bar{\rho}_{\rm attr}^{(k)}(\boldsymbol{r})]$ 为吸引项加权密度矢量，

$$\bar{\rho}_{\rm attr}^{(i)}(\boldsymbol{r})=\int\rho_i(\boldsymbol{r}')w_{\rm attr}^{(i)}(|\boldsymbol{r}-\boldsymbol{r}'|){\rm d}\boldsymbol{r}' \tag{8.3.21}$$

其中 $w_{\rm attr}(r)$为吸引项的权函数，一种比较直观而有效的近似方法是令

$$w_{\rm attr}(r)\propto u_{\rm attr}(r) \tag{8.3.22}$$

考虑到归一化条件 $\int w_{\rm attr}(r){\rm d}\boldsymbol{r}=1$，权函数最终可以表示为

$$w_{\rm attr}^{(i)}(r)=\frac{u_{\rm attr}^{(i)}(r)}{\int u_{\rm attr}^{(i)}(r){\rm d}\boldsymbol{r}} \tag{8.3.23}$$

对于吸引项贡献的过量自由能密度，我们可以通过在 LJ 流体过量自由能中扣除硬球排斥部分贡献近似得到

$$f_{\rm attr}(\rho)=f_{\rm LJ}(\rho)-f_{\rm hs}(\rho) \tag{8.3.24}$$

对于混合物中的偏分子过量自由能的吸引项贡献，同样采取从 LJ 流体偏分子过量自由能中扣除硬球项偏分子过量自由能的方法，即 $f_{\rm attr}^{(i)}=f_{\rm LJ}^{(i)}-f_{\rm hs}^{(i)}$，其中 $f_{\rm LJ}^{(i)}$ 为第 i 种 LJ 流体的偏分子过量自由能：

$$f_{\rm LJ}^{(i)}=\left(\frac{\partial F_{\rm LJ}^{\rm ex}}{\partial N_i}\right)_{T,p,\rho_{j\neq i}} \tag{8.3.25}$$

均匀 LJ 流体的过量自由能 $F_{\mathrm{LJ}}^{\mathrm{ex}}$ 采用 J. K. Johnson 等基于计算机模拟数据得到的修正 Benedicit-Webb-Rubin(MBWR)状态方程计算[16]

$$\frac{F_{\mathrm{LJ}}^{\mathrm{ex}}}{N_{\mathrm{s}}}=\varepsilon_x\left(\sum_{i=1}^{8}\frac{a_i\rho^{*i}}{i}+\sum_{i=1}^{6}b_iG_i\right)+\frac{\sum_{i=1}^{K}\rho_i\ln\left[1+\sum_{p=1}^{5}\sum_{q=1}^{5}\kappa_{pq}(\rho^*)^p(\beta\varepsilon_x)^{q-1}\right]}{\sum_{i=1}^{K_{\mathrm{s}}}\rho_{\mathrm{s},i}} \tag{8.3.26}$$

其中 $\rho^*=\sum_i\rho_i\sigma_x^3$，$\sigma_x^3=\sum_i\sum_j x_ix_j\sigma_{ij}^3$，$\varepsilon_x\sigma_x^3=\sum_i\sum_j x_ix_j\varepsilon_{ij}\sigma_{ij}^3$，$G_i$ 则由递推公式

$$G_i=\begin{cases}[1-\exp(-\gamma\rho^{*2})]/(2\gamma) & i=1\\ -[\exp(-\gamma\rho^{*2})\rho^{*2(i-1)}-2(i-1)G_{i-1}]/(2\gamma) & 1<i\leqslant 6\end{cases} \tag{8.3.27}$$

得到。式(8.3.27)中，γ 为一可调参数，一般计算中其数值通常被设为 3。a_i、b_i 则分别由下列各式计算得到

$$\begin{cases}a_1=x_1/(\beta\varepsilon_x)+x_2/(\beta\varepsilon_x)^{1/2}+x_3+x_4\beta\varepsilon_x+x_5\beta^2\varepsilon_x^2\\ a_2=x_6/(\beta\varepsilon_x)+x_7+x_8\beta\varepsilon_x+x_9\beta^2\varepsilon_x^2\\ a_3=x_{10}/(\beta\varepsilon_x)+x_{11}+x_{12}\beta\varepsilon_x\\ a_4=x_{13}\\ a_5=x_{14}\beta\varepsilon_x+x_{15}\beta^2\varepsilon_x^2\\ a_6=x_{16}\beta\varepsilon_x\\ a_7=x_{17}\beta\varepsilon_x+x_{18}\beta^2\varepsilon_x^2\\ a_8=x_{19}\beta^2\varepsilon_x^2\end{cases} \tag{8.3.28}$$

$$\begin{cases}b_1=x_{20}\beta^2\varepsilon_x^2+x_{21}\beta^3\varepsilon_x^3\\ b_2=x_{22}\beta^2\varepsilon_x^2+x_{23}\beta^4\varepsilon_x^4\\ b_3=x_{24}\beta^2\varepsilon_x^2+x_{25}\beta^3\varepsilon_x^3\\ b_4=x_{26}\beta^2\varepsilon_x^2+x_{27}\beta^4\varepsilon_x^4\\ b_5=x_{28}\beta^2\varepsilon_x^2+x_{29}\beta^3\varepsilon_x^3\\ b_6=x_{30}\beta^2\varepsilon_x^2+x_{31}\beta^3\varepsilon_x^3+x_{32}\beta^4\varepsilon_x^4\end{cases} \tag{8.3.29}$$

其中 $x_1\sim x_{32}$ 和 κ_{pq} 均为常数，具体数值可从 J. K. Johnson 等的原文中获得。

至此，已经得到了 LJ 流体巨势关于流体密度分布的具体泛函形式，由式(8.3.2)即可得到混合流体密度分布的递推方程组：

$$\rho_i(\boldsymbol{r})=\exp\left(\beta\mu_i-\beta V_i^{\mathrm{ext}}(\boldsymbol{r})-\frac{\delta\beta F^{\mathrm{ex}}[\boldsymbol{\rho}(\boldsymbol{r})]}{\delta\rho_i(\boldsymbol{r})}\right)\quad(i=1,2,\cdots,K) \tag{8.3.30}$$

对密度分布进行积分即可得到 MOF 材料的绝对吸附量 N_{ads}：

$$N_{\mathrm{ads}}=\int\rho(\boldsymbol{r})\,\mathrm{d}\boldsymbol{r} \tag{8.3.31}$$

根据热力学关系，不难得到吸附热的计算公式：

$$Q_{st} = RT - \left(\frac{dU_a}{dN_a}\right)_{N,T} \tag{8.3.32}$$

其中 R 为摩尔气体常量；U_a 为吸附能；N_a 为被吸附的分子数。

2. 密度泛函理论对气体吸附的应用

将密度泛函理论应用于 MOF 材料的吸附研究，最早是 D. W. Siderius 等提出的[17]。他们采用 WDA+MFA(平均场近似)的方法研究了高温下 H_2 在 MOF-5 中的吸附现象，并得到了与实验和模拟相吻合的结果。但刘宇等[13]的研究表明该方法对低温吸附的计算效果不理想，他们采用上面介绍的双 WDA 近似方法，使得密度泛函理论能够在全温度区间内准确预测 MOF 材料的吸附特性(图 8-11)。

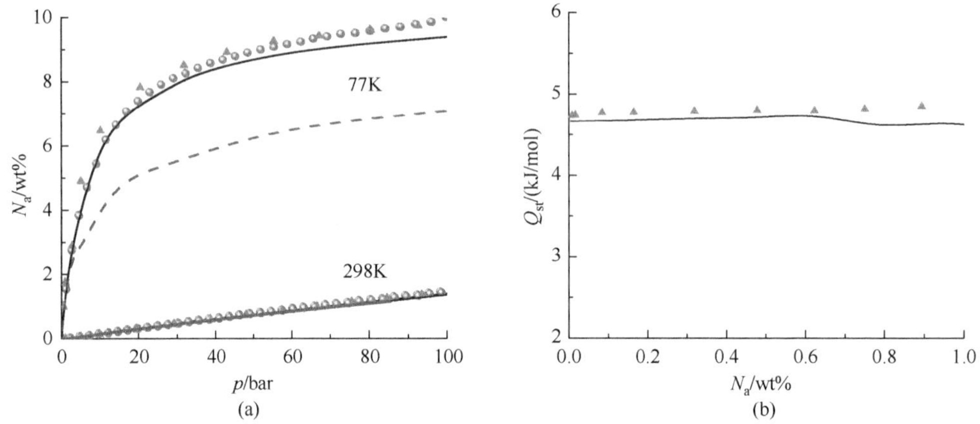

图 8-11　H_2 在 MOF-5 中的吸附。(a)吸附等温线；(b)吸附热。实线：双 WDA 近似；虚线：WDA+MFA 近似；▲：MC 模拟结果；○：实验结果。

根据密度分布得到 MOF 材料孔道中流体的微观结构信息很方便。D. W. Siderius 等和刘宇等的密度泛函理论均预测出 H_2 在 MOF-5 中的最佳吸附位点位于金属离子附近(图 8-12)。

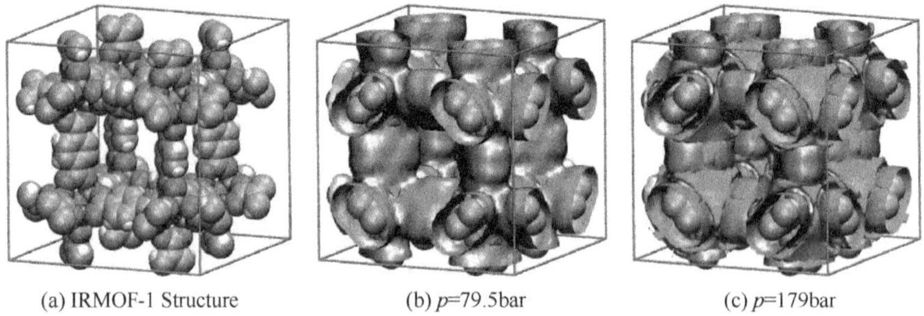

图 8-12　H_2 在 MOF-5 中的密度分布(等密度面)。灰色：1.33mol/L；绿色：19.9mol/L(后附彩图)

图 8-13(a)为 298K 时体相物质的量比为 50∶50 的 CO_2/CH_4 混合物在 ZIF-8 中的吸附等温线。由图可见，在所计算的压力范围内，吸附量是随着压力升高呈线性增加的，这说明在这个压力区间内，吸附还没有接近饱和。图中 CO_2 的吸附量明显比 CH_4 的吸附量要高，是因为 CO_2 的分子间相互作用以及它与 MOF 材料骨架间的相互作用要比 CH_4 强，这一点从两者的 LJ(12-6)分子参数中即可看出，CO_2 的阱深 ε/k 为 236.1K，而 CH_4 仅为 148.0K。DFT 计算结果与模拟结果能很好地符合，仅在较高压力下有些许偏差。

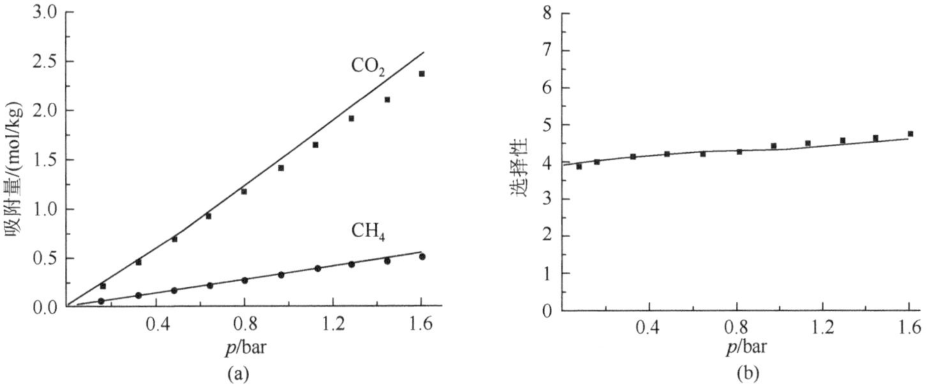

图 8-13　298K 时 CO_2/CH_4 混合物(体相物质的量比为 50∶50)在 ZIF-8 中的吸附量(a)和选择性(b)随压力变化的关系。实线：DFT 结果；符号：MC 模拟结果

对于混合物的吸附，除了吸附量外，吸附选择性也是一个特征变量。吸附选择性表征了吸附材料对混合物不同组分的筛选能力，选择性的高低也直接决定了该材料在混合物分离方面的应用前景。吸附选择性定义为

$$S_{i/j} = (x_i / x_j)(y_j / y_i) \tag{8.3.33}$$

其中 x_i 和 y_i 分别为组分 i 在吸附相和体相中的摩尔分数。图 8-13(b)为 CO_2/CH_4 在 ZIF-8 中的吸附选择性。由图可见，随着压力的升高，选择性呈现略微上升的趋势。这是由 CO_2 分子间吸引相互作用引起的，即已吸附的分子对体相分子有附加的吸引作用；另外，虽然 CH_4 分子间也存在吸引相互作用，但其作用强度不如 CO_2 分子(同样可以从势能阱深中看出)，因而吸附选择性呈现出略微上升的趋势。

图 8-14 为 CH_4 和 CO_2 在 ZIF-8 中的密度分布情况。由图可见，两种组分有相似的密度分布，如两者的低密度等密度面都趋向于 ZIF-8 结构的原子表面，两者最佳吸附点都位于相同的位置——二甲基咪唑的顶端。所不同的是，CO_2 的密度较高，出现较高的等密度面(13.28mol/L)；而这一点与吸附等温线上的结果是一致的。另外，不仅 CH_4 和 CO_2 的等密度面极为类似，H_2 在 ZIF-8 中的密度分布也相似，说明小分子在 MOF 材料中的最佳吸附点等信息主要由 MOF 结构本身决定，

与具体的被吸附小分子关系不大。

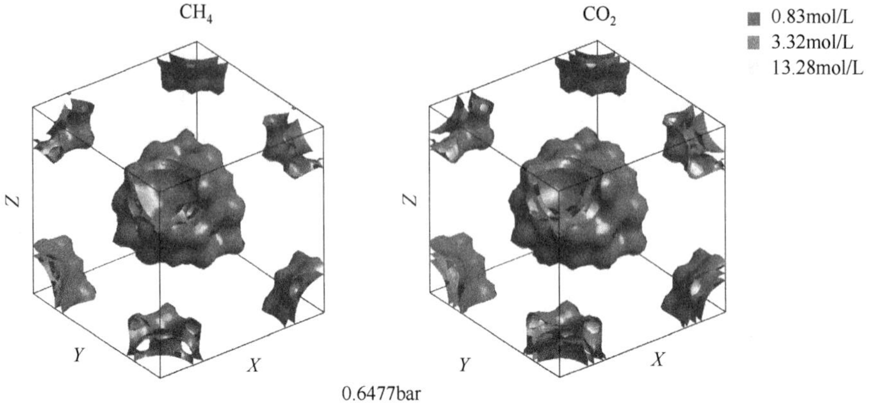

图 8-14　p=0.6477bar 时，CH_4（ρ_{bulk}=0.0133mol/L）和 CO_2（ρ_{bulk}=0.0133mol/L）在 ZIF-8 中的密度分布情况（后附彩图）

图 8-15 为 298K 时 CO_2/N_2 混合气体（体相物质的量比为 15∶85）在 ZIF-8 中的吸附等温线和吸附选择性。虽然在体相中 N_2 的摩尔分数是 CO_2 的 5.67 倍，但在吸附相中，CO_2 的密度依然比 N_2 要高，而且两者与压力也大体呈线性关系。这与 CO_2/CH_4 的混合气体是一致的，CO_2 和 N_2 吸附量的差别归因于其分子间吸引作用——势能阱深的差别，线性关系则是由两种气体都未能达到饱和而引起的。从图 8-15(b)的吸附选择性中可以看出，CO_2/N_2 的选择性在 10～11 之间，与图 8-13(b)所示 CO_2/CH_4 的选择性相比要高。这也是由不同气体分子间吸引相互作用引起的。事实上，CO_2、CH_4 和 N_2 三种气体分子的直径相差不大，都在 3.6～3.75Å 之间，而其势能阱深则相差较大，由于 $\varepsilon_{CO_2} > \varepsilon_{CH_4} > \varepsilon_{N_2}$，吸附量的大小依次为 CO_2＞CH_4＞N_2，选择性则有 CO_2/CH_4＞CO_2/N_2。

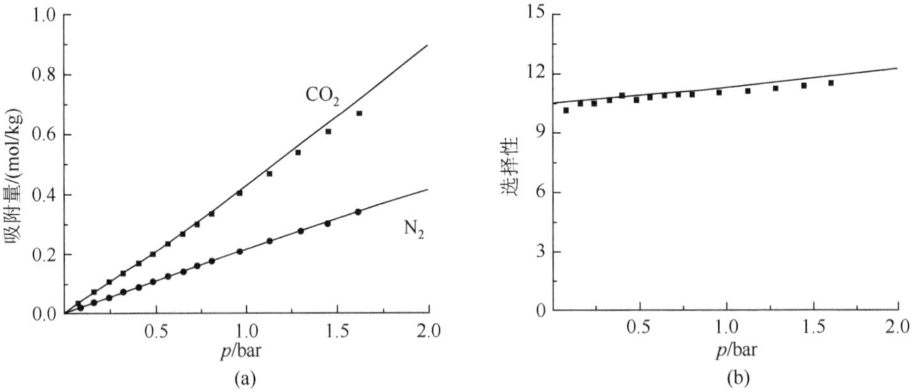

图 8-15　温度为 298K 时，CO_2/N_2 混合物（体相物质的量比为 15∶85）在 ZIF-8 中的吸附量(a)和选择性(b)随压力变化的关系。实线：DFT 结果；符号：MC 模拟结果

CO_2/N_2 的密度分布展示在图 8-16 中。CO_2 和 N_2 的最佳吸附点依然位于二甲基咪唑的顶端，进一步说明密度分布主要由 MOF 结构而不是被吸附分子决定。

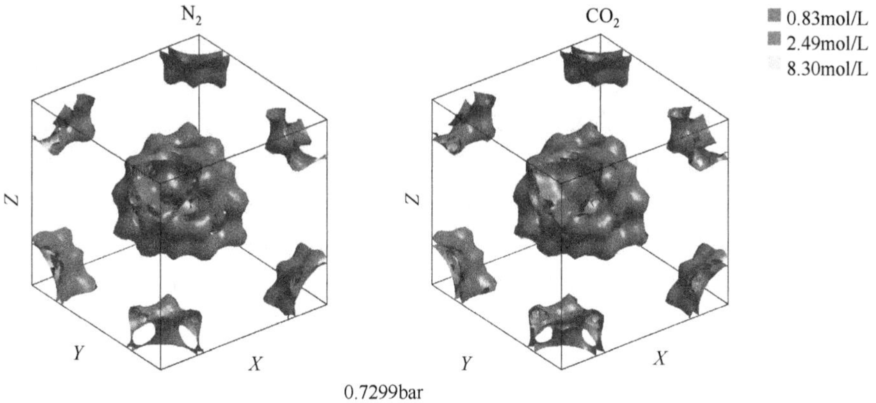

图 8-16　压力为 0.7299bar 时，N_2 (ρ_{bulk}=0.0254mol/L) 和 CO_2 (ρ_{bulk}=0.00448mol/L) 在 ZIF-8 中的密度分布情况(后附彩图)

3. 吸附材料的大规模筛选

在采用 DFT 预测气体在 MOF 材料中的吸附现象时，需要求解三维密度分布，计算量是非常大的，其平均计算速度较 MC 模拟慢两个数量级以上。这样的计算效率是难以用于吸附材料的大规模筛选的。为此付佳和刘宇等[18]将快速傅里叶变换技术引入 DFT 的数值处理中，计算速度有了大幅度提高，使得大规模筛选成为可能。

在采用 DFT 处理具有复杂三维结构的体系时，最耗时的部分是过量自由能 F^{ex} 的计算。以 WDA 近似为例，过量自由能可表示为

$$F^{ex} = \int \rho(\boldsymbol{r}) f[\bar{\rho}(\boldsymbol{r})] \mathrm{d}\boldsymbol{r} \tag{8.3.34}$$

$$\bar{\rho}(\boldsymbol{r}) = \int \rho(\boldsymbol{r}) w(\boldsymbol{r} - \boldsymbol{r}') \mathrm{d}\boldsymbol{r}' \tag{8.3.35}$$

如果直接用数值积分的方法计算式(8.3.35)，其计算复杂性为 N^{2D}(N 为每个维度上的区间数，D 为维数)。对于 D=3 的 MOF 材料，其复杂性是相当高的。通过傅里叶变换，式(8.3.35)可在傅里叶空间中简化为

$$\tilde{\bar{\rho}}(\boldsymbol{k}) = \tilde{\rho}(\boldsymbol{k}) \tilde{w}(\boldsymbol{k}) \tag{8.3.36}$$

其中 $\tilde{\rho}(\boldsymbol{k})$ 表示密度分布函数 $\rho(\boldsymbol{r})$ 的傅里叶变换。由于快速傅里叶变换的计算复杂度仅为 $N^D \lg N^D$，采用式(8.3.36)取代式(8.3.35)可以大幅度提高计算效率。实践表明，采用快速傅里叶变换加速后的 DFT 比 MC 模拟快两个数量级以上。快速傅里叶变换加速方法对 DFT 的其他近似如 FMT、泛函展开等均有效。

快速傅里叶变换的引入，使得 DFT 得以超越 MC 成为预测 MOF 材料的吸附

性质更为高效的工具，也极大地拓宽了 DFT 的应用范围。其中一个最重要的应用即是对 MOF 材料的大规模筛选。

MOF 材料种类千差万别，通过不同点群、不同金属离子节点和有机连接体的排列组合可以生成的结构数以亿计。如何才能从数量如此庞大的 MOF 结构中选出具有特殊吸附性能的结构呢？采用实验手段显然是不现实的，必须采用“先筛选，后合成”的理念：即首先对这些可选的 MOF 结构进行一轮理论筛选，剔除大部分不符合要求的结构，对余下少量最具潜力的结构进行合成和实验测试。在这个过程中间，筛选方法的计算效率至关重要，必须同时具有准确和高效的特点。传统的做法是通过计算机模拟，如 R. Q. Snurr 等在 MOF 材料储氢和储甲烷等方面的工作[8, 9]以及仲崇立等[19-21]在 MOF 材料分离二氧化碳方面的工作。然而，计算机模拟耗时量大，效率较低，并不利于大规模筛选计算。加速后的经典密度泛函理论则有着明显的优势，由于在计算速度上有着两个数量级的优势，DFT 能更好地用于大规模筛选计算。

付佳和刘宇等[18]考察了氢气和甲烷分别在 1200 种 MOF 材料中的吸附特性，得到了与计算机模拟高度一致的结果(图 8-17)。对硬球贡献项，他们采用改进的基本度量理论(MFMT)进行计算，而采用了四种不同的近似方法分别计算吸引贡献项，包括两种不同版本的 WDA 近似、MFA 以及泛函展开近似。结果表明，四种方法获得的结果在高温下难分伯仲，而在低温下，刘宇等的 WDA[13]最为准确。计算还表明，在 WDA 中，状态方程的优劣对计算结果有至关重要的影响。如图 8-17 所示，采用更为精确的 MBWR 状态方程的预测结果明显优于一阶平均球近似(FMSA)。

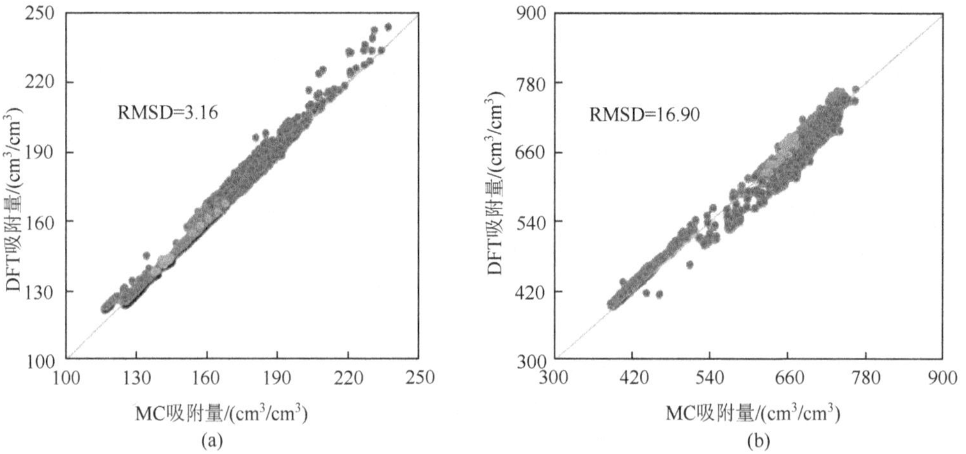

图 8-17　三维 DFT 和 MC 预测 243K、100bar(a)和 77K、50bar(b)条件下氢气在 1200 种 MOF 材料中的吸附量的比较(后附彩图)

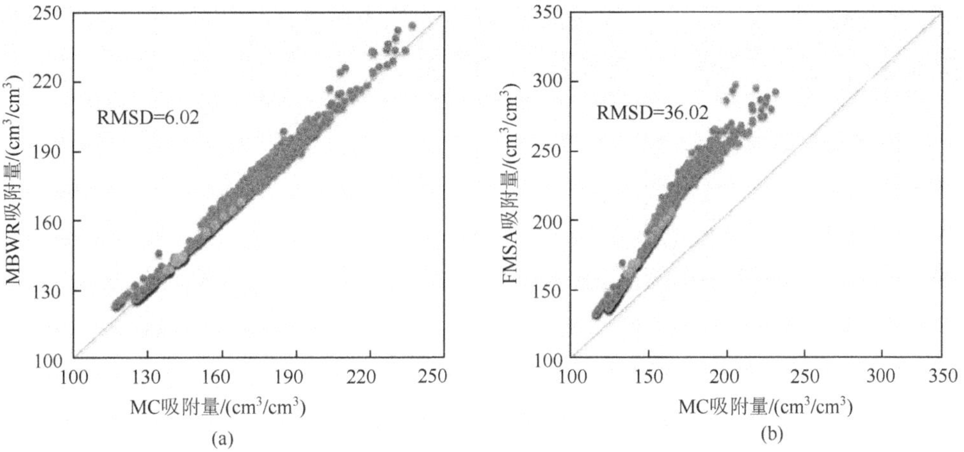

图 8-18 不同状态方程 MBWR(a)、FMSA(b)对吸附量预测结果的影响(后附彩图)

最近，刘宇等[22]进一步拓展了预测范围，对 712 种 MOF 材料分别在 441 种不同温度和压力条件下的吸附特征进行了预测，筛选出不同外部条件下的最佳储氢 MOF 材料。结果表明，见图 8-19，在 77K 和 10MPa 条件下，MOF 对 H_2 的吸附量可达 37mol/L，甚至超出液氢的密度(35mol/L)；但在高温条件下，MOF 材料的储氢性能却未有质的提升，依然在 5mol/L 以下。

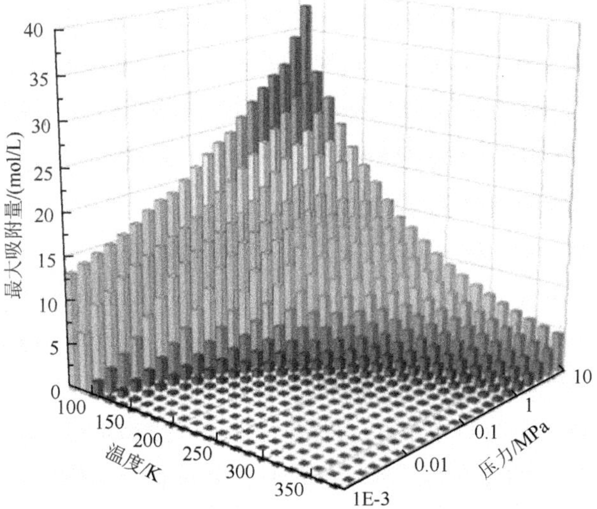

图 8-19 不同温度和压力条件下 712 种 MOF 材料中的最大 H_2 吸附量(后附彩图)

预测得到的 H_2 吸附等温线可以用下列朗缪尔(Langmuir)吸附关系拟合

$$N_{\text{ads}}(p) = N_0 \frac{p}{p + p_0} \tag{8.3.37}$$

发现不同材料的两个 Langmuir 参数 p_0 和 N_0 呈现出明显的相关性(图 8-20)，尤其在高温下，这种相关性十分明显而且是线性的。

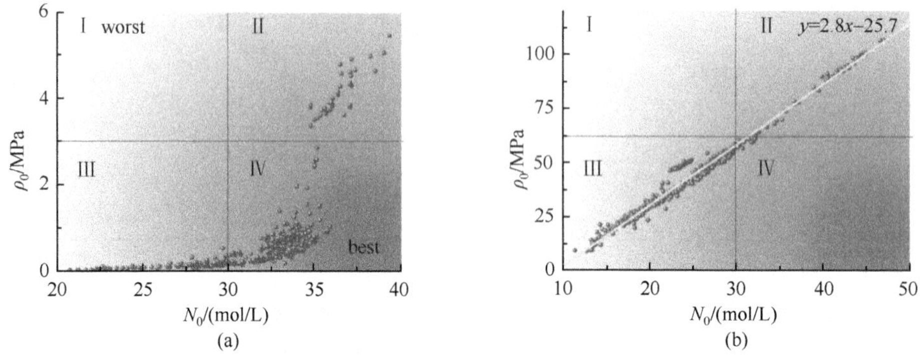

图 8-20　77K(a)和 298K(b)下 712 种 MOF 材料的 Langmuir 参数的相关性

上述方法也被用于预测 MOF 材料对油品中含硫化合物的吸附[23]。计算表明，DFT 不仅能预测小分子气体在 MOF 中的吸附特性，而且能预测如噻吩类含硫化合物等较复杂的分子的吸附特征。与预测小分子气体类似，该工作也通过大规模 DFT 计算筛选出了针对不同硫浓度下的最佳脱硫吸附剂，可以为实验合成提供指导。

DFT 能够成功地用于 MOF 吸附材料的大规模筛选，得益于它的高计算效率。例如，刘宇等对 MOF 储氢方面的工作包含了 712×441=313992 次 DFT 计算而仅耗 1500CPU 小时，这是目前所有分子模拟方法望尘莫及的。由此可见，采用 DFT 对 MOF 材料进行大规模筛选是一种极具潜力的方法。

4. MOF 材料中气体扩散系数的预测

在 MOF 材料的应用中，除了吸附量，吸脱附速率也是评价材料性能的重要指标。例如，当我们通过 MOF 材料储氢来取代汽油作为发动机燃料时，虽然总储能量取决于 MOF 材料的吸附量，但其输出功率则主要依赖于 MOF 材料的吸脱附速率，即 MOF 材料的吸附动力学属性。

气体是被吸附在 MOF 材料的三维孔道中的，必须通过孔道中的扩散才能释放。在 MOF 材料的吸附动力学属性中，扩散系数是一个极为关键的指标。扩散系数越大，则吸脱附速率越高。而对扩散系数的预测，目前主要通过分子动力学模拟进行[24-26]。与预测静态的吸附量类似，速度依然是计算机模拟的短板。尤其是对于扩散系数的预测，模拟所消耗的计算资源还将远大于预测吸附量所需。如何快速预测扩散系数，依然是目前亟待解决的问题。

虽然DFT不能直接预测扩散系数这种动力学物理量，但通过过量熵标度理论[27, 28]，我们还是可以将 DFT 和扩散系数联系起来。

过量熵标度理论给出了扩散系数和过量熵的普适关系式：

$$D^* = A\exp(BS^{ex*}) \tag{8.3.38}$$

其中，D^*为无量纲化后的扩散系数；S^{ex*}为无量纲化后的过量熵；A 和 B 为普适常数。该关系式最早由 Y. Rosenfeld[27]于 1977 年提出，并通过拟合得到 A=0.585，B=0.788。然而，Y. Rosenfeld 并未对式(8.3.38)式背后的物理本质加以解释。直到 1996 年，才由 M. Dzugutov[28, 29]指出，式(8.3.38)的指数关系源于等概率原理和玻耳兹曼关系

$$S = k_B \ln W \tag{8.3.39}$$

如果各态历经假设能够成立，普适常数 B 应为 1，否则 B<1。

过量熵标度理论建立了热力学性质和动力学性质之间的桥梁，使得我们可以通过计算热力学的过量熵来预测属于动力学性质的扩散系数。该方法最初被应用于均匀流体[27, 30-32]：首先通过状态方程计算过量熵，然后根据过量熵标度理论预测扩散系数。后来，过量熵标度理论又被进一步推广到非均匀流体[31, 33-36]，即通过计算机模拟计算非均匀流体的过量熵，然后依靠过量熵标度理论预测非均匀流体的扩散系数。由于在计算机模拟过程中，熵的计算不如能量计算那么方便，需要较大的计算开销，因此该方法并未得到广泛的应用。刘宇和付佳等[37]采用 DFT 计算过量熵，并结合克努森(Knudsen)理论、平均自由体积理论成功地预测了 MOF 材料中的扩散系数(图 8-21)。

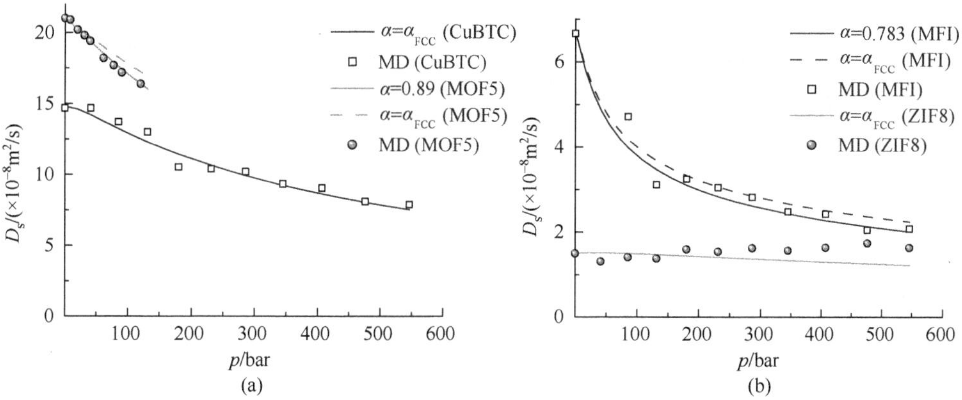

图 8-21 298K 和不同压力下 H_2 在四种多孔材料中的扩散系数

不同于计算机模拟，DFT 能很方便地通过对自由能密度积分得到多孔材料中被吸附气体的过量自由能，然后由下式计算非均匀流体的过量熵等热力学信息：

$$S^{ex} = -\left(\frac{\partial F^{ex}}{\partial T}\right)_{\rho(\boldsymbol{r})} \tag{8.3.40}$$

采用 DFT 替代模拟计算过量熵，然后通过过量熵标度理论计算扩散系数能避免大量耗时的模拟抽样，大幅度提高计算效率。从目前来看，该方法也是将过量熵标度理论推广到非均匀流体的最高效的办法。

5. MOF 材料的呼吸相变

前面的讨论中，MOF 材料的骨架被看成是刚性的，它与被吸附气体分子间的相互作用被看成是外场作用。实验发现，有一类特殊的 MOF 材料，其结构与被吸附气体的多少有关，随着被吸附气体量的增加或减少，MOF 材料本身的结构也随之发生改变。其中比较典型的例子就是 MIL-47、MIL-53 等。以 MIL-53(Al)为例，它有两种稳定的结构：大孔(large pore，lp)态和小孔(narrow pore，np)态，如图 8-22 所示。根据吸附量的不同，可以在两种不同结构状态间可逆转换，这种现象称为 MOF 材料的呼吸相变。计算机分子模拟可以预测这类呼吸相变现象，F. X. Coudert 等[38-40]和 A. V. Neimark 等[41]分别提出了**伪渗透系综**(osmotic pseudo-ensemble)和**应力模型**(stress-based model)解释这种现象，但它们都必须以实验数据为依托，缺乏预测性。最近，刘宇等[42]提出**结构平衡模型**，可以描述这种呼吸相变现象。

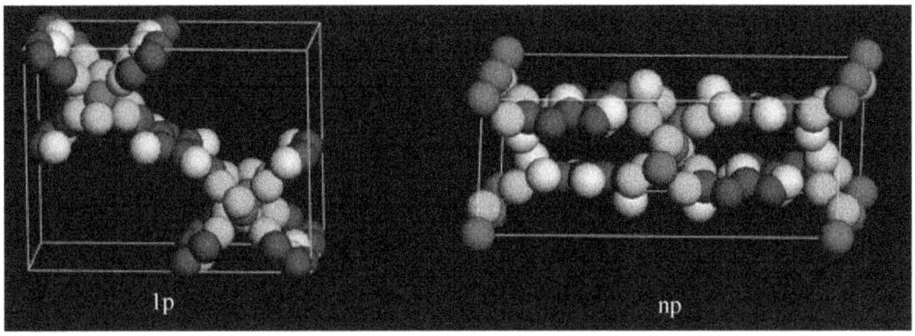

图 8-22 MIL-53(Al)的两种典型结构。紫红：Al；紫：C；浅蓝：O；白：H(后附彩图)

考虑气体在有 A 和 B 两种稳定结构的多孔材料中的吸脱附现象。

(1)假设该材料仅由 A、B 两种晶胞构成，在吸附过程中这两种晶胞可以互相转化，但保持总数 n 恒定：

$$n_A + n_B = n \tag{8.3.41}$$

其中 n_A、n_B 分别表示 A、B 两种晶胞的个数。当有 N 个气体分子被吸附到材料中时，假定有 N_A 个分子存在于 A 晶胞中，N_B 个分子存在于 B 中，有

$$N_A + N_B = N \tag{8.3.42}$$

假定一个 A 晶胞转化为一个 B 晶胞所需要的能量为 E_{AB}，该值与吸附过程无关，可由 A、B 两种晶体的具体结构得到。

(2)系统平衡时，吸附在 A、B 晶胞中的气体满足热力学平衡条件

$$\mu_A = \mu_B = \mu_{bulk} \tag{8.3.43}$$

其中 μ_A、μ_B、μ_{bulk} 分别表示 A、B 晶胞中和体相中气体的化学势。

(3) 以 NpT 系综讨论该系统。平衡时，系统吉布斯自由能 G 应取极小。该系统的吉布斯自由能可表示为

$$\begin{aligned} G &= F + pV \\ &= n_A F_A + n_B F_B + n_B \Delta E_{AB} + p_{bulk}\left(n_A V_A + n_B V_B\right) \end{aligned} \tag{8.3.44}$$

其中 F_A 和 F_B 分别表示单个 A 晶胞和单个 B 晶胞的亥姆霍兹自由能；V_A 和 V_B 分别表示单个 A、B 晶胞的体积；p_{bulk} 为体相压力，可以通过相关状态方程得到。

原则上，如果我们能得到 μ_A、μ_B、F_A 和 F_B 关于吸附质密度 N_A/n_A、N_B/n_B 的函数 $\mu_A(N_A/n_A)$、$\mu_B(N_B/n_B)$、$F_A(N_A/n_A)$ 和 $F_B(N_B/n_B)$，即可以通过式(8.3.41)～式(8.3.44)求解出吸脱附等温线 $p_{bulk}(N)$或 $N(p_{bulk})$。而以上四个关系式实际上就是纯 A、B 晶胞的吸附等温线，我们可以用前面所述的密度泛函理论得到。

图 8-23 为 CH_4 于 213K 下在 MIL-53(Al) 中的吸脱附曲线。与其他热力学模型不同，这里得到的是 S 形等温线：首先，吸附量随着压力的升高而增加；随后，当到达 A 点后，吸附量反常地随着压力的降低而增加；最后，当经过 B 点后，吸附量又继续随着压力的升高而增加。其中，最为特殊的即是吸附量在 AB 区间随着压力的降低而增加的过程。这种现象的出现是在 np→lp 转变过程中出现的亚稳过程而导致的。这种亚稳过程类似于气液平衡：图 8-23 中的 np-A 段为 np 结构的超饱和态，类似于气液平衡中的过冷现象，是一个亚稳过程；lp-B 段为 lp 结构的超饱和态，类似于气液平衡中的过热现象，同样是一个亚稳过程；而从 A 到 B，吸附量随压力降低而增加则是一种不稳定的过程。在理想的条件下，如果我们能避免这种亚稳态，相变将沿着图 8-23 中 np 到 lp 间虚线所示的路径发生。然而实际上，由于固态相变的势垒较高，这种亚稳过程往往能够发生。在吸附过程中，尽管我们能从理论上确定 np→lp 结构的平衡相变路径为图 8-23 中虚线所示，但实际的 np→lp 相变很有可能出现超饱和的 np 相。因此，吸附曲线则很有可能沿着图 8-23 中实线所示 np-A 段曲线持续上升而将相变延后。同样地，在脱附过程中，虽然理论上可以得到 lp 结构转变到 np 结构的平衡相变位置为 lp-np 间的虚线，但是实际相变过程中很有可能出现 lp 结构超饱和的情况。因此吸附曲线则很有可能先沿着 lp-B 段实线下降而将相变延后。最终，这两种超饱和现象的出现共同构成了吸脱附过程中的滞后环。

这种 np ↔ lp 的结构转变可以更为直观地由 np 结构所占比例 x_b 随压力变化的曲线来表示。如图 8-24 所示，吸附过程中，系统首先完全由 np 结构组成，随着压力的上升，在 AB 区段，np 结构开始向 lp 结构转变，最终系统完全由 lp 结构组成。由于 lp 结构的吸附能力比 np 结构强，因此，在 np 结构向 lp 结构转变的过程

中，即使降低压力吸附量依然有增长趋势，这也是图 8-23 中 *AB* 段吸附量随压力的降低而增加的原因。

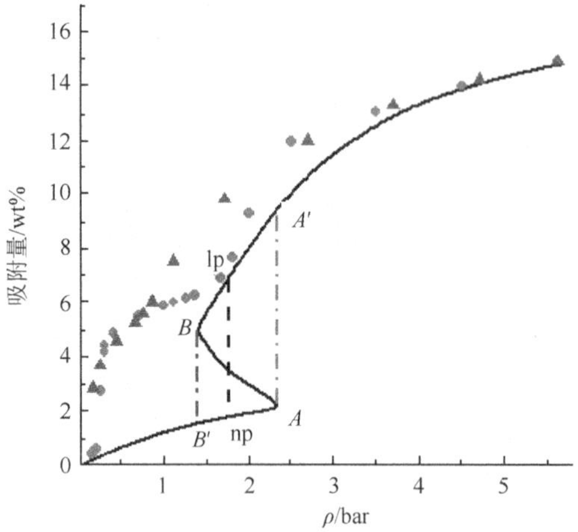

图 8-23　213K 下 CH_4 在 MIL-53(Al) 中的吸脱附等温线。实线：理论预测；●：实验吸附曲线；▲：实验脱附曲线

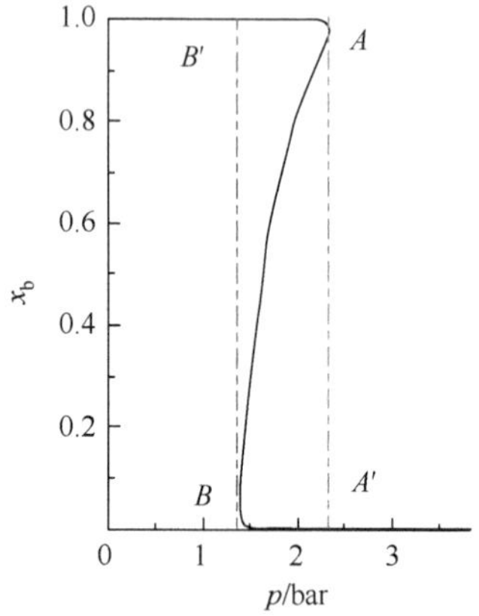

图 8-24　213K 下 CH_4 在 MIL-53(Al) 中吸脱附过程中，np 晶胞摩尔分数 x_b 随压力的变化曲线

图 8-25 为 lp 结构中 CH_4 的密度分布。从 *XY*、*XZ* 以及 *YZ* 三个截面图中可以很清楚地看出，气体在 lp 结构中主要分布于孔道靠近金属团簇的四个角上，这是由于金属团簇是一般 MOF 中吸附能力最强的原子。气体在 lp 结构中的这种分布趋势也广泛存在于其他各种 MOF 结构中。

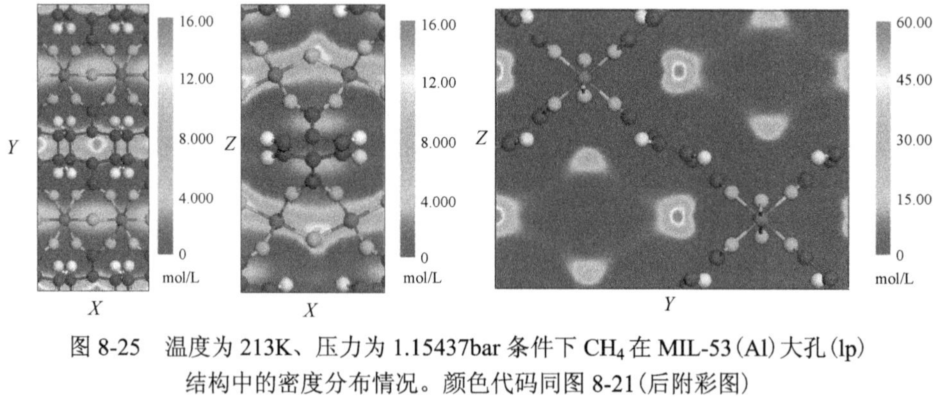

图 8-25　温度为 213K、压力为 1.15437bar 条件下 CH_4 在 MIL-53(Al) 大孔(lp)结构中的密度分布情况。颜色代码同图 8-21(后附彩图)

图 8-26 为 np 结构中气体的密度分布。与 lp 结构中气体分布不同的是，np 结构中气体主要分布于孔道的中心部位。这种现象是由 np 结构中自由空间有限而造成的。从图 8-26 中也可以看出，包括较靠近金属团簇的大部分空间都被吸附剂原

子所占据，能留给气体分子的位置只能是狭小孔道的中心部分。

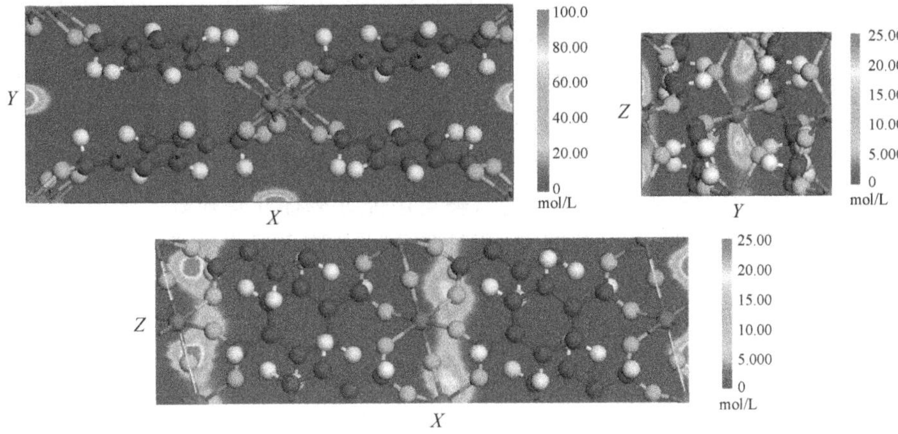

图 8-26　温度为 213K、压力为 1.15437bar 条件下 CH_4 在 MIL-53(Al) 小孔(np)结构中的密度分布情况。颜色代码同图 8-21(后附彩图)

虽然 DFT 有良好的应用前景，但其本身也存在一些不足。其中最主要的问题是怎样处理具有复杂空间结构的气体分子，尤其是当分子偶极矩很大时。以水分子为例，如果简单地将水分子考虑成具有一定介电常数 ε 的连续介质，则无法反映实际 MOF 吸附过程中因水分子占据最佳吸附位点而导致其他分子(如 CO_2 等)无法进一步吸附的现象；如果将水分子粗粒化为简单的球形分子，则无法正确反映出水分子偶极矩和静电屏蔽效应对吸附的影响；如果采用全原子模型(如 SPC、TIP3P 等)，虽然最接近实际，但如何构建相应的过量自由能泛函 F^{ex} 又是目前尚未解决的问题。因此，对 DFT 理论本身的改进是将 DFT 推广到更复杂系统的关键。

8.4　溶解自由能

溶解是物理化学过程中最常见的过程之一，溶解过程伴随的溶解自由能(solvation free energy)是衡量溶质溶解度的最有用的热力学量。对溶解自由能的精确实验测量和理论计算一直是物理化学中的课题之一。此外，很多分子识别、结合、反应、跨界面传递等过程都是在溶液环境中进行的，从能量角度对这些物理化学过程进行研究和分析，都需要涉及溶解自由能的计算[43]。

溶解自由能指的是将一个溶质从理想气体状态转移到溶剂中所做的可逆功。从热力学角度来说，它是溶解前后溶质和溶剂系统的巨势变化；从溶质的角度来说，它是溶质在溶剂中的过量化学势[43]。溶解自由能的理论计算主要有三种方法：连续介质理论、计算机模拟和现代流体统计力学理论。

连续介质理论是将溶剂处理为连续介质，根据溶质的分子特征(大小、形状、带电量等)以及溶剂的物性(密度、介电常数等)估算溶解自由能。常用的方法有定标粒子理论(SPT)[44]、玻恩模型(Born model)[45]和泊松-玻耳兹曼方程(PBE)等。SPT 主要根据溶质引入后所占的空间和界面张力计算溶解自由能，它对于生物分子、纳米粒子等中性大分子的溶解自由能预测有较好的可靠性。玻恩模型则是基于电介质理论，通过计算在电介质中电荷从无穷远处移动到溶质表面所做的功估算溶解自由能，它对于强带电离子的溶解自由能计算往往有较好的结果。此外，还有一些混合的方法[46]。它们都是解析计算方法，但由于忽略了溶解后溶剂系统微观结构的变化，往往仅对于某些特定溶质比较适用，总的来说难以对各类溶质的溶解自由能提供准确预测。

计算机模拟方法可以预测各类溶质的溶解自由能。理论上，给定溶质和溶剂之间的相互作用，计算机模拟可以通过热力学积分法(thermodynamic integration method)或微扰方法(perturbation method)准确计算所有溶质的溶解自由能和溶液微观结构[47]。微扰方法是从已知的参考溶质的溶解体系出发，通过特定热力学路径，将参考溶质逐渐变化到目标溶质，然后通过计算溶解自由能的变化，从而预测目标溶质的溶解自由能。该方法需预先知晓参考溶质的溶解自由能。而热力学积分法则较为普适，其基本原理是逐渐调节溶质与溶剂之间的相互作用参数λ，再给定的每一个参数值计算整个系统在平衡态的哈密顿量，最后对所有中间过程的哈密顿量进行热力学积分，即

$$\Delta G = \int_0^1 \mathrm{d}\lambda \left\langle \frac{\partial E(\lambda)}{\partial \lambda} \right\rangle_\lambda \tag{8.4.1}$$

参数λ一般分为库仑相互作用参数和范德华相互作用参数，每个参数在 0 和 1 中间取值，0 表示没有相互作用，1 表示恢复到正常的相互作用。取值越多，计算越准确。由于给定每个参数，都需使模拟系统达到平衡状态，因此，通过热力学积分的方法计算自由能往往非常耗时。

现代统计力学方法主要有积分方程理论和密度泛函理论。这两种方法各有特色，紧密相关。这里我们主要介绍密度泛函理论，且聚焦于刚性溶质的溶解自由能计算。对于一个温度为T、体积为V、化学势为μ的溶剂系统，溶解自由能为引入溶质前后溶液系统巨势的变化，即

$$\Delta G = \Omega_1 - \Omega_0 \tag{8.4.2}$$

式中，Ω_1和Ω_0分别为引入溶质后和引入溶质之前溶液的巨势。在采用式(8.4.2)计算时，所选取的系统体积应该足够大，以保证当溶质放置在系统中央时，系统边缘的溶剂密度不受溶质的影响。在实验测量中，压力保持不变，采用的是等压系综，并不是理论所用的巨正则系综。S. H. Chong 和 S. Ham[48]已经严格证明了溶解自由能的计算与系综的选取无关，所以式(8.4.2)计算的溶解自由能可以与实验

的测量值进行直接比较。

1. 溶解自由能密度泛函构建

当系统中引入单个溶质时(除非特别说明，这里指刚性溶质)，溶质与溶剂分子的相互作用构成溶剂系统的外势场。空间 $\boldsymbol{r}$ 处的溶剂受到的外势场 $V^{\text{ext}}(\boldsymbol{r})$ 是溶剂与溶质内每个粒子之间的两体相互作用之和，即

$$V^{\text{ext}}(\boldsymbol{r}) = \sum_j u\left(\left|\boldsymbol{r} - \boldsymbol{q}_j\right|\right) \tag{8.4.3}$$

式中，$\boldsymbol{q}_j$ 表示溶质内包含的第 j 个粒子的空间位置。在外势场 $V^{\text{ext}}(\boldsymbol{r})$ 作用下，该非均相系统的巨势泛函可以表示为溶剂空间密度分布函数的泛函，按式(5.3.9)，有

$$\Omega[\rho(\boldsymbol{x})] = F^{\text{ig}}[\rho(\boldsymbol{x})] + F^{\text{ex}}[\rho(\boldsymbol{x})] + \int \rho(\boldsymbol{x})[V^{\text{ext}}(\boldsymbol{x}) - \mu]\mathrm{d}\boldsymbol{x} \tag{8.4.4}$$

这里 $\rho(\boldsymbol{x})$ 表示溶剂的空间密度分布函数，$\boldsymbol{x}$ 为描述溶剂分子空间位置和分子取向的变量，当溶剂分子为球对称分子时，$\boldsymbol{x}$ 仅指分子在空间的位置 $\boldsymbol{r}$；当溶剂分子为非球对称分子，$\boldsymbol{x}=(\boldsymbol{r}, \boldsymbol{\omega})$，其中$\boldsymbol{\omega}$为描述分子空间取向的欧拉角，此时密度分布函数同时依赖于分子空间位置和分子取向。F^{ig} 和 F^{ex} 分别是理想气体自由能和过量自由能，μ 是溶剂分子的化学势。

F^{ig} 有准确的解析表达式，可以由式(8.2.5)计算，但后面我们可以看到它对溶解自由能的计算没有影响。$F^{\text{ex}}[\boldsymbol{\rho}(\boldsymbol{x})]$源自溶剂分子之间的相互作用，除了几个特殊的模型系统，它没有准确的解析表达式。$F^{\text{ex}}[\boldsymbol{\rho}(\boldsymbol{x})]$的处理通常有两种方法，一是将泛函对密度$\boldsymbol{\rho}(\boldsymbol{x})$进行展开(参见 6.3 节)，然后截取前面几项的贡献，二是通过对密度分布函数从均相密度$\boldsymbol{\rho}^{\text{b}}$ 变化到密度$\boldsymbol{\rho}(\boldsymbol{x})$进行泛函积分。均相密度为$\boldsymbol{\rho}^{\text{b}}=\langle N\rangle/V\Pi$，其中$\Pi=\int\mathrm{d}\boldsymbol{\omega}$。对于球形分子，$\Pi=1$；对于线形分子，$\Pi=4\pi$；对于非线形分子，$\Pi=8\pi^2$。在系统边缘区域有$\boldsymbol{\rho}(\boldsymbol{x})=\boldsymbol{\rho}^{\text{b}}$。

当$\boldsymbol{\rho}(\boldsymbol{x})$为引入溶质后溶剂系统最终的平衡密度分布时，对应的巨势为Ω_1；当式(8.4.4)中的外势场 $V^{\text{ext}}(\boldsymbol{x})$为 0，其密度函数$\boldsymbol{\rho}(\boldsymbol{x})$用均相密度$\boldsymbol{\rho}^{\text{b}}$ 替代时，得到的巨势即为对应的均相溶剂系统的巨势Ω_0。将式(8.4.2)的巨势Ω_1 和Ω_0 分别用泛函$\Omega[\boldsymbol{\rho}(\boldsymbol{x})]$和$\Omega[\boldsymbol{\rho}^{\text{b}}]$代入，即可得到溶解自由能泛函

$$\begin{aligned}\Delta G[\rho(\boldsymbol{x})] = {} & kT\int \mathrm{d}\boldsymbol{x}\left[\rho(\boldsymbol{x})\ln\frac{\rho(\boldsymbol{x})}{\rho^{\text{b}}} - \rho(\boldsymbol{x}) + \rho^{\text{b}}\right] \\ & + \int \mathrm{d}\boldsymbol{x}\rho(\boldsymbol{x})[V^{\text{ext}}(\boldsymbol{x}) - \mu^{\text{ex}}] \\ & + F^{\text{ex}}[\rho(\boldsymbol{x})] - F^{\text{ex}}[\rho^{\text{b}}]\end{aligned} \tag{8.4.5}$$

式中 $\mu^{\text{ex}} = \mu - kT\ln\rho^{\text{b}}\Lambda^3$ [49, 50]。式(8.4.5)是严格成立的，但 $F^{\text{ex}}[\rho(\boldsymbol{x})] - F^{\text{ex}}[\rho^{\text{b}}]$ 尚不知晓。由于 F^{ex} 没有严格表达式，对于这一项的计算需要作近似。对泛函 $F^{\text{ex}}[\rho(\boldsymbol{x})]$ 做密度展开，并考虑到 $F^{\text{ex}}[\rho(\boldsymbol{x})]$ 对 $\rho(\boldsymbol{x})$ 的一阶泛函变分和二阶泛函变分在均相条

件下分别为过量化学势 μ^{ex} 和直接相关函数 $-kTc(x_1,x_2)/2$ [49]，由式(6.3.1)可得

$$
\begin{aligned}
F^{\text{ex}}[\rho(\boldsymbol{x})] = F^{\text{ex}}[\rho^{\text{b}}] + \mu^{\text{ex}}\int \Delta\rho(\boldsymbol{x})\mathrm{d}\boldsymbol{x} \\
-\frac{kT}{2}\int \Delta\rho(\boldsymbol{x}_1)c(\boldsymbol{x}_1,\boldsymbol{x}_2)\Delta\rho(\boldsymbol{x}_2)\mathrm{d}\boldsymbol{x}_1\mathrm{d}\boldsymbol{x}_2 \\
+F^{\text{B}}[\rho(\boldsymbol{x})]
\end{aligned}
\tag{8.4.6}
$$

式中，$c(\boldsymbol{x}_1,\boldsymbol{x}_2)$是均相溶剂系统的二重直接相关函数［参见式(5.3.13)］，它与总相关函数 $h(\boldsymbol{x}_1,\boldsymbol{x}_2)$的积分关系构成了积分方程理论中的核心方程［参见式(5.3.23)］。$c(\boldsymbol{x}_1,\boldsymbol{x}_2)$可以通过求解积分方程获得，也可结合分子模拟计算总相关函数继而通过积分方程获得直接相关函数。对于在同一种溶剂中不同溶质的溶解自由能计算，直接相关函数 $c(\boldsymbol{x}_1,\boldsymbol{x}_2)$只需要计算一次。$\Delta\rho(\boldsymbol{x})=\rho(\boldsymbol{x})-\rho^{\text{b}}$ 是密度的变化量。

$F^{\text{B}}[\rho(\boldsymbol{x})]$ 是三阶及更高阶泛函展开项之和，统称**桥泛函**(bridge functional)，因对密度分布函数求泛函变分在均相极限下获得桥函数(bridge function)而得名。桥函数见 6.3 节，是多体关联函数，其准确计算难以获得。一种简单的处理是把桥泛函舍弃，称为**均相参考流体近似**(homogeneous reference fluid approximation)。这种近似的思想可类比于但不完全等同于积分方程理论中常用的超网链近似(HNC)，对于极性溶剂中的溶解自由能计算精度比较好。也有用三体经验关联函数来近似 $F^{\text{B}}[\rho(\boldsymbol{x})]$ 的贡献。由于硬球体系的桥泛函可以通过基本度量理论(FMT)来计算，所以 $F^{\text{B}}[\rho(\boldsymbol{x})]$ 也常用对应的硬球参考系统中的桥泛函来近似。

将式(8.4.6)代入式(8.4.5)中，得溶解自由能泛函的最终表达式[51]

$$
\begin{aligned}
\Delta G[\rho(x)] = kT\int \mathrm{d}x[\rho(x)\ln\frac{\rho(x)}{\rho^{\text{b}}} - \rho(x) + \rho^{\text{b}}] \\
+\int \mathrm{d}x\rho(x)V^{\text{ext}}(x) \\
-\frac{kT}{2}\int \Delta\rho(x_1)c(x_1,x_2)\Delta\rho(x_2)\mathrm{d}x_1\mathrm{d}x_2 + F^{\text{B}}[\rho(x)]
\end{aligned}
\tag{8.4.7}
$$

对溶解自由能泛函求泛函变分，即可获得溶解自由能以及溶剂在溶质周围的微观结构，参见式(6.3.15)：

$$
\rho(\boldsymbol{x}) = \rho^{\text{b}}\exp\left(-\beta V^{\text{ext}}(\boldsymbol{x}) + \int c(\boldsymbol{x},\boldsymbol{x}')\Delta\rho(\boldsymbol{x}')\mathrm{d}\boldsymbol{x}' + B(\boldsymbol{x})\right) \tag{8.4.8}
$$

$B(\boldsymbol{x})$即为溶质与溶剂之间关联的桥函数。需要注意的是，虽然式(8.4.7)是从巨正则系综推导得到，但溶剂的化学势并没有出现在最终的泛函方程里面，取而代之的是均相溶剂系统的密度 ρ^{b}。均相溶剂系统的化学势 μ 和密度 ρ^{b} 是对偶量(系统体积保持不变)，两者可以通过状态方程互相计算。

2. 溶解自由能的密度泛函预测

与计算机模拟一样，溶解自由能的密度泛函计算离不开模型系统中的分子力场。根据力场形式与力场参数，可以解析计算外势场 $V^{\text{ext}}(\boldsymbol{x})$。当 $\boldsymbol{x}=(\boldsymbol{r},\boldsymbol{\omega})$ 时，通常先固定刚性溶剂分子的空间取向，然后计算溶剂分子上每一个原子的空间坐标，对溶剂和溶质之间两两原子相互作用求和，即可获得该取向条件下的外势场。

溶解自由能的精确预测依赖于均相溶剂系统中直接相关函数 $c(\boldsymbol{x}_1,\boldsymbol{x}_2)$ 的准确计算。均相溶剂系统的直接相关函数计算具有较重要的意义：首先，它和总相关函数与径向分布函数直接相关，是反映系统微观结构的一个重要物理量；其次，直接相关函数的准确计算，可以为积分方程理论中采用不同封闭条件提供一个校正基准。通过与准确的 $c(\boldsymbol{x}_1,\boldsymbol{x}_2)$ 比较，可为评价这些封闭条件的优劣提供判据；最后，直接相关函数是应用密度泛函成功预测溶解自由能的关键。如上所述，可结合计算机模拟和积分方程理论获取直接相关函数，但由于计算机模拟系统的尺寸总是有限的，所以还需要结合解析方法计算密度较高的体相溶剂系统的直接相关函数，这方面已经发展了一些巧妙的计算方法[52, 53]。

图 8-27 是赵双良等[51]得出的不同球形溶质溶解在斯托克迈耶(Stockmayer)溶剂后，溶剂在溶质周围的径向密度分布。Stockmayer 分子可以看作水分子的一个简单模型，它由一个 Lennard-Jones(LJ) 球嵌入偶极矩构成。类似于水，这里取 Stockmayer 溶剂的密度为 0.033 个/Å^3，LJ 参数分别为 σ=3.0Å，ε=0.65kJ/mol，偶极矩大小为 1.85D。从左到右，溶质分别为 CH_4、氯离子和钾离子。在计算过程中，桥泛函忽略不计。与分子动力学模拟结果(虚线)相比较，密度泛函预测的结果具有定量上非常好的可比性。

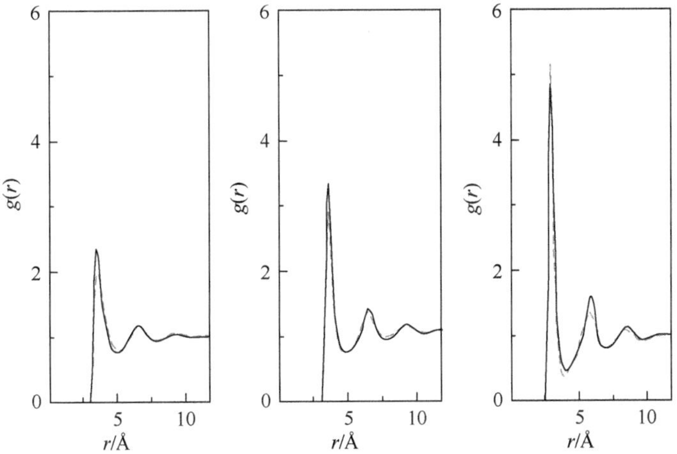

图 8-27　Stockmayer 溶剂在不同溶质周围的径向约化密度分布函数。从左到右，溶质分别为 CH_4、Cl^-、K^+。虚线为分子动力学模拟结构，实线为密度泛函预测结果[51]

除了简单模型溶剂外，离子在乙腈中的溶解自由能也可以通过均相参考流体近似来准确预测。乙腈是重要的工业溶剂，能溶解多种有机、无机和气体物质。在分子力场中，乙腈分子常用线形分子模型来描述。图 8-28 是赵双良等[51]得出的乙腈溶剂在不同离子周围的径向分布函数，与分子动力学模拟结果(虚线)比较，密度泛函预测的结果(实线)具有定量上非常良好的准确性。溶解自由能的预测精度与溶剂微观结构计算的准确性直接相关。图 8-29(左)为不同卤族离子在乙腈中的溶解自由能预测结果。与实验测定结果相比，密度泛函预测也基本在误差范围之内。

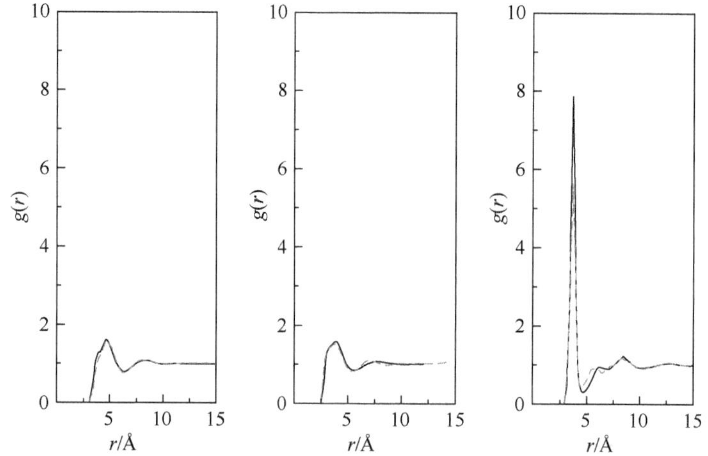

图 8-28　乙腈溶剂在不同溶质周围的径向分布函数(对分子取向做统计平均)。其中虚线为分子动力学模拟结果，实线为密度泛函预测的结果。从左到右，溶质分别为 CH_3CN、Na^0 和 Na^+

水可能是地球上最常见也最重要的溶剂，因此溶质在水中的溶解自由能(又称水合自由能)预测具有十分重要的意义。水是一种具有许多特殊性质的液体，如：它在 277K 时的密度最大，而不是随着温度单调变化；它的介电常数为 78，比许多溶剂的介电性都强；等等。到目前为止，已经发展了上百种经典水分子模型，但至今没有一种能够成功预测水溶液所有的物理化学性质[54]。在众多水分子模型中，SPC/E 模型[55]是较成功且应用最广泛的模型之一[56]。在 SPC/E 模型中(图 8-29 右中的小图)，氧原子用一个带电的 LJ 球描述，两个带电氢原子嵌在 LJ 球内，与氧原子形成的 H—O—H 键角为 109.47°。比较有意思的是，用均相参考流体近似预测离子的溶解自由能时，密度泛函预测结果与实验或模拟相比偏差比较大，其中水在离子周围的密度分布定性上较吻合，但第一个峰偏高较大。赵双良等[51]进一步把桥泛函近似为一个经验的三体关联函数，从而大幅度地提高了密度泛函的预测精度。图 8-29(b) 为密度泛函预测的卤族离子的溶解自由能，与实验测定的结果相比较，吻合非常好。图 8-30 为密度泛函预测的碱金属离子和卤族离子周围水的微观结构分布，也与分子模拟结果非常吻合。

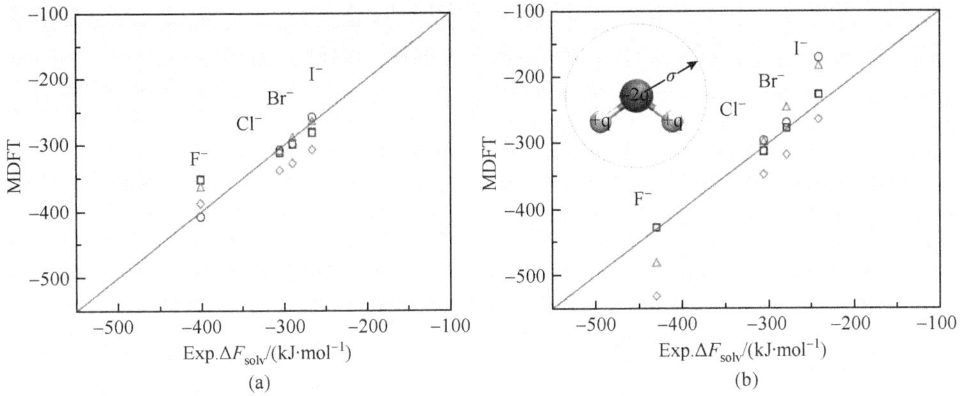

图 8-29　离子在乙腈(a)和水(b)中的溶解自由能的密度泛函预测，并与实验测定结果相比较。不同的符号表示采用不同的力学力场计算的结果。图(b)中的小图是水分子 SPC/E 模型的示意图[51]

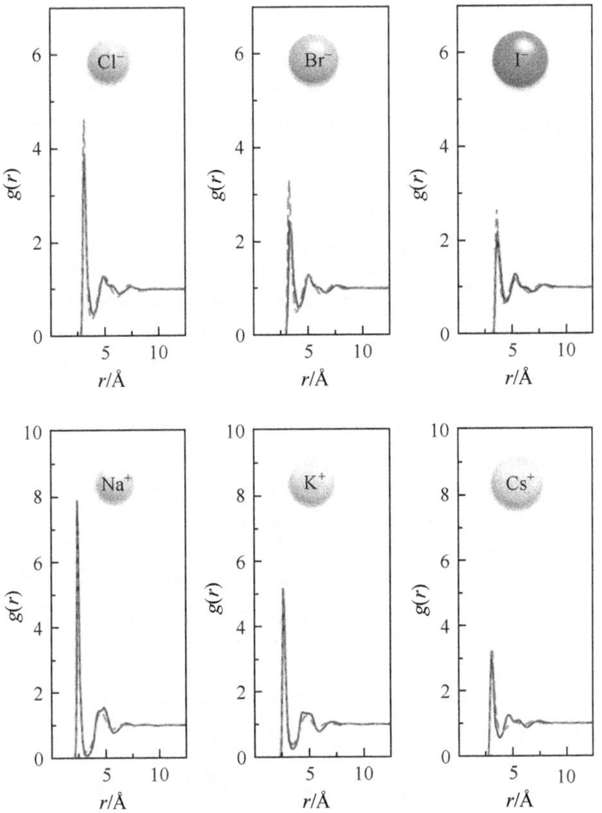

图 8-30　不同离子周围的水径向分布函数。实线为密度泛函预测结果，虚线分子模拟计算结果。用到的水模型为 SPC/E[51]

除了上述通过求泛函极值获得溶解自由能外，赵双良等[57]还结合分子模拟和密度泛函发展了一套新的方法，即用分子模拟计算准确的平衡密度分布$\rho(x)$，然后代入溶解自由能泛函式(8.4.7)中直接获得溶解自由能，桥泛函则用对应的硬球流体的桥泛函近似。这种处理虽然需要进行分子模拟，但由于绕开了冗长的热力学积分，因而计算快捷，同时计算精度也很高。

目前上述密度泛函方法已成功应用于上百种小分子溶质在水中溶解自由能的快速预测[58, 59]。除了上述基于溶剂分子空间位置和取向的分子密度泛函，赵双良等还发展了位点密度泛函理论(site density functional theory)来研究溶解自由能的快速预测[53, 60, 61]。位点密度泛函计算溶解自由能的原理与分子密度泛函相似，只是泛函变量不再是同时依赖位置和空间取向的水分子密度分布，而是氧原子和氢原子的密度分布[61]。位点密度泛函也取得了较大的成功，成功预测了几百种小分子溶质的水合自由能[62]，但对离子在水中的溶解自由能的预测尚未成功。

与计算机模拟方法预测溶解自由能相比，密度泛函理论计算的优势非常明显。它能够在数分钟至 1h 内快速且相对准确地预测不同小分子的溶解自由能。尽管密度泛函理论在溶解自由能计算中取得了较大的成功，但它离发展为实验室常规应用软件开展大范围预测还有一段较长的距离，这主要来自两个方面的挑战：第一，在实际进行密度泛函理论计算时，需要提前计算好均相溶剂的直接相关函数，它的计算精度直接影响后续的计算。对于不同的溶剂或同一种溶剂在不同的热力学条件下，其直接相关函数都有差异，在实际应用中，溶剂不仅种类繁多且可能是混合溶剂，它们的直接关联函数并不容易获得。第二，大部分溶质是柔性的，柔性溶质的溶解自由能不仅与溶剂的巨势相关，还与溶质本身的构型相关，这一方面的应用目前尚需开拓。

8.5　固体表面聚合物刷的结构

许多领域涉及固体表面的改性，如塑料或橡胶中添加固体粉末以改善材料的力学、光学性质，油墨和涂料中固体颜料的分散，等等。固体表面通过化学键接枝高分子是固体表面改性的重要手段之一，分为**接枝到**(grafting-to)和**接枝于**(grafting-from)两种方法。前者是聚合物链的活性端与基底表面活性基团反应而形成聚合物刷，由于长链分子的构型熵效应，这种接枝方法获得的聚合物刷的接枝密度往往不高；后者是通过引发基底表面聚合形成聚合物刷，虽然可以实现较高的接枝密度，但由于容易发生副反应或链反应的终止，聚合物刷的链长短不一、难以控制。由于化学键一般较为稳定，相对于通过静电和范德华作用在固体表面形成的聚合物吸附层，采用化学键结合得到的固体表面聚合物刷具有很高的强度，具有很好的化学稳定性、热稳定性和耐溶剂性。如果固体表面所接枝的聚合物对环境条件变化具有响应的特性，就可以构建智能响应型聚合物刷。由于其表面形态、表面性质和组成等对外界环境的变化具有智能响应性，在纳米材料的表面改性、生物传感器、蛋白质生物技术、靶向药物控制释放、智能化学通道、胶体的稳定性、有机-无机复合材料等领域具有重要的潜在应用[63-65]。

人们很早就发现超细颗粒可以作为乳化剂稳定乳液，称为 Pickering 乳液。如图 8-31 所示，Pickering 乳液中超细颗粒必须稳定存在于两相界面区，才能达到稳定乳液的作用，这时超细颗粒的表面性质应满足下列条件：

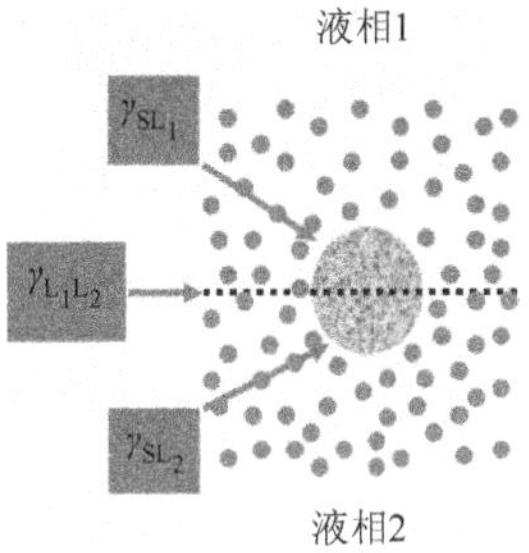

图 8-31　Pickering 乳液界面的固体颗粒

$$\left|\gamma_{SL_1}-\gamma_{SL_2}\right|<\gamma_{L_1L_2} \tag{8.5.1}$$

式中和图中 γ_{SL_1}、γ_{SL_2} 和 $\gamma_{L_1L_2}$ 分别是固体-液相 1、固体-液相 2 以及液相 1-液相 2 之间的界面张力。通过在固体颗粒表面铆接聚合物的方法可以改变 γ_{SL_1} 和 γ_{SL_2}，从而满足式(8.5.1)的要求。如果超细固体颗粒具有催化功能，则它可以作为催化乳化剂，催化互不相溶反应物在液液界面发生的反应，称为 **Pickering 乳化催化技术**。由于这类反应系统的催化剂很容易被回收使用，该技术受到广泛关注[66, 67]。在 Pickering 乳化催化系统中，随着反应的进行，反应产物进入两个液相，其物性可能发生变化，特别是系统的界面张力改变，有可能使原先处于液液界面区的催化剂颗粒由于不能满足式(8.5.1)的条件而进入液相 1 或液相 2 中，从而失去活性，或由于需要反应物跨界面传递而降低反应效率。如果催化剂颗粒表面铆接具有溶剂响应特性的高分子，就有可能在反应过程中基本满足式(8.5.1)的条件，保持催化剂催化性能的稳定[68]。

1. 固体表面聚合物刷的温度响应：格子密度泛函理论

首先介绍练成等的工作，他们采用格子密度泛函理论(LDFT)研究温度响应型聚合物刷的结构[69, 70]。关于 LDFT 的详细讨论及其对固液界面高分子吸附的应用，参见 7.4 节陈学谦等的工作。

考虑一个与单链节溶剂接触的、由 m 个链节组成的均聚高分子刷，其巨势 Ω 可表示为

$$\Omega\left[\rho_s,\rho_p\right]=F\left[\rho_s,\rho_p\right]+\sum_j\int\left[V_j^{ext}(\boldsymbol{Q}_j)-\mu_j\right]\rho_j(\boldsymbol{Q}_j)d\boldsymbol{Q}_j \tag{8.5.2}$$

式中下标 s 和 p 分别表示溶剂和均聚物组分；μ_j 和 V_j^{ext} 分别为组分 j 的化学势和

固体壁面与该组分链节的相互作用能(外势)。组分 j 的 $\boldsymbol{Q}_j$ 中，$\boldsymbol{Q}=(q_1,q_2,\cdots,q_m)$ 是链长为 m 的一条高分子链在格子空间上的构型，$\boldsymbol{Q}_s=\boldsymbol{q}$ 是溶剂的构型。F 是内在自由能泛函，可以分解为理想流体贡献 F^{ig} 和过量贡献 F^{ex} 两部分

$$F\left[\rho_p(\boldsymbol{Q}),\rho_s(\boldsymbol{q})\right]=F^{id}\left[\rho_p(\boldsymbol{Q}),\rho_s(\boldsymbol{q})\right]+F^{ex}\left[\rho_p(\boldsymbol{Q}),\rho_s(\boldsymbol{q})\right] \tag{8.5.3}$$

理想流体的贡献可写为

$$\begin{aligned}\beta F^{id}\left[\rho_p(\boldsymbol{Q}),\rho_s(\boldsymbol{q})\right]=&\sum_{\boldsymbol{Q}}\rho_p(\boldsymbol{Q})\ln\rho_p(\boldsymbol{Q})+\sum_{\boldsymbol{q}}\rho_s(\boldsymbol{q})\ln\rho_s(\boldsymbol{q})\\&+\beta\sum_{\boldsymbol{Q}}\rho_p(\boldsymbol{Q})V_{int}(\boldsymbol{Q})\end{aligned} \tag{8.5.4}$$

式中，$\beta=1/kT$，k 为玻耳兹曼常量，T 为热力学温度；V_{int} 为高分子之间的相互作用。

过量部分的贡献可近似为溶剂密度分布 $\rho_s(\boldsymbol{q})$ 和高分子平均链节密度分布 $\rho_m(\boldsymbol{q})$ 的泛函，后者可由高分子的密度分布 $\rho_p(\boldsymbol{Q})$ 计算

$$\rho_m(\boldsymbol{q})=\sum_{\boldsymbol{Q}}\sum_{j=1}^{m}\delta\left(\boldsymbol{q}_j-\boldsymbol{q},0\right)\rho_p(\boldsymbol{q}) \tag{8.5.5}$$

$\delta(x,0)=\delta_{x,0}$ 为克罗内克 δ 函数，$x=0$，$\delta=1$，$x\neq0$，$\delta=0$；m 是链节数。对于不可压缩的密堆积格子高分子溶液

$$\rho_m(\boldsymbol{q})+\rho_s(\boldsymbol{q})=1 \tag{8.5.6}$$

为了构建非均匀流体的过量自由能泛函，我们仍用杨建勇等发展的密堆积格子分子热力学模型[71-73]结合局域密度近似(LDA)和非局域权重密度近似(WDA)的方法。过量自由能泛函可以分为无热混合熵的贡献和相互作用(混合内能)的贡献两部分

$$F^{ex}\left[\rho_p(\boldsymbol{Q}),\rho_s(\boldsymbol{q})\right]=F_{ather}\left[\rho_p(\boldsymbol{Q}),\rho_s(\boldsymbol{q})\right]+F_{intera}\left[\rho_p(\boldsymbol{Q}),\rho_s(\boldsymbol{q})\right] \tag{8.5.7}$$

无热混合熵对过量自由能泛函的贡献由 Staverman-Guggenheim 模型计算[46]

$$\beta F_{ather}\left[\rho_p(\boldsymbol{Q}),\rho_s(\boldsymbol{q})\right]=\sum_{q}\phi_{ch}\left[\rho_p(\boldsymbol{Q}),\rho_s(\boldsymbol{q})\right] \tag{8.5.8}$$

其中

$$\phi_{ch}\left(\rho_m,\rho_s\right)=\frac{Z_c}{2}\left[\frac{q_r}{m}\rho_m\ln\frac{q_r}{m}-\left(\frac{q_r}{m}\rho_m+\rho_s\right)\ln\left(\frac{q_r}{m}\rho_m+\rho_s\right)\right] \tag{8.5.9}$$

$q_r=\left(\left(Z_c-2\right)m+2\right)/Z_c$，$Z_c$ 是格子的配位数。混合内能对过量自由能泛函的贡献由 WDA 计算

$$F_{intera}\left[\rho_p(\boldsymbol{Q}),\rho_s(\boldsymbol{q})\right]=\sum_{\boldsymbol{q}}\rho_m(\boldsymbol{q})f_{intera}\left[\bar{\rho}_p(\boldsymbol{q}),\bar{\rho}_s(\boldsymbol{q})\right] \tag{8.5.10}$$

$\bar{\rho}_p(\boldsymbol{q})$ 和 $\bar{\rho}_s(\boldsymbol{q})$ 是权重密度

$$\bar{\rho}_m(\boldsymbol{q})=\sum_{\mathbf{q}'}w\left(\left|\boldsymbol{q}'-\boldsymbol{q}\right|\right)\rho_m\left(\boldsymbol{q}'\right) \tag{8.5.11}$$

$$\bar{\rho}_{s}(\boldsymbol{q})=1-\bar{\rho}_{m}(\boldsymbol{q}) \tag{8.5.12}$$

单个链节的自由能泛函 f_{intera} 可进一步分解为链节间相互吸引贡献 f_{attr} 和能量相关与成键效应间的偶合贡献 f_{coupl}

$$f_{\text{intera}}\left[\rho_{s},\rho_{m}\right]=f_{\text{attr}}\left[\rho_{s},\rho_{m}\right]+f_{\text{coupl}}\left[\rho_{s},\rho_{m}\right] \tag{8.5.13}$$

$$f_{\text{attr}}\left[\rho_{s},\rho_{m}\right]=\frac{Z_{c}}{2}\left[\tilde{\varepsilon}\rho_{s}-\frac{1}{2}\tilde{\varepsilon}^{2}\rho_{m}\rho_{s}^{2}-\frac{1}{2}\tilde{\varepsilon}^{3}\rho_{m}\rho_{s}^{2}\left(1-2\rho_{m}\rho_{s}\right)\right] \tag{8.5.14}$$

$$f_{\text{coupl}}\left[\rho_{s},\rho_{m}\right]=-\frac{m-1-\lambda}{m}\ln\frac{\left[\exp(\tilde{\varepsilon})-1\right]\rho_{s}+1}{\left[\exp(\tilde{\varepsilon})-1\right]\rho_{s}\rho_{m}+1} \tag{8.5.15}$$

其中 $\tilde{\varepsilon}=\varepsilon/kT=(\varepsilon_{\text{pp}}+\varepsilon_{\text{ss}}-2\varepsilon_{\text{ps}})/kT$，为溶剂与高分子链节间的对比交换能，$\varepsilon_{\text{pp}}$ 即 ε_{ij} 是 i-j 对的相互作用能；λ 是长程相关的校正因子

$$\lambda=(m-1)(m-2)(am+b)/m^{2} \tag{8.5.16}$$

权重函数采用 Heaviside 阶梯函数Θ，

$$w(x)=\frac{\Theta(x-1)}{Z_{c}+1} \tag{8.5.17}$$

巨势对高分子链节密度分布求极小值，即可得到平衡时的高分子链节密度分布

$$\rho_{p}(\boldsymbol{Q})=\exp\left[\beta\mu_{p}-\beta V_{\text{int}}(\boldsymbol{Q})-\beta\Psi(\boldsymbol{Q})\right] \tag{8.5.18}$$

其中

$$\beta\Psi(\boldsymbol{Q})=\sum_{j=1}^{m}\beta\varphi(\boldsymbol{q}_{j})=\sum_{j=1}^{m}\left[\frac{1}{m}-1-\ln\rho_{s}(\boldsymbol{q}_{j})+\frac{\delta\beta F^{\text{ex}}}{\delta\rho_{p}(\boldsymbol{q}_{j})}+V_{i}^{\text{ext}}\right] \tag{8.5.19}$$

代入式(8.5.5)，得

$$\rho_{m}(\boldsymbol{q})=\sum_{\boldsymbol{Q}}\sum_{j=1}^{m}\delta(\boldsymbol{q}_{j}-\boldsymbol{q},0)\exp\left[\beta\mu_{p}-\beta V_{\text{int}}(\boldsymbol{Q})-\beta\Psi(\boldsymbol{Q})\right] \tag{8.5.20}$$

与 7.3 节介绍的自由空间中使用格林传递子的解析方法类似，链节密度分布可利用格林传递子计算

$$\rho_{m}(\boldsymbol{q})=\sum_{j=1}^{m}\exp\left[\beta\mu_{p}-\beta\Psi(\boldsymbol{Q})\right]G_{L}^{(j)}(\boldsymbol{q})G_{R}^{(j)}(\boldsymbol{q}) \tag{8.5.21}$$

其中

$$G_{L}^{(j)}(\boldsymbol{q})=\sum_{\boldsymbol{Q}}\frac{\delta(|\boldsymbol{q}'-\boldsymbol{q}|-1,0)}{Z_{c}}\exp\left[\beta\varphi(\boldsymbol{q}')\right]G_{L}^{(j-1)}(\boldsymbol{q}') \tag{8.5.22}$$

$$G_{R}^{(j)}(\boldsymbol{q})=\sum_{\mathbf{Q}}\frac{\delta(|\boldsymbol{q}'-\boldsymbol{q}|-1,0)}{Z_{c}}\exp\left[\beta\varphi(\boldsymbol{q}')\right]G_{R}^{(j+1)}(\boldsymbol{q}') \tag{8.5.23}$$

其中 $j=1, 2, \cdots, m-1$， $G_{\mathrm{L}}^{(1)}(\boldsymbol{q})=G_{\mathrm{R}}^{(r)}(\boldsymbol{q})=1$。

得到聚合物链节密度分布后可以根据下式计算聚合物刷的平均厚度$\langle H\rangle$

$$\langle H\rangle=\frac{2\int z\rho(z)\mathrm{d}z}{\int\rho(z)\mathrm{d}z} \tag{8.5.24}$$

图 8-32 是 LDFT 预测的平板固体表面聚合物刷的链节密度分布与 MC 模拟结果的比较。图 8-32(a)和(b)分别是不同铆接密度下，无热聚合物刷(聚合物链节与溶剂间的对比交换能 $\tilde{\varepsilon}=0$)的链节密度分布，其中固体壁面与非铆接高分子链节的相互作用 V^{ext} 也为 0。可见与 MC 模拟结果[74]吻合得非常好，在不同的铆接密度下，链节密度分布都呈现一个极大值，说明聚合物刷存在一个排斥层，其他分子不容易进入这个区域。铆接密度越大，由于高分子链节间的排斥作用，聚合物刷越向溶液中伸展，刷的厚度越大。图 8-32(c)和(d)分别是对比交换能为 $\tilde{\varepsilon}=0.5$ 的非无热聚合物刷的链节密度分布预测值与 MC 模拟结果[75]的比较，两者吻合良好，只是在铆接表面附近有一些小的偏差，这与模拟系统的涨落有关。

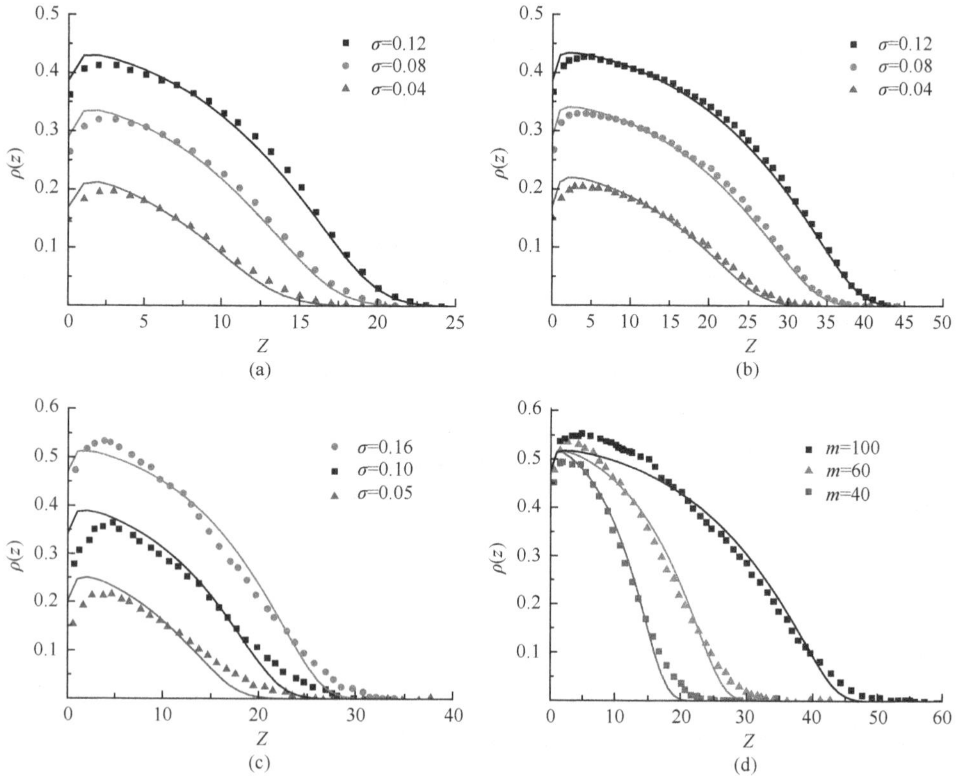

图 8-32　均聚高分子刷的链节密度分布。(a) $\tilde{\varepsilon}=0$，$m=49$；(b) $\tilde{\varepsilon}=0$，$m=99$；(c) $\tilde{\varepsilon}=0.5$，$m=60$；(d) $\tilde{\varepsilon}=0.5$，$m=40, 60, 100$，$\sigma=0.16$。点为 Monte Carlo 模拟结果

为了描述温度敏感型聚合物刷的结构，借助双重格子模型的思想[76-79]，将高分子链节与溶剂之间的对比交换能展开成如下温度倒数的级数形式，它可以非常精确地描述体相二元高分子溶液的 UCST、LCST，同时具有 UCST 和 LCST，封闭环形分相区，以及计时沙漏型五种不同的相变行为

$$\tilde{\varepsilon}=\sum_{i}\frac{\varepsilon_i}{\left(kT_{\mathrm{r}}\right)^i},\quad i=1,2,3,\cdots \tag{8.5.25}$$

其中，$T_{\mathrm{r}}=T/100$。这里重点考察体相高分子溶液的相变行为与聚合物刷结构的温度响应特性之间的关系。在一定的能量参数和温度条件下，高分子溶液共轭相的组成(液液平衡)可以由化学势相等的原理计算获得

$$\mu_{\mathrm{p}}^{(\alpha)}=\mu_{\mathrm{p}}^{(\beta)},\quad \mu_{\mathrm{s}}^{(\alpha)}=\mu_{\mathrm{s}}^{(\beta)} \tag{8.5.26}$$

在相同的模型参数和温度下聚合物刷的链节密度分布和平均厚度由 LDFT 计算，链长和铆接密度固定为 m=50 和 σ=0.10。图 8-33 是体相高分子溶液具有 UCST 相变行为的聚合物刷的平衡态结构，$\tilde{\varepsilon}$ 与温度的关系如图 8-33(a)所示，随温度升

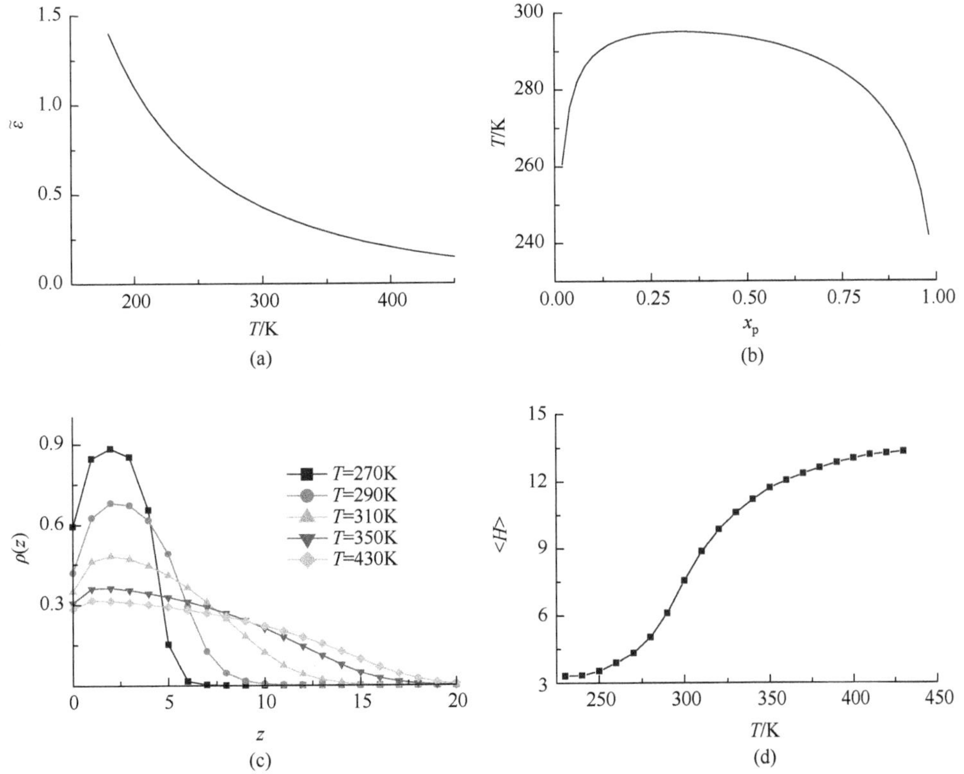

图 8-33　具有 UCST 相变行为的聚合物刷的平衡态结构，ε_1/k=−0.57K，ε_2/k^2=5.56K^2，m=50，σ=0.1。(a)对比交换能随温度的变化；(b)体相高分子溶液的相图；(c)不同温度下聚合物刷的链节密度分布；(d)聚合物刷平均厚度随温度的变化

高而降低。在高温下溶剂与高分子完全互溶低温下部分互溶，相应的液液平衡相见图 8-33(b)。图 8-33(c)和(d)分别是不同温度下的聚合物刷的链节密度分布和聚合物刷平均厚度随温度的变化。低温下，聚合物刷浓缩于固体表面，由于聚合物与溶剂间的不相溶性，高分子链形成蘑菇状结构。高温下，随着聚合物和溶剂相容性的增大，高分子链变得更加舒展，聚合物刷的平均厚度随温度的升高而增大，在临界温度附近，平均厚度随温度的变化更快，显示出温度敏感性。体相高分子溶液具有 LCST 相变行为的聚合物刷的平衡态结构随温度的变化关系，大体上与具有 UCST 相变行为的聚合物刷相反[69]。

图 8-34 是体相高分子溶液同时具有 UCST 和 LCST 相变行为的聚合物刷的平衡态结构随温度的变化关系。如图 8-34(a)所示，对比交换能随温度变化有一个极小值，在这个温度附近聚合物和溶剂是完全互溶的，低温下或高温下都是部分互溶的［图 8-34(b)］。如图 8-34(c)和(d)所示，温度低于 UCST 和高于 LCST 时，由于高分子与溶剂之间部分互溶，聚合物刷中的高分子链倾向于形成蘑菇状结构以

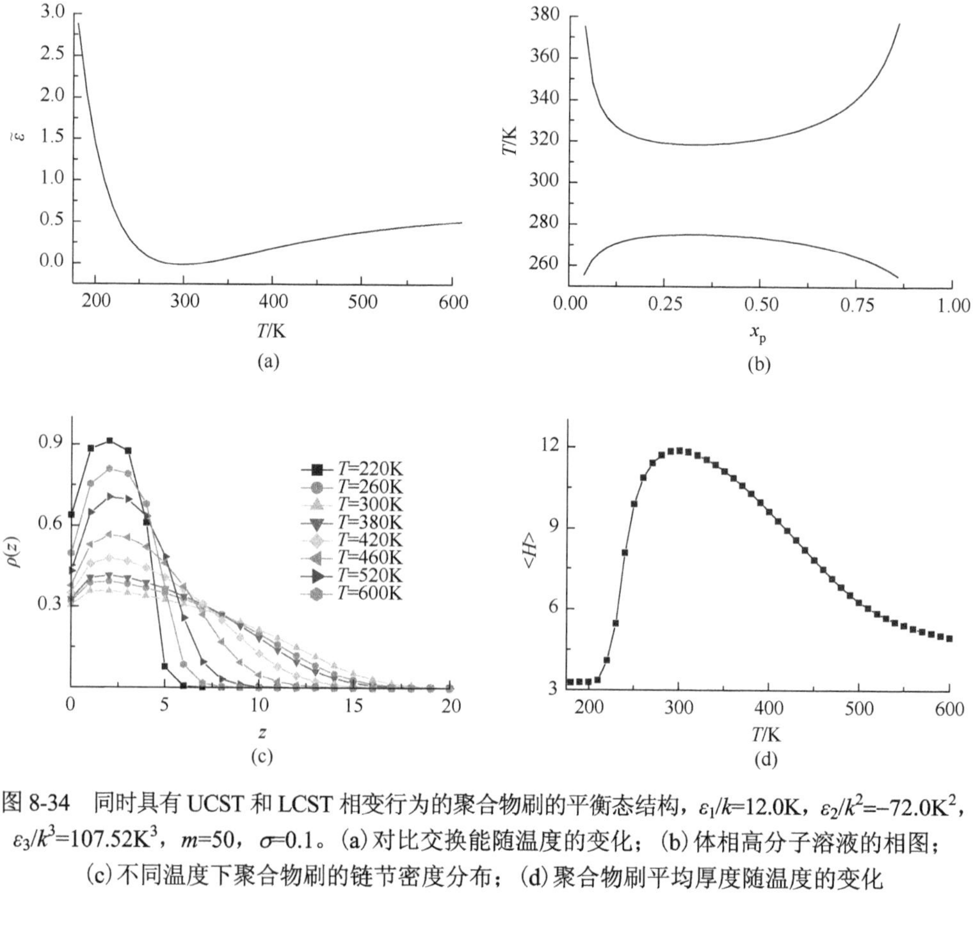

图 8-34 同时具有 UCST 和 LCST 相变行为的聚合物刷的平衡态结构，ε_1/k=12.0K，ε_2/k^2=−72.0K^2，ε_3/k^3=107.52K^3，m=50，σ=0.1。(a)对比交换能随温度的变化；(b)体相高分子溶液的相图；(c)不同温度下聚合物刷的链节密度分布；(d)聚合物刷平均厚度随温度的变化

减少与溶剂的接触，在 UCST 和 LCST 之间的温度区间，聚合物刷舒展深入溶剂中，聚合物刷的平均厚度在这个温度区间有一个极大值。在 UCST 和 LCST 附近，聚合物刷的结构变化比较激烈，同样显示出对温度的敏感性。有意思的是，在 UCST 附近的低温区的温度敏感性要比 LCST 附近的高温区的温度敏感性要强。当高分子溶液的 UCST 和 LCST 相互靠近并交叉时，形成计时沙漏型相变行为，其聚合物刷的结构随温度的变化关系类似，由于在整个温度范围内高分子和溶剂间均是部分互溶的，高分子链倾向于形成蘑菇状结构，聚合物刷的平均厚度比较小[69]。

体相高分子溶液具有封闭环形分相区的聚合物刷，高分子与溶剂在低于 LCST 低温区和高于 UCST 的高温区是完全互溶的，在 LCST 和 UCST 之间的温度区间则部分互溶，聚合物刷的平衡态结构随温度的变化关系，大体上与具有同时具有 UCST 和 LCST 相变行为的聚合物刷相反，见图 8-35。其温度敏感性也是在 LCST 附近的低温区更强一些。

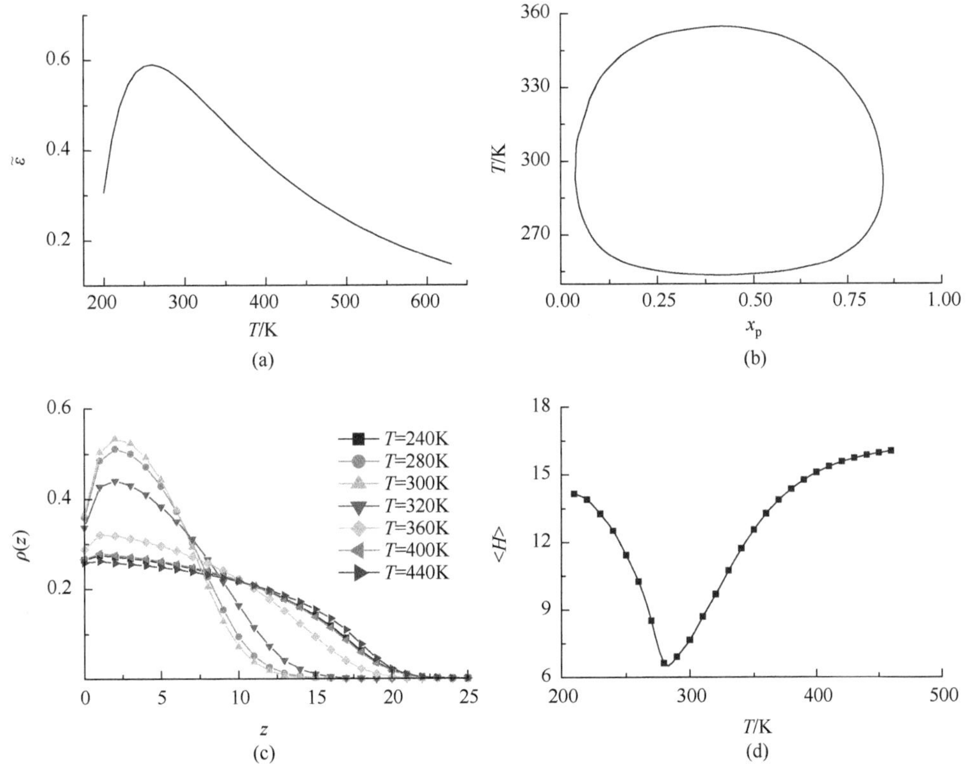

图 8-35　具有封闭环形分相区的聚合物刷的平衡态结构，ε_1/k=–0.9K，ε_2/k^2=14.4K^2，ε_3/k^3=–21.22K^3，m=50，σ=0.1。(a) 对比交换能随温度的变化；(b) 体相高分子溶液的相图；(c) 不同温度下聚合物刷的链节密度分布；(d) 聚合物刷平均厚度随温度的变化

对于实际系统，高分子溶液的液液相变行为相对来说是比较容易实验测定的，可以用密堆积格子分子热力学模型对实验测定的相平衡数据进行关联，得到高分子链长 m 和高分子与溶剂的链节交换能 $\tilde{\varepsilon}$（及其随温度的变化），然后根据高分子在固体表面的铆接密度预测聚合物刷的结构。图 8-36 是 PNIPAM/水系统的相变行为的实验测定结果[80]及用密堆积格子分子热力学模型关联的结果，这是一个具有 LCST 的液液相变系统。由此得到的分子间相互作用参数进一步用于固体表面 PNIPAM 刷在水中的结构，包括链节密度分布和自由端密度分布如图 8-37 所示。

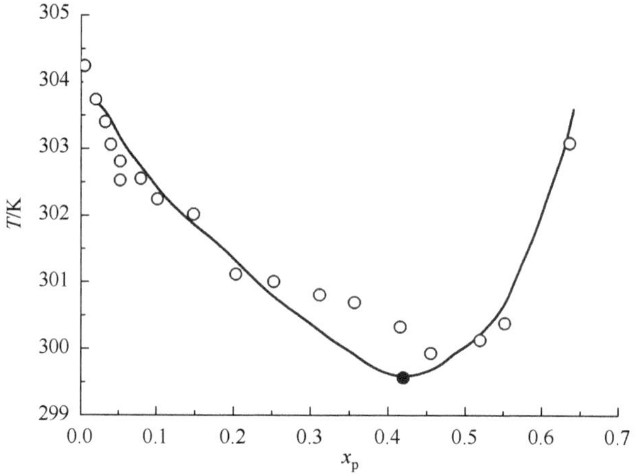

图 8-36　PNIPAM 水溶液的相变行为。○：实验值[80]；●：根据实验结果估计的临界点；实线：分子热力学模型计算值。m=1946，ε_1/k=7.50K，ε_2/k^2=−22.41K^2

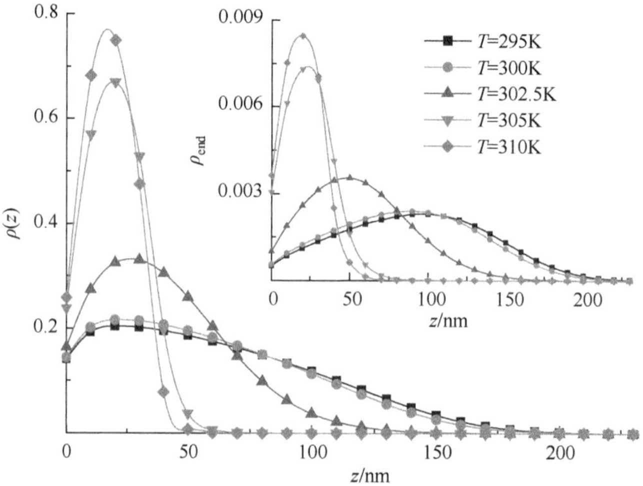

图 8-37　PNIPAM 聚合物刷在水溶液中的链节密度分布。铆接率 ρ_g=0.33nm^{-2}，m=747，ε_1/k=7.50K，ε_2/k^2=−22.41K^2。插图是聚合物刷中高分子自由端的分布密度

LDFT 理论计算得到的不同铆接密度下 PNIPAM 刷的高度(厚度)与 E. Bittrich 等[81]的实验数据的比较见图 8-38，两者定性结果是一致的。该聚合物刷在 300～305K 区间对溶液温度的变化非常敏感，随着温度的升高，聚合物刷厚度有一个快速的减小过程，高铆接密度($0.33nm^{-2}$)时的溶胀比例是 3.25，低铆接密度($0.11nm^{-2}$)时为 5.0。

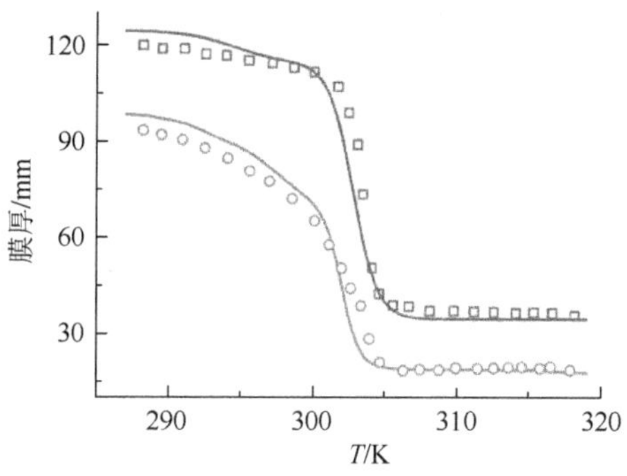

图 8-38　PNIPAM 刷的敏度敏感性。实线：LDFT 计算值；○：铆接密度 $0.11nm^{-2}$ 时的实验值；□：铆接密度 $0.33nm^{-2}$ 时的实验值[81]

固体表面与聚合物及溶剂的相互作用的相对强弱对聚合物刷的结构也有一定的影响[70]。考虑固体表面与聚合物链的第一个链节的相互作用为

$$\beta V_1^{\text{ext}}(z)=\begin{cases}-\infty & z=0\\ 0 & z>0\end{cases} \tag{8.5.27}$$

这个作用势能够保证聚合物的第一个链节铆接在固体表面。固体表面与聚合物其他链节的作用为

$$\beta V_i^{\text{ext}}(z)=\begin{cases}v & z=0\\ 0 & z>0\end{cases}\qquad i=2,\cdots,r \tag{8.5.28}$$

$v>0$ 为排斥作用，$v<0$ 为吸引作用。忽略壁面与溶剂间的作用。

图 8-39 是 v 对聚合物刷链节密度分布的影响，图 8-40 是 v 对聚合物厚度和固体表面覆盖率(表面第一层的链节密度)的影响。这是一个无热溶液系统，从图 8-39 可以看到，短程作用时只能影响第 1 和第 2 层，对更远的高分子链节的分布影响

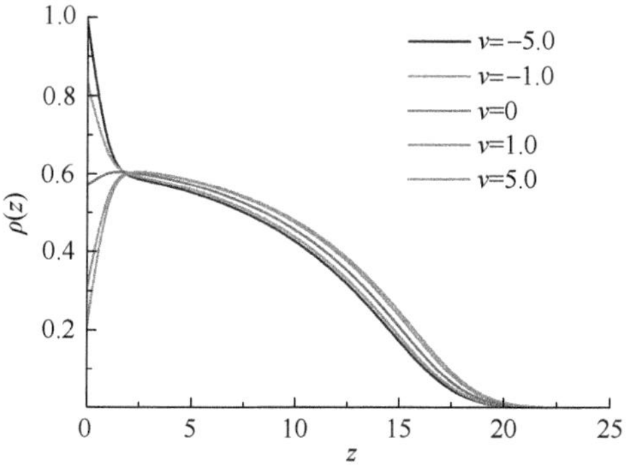

图 8-39　固体表面与聚合物链节相互作用强度 v 对聚合物刷链节密度分布的影响。链长 m=40，铆接密度σ=0.2，溶剂与聚合物链节交换能 $\tilde{\varepsilon}$=0（后附彩图）

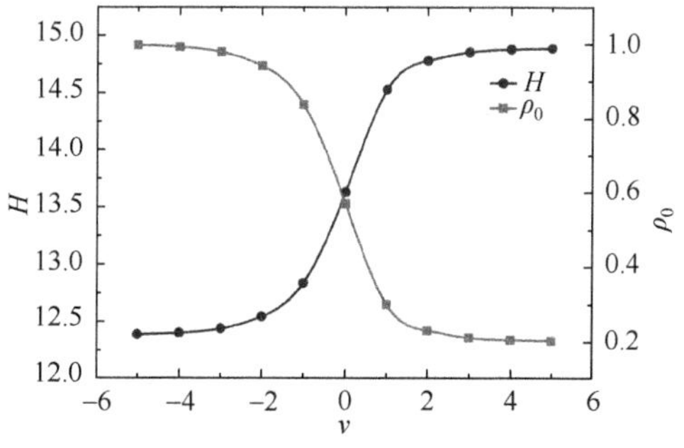

图 8-40　固体表面与聚合物链节相互作用强度 v 对聚合物刷厚度 H 和表面覆盖率ρ_0 的影响。链长 m=40，铆接密度σ=0.2，溶剂与聚合物链节交换能 $\tilde{\varepsilon}$=0

很小；表面作用对聚合物刷的溶胀率(厚度)的影响不大，为 10%～15%，但对表面覆盖率的影响比较大。图 8-41 是具有 LCST 的聚合物刷溶胀率 $SR=\langle H\rangle_T/\langle H\rangle_{370\text{K}}$ 的影响。可以看到，在σ=0.01 的低铆接率下表面作用对温度敏感性有明显影响，而在σ=0.1 的高铆接率下表面作用对温度敏感性影响较小。

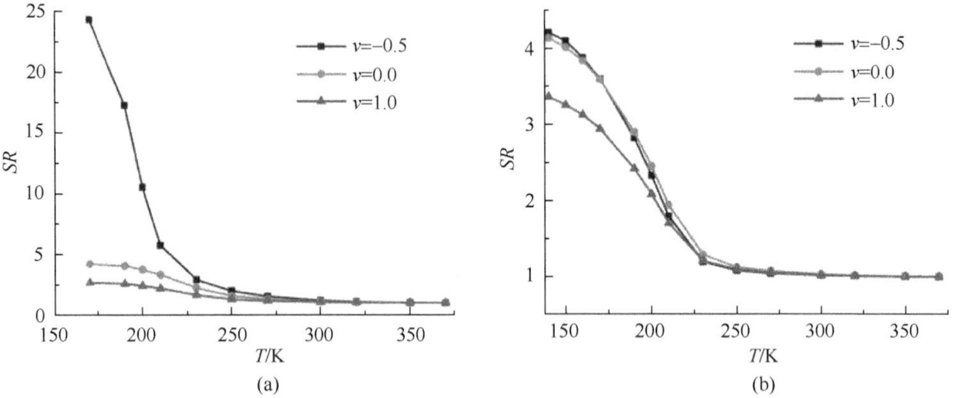

图 8-41　固体表面与聚合物链节相互作用强度 v 对聚合物刷溶胀率的影响。铆接密度 (a) σ=0.01，(b) σ=0.1；链长 m=60，溶剂与聚合物链节交换能 ε_1/k_B=7.0K，ε_2/k_B^2=−13.5K^2

2. 固体表面混合聚合物刷的溶剂响应：自由空间密度泛函理论

固体表面铆接均聚高分子刷后，其亲水亲油性取决于所铆接的高分子的亲水亲油性。虽然可以通过改变温度、溶液 pH、盐浓度等外界条件在一定程度上改变聚合物刷的结构，但其亲水亲油性是不变的。在 Pickering 乳化催化技术中，要求固体催化剂颗粒在反应过程中始终处于两相界面，这就要求颗粒的表面亲水亲油性能够随着液相组成的变化而改变，满足式(8.5.1)的要求。显然铆接单一的均聚高分子是难以做到这一点的。一种可能的途径是铆接亲水亲油性不同的两种高分子形成混合聚合物刷，其结构(不同高分子链节的密度分布)有可能随接触溶剂性质的变化而变化。当混合聚合物刷浸入溶剂中，疏溶剂的聚合物由于受到溶剂的排斥作用而被压缩靠近固体壁面，亲溶剂的聚合物则由于受到溶剂吸引作用而更多地在聚合物刷表面富集，形成分相结构，如图 8-42 所示。

如果两个聚合物本身是不相溶的，即使将溶剂完全蒸发也可能使聚合物刷保持这种分相结构和表面亲水亲油特性。这就如聚合物刷具有记忆功能，能够记忆合成聚合物刷时最后所使用的溶剂的亲水亲油性。关于混合聚合物刷溶剂响应特性的实验现象已经有了比较多的积累[82-86]，也有一些理论[87-89]和模拟[90-93]研究。但铆接高分子类型及其铆接密度，高分子的链长、分子间相互作用、高分子与分散介质的相互作用如何影响铆接高分子刷的结构及其对固体表面性质的影响等缺乏系统的理论研究，密度泛函理论是比较合适的理论手段[94-98]。这里我们介绍许

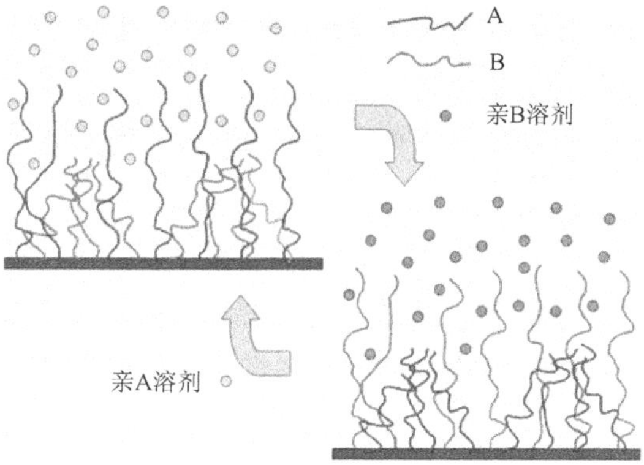

图 8-42　二元聚合物刷的溶剂响应特性

裕栗等采用自由空间的高分子系统密度泛函理论，在混合聚合物刷溶剂响应特性研究中的应用[99-101]。

考虑一个二元聚合物刷(由高分子 A 和 B 组成)和溶剂 S。高分子是由 m_A 或 m_B 个直径为σ_A或σ_B的球形链节组成的线形柔性链，溶剂为单个链节的球形分子，直径为σ_S。为简单起见，假设两个高分子的链长相同(m_A=m_B=m)，所有高分子链节和溶剂分子的直径相同(σ_A=σ_B=σ_S=σ)，它们之间的相互作用势为

$$u_{ij}\left(r_{ij}\right)=\begin{cases}0 & r_{ij}>1.5\sigma \\ -\varepsilon_{ij} & \sigma<r_{ij}<1.5\sigma \\ \infty & r_{ij}<\sigma\end{cases} \tag{8.5.29}$$

其中 r_{ij} 和ε_{ij}为 i 和 j 链节之间的距离和作用强度。固体壁面与高分子链节的相互作用为

$$u_{\text{wall}}\left(z_i\right)=\begin{cases}0 & 0\leqslant z_i-\sigma/2 \\ \infty & z_i-\sigma/2<0\end{cases} \tag{8.5.30}$$

z_i 为链节 i 的中心与壁面的距离。为保证形成聚合物刷，所有高分子的第一个链节与壁面的相互作用势为

$$u_{\text{gra}}\left(z_1\right)=\begin{cases}-\infty & z_1=\sigma/2 \\ 0 & z_1\neq\sigma/2\end{cases} \tag{8.5.31}$$

根据密度泛函理论，系统的巨势可表示为

$$\begin{aligned}\Omega\left[\rho_m^{(1)},\rho_m^{(2)},\rho_m^{(3)}\right]=&F_{\text{int}}\left[\rho_m^{(1)},\rho_m^{(2)},\rho_m^{(3)}\right]\\&+\sum_{i=1}^{3}\left[\int V_{\text{ext}}^{(i)}\left(\boldsymbol{R}_i\right)\rho_m^{(i)}\left(\boldsymbol{R}_i\right)\mathrm{d}\boldsymbol{R}_i-\mu_i\int\rho_m^{(i)}\left(\boldsymbol{R}_i\right)\mathrm{d}\boldsymbol{R}_i\right]\end{aligned} \tag{8.5.32}$$

式中，上标 1、2 分别表示铆接的高分子链 A 和 B，上标 3 表示溶剂；μ_i 和 $V_{\text{ext}}^{(i)}$ 分别为组分 i 的化学势和外场；$\boldsymbol{R}_i=(\boldsymbol{r}_1,\cdots,\boldsymbol{r}_{m_{(i)}})$ 为链长为 $m_{(i)}$ 的高分子 i 的构型，$\boldsymbol{r}_j$

为 j 链节的空间位置，对于溶剂有 $\boldsymbol{R}_3=\boldsymbol{r}$ 。F_{int} 为内在自由能泛函，可表示为理想气体贡献和过量贡献两部分贡献之和

$$F_{\text{int}}\left[\rho_m^{(1)},\rho_m^{(2)},\rho_m^{(3)}\right]=F^{\text{ig}}[\rho_m^{(1)},\rho_m^{(2)},\rho_m^{(3)}]+F^{\text{ex}}[\rho_m^{(1)},\rho_m^{(2)},\rho_m^{(3)}] \tag{8.5.33}$$

$$F^{\text{ig}}\left[\rho_m^{(1)},\rho_m^{(2)},\rho_m^{(3)}\right]=\sum_{i=1}^{3}\int\rho_m^{(i)}\left(\boldsymbol{R}_i\right)\left[\ln\rho_m^{(i)}\left(\boldsymbol{R}_i\right)-1+\beta V_{\text{intra}}^{i}\left(\boldsymbol{R}_i\right)\right]\mathrm{d}\boldsymbol{R}_i \tag{8.5.34}$$

$\beta=1/kT$，k 为玻耳兹曼常量，T 为温度；V_{intra} 为分子内相互作用能，对于溶剂 S 该项等于 0。平衡时，系统巨势达到极大值，它对密度分布函数的泛函微分为 0，即

$$\delta\Omega/\delta\rho_m^{(i)}\left(\boldsymbol{R}\right)=0 \tag{8.5.35}$$

由此导得平衡时的分子密度分布

$$\rho_m^{(i)}\left(\mathbf{R}\right)=\exp\left\{\beta\left(\mu_i-V_{\text{ext}}^{(i)}\left(\boldsymbol{R}_i\right)-V_{\text{intra}}^{(i)}\left(\boldsymbol{R}_i\right)-\frac{\delta F^{\text{ex}}[\rho_m^{(1)},\rho_m^{(2)},\rho_m^{(3)}]}{\delta\rho_m^{(i)}}\right)\right\} \tag{8.5.36}$$

链节密度分布可以根据分子密度分布由下式计算

$$\rho_i\left(\boldsymbol{r}\right)=\int\sum_{l=1}^{m_i}\delta\left(\boldsymbol{r}-\boldsymbol{r}_l\right)\rho_m^{(i)}\left(\boldsymbol{R}_i\right)\mathrm{d}\boldsymbol{R}_i \tag{8.5.37}$$

利用这个关系，可以得

$$\frac{\delta F^{\text{ex}}\left[\rho_m^{(1)},\rho_m^{(2)},\rho_m^{(3)}\right]}{\delta\rho_m^{(i)}(\boldsymbol{R}_i)}=\sum_{l=1}^{m_i}\int\frac{\delta F^{\text{ex}}\left[\rho_m^{(1)},\rho_m^{(2)},\rho_m^{(3)}\right]}{\delta\rho_i(\boldsymbol{r}')}\delta(\boldsymbol{r}'-\boldsymbol{r}_l)\mathrm{d}\boldsymbol{r}' \tag{8.5.38}$$

过量自由能可以分成硬球排斥贡献和吸引贡献两部分

$$F^{\text{ex}}\left[\rho_m^{(1)},\rho_m^{(2)},\rho_m^{(3)}\right]=F_{\text{hc}}^{\text{ex}}\left[\rho_m^{(1)},\rho_m^{(2)},\rho_m^{(3)}\right]+F_{\text{attr}}^{\text{ex}}\left[\rho_m^{(1)},\rho_m^{(2)},\rho_m^{(3)}\right] \tag{8.5.39}$$

式中，$F_{\text{hc}}^{\text{ex}}$ 是硬球排斥及硬球链形成对过量自由能的贡献，由下式计算

$$F_{\text{hc}}^{\text{ex}}\left[\rho_m^{(1)},\rho_m^{(2)},\rho_m^{(3)}\right]=\sum_{i=1}^{3}\int\rho_i(\boldsymbol{r})f_{\text{hc}}^{(i)}\left[\bar{\rho}_{\text{hc}}^{(i)}(\boldsymbol{r})\right]\mathrm{d}\boldsymbol{r} \tag{8.5.40}$$

$F_{\text{attr}}^{\text{ex}}$ 是链节间方阱作用及其对链形成影响的贡献。类似于叶贞成等对高分子混合物吸附的研究[102, 103]，采用状态方程与权重密度近似(WDA)结合的方法计算

$$F_{\text{attr}}^{\text{ex}}\left[\rho_m^{(1)},\rho_m^{(2)},\rho_m^{(3)}\right]=\sum_{i=1}^{3}\int\rho_i(\boldsymbol{r})f_{\text{attr}}^{(i)}\left[\bar{\rho}_{\text{attr}}^{(i)}(\boldsymbol{r})\right]\mathrm{d}\boldsymbol{r} \tag{8.5.41}$$

式(8.5.40)和式(8.5.41)中，$f_{\text{hc}}^{(i)}(\bar{\rho})$ 是密度 $\bar{\rho}$ 时硬球链流体中组分 i 的过量自由能密度，$f_{\text{attr}}^{(i)}(\bar{\rho})$ 是方阱链流体和硬球链流体的过量自由能密度差，且

$$f_{\text{hc}}^{(i)}=\left(\frac{\partial F_{\text{hc}}^{\text{ex}}}{\partial\rho_i}\right)_{T,p_k,\rho_{k\neq i}},\quad f_{\text{attr}}^{(i)}=\left(\frac{\partial F_{\text{attr}}^{\text{ex}}}{\partial\rho_i}\right)_{T,p_k,\rho_{k\neq i}} \tag{8.5.42}$$

相应的权重密度由下面两式计算

$$\bar{\rho}_{\text{hc}}^{(i)}(\boldsymbol{r})=\int\rho_i(\boldsymbol{r}')w_{\text{hc}}\left(\left|\boldsymbol{r}-\boldsymbol{r}'\right|\right)\mathrm{d}\boldsymbol{r}' \tag{8.5.43}$$

$$\overline{\rho}_{\mathrm{attr}}^{(i)}(\boldsymbol{r})=\int\rho_i(\boldsymbol{r}')w_{\mathrm{attr}}\left(\left|\boldsymbol{r}-\boldsymbol{r}'\right|\right)\mathrm{d}\boldsymbol{r}' \tag{8.5.44}$$

其中权重函数为

$$w_{\mathrm{hc}}(r)=3\Theta(\sigma-r)/(4\pi\sigma^3) \tag{8.5.45}$$

$$w_{\mathrm{attr}}(r)=3\Theta(1.5\sigma-r)/\left(4\pi(1.5\sigma)^3\right) \tag{8.5.46}$$

Θ 为 Heaviside 阶梯函数。结合式(8.5.36)、式(8.5.40)、式(8.5.41)、式(8.5.43)和式(8.5.44)，得

$$\frac{\delta F_{\mathrm{hc}}^{(i)}}{\delta\rho_m^{(j)}\left(\mathbf{R}_j\right)}=f_{\mathrm{hc}}^{(i)}\left[\overline{\rho}_{\mathrm{hc}}^{(i)}\right]+\sum_{j=1}^{3}\sum_{k=1}^{3}\int\rho_i(\boldsymbol{r}')\frac{\delta f_{\mathrm{hc}}^{(j)}\left[\overline{\rho}_{\mathrm{hc}}^{(j)}(\boldsymbol{r})\right]}{\delta\overline{\rho}_{\mathrm{hc}}^{(k)}(\boldsymbol{r}')}\frac{\delta\overline{\rho}_{\mathrm{hc}}^{(k)}(\boldsymbol{r}')}{\delta\rho_i(\boldsymbol{r})}\mathrm{d}\boldsymbol{r}' \tag{8.5.47}$$

$$\frac{\delta F_{\mathrm{attr}}^{(i)}}{\delta\rho_m^{(j)}(\boldsymbol{R}_j)}=f_{\mathrm{attr}}^{(i)}\left[\overline{\rho}_{\mathrm{attr}}^{(i)}\right]+\sum_{j=1}^{3}\sum_{k=1}^{3}\int\rho_i(\boldsymbol{r}')\frac{\delta f_{\mathrm{attr}}^{(j)}\left[\overline{\rho}_{\mathrm{attr}}^{(j)}(\boldsymbol{r})\right]}{\delta\overline{\rho}_{\mathrm{attr}}^{(k)}(\boldsymbol{r}')}\frac{\delta\overline{\rho}_{\mathrm{attr}}^{(k)}(\boldsymbol{r}')}{\delta\rho_i(\boldsymbol{r})}\mathrm{d}\boldsymbol{r}' \tag{8.5.48}$$

组分 i 的链节密度分布可表示为

$$\begin{aligned}\rho_i(\boldsymbol{r})=&\int\sum_{l=1}^{m_i}\delta(\boldsymbol{r}-\boldsymbol{r}_l)\\&\times\exp\left[\beta\left(\mu_i-V_{\mathrm{ext}}^{(i)}(\boldsymbol{r})-V_{\mathrm{intra}}(\boldsymbol{R})-\sum_{j=1}^{m_i}\left(\frac{\delta F_{\mathrm{hc}}^{(i)}}{\delta\rho_M^{(j)}(\boldsymbol{R})}+\frac{\delta F_{\mathrm{attr}}^{(i)}}{\delta\rho_M^{(j)}(\boldsymbol{R})}\right)\right)\right]\mathrm{d}\boldsymbol{R}_i\end{aligned} \tag{8.5.49}$$

其中，$V_{\mathrm{ext}}^{(i)}(\boldsymbol{r})=u_{\mathrm{gra}}^{(i)}(\boldsymbol{r})+u_{\mathrm{wall}}^{(i)}(\boldsymbol{r})$。分子内相互作用势近似为相邻链节间的成键作用，则可以得到链节密度分布的数值解

$$\rho_i(z)=\exp(\beta\mu_i)\sum_{l=1}^{m_i}\exp(-\beta\Psi_l(z))G_{\mathrm{L}}^l(z)G_{\mathrm{R}}^l(z) \tag{8.5.50}$$

其中

$$G_{\mathrm{L}}^l(z)=\frac{1}{2\sigma_{l-1,l}}\int_{\max(0,z-\sigma)}^{\min(H\sigma,z+\sigma)}\mathrm{d}z'\exp(-\beta\Psi_{l-1}(z'))G_{\mathrm{L}}^{l-1}(z') \tag{8.5.51}$$

$$G_{\mathrm{R}}^q(z)=\frac{1}{2\sigma_{q,q+1}}\int_{\max(0,z-\sigma)}^{\min(H\sigma,z+\sigma)}\mathrm{d}z'\exp(-\beta\Psi_{q+1}(z'))G_{\mathrm{R}}^{q+1}(z') \tag{8.5.52}$$

其中 l=2, …, m 和 q=1, 2, …, m−1，$G_{\mathrm{L}}^1(z)=1$，$G_{\mathrm{R}}^m(z)=1$，以及

$$\Psi_l(z)=\frac{\delta F_{\mathrm{hc}}^{\mathrm{ex}}}{\delta\rho_l(z)}+\frac{\delta F_{\mathrm{att}}^{\mathrm{ex}}}{\delta\rho_l(z)}+u_{\mathrm{ext}}^{(l)}(z) \tag{8.5.53}$$

对于溶剂组分 i=3，有

$$\rho_3(z)=\exp(\beta\mu_3)\exp(-\beta\Psi(z)) \tag{8.5.54}$$

1) 溶剂选择性对完全相容混合聚合物刷的影响

首先考察完全相容($\varepsilon_{\mathrm{AB}}$=1.0$\varepsilon$)的对称二元混合聚合物刷[101]。我们选取不同选

择性的溶剂，考察其对聚合物刷结构的影响。图 8-43 是真空和浸入不同性质溶剂时二元混合聚合物刷的密度分布曲线，其中分子间的相互作用能为$\varepsilon_{AA}=\varepsilon_{BB}=\varepsilon_{SS}=\varepsilon$，对比温度 $T^*=kT/\varepsilon=3.0$，高分子 A 和 B 的链长为 $m_A=m_B=40$，接枝密度分别为$\rho_{gra\text{-}A}\sigma^2=\rho_{gra\text{-}B}\sigma^2=0.15$，溶剂 S 的体相密度为 $\rho_S\sigma^3=0.3$。由图可见，在非选择性不良溶剂($\varepsilon_{AS}=\varepsilon_{BS}=0.0$)作用下［图 8-43(b)］，溶剂分子被排斥于接枝高分子刷之外，高分子刷由于受到溶剂分子的挤压，分子构型变得蜷缩，导致两种高分子链均不如在真空中舒展［图 8-43(a)］。在非选择性良溶剂($\varepsilon_{AS}=\varepsilon_{BS}=1.0\varepsilon$)作用下［图 8-43(c)］，有少量溶剂分子能渗透到接枝高分子刷中，接枝高分子刷受到内部溶剂分子的溶胀作用，分子构型变得舒展，因而使得两种高分子链均比在真空中更舒展。在真空和非选择溶剂中，二元混合高分子刷不会发生层状相分离。但是如果加入了选择性溶剂[图 8-43(d)]，此时溶剂 S 对高分子 B 吸引对高分子 A 排斥，$\varepsilon_{AS}=0$，$\varepsilon_{BS}=1.0\varepsilon$，尽管高分子 A 和 B 之间是相溶的，但亲溶剂的高分子 B 和疏溶剂的高分子 A 会发生层状相分离现象。亲溶剂的高分子 B 由于与溶剂之间的吸引作用，而占据混合聚合物刷的外层；疏溶剂的高分子 A 则受到溶剂的排斥被挤压于混合聚合物刷的内层。进入内层 A 相的溶剂分子很少，但进入聚合物刷外层 B 相的溶剂则比较多，说明外层是处于溶胀状态的。如果溶剂 S 对高分子 A 吸引对 B 排斥，则情况正好相反。相溶性二元混合聚合物刷的溶剂响应特性可用图 8-44 表示，这样的结构使得混合聚合物刷在任何时候都表现为亲溶剂的性质，即该二元混合刷既是亲油的也可以是亲水的。

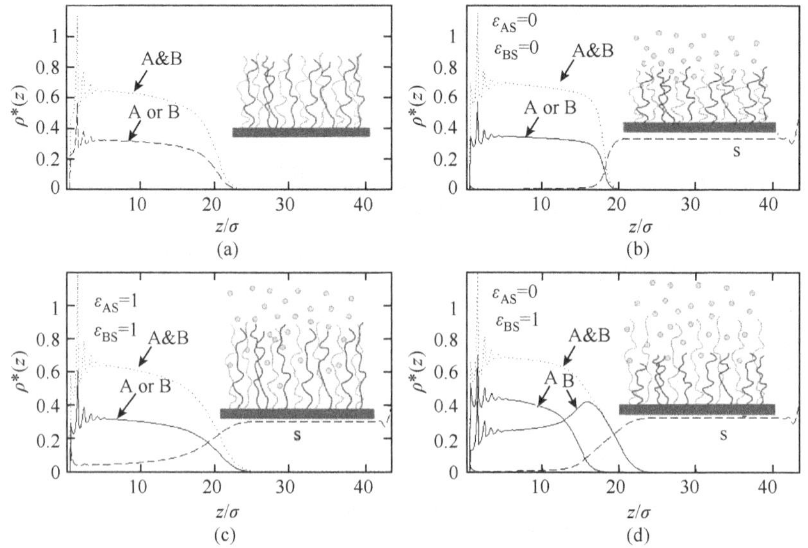

图 8-43　相溶二元混合高分子刷的密度分布图。(a)真空中；(b)非选择性不良溶剂；(c)非选择性良溶剂；(d)选择性溶剂

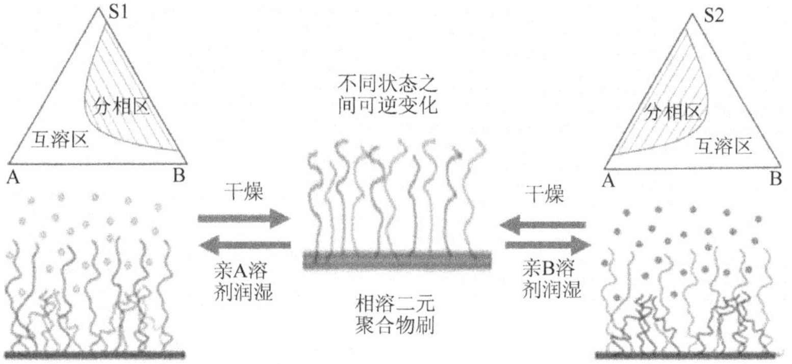

图 8-44　相溶二元混合高分子刷溶剂响应特性示意图

2)溶剂选择性对相互排斥混合聚合物刷的影响

考察 A 和 B 之间的相互作用为ε_{AB}=0.8ε的二元聚合物刷，其总接枝密度$\rho_{gra}\sigma^2$=0.2，溶剂的体相密度 $\rho_{bulk\text{-}S}\sigma^3$=0.3。这时不同聚合物链节之间的吸引作用小于相同聚合物链节之间的吸引作用，其交换能为$\epsilon_{AB}=-(2\varepsilon_{AB}-\varepsilon_{AA}-\varepsilon_{BB})=0.4\varepsilon$，表现出相互排斥作用。

图 8-45 是非选择性溶剂分子 S、高分子 A 和 B 的链节密度分布。聚合物刷浸入非选择性不良溶剂(ε_{AS}=ε_{BS}=0.0)时，聚合物刷不分层，但聚合物刷与溶剂不相溶，在 $12<z/\sigma<16$ 处形成明显的界面。受到溶剂分子的挤压，刷子主要分布于 $0.5<z/\sigma<15$，溶剂分子在 z/σ=15 时迅速减少，在 $z/\sigma<12$ 的聚合物刷内部几乎消失。在非选择性良溶剂(ε_{AS}=ε_{BS}=1.0ε)中，聚合物刷也不分层，但与溶剂间的界面消失，大量的溶剂分子出现在刷层内，使得聚合物刷因溶胀而变得伸展。无论是良溶剂还是不良溶剂，只要对不同聚合物没有选择性，聚合物刷均不会出现层状相分离。

图 8-46 是选择性溶剂分子 S、高分子 A 和 B 的链节密度分布。溶剂 S 的选择性为亲 B 疏 A：ε_{AS}=0.0，ε_{BS}=1.0ε。计算发现，浸入选择性溶剂后，聚合物刷发生了层状相分离。以疏溶剂的 A 层占主导的内层分布于($0.5<z/\sigma<10$)完全由亲溶剂的 B 链构成的外层分布于 $10<z/\sigma<20$。在 B 层中溶剂很容易渗入，但是在疏溶剂层中，由于排斥作用，溶剂密度接近 0。这个结果说明，对于相互排斥的对称二元聚合物刷，在选择性溶剂中，无论溶剂是亲水性的还是疏水性的，都可以产生对应的表面亲溶剂的结构。这样的结构已经在诸多实验[104, 105]和理论[106, 107]工作中有所报道。通过对图 8-45 和图 8-46 的比较，可以看到溶剂的选择性是相互排斥对称二元聚合物刷能否发生层状相分离的关键因素。

溶剂选择性大小对二元聚合物刷分层的影响到底有多大？在其他参数不变的情况下，我们考察溶剂与高分子 A 链节的作用参数ε_{AS}从 0.0 逐渐增加到 1.0ε聚合物刷的结构演变情况。ε_{AS} 值越大说明选择性越低。定义链节密度差分布$\delta\rho^*(z)$，即离开壁面距离为 z 时高分子 B 链节的密度与高分子 A 链节的密度差

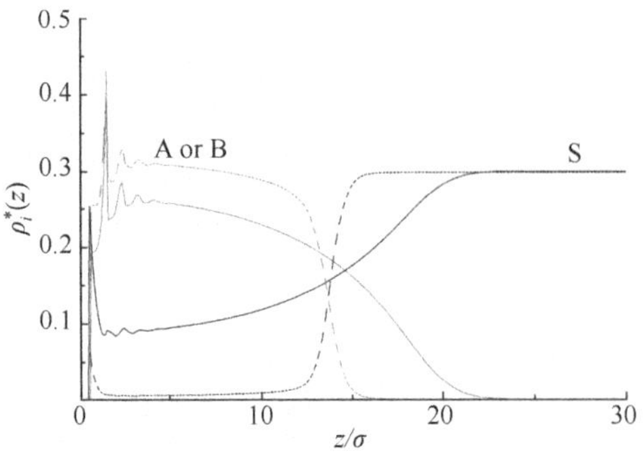

图 8-45　相互排斥的混合聚合物刷在不同溶剂中的链节密度分布。实线：非选择良溶剂；虚线：非选择性不良溶剂

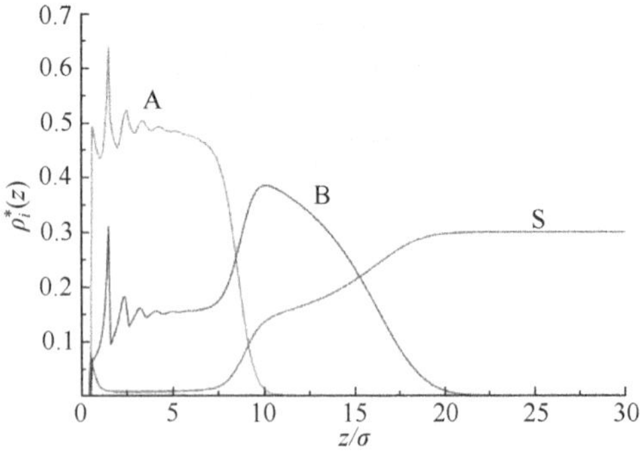

图 8-46　相互排斥的混合聚合物刷在选择性溶剂中的链节密度分布

$$\delta\rho^*(z) = \rho_B^*(z) - \rho_A^*(z) \tag{8.5.55}$$

$\delta\rho^*(z)>0$，表示 B 的含量大于 A 的含量，可以称为 B 相；反之则 A 的含量大于 B 的含量，称为 A 相。进一步定义表示分相强度的参数 S

$$S = \int\left|\delta\rho^*(z)\right|\mathrm{d}z \tag{8.5.56}$$

S 值越大，表示 A 和 B 分相趋势越强。图 8-47 是二元聚合物刷浸入不同选择性溶剂下的密度差分布 $\delta\rho^*(z)$。可以看到，当溶剂选择性较强(ε_{AS}=0.0)时，在 $0.5<z/\sigma<8$ 区间 $\delta\rho^*(z)$为负值，而在 $8<z/\sigma<22$ 区间为正值。这意味着形成了 A 在内 B 在外的分层结构。密度差 $\delta\rho^*(z_0)=0$ 的位置 z_0 可以认为是相边界。随着ε_{SA}的增加，密度差 $\delta\rho^*(z)$的值在两层中均降低，说明溶剂选择性越弱，分层程度越低。同时由于高分子 A 和溶剂 S 之间相容性的改善，其构型变得舒展，z_0 的位置也逐渐向外移

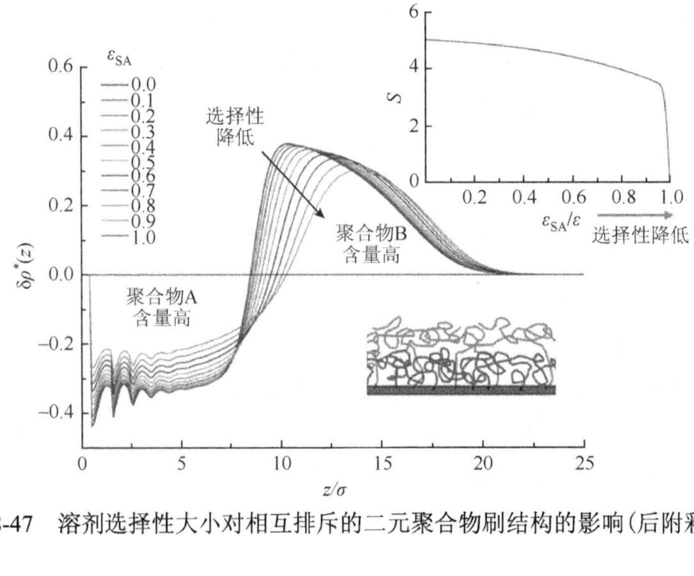

图 8-47　溶剂选择性大小对相互排斥的二元聚合物刷结构的影响(后附彩图)

动，当ε_{AS}达到 1.0ε，溶剂选择性消失，$\delta\rho^*(z)$在全区域为 0，说明分层结构消失。图中右上角的插图是分相强度参数 S 随溶剂选择性(ε_{AS})的变化。由图可见，随着溶剂选择性降低，分相强度参数 S 缓慢下降，说明聚合物刷的分相程度对溶剂选择性的大小不是很敏感。但是当溶剂没有选择性时(ε_{AS}=1.0ε)，聚合物刷将不会分层，说明只要溶剂具有非常小的选择性就能引发聚合物刷的分相。

3)溶剂蒸发后的聚合物刷结构

在溶液中合成得到的聚合物刷称为湿刷，溶剂挥发后得到的聚合物刷则为干刷。为了研究干刷结构是否受制备时得到的湿刷结构的影响，我们将湿刷的平衡链节密度分布作为初始值代入 DFT 计算，而溶剂密度则各处归零，然后通过迭代计算使干刷系统巨势最小，得到收敛的干刷系统链节密度分布，可以认为这个密度分布就是湿刷中的溶剂蒸发后得到的干刷链节密度分布。图 8-48 给出了选择性和非选择性溶剂蒸发后的干刷中高分子 A 和 B 的链节密度分布。非选择性溶剂处理的湿刷是不分相的，由于没有额外的刺激促使其发生分层，溶剂蒸发后湿刷的不分层结构仍旧得以保持。但是选择性溶剂处理的湿刷具有分层结构，亲溶剂的高分子处于刷的外层，疏溶剂的高分子被压缩在刷的内层；蒸发溶剂后得到的干刷保持了亲溶剂高分子在外层的结构。这说明聚合物刷的结构对合成时所用溶剂的性质具有记忆性，在亲水溶剂中合成的混合聚合物刷，干燥后的表面是亲水的，反之在疏水性溶剂中合成的聚合物刷干燥后则是亲油的。这一现象在实验中已经被报道[108]，但是没有任何理论对其背后的机理予以阐述。进一步的计算表明，只要溶剂具有选择性，不论其选择性大小，溶剂蒸发后得到的干刷结构是相同的[100, 109]。结合前面对溶剂选择性大小对湿刷分相结构的影响可以看到，溶剂只要有很小的选择性，就会诱导聚合物刷的分相，而溶剂蒸发后这种结构是可以保持的。实验制备聚合物刷时，都是在一定的溶剂中完成的，而任何溶剂对不同的聚合物 A 和 B 的相互作用总是有所差别的，所以实验制备得到的混合聚合物刷表面总是某一个聚合物占优的。

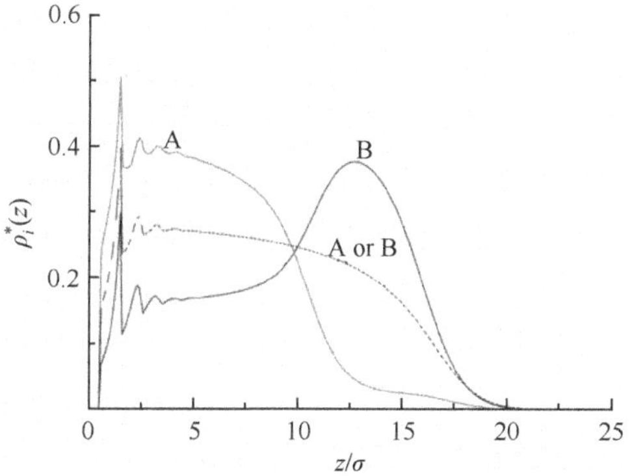

图 8-48　不同溶剂处理的混合聚合物刷的干刷结构。实线：选择性溶剂处理；虚线：非选择性溶剂处理

4) 巨势与二元聚合物刷层状结构的闭锁/开锁机制

由前面的讨论我们看到，相互排斥的二元聚合物刷可以在选择性溶剂的诱导下形成层状分相，且在溶剂蒸发后可以保持聚合物刷表面的亲疏水性。实际应用中，在亲水性溶剂中合成的表面亲水的聚合物刷可能被应用于疏水环境，这时希望聚合物刷是疏水的；反之，表面疏水的聚合物刷可能希望被改造成亲水性的，以便应用于亲水环境。直观的想法是，可以直接用疏水性溶剂对亲水性二元混合物刷进行处理，这时被压缩在内层的疏水性高分子由于受疏水性溶剂的吸引而被牵引到聚合物刷的表层，而亲水性的高分子则被压缩进入聚合物刷的内层，溶剂蒸发后使聚合物刷的分层结构和亲疏水性发生反转。但 L. Ionov 和 S. Minko 在实验中发现[110]，这样的想法有时可以实现，有时却实现不了。即有些具有分层结构的二元聚合物刷不能通过用相反亲疏水性的溶剂处理实现结构和表面亲疏水性的反转，似乎这个结构被“锁定”了；而有些聚合物刷则是可以反转的，说明结构没有被锁定。问题是，什么样的聚合物刷的结构是可以被锁定的？在什么条件下被锁定的结构可以被“解锁”，这种闭锁/解锁过程的分子机制是什么？为此我们从 DFT 获得的另一个宏观性质系统巨势来分析这个问题。

迄今，求解 DFT 方程的目的都是通过巨势极小化获得平衡时的密度分布(聚合物刷结构)，这本质上是求函数的极值点位置，而没有考察函数的极值大小及其性质，可以说只分析或利用了函数极值点一半的信息。为此，进一步分析系统巨势Ω，它可以由式(8.5.32)积分得到。定义对比巨势，$\Omega^* = \Omega\sigma^2 / kTA$，$A$ 是接枝面面积。通过求解 DFT 方程式(8.5.49)得到的图 8-48 可以看到，溶剂蒸发后相互排斥的对称二元聚合物刷存在分层和不分层两种结构，说明系统的巨势至少存在两个极值，分别对应这两种结构。计算不同排斥作用时聚合物刷的这两种结构的巨势如图 8-49 所示。

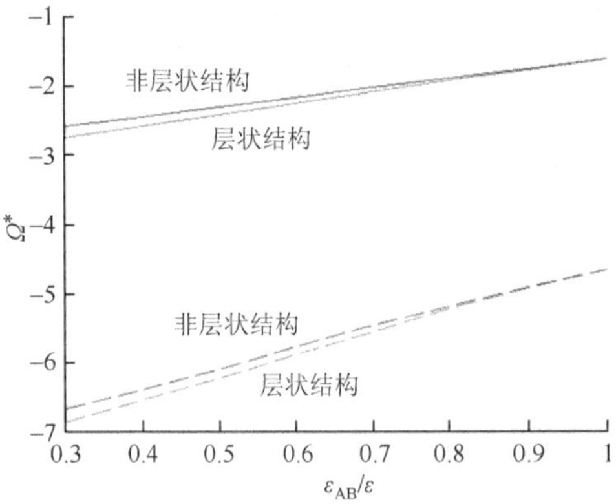

图 8-49　二元聚合物刷的巨势。实线：$\rho^*_{\text{gra-total}}$=0.25；虚线：$\rho^*_{\text{gra-total}}$=0.16

由图 8-49 可以看到，在不同的铆接密度下，分层结构的巨势总是比不分层结构的巨势小，说明这些聚合物刷的分层结构比不分层结构更稳定。事实上，如果我们进一步分析这两个极值点，不分层结构对应的是极大值，分层结构对应的是极小值。而根据热力学稳定性原理，巨势极大的平衡态是不稳定的平衡态，在外界条件的干扰下会变化进入巨势极小的稳定平衡态，所以实验上得到的总是分层结构。由于这里分析的是对称二元聚合物刷，实际上存在两个极小值，一个对应于 A 在聚合物刷内层、B 在聚合物刷外层的结构，另一个对应的结构正好相反，但它们的巨势是相等的。至于实验上出现哪种结构，取决于制备聚合物刷时所使用的溶剂对 A 和 B 的亲和性差异。我们可以用图 8-50 表示聚合物刷结构与巨势的关系，φ 是体积分数。这种巨势分布的二元刷称为 W 型二元刷。

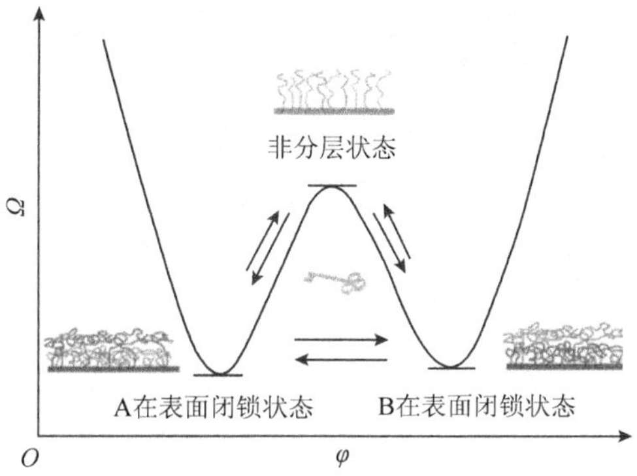

图 8-50　W 型二元聚合物刷结构与巨势的关系

由图 8-50 可以看到，从一种分层结构(如 A 在聚合物刷内层、B 在聚合物刷外层)转变为另一种分层结构，需要跨越一个势垒。如果这个势垒足够大，特定的层状结构就可能被能量势垒锁定。另外，经过选择性溶剂选择分层后，移除溶剂后由于势垒的存在，其分层结构能够得以保持。这就是 L. Ionov 和 S. Minko[110] 在实验中观察到的聚合物刷结构“锁定”的热力学原理和分子机制。

那么我们如何对被锁定的结构进行“解锁”，即什么是解开闭锁结构的钥匙？我们从 A 在内层、B 在外层的干刷结构出发(以图 8-51 中(a)线表示的密度分布作为求解 DFT 方程的初始值)，首先我们将该二元刷浸入亲 A 的选择性溶剂(ε_{AS}=0.7ε，ε_{BS}=0.0)中，计算平衡态的结构(聚合物刷+亲 A 溶剂)。如图 8-51(b)所示，可以看到采用亲 A 疏 B 的选择性溶剂并不能实现结构的反转使之成为 A 在外 B 在内的结构，即结构被“锁定”了。而如果将该二元刷浸入非选择性良溶剂(ε_{AS}=1.0ε，ε_{BS}=1.0ε)，如图 8-51(c)所示，聚合物刷结构被改变成不分相的结构。上述结果表明，具有分层结构的二元聚合物干刷，不能通过选择性溶剂处理达到结构反转的目的，这一点反过来证实了前面的示意图中能垒的存在。只有加入非选择性良溶剂才能重新将二元刷复位成不分相状态。而不分层的结构不稳定，能够在选择性溶剂的诱导下转化为具有更低巨势的分层结构，溶剂蒸发后实现结构反转的“解锁”过程。即非选择性良溶剂是解开“闭锁”结构的钥匙。上述理论计算的结果与 L. Ionov 和 S. Minko 的实验结果[110]一致，他们也报道了闭锁的分层结构不能被亲内层溶剂浸泡而发生反转，需要非选择性良溶剂解锁回到不分层状态。这就揭示了聚合物刷结构闭锁/解锁过程的分子机制。上述过程可以用图 8-52 的过程表示。

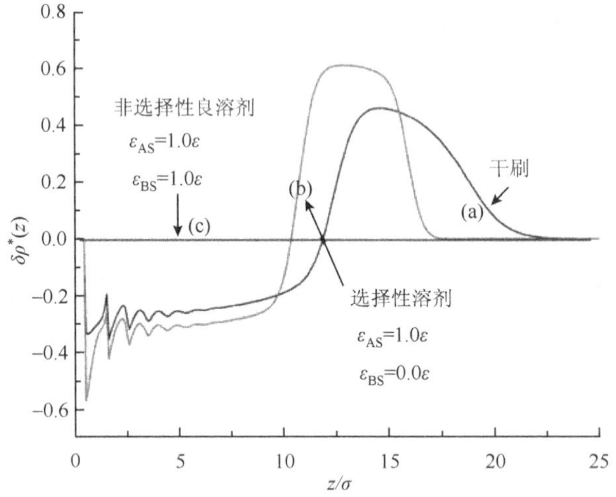

图 8-51　W 型聚合物刷的链节密度分布。(a) 分层结构的干刷；(b) 与选择性溶剂接触；(c) 与非选择性良溶剂接触。$\rho^*_{gra}=0.25$，$\varepsilon_{AB}=0.5\varepsilon$，$m=40$

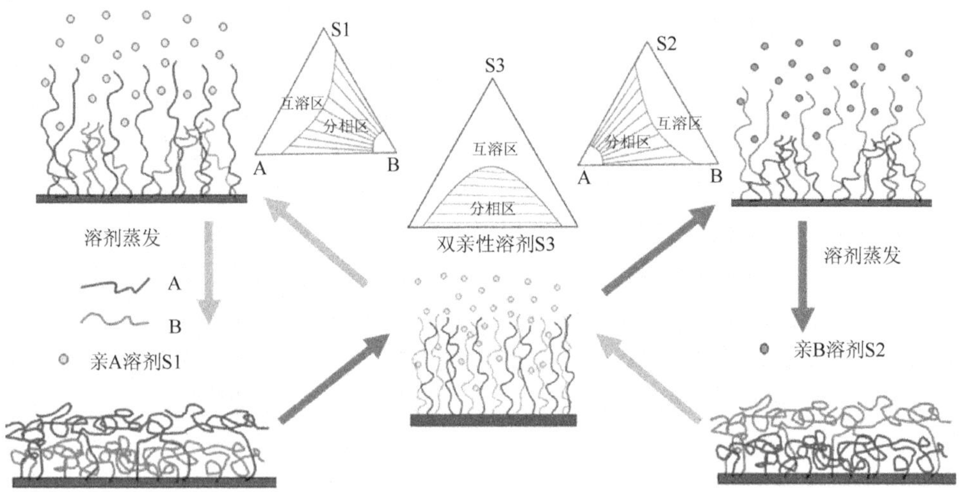

图 8-52　W 型聚合物刷分层结构闭锁/解锁过程的分子机制

并非所有相互排斥的二元聚合物刷均存在如图 8-50 所示的势垒，从而能够锁定分层结构，闭锁是需要一定条件的。图 8-53 是链长为 $m_A=m_B=15$ 的对称二元聚合物刷在溶剂中以及溶剂蒸发后干刷的链节密度分布，接枝密度为 $\rho_{gra}\sigma^2=0.2$，不同高分子链节间的相互作用为 $\varepsilon_{AB}=0.8\varepsilon$。其中实线为浸润在选择性溶剂（$\varepsilon_{AS}=0$；$\varepsilon_{BS}=1.0\varepsilon$）中聚合物刷的链节密度分布，虚线为溶剂蒸发后干刷的链节密度分布，后者 A 和 B 的分布一致，所以图中只有一条曲线。由图可见，该二元聚合物刷经过选择性溶剂处理后的分层结构是不能自锁的，说明没有如图 8-50 中的闭锁态，由于不分相的状态具有更低的巨势，所以溶剂蒸发后又回到了均匀的非分相状态。其对应的巨势分布曲线可以用图 8-54 表示。该二元聚合物刷的巨势只有一个极小值，对应于不分层的状态，在选择性溶剂中平衡态二元聚合物刷的巨势高于不分层干刷态的巨势。溶剂选择性越强，二元聚合物刷的巨势越高，溶剂蒸发后即自发地转变为不分层的干刷态，具有这样的巨势的二元聚合物刷称为 U 型二元聚合物刷。

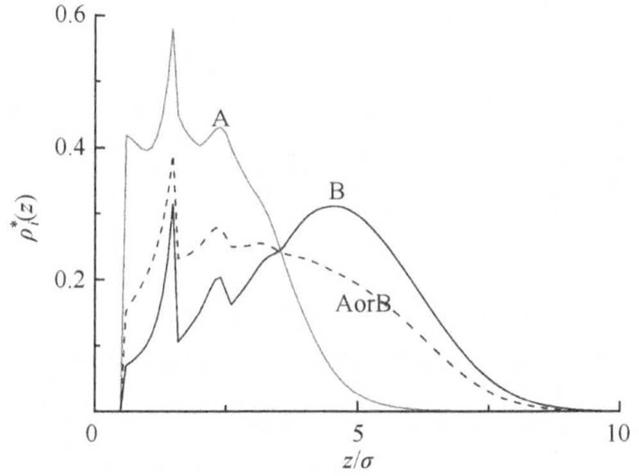

图 8-53　二元聚合物刷在不同状态下的链节密度分布。实线：浸润在选择性溶剂中(ε_{AS}=0.0, ε_{SB}=1.0ε)，虚线：溶剂蒸发后的干刷

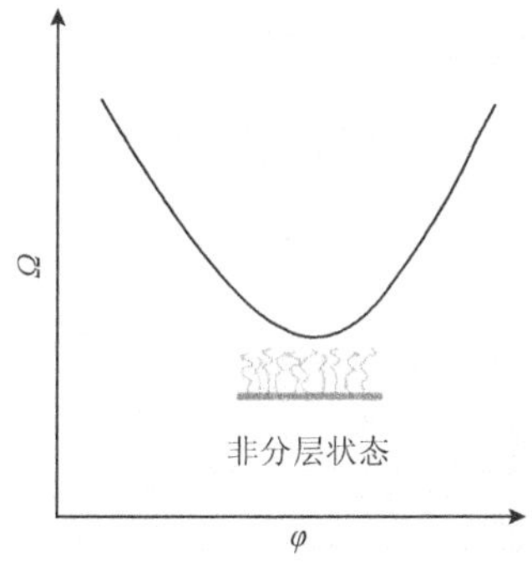

图 8-54　U 型二元聚合物刷构型和巨势间的关系，φ 为体积分数

对比两种具有不同巨势分布的二元聚合物刷，U 型刷没有自锁效应，所以在溶剂蒸发的过程中，能够自动迅速改变链节密度分布结构成为不分层的干刷结构。W 型刷具有自锁的特性，这种自锁特性可以表现为记忆效应，即经过选择性溶剂处理，溶剂蒸发后聚合物刷表面依旧能保持溶剂的亲疏水特性。但是从状态反转到另一种状态，中间需要跨过一个势垒，反之亦然。非选择性良溶剂是可以帮助跨过这个势垒的垫脚石。如果溶剂选择不当，则不能发生完全的结构反转。

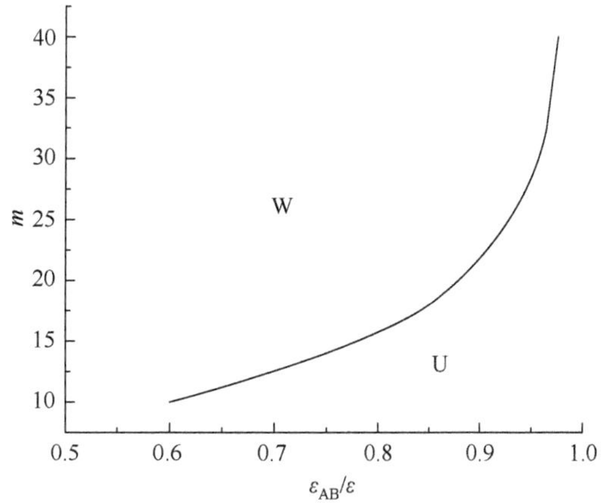

图 8-55　二元聚合物刷的 W 型和 U 型分区

计算表明，一个具有排斥作用的二元对称聚合物刷属于 W 型刷还是 U 型刷，在铆接密度 ρ^*_{gra} 一定的情况

下，与聚合物的链长 m 和聚合物链节之间相互作用能 ε_{AB} 的大小有关。在图 8-55 中给出了铆接密度 ρ^*_{gra}=0.2 时 W 型和 U 型二元聚合物刷转换点与高分子链长 $m=m_A=m_B$ 和聚合物链节相互作用能 ε_{AB} 之间的关系。可以看到 m-ε_{AB} 空间被分割成两个区域。链长增加和聚合物之间的相容性降低(ε_{AB} 减小)容易得到 W 型的二元聚合物刷，而链长缩短和相容性提高则容易得到 U 型的二元刷。上述结果表明，分子熵(链构型熵)和焓(链节间相互作用引起的混合焓变化)的协同作用引发了二元对称聚合刷产生自发的对称性破缺。

8.6　固液界面双电层结构

1. 双电层电容器

电容器由电极材料和电解液构成，可储存电能，是电子设备中大量使用的电子元件之一。平行板电容器(也称双电层电容器)是一种最简单的电容器，其基本结构原理如图 8-56 所示。它由正负电极板和充满其间的电解液构成，两电极板由离子渗透膜隔开。电容器充电时，正极的电子通过外电路迁移至负极，使正极板带正电荷、负极板带负电荷；同时，电解液中的阳离子迁移至负极表面附近，而阴离子则迁移到正极板表面附近，形成两个双电层，从而储存电能。电容器放电时，发生相反的过程，释放储存的电能。平行板电容器也可以看作两个电容器串联，每个电容器由一块电极板和相应的电解液以及其间的双电层构成。

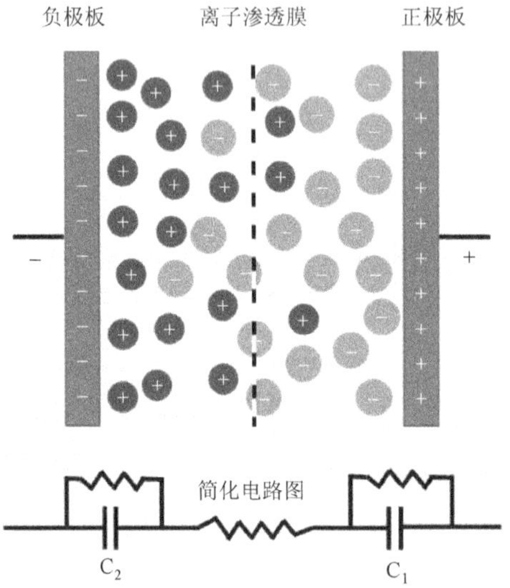

图 8-56　平行板电容器结构原理和简化电路图

平行板电容器的电容可由下式计算：

$$C = A\varepsilon / 4\pi d \tag{8.6.1}$$

式中，A 为电极表面积；ε为电解液介电常数；d 为双电层的有效厚度。由式(8.6.1)可见，要提高双电层电容器的电容量，可以从提高电极表面积和电解液介电常数以及降低双电层的有效厚度入手。在平行板电容器基础上改进而成的超级电容器具有功率密度高、瞬间释放电流大、充电时间短、充电效率高、对环境无污染、使用寿命长、无记忆效应等优异特性，在电动汽车、混合燃料汽车、特殊载重汽车、通信、国防、消费性电子产品等众多领域有着巨大的应用前景。电极材料是超级双电层电容器的关键，通常选用具有丰富的微孔结构、较高的比表面积、良好导电性能的多孔材料，如多孔碳材料等[111]。对固液界面双电层结构和电解液在多孔材料孔道中的结构和迁移性能的研究，对于超级电容器材料的开发具有重要的指导意义。

图 8-57 所示的平行板电容器原始模型可以作为双电层电容器研究的简化模型。在该模型中，溶剂作为连续介质处理，正负离子描述为带电硬球，电极为光滑、无限大且不会极化的平板，带电平板上的电荷分布在 $z=0$ 的平面上。电容 C 有几种计算方法[112]，通常可以用微分的方法计算

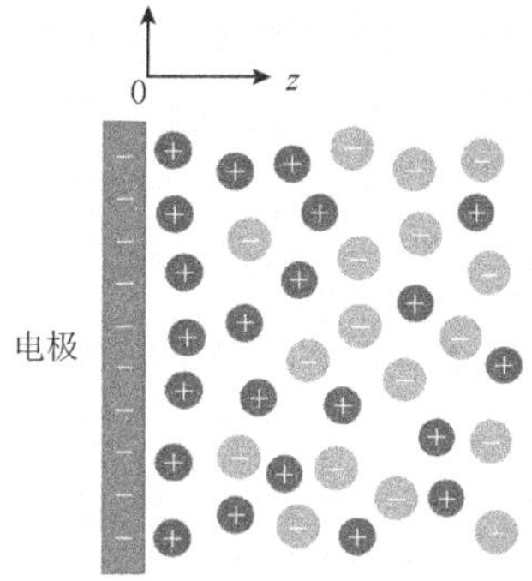

图 8-57　平行板电容器的原始模型

$$C_{\text{diff}} = \frac{\mathrm{d}Q(\psi_0)}{\mathrm{d}\psi_0} \tag{8.6.2}$$

式中，ψ_0 为平板电极的外加电势；Q 为平板电极的表面电荷密度。根据电中性条件，电荷密度可通过对电解液双电层中的电荷分布积分得到

$$Q = -e\sum_i \int_a^{\infty} Z_i \rho_i(z)\mathrm{d}z \tag{8.6.3}$$

式中，e 为单位电荷；Z_i 为 i 离子所带单位电荷的个数，$\rho_i(z)$ 为 i 离子的密度分布；积分下限 a 为尺寸较小的离子中心离平行板表面的最近距离，即离子半径。

电解液中的平均电势 $\psi(z)$ 满足泊松方程(Poisson equation)

$$\nabla^2\psi(z) = -\frac{e}{\varepsilon_0\varepsilon_{\mathrm{r}}}\sum_i Z_i\rho_i(z) \tag{8.6.4}$$

ε_0 为真空介电常数，ε_{r} 为溶剂的相对介电常数，$\varepsilon=\varepsilon_{\mathrm{r}}\,\varepsilon_0$。方程的边界条件为

$$\begin{cases} \psi(z=0) = \psi_0 \\ \left.\dfrac{\mathrm{d}\psi(z)}{\mathrm{d}z}\right|_{\psi\to 0} = 0 \end{cases} \tag{8.6.5}$$

如果离子的密度分布符合玻耳兹曼(Boltzmann)分布

$$\rho_i(z) = \rho_i^{\mathrm{b}}\exp\left(-Z_i e\psi(z)/kT\right) \tag{8.6.6}$$

代入式(8.6.4)可以得到 PB 方程(Poisson-Boltzmann equation，PBE)

$$\nabla^2\psi(z) = -\frac{e}{\varepsilon_0\varepsilon_r}\sum_i Z_i\rho_i^{\mathrm{b}}\exp\left(-Z_ie\psi(z)/kT\right) \tag{8.6.7}$$

求解由式(8.6.7)和式(8.6.5)组成的 PB 方程，可以得到平均电势分布$\psi(z)$，结合式(8.6.3)和式(8.6.2)即可预测平行板电容器的电容[113]。

对双电层结构更精细的描述可以采用密度泛函理论。以原始模型为例，正负离子均用带电硬球粒子近似，其相互作用能为

$$u_{ij}(r) = \begin{cases} \infty & r < \sigma_{ij} \\ Z_iZ_je^2 / 4\pi\varepsilon_0\varepsilon_r r & r \geqslant \sigma_{ij} \end{cases} \tag{8.6.8}$$

式中，$\sigma_{ij}=(\sigma_i+\sigma_j)/2$，$\sigma_i$为$i$离子的直径。离子与带电平行板的相互作用构成了电解液的外势场，在平板电极的情况下它只是z的函数

$$V_i^{\mathrm{ext}}(z) = \begin{cases} \infty & z < a \\ -Z_ieQz / 2\varepsilon_0\varepsilon_r & z \geqslant a \end{cases} \tag{8.6.9}$$

在密度泛函理论框架内，电解液系统(双电层电容器)的巨势可表示为正、负离子密度分布函数的泛函

$$\Omega[\{\rho_i(z)\}] = F[\{\rho_i(z)\}] + \sum_i\int\left(V_i^{\mathrm{ext}}(z) - \mu_i\right)\mathrm{d}\boldsymbol{r} \tag{8.6.10}$$

μ_i是i离子的化学势。自由能泛函$F[\{\rho_i(z)\}]$包含理想气体贡献和离子间相互作用引起的过量贡献两部分

$$F[\{\rho_i(z)\}] = F^{\mathrm{ig}}[\{\rho_i(z)\}] + F^{\mathrm{ex}}[\{\rho_i(z)\}] \tag{8.6.11}$$

理想气体的贡献仍由式(8.2.5)计算。过量自由能泛函$F^{\mathrm{ex}}[\{\rho_i(z)\}]$可根据不同的相互作用构建[114-116]。

对巨势求泛函极值，可得到正、负离子的密度分布$\rho_i(z)$

$$\rho_i(z) = \rho_i^{\mathrm{b}}\exp\left(-\beta Z_ie\psi(z) - \beta\Delta\mu_i^{\mathrm{ex}}(z)\right) \tag{8.6.12}$$

式中，$\Delta\mu_i^{\mathrm{ex}}(z) = \mu_i^{\mathrm{ex}}(z) - \mu_i^{\mathrm{b,ex}}$。$\mu_i^{\mathrm{b,ex}}$是均相系统的过量化学势，给定均相系统的离子数密度$\rho_i^{\mathrm{b}}$和热力学条件，$\mu_i^{\mathrm{b,ex}}$可通过状态方程计算。局部过量化学势$\mu_i^{\mathrm{ex}}(z)$可通过过量自由能泛函$F^{\mathrm{ex}}[\{\rho_i(z)\}]$对$\rho_i(z)$求泛函微分获得

$$\Delta\mu_i^{\mathrm{ex}}(z) = \mu_i^{\mathrm{ex(hs)}}(z) - \mu_i^{\mathrm{b,ex(hs)}} - kT\sum_j\int\Delta c_{ij}^{\mathrm{el}}\left(|z-z'|\right)\Delta\rho_j(z')\mathrm{d}z' \tag{8.6.13}$$

上式右边第一项是硬球排斥作用的贡献，可通过 6.2 节的基本度量理论(FMT)计算[117-119]；第二项是硬球排斥作用对均相电解质溶液过剩化学势的贡献，可通过状态方程计算[15, 120]；第三项是离子关联相互作用的贡献，其中$\Delta\rho_i(z') = \rho_i(z') - \rho_i^{\mathrm{b}}$，$\Delta c_{ij}^{\mathrm{el}}$是直接关联函数，它的解析表达式可通过平均球近似获得[114]。需要指出的是，带电粒子之间的直接库仑相互作用的贡献已经包含在$\psi(z)$中。

数值计算过程中，先给定系统的热力学条件如温度T以及均相电解质溶液的

密度 ρ_i^{b}，然后给定平板电极的外加电势ψ_0，通过迭代获得表面电荷密度 Q，最后通过式(8.6.2)计算微分电容。在迭代计算表面电荷密度 Q 时，通常是给定一个初始值，通过式(8.6.9)确定外势场，然后通过密度泛函理论计算带电粒子的密度分布，最后通过式(8.6.3)更新表面电荷密度，如此循环迭代直到更新前后的表面电荷密度之差在允许的误差范围之内。

如果式(8.6.12)中的 $\Delta\mu_i^{\mathrm{ex}}(z)=0$，则该式回归到玻耳兹曼方程(8.6.6)，当电解液中只存在一种 MX 电解质时，离子的密度分布可由式(8.6.7)所示的 PB 方程进行解析计算[121]。显然，传统的 PB 方程既没有考虑离子的体积排斥效应，也没有考虑长程静电关联作用，所以在电解质浓度较高时计算误差较大。

江德恩、吴建中[122]等采用密度泛函理论研究了平行板电容器狭缝宽度对电容的影响，发现狭缝宽度较小时，电容随狭缝宽度增加呈振荡变化(图 8-58)。这种振荡变化现象本质上是一种电解质溶液的约束效应，与狭缝中垂直平行板方面的压强类似，与狭缝中的离子密度成层状分布现象紧密相关。当平板狭缝的尺寸小到接近分子尺寸时，溶剂的尺寸效应将凸显出来，这时不考虑溶剂尺寸效应的原始模型的缺陷也会明显表现出来，采用非原始模型可以克服这种缺陷。研究表明，原始模型和非原始模型在定性上有相似的结果，但定量上相差较大[123]。这方面的工作仍在不断发展中[124-127]。

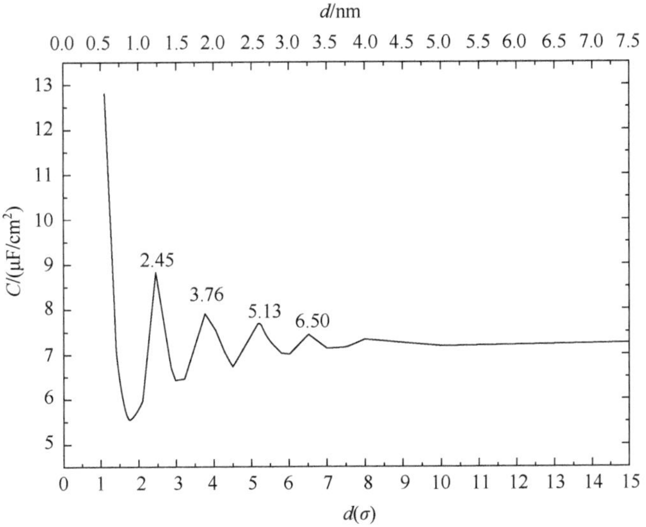

图 8-58　平行板电容器的电容随狭缝宽度的变化[122]

2. 电容混合发电

如前所述，具有一定电势的电极浸入电解质溶液后可以在电极和电解质溶液界面建立双电层，这实际上是系统利用平行板电容器储存了一定的能量。电解质溶液的浓度不同，双电层的结构不同，储存的能量也有差异。如果将浸入不同浓度电解质溶液的两个电极组成一个原电池，这就是浓差电池。在江河入海口，有大量的河水(淡水)与海水(盐水)发生混合，混合过程释放出大量的自由能，如果能够转化成人类可以利用的能源，将是巨大的“蓝色能源”(blue energy)，是一种无污染、可持续的能源。理论上我们可以利用超大型的浓差电池把不同浓度的盐水混合自由能转换为电能，但从实际工程应用的角度来说，这种想法是难以实现的。R. Pattle 首次提出将淡水和盐水交替流过水电管道生产电力的原理[128]，利用不同浓度电解质溶液与电极界面形成的双电层的差异发电，称为电容混合(capacitive mixing，Capmix)发电技术。但由于平板双电层的面积有限，其储存的能量也有限，所以该技术一直未受重视。直到近年来超级电容器技术和高比表面积多孔电极材料的快速发展，Capmix 发电技术才越来越受到重视[129, 130]。其中，由 D. Brogioli 提出的电容双电层拓展(capacitive double layer expansion，CDLE)是 Capmix 技术中的一种，相比其他的 Capmix 技术，CDLE 有很大的优势[131, 132]。图 8-59(a)是 CDLE 的原理图，图 8-59(b)是典型 CDLE 过程的热力学循环示意图。CDLE 发电的原理是：在放有电极的容器内充满(高盐浓度)海水，并给电极以一个外加电压(外电势)，海水中的离子就会吸附在电极表面(A 状态)；在电极表面电荷密度保持不变的情况下(保持开路状态)，装置内的海水用(低盐浓度)河水置换，离子浓度的降低导致开路电压升高(B 状态)；将电池接到负载上放电，开路电压降低至 C 状态；放电完成后将河水置换成海水，离子浓度的提高进一步降低开路电压至 D 状态；然后接上外加电压充电到 A 状态，完成一个充放电过程。整个热力学过程产生的电能可以用图 8-59(b)中箭头围成的图形面积表示[133]。

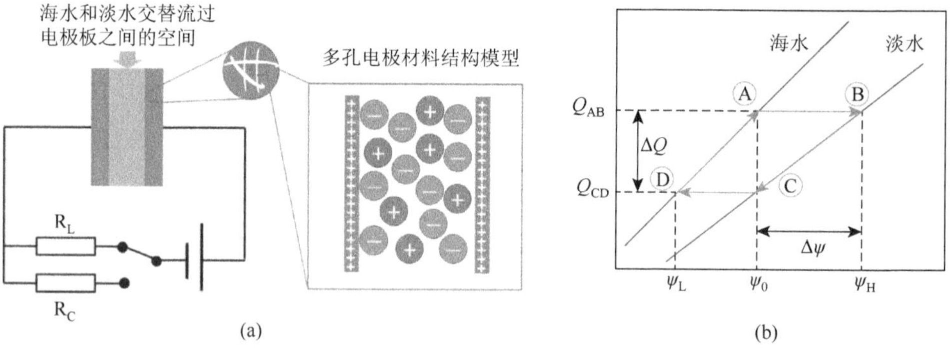

图 8-59　CDLE 电容混合发电技术原理

已有很多实验和理论工作探讨如何提高 CDLE 的热力学效率[134-139]，这里介绍练成等采用密度泛函理论考察电极表面亲疏水性对 CDLE 过程的影响[140]。

电解质溶液采用原始模型描述，正、负离子具有相同的直径($\sigma_+=\sigma_-=\sigma=0.5$nm)，各带有一个单位的电荷 $Z_+=-Z_-=1$，水为具有介电常数$\varepsilon=\varepsilon_0\varepsilon_r$ 的连续介质，其中ε_0为真空介电常数，$\varepsilon_r=78.4$ 为室温下水的相对介电常数。离子间的直接相互作用由式(8.6.8)计算。假设多孔材料具有狭缝型孔道，孔道壁对孔道内离子的限制作用可表示为

$$V(z)=\begin{cases}\infty & z\geqslant H \text{ 或 } z\leqslant 0\\ 0 & 0<z<H\end{cases} \tag{8.6.14}$$

H 为狭缝宽度。根据 D. J. Bonthuis 等的工作[141-143]，电极表面的亲疏水性质可以用局部有效介电常数表示[136, 141, 144]

$$\varepsilon_r(z)=\begin{cases}1 & z<z^{\mathrm{DDS}}\\ \varepsilon_r & \text{其他}\end{cases} \tag{8.6.15}$$

$z^{\mathrm{DDS}}=0.10\mathrm{nm}$ 表示亲水表面，$z^{\mathrm{DDS}}=0.12\mathrm{nm}$ 表示疏水表面。

根据 DFT，给定温度和体相离子密度 ρ_i^{b}，狭缝中离子密度分布 $\rho_i(z)$ 为

$$\rho_i(z)=\rho_i^{\mathrm{b}}\exp\left(-\beta V_i(z)-\beta Z_i e\psi(z)-\beta\Delta\mu_i^{\mathrm{ex}}(z)\right) \tag{8.6.16}$$

平均电势$\psi(z)$满足泊松方程

$$\frac{\partial^2\psi(z)}{\partial z^2}=-\frac{e}{\varepsilon_0\varepsilon_r(z)}\sum_i Z_i\rho_i(z) \tag{8.6.17}$$

狭缝型孔道的边界条件为

$$\psi(z=0)=\psi(z=H)=\psi_0 \tag{8.6.18}$$

ψ_0 为外加电势。由上述各式解得离子密度分布$\rho_i(z)$后，电极表面的电荷密度 Q 可由下式计算

$$Q=-(1/2)\int_0^H\sum_i Z_i e\rho_i(z)\mathrm{d}z \tag{8.6.19}$$

与式(8.6.3)相比，上式多了一个系数(1/2)，这是因为狭缝孔道的两个孔壁带相同的电荷，其中的离子密度分布是两个孔壁共同作用的结果，而式(8.6.3)只有单个带电壁面。微分电容则由式(8.6.2)计算。

整个 CDLE 循环的输出电能为

$$W=\int_{Q_{\mathrm{CD}}}^{Q_{\mathrm{AB}}}\left(\psi_0(\mathrm{C}\to\mathrm{B})-\psi_0(\mathrm{D}\to\mathrm{A})\right)\mathrm{d}Q \tag{8.6.20}$$

图 8-60 是电极表面的亲疏水性对表面电荷密度与表面电势关系的影响，这里给出了三种浓度的结果：0.024mol/L(河水)、0.6mol/L(海水)、2.0mol/L(用作对比)。由于模型中的正、负离子直径相同，正、负极对称，这里只给出正极的结果。由图可见，当离子浓度较高或外加电势比较高时，电极表面的亲疏水性的影响比较明显。在相同浓度下，疏水性电极的表面电荷密度比亲水性电极小。

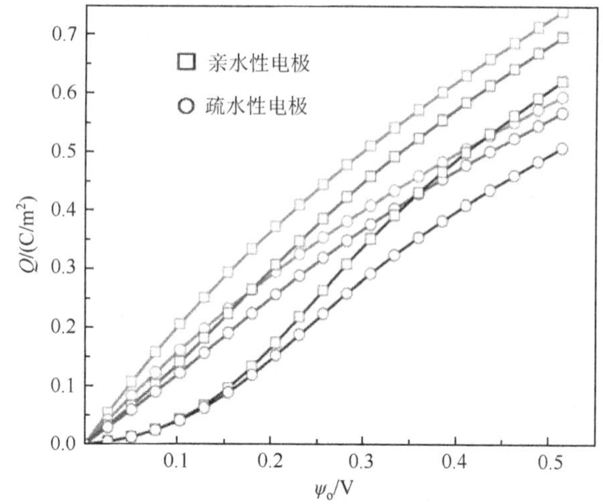

图 8-60　不同电解质浓度时正极表面电荷密度与表面电势的关系。H=3nm，红线：2.0mol/L，蓝线：0.6mol/L，黑线：0.024mol/L(后附彩图)

随着正极表面电势的增加，反离子(负离子)会离界面越近，共离子(正离子)会被排斥远离界面，孔道中负离子数明显高于正离子，双电层的主要性质由第一层反离子决定。图 8-61 是表面亲疏水性对孔道内部离子分布的影响，从图中可以看出亲水性表面反离子浓度高于疏水性表面，也就造成了亲水性电极表面的电荷密度更高。

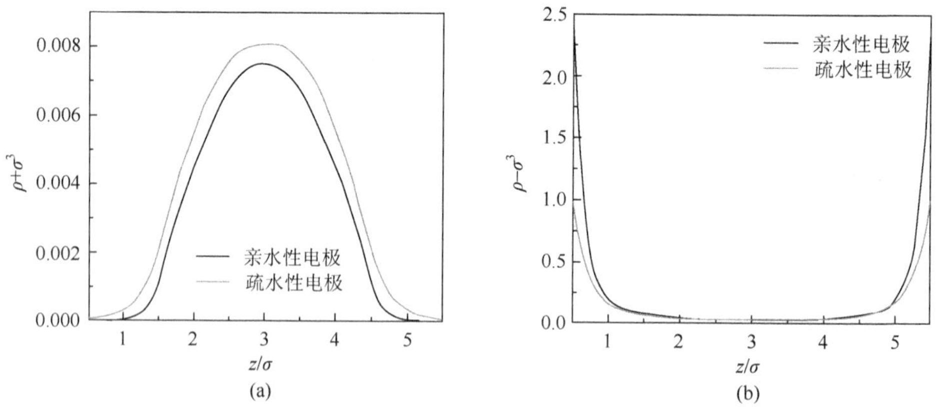

图 8-61　正极材料亲疏水性对离子在孔道中分布的影响。(a) 正离子；(b) 负离子；电解质浓度 0.6mol/L；ψ_0=0.257V

图 8-62 是双电层的微分电容随电势的变化。当浓度比较低时(0.06mol/L 或 0.24mol/L)，微分电容呈驼峰状变化；当浓度较高时，只在零电势的位置出现单峰。与浓度相关的双峰到单峰的转变已在不同的文献中被详细讨论[145, 146]，这里

我们发现电极材料的亲疏水性对这种转变没有影响。

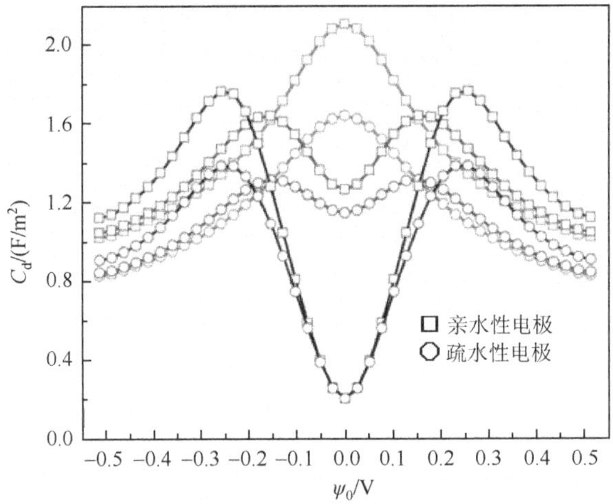

图 8-62　正极材料亲疏水性对电容-电势关系的影响。H=3nm，红线：2.0mol/L，蓝线：0.6mol/L，黑线：0.024mol/L(后附彩图)

从图 8-62 还可以看到，不管在什么外电势和电解质浓度下，疏水性电极表面的电容都会降低。对于海水和河水，如上面讨论，反离子在亲水性表面富集得比疏水性表面更多，所以疏水性电极表面电荷对电势变化的敏感性没有亲水性表面强，导致其微分电容较低。

图 8-60 的电荷-电势关系可以用来预测 CDLE 过程产生的电能。其中与电能相关的两个指标是如图 8-60 所示的 CDLE 过程中的跳跃电势差 $\Delta\psi$以及电荷差 ΔQ。$\Delta\psi$是用河水置换海水过程中电极电势的变化值，从图 8-63(a)可以看出，在某个操作电压(外加充电电压)下(100～150mV)，$\Delta\psi$存在一个最大值，且亲水性电极有更高的电势差。无论是哪种电极，当操作电压高于某一值，$\Delta\psi$就几乎不变化。图 8-63(b)是电极释放的电荷 ΔQ。和 $\Delta\psi$一样，ΔQ 随外加电势的变化也存在一个最大值。但 ΔQ 的最佳操作电压比 $\Delta\psi$对应的最佳操作电压高。图 8-63(c)是 CDLE 过程提取的电能与操作电压的关系，提取电能的量会先随着操作电压的升

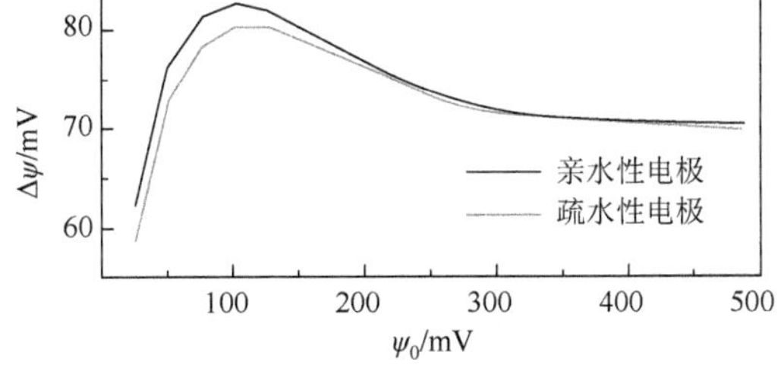

(a)

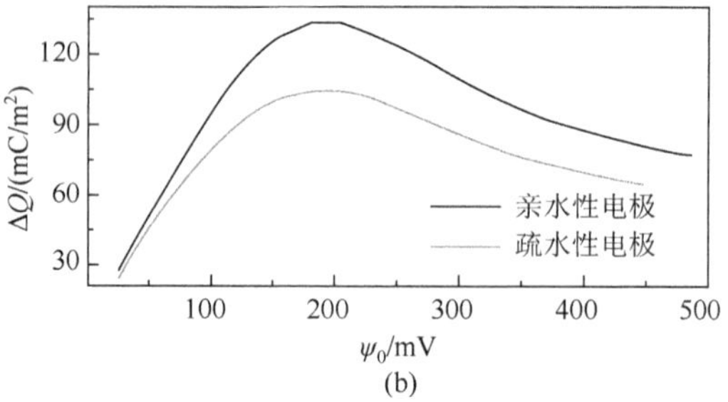

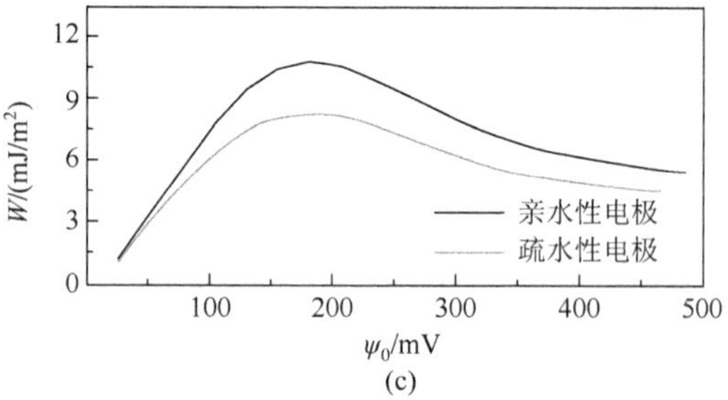

图 8-63　正极材料亲疏水性对河水(0.024mol/L)置换海水(0.6mol/L)过程中电势差(a)、释放电荷量(b)和产电量(c)的影响，H=3nm

高而增加，在 175mV 左右达到最大值，然后缓慢降低[147]。计算结果表明，电极材料的亲疏水性对 CDLE 过程的最佳操作电压几乎没有影响，都在 175mV 左右。而随着电极表面亲水性的提高，提取的电能会增加。

随着理论的发展和计算方法的改进，密度泛函理论(DFT)已经从基础的理论研究走向应用研究，在越来越多的领域展现出良好的应用前景。

DFT 最能发挥其优势的是用于研究界面现象。相界面区的密度和组成是不均匀的，且受到系统温度、压力和体相分子组成的强烈影响，导致界面现象异常复杂，实验研究也非常困难。如何从分子间相互作用出发，寻找复杂界面现象的分子机理及不同界面现象的变化规律，一直是胶体与界面学者孜孜以求的目标。由于可以处理非均匀的密度分布，DFT 成为研究界面现象最强有力的理论工具之一。

本章主要介绍了 DFT 在气液和液液界面张力的计算，气体在多孔材料中的吸附，小分子在溶剂中的溶解自由能计算，固体表面智能聚合物刷的结构，以及固液界面的双电层结构等方面的应用。我们看到，密度泛函理论在应用于不同的系统时，其基本步骤是：首先根据系统的特点构建自由能泛函，其次根据巨势最小原理导出平衡密度分布方程，然后数值求解密度分布方程获得界面结构(密度分布函数)，最后根据密度分布计算界面性质。

非均匀系统自由能泛函的构建通常以均匀系统为出发点，这主要是因为针对一些简单的分子模型，统计力学已经发展了比较精确的均匀系统的自由能表达式，利用 DFT 发展起来的加权密度近似或泛函密度展开方法，就可以获得非均匀系统的自由能泛函。遗憾的是，对于复杂的分子系统，一方面是均匀系统的自由能表达式不容易建立；另一方面 DFT 中的权重函数或泛函展开中的桥函数等结构性质的计算也是困难重重。正是这两方面的原因，使得能够应用 DFT 进行理论研究的系统受到很大限制，不得不对实际系统做尽可能符合实际情况的近似，以抓住复杂界面现象的本质。但这种近似的有效性需要实验检验。

数值求解密度分布方程是 DFT 获得广泛应用的另一个瓶颈。随着组分数的增多和分子复杂性的加大，DFT 数值求解的复杂性也快速上升，通常失去相对于分子模拟在计算效率上的优势。快速傅里叶变换技术的引入或许能够改变这种状况，这是非常值得期待的。但无论如何，DFT 与分子模拟技术各有优缺点，将它们结合起来对复杂现象进行研究，可以起到取长补短的作用。

参考文献

[1] Gross J. A density functional theory for vapor liquid interfaces using the PCP-SAFT equation of state. J Chem Phys，2009，131(20)：204705

[2] Klink C，Gross J. A density functional theory for vapor-liquid interfaces of mixtures using the perturbed-chain polar statistical associating fluid theory equation of state. Ind Eng Chem Res，2014，53(14)：6169

[3] Klink C，Planková B，Gross J. Density functional theory for liquid-liquid inteerfaces of mixtures using the perturbed-chain polar statistical associating fluid theory equation of state. Ind Eng Chem Res，2015，54(16)：4633

[4] Gloor G J，Jackson G，Blas F J，et al. An accurate density functional theory for the vapor-liquid interface of associating chain molecules based on the statistical associating fluid theory for potentials of variable ranges. J Chem Phys，2004，121(24)：12740

[5] Li J L，Ma J，Peng C J，et al. An equation of state coupled with scaled particle theory for surface tension of liquid mixtures. Ind Eng Chem Res，2007，46：7267

[6] Reiss H，Frisch H L，Helfand E，et al. Aspects of the statistical thermodynamics of real fluids. J Chem Phys，1960，32(1)：119

[7] Meyer E C. A one-fluid mixing rule for hard spheres mixtures. Fluid Phase Equilib，1988，41：19

[8] Farha O K，Yazaydın A O，Eryazici I，et al. De novo synthesis of a metal-organic framework material featuring ultrahigh surface area and gas storage capacities. Nat Chem，2010，2(11)：944

[9] Fernandez M，Woo T K，Wilmer C E，et al. Large-scale quantitative structure-property relationship (QSPR) analysis of methane storage in metal-organic frameworks. J Phys Chem C，2013，117(15)：7681

[10] Ma Q T，Yang Q Y，Ghoufi A，et al. Guest-modulation of the mechanical properties of flexible porous metal-organic frameworks. J Mater Chem A，2014，2(25)：9691

[11] Zhang L L，Hu Z Q，Jiang J W. Sorption-induced structural transition of zeolitic imidazolate framework-8：A hybrid molecular simulation study. J Am Chem Soc，2013，135(9)：3722

[12] Zhang L L，Wu G，Jiang J W. Adsorption and diffusion of CO_2 and CH_4 in zeolitic imidazolate framework-8：Effect of structural flexibility. J Phys Chem C，2014，118(17)：8788

[13] Liu Y，Liu H L，Hu Y，et al. Development of a density functional theory in three-dimensional nanoconfined space：

H_2 storage in metal organic frameworks. J Phys Chem B，2009，113(36)：12326

[14] Liu Y，Liu H L，Hu Y，et al. Density functional theory for adsorption of gas mixtures in metal-organic frameworks. J Phys Chem B，2010，114(8)：2820

[15] Mansoori G A，Carnahan N F，Starling K E，et al. Equilibrium thermodynamic properties of the mixture of hard spheres. J Chem Phys，1971，54：1523

[16] Johnson J K，Zollweg J A，Gubbins K E. The Lennard-Jones equation of state revisited. Mol Phys，1992，78(3)：591

[17] Siderius D W，Gelb L D. Predicting gas adsorption in complex microporous and mesoporous materials using a new density functional theory of finely discretized lattice fluids. Langmuir，2009，25(3)：1296

[18] Fu J，Liu Y，Tian Y，et al. Density functional methods for fast screening of metal-organic frameworks for hydrogen storage. J Phys Chem C，2015，119：5374

[19] Liu D H，Zhong C L. Understanding gas separation in metal-organic frameworks using computer modeling. J Mater Chem，2010，20(46)：10308

[20] Wu D，Wang C，Liu B，et al. Large-scale computational screening of metal-organic frameworks for CH_4/H_2 separation. AIChE J，2012，58(7)：2078

[21] Li Z J，Xiao G，Yang Q Y，et al. Computational exploration of metal-organic frameworks for CO_2/CH_4 separation via temperature swing adsorption. Chem Eng Sci，2014，120：59

[22] Liu Y，Zhao S L，Liu H L，et al. High-throughput and comprehensive prediction of H_2 adsorption in metal-organic frameworks under various conditions. AIChE J，2015，61(9)：2951

[23] Liu Y，Guo F Y，Hu J，et al. Screening of desulfurization adsorbent in metal-organic frameworks：A classical density functional approach. Chem Eng Sci，2015，137：170

[24] Skoulidas A I，Sholl D S. Transport diffusivities of CH_4，CF_4，He，Ne，Ar，Xe，and SF_6 in silicalite from atomistic simulations. J Phys Chem B，2002，106(19)：5058

[25] Babarao R，Jiang J W. Diffusion and separation of CO_2 and CH_4 in silicalite，C-168 schwarzite，and IRMOF-1：A comparative study from molecular dynamics simulation. Langmuir，2008，24(10)：5474

[26] Skoulidas A I，Sholl D S. Self-diffusion and transport diffusion of light gases in metal-organic framework materials assessed using molecular dynamics simulations. J Phys Chem B，2005，109(33)：15760

[27] Rosenfeld Y. Relation between transport-coefficients and entropy of simple sysyems. Phys Rev A，1977，15(6)：2545

[28] Dzugutov M. A universal scaling law for atomic diffusion in condensed matter. Nature，1996，381(6578)：137

[29] Dzugutov M. Anomalous slowing down in the metastable liquid of hard spheres. Phys Rev E，2002：65(3)：032501

[30] Rosenfeld Y. A quasi-universal scaling law for atomic transport in simple fluids. J Phys-Conden Matt，1999，11(28)：5415

[31] Mittal J，Errington J R，Truskett T M. Relationships between self-diffusivity，packing fraction，and excess entropy in simple bulk and confined fluids. J Phys Chem B，2007，111(34)：10054

[32] Vaz R V，Magalhaes A L，Fernandes D L A，et al. Universal correlation of self-diffusion coefficients of model and real fluids based on residual entropy scaling law. Chem Eng Sci，2012，79：153

[33] Carmer J，Goel G，Pond M J，et al. Enhancing tracer diffusivity by tuning interparticle interactions and coordination shell structure. Soft Matt，2012，8(15)：4083

[34] He P，Li H Q，Hou X J. Excess-entropy scaling of dynamics for methane in various nanoporous materials. Chem

Phys Lett，2014，593：83

[35] He P，Liu H，Zhu J Q，et al. Tests of excess entropy scaling laws for diffusion of methane in silica nanopores. Chem Phys Lett，2012，535：84

[36] Chopra R，Truskett T M，Errington J R. Excess-entropy scaling of dynamics for a confined fluid of dumbbell-shaped particles. Phys Rev E，2010，82(4)：041201

[37] Liu Y，Fu J，Wu J Z. Excess-entropy scaling for gas diffusivity in nanoporous materials. Langmuir，2013，29(42)：12997

[38] Coudert F X，Mellot-Draznieks C，Fuchs A H，et al. Double structural transition in hybrid material MIL-53 upon hydrocarbon adsorption：The thermodynamics behind the scenes. J Am Chem Soc，2009，131：3442

[39] Coudert F X，Jeffroy M，Fuchs A H，et al. Thermodynamics of guest-induced structural transitions in hybrid organic-inorganic frameworks. J Am Chem Soc，2008，130：14294

[40] Coudert F X，Mellot-Draznieks C，Fuchs A H，et al. Prediction of breathing and gate-opening transitions upon binary mixture adsorption in metal-organic frameworks. J Am Chem Soc，2009，131：11329

[41] Neimark A V，Coudert F X，Boutin A，et al. Stress-based model for the breathing of metal-organic frameworks. J Phys Chem Lett，2010，1：445

[42] 刘宇. 密度泛函理论在 MOF 材料及 DNA 变性中的应用. 上海：华东理工大学博士学位论文，2011

[43] Hirata F. Molecular Theory of Solvation Understanding Chemical Reactivity. Dordrecht：Kluwer Academic Publishers，2003

[44] Ashbaugh H S，Pratt L R. Colloquium：Scaled particle theory and the length scales of hydrophobicity. Rev Modern Phys，2006，78(1)：159

[45] Feig M，Im W，Brooks C L. Implicit solvation based on generalized Born theory in different dielectric environments. J Chem Phys，2004，120：903

[46] Bryantsev V S，Diallo M S，Goddard Ⅲ W A. Calculation of solvation free energies of charged solutes using mixed cluster/continuum models. J Phys Chem B，2008，112：9709

[47] Jorgensen W L，Ravimohan C. Monte Carlo simulation of differences in free energies of hydration. J Chem Phys，1985，83：3050

[48] Chong S H，Ham S. Thermodynamic-ensemble independence of solvation free energy. J Chem Theory Comput，2015，11：378

[49] Evans R. Density Functionals in the Theory of Nonuniform Fluids. New York：Marcel Dekker，1992

[50] Hansen J P，McDonald I R. Theory of Simple Liquids. 4th ed. London：Academic Press，2013

[51] Zhao S L，Ramirez R，Vuilleumier R，et al. Molecular density functional theory of solvation：From polar solvents to water. J Chem Phys，2011，134：194102

[52] Zhao S L，Liu H L，Ramirez R，et al. Accurate evaluation of the angular-dependent direct correlation function of water. J Chem Phys，2013，139：034503

[53] Zhao S L，Wu J Z. An efficient method for accurate evaluation of the site-site direct correlation functions of molecular fluids. Molec Phys，2011，109：2553

[54] Wallqvist A，Mountain R D. Molecular Models of Water：Derivation and Description. London：John Wiley and Sons，1999

[55] Berendsen H J C，Grigera J R，Straatsma T P. The missing term in effective pair potentials. J Phys Chem，1987，91：6269

[56] Vega C，Abascal J L F. Simulating water with rigid non-polarizable models：A general perspective. Phys Chem Chem Phys，2011，13：19663

[57] Zhao S L，Jin Z，Wu J Z. New theoretical method for rapid prediction of solvation free energy in water. J Phys Chem B，2011，115：6971

[58] Jeanmairet G，Levesque M，Vuilleumier R，et al. Molecular density functional theory of water. J Phys Chem Lett，2013，4：619

[59] Jeanmairet G，Levesque M，Sergiievskyi V，et al. Molecular density functional theory for water with liquid-gas coexistence and correct pressure. J Chem Phys，2015，142：154112

[60] Zhao S L，Liu Y，Liu H L，et al. Site-site Direct correlation functions for three popular molecular models of liquid water. J Chem Phys，2013，139：064509

[61] Liu Y，Zhao S L，Wu J Z. A site density functional theory for water：Application to solvation of amino acid side chains. J Chem Theory Comput，2013，9：1896

[62] Fu J，Liu Y，Wu J Z. Molecular density functional theory for multiscale modeling of hydration free energy. Chem Eng Sci，2015，126：370

[63] Feng X J，Feng L，Jin M H，et al. Reversible super-hydrophobicity to super-hydrophilicity transition of aligned ZnO nanorod films. J Am Chem Soc，2004，126(1)：62

[64] Li M，Neoh K G，Xu L Q，et al. Surface modification of silicone for biomedical applications requiring long-term antibacterial，antifouling，and hemocompatible properties. Langmuir，2012，28(47)：16408

[65] Sugnaux C，Lavanant L，Klok H A. Aqueous fabrication of pH-gated，polymer-brush-modified alumina hybrid membranes. Langmuir，2013，29(24)：7325

[66] Binks B P，Horozov T S. Colloidal particles at liquid interfaces：An introduction. In Binks B P，Horozov T S. Colloidal Particles at Liquid Interfaces. Cambridge：Cambridge University Press，2006：1

[67] Pera-Titus M，Leclercq L，Clacens J M，et al. Pickering interfacial catalysis for biphasic systems：From emulsion design to green reactions. Angew Chem Int Ed，2015，43：2006

[68] Shi H，Fan Z Y，Ponsinet V，et al. Glycerol/dodecanol double Pickering emulsions stabilized by polystyrene-grafted silica nanoparticles for interfacial catalysis. ChemCatChem，2015，7(20)：3229

[69] Lian C，Wang L，Chen X Q，et al. Modeling swelling behavior of thermoresponsive polymer brush with lattice density functional theory. Langmuir，2014，30(14)：4040

[70] Lian C，Chen X Q，Zhao S L，et al. Substrate effect on the phase behavior of polymer brushes with lattice density functional theory. Macrom Theory Simul，2014，23(9)：575

[71] Yang J Y，Yan Q L，Liu H L，et al. A molecular thermodynamic model for compressible lattice polymers. Polymer，2006，47：5187

[72] Yang J Y，Peng C J，Liu H L，et al. Calculation of vapor-liquid and liquid-liquid phase equilibria for systems containing ionic liquids using a lattice model. Ind Eng Chem Res，2006，45：6811

[73] Yang J Y，Peng C J，Liu H L，et al. A generic molecular thermodynamic model for linear and branched polymer solutions in a lattice. Fluid Phase Equilib，2006，244：188

[74] Lai P Y，Binder K. Structure and dynamics of polymer brushes near the Theta point：A Monte Carlo simulation. J Chem Phys，1992，97(1)：586

[75] Laradji M，Guo H，Zuckermann M J. Off-lattice Monte Carlo simulation of polymer brushes in good solvents. Phys Rev E，1994，49(4)：3199

[76] Hu Y，Ying X G，Wu D T，et al. Molecular thermodynamics of polymer solutions. Fluid Phase Equilib，1993，83：289
[77] Hu Y，Liu H L，Shi Y H. Molecular thermodynamic theory for polymer systems. I. A close-packed lattice model. Fluid Phase Equilib，1996，117(1-2)：100
[78] Hu Y，Lambert S M，Soane D S，et al. Double-lattice model for binary polymer solutions. Macromolecules，1991，24(15)：4356
[79] Hu Y，Liu H L，Soane D S，et al. Binary liquid-liquid equilibria from a double-lattice model. Fluid Phase Equilib，1991，67：65
[80] Afroze F，Nies E，Berghmans H. Phase transitions in the system poly(*N*-isopropylacrylamide)/water and swelling behaviour of the corresponding networks. J Molec Struct，2000，554(1)：55
[81] Bittrich E，Burkert S，Müller M，et al. Temperature-sensitive swelling of poly(*N*-isopropylacrylamide) brushes with low molecular weight and grafting density. Langmuir，2012，28(7)：3439
[82] Li D J，Sheng X，Zhao B. Environmentally responsive "hairy" nanoparticles：Mixed homopolymer brushes on silica nanoparticles synthesized by living radical polymerization techniques. J Am Chem Soc，2005，127(17)：6248
[83] Zhu L，Zhao B. Transmission electron microscopy study of solvent-induced phase morphologies of environmentally responsive mixed homopolymer brushes on silica particles. J Phys Chem B，2008，112：11529
[84] Minko S，Luzinov I，Luchnikov V，et al. Bidisperse mixed brushes：Synthesis and study of segregation in selective solvent. Macromolecules，2003，36：7268
[85] Cheng L，Liu A P，Peng S，et al. Responsive plasmonic assemblies of amphiphilic nanocrystals at oil-water interfaces. ACS Nano，2010，4：6098
[86] Yang Y F，Zhang J，Liu L，et al. Synthesis of PS and PDMAEMA mixed polymer brushes on the surface of layered silicate and their application in pickering suspension polymerization. J Polym Sci Part A：Polym Chem，2007，45：5759
[87] Marko J F，Witten T A. Phase separation in a grafted polymer layer. Phys Rev Lett，1991，66：1541
[88] Marko J F，Witten T A. Correlations in grafted polymer layers. Macromolecules，1992，25：296
[89] Zhulina E，Balazs A C. Designing patterned surfaces by grafting Y-shaped copolymers. Macromolecules，1996，29：2667
[90] Brown G，Chakrabarti A，Marko J F. Microphase separation of a dense two-component grafted-polymer layer. Europhys Lett，1994，25：239
[91] Lai P Y. Binary mixture of grafted polymer chains：A Monte Carlo simulation. J Chem Phys，1994，100：3351
[92] Soga K G，Zuckermann M J，Guo H. Binary polymer brush in a solvent. Macromolecules，1996，29：1998
[93] Merlitz H，He G L，Sommer J U，et al. Reversibly switchable polymer brushes with hydrophobic/hydrophilic behavior：A Langevin dynamics study. Macromolecules，2009，42：445
[94] McCoy J D，Ye Y，Curro J G. Application of density functional theory to tethered polymer chains：Athermal systems. J Chem Phys，2002，117(6)：2975
[95] Ye Y，McCoy J D，Curro J G. Application of density functional theory to tethered polymer chains：Effect of intermolecular attractions. J Chem Phys，2003，119(1)：555
[96] Borowko M，Rzysko W，Sokolowski S，et al. Density functional approach to the adsorption of spherical molecules on a surface modified with attached short chains. J Chem Phys，2007，126(21)：214703
[97] Xu X F，Cao D P. Density functional theory for adsorption of colloids on the polymer-tethered surfaces：Effect

of polymer chain architecture. J Chem Phys，2009，130(16)：164901

[98] Gong K，Chapman W G. Solvent response of mixed polymer brushes. J Chem Phys，2011，135(21)：214901

[99] Xu Y L，Chen X Q，Chen H Y，et al. Density functional theory for the selective adsorption of small molecules on a surface modified with polymer brushes. Molec Simul，2012，38：274

[100] Xu Y L，Chen X Q，Han X，et al. Lock/unlock mechanism of solvent-responsive binary polymer brushes：Density functional approach. Langmuir，2013，29：4988

[101] 许裕栗，陈学谦，韩霞，等. 二元混合高分子刷溶剂响应特征的分子机制——密度泛函理论. 华东理工大学学报，2011，37(3)：261

[102] Ye Z C，Chen H Y，Cai J，et al. Density functional theory of homopolymer mixtures confined in a slit. J Chem Phys，2006，125：124705

[103] Liu H L，Hu Y. Molecular thermodynamic theory for polymer systems part II. Equation of state for chain fluids. Fluid Phase Equilib，1996，122：75

[104] Chen R，Zhu S，Maclaughlin S. Grafting acrylic polymers from flat nickel and copper surfaces by surface-initiated atom transfer radical polymerization. Langmuir，2008，24(13)：6889

[105] Azzaroni O，Brown A A，Huck W T S. UCST wetting transitions of polyzwitterionic brushes driven by self-association. Angew Chem Intl Ed，2006，45(11)：1770

[106] Helfand E. Theory of inhomogeneous polymers：Fundamentals of the Gaussian random-walk model. J Chem Phys，1975，62(3)：999

[107] Melenkevitz J，Schweizer K S，Curro J G. Self-consistent integral equation theory for the equilibrium properties of polymer solutions. Macromolecules，1993，26(23)：6190

[108] Motornov M，Sheparovych R，Tokarev I，et al. Nonwettable thin films from hybrid polymer brushes can be hydrophilic. Langmuir. 2007，23：13

[109] 许裕栗. 聚合物刷结构及溶剂响应特性的密度泛函理论研究. 上海：华东理工大学博士学位论文，2013

[110] Ionov L，Minko S. Mixed polymer brushes with locking switching. ACS Appl Mater Interf，2012，4：483

[111] 马晓梅. 介孔碳微球及其复合材料的制备与电化学性能研究. 上海：同济大学博士学位论文，2014

[112] Henderson D，Lamperski S，Jin Z H，et al. Density functional study of the electric double layer formed by a high density electrolyte. J Phys Chem B，2011，115：12911

[113] Outhwaite C W，Lamperski S，Bhuiyan L B. Influence of electrode polarization on the capacitance of an eletric double layer at and around zero surface charge. Molec Phys，2011，109：21

[114] Yu Y X，Wu J Z，Gao G H. Density-functional theory of spherical electric double layers and *zeta*-potentials of colloidal particles in restricted-primitive-model electrolyte solutions. J Chem Phys，2004，120：7223

[115] Li Z D，Wu J Z. Density-functional theory for the structures and thermodynamic properties of highly asymmetric electrolyte and neutral component mixtures. Phys Rev E，2004，70(3)：031109

[116] Gillespie D，Nonner W，Eisenberg R S. Density functional theory of charged，hard-sphere fluids. Phys Rev E，2003，68(3)：031503

[117] Roland R. Fundamental measure theory for hard-sphere mixtures：A review. J Phys Conden Matt，2010，22(6)：063102

[118] Roth R，Evans R，Lang A，Kahl G. Fundamental measure theory for hard-sphere mixtures revisited：The white bear version. J Phys Conden Matt，2002，14：12063

[119] Yu Y X，Wu J Z. Structures of hard-sphere fluids from a modified fundamental-measure theory. J Chem Phys，

2002，117：10156

[120] Carnahan N F，Starling K E. Equation of state for nonattracting rigid spheres. J Chem Phys，1969，51：635

[121] Lee J W，Nilson R H，Templeton J A，et al. Comparison of molecular dynamics with classical density functional and Poisson-Boltzmann theories of the electric double layer in nanochannels. J Chem Theory Comput，2012，8：2012

[122] Jiang D E，Jin Z H，Wu J Z. Oscillation of capacitance inside nanopores. Nano Lett，2011，11：5373

[123] Henderson D，Jiang D E，Jin Z H，et al. Application of density functional theory to study the double layer of an electrolyte with an explicit dimer model for the solvent. J Phys Chem B，2012，116：11356

[124] Yang G M，Liu L C. A systematic comparison of different approaches of density functional theory for the study of electrical double layers. J Chem Phys，2015，142(19)：194110

[125] Jiang D E，Wu J Z. Unusual effects of solvent polarity on capacitance for organic electrolytes in a nanoporous electrode. Nanoscale，2014；6：5545

[126] Liu L C. Counterion-only electrical double layers：An application of density functional theory. J Chem Phys，2015，143(6)：064902

[127] Pizio O，Rzysko W，Sokolowski S，et al. Mixtures of ions and amphiphilic molecules in slit-like pores：A density functional approach. J chem phys，2015，142(16)：164703

[128] Pattle R. Production of electric power by mixing fresh and salt water in the hydroelectric pile，Nature. 1954，174：660

[129] Sales B，Saakes M，Post J，et al. Direct power production from a water salinity difference in a membrane-modified supercapacitor flow cell. Environ Sci Techn，2010，44(14)：5661

[130] Hatzell M C，Cusick R D，Logan B E. Capacitive mixing power production from salinity gradient energy enhanced through exoelectrogen-generated ionic currents. Energy Environ Sci，2014，7(3)：1159

[131] Brogioli D. Extracting renewable energy from a salinity difference using a capacitor. Phys Rev Lett，2009，103(5)：058501

[132] Brogioli D，Zhao R，Biesheuvel P. A prototype cell for extracting energy from a water salinity difference by means of double layer expansion in nanoporous carbon electrodes. Energy Environ Sci，2011，4(3)：772

[133] Rica R A，Ziano R，Salerno D，et al. Capacitive mixing for harvesting the free energy of solutions at different concentrations. Entropy，2013，15(4)：1388

[134] Ahualli S，Fernández M M，Iglesias G，et al. Temperature effects on energy production by salinity exchange. Environ Sci Techn，2014，48(20)：12378

[135] Marino M，Misuri L，Jimenez M L，et al. Modification of the surface of activated carbon electrodes for capacitive mixing energy extraction from salinity differences. J Colloid Interf Sci，2014，436：146

[136] Janssen M，Härtel A，van Roij R. Boosting capacitive blue-energy and desalination devices with waste heat. Phys Rev Lett，2014，113(26)：268501

[137] Ricketts B，Ton-That C. Self-discharge of carbon-based supercapacitors with organic electrolytes. J Power Sources，2000：89(1)：64

[138] Tevi T，Takshi A. Modeling and simulation study of the self-discharge in supercapacitors in presence of a blocking layer. J Power Sources，2015，273：857

[139] Tevi T，Yaghoubi H，Wang J，et al. Application of poly(*p*-phenylene oxide) as blocking layer to reduce self-discharge in supercapacitors. J Power Sources，2013，241：589

[140] Lian C，Kong X，Zhao S L，et al. On the hydrophilicity of electrodes for capacitive energy extraction. Submitted to J Phys Conden Matt，2016 (accepted)

[141] Bonthuis D J，Netz R R. Beyond the continuum：How molecular solvent structure affects electrostatics and hydrodynamics at solid-electrolyte interfaces. J Phys Chem B，2013，117 (39)：11397

[142] Bonthuis D J，Netz R R. Unraveling the combined effects of dielectric and viscosity profiles on surface capacitance，electro-osmotic mobility，and electric surface conductivity. Langmuir，2012，28 (46)：16049

[143] Bonthuis D J，Gekle S，Netz R R. Dielectric profile of interfacial water and its effect on double-layer capacitance. Phys Rev Lett，2011，107 (16)：166102

[144] Boon N，van Roij R. 'Blue energy' from ion adsorption and electrode charging in sea and river water. Molec Phys，2011，109 (7-10)：1229

[145] Jiang D E，Meng D，Wu J Z. Density functional theory for differential capacitance of planar electric double layers in ionic liquids. Chem Phys Lett，2011，504 (4)：153

[146] Kong X，Wu J，Henderson D. Density functional theory study of the capacitance of single file ions in a narrow cylinder. J Colloid Interf Sci，2015，449：130

[147] Jiménez M，Fernández M，Ahualli S，et al. Predictions of the maximum energy extracted from salinity exchange inside porous electrodes. J Colloid Interf Sci，2013，402：340

专有名词索引

E

F

G

H

J

K

L

M

N

O

P

Q

R

S

T

W

X

Y

Z

其 他

人 名 索 引

M

P

Q

S

T

W

X

Y

Z

其　他

后 记

密度泛函理论特别适用于研究非均匀的系统。量子力学研究的原子和分子的电子云结构，统计力学研究的界面、狭缝孔隙中的流体、复杂流体或软物质，都是典型的非均匀的系统，它们都以存在粒子(电子或分子)的密度分布$\rho(\boldsymbol{r})$为特征。不论是量子力学还是统计力学，密度泛函理论都以密度分布$\rho(\boldsymbol{r})$作为基本变量，构筑泛函如能量泛函、巨势泛函或过量自由能泛函。这种泛函不是某个特定位置的函数，而是取决于函数在整个变量空间中的变化，它是一个全局性的规律。密度泛函理论需要一定的基本原理，即变分原理。量子力学的密度泛函理论是通过霍恩伯格-科恩第一定理和第二定理，统计力学的密度泛函理论是通过平衡时巨势泛函应为极小的原理，构筑了整个理论框架，然后与原子、分子或流体的结构以及相关的各种性质相联系。密度泛函理论虽然基础严密，但仍需要引入模型，如交换相关能泛函模型、内在自由能泛函模型，还要采用局部密度近似、梯度近似、加权密度近似等方法。密度泛函理论常与分子模拟结合，也可与状态方程联用，取长补短，在本书中不乏例子。此外，量子力学的密度泛函理论还常与统计力学的密度泛函理论接力使用，前者得到的分子性质，可作为后者的输入，大大扩大了理论的跨越尺度。

密度泛函理论是一种统计性的理论，它得到的是统计平均的结果。统计性的理论与决定性的理论并不是互相没有关系的。以经典的统计力学为例，在一定的宏观状态下，由各分子的坐标和动量决定的微观状态瞬息万变，也就是说，系统一直在运动，这种运动的规律是经典力学的决定性理论，但是所形成的微观状态的数量太大，现实就用统计规律来研究。现在由于计算机技术的发展，已经可以模拟系统中大量分子的运动，这就是分子动力学技术(MD)，它的基础是经典力学。统计力学则将各种微观状态总加起来，形成系综，按照统计规律，主要是微观状态等概率假设，或各态历经假设，通过配分函数来研究，力争得到解析式。统计力学的密度泛函理论也是如此，它的正确性也常应用 MD 方法来进行检验。由此可见，统计性的理论与决定性的理论，两者起着相辅相成的作用。量子力学也是统计性的理论，但情况比统计力学要微妙一些，波函数除了它的统计意义外，本身是否是某种物理现象的描述存在很大的争议，微观电子和其他粒子的运动的决定性理论是什么，科学似乎还没有发展到这个阶段。从理论框架来说，2.5 节已经提到，可以通过密度矩阵以及由不同本征函数叠加后形成的混合态，将量子力学与统计力学联系起来。宏观系统的状态，可以看作是由大量微观状态叠加而成

的混合态，每一个微观状态是原则上可由量子力学研究的纯态。但混合态ψ一般不再是薛定谔方程的本征函数，系统出现某一个ψ_i的概率与$\psi=\Sigma_i c_i \psi_i$中相应因子的平方$|c_i|^2$成正比。而对于宏观系统，相应的微观状态是大量的，概率或$|c_i|^2$的决定必须应用统计力学。

密度泛函理论一开始是为平衡态设计的，然后逐步扩大到与时间有关的非平衡态。量子力学的密度泛函理论在这方面发展得比较快，通过龙格-格罗斯定理，它指出在任何时候，电子密度仍单一地决定了外场，然后应用含时的薛定谔方程，由此形成了含时的密度泛函理论(TDDFT)。对于涉及激发态的结构性质，已经有了很好的应用。统计力学的密度泛函理论在这方面还处于比较初级的阶段。虽然发展了动态密度泛函理论(DDFT)，但它是密度泛函理论方法与扩散方程的组合，只适用于相对较慢的介稳结构的形成，所描述的结构随时间的演变是否与实际过程符合，尚未受到严格的检验。从非平衡态统计力学出发，研究涉及物质传递、热传递和动量传递的、与时间相关的密度泛函理论，是一个重大的挑战。

在物理学的领域中，除了量子力学和统计力学外，我们不禁想起连续介质力学或流体力学。它的中心内容是三个基本方程，即连续性方程、动量守恒方程和能量守恒方程，它们是连续介质运动的普遍规律。求解这些方程能够得到密度$\rho(\boldsymbol{r},t)$、速率$v(\boldsymbol{r},t)$、能量$E(\boldsymbol{r},t)$等，它们都是空间坐标$\boldsymbol{r}$和时间t的函数，这一点比上面粒子的密度分布$\rho(\boldsymbol{r})$还要复杂，因为还涉及时间和速率等。但是更重要的是，流体力学是经典力学，基本方程与牛顿定律相对应，都是决定论的理论。从初始状态$t_0,\boldsymbol{r}_0$出发，利用基本方程，可以得到$\rho(\boldsymbol{r},t)$、$v(\boldsymbol{r},t)$和$E(\boldsymbol{r},t)$，其他物性如压力p、能量E等，它们也应是$\boldsymbol{r}$与t的函数。具体应用时，要注意这些方程是非封闭的，必须输入物质的特性，要应用本构方程和材料函数使之封闭，才能解决实际问题。例如，由动量守恒基本方程出发，以黏性流体的本构方程式代入，得适用于黏性流体的纳维-斯托克斯方程(Navier-Stokes equation)，简称NS方程，它是流体力学中最基本的方程，是一组非线性偏微分方程，原则上可以按边值问题求解。

目前NS方程还无法得到普遍解。特别是随着流速增大，层流将失去稳定性，发展成为湍流，各层流体互相掺混，形成各种形状的旋涡，涉及非线性、分叉和混沌。要用求解NS方程来得到$\rho(\boldsymbol{r},t)$、$v(\boldsymbol{r},t)$和$E(\boldsymbol{r},t)$等，将呈现类似随机的变化，就像用牛顿方程来得到经典宏观系统的各种微观状态的变化。在MD方法中，由于不涉及时间，使用周期边界措施可以得到有用结果。但是求解NS方程，即使用最高速的计算机来进行模拟，困难也大得多。

在流体力学领域，目前有几种解决途径。例如，**雷诺方程**(Reynolds equation)，提出平均化的概念，定量地研究湍流的涨落；**统计理论**，将各向同性湍流的湍流场看作是由各种不同尺度的涡团(eddy)的随机运动构成的，运用相关函数的概念，在傅里叶变换后的波数空间中，引入能量密度-能谱函数，发展了谱分析方法；**大涡模拟**(large eddy simulation LES)，大尺度涡团的运动直接使用NS方程，小尺度涡团的运动起耗散作用，对大尺度进行反馈，并使大尺度的运动方程封闭；**拟序结构**(quasi-ordered structure)，在剪切层中能不规则地触发一种有序运动。由此可见，要研究湍流，除了提高计算机能力，比较有前景的是非平衡态统计力学方法。由于密度、流场、能量的非均匀分布，而且是时空的非均匀分布，含时的密度泛函理论可能会起重要作用。

从量子力学到统计力学到流体力学，跨越从微观状态到宏观平衡状态到宏观不平衡状态，从$\rho(\boldsymbol{r})$到$\rho(\boldsymbol{r},t)$到$v(\boldsymbol{r},t)$，发展逻辑一致的密度泛函理论方法，是值得期待的前景。其中，量子力学和统计力学的变分原理已经成熟，而宏观不平衡状态的变分原理，则是一个在科学界引起热烈争论，并且受到普遍关注的课题。

彩　图

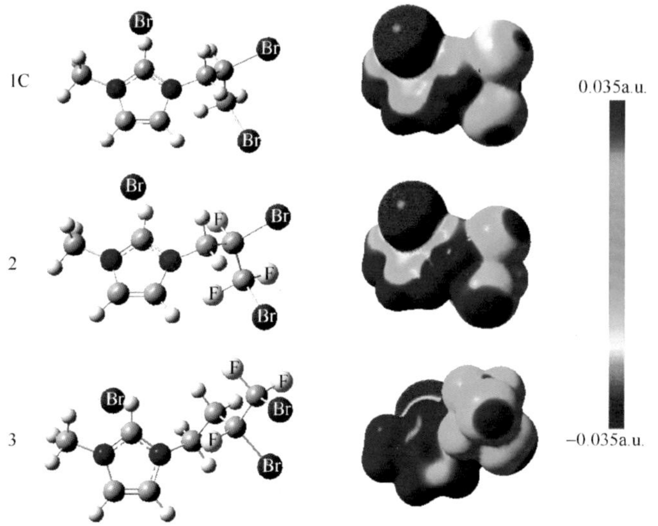

图3-4　当1-(2，3-二溴丙基)-3-甲基咪唑鎓离子的丙基中三个H原子(淡灰色)被F原子(淡蓝色)取代后，静电势的变化。右边的两个Br原子(红色)是咪唑鎓阳离子中的二溴，上偏左的是Br^-阴离子。1C是取代前，2和3是取代后

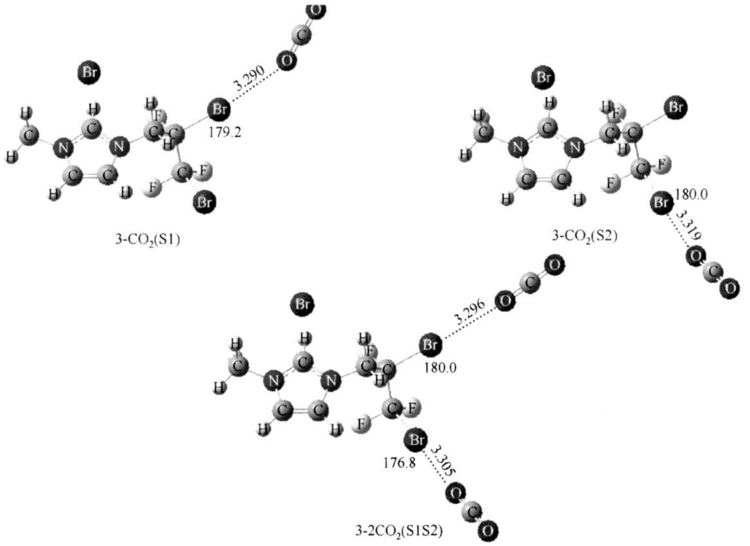

图 3-5　被 F 原子取代后，咪唑鎓阳离子中的两个溴原子与 CO_2 相互作用所形成的络合物的几何结构

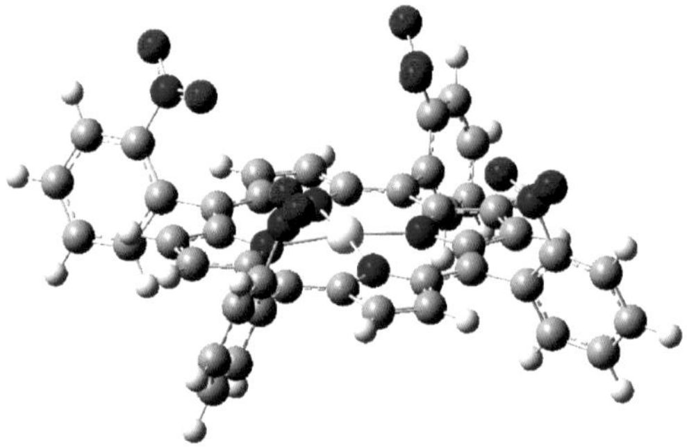

图 3-7　用 PBE 计算的 NO_2ZnPP(3)的优化结构

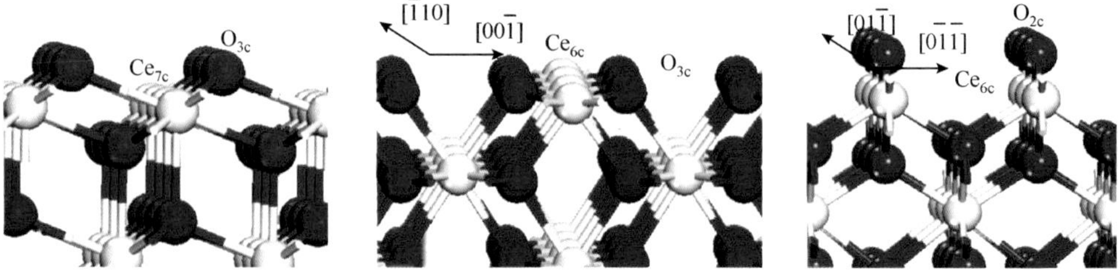

(a)　(b)　(c)

图 3-25　CeO_2的三种晶面：(a)(111)；(b)(110)；(c)(100)。白色是 Ce，红色是 O

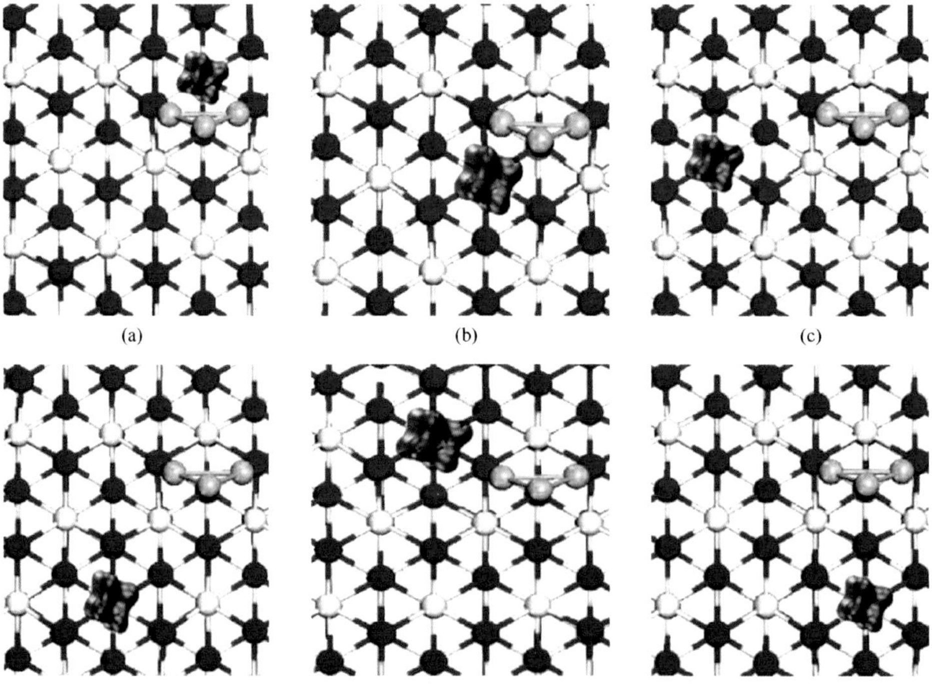

(d)　(e)　(f)

图 3-26　Au_3负载在CeO_2的(111)晶面上的顶视图。Au 是黄色；
灰色是局域的 4f 电子的等电荷密度面

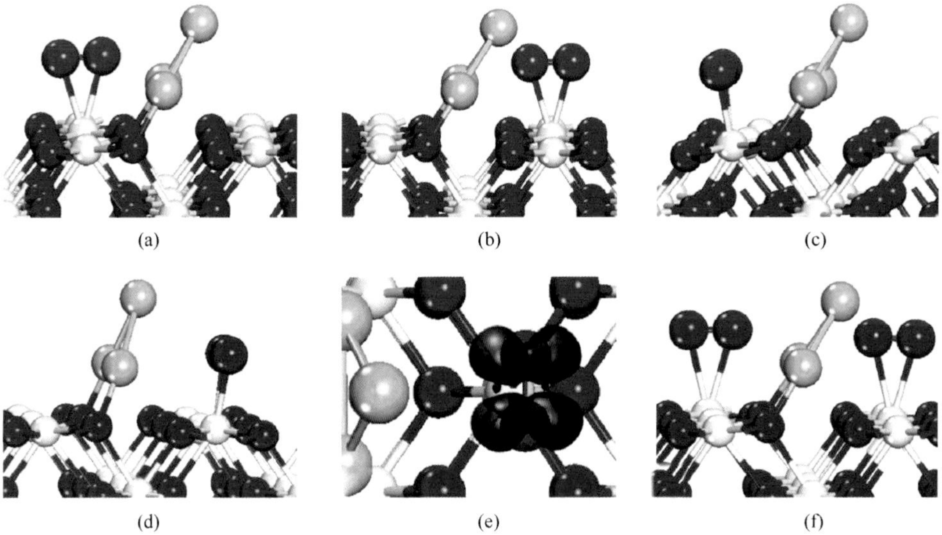

图 3-27　O_2吸附在负载有 Au_3 CeO_2的(110)晶面上不同位置的侧视图(a～d)。(e)是(d)的顶视图，并画有局域的 4f 电子的等电荷密度面；(f)中有两个 O_2分子吸附

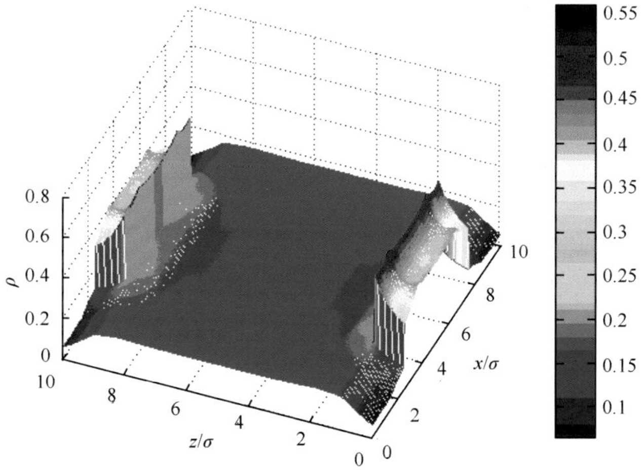

图 7-10　m=6 的硬球链分子在有图案的平面壁上，在 x 和 z 方向的二维分布。λ=—1.0，η=0.1

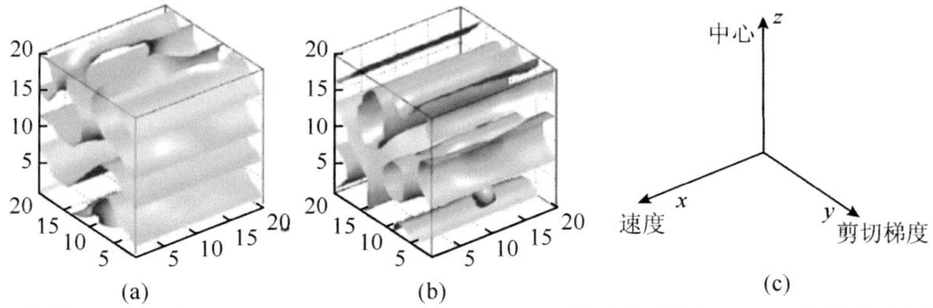

图 7-20　在剪切速率为 $\dot{\gamma}=0.0002$, $\theta_A=0.5$ 下，A_5B_5共聚物(a)和 A_3B_7共聚物(b)的构象。图中颜色显示微相 A 和微相 B 的分界面。(c)速度和剪切梯度变化的方向

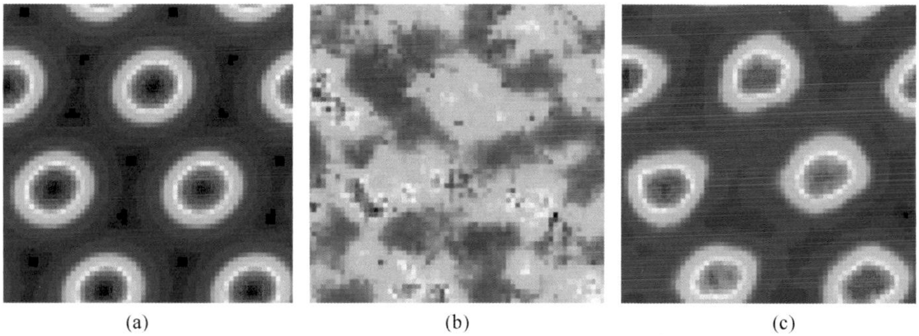

图 7-27　二维的不可压缩的 AB 嵌段共聚物的微相分离构象。$\chi m=15.2$，$f=0.3$，颜色由蓝到红，A 的分数由 0 至 1。(a) 鞍点图像；(b) 复朗之万取样，120000 时间步，$C=5$；(c) 复朗之万取样，120000 时间步，$C=100$

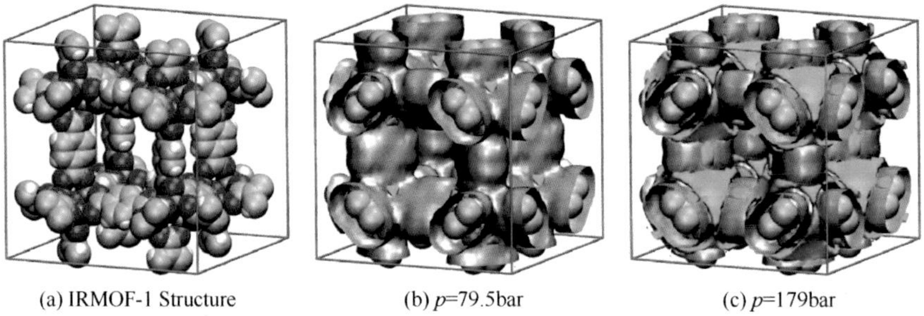

图 8-12　H_2 在 MOF-5 中的密度分布(等密度面)。灰色：1.33mol/L；绿色：19.9mol/L

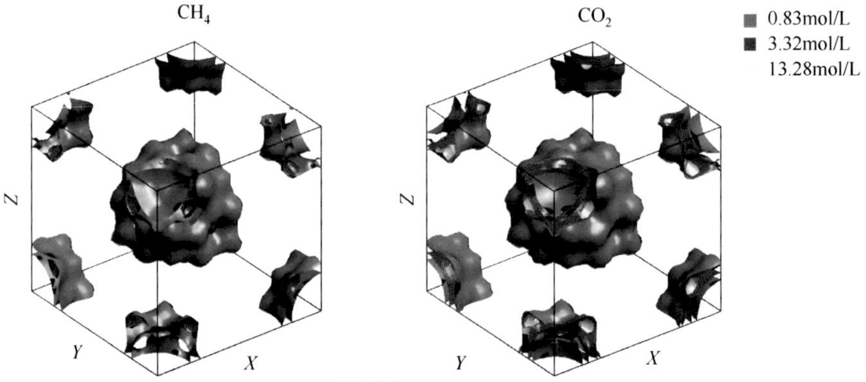

图 8-14　$p=0.6477$bar 时，CH_4($\rho_{\text{bulk}}=0.0133$mol/L) 和 CO_2($\rho_{\text{bulk}}=0.0133$mol/L) 在 ZIF-8 中的密度分布情况

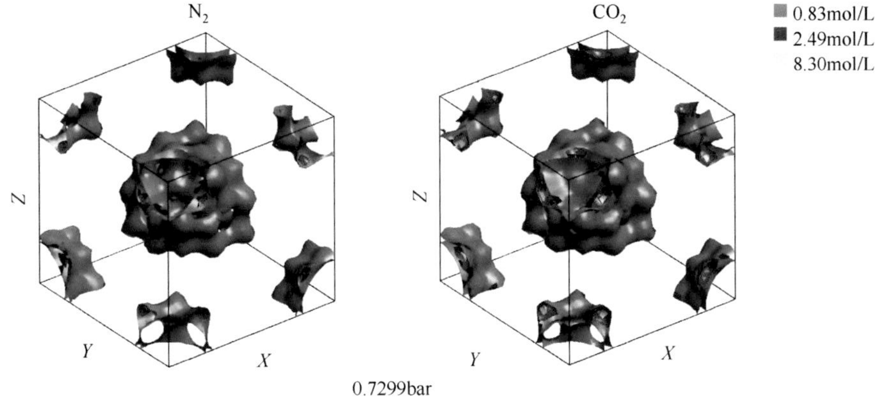

图 8-16　压力为 0.7299bar 时，N_2 (ρ_{bulk}=0.0254mol/L) 和 CO_2 (ρ_{bulk}=0.00448mol/L) 在 ZIF-8 中的密度分布情况

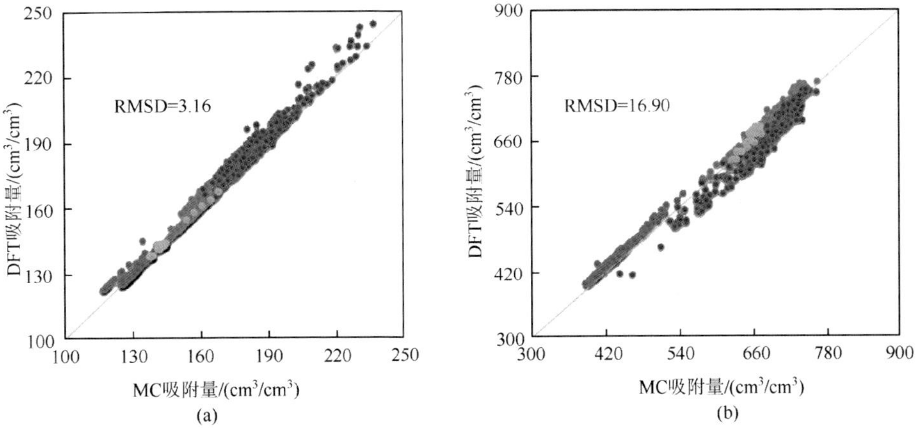

图 8-17　三维 DFT 和 MC 预测 243K、100bar (a) 和 77K、50bar (b) 条件下氢气在 1200 种 MOF 材料中的吸附量的比较

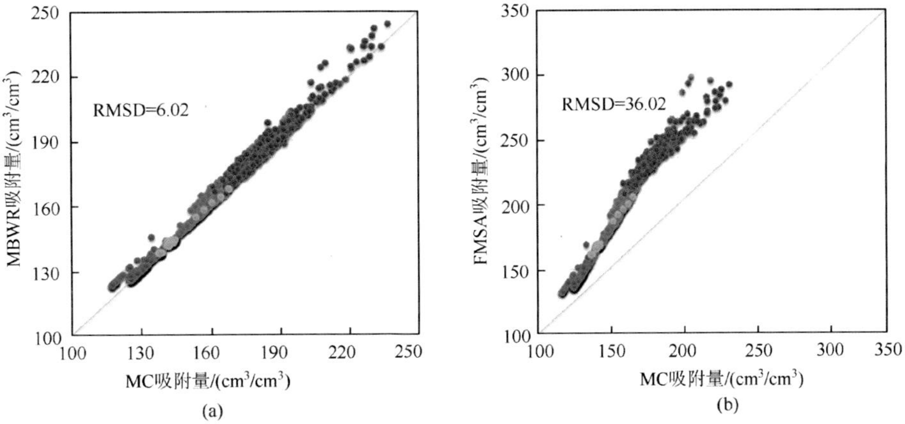

图 8-18　不同状态方程 MBWR (a)、FMSA (b) 对吸附量预测结果的影响

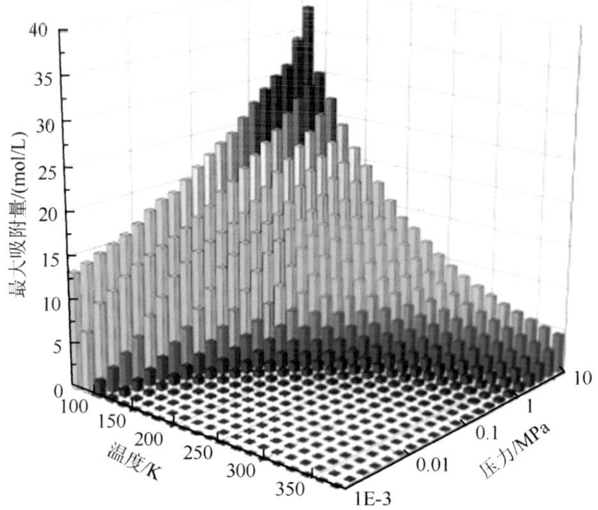

图 8-19　不同温度和压力条件下 712 种 MOF 材料中的最大 H_2 吸附量

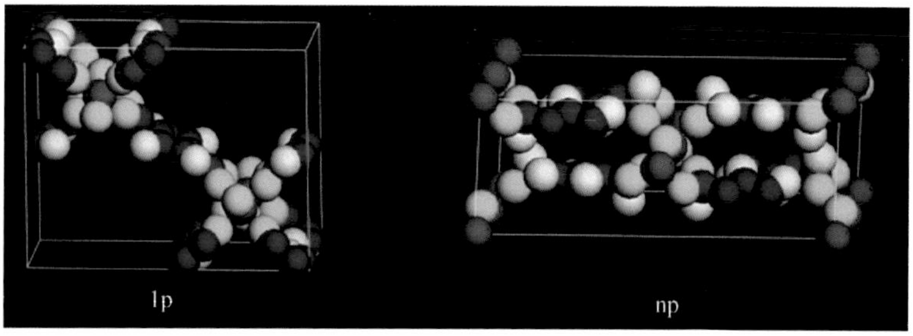

图 8-22　MIL-53(Al)的两种典型结构。紫红：Al；紫：C；浅蓝：O；白：H

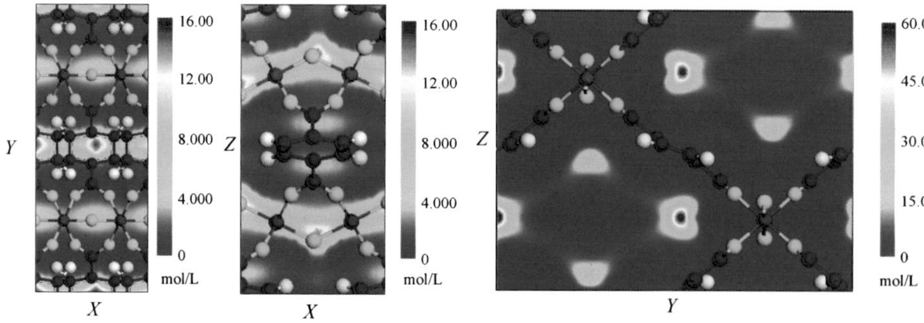

图 8-25　温度为 213K、压力为 1.15437bar 条件下 CH_4 在 MIL-53(Al) 大孔(lp)结构中的密度分布情况。颜色代码同图 8-21

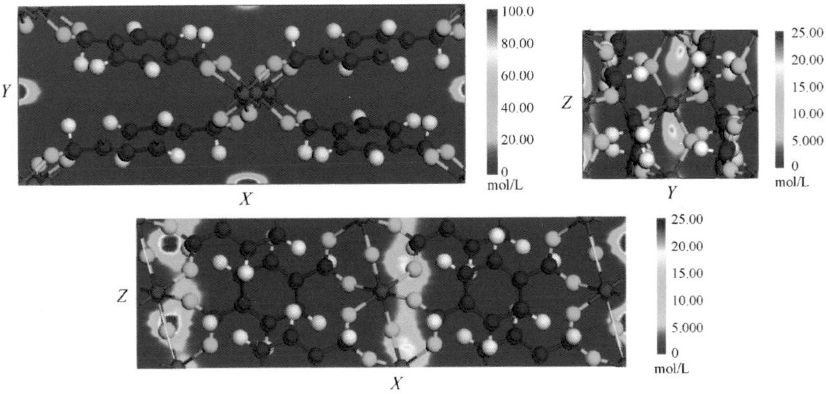

图 8-26　温度为 213K、压力为 1.15437bar 条件下 CH_4 在 MIL-53(Al) 小孔(np) 结构中的密度分布情况。颜色代码同图 8-21

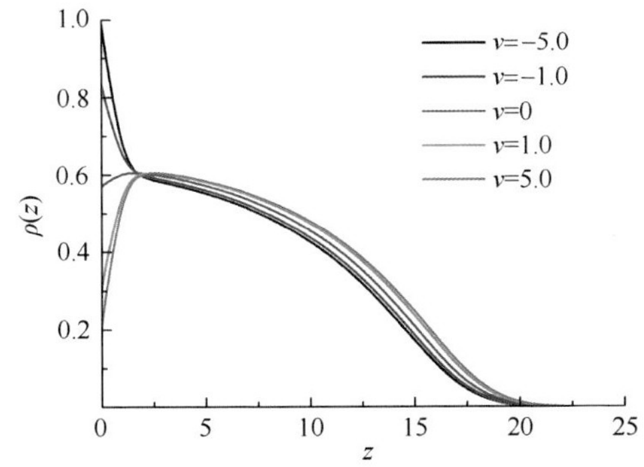

图 8-39　固体表面与聚合物链节相互作用强度 v 对聚合物刷链节密度分布的影响。链长 m=40，铆接密度σ=0.2，溶剂与聚合物链节交换能 $\tilde{\varepsilon}$ =0

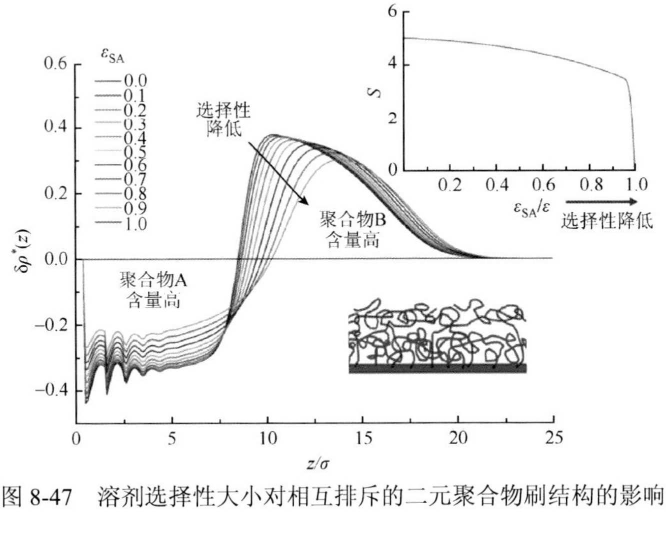

图 8-47　溶剂选择性大小对相互排斥的二元聚合物刷结构的影响

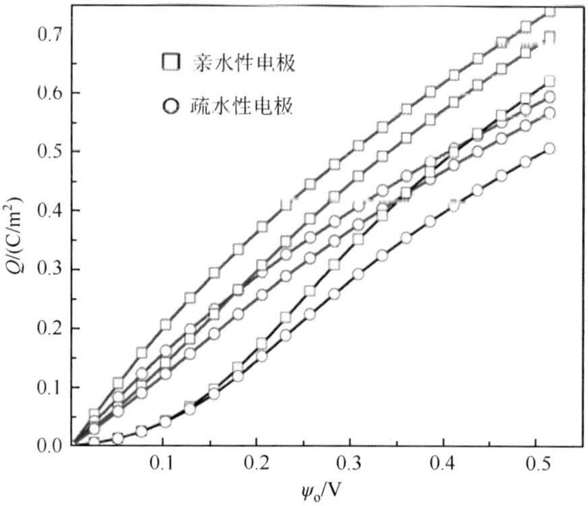

图 8-60　不同电解质浓度时正极表面电荷密度与表面电势的关系。H=3nm，红线：2.0mol/L，蓝线：0.6mol/L，黑线：0.024mol/L

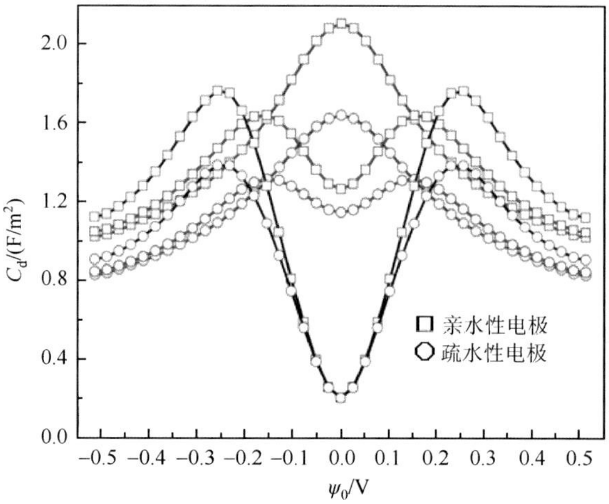

图 8-62　正极材料亲疏水性对电容-电势关系的影响。H=3nm，红线：2.0mol/L，蓝线：0.6mol/L，黑线：0.024mol/L